Wirtschaftsgeologie der Erze

Von

Dr. Ing. S. Janković

Professor an der Bergbaufakultät der Universität Belgrad

Mit 47 Textabbildungen

Springer-Verlag Wien GmbH 1967

ISBN 978-3-662-35945-7 ISBN 978-3-662-36775-9 (eBook)
DOI 10.1007/978-3-662-36775-9

Ursprünglich erschienen bei Springer-Verlag/Wien 1967
Softcover reprint of the hardcover 1st edition 1967

Library of Congress Catalog Card Number 67 – 17125

Titel Nr. 9204

Geleitwort

Anläßlich des Leobener Bergmannstages 1962 war in der Montanistischen Hochschule eine Fachbuchausstellung eingerichtet gewesen, in der das damals erschienene Buch „Ekonomska Geologija" von Professor Dr. S. Janković, Inhaber des Lehrstuhles für Ökonomische Geologie an der Bergbaufakultät der Universität Belgrad, in serbo-kroatischer Sprache auflag. Beim Durchblättern wurde es dem Schreiber dieser Zeilen klar, daß ein solches Buch in deutscher oder englischer Sprache notwendig wäre — ein Buch also, aus dem man die Methoden der Erkundung und die Gesichtspunkte der Beurteilung der mineralischen Rohstoffe unter einem wirtschaftlichen Blickwinkel entnehmen kann. Besonders nützlich im Vergleich zu vorhandenen, sehr alten Büchern über die Bewertung von Lagerstätten waren hier die speziellen Angaben über die technologischen Anforderungen an die einzelnen Erze.

Der Verfasser dieses Geleitwortes hat darum Herrn Professor Janković und dem Springer-Verlag in Wien die Anregung vorgebracht, eine deutsche Bearbeitung der „Wirtschaftsgeologie" herauszubringen. Der Verlag hat diese in sehr dankenswerter Weise aufgegriffen und damit einen weiteren Baustein gesetzt zu dem Aufbau einer Buchreihe über die praktische Lagerstättenforschung, einen Wissenszweig, der im Hinblick auf die bergbauliche Erschließung der Entwicklungsländer in Österreich sehr aktuell geworden ist; das Buch von G. Zeschke (1964) über Prospektion war der zuletzt vorangegangene Schritt in dieser Richtung. Professor Janković seinerseits hat eine völlige Neubearbeitung des jugoslawischen Buches unter Einbeziehung sehr erweiterter allgemeiner Erfahrungen verfaßt. Als besonderer Vorzug gerade der wirtschaftlichen Abschnitte des Buches mag gelten, daß sein Verfasser dank der politischen Stellung seines Landes und seiner persönlichen Arbeiten in Ost und West die montan-ökonomischen Grundprinzipien der freiwirtschaftlichen *und* der sozialistischen Welt kennt und hier auch vergleichend darstellt.

Die Redigierung des deutschen Textes, den Herr Professor Janković teils selbst verfaßt hat, teils durch seine Belgrader Mitarbeiter aus dem Serbischen übersetzen ließ, hat einige zusätzliche Arbeit verursacht. Galt es doch, die fachliche Terminologie, zum Teil aber auch die Sprache der östlichen Planwirtschaft an unsere Darstellungsweise anzupassen. Dieser Aufgabe haben sich meine beiden Mitarbeiter am Institut für Geologie und Lagerstättenlehre der Montanistischen Hochschule, die Herren Dipl.-Ing. K. Wiesner und Dr. K. Vohryzka, unterzogen, und so hoffe ich, daß nunmehr aus der Feder des so kompetenten und hochgeschätzten Kollegen aus Belgrad ein für unsere Montanwissenschaft wertvolles Werk an die Öffentlichkeit tritt.

Leoben, im Februar 1967 **W. E. Petrascheck**

Vorwort

Der Begriff ,,Wirtschaftsgeologie der Erze" soll im Gegensatz zu der in den USA herrschenden Auffassung, wonach unter ,,Economic Geology" im wesentlichen Lagerstättenlehre verstanden wird, bedeutend mehr umfassen: wirtschaftliche Betrachtung der Erze, der Erzlagerstätten und der Erkundungsarbeiten, wirtschaftliche Beurteilung der Lagerstätten sowie eine umfassende wirtschaftsgeologische Analyse der Gewinnung von Lagerstätten und die Zusammenhänge der wirtschaftlichen Ausnützungseffekte mit den Erkundungen. So gesehen, stellt die ,,Wirtschaftsgeologie" eine spezielle Richtung der Geologie dar, die in Zukunft immer mehr an Bedeutung zunehmen wird.

Daß dieses Buch in der vorliegenden Form erscheinen konnte, ist ein besonderes Verdienst von Herrn Professor Dr. W. E. PETRASCHECK; ich bin ihm dafür zu besonderem Dank verpflichtet.

Desgleichen gilt mein Dank den Herren Dipl.-Ing. K. WIESNER und Dr. K. VOHRYZHA, Leoben, und Dipl.-Ing. E. RICHTER, Freiberg, für ihre Hilfe.

Für die Zusammenstellung und Auswertung von umfangreichem statistischem Material danke ich auch an dieser Stelle meiner Schwester LJ. JANKOVIĆ und meinen Mitarbeitern Dr.-Ing. D. MILOVANOVIĆ und M. SKARKA aus Belgrad.

Belgrad, im Frühjahr 1967

S. Janković

Inhaltsverzeichnis

Zweiter Teil

Wirtschaftsgeologische Charakteristiken der Lagerstätten einzelner Metalle

Einleitung

In der Natur gibt es eine große Menge von Lagerstätten mineralischer Rohstoffe, deren Mineralinhalt, Form, Größe und Lagerungsverhältnisse verschiedenartig sind. Manche von ihnen sind heute bekannt, manche zum Teil oder schon ganz erschöpft, viele aber liegen noch in der Erdkruste verborgen und sollen erst aufgesucht und aufgefunden werden. Man kann annehmen, daß das Verhältnis der Vorräte mineralischer Rohstoffe in den heute bekannten Lagerstätten zu den Vorräten in noch zu entdeckenden Lagerstätten mindestens 1 : 5 bis 1 : 10 beträgt, bei einzelnen Rohstoffen sogar noch bei weitem darüber hinaus. Die Entdeckung dieser neuen Reserven wird bedeutende finanzielle Mittel (je Einheit des mineralischen Rohstoffes bzw. des in ihm enthaltenen Metalls) und Zeit beanspruchen; allenfalls erheblich mehr, als es bisher der Fall war. Denn neue Rohstoffvorräte in ausstreichenden Lagerstätten werden immer seltener vorkommen, so daß neue Lagerstätten in immer größeren Tiefen aufzusuchen sein werden — bei größerem Risiko, längerer Dauer und größerem Kostenaufwand der Erkundung.

Die Erschließung einer neuen Rohstoffbasis für die Deckung des Rohstoffbedarfes der Industrie erfordert in Anbetracht der Grundfaktoren — Zeit, Geld, Risiko und Menge — eingehende Untersuchungen und Analysierung aller Faktoren, von denen die Sicherstellung der neuen Reserven abhängt. Es ist keinesfalls gleichgültig, welche Zeitdauer die Untersuchungen beanspruchen werden, wie groß die Mittel sind, die anzulegen sind und welche wirtschaftlichen Ergebnisse von den Investitionen für Untersuchungsarbeiten zu erwarten sind.

Bei der Untersuchung von Lagerstätten lassen sich mehrere Phasen unterscheiden, von denen jede eine gesonderte geologische Arbeitsrichtung darstellt, die jedoch ineinander übergehen und daher nicht zu trennen sind:

1. *Die metallogenetische Forschung* versucht, die Bildungsverhältnisse der Lagerstätte zu klären, die Gesetzmäßigkeiten ihrer Verteilung im Raum als Folge bestimmter geologischer Prozesse festzustellen. Auf Grund dieser Untersuchungen, die meist auf metallogenetischen und prognostischen Karten dargestellt sind, werden in einem erzführenden Gebiet oder in einer erzführenden Provinz die Zukunftsaussichten der einzelnen Teilgebiete auf Lagerstätten bestimmt.

Die metallogenetischen Untersuchungen sind der Ausgangspunkt für die Bestimmung der Menge der Bodenschätze und der vermuteten Vorräte wie auch der Prospektionsplanung in bestimmten metallogenetischen Einheiten.

Das Studium dieser Probleme gehört der allgemeinen Erzlagerstättenlehre an, mit einem genau bestimmten Arbeitsgebiet und einer ausgearbeiteten Methodik der Untersuchungsarbeiten.

2. Auf Grund der metallogenetischen Untersuchungsergebnisse beginnt man mit *der Aufsuchung* der Erzlagerstätten und mit ihrer *Erkundung*. In diesem Stadium werden mehrere Phasen unterschieden. Es werden dabei die verschiedensten Prospektionsmethoden (geologische, geochemische und geophysikalische) und Schürfarbeiten (Bohrungen, bergmännische Arbeiten u. a.) angewendet.

Diese Untersuchungsarbeiten zur Erfassung der Lagerstätten haben zum Ziel, eine Lagerstätte aufzufinden und ihre Dimensionen, die Qualität ihres Erzinhalts und die für ihre spätere Ausbeute wichtigen technischen Bedingungen zu ermitteln.

Die Arbeitsmethoden, die bei der Suche und Erkundung angewendet werden, haben heute eine hohe Entwicklungsstufe erreicht; trotzdem wird an deren Entwicklung und Vervollkommnung weiterhin intensiv gearbeitet.

3. Die Abtrennung des Stadiums *der Bewertung von Lagerstätten* beruht darauf, daß die Lagerstätten und deren Vorräte nicht nur geologisch, sondern infolge ihres wirtschaftlichen Wertes auch technisch-wirtschaftlich betrachtet werden müssen.

Ebenso wie sich Suche und Erkundung der Lagerstätten an die Erzlagerstättenlehre anlehnen, und sich zum Teil auch mit ihr decken, ist auch das Stadium der Bewertung von Lagerstätten lediglich eine Fortsetzung der Erkundung und mit ihr in engem Zusammenhang. Im Laufe der Suche und Erkundung ist zu überlegen, welche wirtschaftliche Bedeutung die zu untersuchende Lagerstätte und ihr Mineralgehalt hat bzw. welche wirtschaftlichen Ergebnisse von der künftigen Ausbeute der Lagerstätte erwartet werden können. Auf Grund deren wird dann bestimmt, ob die Durchführung der Untersuchungen gerechtfertigt ist, in welchem Umfange und durch welche Art von Untersuchungsarbeiten sie ausgeführt werden sollen, wodurch die Höhe der Investitionen und die erforderliche Untersuchungsdauer festgelegt werden. Um also den Prozeß der Untersuchungen rationell durchführen zu können, soll schon während der ersten Erkundung einer Lagerstätte diese vom Gesichtspunkt einer technisch-wirtschaftlichen Ausbeute betrachtet werden.

Die *Wirtschaftsgeologie* befaßt sich mit dem Studium jener Faktoren, die dafür maßgebend sind, ob die Lagerstätten wirtschaftlichen Wert besitzen und ob sich deren Suche und Erkundung lohnt.

Die Hauptaufgaben der Wirtschaftsgeologie sind folgende:

1. Wirtschaftsgeologische Analyse der festgestellten Vorräte mineralischer Rohstoffe, die Bestimmung des Wertes dieser Vorräte.

2. Die Feststellung des optimalen Erkundungsgrades und die Feststellung des Anteils der einzelnen Vorratskategorien an den Gesamtvorräten einer Lagerstätte oder eines erzführenden Gebietes.

3. Die Beurteilung der Auswirkungen der Investitionen auf das Ergebnis der Suche und Erkundung.

4. Die Beurteilung der Bedingungen bei der künftigen Ausbeute der Lagerstätte. Dabei kann die Frage der maximalen Menge und der optimalen Qualität eine besondere Rolle spielen.

Die Wirtschaftsgeologie, in diesem Sinne aufgefaßt, ist eine fast neue geologische Richtung, die sich aus dem Aufsuchen und der Erkundung nutzbarer Bodenschätze herausbildete und zum Teil mit der Mineral- und der Bergwirtschaft in engem Zusammenhang steht. Die Methodik der wirtschaftsgeologischen Analysen und die Prinzipien der Bewertung von Lagerstätten sind nur zum Teil ausgearbeitet, so daß es viele offene Probleme gibt, zu deren Lösung noch ein intensives Studium erforderlich ist. Einige der wichtigsten Probleme sind in diesem Buch aufgezeigt, ohne Anspruch auf Vollständigkeit zu erheben.

Erster Teil

Die Grundsätze der wirtschaftsgeologischen Bewertung von Lagerstätten mineralischer Rohstoffe

I. Faktoren, die den Wert der Lagerstätten und deren Ausbeute bestimmen

Die Faktoren der wirtschaftsgeologischen Bewertung der Lagerstätten und ihres Mineralinhalts lassen sich in einige Gruppen einteilen: 1. geologische Faktoren, 2. technisch-wirtschaftliche Abbaufaktoren, 3. Faktoren der Aufbereitung und der technologischen Verarbeitung, 4. regionale Faktoren und 5. Marktfaktoren.

A. Geologische Faktoren

Die geologischen Faktoren sind die Grundlage zur Schätzung der Reserven und der Qualität der Rohstoffe sowie zur Ermittlung der optimalen Art und Dauer der Erkundung.

1. Metallogenetische Faktoren

Die Schätzung der Reserven mineralischer Rohstoffe während der einzelnen Phasen der Aufsuchung und der Erkundung und insbesondere die Schätzung der potentiellen Reserven in den einzelnen metallogenetischen Einheiten (erzführende Zonen und Erzfelder) ist von den Prozessen abhängig, die zur Bildung der Lagerstätten und ihrer Verteilung im Raum führen.

Metallogenetische Untersuchungen der einzelnen erzführenden Zonen, besonders die Analyse der Abhängigkeit der Prozesse der Lagerstättenbildung von den Faktoren, die ihre Lage im Raum bestimmen, sind die Basis zur Einschätzung der Höffigkeit der einzelnen Zonen auf Lagerstätten und die Grundlage zur Durchführung der Aufsuchungs- und Erkundungsarbeiten. So können die strukturellen Kriterien manchmal ausschlaggebend sein für die Beurteilung der Ausmaße einzelner Erzgänge, zum Teil auch von Stockwerk-Lagerstätten, die längs Bruchzonen entstanden sind; stratigraphisch-lithologische Kriterien sind die Hauptfaktoren bei der Einschätzung der Zukunftsaussichten sedimentärer Lagerstätten und ihrer potentiellen Vorräte in einer bestimmten Zone.

2. Lagerstättentypus

Die wirtschaftsgeologische Bewertung der Lagerstätten, besonders während der Phase der Aufsuchungs- und Erkundungsarbeiten, hängt in großem Maße vom Lagerstättentypus, seinen Reserven und der Qualität der mineralischen Rohstoffe ab. Die Lagerstätten werden unter verschiedenen geologischen und physikalisch-chemischen Verhältnissen gebildet, so daß die Konzentration der nutzbaren Komponenten und die Ausdehnung der Lagerstätten und der Erzkörper in sehr weiten Grenzen schwanken können.

Genetisch verschiedenartige Lagerstättentypen ein und desselben Mineralrohstoffes können verschieden große Mineralreserven enthalten. So ist im allgemeinen die Ausdehnung der Erzgänge geringer als die Ausdehnung der stockförmigen Imprägnationslagerstätten, ferner haben sedimentäre Lagerstätten vieler Metalle eine größere Ausdehnung als viele Skarnlagerstätten u. a. Bei der wirtschaftsgeologischen Bewertung trachtet man daher festzustellen, ob die aufgesuchte Lagerstätte derjenigen Lagerstättengruppe angehört, bei der man bedeutendere Reserven an Erzen bestimmter Qualität und bestimmter Lagerstättenform erwarten kann. In Anbetracht der Bedingungen für die Wirtschaftlichkeit der späteren Gewinnung ist es wünschenswert, daß die Lagerstätte große Erzmengen enthält, auch wenn der Gehalt an nutzbaren Komponenten gering ist.

Bei der Beurteilung der wirtschaftlich wichtigen Lagerstättentypen sind auch die Form der Erzkörper und der Charakter ihrer Veränderlichkeit sehr wichtige Faktoren. Einzelne Lagerstättentypen zeichnen sich nicht nur durch eine bestimmte Größe der Erzkörper aus, sondern es ist bei ihnen auch eine gewisse Regelmäßigkeit (oder Unregelmäßigkeit) der Formen der Erzkörper vorhanden. So haben z. B. Skarnlagerstätten seltener Metalle meist geringere Ausdehnung und unregelmäßigere Form als sedimentäre Lagerstätten, die in Schichten mit oft regelmäßiger Form und bedeutender Ausdehnung auftreten. Je nach Lagerstättentypus kann auch in Lagerstätten ein und desselben Mineralrohstoffes die Form der Erzkörper verschieden sein. Die Veränderlichkeit der Gestalt der Erzkörper hat nicht nur auf den späteren Abbau Einfluß, sondern ist auch einer der Grundfaktoren, von denen die Dichte der Such- und Erkundungsarbeiten abhängt.

Bei der wirtschaftsgeologischen Bewertung der Lagerstätten ist der Zusammenhang zwischen dem Lagerstättentypus und dem *Konzentrationsgrad der Erzreserven* besonders wichtig. Mit Rücksicht auf den Abbau und dessen Wirtschaftlichkeit ist es nicht gleichgültig, ob die Erzreserven konzentriert oder verstreut auftreten. Vom Standpunkt der Wirtschaftlichkeit gesehen, ist es günstiger, wenn die Mineralreserven in einem großen isometrischen Erzkörper mit kompakten Erzen auftreten, als wenn dieselben Mengen Erz oder Metall in einem sehr geringmächtigen Erzgang liegen, der sich kilometerlang erstreckt. Bei bestimmten Lagerstättentypen ist die Erzsubstanz auf ein kleines Gebiet beschränkt, hingegen bei anderen Typen ist dieselbe auf mehrere kleinere Erzkörper verteilt. So treten z. B. bei vielen Lagerstätten des Kalkstein-Bauxit-Typus in einem Erzfeld viele kleinere, untereinander nicht verbundene Lagerstätten auf, während in Lagerstätten der silikatischen, lateritischen Bauxite große Erzmengen (große Mächtigkeit und Ausdehnung der Erzkörper) auftreten, die oft als eine zusammenhängende Decke auf der Verwitterungskruste liegen.

Mit der Konzentration der Erzreserven steht auch der *Vererzungskoeffizient* in engem Zusammenhang, d. h. das Verhältnis der vererzten und der tauben bzw. der mineralisierten[1] Massen in einer Lagerstätte oder in einem Erzkörper. Der Vererzungskoeffizient, der auf Grund der Verhältnisse der Länge, der Oberfläche oder der Kubatur ermittelt wird, ist nicht nur für die rationelle Durchführung der Untersuchungsarbeiten und für die Interpretierung der Ergebnisse ein sehr wichtiger Faktor, sondern er ist auch die Grundlage zur Bestimmung der Mineralreserven unter Anwendung von statistischen Berechnungsmethoden; ebenso für die Schätzung der potentiellen Reserven in einem erzführenden Gebiet. Der Vererzungskoeffizient ist ganz besonders wichtig bei der Bewertung der Lagerstätten seltener Metalle.

Auch die *Qualität der mineralischen Rohstoffe* steht mit dem Lagerstättentypus in engem Zusammenhang. Jeder Lagerstättentypus enthält Erze mit bestimmten Eigenschaften, die bei ihrer späteren Verwendung bzw. bei der wirtschaftsgeologischen Bewertung der Lagerstätte von Bedeutung sind. Bei vielen Lagerstätten ist deutlich erkennbar, daß die Qualität der Rohstoffe vom Lagerstättentypus abhängig ist. So führen lateritische Eisenlagerstätten, die durch Zersetzung serpentinischer Massen entstanden sind, immer einen erhöhten Cr-Gehalt, während sich sedimentäre Eisenerzlagerstätten meist durch einen erhöhten Phosphorgehalt auszeichnen, demgegenüber ist in Skarn-Eisenerzlagerstätten der Sulfidgehalt vorherrschend. Sedimentäre Manganlagerstätten haben gewöhnlich einen sehr bedeutenden Phosphorgehalt, während dieser in vulkanogen-sedimentären Manganlagerstätten meist gering ist; in diesen Lagerstätten reichert sich hingegen Silizium beträchtlich an. Bauxite in lateritischen Lagerstätten gehören vorwiegend dem trihydratischen Typus an, hingegen sind Bauxite in Lagerstätten des Kalksteintypus hauptsächlich von monohydratischer Zusammensetzung. Diese Unterschiede sind bei wirtschaftsgeologischen Bewertungen dieser Lagerstätten zu berücksichtigen.

Eine besonders wichtige Rolle bei der wirtschaftsgeologischen Betrachtung spielt auch die Gleichmäßigkeit der Vererzung, die ausgedrückt wird als *Koeffizient der Variation des Gehaltes* an einer oder mehreren nutzbaren Komponenten im Erz. Dieser Koeffizient dient als Grundlage zur Bestimmung der Entfernung zwischen den Probenahmestellen und der Dichte der Erkundungsarbeiten. Obwohl die Größe des Koeffizienten eigentlich vom Rohstoff abhängt (seltene und edle Metalle sind in den Lagerstätten viel ungleichmäßiger verteilt als Buntmetalle), besteht oft auch eine deutliche Abhängigkeit des Koeffizienten von einem bestimmten Lagerstättentyp ein und desselben Metalls. So ist die Größe des Koeffizienten der Variation des Gehaltes in Imprägnations- und in stockförmigen Imprägnationslagerstätten im allgemeinen viel größer als bei kompakten metasomatischen Erzkörpern des gleichen Metalls.

B. Technisch-wirtschaftliche Abbaufaktoren

Aus den Abbaufaktoren einer Lagerstätte läßt sich ermitteln, ob es technisch möglich und wirtschaftlich begründet ist, die betreffende Lagerstätte abzubauen.

[1] Mineralisierte Massen haben einen Metallgehalt, der unterhalb des geologischen Schwellengehaltes der nutzbaren Komponenten im Erzkörper liegt.

Dabei sind grundsätzlich zwei Prinzipien möglich: a) Es werden nur reiche Erzpartien zur Erzielung einer hohen Qualität abgebaut (Qualitätsmaximum) oder b) der gesamte Erzvorrat wird für eine maximale Ausnützung der Lagerstätte gewonnen (Quantitätsmaximum).

Bei einer wirtschaftsgeologischen Lagerstättenbewertung müssen folgende Abbaufaktoren berücksichtigt werden: a) Abbaukosten, b) Verluste und Verdünnung der Erzsubstanz beim Abbau, c) Produktionskapazität und d) Investitionen.

1. Abbaukosten

Die Abbaukosten sind eine technisch-wirtschaftliche Kennziffer, die uns über die Abbaubedingungen einer Lagerstätte am besten unterrichtet. Die Höhe der Abbaukosten hängt wesentlich von den Lagerungsverhältnissen bzw. von den Abbauverfahren und von der Betriebsleistung ab. In einzelnen Lagerstätten können die Abbaukosten in bedeutendem Maße auch von den hydrogeologischen Verhältnissen abhängen.

a) Abbauverfahren

Die Wahl der Abbauverfahren in einer Lagerstätte wird von zwei Grundfaktoren bedingt: a) von den geologischen Faktoren und b) von den technisch-wirtschaftlichen Faktoren.

Geologische Faktoren, von denen die Abbaubedingungen einer Lagerstätte abhängen, sind an erster Stelle die Ausdehnung und die Form der Erzkörper und deren Veränderlichkeit im Raum wie auch die physikalischen Eigenschaften der Erze und der Nebengesteine. Besonders wichtig ist dabei die Tiefe, in welcher die Erzkörper vorkommen, und das Verhältnis der Mächtigkeit der Erzkörper zu den Gesteinsmassen, die die Erzkörper überdecken.

Technisch-wirtschaftliche Faktoren sind die Wirtschaftlichkeit des angewendeten Verfahrens, das optimale Verhältnis der Höhe der Produktionskosten zur maximalen Ausnützung der mineralischen Rohstoffe, die Verdünnung der Erzsubstanz beim Abbau sowie auch die erwünschte Produktionskapazität.

Die Abbauverfahren können in zwei Hauptgruppen eingeteilt werden: Tagebau und Tiefbau.

Tagebau. In den letzten Jahren werden Lagerstätten in steigendem Maße im Tagebau abgebaut. Die Abbaukosten im Tagebau sind im allgemeinen sehr gering, so daß durch dieses Verfahren die größte Wirtschaftlichkeit erreicht wird. Der Vorteil des Abbaues der Lagerstätten im Tagebau liegt nicht nur in den niederen Produktionskosten, sondern auch in der vollkommeneren Ausnützung der Lagerstätte wie auch in der Möglichkeit einer schnelleren und einfacheren Vergrößerung oder Verminderung der Produktion, als das im Tiefbau möglich ist.

Für die Anwendung des Tagebaues sind die Ausdehnung der Lagerstätte und das Verhältnis zwischen Lagerstättengröße und Abraum besonders wichtig. Lagerstätten, die im Tagebau gewonnen werden, haben meist große Ausdehnung; nur in Einzelfällen, z. B. bei kleinen Seifenlagerstätten von Edelmetallen (Gold, Platin, auch Zinn), wird auch Tagebau angewendet. Als Kriterium für den Einsatz von Tagebau oder Tiefbau benützt man gewöhnlich den Rauminhaltskoeffizienten des Abraumes (V_0):

$$V_0 = \frac{O_k - O_p}{O_p}$$

wobei: O_k = Rauminhalt des Tagebaues und

O_p = Rauminhalt des Erzes innerhalb des Tagebaues.

Die Größe des Rauminhaltskoeffizienten des Abraumes (V_0) ist nicht gleich für Lagerstätten aller Metalle, denn grundsätzlich hängt er vom Wert des Metalls ab. Bei Buntmetall-Lagerstätten wird in der Sowjetunion angenommen, daß die Größe des Rauminhaltskoeffizienten des Abraumes bei Abbau der Lagerstätten im Tagebau 20 bis 30 m^3/m^3 erreichen kann, übersteigt jedoch der Koeffizient diesen Wert, so wird Tiefbau angewendet.

Die Abbauteufe im Tagebau kann durch das wirtschaftliche Grenzverhältnis von Abraum zu Lagerstätteninhalt ermittelt werden. Danach wird der Abraumkoeffizient durch folgende Formel errechnet:

$$K_r = \frac{a - b}{c}$$

wobei: a = Kosten der Gewinnung von 1 m^3 Erz im Tiefbau,

b = Kosten der Gewinnung von 1 m^3 Erz im Tagebau, ungeachtet der Höhe der Kosten des Abraumes,

c = Kosten für 1 m^3 des Abraumes.

Die Teufe, bis zu welcher der Tagebau gewöhnlich vordringt, ist 200 bis 300 m, ausnahmsweise auch mehr.

Tiefbau. Eine Lagerstätte wird im Tiefbau dann abgebaut, wenn auf Grund ungünstiger Verhältnisse ein Abbau durch Tagebau nicht möglich ist.

Die Abbaukosten bei der Anwendung verschiedener Abbauverfahren sind im allgemeinen beim Tiefbau höher als beim Tagebau, besonders wenn es sich um kleine Erzkörper handelt. Besondere Schwierigkeiten und damit erhöhte Abbaukosten können entstehen infolge ungünstiger hydrogeologischer Verhältnisse oder beim Abbau in großen Teufen (unter 1000 m).

Für die Gewinnung des Erzes im Tiefbau werden verschiedene Abbauverfahren angewendet, durch welche ein mehr oder weniger vollständiger Gewinn der Erzsubstanz und damit eine wirtschaftlichere oder teurere Gewinnung erreicht wird. Je nach der Anwendung der einzelnen Abbauverfahren schwanken die Abbaukosten in sehr weiten Grenzen: Es gibt Verfahren, deren Wirtschaftlichkeit sich jener von Tagebauen nähert, und andere, bei denen der Abbau sogar bis zu zehnmal teurer ist als beim Tagebau.

Es gibt heute entsprechend der vielseitigen Lagerstättenbedingungen viele Abbauverfahren im Tiefbau. Auf Grund der Arbeitsbedingungen lassen sich alle Abbauverfahren in einige Gruppen einteilen, wobei bei den einzelnen Verfahren auch mehrere Varianten unterschieden werden. Jedes von ihnen hat auch besondere technisch-wirtschaftliche Eigenschaften, die bei einer Schätzung der Abbaukosten eine Rolle spielen können.

Tab. 1 zeigt den Anteil der einzelnen Abbauverfahren in Lagerstätten des Goldes und von Buntmetallen in der Sowjetunion (nach P. M. ITAPOV). Aus den angeführten Angaben ist ersichtlich, daß bei Goldlagerstätten teurere Abbauverfahren angewendet werden. Das ist verständlich, denn es handelt sich um ein sehr wertvolles Metall, welches höhere Gewinnungskosten verträgt.

Tabelle 1. *Der Anteil der einzelnen Abbauverfahren in Bergwerken der Sowjetunion*

Abbauverfahren	Erzlagerstätten			
	Buntmetalle		Gold	
	Anteil %	Zahl der Gruben	Anteil %	Zahl der Gruben
Mit offenem Abbauhohlraum	23	18	8	4
Magazinabbau	13	15	25	20
Mit Ausbau	7,5	30	30	38
Mit Versatz	14	17	1,5	6
Mit Versatz und Ausbau	5	6	26	32
Als Bruchbau	37	34	9	5
Übrige	0,5	3	0,5	8
	100,0		100,0	

Um einen annähernden Einblick in die Wirtschaftlichkeit der Anwendung der einzelnen Abbauverfahren zu gewähren, werden hier die relativen Produktionskosten bei Anwendung der einzelnen Verfahren zum Vergleich angeführt, wobei Kennziffern nach M. J. ELSING angeführt werden:

	Abbaukosten je Tonne		Gesamte Bergbaukosten je Tonne
	von ... bis	Durchschnitt	
Bruchbau	14— 34	23	58
Abbau mit offenem Abbauhohlraum	37— 60	50	82
Teilsohlenbruchbau	52— 60	56	103
Firstenbau	63—189		152
Magazinbau	128—274	146	174
Versatzbau	115—350	184	292

b) Produktionskapazität

Die Produktionskosten hängen in großem Maße von der Betriebskapazität ab. Während bei der wirtschaftsgeologischen Bewertung von Lagerstätten im allgemeinen nur die Größenordnung der zukünftigen Kapazität des Betriebes von Interesse ist, muß die genauere Bestimmung der Betriebsgröße von einer Projektierungsorganisation durchgeführt werden.

Im allgemeinen hängt die Kapazität von den festgestellten Reserven ab und von der Zeitdauer, die für die Amortisation der angelegten Investitionen erforderlich ist. Bei größeren Lagerstätten sollen 20 bis 25 Jahre, ausnahmsweise auch bis 30 Jahre, für die Lebensdauer einer Lagerstätte vorgesehen werden, bei kleinen Lagerstätten meist 10 bis 15 Jahre, und ausnahmsweise (bei Lagerstätten seltener Metalle) auch unter 10 Jahre.

Für eine vorläufige Bestimmung der Kapazität, besonders während der ersten Erkundungsphase, werden empirische Formeln angewendet. So wird die annähernde jährliche Betriebskapazität (A) von Buntmetall-Lagerstätten in der Sowjetunion nach der folgenden Formel (W. W. POMERANZEW) ermittelt:

$$A = k\sqrt{V}$$

wobei der Koeffizient k, dessen Wert von der festgestellten Erzreserve (V [t]) abhängt, folgende Größenordnung besitzt:

bei Reserven bis 1 Million Tonnen	$k = 100$
„ „ von 1 bis 5 Millionen Tonnen	$k = 150$
„ „ von 5 bis 10 Millionen Tonnen	$k = 200$
„ „ von 10 bis 40 Millionen Tonnen	$k = 250$

Neben dieser Formel werden in der Sowjetunion auch andere empirische Formeln angewendet, die annähernd die Jahreskapazität ergeben:

$$A = 0{,}016\, V^3 - 2{,}176\, V^2 + 95{,}0\, V + 24{,}0$$

wobei: V = Reserven (in Millionen Tonnen),
A = Kapazität (in 1000 Tonnen).

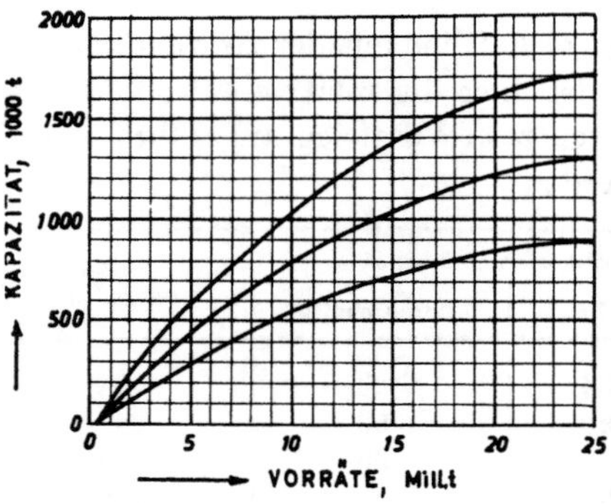

Abb. 1. Die Produktionskapazität als Funktion der Erzvorräte

Abb. 1 zeigt Kurven, die die Größe der jährlichen Betriebskapazität als Funktion der Erzreserven darstellen; die äußeren Kurven sind die Grenzwerte. Bei Lagerstätten mit größeren potentiellen Reserven und mit besseren geologischen und technisch-wirtschaftlichen Abbaubedingungen ergibt sich für die Kapazität (A) ein Wert, der der oberen Grenze der betreffenden Kurve näher liegt, während sich die Werte bei Lagerstätten mit kleinen C_1-Reserven der unteren Grenze der Kurve nähern.

Die Kapazität eines Bergwerks, besonders in großen Erzlagerstätten, kann auch auf Grund des Verhältnisses der horizontalen Flächen der Erzkörper und der jährlichen Vertiefung des Abbauniveaus festgestellt werden. Nach M. J. AGOSCHKOW kann die jährliche Betriebskapazität (A, in t/Jahr) nach der folgenden Formel errechnet werden:

$$A = \frac{S_0 \cdot g \cdot \gamma \cdot i_n}{1 - i_v}$$

wobei: S_0 = Fläche des Erzkörpers, die abgebaut wird (m²).
g = Durchschnittswert der jährlichen Teufenzunahme (m). Dieser Größenwert hängt vom angewendeten Abbauverfahren ab.
γ = Gewicht des Erzes für 1 m³.
i_n = Koeffizient des Erzausbringens beim Abbau (in Bruchteilen).
i_v = Koeffizient der Verdünnung der Erzsubstanz (in Bruchteilen).

Abb. 2 zeigt die Kurven der jährlichen Teufenzunahme des Abbauniveaus beim Abbau der Lagerstätte im Tiefbau in Abhängigkeit von der Größe der durchschnittlichen horizontalen Abbaufläche (S) des Erzkörpers:

$$V_m{}^{\mathrm{I}} = F(S); \qquad V_m{}^{\mathrm{II}} = \alpha(S)$$
$$V_x{}^{\mathrm{I}} = f(S); \qquad V_x{}^{\mathrm{II}} = \beta(S)$$

wobei: $V_m{}^{\mathrm{I}}$ und $V_m{}^{\mathrm{II}}$ = Durchschnittswert der jährlichen Teufenzunahme,
$V_x{}^{\mathrm{I}}$ und $V_x{}^{\mathrm{II}}$ = maximaler Wert der jährlichen Teufenzunahme.

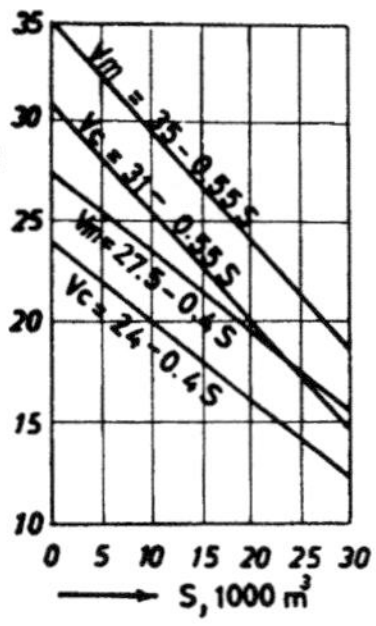

Abb. 2. Der Zusammenhang zwischen der jährlichen Teufenzunahme und der mittleren Abbaufläche (S) im Tiefbau (nach B. I. Galkin)

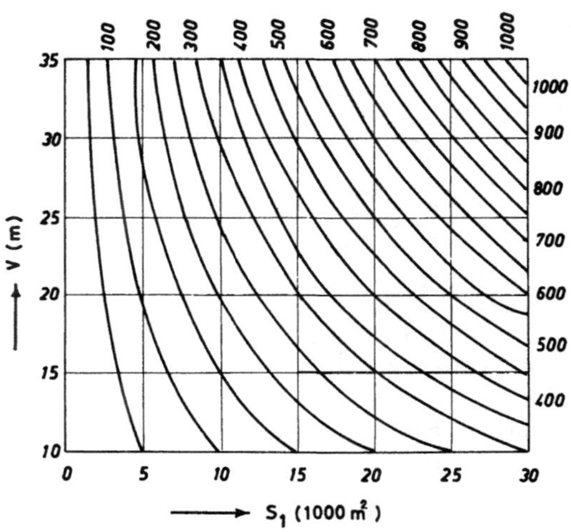

Abb. 3. Die Abhängigkeit der jährlichen Erzproduktion (A, 1000 t) von den Größen (V) und der Abbaufläche (S) im Tiefbau

Die Werte (V) und (S) bestimmen annähernd die jährliche Betriebskapazität (A), ausgedrückt in m^3, wie es Abb. 3 zeigt, in der die jährliche Betriebskapazität als Funktion von (V) und (S) dargestellt ist.

Bei großen Lagerstätten mit über 20 Millionen Tonnen Erzreserven, die im Tagebau gewonnen werden, wird in der Sowjetunion die jährliche Produktion in der Praxis oft nach der folgenden Formel festgestellt:

$$A_{rm} = 42 \cdot L - 10^{-5} \cdot L^2$$

wobei: L = durchschnittliche Abbaufläche im Tagebau (m^2); die graphische Darstellung dieser Verhältnisse zeigt Abb. 4. Wenn der Rauminhaltskoeffizient des Abbaues (V_0) in Betrachtung gezogen wird, so kann die Jahreskapazität (A_x) auch auf Grund der folgenden Formel größenordnungsmäßig festgestellt werden:

$$A_x = \frac{A_{rm}}{1 + V_0}$$

Alle erwähnten Formeln und die auf Grund dieser Formeln errechneten Werte sind nur als Richtwerte mit grober Annäherung zu betrachten. Genauere Kapazitätswerte werden dann durch die Betriebsplanung, die alle Faktoren, die für die

Bestimmung der optimalen Kapazität eines Bergwerks ausschlaggebend sind, gründlicher umfaßt.

Die Abbaukosten je Erz- oder Metalleinheit als Funktion der Betriebskapazität sinken bei einer Kapazitätserhöhung und umgekehrt. Das Verhältnis der Abbau-

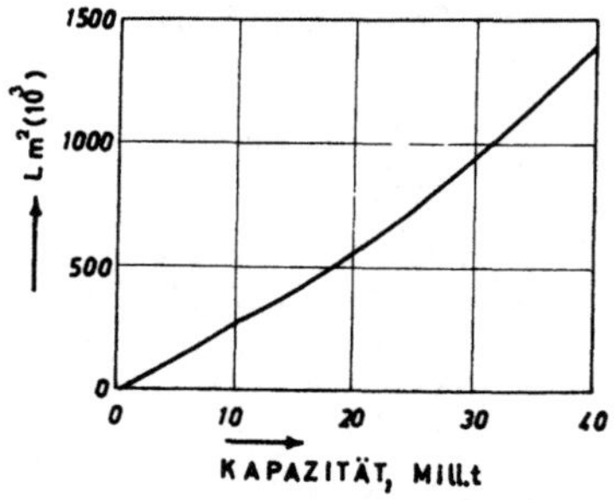

Abb. 4. Die Abhängigkeit der jährlichen Förderung der gesamten Massen von der mittleren Abbaufläche im Tagebau (L) (nach B. I. GALKIN)

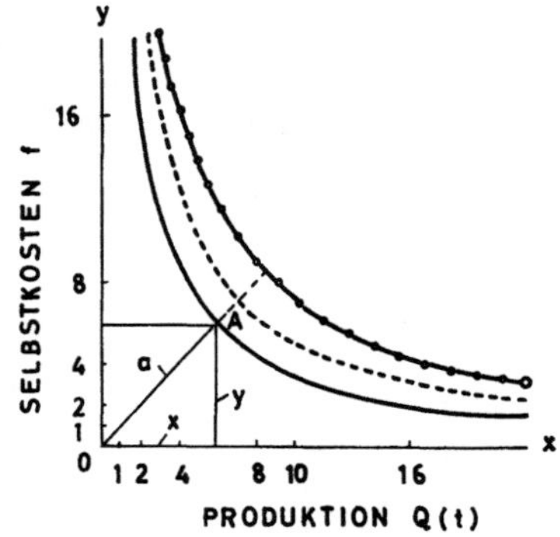

Abb. 5. Veränderung der Selbstkosten als Funktion der Grubenkapazität (Q)

kosten zur Kapazität kann durch Kurven dargestellt werden, die der folgenden Hyperbel entsprechen:

$$F = \frac{K}{Q}$$

wobei: F = Kosten der Gewinnung und Verarbeitung pro 1 t Erz (Geldeinheit),
K = Koeffizient der Proportionalität,
Q = Kapazität des Bergwerks (und der Aufbereitungsanlage), in Tonnen.

Abb. 5 zeigt die graphische Darstellung der Kurven der Schwankungen der Produktionskosten als Funktion der Kapazität bei verschiedenen Herstellungsbedingungen.

Die Höhe der Produktionskosten wird bei der wirtschaftsgeologischen Bewertung der Lagerstätten gewöhnlich durch eine der nachfolgend angeführten Methoden bestimmt:

1. Mittels Analogie mit ähnlichen, schon in Abbau stehenden Lagerstätten. Eine solche Bestimmung der Produktionskosten kann lediglich ein Richtwert sein und sie wird gewöhnlich nur in den ersten Erkundungsphasen angewendet, wo eine grobe Annäherung der Werte zufriedenstellend ist.

2. Die Höhe der Gestehungskosten ist auf Grund verschiedener Diagramme und empirischer Formeln feststellbar. So werden in der Sowjetunion bei der Schätzung dieser Kosten Formeln angewendet, die den vorhandenen Wirtschaftsverhältnissen der Sowjetunion entsprechen und als zuverlässig zu betrachten sind:

a) Bei einem Abbau der Lagerstätte im Tagebau, wenn der Abraumskoeffizient größer als 1 ist, werden die anfallenden Kosten (f) folgendermaßen bestimmt:

$$f_{max} = 0{,}222\, V_0 + 1{,}2$$
$$f_{min} = 0{,}222\, V_0 + 0{,}6$$

wobei V_0 = Rauminhaltskoeffizient des Abraumes.

b) Bei Gewinnung der Erze im Tiefbau können die entsprechenden Kosten der Gewinnung durch die Formel

$$f = a + \frac{b}{A}$$

bestimmt werden, wobei A = Bergwerkskapazität (in 1000 t), (a) und (b) = empirische Koeffizienten sind, $a = 4{,}3 - 2{,}9$; $b = 430 - 290$.

3. Die vollständigsten und die zuverlässigsten Angaben über die Höhe der Produktionskosten bekommt man durch direkte Kalkulation, sei es auf Grund der Verhältnisse der bereits laufenden Produktion oder auf Grund des Kostenvoranschlages des Projektes der Gewinnung einer Lagerstätte.

Die Schätzung der etwaigen Höhe der Produktionskosten ist nur während der ersten Erkundungsphasen brauchbar und auch nur bei Lagerstätten, die auf Grund ihres Metallgehaltes und ihrer Erzreserven bzw. der bei ihnen vorliegenden

Tabelle 2. *Abhängigkeit der Lebensdauer der Grube von den technisch-ökonomischen Bedingungen* (nach P. Gorodezky)

	Lebensdauer (Jahre)		
	Geringe Teufe	Mittlere Teufe	Große Teufe, schwierige Bedingungen
1. Tiefbau			
Sehr kleine Betriebe, mit sehr geringen Vorräten	3—5 und mehr	5—10	—
Kleine Betriebe (50000—200000 t/Jahr)	5—8	8—12	10—15
Mittlere Betriebe; Produktion 200000—500000 t/Jahr	8—12	10—15	15—20
Große Betriebe (mehr als 500000 t/Jahr, mit beschränkten Vorräten)	—	10—15	20—25
Große Betriebe, mit unbeschränkten Vorräten	—	20—25	20—30
2. Tagebau			
Kleiner Tagebau	3—5	—	—
Betriebe mit einer Produktion bis 300000 t/Jahr	5—8	5—10 und mehr	8—12 und mehr
MittlereBetriebe mit Autotransport, Bändern und Schmalspurzugbetrieb	—	5—10 und mehr	8—12 und mehr
Das gleiche, Normalspurbetrieb	—	8—12 und mehr	10—20 und mehr
Großtagebau (mehr als 1000000 t/Jahr)	—	12—20 und mehr	15—25 und mehr
Das gleiche, Normalspurzugbetrieb	—	15—30 und mehr	15—30 und mehr

technisch-wirtschaftlichen Verhältnisse in wirtschaftlicher Hinsicht interessant sind. Bei Lagerstätten aber, die auf Grund ihrer geologischen und technisch-wirtschaftlichen Merkmale an der Grenze der Abbauwürdigkeit oder sogar etwas unter dieser Grenze stehen, kann eine annähernde Schätzung der Produktionskosten bei wirtschaftsgeologischer Beurteilung der Lagerstätte keine zuverlässigen Angaben vermitteln. Daher muß anstatt einer solchen Schätzung eine direkte Kalkulation der Kosten verschiedener Variantenrechnungen durchgeführt werden.

Die Lebensdauer einer Lagerstätte ist mit der Produktionskapazität und den vorhandenen Reserven eng verbunden. Tab. 2 gibt Aufschluß über die Lebensdauer und den annähernden Produktionsumfang bei Lagerstätten verschiedener Größe und Abbaubedingungen.

c) Hydrogeologische Verhältnisse

Die hydrogeologischen Verhältnisse können manchmal ein sehr wichtiger Faktor sein, der auf die Höhe der Abbaukosten bei der Gewinnung einer Lagerstätte einwirkt. Daher müssen sie bei der wirtschaftsgeologischen Bewertung von Lagerstätten berücksichtigt werden. Bei Lagerstätten mit großem Wasserzufluß können sehr bedeutende Wasserhaltungskosten entstehen, so daß solche Lagerstätten oder einzelne Teile davon manchmal nicht rentabel abgebaut werden können. Dies trifft besonders bei tieferen Lagerstättenteilen oder bei Lagerstätten mit armem Erz oder mit unbedeutenden Erzreserven zu.

2. Ausnutzungsgrad der Lagerstätte

Den Ausnutzungsgrad der Lagerstätten kennzeichnen folgende Parameter: a) Verluste der Erzsubstanz und b) Verdünnung der Erzsubstanz.

a) Erzverluste

Erzverluste können beim Abbau der Lagerstätte aus mehreren Gründen entstehen, von denen die wichtigsten sind:

1. Bergmännisch-geologische und hydrogeologische Verhältnisse in der Lagerstätte: Um einem Wassereinbruch in die Lagerstätte vorzubeugen, werden manche Lagerstättenteile nicht abgebaut (besonders wenn es sich um sehr beträchtliche Wassermengen handelt). Weitere Lagerstättenteile können zur Unterstützung der Firste (oder des Hangenden) im Abbauraum verbleiben (Erzfesten). Ein Teil der Erzreserven kann unausgenützt in der Lagerstätte verbleiben, wenn die Erzkörper komplizierte Formen aufweisen (dünne Apophysen, deren Abbau unrentabel ist, u. a.).

2. Erzverluste, die im Projekt der Gewinnung der Lagerstätten vorgesehen sind (Sicherheitspfeiler für Schächte, Ansiedlungen, Eisenbahnstrecken, Transportwege u. a.).

3. Verluste, die im Zusammenhang mit der Art der einzelnen Abbauverfahren entstehen. Beim Tagebau sind die Erzverluste im allgemeinen minimal, während die Verluste bei der Anwendung der einzelnen Tiefbauverfahren, ja sogar auch bei der Anwendung ein und desselben Verfahrens, in weiten Grenzen schwanken können als Folge der veränderlichen geologischen Bedingungen in der Lagerstätte. So entstehen bei der Anwendung der verschiedenen Abbauverfahren des Tiefbaues Verluste folgender Höhe:

Abbauverfahren	*Erzverluste*, %
Verfahren mit offenem Abbauraum:	
Weitungsbau mit Erzfesten	10 bis 15
Offener Firstenbau	bis zu 10
Offener Kammerbau	10 bis 25
Magazinbau	5 bis 25
Abbauverfahren mit Versatz	bis zu 5
Abbauverfahren mit bleibendem Ausbau	bis zu 10
Bruchbau:	
Teilsohlenbruchbau (Scheibenbruchbau)	2 bis 10
Teilsohlenbruchbau (Etagenbruchbau)	5 bis 25
Blockbruchbau	bis zu 25

4. Verluste der nutzbaren Substanz können auch infolge unrichtiger Durchführung des Abbaues entstehen. Bei der wirtschaftsgeologischen Bewertung der Lagerstätten während der einzelnen Erkundungsphasen sind diese Verluste nur schwer schätzbar, denn sie sind verschieden. Die Erzverluste dieser Art können durch eine bessere Organisation des Abbaues herabgesetzt werden.

b) Erzverdünnung

Die während des Abbaues entstandene Verringerung des Gehaltes an nutzbaren Komponenten im abgebauten Erz im Vergleich zum Gehalt im Erzkörper ist ein ausschlaggebender Faktor bei der wirtschaftsgeologischen Bewertung der Lagerstätten.

Die Erzverdünnung, ausgedrückt durch den Verdünnungskoeffizienten (i_v), kann auf Grund der folgenden Formel festgestellt werden:

$$i_v = 1 - \frac{G_2}{G_1} \text{ bzw. } \qquad i_v = \left(1 - \frac{G_2}{G_1}\right) 100\ (\%)$$

wobei: G_1 = Gehalt der nutzbaren Komponenten im Erzkörper,

G_2 = Gehalt der nutzbaren Komponenten im abgebauten Erz.

Bei geringmächtigen Erzgängen mit unvererztem Nebengestein ist der Koeffizient der Verdünnung auch auf Grund des Verhältnisses der Mächtigkeit des Erzganges (M, in m) zur Abbaubreite (M_0, in m) feststellbar:

$$i_k = \left(1 - \frac{M}{M_0}\right) 100\ (\%)$$

Der Grad der Verdünnung in den Lagerstätten kann sehr verschieden sein: von nur 2 bis 5% bis zu über 20 bis 30%. Im allgemeinen hängt die Erzverdünnung von folgenden Faktoren ab:

1. Ausdehnung, Form und innerer Aufbau des Erzkörpers, Art des Kontaktes des Erzkörpers zum Nebengestein (scharfe oder allmähliche Übergänge, genaue Feststellbarkeit der Abgrenzung des Erzkörpers auf Grund des Grenzgehaltes der nutzbaren Komponenten, Standfestigkeit des Nebengesteins im Abbau u. a.). Besonders große Verdünnungen werden beobachtet bei kleinen Erzkörpern und

bei dünnen Erzgängen (Mächtigkeit unter 0,7 bis 0,8 m) sowie bei morphologisch komplizierten Erzkörpern mit unscharfen Übergängen ins Nebengestein.

2. Die Höhe des Verdünnungskoeffizienten ist eng verbunden mit dem jeweilig angewendeten Abbauverfahren. Im allgemeinen kommt es zur größten Erzverdünnung bei der Anwendung von Massenabbauverfahren, zur geringsten Verdünnung bei Anwendung des selektiven Abbaues. Das Bestreben, die Verdünnung durch intensive Gewinnung der Lagerstätte herabzusetzen, führt gewöhnlich auch zur Erhöhung der Abbaukosten, so daß geringere Erzverdünnungen beim Abbau der Lagerstätte ertragen werden.

Die Größe der Erzverdünnung bei der Anwendung verschiedener Tiefbauverfahren liegt annähernd in den folgenden Grenzen:

Abbauverfahren	*Erzverdünnung*, %
Abbau mit bleibenden Sicherheitsfesten	5 bis 25
Kammerbau	5 bis 20
Teilsohlenkammerbau	5 bis 15
Magazinbau	bis 15
Abbauverfahren mit Versatz	bis 10
Abbauverfahren mit bleibendem Ausbau	bis 5, selten bis 10
Bruchbau:	
Teilsohlenbruchbau (Scheibenbruchbau)	bis 5, selten bis 10
Teilsohlenbruchbau (Etagenbruchbau)	10 bis 30
Blockbruchbau	5 bis 20

Die Erzverdünnung kann auf das wirtschaftliche Ergebnis der Gewinnung des Erzes sehr bedeutend einwirken, denn dadurch entstehen erhöhte Transportkosten pro Einheit nutzbarer Komponenten und erhöhte Aufbereitungskosten, ferner wird das Ausbringen im Aufbereitungsprozeß dadurch kleiner. Eine bedeutendere Erzverdünnung ist nur dann wirtschaftlich zulässig, wenn dabei gleichzeitig auch die Abbaukosten bedeutend herabgesetzt werden.

In Anbetracht seiner Bedeutung muß bei der wirtschaftsgeologischen Bewertung der Lagerstätte der Grad der Erzverdünnung berücksichtigt werden, denn die Wirtschaftlichkeit des Abbaues wird durch die Menge der abgebauten Erzsubstanz bzw. durch den Gehalt an nutzbaren Komponenten im Erz für die Aufbereitung festgestellt.

3. Investitionen

Die in Bergwerken anzulegenden Investitionen sind, neben anderen Faktoren, wichtige wirtschaftliche Kennziffern, die auf die gesamte Rentabilität des Abbaues der Lagerstätten bedeutend einwirken.

Die Grundkennziffern der Investitionen (inbegriffen auch die Investitionen für die Anlagen der Erzaufbereitung) sind a) spezifische Investitionen, b) Gesamtinvestitionen und c) Amortisationsfrist der angelegten Investitionsmittel.

Bei der Lagerstättenerkundung können die Gesamtinvestitionen nur größenordnungsmäßig geschätzt werden, wobei der Geologe mit den entsprechenden Projektierungsbetrieben und anderen Organisationen zusammenarbeiten muß.

a) Gesamtinvestitionen

Im allgemeinen hängen die Gesamtinvestitionen von den folgenden Faktoren ab:
Grubenkapazität,
Abbaubedingungen,
übrige Bedingungen (Kommunikationen, Energieversorgung, Standard u. a.).

b) Spezifische Investitionen

Spezifische Investitionen sind die Investitionen für den Betriebsausbau je Tonne abgebauten Mineralrohstoffes. In der Phase der Aufsuchung und der Vorerkundung werden die spezifischen Investitionen (Ne_1) pro Tonne Mineralreserven berechnet, d. h. man stellt fest, wieviel Investitionen erforderlich sind, um 1 t Reserven abzubauen:

$$Ne_1 = \frac{\text{gesamte Investitionen}}{\text{Reserven der Mineralrohstoffe}}$$

Während der Detailerkundung und des Abbaues der Lagerstätten werden die spezifischen Investitionen (Ne_2) von der Kapazität der Bergwerksförderung je Tonne abgebauten Erzes bzw. nutzbarer Mineralsubstanz berechnet:

$$Ne_2 = \frac{\text{Investitionen}}{\text{Bergwerkskapazität, ausgedrückt je Menge abgebauten Erzes bzw. Mineralrohstoffes}}$$

Eindeutig vergleichbare Angaben werden jedoch in beiden Fällen nur erhalten, wenn beide Kennziffern auf den Metallinhalt pro Tonne bezogen werden.

In der Sowjetunion werden bei der Erkundung auch empirische Formeln benutzt, die der Praxis und den technisch-wirtschaftlichen Verhältnissen im Lande angepaßt sind; für Buntmetall-Lagerstätten wird oft folgende Näherungsformel angewendet (nach W. W. POMERANZEW):

$$K = 300\,A + 40\,000\,000 \text{ (Rubel)}$$

wobei K = Gesamtinvestition für Grubengebäude und Aufbereitungsanlage; A = die Jahreskapazität der Gewinnung, ausgedrückt in nutzbarer Mineralsubstanz (Tonnen).

Tabelle 3. *Spezifische Investitionen in Bergwerken für Buntmetalle in der Sowjetunion* (nach GIPRORUD)

Tiefbau		Tagebau	
Jahreskapazität in 1000 t	Spezifische Investitionen (Rubel/t)	Jahreskapazität des Bergwerkes (geförderte Masse gesamt in 1000 t)	Spezifische Investitionen (Rubel/t)
bis 300	12 —16	150— 300	7,0—12,0
301—1000	9 —12	301— 1000	5,0— 7,0
1001—2000	5,5— 9	1001— 2000	4,0— 5,0
2001—3000	4,2— 5,5	2001— 5000	3,5— 4,0
über 3000	3,6— 4,2	5001—10000	3,0— 3,5
		10001—15000	2,5— 3,0
		15001—20000	2,0— 2,5
		über 20000	1,5— 2,0

Diese Bestimmungen der annähernd erforderlichen Investitionen gelten nicht allgemein, sondern nur für die Sowjetunion. Eine ähnliche Rechnung kann auch für die Größe der spezifischen Investitionen pro Tonne Jahresförderung durchgeführt werden, die in der Sowjetunion für Tiefbau und Tagebau auf Grund der Bergwerkskapazität vorgesehen ist (Tab. 3).

Obwohl die so ermittelten absoluten Werte der Investitionen nur lokale Bedeutung haben, d. h. nur für die Verhältnisse in der Sowjetunion zutreffen, haben die angeführten Angaben dennoch Bedeutung für einen Vergleich der spezifischen Investitionen bei verschiedenen Produktionskapazitäten.

c) Amortisationsfrist

Die Amortisationsfrist der angelegten Investitionen ist ein sehr wichtiges Maß der Wirksamkeit der Investitionen. Die Amortisationsdauer der angelegten Mittel (Z) kann folgendermaßen ausgedrückt werden:

$$Z = \frac{K}{P} \text{ (Jahre)}$$

wobei: K = gesamte Kapitalanlage (Geldeinheit),
P = jährlicher Gewinn (Geldeinheit).

Der Koeffizient der Wirksamkeit der allgemeinen Investitionen, der die spezifische Rentabilität des Bergwerks, d. h. die Zunahme des reinen Gewinns in Geldeinheiten der Investitionen (E) ausdrückt, kann mit der folgenden Formel ausgedrückt werden:

$$E = \frac{1}{Z} = \frac{P}{K}$$

Erfolgt die Wahl der Größe der Kapazität und Investitionen durch Variantenrechnung und wird eine Variante mit kleinen jährlichen Abbaukosten ausgewählt, dann ist die Amortisationsdauer (Z [Jahre]):

$$Z = \frac{K_2 - K_1}{C_1 - C_2}$$

wobei: K_1 und K_2 = Kapitalanlagen der zu vergleichenden Varianten;
C_1 und C_2 = jährliche Förderkosten auf Grund dieser Varianten.

Bei bestimmter Größe (E) wird die Förderung nach der Variante (m) günstiger sein als nach der Variante (n), wenn

$$C_m + E K_m < C_n + E K_n$$

ist.

Die optimale Variante soll mindestens $C + EK$ sein.

C. Technologische Faktoren

Die Zukunft der Mineralrohstoffe ist in der Technologie zu suchen.

Die Technologie spielt eine sehr wichtige Rolle bei der Verwendung der Mineralrohstoffe in der Industrie und sie beeinflußt die Wirtschaftlichkeit der Gewinnung von Lagerstätten sehr wesentlich. In Zukunft wird der Technologie eine immer wichtigere Stellung zukommen, und ihr Einfluß auf den Erfolg der Gewinnung wird immer größer werden; somit wird sie auch einen der Grundfaktoren bei der wirtschaftsgeologischen Bewertung von Lagerstätten darstellen.

Durch die Entwicklung der Technik der Erzaufbereitung und Erzverarbeitung und durch die Verbesserung der Wirtschaftlichkeit der jetzt angewendeten Verfahren werden die Herabsetzung der Bauwürdigkeitsgrenze und eine Verbesserung des Marktproduktes möglich sein. Dadurch wird die Gewinnung größerer Mengen mineralischer Rohstoffe ermöglicht bzw. wird die Rohstoffbasis der Welt bedeutend vergrößert werden — nicht nur durch neuentdeckte Lagerstätten, sondern auch durch die heute bekannten armen Lagerstätten. Neue und wirtschaftlichere technologische Verfahren der Erzaufbereitung und Erzverarbeitung werden eine Änderung der Einteilung nach Bilanz- und Außerbilanz-Reserven zur Folge haben; hierbei werden sich die Grenzen nach den niedrigen Gehalten hin verschieben.

Durch die weitere Entwicklung der Technik werden in der Industrie auch jene Mineralrohstoffe in ständig ansteigendem Maße Verwendung finden, die bisher überhaupt nicht oder nur unbedeutend verwendet wurden und die in der Natur in großen Mengen unter günstigen Abbaubedingungen vorkommen (Silizium u. a.). Die Technologie wird auch die Verwendungszwecke der heute nutzbaren Mineralrohstoffe erweitern, was zu einer weiteren Erhöhung des Bedarfes und des Verbrauches führen kann.

Die Technologie ist es auch, die der Industrie die Verwendung neuer Mineralrohstoffe ermöglichen wird, wodurch teure Mineralrohstoffe durch billige und seltene durch häufiger vorkommende ersetzt werden können; sie wird bei der Beurteilung der Wirtschaftlichkeit der Lagerstätten mitbestimmend sein und auf den Verwendungszweck der Rohstoffe einwirken. Durch die Technologie werden aber auch neue, an erster Stelle synthetische Materialien gefunden, die in vielen Industriezweigen die Metalle und die bisher verwendeten mineralischen Rohstoffe verdrängen werden; diese neuen Rohstoffe sind billiger, ihre Herstellung leichter und außerdem sind sie in vielen Fällen sogar unersetzbar. In ständig steigendem Maße wird demnach die Technologie einerseits der Industrie mineralische Rohstoffe zuführen, anderseits aber wird sie deren Verwendung in manchen Industriezweigen zum Erliegen bringen.

Bei der wirtschaftsgeologischen Bewertung von Lagerstätten muß ins Auge gefaßt werden, welche Rolle den technologischen Prozessen zufällt oder zufallen könnte mit Rücksicht auf die Verwendung der mineralischen Rohstoffe in der Industrie und die Möglichkeit, sie durch andere Materialien zu ersetzen. Das gilt auch ganz besonders für die Wirtschaftlichkeit der Erzaufbereitung und die Verarbeitung. Die wichtigsten technologisch-wirtschaftlichen Parameter, die bei der wirtschaftsgeologischen Bewertung der Lagerstätten in Betracht kommen, sind:

Die Aufbereitbarkeit der Erze und das bei der Aufbereitung erzielte Ausbringen.

Die Qualität der Konzentrate bzw. der durch die technologische Verarbeitung hergestellten Produkte.

Die Kosten der Aufbereitung und der technologischen Verarbeitung.

Die Kapazität und die erforderlichen Investitionen.

1. Aufbereitung

Sehr klein ist die Anzahl der mineralischen Rohstoffe, die unmittelbar aus der Lagerstätte in der Industrie zum Einsatz kommen oder auf den Markt gebracht werden. Die meisten Rohstoffe müssen vorher verschiedenen Verfahren unterzogen werden, um ihre Qualität zu verbessern und die Konzentration der nutzbaren Komponenten im mineralischen Rohstoff zu erhöhen, d. h. um eine Qualität entsprechend den Anforderungen des Marktes oder der weiteren Verarbeitung der Rohstoffe herzustellen. Obwohl die Aufbereitungskosten meist durchaus nicht niedrig sind, werden dennoch Konzentrationsverfahren immer mehr und mehr angewendet, denn dies trägt zur Erhöhung der Wirtschaftlichkeit der späteren Verarbeitung der Produkte, die aus der Aufbereitung hervorgehen, bedeutend bei. Daher ist die Aufbereitbarkeit der mineralischen Rohstoffe ein besonders wichtiger Faktor, von dem in manchen Fällen auch die Möglichkeit der wirtschaftlichen Gewinnung einer bestimmten Lagerstätte abhängt.

Die Konzentration der nutzbaren Minerale wird meist durch mehrere Phasen der Aufbereitung erreicht. Die bei der Aufbereitung entstandenen Kosten lassen sich im allgemeinen folgendermaßen aufgliedern:

Zerkleinerung des Erzes	13%	aller	Kosten
Mahlen	40%	,,	,,
Konzentrationsprozeß	17%	,,	,,
Hilfsprozesse	13%	,,	,,
Filtrieren, Transport	17%	,,	,,

Die bei der Aufbereitung angewendeten Konzentrationsprozesse sind sehr verschieden, und sie beruhen auf verschiedenen Prinzipien, die sich wie folgt unterscheiden lassen:

1. *Die Handscheidung* ist das einfachste Konzentrationsverfahren. Sie wird hauptsächlich angewendet, wenn die Trennung der nutzbaren Minerale von dem tauben Gestein vorwiegend auf Grund visueller Beurteilung möglich ist.

Die Handscheidung kann auf der Abbaustelle selbst erfolgen, aber auch später vom Transportband. Im letzteren Fall kann die Handscheidung auch bei einer größeren Förderung angewendet werden.

Die Handscheidung ist oft ein wirtschaftliches Verfahren der Konzentrierung nutzbarer Komponenten, besonders wenn die abzuscheidenden Minerale grobkörnig sind. Wenn es sich um feinkörnige Mineralrohstoffe und um eingesprengte nutzbare Mineralkomponenten handelt, so können bei der Handscheidung oft bedeutende Verluste im abgeworfenen Material entstehen oder die Anwendung dieses Konzentrationsverfahrens kann unmöglich gemacht werden.

In einzelnen Lagerstätten werden durch Handscheidung nur ausgesprochen reiche Erzstücke ausgelesen, während die übrige Erzmenge anderen Konzentrationsverfahren unterzogen wird.

2. Die *Konzentration durch Schwerkraftaufbereitung* gehört den billigeren Verfahren der Konzentration an. Die Ausscheidung der schädlichen und unerwünschten Minerale und die Konzentration der nutzbaren Minerale erfolgt durch verschiedene Mittel (Luft, Wasser, Suspension) und mit Hilfe verschiedener Vorrichtungen (Setzmaschinen, Schütteltische u. a.).

Der Erfolg der Konzentration durch Schwerkraft hängt vom Unterschied der spezifischen Gewichte der nutzbaren Minerale und der begleitenden Komponenten, bzw. der Gangarten, wie auch von der Korngröße der nutzbaren Minerale ab. Das Ausbringen wird größer sein, wenn die Unterschiede der Dichte zwischen den einzelnen Mineralen im aufzubereitenden Erz größer und die nutzbaren Minerale grobkörnig sind. Wenn es sich um sehr feinkörnige Minerale handelt, wird bei der Schwerkraftkonzentration ein sehr geringes Ausbringen erreicht, denn ein sehr großer Teil der nutzbaren Komponenten geht im Schlamm verloren.

Schwertrübeverfahren, die Konzentrierung in schweren Suspensionen, ist ein Verfahren, das immer größere Anwendung findet. Dieses Verfahren wird bei ärmeren Mineralrohstoffen besonders oft angewendet, um eine Vorkonzentration zu erreichen; die Schwertrübeaufbereitung ist auch ein sehr wirtschaftliches Verfahren zur Konzentration reicherer Mineralrohstoffe (z. B. gröbere Fraktionen bei Eisenerzen).

3. *Flotation* ist das meistverbreitete Verfahren der mechanischen Aufbereitung mineralischer Rohstoffe. Vor allem wird sie angewendet bei der Aufbereitung von sulfidischen und,

seltener, einiger oxydischen Minerale, insbesondere wenn es sich um Erze komplexer mineralischer Zusammensetzung handelt.

Außer Sulfiderzen und zum Teil auch Oxyderzen können auch einige nichtmetallische Rohstoffe durch Flotation erfolgreich konzentriert werden.

Die Höhe der Aufbereitungskosten (Kapazität u. a.) hängt unter anderem auch von der Aufbereitbarkeit des Erzes, die manchmal in weiten Grenzen schwanken kann, bedeutend ab. So ist bei leicht und schwer aufbereitbaren Blei-Zink-Erzen das Verhältnis der Gewinnungskosten zu den Aufbereitungskosten, nach M. A. Fischmann, wie folgt:

Leicht aufbereitbares polymetallisches Erz		
	Erzgewinnung	60% der Kosten
	Aufbereitung	40% „ „
Schwer aufbereitbares Blei-Zink-Erz		
	Erzgewinnung	35 bis 40% der Kosten
	Aufbereitung	60 bis 65% „ „

Diese Angaben beziehen sich auf Erze verschiedener Lagerstättentypen und sind ausschließlich als Richtwerte zu betrachten.

4. *Die Magnetscheidung* ist ein Verfahren, das schon älter ist, es steht an erster Stelle bei der Aufbereitung von Magnetit oder der Erze mit größerer Suszeptibilität. Auch andere Eisenerze (Hämatit, Limonit, Siderit), deren Suszeptibilität sehr niedrig ist, lassen sich durch Magnetscheidung konzentrieren, doch werden in diesem Fall die Erze vorher gewöhnlich einer magnetisierenden Röstung unterworfen.

Durch eine Erhöhung der Intensität des Magnetfeldes lassen sich auch einige andere Metalle erfolgreich konzentrieren (Absonderung des Wolframits vom Kassiterit, des Granats aus den Scheelitkonzentraten u. a.).

5. *Die Amalgamierung* findet sehr beschränkte Anwendung, hauptsächlich bei der Behandlung von Golderzen, besonders aus Goldseifen mit freiem Gold. Bei der Behandlung von Silbererzen findet die Amalgamierung beschränkte Anwendung.

Als ein besonderes Verfahren der Konzentration des Goldes aus komplexen Erzen, in denen Gold nicht frei, sondern gebunden vorkommt, wird die Zyanlaugung angewendet.

In der Praxis wird nicht nur ein Konzentrationsverfahren, sondern gewöhnlich eine Kombination der einzelnen Konzentrationsverfahren angewendet.

Das Ausbringen und der Konzentrationsgrad sind sehr wichtige Kennziffern der Aufbereitungsprozesse.

Das Ausbringen (I) wird bestimmt durch das Verhältnis der Konzentration der nutzbaren Komponente im Konzentrat zur Konzentration im Erz vor der Aufbereitung.

Sind Q, C und T die Gewichte des Mineralrohstoffes, der Konzentrate und der Berge und sind weiter q, c und t die Gehalte an nutzbaren Komponenten in jenen, kann man das Ausbringen durch folgende Formel ermitteln:

$$I = \frac{c(q-t)}{q(c-t)} \cdot 100\ (\%)$$

Der Konzentrationsgrad (k) wird durch die Menge des Ausgangsmaterials (in Gewichtseinheiten) bestimmt, die für die Gewinnung einer Gewichtseinheit im Konzentrat erforderlich ist:

$$k = \frac{c-t}{q-t}$$

Falls sich als Produkt der Aufbereitung zwei Konzentrate ergeben (Konzentrat A und Konzentrat B), können die Mengen der nutzbaren Komponenten, das dabei erreichte Ausbringen (i_a und i_b) und der Konzentrationsgrad (k_a und k_b) folgenderweise festgestellt werden:

	Gehalt der einzelnen nutzbaren Komponenten (a)	(b)
Eingang (Q)	a_1	b_1
Konzentrat (A)	a_1	a_2
Konzentrat (B)	a_3	a_3
Berge (T)	a_4	a_4

$$A = Q \cdot \frac{(a_1 - a_4)(b_3 - b_4) - (b_1 - b_4)(a_3 - a_4)}{(a_2 - a_4)(b_3 - b_4) - (b_2 - b_4)(a_3 - a_4)}$$

$$B = Q \cdot \frac{(a_2 - a_4)(b_1 - b_4) - (a_1 - a_4)(b_2 - b_4)}{(a_2 - a_4)(b_3 - b_4) - (b_2 - b_4)(a_3 - a_4)}$$

$$i_a = \frac{A \cdot a_2}{Q \cdot a_1} \cdot 100\ (\%)$$

$$i_b = \frac{B \cdot b_3}{Q \cdot b_1} \cdot 100\ (\%)$$

$$k_a = \frac{Q}{A}$$

$$k_b = \frac{Q}{B}$$

Die für die Errichtung der Aufbereitungsanlagen erforderlichen *Investitionen* können je nach der Betriebskapazität und je nach dem benutzten Aufbereitungsverfahren sehr groß sein. Für kleine Anlagen (Kapazität bis 500 t/Tag) betragen die Investitionen je Tonne Erz annähernd bis etwa 1200 $ bei der Anwendung von Flotation.

Um nur in groben Zügen eine Einsicht über die Höhe der Investitionen für die Einrichtung einer Aufbereitungsanlage zu gewinnen, in der verschiedene Konzentrationsverfahren angewendet werden, führen wir hier die Angaben nach A. TAGGART für 1 t Erz (1 t/Tag) an:

Setzmaschinen und Schütteltische (Gebiet Tri State, Elektroenergie wird gekauft)	100 bis 150 $
Konzentration grober Erzklassen; Setzmaschinen und Schütteltische	300 bis 400 $
Konzentration feinkörniger Erzklassen; Schütteltische und Flotation	600 bis 750 $
Flotation, Ausscheidung eines Minerals	600 bis 800 $
Flotation, Ausscheidung zweier Minerale	700 bis 900 $
Feinmahlung und Zyanisierung	700 bis 1200 $
Amalgamierung	400 bis 700 $

Obwohl es sich hier um alte Angaben handelt, deren Werte heute Abweichungen aufweisen, sind dennoch die relativen Verhältnisse der Investitionen für Aufbereitungsanlagen bei Anwendung verschiedener Konzentrationsverfahren gleichgeblieben.

Die Gesamtkosten der Aufbereitung hängen von vielen Faktoren ab, von denen die Betriebskapazität, das Aufbereitungsverfahren, der Mineralbestand und der Aufbau des Erzes sowie die Anzahl der ausgeschiedenen Aufbereitungsprodukte (ein oder mehrere Konzentrate) die wichtigsten sind. In Anbetracht der Veränderlichkeit der Bedingungen, unter denen die Aufbereitung durchgeführt wird, können die Aufbereitungskosten in weiten Grenzen schwanken. Bei Anwendung von Flotation liegen die Aufbereitungskosten je Tonne Erz gewöhnlich zwischen 2 und 5 $, jedoch erreichen sie auch 8 bis 10 $ je Tonne. Da die Höhe der Aufbereitungskosten derartig schwankt, ist bei der wirtschaftsgeologischen Bewertung von Lagerstätten während der Phase ihrer Erkundung eine Schätzung der Aufbereitungskosten durch einen Analogievergleich mit schon in Betrieb befindlichen Aufbereitungsanlagen nur dann zulässig, wenn es sich um erzreichere Lagerstätten handelt, deren Abbaubedingungen ausgesprochen günstig sind; bei Lagerstätten, in denen die Abbau- und Aufbereitungsbedingungen etwa an der Grenze der Wirtschaftlichkeit liegen, kann man sich mit einer annähernden Schätzung nicht begnügen, sondern muß über genauere Angaben verfügen, die auf Grund einer technologisch-wirtschaftlichen Untersuchung der Aufbereitbarkeit der Erze aus der betreffenden Lagerstätte ermittelt werden.

2. Metallurgische Verarbeitung

Folgende Gesichtspunkte für metallurgische Verarbeitung sind bei einer wirtschaftsgeologischen Bewertung von Lagerstätten zu berücksichtigen:

1. Ob die mineralischen Rohstoffe aus einer Lagerstätte oder die Konzentrate technisch-wirtschaftlich verwertbar sind, d. h. das gewonnene Produkt absetzbar ist. Besonders wichtig sind dabei die Verfahren zur Behandlung neuer mineralischer Rohstoffe oder billigere Verarbeitungsverfahren ärmerer Rohstoffe (Auslaugen der Erze in der Lagerstätte selbst u. a.).

2. Die technisch-wirtschaftlichen Faktoren der metallurgischen Verarbeitung der Mineralrohstoffe:

Verarbeitungskosten,

Ausbringen an Metall bzw. an nutzbaren Komponenten,

Komplexe Nutzung des Mineralrohstoffes.

Es müssen weiters die von der Metallurgie mit Rücksicht auf die späteren Verarbeitungsprozesse gestellten Anforderungen in bezug auf die Qualität der Mineralrohstoffe (Erze und Konzentrate) berücksichtigt werden, denn davon hängen die Verwendbarkeit der mineralischen Rohstoffe in der Industrie und die Wirtschaftlichkeit der Gewinnung der Lagerstätten ab.

D. Regionale Faktoren

Bei der wirtschaftsgeologischen Bewertung der Lagerstätte können auch die regionalen Faktoren, d. h. die geographische Lage der Lagerstätte oder des erzführenden Gebietes, eine wichtige Rolle spielen. Die Wirtschaftlichkeit des Abbaues von Lagerstätten hängt von deren Lage in bezug auf den Verbraucher bzw. auf den Absatzmarkt, vom Standort des Bergwerkes und der Aufbereitungsbetriebe wie auch von der späteren Versorgung des Bergwerkes ab.

Die Lagerstätten befinden sich oft weit entfernt von Industriezentren, von Ansiedlungen oder bewohnten Gebieten und von Verkehrswegen. Unter solchen Bedingungen erfordert die Errichtung einer Bergwerksanlage oft bedeutend größere finanzielle Mittel als die Errichtung eines Bergwerkes derselben Kapazität unter günstigeren Bedingungen, manchmal können dabei die erforderlichen Investitionen sogar 1,5- bis 2mal höher sein als in günstiger regionaler Lage.

Im späteren Betrieb eines Bergwerkes können sehr erhebliche Kosten für Förderung und Transport der Erze oder Konzentrate bis an den Verbraucher anfallen, so daß sich dadurch die Wirtschaftlichkeit der Produktion wesentlich verringert. Es kann sogar die weitere Förderung unrentabel werden. Dies trifft besonders bei billigen oder armen Erzen zu.

Zu den wichtigsten regionalen Faktoren, die bei der wirtschaftsgeologischen Bewertung der Lagerstätten ausschlaggebend sind, zählen:

1. Transportverhältnisse

Die Entfernung der Lagerstätte vom Verbraucher ist ein sehr wichtiger Faktor, der auf die Wirtschaftlichkeit der Gewinnung von Lagerstätten einwirkt, denn die Transportkosten können oft sogar 2- bis 4mal höher sein als die Förderkosten des Bergwerkes. Die Transportkosten können damit bestimmend sein bei der Entscheidung, ein Bergwerk überhaupt zu errichten oder nicht.

Die von Verkehrswegen und Verbrauchergebieten weitab liegenden Lagerstätten müssen Erze einer wesentlich besseren Qualität führen und viel größere Minimalreserven enthalten als Lagerstätten, deren Lage in dieser Hinsicht günstiger ist. Bei der Suche und Erkundung von Lagerstätten, die von Verbrauchergebieten oder von der Meeresküste eine Entfernung von einigen hundert, manchmal auch 1000 bis 2000 km haben, muß im voraus bestimmt werden, welcher industrielle Minimalgehalt und welche Minimalreserven in einer Lagerstätte vorhanden sein müssen, daß der Beginn der Erkundungsarbeiten überhaupt von wirtschaftlichem Interesse ist.

Der Einfluß der Transportkosten auf die Wirtschaftlichkeit der Gewinnung ist nicht bei allen Mineralrohstoffen und Metallen gleich groß. Daher können verschiedene Mineralrohstoffe in wirtschaftlicher Hinsicht auch verschiedene Transportkosten vertragen. Bei einzelnen wertvollen Metallen, wie Gold und Platin, ist jede Höhe der Transportkosten, ja sogar Flugtransport, gerechtfertigt, wobei die Entfernung keine wichtigere Rolle spielt. Hingegen können billigere mineralische Rohstoffe die bei längeren Entfernungen anfallenden Kosten des Transportes bis zum Verbraucher bzw. bis zum Markt nicht ertragen.

Zu den Hauptfaktoren, die auf die Höhe der Transportkosten einwirken, zählen:

Das Vorhandensein oder Nichtvorhandensein von Transportwegen zwischen dem Bergwerk und dem Markt bzw. den Verbrauchern. Falls Transportwege erst ausgebaut werden sollen, so ist mit bedeutenden Investitionen für den Straßenbau oder für den Eisenbahnbau zu rechnen.

Die Entfernung des Bergwerkes von den bereits vorhandenen Verkehrsmitteln. In einzelnen erzführenden Regionen soll auch die Entfernung des Bergwerks von den Aufbereitungsanlagen berücksichtigt werden.

Die Transportart ist ein sehr wichtiger Faktor, der die Höhe der Transportkosten mitbestimmt, denn die absolute Transportlänge allein ist nicht ausschlaggebend (z. B. 1 km Schiffstransport, 1 km Kraftwagentransport), da bei einer Einheit der Transportlänge die Höhe der anfallenden Transportkosten bei den verschiedenen verwendeten Transportmitteln sehr verschieden ist:

1. Der Transport mit Tragtieren und mit von Zugtieren gezogenen Wagen (Pferde, Esel u. a.) ist eine sehr teure Transportart, die nur in Lagerstätten mit unbedeutender Förderleistung benutzt wird, gewöhnlich auch nur für kurze Entfernungen (ausgenommen Bolivien, wo auf diese Weise handgeschiedenes, reiches Erz oder Zinn-, Wolfram- und Antimonkonzentrate auch auf Entfernungen von mehreren hundert Kilometern transportiert werden).

2. Der Transport mit Kraftwagen ist eine billigere, heute vielfach angewendete Art des Transportes, wobei entsprechend den Verhältnissen immer häufiger Schwerlastwagen mit Anhängern verwendet werden. In Anbetracht der Transportkosten bei einer solchen Transportart werden Erze mit Kraftwagen auf Entfernungen von 200 bis 300 km transportiert, und nur ausnahmsweise ist ein Transport mit Kraftwagen auch auf größere Entfernungen wirtschaftlich.

3. Mit der Eisenbahn können mineralische Rohstoffe auch auf Entfernungen von mehreren hundert Kilometern transportiert werden. Die Frachtkosten beim Eisenbahntransport sind in den einzelnen Ländern verschieden.

4. Der Fluß- und Seetransport ist die billigste Art des Transportes mineralischer Rohstoffe, besonders wenn es sich um den Transport größerer Mengen in großen Schiffen handelt.

Zu den Transportkosten zählen auch die Hafengebühren, die manchmal ziemlich groß sein können, was bei der Kalkulation der Transportkosten und bei der Beurteilung ihres Einflusses auf die Wirtschaftlichkeit der Gewinnung der Lagerstätte zu berücksichtigen ist.

2. Energiequellen

Das Vorhandensein von Energiequellen zur Versorgung des Bergwerks kann manchmal ein sehr wichtiger Faktor sein, der auf die Höhe der Produktionskosten des Bergwerks einwirkt. Falls in der Nähe des Bergwerks keine Energiequellen bestehen, so daß der Betrieb erst eigene Kraftanlagen bauen muß, können die hierfür erforderlichen Investitionen bedeutend sein. Das kann sich zweifellos auf die Wirtschaftlichkeit der Gewinnung bedeutend auswirken.

Erhöhte Produktionskosten können auch als Folge der größeren Transportwege für Erdöl oder Kohle entstehen, die für die Energieerzeugung erforderlich sind.

3. Wasserversorgung

Die Wasserversorgung eines Bergwerkes kann ein wichtiger Faktor sein, der auf die Möglichkeit der Errichtung eines Bergwerkes und auf die Errichtung von Aufbereitungsanlagen einwirkt und damit die Höhe der Produktionskosten beeinflußt. Eine wichtige Rolle spielt neben dem Trinkwasser auch das Industriewasser, das für den normalen Betrieb der Aufbereitungsanlagen erforderlich ist. Die Wasserversorgung ist ganz besonders wichtig bei Aufbereitungsanlagen größerer Kapazität, für deren Betrieb bedeutende Wassermengen und ein starker Wasserzufluß Bedingung sind. Manchmal können die Investitionen für die Wasserversorgung sehr beträchtlich sein, wie z. B. für die Grube Chuquicamata in Chile, die in der wasserlosen Wüste Atakama liegt.

4. Klimatische Verhältnisse

In einzelnen Weltteilen (arktische Gebiete, Gebiete im Hochgebirge, Wüstenregionen u. a.) können die klimatischen Verhältnisse auf die Abbaubedingungen und auf die Höhe der Produktionskosten stark einwirken. In Gebieten, die mit ewigem Eis bedeckt sind oder die einige Monate im Jahr unter einer Schneedecke liegen, bestehen für die Gewinnung im Tagebau beschränkte, manchmal sogar überhaupt keine Möglichkeiten, weshalb die Gewinnung im Tiefbau erfolgen muß, was wiederum die Produktionskosten erhöht.

In manchen Fällen erschweren die klimatischen Verhältnisse nicht nur den Abbau der Lagerstätten, sondern sie können auch direkte Ursache der Erhöhung der Verarbeitungskosten sein. So ist bei der Flotation der Erze von Buntmetallen in manchen Lagerstätten in Kanada eine vorherige Erwärmung des Wassers und der Erze erforderlich, wodurch sich die Aufbereitungskosten wesentlich erhöhen.

5. Besiedlungsdichte

Für einen normalen Bergwerksbetrieb ist auch das Vorhandensein von Arbeitskräften und nahen Ansiedlungen eine unerläßliche Bedingung. Wenn die Ansiedlungen erst errichtet werden sollen, ist dies immer mit bedeutenden Investitionen verbunden.

6. Versorgung des Bergwerks mit Material

Die Versorgung des Bergwerks mit Baumaterial und mit anderen Materialien kann bei manchen Lagerstätten ein wichtiger Faktor ihrer wirtschaftlichen Gewinnung sein. Daher muß man bei der wirtschaftsgeologischen Bewertung der Lagerstätte auch das Problem der Versorgung des Bergwerks mit Material aller Art erwägen, das für die Gewinnung und für die Aufbereitungsanlagen nötig ist.

E. Marktfaktoren

Die Marktfaktoren wirken außerordentlich auf die Bewertung der Erzlagerstätten und auf die Wirtschaftlichkeit der Förderung ein. Unter den Marktfaktoren werden unterschieden: a) Preise der Erze, Konzentrate und Metalle und b) Absatzmöglichkeit der mineralischen Rohstoffe und Metalle nach Art und Menge.

1. Preise

Die Preise der Produkte eines Bergwerkes (Erze oder Konzentrate) oder der Metalle sind einer der Grundfaktoren, von denen die Rentabilität des Abbaues einer Lagerstätte und die Bestimmung der Grenze von Bilanz- und Außerbilanzreserven mineralischer Rohstoffe abhängen.

Die auf die Preisgestaltung der mineralischen Rohstoffe einwirkenden Faktoren sind sehr komplex. Die Preisbestimmung der Erze und Konzentrate hängt grundsätzlich von den technologischen Produktionskosten ab, während die Preise der metallurgischen Produkte mehr oder weniger von den Verhältnissen des Weltmarktes bzw den Verhältnissen der internationalen Arbeitsverteilung bestimmt werden. Die Preise der mineralischen Rohstoffe und der Metalle sind nicht stabil; es treten Preisschwankungen auf, die manchmal auch sehr beträchtlich sein können.

Bei der wirtschaftsgeologischen Bewertung der Lagerstätten ist nicht zu vergessen, daß Weltmarktpreise und Inlandspreise in den einzelnen Ländern bestehen; die Weltmarktpreise sind hauptsächlich Preise für Metalle, während sich die Inlandspreise überwiegend auf Konzentrate und Erze beziehen.

Weltmarktpreise. Grundsätzlich hängen die Preise der einzelnen Metalle im internationalen Handel von Angebot und Nachfrage ab. Viele Metalle unterliegen großen Preisschwankungen, bei wenigen Metallen sind die Preise stabil (Gold, Platin) oder es treten nur unbedeutende Schwankungen auf. Abb. 6 zeigt die Preise der einzelnen Metalle in der Zeit von 1898 bis 1964.

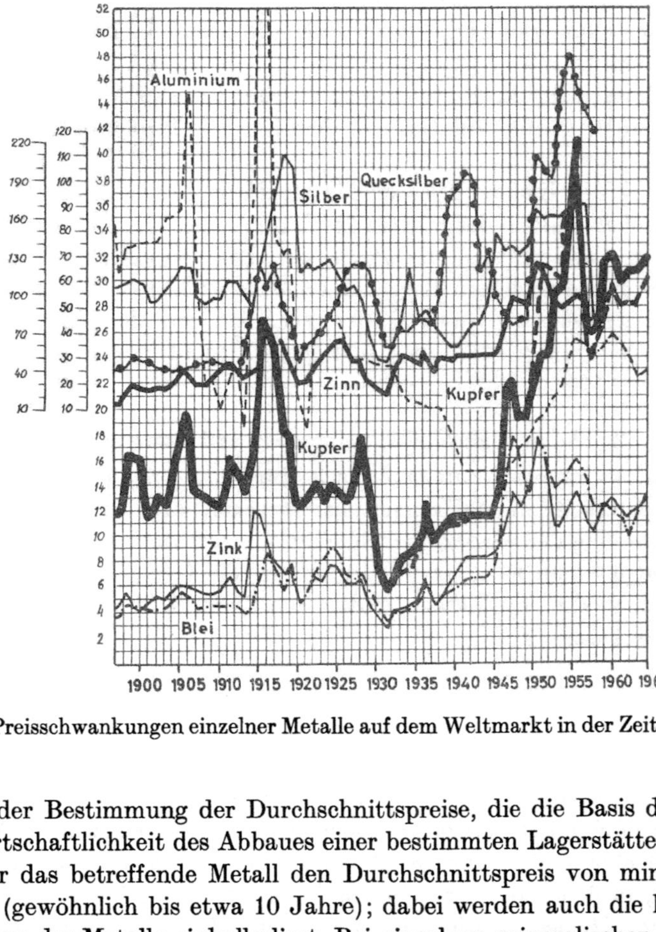

Abb. 6. Preisschwankungen einzelner Metalle auf dem Weltmarkt in der Zeit von 1895 bis 1964

Bei der Bestimmung der Durchschnittspreise, die die Basis der Bestimmung der Wirtschaftlichkeit des Abbaues einer bestimmten Lagerstätte bilden, benutzt man für das betreffende Metall den Durchschnittspreis von mindestens einigen Jahren (gewöhnlich bis etwa 10 Jahre); dabei werden auch die künftigen Preistendenzen des Metalls einkalkuliert. Bei einzelnen mineralischen Rohstoffen, die in kurzer Zeit (3 bis 4 Jahre) abgebaut werden, können die gegenwärtigen oder die in naher Zukunft zu erwartenden Preise wichtiger sein als die Durchschnittspreise.

Der Kauf bzw. Verkauf von Erzen und Konzentraten erfolgt auf Grund von Verträgen, durch die der Metallpreis und die Qualität des mineralischen Rohstoffes festgelegt werden.

Inlandspreise. Entsprechend seinem Bedarf und seinen wirtschaftlichen Möglichkeiten hat jedes Land für die einzelnen mineralischen Rohstoffe seine eigenen Preise, die sich durchaus von den Weltmarktpreisen unterscheiden können. Dies kann aus folgenden Gründen geschehen:

Strategische Gründe und das Bestreben des Staates, seinen Bedarf an bestimmten mineralischen Rohstoffen aus den eigenen Lagerstätten sicherzustellen, um von fremden Rohstoffquellen unabhängig zu bleiben.

Die Entwicklung oder die Erhaltung des eigenen Bergbaues aus bestimmten gesellschaftspolitischen Gründen. Zum Beispiel erhält Kanada seine eigene Goldproduktion in einzelnen Bergwerken im Norden des Landes unter anderem auch deshalb aufrecht, damit in diesen Landesteilen die Besiedlung erhalten bleibt, denn mit der Einstellung des Bergbaues würden diese kanadischen Gebiete wieder unbewohnt werden.

Mangel an Devisen für die Einfuhr mineralischer Rohstoffe oder Entwicklung der einheimischen Bergbauproduktion mit dem Ziel, die Produkte gegen Devisen auszuführen.

Die Gestaltung der Inlandspreise in den einzelnen Ländern ist mit dem gesellschaftspolitischen Aufbau des Staates des betreffenden Landes eng verbunden. In sozialistischen Ländern sind die Preise der Bergbauprodukte und Metalle durch den Plan für die einzelnen Bergbauzweige einheitlich (Durchschnittspreise des jeweiligen Zweiges); ein zuverlässiger Vergleich mit den Preisen anderer Länder ist sehr schwer, denn die Preise sind der Wirtschaft des jeweiligen Landes weitestgehend angepaßt.

2. Absatzmöglichkeiten mineralischer Rohstoffe

Zum Teil umfaßt die wirtschaftsgeologische Bewertung der Lagerstätten auch die Frage des Absatzes der mineralischen Rohstoffe und Konzentrate auf dem Markt.

Bei der Beurteilung der Absatzmöglichkeiten mineralischer Rohstoffe auf dem Markt unterscheidet man zwei Grundfaktoren: 1. die Menge der mineralischen Rohstoffe, Konzentrate und Metalle und 2. die Qualität, die den Marktanforderungen angepaßt ist.

a) Der Absatz der Mengen

Bei der Beurteilung der Bergwerkskapazität ist die Absatzmöglichkeit des abgebauten oder angereicherten Erzes auf dem Markt, und zwar auf dem Inlands- wie auch auf dem Auslandsmarkt, zu berücksichtigen. In den Westländern hängt der Absatz der mineralischen Rohstoffmengen (Erze und Konzentrate) grundsätzlich von Angebot und Nachfrage ab sowie von der Entwicklung derjenigen Industriezweige, in denen die betreffenden Rohstoffe zum Einsatz kommen; in den sozialistischen Ländern werden die erforderlichen Mengen mineralischer Rohstoffe für die Deckung des Bedarfes der einheimischen Industrie und auch die für die Ausfuhr vorgesehenen Mengen durch den Plan bestimmt.

Bei der Abschätzung der Kapazität eines Bergwerkes und des Absatzes mineralischer Rohstoffe und Metalle sollten auch die folgenden Momente beachtet werden:

Die Absatzmöglichkeit hängt von der Größe des Verbrauches ab, wobei neben dem Gesamtverbrauch der in der Industrie zum Einsatz kommenden Mengen auch der Verbrauch pro Einwohner der Welt sowie der einzelnen Länder sehr wichtig ist, besonders in jenen Ländern, die wichtige Produzenten oder Verbraucher der mineralischen Rohstoffe sind und die einen bestimmten Einfluß auf den Weltmarkt haben können.

Bei der Schätzung der bergbaulichen und hüttenmännischen Produktion und dem Vergleich mit dem Weltverbrauch ist auch die Tendenz des weiteren Weltbedarfes an mineralischen Rohstoffen und Metallen zu berücksichtigen. Gewöhnlich wird bei der Beurteilung der Zukunftsaussichten des Bedarfes an bestimmten mineralischen Rohstoffen eine Zeitspanne von 15 bis 20 Jahren vorgesehen (ausnahmsweise auch mehr).

In engem Zusammenhang mit der künftigen Versorgung der Welt und der einzelnen Länder mit mineralischen Rohstoffen steht auch die Sicherstellung der Reserven für eine bestimmte Kapazität von Bergbau und Hütten für eine bestimmte Zeitdauer. Bei der Beurteilung der Rohstoffbasis der Welt und der einzelnen Länder und des Verhältnisses der Rohstoffbasis zum Bedarf sollten nicht nur die natürlichen Kennziffern dieser Reserven (Mengen, Qualität), sondern auch die wirtschaftlichen Kennziffern (die wirtschaftlichen Ergebnisse der Verwendung der betreffenden Rohstoffreserven) berücksichtigt werden. Eine wirtschaftliche Klassifikation der bestehenden Rohstoffbasis der Welt ist bis heute leider noch immer nicht durchgeführt worden (selbst nicht in den Ländern, in denen Angaben über mineralische Rohstoffreserven kein Staatsgeheimnis sind).

Bei diesen Erwägungen, vor allem die potentiellen Reserven betreffend, sind jene mineralischen Rohstoffe besonders wichtig, die mengenmäßig als kritisch oder für eine längere Periode als nicht ausreichend angesehen werden müssen.

Bei der Schätzung des heutigen und künftigen Bedarfes der Welt und der einzelnen Länder ist auch nicht die Möglichkeit des Ersatzes eines gewissen Mineralrohstoffes durch einen anderen zu vergessen. Mangel oder übermäßig hohe Preise einzelner mineralischer Rohstoffe und Metalle können die Ursache sein, daß sie durch billigere und in der Natur häufiger vorkommende ersetzt werden.

b) Marktlage und Qualität mineralischer Rohstoffe

Bei der wirtschaftsgeologischen Bewertung der einzelnen Lagerstätten und Erze ist es besonders wichtig festzustellen, ob die Qualität der Erze oder der aus ihnen gewonnenen Konzentrate den Anforderungen des Marktes bzw. der Industrie entspricht.

Die Anforderungen der Industrie richten sich grundsätzlich nach den jeweilig angewendeten technologischen Verfahren und der Wirtschaftlichkeit der Verarbeitung der mineralischen Rohstoffe und müssen infolgedessen nicht in allen Weltteilen gleich sein. So sind in gewissen Grenzen die Anforderungen unterschiedlich. Je nach den Änderungen der metallurgischen Verarbeitung ändern sich auch die Anforderungen in bezug auf die Qualität der Mineralrohstoffe.

Bezüglich der Qualität der Metalle bestehen auf dem Weltmarkt einheitlichere Normen, als es bei den mineralischen Rohstoffen (Erze und Konzentrate) der Fall ist. Es gibt bestimmte Standardbedingungen, denen die Qualität der Metalle entsprechen muß und nach denen auch die Metallpreise bestimmt werden.

In Anbetracht der Veränderlichkeit der Anforderungen, die die Industrie an die Qualität der mineralischen Rohstoffe stellt (Gehalt nutzbarer, schädlicher und unerwünschter Komponenten), werden genauere Marktbestimmungen bezüglich der Qualität und der Preise der mineralischen Rohstoffe durch Verträge zwischen Bergwerken und Verbraucher festgesetzt.

II. Parameter zur Bewertung der Lagerstätten mineralischer Rohstoffe

Die wirtschaftsgeologische und wirtschaftliche Bewertung der Lagerstätten beruht grundsätzlich auf vielen Kennziffern, die sich in zwei zusammengehörige Gruppen einteilen lassen: natürliche und wirtschaftliche Kennziffern. Die Anwendung der einen oder der anderen Kennziffer hängt stark von der Stufe der Erkundung der Lagerstätte und vom Ziel ihrer wirtschaftsgeologischen Bewertung ab.

Während der Lagerstättensuche und der Erkundungsarbeiten sind die natürlichen Parameter ausreichend für eine solche Bewertung; nach Beendigung der Vor- und Detailerkundungen aber muß die Bewertung hauptsächlich auf wirtschaftlichen Kennziffern aufgebaut werden.

Für die Bewertung einer Lagerstätte können folgende Kennziffern unterschieden werden:

Natürliche Parameter	*Wirtschaftliche Parameter*
Qualität des mineralischen Rohstoffes	Preis des endgültigen Marktproduktes
Reserven mineralischer Rohstoffe und Reserven nutzbarer Komponenten	Gesamtkosten der Gewinnung des Marktproduktes (Bergbaukosten, Aufbereitungskosten, Kosten der eventuellen Verarbeitung).
	Transportkosten
Bergwerkskapazität bzw. Jahresproduktion (Erze, Konzentrate)	Gesamte und spezifische Investitionen für den Aufschluß eines Bergwerks bestimmter Produktionskapazität bzw. entsprechend den vorhandenen Reserven mineralischer Rohstoffe
Verhältnisse der örtlichen Lage der Lagerstätte	
Dauer der Vorbereitungen für den Abbau der Lagerstätten und Lebensdauer	Rentabilität
	Geplante Amortisationszeit der angelegten Investitionen

Bei der Anwendung der einzelnen Parameter ist auch die Möglichkeit ihrer Änderung im Laufe der Zeit zu berücksichtigen, die von einer Reihe von bereits besprochenen Faktoren abhängt. Daher werden durch die wirtschaftsgeologische Bewertung einer bestimmten Lagerstätte, die auf Grund der natürlichen oder wirtschaftlichen Kennziffern oder aber auf Grund beider Gruppen durchgeführt wurde, nur die in einem bestimmten Moment vorliegenden Verhältnisse in der Lagerstätte ermittelt.

A. Natürliche Parameter

Von den natürlichen Parametern sind besonders wichtig die Reserven und die Qualität mineralischer Rohstoffe. Da einzelne Parameter (Bergwerkskapazität, Transportverhältnisse, Lebensdauer von Lagerstätten) schon vorher besprochen wurden, werden wir nur Qualität und Reserven eingehend betrachten, denn jene Parameter sind gleichzeitig auch die Grundlage der Lagerstättenbewertung.

1. Die Qualität der mineralischen Rohstoffe

Die Qualität der mineralischen Rohstoffe wird hauptsächlich durch den Gehalt an nutzbaren und schädlichen Komponenten, das Gefüge und die physikalischen Eigenschaften jener Rohstoffe bestimmt; die Qualität umfaßt auch ihr Verhalten bei der Aufbereitung und Verarbeitung.

a) Der Gehalt an nutzbaren und schädlichen Komponenten

Eine der Hauptkennziffern der Qualität mineralischer Rohstoffe, besonders der metallischen Rohstoffe, ist ihr Gehalt an nutzbaren und schädlichen Komponenten. Bei den meisten mineralischen Rohstoffen wird diese Kennziffer in Prozenten oder in Gewichtseinheiten ihres Anteils ausgedrückt.

Neben den nutzbaren Hauptkomponenten wird die Qualität des mineralischen Rohstoffes auch vom Gehalt der begleitenden nutzbaren Komponenten beeinflußt. Wenn bei der späteren Verarbeitung auch diese als Nebenprodukte unter den gleichen wirtschaftsgeologischen und technischen Bedingungen wie die Hauptkomponenten gewonnen werden können, wird selbst bei einem niedrigen Gehalt an Hauptkomponenten die betreffende Lagerstätte dennoch abbauwürdig bleiben.

Mittlerer Gehalt an nutzbaren Komponenten. Der mittlere Gehalt der nutzbaren Komponente (oder mehrerer Komponenten) in einer Lagerstätte wird festgestellt auf Grund der durch Untersuchungen, Abbau und Probenahme ermittelten Angaben. Der mittlere Gehalt ist eines der Grundelemente der Beurteilung der Bauwürdigkeit einer Lagerstätte und der wirtschaftlichen Resultate bei ihrer künftigen Gewinnung. Daher ist erwünscht, daß der mittlere Gehalt der nutzbaren Komponente möglichst groß ist, denn dann werden auch günstigere technisch-ökonomische Ergebnisse beim Abbau der Lagerstätte erreicht werden.

Der industrielle Minimalgehalt. Der industrielle Minimalgehalt ist der geringste mittlere Gehalt nutzbarer Komponenten im mineralischen Rohstoff in der Lagerstätte oder in ihren einzelnen Teilen, auf Grund dessen beim Abbau der Lagerstätte die erweiterte Reproduktion bestimmt wird; der dabei erzielte Minimalgewinn ist in den einzelnen Ländern nicht gleich groß, denn er hängt in bedeutendem Maße von der Staatsverfassung ab wie auch von der erwünschten Rentabilität bzw. dem ökonomischen Ergebnis der Gewinnung der Lagerstätte. Es kann angenommen werden, daß der Gewinn, den der industrielle Minimalgehalt sicherstellen soll, größer sein muß als der durchschnittliche Zinsfuß des angelegten Kapitals zu dieser Zeit bzw. größer als der durchschnittliche Akkumulationszinsfuß; bei einzelnen sozialistischen Wirtschaftsorganisationen wird die Höhe des industriellen Minimalgehaltes der nutzbaren Komponenten im Mineralrohstoff in der Lagerstätte durch den Plan für die einzelnen Bergbauzweige und die einzelnen mineralischen Rohstoffe je nach der Bedeutung und dem einheimischen Bedarf des Landes an dem betreffenden mineralischen Rohstoff bestimmt.

Die Bestimmung des industriellen Minimalgehaltes in einer Lagerstätte ist ein komplexes Problem, denn es hängt von einer Reihe von veränderlichen Faktoren ab. Zu berücksichtigen sind dabei nicht nur die Kosten für den Abbau, die Aufbereitung und die Verarbeitung, sondern auch das dabei erzielbare Ausbringen und die komplexe Auswertung des mineralischen Rohstoffes.

Bei der Bestimmung des industriellen Minimalgehaltes können verschiedene Kennziffern angewendet werden, wie die Höhe des Gewinns oder die Kosten der Gewinnung von Marktprodukten (Erze, Konzentrate, Metalle); H. M. CALAWAY schlägt vor, daß bei der Bestimmung des industriellen Minimalgehaltes der Charakter der ständigen und veränderlichen Kosten bei der Änderung der Produktion im Unternehmen berücksichtigt wird.

Die Bestimmung der Größe des industriellen Minimalgehaltes beruht auf der Festlegung, daß der Wert der aus dem mineralischen Rohstoff gewonnenen Produkte größer sein soll als alle einschlägigen Kosten.

Die Kosten, die notwendig sind, um 1 t des Endproduktes zu gewinnen, können mit der folgenden allgemeinen Formel dargestellt werden:

$$T = \frac{C_1(T_e + T_{0b})}{C \cdot i_0 \cdot i_m(1-q)} + \frac{C_1(T_t + T_m)}{C_f \cdot i_m}$$

wobei: C = Gehalt der nutzbaren Komponente in der Lagerstätte (bestimmt auf Grund von Probenahmen);

C_f = Gehalt der nutzbaren Komponente im Konzentrat;

C_1 = Gehalt der nutzbaren Komponente im Endprodukt;

T_e = Abbau- und Transportkosten für 1 t Mineralrohstoff;

T_{0b} = Aufbereitungskosten für 1 t mineralischen Rohstoffes;

T_t = Transportkosten von der Aufbereitungsanlage bis zur Hütte für 1 t mineralischen Rohstoffes;

T_m = Verhüttungskosten für 1 t Konzentrat;

i_0, i_m = Koeffizient des Ausbringens im Aufbereitungsbetrieb (Flotation, Separation) und in der Hütte; Teile der Einheit;

q = Koeffizient der Erzverdünnung beim Abbau der Lagerstätte.

Das erste Glied der angeführten Gleichung umfaßt die für die Gewinnung einer Tonne des endgültigen Marktproduktes notwendigen Kosten des Abbaus, des Transportes und der Aufbereitung des mineralischen Rohstoffes.

Das zweite Glied der Gleichung umfaßt die Kosten des Transportes und der metallurgischen Verarbeitung der Konzentrate, die bei der Gewinnung von 1 t Metall entstehen.

Wenn es zu keiner Veränderung der Qualität des Konzentrates im Zusammenhang mit dem Gehalt der nutzbaren Komponente im primären Rohstoff (C) kommt, so wird das zweite Glied der Gleichung einen konstanten Wert haben, unabhängig von (C).

Das zweite Glied der Gleichung werden wir mit (P) bezeichnen; die Abbau- und Aufbereitungskosten für 1 t mineralischen Rohstoffes mit dem industriellen Minimalgehalt der nutzbaren Komponente mit T_e und T_{0b}; den Koeffizienten des Ausbringens bei der Aufbereitung mineralischer Rohstoffe mit industriellem Minimalgehalt der nutzbaren Komponente mit i_0; den industriellen Minimalgehalt der nutzbaren Komponente, der den Bedingungen eines rentablen Abbaus entspricht, mit C_{min}.

$$T = \frac{C_1(T_e + T_{0b})}{C_{min} \cdot i_0 \cdot i_m(1-q)} + P$$

Daraus resultiert:

$$C_{min} = \frac{C_1(T_e + T_{0b})}{(T - P) \cdot i_0 \cdot i_m \cdot (1 - q)}$$

Wenn der mineralische Rohstoff mehrere nutzbare Komponenten enthält und ihr Ausbringen möglich ist, so verschiebt sich die Grenze des industriellen Minimalgehaltes der einzelnen nutzbaren Komponenten für den monomineralen Rohstoff zu niedrigeren Gehalten. In Lagerstätten mit derartig komplexem Mineralrohstoffinhalt gelten die Kosten des Abbaues, des Transportes und zum Teil der Aufbereitung gemeinsam für alle nutzbaren Komponenten, die aus dem Mineralrohstoff gewonnen werden. Der Faktor der Umrechnung (f) der einzelnen nutzbaren Erzkomponenten auf eine Komponente kann durch folgende Formel ausgedrückt werden:

$$f = \frac{C_1 \cdot i_1}{C_2 \cdot i_2}$$

wobei: C_1 = Preis des Konzentrates oder des Metalls der einen Komponente;
C_2 = Preis des Konzentrates oder des Metalls der anderen Komponente;
i_1 = gesamtes Ausbringen, das bei der einen Komponente erreicht wird;
i_2 = gesamtes Ausbringen, das bei der anderen Komponente erreicht wird.

Bei der komplexen Auswertung der mineralischen Rohstoffe müssen die Abbau- und Aufbereitungskosten für 1 t mineralischen Rohstoffes und der metallurgischen Verarbeitung (Erz oder Konzentrat) niedriger sein als die gesamten Marktwerte aller Komponenten, die aus 1 t des mineralischen Rohstoffes gewonnen werden. Dies kann mit dem folgenden Ausdruck dargestellt werden (allgemeiner Fall):

$$C_{min}' T' \cdot i_0 \cdot i_m + C_{min}'' T'' \cdot i_0'' \cdot i_m'' + \cdots C_{min}^n T^n \cdot i_0^n \cdot i_m^n \leqq W$$

wobei: C_{min}, T, i_0 und i_m gleich sind wie bei dem monomineralischen Rohstoff, während W die Abbau- und Verarbeitungskosten für 1 t mineralischen Rohstoffes darstellt.

Bei der Bestimmung des industriellen Minimalgehaltes in der Lagerstätte wird oft die Methode der Variantenrechnung angewendet, um ökonomisch günstigste Gehalte der nutzbaren Komponente zu wählen. Für eine möglichst vollkommene Nutzung der Lagerstätte kann man manchmal auch einen geringeren Metallgehalt im Erz wählen, wenn der verringerte Gehalt durch bedeutend geringere Abbaukosten kompensiert wird, als beim Abbau reicherer Erze entstehen würden. In Tab. 4 ist nach M. I. Agaschkow ein Beispiel der Anwendung der Variantenrechnung bei der Bestimmung des industriellen Minimalgehaltes angeführt; die Tabelle zeigt, daß im Hinblick auf die Produktionskosten, die spezifischen Investitionen und die auswertbaren Reserven der nutzbaren Komponente die dritte Variante die günstigste ist.

Der Minimalgehalt der nutzbaren Komponente oder mehrerer Komponenten im mineralischen Rohstoff wird für jede Lagerstätte einzeln bestimmt, denn diese Größe ist oft sehr verschieden, selbst in Lagerstätten der gleichen Type. Der industrielle Minimalgehalt muß auch in allen Teilen ein und derselben Lagerstätte keinen konstanten Wert haben, sondern er wird je nach den technisch-ökonomischen Abbaubedingungen für die einzelnen Lagerstättenteile (Tagebau und Tiefbau) und für die einzelnen Erzarten in der Lagerstätte (sulfidische und oxydische Erze u. dgl.) bestimmt.

Die Höhe des industriellen Minimalgehaltes muß während einer längeren Zeitspanne nicht immer gleichbleiben. Preisänderungen des Marktproduktes

Tabelle 4. *Die Bestimmung des Minimalgehaltes durch Variantenrechnung*

	Der Minimalgehalt (in bedingten Einheiten)			
	1,0	0,8	0,6	0,4
Erzbilanzvorräte (in 1000 t)	3000	4000	6500	12000
Der Mittelgehalt der nutzbaren Komponente im Erz (%)	1,0	0,95	0,74	0,44
Bilanzvorräte in Metall (in 1000 t)	30	38	48	53
Die Ausnützung der nutzbaren Komponente im Endprodukt (in 1000 t)	27,0	30,1	38,3	37,9
Selbstkosten für 1 t Metall im Endprodukt (in Rubel)	500	520	490	570
Investitionen auf 1 t Jahresförderung im Endprodukt (in 1000 t)	13,3	14,3	17,0	25,0
Jahresförderung, Erz (in 1000 t)	250	300	400	600
Jahresförderung, Metall (in t)	2250	2300	2350	1900
Amortisationsfrist (Jahre)	14	16	19	24

(Erze, Konzentrate, Metall), Erhöhung der Arbeitsproduktivität bzw. Herabsetzung der Kosten der Förderung und der Aufbereitung bzw. der Verarbeitung oder Änderungen der territorialen Faktoren (Ausbau von Verkehrswegen u. dgl.) können zur Änderung des industriellen Minimalgehaltes beitragen.

Die Genauigkeit der Bestimmung des industriellen Minimalgehaltes steht mit der Erkundungsstufe der Lagerstätte in engem Zusammenhang. In den ersten Phasen der Erkundung einer Lagerstätte ist bei der Bestimmung der Elemente, die auf die Höhe des Minimalgehaltes der nutzbaren Komponente im mineralischen Rohstoff einwirken, die Anwendung eines Analogievergleiches gestattet mit ähnlichen Lagerstätten, die im Abbau stehen und die gleichen mineralischen Rohstoffe haben. Die auf diese Weise erhaltene Höhe des Minimalgehaltes der nutzbaren Komponente dient ausschließlich nur zur Orientierung. In der Phase der Detailerkundung der Lagerstätte kann man eine Anwendung der Analogie nicht zulassen, sondern man muß den industriellen Minimalgehalt der nutzbaren Komponente auf Grund tatsächlicher, für die betreffende Lagerstätte charakteristischer Angaben bestimmen.

Der geologische Schwellengehalt. Neben dem industriellen Minimalgehalt ist für die Qualität des mineralischen Rohstoffes und für die Möglichkeit der wirtschaftlichen Gewinnung der Erzlagerstätten auch der geologische Schwellengehalt sehr wichtig. Der geologische Schwellengehalt ist der zulässige niedrigste Gehalt nutzbarer Komponenten im Erz, bei dem eine Lagerstätte oder ihre einzelnen Teile noch abbauwürdig bleiben; gleichzeitig stellt er auch die Grenze zwischen den Bilanz- und den Außerbilanzvorräten in der betreffenden Lagerstätte dar, auf Grund welcher die Konturen des Erzkörpers gezogen werden.

Die Größe des geologischen Schwellengehaltes entspricht den in einer Lagerstätte oder in ihren Teilen vorliegenden Abbaubedingungen, also ist es jener Gehalt, der die Deckung aller Kosten zuläßt, die bei der Gewinnung anfallen, um aus dem Erz eine nutzbare Komponente zu gewinnen. Mit einem Wort, der geologische Schwellengehalt entspricht den Bedingungen der einfachen Reproduktion bei der Gewinnung des Lagerstätteninhaltes. Konzentrationen, die größer sind als der geologische Schwellengehalt, sichern einen kleineren oder größeren Gewinn beim Abbau der Lagerstätte. Der industrielle Minimalgehalt soll den Minimalgewinn der Förderung sichern, d. h. den Gewinn, der für eine wirtschaftliche Lagerstättenausnützung unerläßliche Bedingung ist und auf Grund dessen auch die ökonomischen Ergebnisse der Ausnutzung einer Lagerstätte bestimmt werden.

Der geologische Schwellengehalt muß höher sein als der Gehalt in den Abgängen der Aufbereitung, und zwar mindestens um soviel, als jener Metallgehalt beträgt, der die unmittelbare Deckung der Kosten der Gewinnung der nutzbaren Komponente aus dem Erz sichern soll. Bei der Bestimmung des geologischen Schwellengehaltes in einer Lagerstätte muß die beim Abbau eines Erzkörpers entstehende Erzverdünnung berücksichtigt werden, wie auch das Ausbringen, das bei der Aufbereitung eines Erzes mit einem Metallgehalt, der dem geologischen Schwellengehalt nahe liegt, erreicht werden kann, und das geringer ist als das Ausbringen bei der Aufbereitung eines Erzes mit industriellem Minimalgehalt des Metalls. Wenn z. B. bei der Flotation 0,15% Cu in den Bergen enthalten sind und bei der Flotation eines sulfidischen Erzes mit 0,2 bis 0,25% Cu ein Metallausbringen von 75% erreicht wird, muß der geologische Schwellengehalt des Kupfers im Erz über 0,2% betragen; nimmt man dabei auch die Verdünnung der Erzsubstanz beim Abbau von z. B. 15% in Betracht, dann muß in der Lagerstätte bzw. im Erzkörper mit Bilanzvorräten ein geologischer Schwellengehalt von über 0,235% Cu vorhanden sein, das ist aber weniger als die Größe des industriellen Minimalgehaltes an Kupfer (der Gehalt von 0,235% ist der technologische Schwellengehalt). Der genauere Wert des geologischen Schwellengehaltes soll auf Grund der vorliegenden Abbau- und Aufbereitungsbedingungen bestimmt werden, unter Berücksichtigung der Marktanforderungen und der Preise der Marktprodukte (Erze, Konzentrate, Metall). In Anbetracht der Veränderlichkeit dieser Faktoren muß der geologische Schwellengehalt in allen Teilen der Lagerstätte und in den einzelnen Teilen der erzführenden Region nicht immer den gleichen Wert haben. Wesentlich ist dabei, daß bei bestimmten Bedingungen des Abbaus und der Erzaufbereitung der geologische Schwellengehalt in derartiger Höhe bemessen wird, daß er die Deckung aller bei der Gewinnung des Marktproduktes anfallenden Kosten sichert.

Der Wert des geologischen Schwellengehaltes hängt grundsätzlich vom mittleren Gehalt der nutzbaren Komponente bzw. vom industriellen Minimalgehalt der nutzbaren Komponente ab.

Ist der Wert des industriellen Minimalgehaltes einer nutzbaren Komponente bekannt, kann der geologische Schwellengehalt auf Grund verschiedener Verfahren zur Festlegung der Konturen der Erzkörper bestimmt werden. Von diesen Verfahren finden die statistischen Methoden die größte Anwendung. Eines dieser Verfahren ist im folgenden Beispiel dargestellt (nach W I. SMIRNOW):

Auf Grund des Gehaltes der nutzbaren Komponente werden Proben in mehrere Klassen gruppiert. Sodann wird der mittlere Gehalt der nutzbaren Komponente in der Klasse $(C_1, C_2, C_3, \ldots)$ mit der Anzahl der Proben der entsprechenden Klasse $(n_1, n_2, n_3, \ldots)$ multipliziert. Addiert man nun die Produkte $(C_i n_i)$ — die sich auf Klassen beziehen, bei denen der Gehalt der nutzbaren Komponente größer ist als der industrielle Minimalgehalt —, so resultiert ein statistischer Ausdruck der Reserven der nutzbaren Komponente mit einem Gehalt, der größer ist als der industrielle Minimalgehalt (S_1).

Tabelle 5

Die Klasse des Gehaltes % (C)	Zahl der Proben (n)	Sukzessive Summe der Proben nach Klassen	Produkt der Proben und Gehalte in der Klasse (C_n)	Produkt der Zahlen der Proben mit industriellem Minimalgehalt (b)	Unterschiede (a) $Cn-b$	
2,00—2,09	1	1	2,09			
1,90—1,99	3	4	5,85			
1,80—1,89	1	5	1,89			
1,70—1,79	8	20	13,20			
1,60—1,69	7	12	12,25			S_1
1,50—1,59	13	33	20,15			192,13
1,40—1,49	23	56	33,35			
1,30—1,39	30	86	40,50			
1,20—1,29	19	105	23,75			
1,10—1,19	34	139	39,10			
1,00—1,09	33	172	34,65	36,30	1,65	
0,90—0,99	40	212	38,00	44,00	6,00	
0,80—0,89	68	280	57,80	74,80	17,00	a_1 S_2
0,70—0,79	56	336	42,00	61,60	19,60	
0,60—0,69	51	387	33,15	56,10	22,65	
0,50—0,59	77	464				
0,40—0,49	79	543				
0,30—0,39	111	654				
0,20—0,29	124	778				
0,10—0,19	154	932				
0,00—0,09	132	1064				

Um den Mittelwert zu bekommen, muß die Größe (S_1) mit den entsprechenden Reserven (S_2), die einen niedrigeren Gehalt der nutzbaren Komponente haben, ins Gleichgewicht gebracht werden. Dieses Ineinklangbringen wird stufenweise durchgeführt, d. h. von den Klassen mit höherem Gehalt der nutzbaren Komponente beginnend bis zu Klassen mit niedrigerem Gehalt, wobei für jede Probenklasse die Unterschiede zwischen dem mittleren Gehalt der betreffenden Klasse und dem industriellen Minimalgehalt festgelegt werden.

Alle Proben, bei denen der Gehalt der nutzbaren Komponente niedriger ist als bei den mit (S_2) umfaßten Proben, sind als Außerbilanzwerte zu betrachten. Der geologische Schwellengehalt wird der Gehalt der nutzbaren Komponente in derjenigen Klasse sein, die als letzte zu dem Wert (S_2) hinzugekommen ist.

Tab. 5 zeigt ein allgemeines Beispiel der Bestimmung des geologischen Schwellengehaltes in einer Kupfererzlagerstätte, in welcher der industrielle Minimalgehalt des Kupfers 1,1% ist; der S_1-Wert ist in diesem Falle $C_i n_i = 192{,}13$.

Um denjenigen Teil der Reserven zu bestimmen, der auf Grund des Gehaltes der nutzbaren Komponente festgestellt wird, der höher ist als der industrielle Minimalgehalt, müssen die mit (S_1) umfaßten Proben — in diesem Beispiel also 139 — mit dem gegebenen industriellen Minimalgehalt multipliziert werden, und das Resultat wird dann von S_1 abgezogen:

$$139 \cdot 1{,}1 = 152{,}90$$

$$192{,}13 - 152{,}90 = 39{,}23 = a_1$$

Um S_2 festzustellen, muß der Wert (*a*) für jede Klasse mit einem Gehalt der nutzbaren Komponente bestimmt werden, der vom industriellen Minimalgehalt niedriger ist. Die Summe dieser Werte in den einzelnen Klassen — beginnend von der Klasse, in welcher der Gehalt der nutzbaren Komponente mit dem industriellen Minimalgehalt übereinstimmt — soll die Größe bestimmen, die mit den Reserven im Gleichgewicht stehen, deren Gehalt an nutzbaren Komponenten höher ist als der industrielle Minimalgehalt. So sieht man, daß die Summe der Werte (*a*) — einschließlich und abschließend mit der Klasse, in welcher der Gehalt der nutzbaren Komponente in der Probe zwischen 0,70% und 0,79% liegt — 44,25 ist. Das entspricht annähernd der oben angegebenen Differenz von 39,23. Daher wird $S_2 = 172{,}45$ sein. Der so erhaltene geologische Schwellengehalt wird 0,70% Cu sein.

Bedingung für die Anwendung dieser statistischen Methode ist, daß die in Klassen eingeteilten Proben gleichmäßig aus der Lagerstätte entnommen wurden.

Die Verringerung des mittleren Gehaltes an nutzbaren Komponenten in einer Lagerstätte und eine weitestgehende Ausnutzung metallarmer Massen hat neben Vorteilen auch Nachteile, die vor allem beim Zusammenhang zwischen der maximalen Ausnutzung einer Lagerstätte und dem optimalen wirtschaftlichen Ergebnis ihrer Gewinnung sichtbar werden.

Die wichtigsten Vorteile der Verschiebung des ökonomischen Schwellengehaltes nach geringeren Gehalten zu sind:

Die gesamten Erz- und Metallreserven in der Lagerstätte werden größer.

Größere Reserven mineralischer Rohstoffe tragen zur Verlängerung der Amortisationsfrist des Bergwerks bei. Auch ist bei einer Erhöhung der Reserven eine Erweiterung der Betriebskapazität möglich, dadurch sinken auch die Bergbaukosten je Einheit des Produktes. Falls die Kapazität des Bergwerks und der Verarbeitungsanlagen nicht voll ausgenützt ist, wird beim Übergang zur Verarbeitung ärmerer Erze ein gut ausgelasteter Betrieb gewährleistet, wodurch wiederum die Verarbeitungskosten pro Einheit herabgesetzt werden.

Die Einführung einer weitestgehenden Auswertung erzarmer Massen in einer Lagerstätte entspricht dem Prinzip der maximalen Ausnutzung einer Lagerstätte. Das ist besonders in sozialistischen Ländern der Fall.

Nachteile der Verschiebung des geologischen Schwellengehaltes nach unten sind:

Der Gewinn pro Einheit des Produktes wird kleiner.

Das Ausbringen, das bei der Aufbereitung bzw. Verarbeitung ärmerer Erzmassen erreicht wird, ist kleiner als bei der Aufbereitung und Verarbeitung reicherer Erze. Die Unterschiede in der Höhe der Ausbringen bei der Aufbereitung von Erzen verschiedener Qualität können auch sehr groß sein. Das ist bei der Schätzung des geologischen Schwellengehaltes zu berücksichtigen.

Im Falle einer Erweiterung der Kapazität des Bergwerks und der Aufbereitungs- bzw. Verarbeitungsbetriebe ist mit neuen Investitionen zu rechnen.

Die Systematisierung aller Faktoren, von denen die Wahl des industriellen Minimalgehaltes und des geologischen Schwellengehaltes des Metalls abhängt, wird für jede Lagerstätte einzeln durchgeführt, wobei gewöhnlich eine Variantenrechnung angestrebt wird.

Bei der Bestimmung des industriellen Minimalgehaltes mit unklaren Übergängen von Erz zum Nebengestein, in welchem die Grenzen der Vererzung nur auf Grund von systematischen Probenahmen festgelegt werden können, wird man immer versuchen, *eine Variantenrechnung* durchzuführen.

In der Welt gibt es keine einheitlichen Kriterien für die Wahl der günstigsten Variante. Werden nur reiche Erze abgebaut (Gewinnung mit Qualitätsmaximum), werden naturgemäß die zur Verfügung stehenden Reserven klein sein, wodurch die Lebensdauer verringert wird. Der Gewinn pro Metalleinheit wird aber größer sein. Wenn die Gewinnung der Lagerstätte aber mit dem Ziel des größten Mengenausbringens (Quantitätsmaximum) durchgeführt wird, wählt man diejenige Variante, bei welcher der mittlere Gehalt des Metalls niedriger ist, so daß die Erzreserven durch ärmere Lagerstättenteile vergrößert werden (geringerer geologischer Schwellengehalt des Metalles). Wird diese Variante gewählt, so ist der Gewinn je Metalleinheit niedriger, doch kann der Gesamtgewinn in bezug auf die ganze Lagerstätte auch höher sein, denn die gesamten Metallreserven sind größer als bei der Förderung nur reicher Erze. Eine wichtige Rolle bei der Wahl der Varianten kann auch die Zeit spielen, die für die Realisierung der Ausnutzung der Reserven mit verschiedenem industriellem Minimalgehalt bzw. geologischem Schwellengehalt erforderlich ist. Diese Zeitdauer hängt vom Prinzip der intensiven oder extensiven Gewinnung der Lagerstätte ab.

In einem Beispiel, das D. M. Rur anführt, ist ein Vergleich einiger Varianten mit verschiedenem geologischem Schwellengehalt des Metalls und dem ihm entsprechenden Durchschnittsgehalt im Erz einer Lagerstätte gegeben. Der industrielle Minimalgehalt unter Berücksichtigung der in der betreffenden Lagerstätte vorliegenden Verhältnisse ist zu 0,7% festgesetzt, der geologische Schwellengehalt zu 0,07%, und als Lebensdauer ist die gleiche Zeitspanne genommen (15 Jahre). Wenn der Wert des geologischen Schwellengehaltes des Metalls nach oben verschoben wird, erhöht sich der Durchschnittsgehalt des Metalls in der Lagerstätte. Das führt zu einer Verringerung der Gesamtreserven bei den jeweiligen Varianten:

	Geologischer Schwellengehalt im Erz				
	0,07%	0,1%	0,2%	0,3%	0,5%
Tatsächlicher Durchschnittsgehalt im Erz (%)	0,7	0,8	0,9	1,0	1,2
Erzvorräte (1000 t)	6200	5400	4700	3600	2900
Metallvorräte (1000 t)	43,4	43,2	42,3	36,0	34,8
Mögliche Förderkapazität der Grube (1000 t/Jahr)	413	360	318	240	193
Metall im Fördererz (in Jahrestonnen)	2890	2880	2860	2400	2316
Gesamtausbringen (vom Erz bis zum Metall), in %	72	74	76	78	80
Metallproduktion, in Jahrestonnen	2080	2130	2174	1934	1853
In % zur 1. Variante	100	89	81	72	62
Produktionskosten einer Tonne Erz in Rubel (Abbau, Transport, Verarbeitung)	126	132	138	145	150
Gesamtproduktionskosten pro Jahr, in Mill. Rubel	52	47,5	44	34,8	29
In % zur 1. Variante	100	89	81	72	62
Selbstkosten einer Tonne Metall, in 1000 Rubel	25,0	22,3	20,2	18,0	15,6
Investitionen, in Mill. Rubel	210	198	189	155	134
Investitionen pro Jahrestonne Metall, in 1000 Rubel	101	93	87	80	72
Produktionseinsparungen zur 1. Variante, in Mill. Rubel pro Jahr	—	4,5	8,0	17,2	23,2
Investitionseinsparungen zur 1. Variante, in Mill. Rubel	—	12	21	55	76

Die Wahl der günstigsten Variante hängt grundsätzlich vom Prinzip der Förderung ab; wird ein Qualitätsmaximum erwünscht bzw. ein Abbau reicher Erze mit kleinsten spezifischen Investitionen und größtem Gewinn für eine Metalleinheit, dann kann zweifellos die fünfte

Variante mit 0,5% geologischem Schwellengehalt und 1,2% tatsächlichem Durchschnittsgehalt im Erz als die günstigste bezeichnet werden. Wird eine rationelle Gewinnung der Lagerstätte nach dem Prinzip des Quantitätsmaximums vorgesehen, dann könnte die dritte Variante als die günstigste in Betracht kommen. Das Bestreben, bei der Lagerstättenförderung das Prinzip des Qualitätsmaximums anzuwenden, muß oft als Raubbau bezeichnet werden; nicht immer ist es möglich, eine genauere Grenze zwischen teilweise selektivem Abbau und umfassendem Abbau zu ziehen, denn die optimale Variante wird für jede Lagerstätte einzeln bestimmt je nach den technisch-ökonomischen Bedingungen und den politisch-ökonomischen Verhältnissen des Landes, in welchem sich die betreffende Lagerstätte befindet.

Schädliche und unerwünschte Komponenten. Unter den schädlichen und unerwünschten Komponenten lassen sich diejenigen unterscheiden, die die Qualität der gewonnenen Marktprodukte verschlechtern, und diejenigen, die die Qualität des Endproduktes nicht beeinträchtigen, aber den Verarbeitungsprozeß erschweren, so daß sie dadurch eine Erhöhung der Verarbeitungskosten verursachen und das Gesamtausbringen herabsetzen.

Bei einer Beurteilung der Einwirkung der schädlichen und unerwünschten Komponenten auf die Qualität des mineralischen Rohstoffes ist nicht zu vergessen, daß diese Einwirkung durch die Aufbereitung oder die Verarbeitung des mineralischen Rohstoffes bedeutend verringert werden kann. Die Möglichkeit der Verbesserung der Qualität des mineralischen Rohstoffes unmittelbar nach seinem Abbau aus der Lagerstätte, ehe er auf den Markt gebracht wird oder in der Industrie zum Einsatz kommt, ist ein besonders wichtiger Umstand, der bei der wirtschaftsgeologischen Bewertung der Lagerstätte berücksichtigt werden soll.

b) Mineralbestand und Gefüge des mineralischen Rohstoffes

Die Qualität des mineralischen Rohstoffes hängt in hohem Maße nicht nur vom Gehalt der einzelnen nutzbaren und schädlichen Komponenten ab, sondern sie ist auch mit dem Mineralbestand des Erzes und mit der Struktur des Erzes eng verbunden. So wird der Mineralbestand den Anwendungsbereich eines mineralischen Rohstoffes in der Industrie oft bedeutend einschränken, anderseits hängt vom Mineralbestand des Erzes oft auch die Wirtschaftlichkeit der Aufbereitung und der technologischen Verarbeitung ab. Die wirtschaftsgeologische Bewertung einer Lagerstätte muß daher unter dem Aspekt der bei der Aufbereitung und bei der Verarbeitung des mineralischen Rohstoffes erzielbaren wirtschaftlichen Ergebnisse durchgeführt werden, die besonders beim Aufbereitungsprozeß wichtig sind.

Die mineralogische Untersuchung der Erze ermöglicht schon während der Erkundungsphase der Lagerstätte Aussagen über die Aufbereitbarkeit der Erze. Die Aufbereitbarkeit hängt nicht nur vom Mineralbestand des Erzes, sondern auch von der Korngröße der einzelnen Minerale und ihrer gegenseitigen Verwachsung ab. Sie ist die Basis der späteren Wahl eines bestimmten Aufbereitungsverfahrens und der technisch-wirtschaftlichen Ergebnisse, die durch dieses Verfahren erreicht werden.

Es gibt viele Beispiele, die den engen Zusammenhang zwischen dem Mineralbestand und der Möglichkeit der Ausnutzung eines mineralischen Rohstoffes in der Industrie bestätigen. So wird von den Glimmern hauptsächlich Muskovit verwendet, viel seltener Phlogopit. Vom Cr/Fe-Faktor in den einzelnen Arten der

Chromspinelle hängt es ab, ob ein Chromerz einer bestimmten Zusammensetzung überhaupt in der Metallurgie verwendbar ist oder nicht; bei Zinnerz ist es wichtig, ob es als Kassiterit oder als Stannin vorliegt.

Bei vielen komplexen Erzen ist eine Trennung der erwünschten Komponenten durch die mitunter außerordentlich feine Verwachsung oder die Bindung in komplizierten Erzmineralien sehr erschwert. So ist z. B. die Gewinnung von Antimon aus seinen Sulfosalzen (Boulangerit, Jamesonit) sehr schwierig. Das so erhaltene Produkt ist meistens recht minderwertig (Hartblei).

Bei Lagerstätten mit Buntmetallen und anderen seltenen Metallen bedingt der Mineralbestand nicht nur den Erfolg der Aufbereitung, sondern er stellt manchmal die Rentabilität des gesamten Abbaus der Lagerstätte in Frage. Die Unterschiede, die bei dem Ausbringen bei der Aufbereitung sulfidischer und oxydischer oder silikatischer Erze entstehen, sind sehr groß. Sie schwanken in Grenzen von 20 bis 95%. Daher sind auch die industriellen Minimalgehalte der Metalle in Erzen unterschiedlichen Mineralbestandes (sulfidische, oxydische) verschieden, bei allen sonst gleichen Verhältnissen ihrer Vorkommen in der Natur. Der industrielle Minimalgehalt der nutzbaren Komponente in sulfidischen Lagerstätten ist bei allen sonst gleichen wirtschaftsgeologischen und bergbaulich-technischen Förderbedingungen bedeutend geringer als bei Lagerstätten mit oxydischen oder silikatischen Erzen desselben Metalls. Daher ist es oft möglich, daß ein Erz mit dem gleichen Metallgehalt in Lagerstätten mit sulfidischen Erzen als Bilanzerz und in Lagerstätten mit oxydischem oder silikatischem Erz als Außerbilanzerz betrachtet wird.

Für die Qualität des mineralischen Rohstoffes kann außer den Mineralen, die eine oder mehrere nutzbare Komponenten enthalten, auch die Zusammensetzung der Nebengesteine wichtig sein, die beim Abbau der Lagerstätte beibrechen. Die Zusammensetzung der Nebengesteine wirkt nicht nur auf die Höhe des Ausbringens bei der Aufbereitung, sondern auch auf die Wirtschaftlichkeit der technologischen Verarbeitung ein. So hängt z. B. bei gleichem Eisengehalt im Erz die Qualität von den Gehalten an Silizium und Kalzium ab, die wiederum von der Zusammensetzung des Nebengesteins abhängig sind.

Für den Erfolg der Aufbereitung ist nicht nur der Mineralbestand entscheidend, sondern auch das Gefüge des Erzes und die Korngröße der nutzbaren Minerale. Wenn es sich um gröbere und selbständig vorkommende Körner handelt, ist das Ausbringen höher. Der Einfluß der Korngröße und der Verwachsung der einzelnen Minerale kommt nicht nur bei der Höhe der Metallausbringen bei der Aufbereitung zum Ausdruck, sondern auch bei der Reinheit der gewonnenen Konzentrate. Manche Minerale im Erz sind so innig verwachsen, daß beim heutigen Stand der Technik der Aufbereitung und Verarbeitung der Erze ihre Trennung sehr erschwert oder praktisch unmöglich ist. Dieses Problem entsteht besonders bei Erzen, die aus nutzbaren und schädlichen Komponenten aufgebaut sind, so daß deren Trennung in Konzentrate mit bestimmten Qualitätsanforderungen oft unwirtschaftlich ist. So werden Antimon-Realgar-Lagerstätten häufig überhaupt nicht abgebaut, denn es ist sehr schwer oder überhaupt unmöglich, Antimonkonzentrate von genügender Reinheit (mit genügend kleinem Arsengehalt) herzustellen.

Um sehr feinkörnige oder innig verwachsene Erze aufbereiten zu können, muß ein Großteil des mineralischen Rohstoffes sehr fein aufgemahlen werden (bis zu 90% auf 200 Mesh Korngröße). Obwohl die Kosten dabei nicht ausschlaggebend sind, können sie doch die Wirtschaftlichkeit der Aufbereitung eines solchen mineralischen Rohstoffes herabsetzen.

Sehr winzige Körnchen nutzbarer Minerale sind nicht nur die Ursache erhöhter Kosten, unvollkommener Trennung der einzelnen sehr kleinen Verwachsungen und der Gewinnung ungenügend reiner (qualitativ minderwertiger) Konzentrate, sondern sie sind häufig auch die Ursache sehr bedeutender Verluste[1], die manchmal für die Abbauwürdigkeit einer Lagerstätte ausschlaggebend sein können. So mußte z. B. eine primäre Kassiteritlagerstätte in der Sowjetunion, in der der Zinngehalt größer war als in vielen anderen Lagerstätten der UdSSR, aufgegeben werden, da durch die Aufbereitung kein Produkt mit höheren Kassiteritkonzentrationen gewonnen werden konnte, weil etwa 65% des Kassiterits im Erz in kleinen Körnchen von unter —300 Mesh vorlagen.

c) Physikalische Eigenschaften der mineralischen Rohstoffe

Die Qualität der einzelnen mineralischen Rohstoffe kann auch von den physikalischen Eigenschaften des mineralischen Rohstoffes abhängen. So ist die Qualität des Asbestes grundsätzlich durch die Länge und die physikalischen Eigenschaften der Fasern bestimmt, die Qualität des Glimmers durch die Größe und die Durchsichtigkeit der Platten. Bei manchen mineralischen Rohstoffen hängt die Qualität von der Festigkeit des mineralischen Rohstoffes ab (z. B. mineralische Rohstoffe für die Herstellung von Schleifmitteln u. dgl.)

2. Reserven mineralischer Rohstoffe

Die Reserven mineralischer Rohstoffe in einer Lagerstätte oder erzführenden Region sind eine der wichtigsten natürlichen Kennziffern ihres Wertes. Die Berechnung der Reserven stellt die Synthese der Kenntnisse über eine Lagerstätte dar, die auf Grund der geologischen, geochemischen und geophysikalischen Untersuchungsarbeiten ermittelt wurden. Die Berechnung der Reserven wird für die einzelnen Erzarten in der Lagerstätte einzeln durchgeführt (für oxydische, sulfidische und andere Erze).

Bei der Gewinnung der Lagerstätte und der Verarbeitung der mineralischen Rohstoffe bleibt ein Teil der nutzbaren Komponenten des Erzes unausgenützt. Daher kann man die Reserven einer Lagerstätte in drei Gruppen einteilen:

a) geologische Reserven, b) gewinnbare Reserven, c) industrielle Reserven.

Geologische Reserven sind jene Menge mineralischer Rohstoffe und nutzbarer Komponenten, die sich in der Lagerstätte befinden.

Gewinnbare Reserven sind jene, die aus einer Lagerstätte durch den Abbau gewonnen werden können. Gewinnbare Reserven erhält man, wenn von den geologischen Reserven die beim Abbau entstandenen Verluste abgezogen werden.

---

[1] Es wird allgemein angenommen, daß bei der Flotation alle Körnchen als verloren zu betrachten sind, deren Größe unter 10 Mikron ist, bei der Schwerkraftaufbereitung aber alle Körnchen unterhalb 20 Mikron (manchmal auch schon unter 50 Mikron).

Industrielle Reserven sind die Gesamtmengen der nutzbaren Komponenten, die beim Prozeß der Verarbeitung des mineralischen Rohstoffes gewonnen werden. Sie verbleiben somit nach Abzug der Aufbereitungs- und Verarbeitungsverluste.

a) Die Klassifikation der Reserven

Die Reserven werden auf Grund der technisch-wirtschaftlichen Ergebnisse in zwei Hauptgruppen eingeteilt:

a) Bilanzreserven und b) Außerbilanzreserven.

Bilanzreserven sind jene bestimmten Mengen mineralischer Rohstoffe und nutzbarer Komponenten in ihnen, aus denen bei der heutigen Entwicklungsstufe der Technik Marktprodukte wirtschaftlich gewonnen werden können (Erze, Konzentrate, Metall). Reserven, bei denen das nicht möglich ist, nennt man *Außerbilanzreserven.*

Innerhalb der Außerbilanzreserven werden manchmal noch bedingte Außerbilanzreserven unterschieden. Als bedingte Außerbilanzreserven versteht man mineralische Rohstoffe, die auf Grund ihrer technisch-wirtschaftlichen Abbaubedingungen den Bilanzreserven naheliegen, aber deren einzelne Parameter eine wirtschaftliche Produktion noch nicht zulassen. Wenn sich die Verhältnisse, die für die wirtschaftliche Gewinnung einer Lagerstätte ausschlaggebend sind, ändern (Preise des Erzes, Konzentrates oder Metalls; Verbesserung der Abbautechnik, der Aufbereitungsverfahren oder der Verfahren der technologischen Verarbeitung, günstigere Transportverhältnisse u. dgl.), können bedingte Außerbilanzreserven in die Klasse der Bilanzreserven eingereiht werden.

Da die Bedingungen, von denen die wirtschaftlichen Ergebnisse des Abbaus der Lagerstätten abhängen, veränderlich sind, ist auch die Bilanzwertklassifikation der Reserven in den einzelnen Lagerstätten veränderlich, so daß Bilanzreserven unter gewissen Umständen Außerbilanzreserven werden können und umgekehrt.

Wirtschaftliche Klassifikation der Reserven. Für eine genauere wirtschaftliche Analyse der Bilanzwertklassifikation der Reserven können auch bestimmte wirtschaftliche Parameter als Basis verwendet werden.

Die wirtschaftliche Klassifikation der Reserven ist besonders wichtig für den Vergleich der einzelnen Lagerstätten für die Rohstoffbasis eines Gebietes, eines Landes oder einer Gruppe von Staaten. Die Beurteilung der Rohstoffbasis der Welt oder einzelner Regionen wäre viel genauer, wenn sie auf der wirtschaftlichen Klassifikation der Reserven der einzelnen Rohstoffe beruhen würde und nicht nur auf dem Vergleich der natürlichen Kennziffern (Menge und Qualität des mineralischen Rohstoffes).

b) Einstufung der Reserven in Vorratskategorien

Der Untersuchungsgrad einer Lagerstätte und die Qualität eines Mineralrohstoffes ist nicht in allen Teilen der Lagerstätte gleich. Grundsätzlich hängt die Genauigkeit der Bestimmung der Reserven vom Untersuchungsgrad der Lagerstätte sowie von deren Charakter ab, so daß genaue Angaben über die Lagerstätte für eine exakte wirtschaftsgeologische Bewertung sehr wichtig sind. Der Untersuchungsgrad wird bestimmt durch die Dichte der Erkundungsarbeiten (bergmännische Arbeiten, Bohrungen) pro Einheit der Fläche der Lagerstätte, seltener pro Einheit des Rauminhaltes der vererzten Masse. Die Bestimmung der rationellen Dichte der Untersuchungsarbeiten und die Wahrscheinlichkeit der Schätzung der Reserven ist sehr komplex und vom wirtschaftlichen Standpunkt aus besonders wichtig. Die Genauigkeit der Feststellung der Reserven unter sonst gleichen Bedingungen ist direkt proportional der Dichte der Untersuchungsarbeiten; geringere Abstände der Untersuchungsarbeiten erfordern größere finanzielle Mittel (gesamte Investitionen und Investitionen pro Einheit der Erzreserven).

Die Dichte der Untersuchungsarbeiten hängt grundsätzlich von folgenden Faktoren ab:

a) Ausdehnung der Erzkörper.

b) Veränderlichkeit der Gestalt des Erzkörpers.

c) Lage der Erzkörper im Raum.

d) Veränderlichkeit der Qualität des mineralischen Rohstoffes.

e) Die Art der Untersuchungsarbeiten (der Wert der Angaben der bergmännischen Untersuchungsarbeiten und der Bohrungen ist nicht gleich, deshalb werden auch die Entfernungen zwischen den Schürfarbeiten und den Bohrungen verschieden sein).

Nach dem Erkundungsgrad und auf Grund der ermittelten Merkmale der Lagerstätte (Erstreckung, Form, Qualität) werden ihre Erzreserven in mehrere Kategorien eingeteilt, wobei jede Kategorie eine Reihe von Parametern hat. Über die Kategorien von Erzreserven gibt es zahlreiche Diskussionen und verschiedene Vorschläge, besonders bei Reserven fester mineralischer Rohstoffe. Eine einheitliche, allgemein anerkannte Einteilung der Reserven gibt es heute, infolge verschiedener Kriterien, noch nicht. Alle Arten der Einteilung der Reserven haben mehr oder weniger als Grundparameter den Erkundungsgrad gemeinsam. Durch die Einführung einiger charakteristischer Bedingungen bei der Berechnung der Reserven der einzelnen Kategorien war man bestrebt, den Einfluß der subjektiven Faktoren möglichst auszuschließen; bei den Kategorien, deren Reserven auf Grund von zahlreicheren unmittelbaren Messungen in der Lagerstätte bzw. auf Grund eines dichter angelegten Netzes von Untersuchungsarbeiten bestimmt wurden, ist der Einfluß der subjektiven Faktoren kleiner, während dieser Einfluß sehr bedeutend sein kann bei den Reserven, bei welchen über die Ausdehnung und über die Form der Lagerstätte Schlüsse auf Grund geologischer Kriterien und deren subjektive Interpretation, nicht aber durch unmittelbare Messungen gezogen wurden.

Von den zahlreichen Vorschlägen und Anweisungen, die die Einteilung mineralischer Rohstoffe betreffen, werden hier nur einige genannt, die als die wichtigsten betrachtet werden können.

Auf Grund der in den USA angewendeten Kriterien (im Jahr 1947) werden die Reserven mineralischer Rohstoffe in drei Kategorien eingeteilt. Für jede Kategorie gilt:

„Sicheres Erz" (Measured ore) ist das Erz, dessen Tonnenmenge auf Grund von Ausbissen, Erschürfungen, aus bergmännischen Arbeiten und Bohrungen bestimmt wurde und deren Gehalt an nutzbaren Komponenten auf Grund der Ergebnisse einer Detailprobenahme festgestellt wurde. Aus Messungen und Probenahme wie auch durch genaue Kenntnis der geologischen Verhältnisse sind Form und Ausdehnung der Lagerstätte sowie der Gehalt an nutzbaren Komponenten genügend genau bestimmt. Bezüglich der Aussage über Menge und Qualität werden $\pm 20\%$ toleriert.

„Wahrscheinliches Erz" (Indicated ore) sind jene Erze, deren Menge und Qualität errechnet wurden auf Grund von Angaben und Messungen oder bergmännischen Aufschlüssen, die aber für eine exakte Berechnung oder genaue Festlegung des Umfangs der Erzkörper noch nicht ausreichend sind.

„Mögliches Erz" (Inferred ore) ist jenes Erz, dessen Menge nur auf Grund der Kenntnisse des geologischen Charakters der Lagerstätte bestimmt wurde. Die Messung der Mächtigkeit und die Probenahme wird nur an einzelnen Stellen durchgeführt, wobei die Anzahl der Angaben klein ist. Über die Streichlänge und das Einfallen der Lagerstätte werden Schlüsse gezogen auf Grund geologischer Annahmen, wobei auch ein Vergleich mit anderen Lagerstätten mit ähnlichem Typ in Frage kommt. Dieser Gruppe können auch Erzkörper zugeteilt werden, die durch Erkundungs- oder Abbauarbeiten noch nicht aufgefunden wurden, deren Anwesenheit aber durch geologische Erwägungen vermutet wird.

In den sozialistischen Ländern Europas (Sowjetunion, Polen, DDR, Jugoslawien u. a.) bestehen allgemeine amtliche Anweisungen und sehr eingehend ausgearbeitete Instruktionen für die Einteilung der Erzreserven, die bei der Bestimmung der Erzreserven der einzelnen mineralischen Rohstoffe angewendet werden müssen. Obwohl diese Anweisungen nicht überall gleich sind, da sie den spezifischen Verhältnissen der Lagerstätten und der Wirtschaft der einzelnen Länder angepaßt sind, haben sie doch eine Reihe von gemeinsamen Merkmalen.

Auf Grund der Erkundungsstufe der Lagerstätte können vier Reservekategorien unterschieden werden:

Reserven der A-Kategorie
Reserven der B-Kategorie
Reserven der C_1-Kategorie
Reserven der C_2-Kategorie

Jede der angeführten Reservekategorien zeichnet sich durch bestimmte Merkmale aus, die sich auf die ermittelten Angaben über die Formen und die Ausdehnung der Erzkörper und die Qualität, auf die Genauigkeit der Bestimmung der Reserven und auf das Dokumentationsmaterial beziehen. Wenn für eine Lagerstätte oder einen Lagerstättenteil alle vorgesehenen Merkmale für die betreffende Kategorie noch nicht festgestellt worden sind, werden die Reserven in die nachfolgende niedrigere Kategorie eingereiht, ohne Rücksicht darauf, daß ein Großteil der Merkmale der höheren Kategorie entspricht.

Reserven der A-Kategorie. Zu den Reserven der A-Kategorie zählt eine Mineralsubstanz, wenn die folgenden wichtigeren Bedingungen erfüllt sind:

1. Der Erzkörper muß durch Erkundungs- oder Abbauarbeiten von vier Seiten, mindestens aber von drei Seiten begrenzt sein. Wurde die Lagerstätte nur durch Bohrungen untersucht, dann müssen die folgenden Bedingungen erfüllt sein:

Die Ergebnisse der Bohrungen müssen teilweise durch bergmännische Arbeiten nachgeprüft worden sein.

Der Kerngewinn der Bohrungen muß mindestens 70% betragen.

2. Die Qualität des mineralischen Rohstoffes muß bekannt sein. Diese Kenntnisse umfassen:

Den Mineralbestand, das Gefüge des Erzes wie auch die Ausdehnung der einzelnen Vererzungstypen.

Den mittleren Gehalt an nutzbaren und schädlichen Komponenten in den einzelnen Arten der Erze wie auch die Schwankungen des Gehaltes.

Die technologischen Eigenschaften des Erzes (Aufbereitbarkeit, Verhalten bei der technologischen Verarbeitung) müssen auf Grund von industriellen Proben bekannt sein.

3. Die bergbaulich-technischen Förderungsbedingungen müssen völlig bekannt sein, damit auf Grund dieser Angaben der Abbau der Lagerstätte geplant werden kann.

4. Die Toleranz der Fehler bei der Feststellung der Reserven darf nicht größer als $\pm 15\%$ sein.

Für die Ermittlung der Reserven der A-Kategorie ist ein dichtes Netz von Erkundungsarbeiten und Probenahmen erforderlich, so daß pro Einheit der nutzbaren Komponente oder des mineralischen Rohstoffes die größten Investitionen für die Sicherstellung der Reserven dieser Kategorie erforderlich sind. Es bestehen keine einheitlichen Normen bezüglich des Abstandes der Untersuchungsarbeiten, denn er hängt vom Lagerstättentypus und von den Änderungen der Grundparameter ab (Lagerstättengröße, Veränderlichkeit der Formen und der Qualität), so daß sich die Abstände der Untersuchungsarbeiten in der Streich- und Fallrichtung der Lagerstätte voneinander häufig unterscheiden. Im allgemeinen liegen die Abstände der Untersuchungsarbeiten zwischen 100 m und 20 m bzw. sie entsprechen der Höhe des Sohlenabstandes im Einfallen bei Lagerstätten, die kleinere Dimensionen haben und deren Form und Qualität veränderlich sind.

Die Reserven der A-Kategorie sind gewöhnlich die Grundlage für die Ausarbeitung der Projekte über den Abbau neu aufgeschlossener Lagerstätten, oder es wird auf Grund dieser Reserven der weitere Abbau in bereits aktiven Lagerstätten geplant. In vielen kleinen Lagerstätten oder in Lagerstätten mit außerordentlich veränderlichem Gehalt der nutzbaren Komponente geht man mit den Untersuchungen nicht so weit, Vorräte der A-Kategorie zu sichern, sondern man beginnt den Abbau schon bei Reserven der niedereren Kategorien.

Reserven der B-Kategorie. Zu den Reserven der B-Kategorie zählen Erze, wenn die folgenden wichtigeren Bedingungen erfüllt sind:

1. Der Erzkörper muß durch Erkundungsarbeiten (bergmännische Arbeiten und Bohrungen) von drei, mindestens aber von zwei Seiten umfahren sein; in die Reserven der B-Kategorie lassen sich auch jene Lagerstättenteile einreihen, die auch von vier Seiten umfahren sind, wenn die Abstände zwischen den Erkundungsarbeiten größer sind, als es für die betreffende Lagerstättengruppe für Reserven der A-Kategorie vorgeschrieben ist.

Wie bei den Reserven der A-Kategorie, so ist auch bei den Reserven der B-Kategorie eine unbeschränkte Extrapolation der Konturen der Erzkörper nicht zulässig, mit Ausnahme in Lagerstätten, die sich durch große Dimensionen, beständige Form und gleichmäßige Vererzung auszeichnen. Im letztgenannten Fall wird gewöhnlich zugelassen, daß die extrapolierte Kontur des Erzkörpers in einer Entfernung liegt, die höchstens ein Viertel des Abst des an der für die Reserven der B-Kategorie vorgesehenen Erkundungsarbeiten beträgt.

Wenn die Lagerstätte nur durch Bohrungen erkundet wird, muß der Kerngewinn mindestens 50% betragen, wobei auch der Schlamm mit einberechnet wird, den die Bohrspülung zutage bringt; bei Lagerstätten von regelmäßigerer Form und gleichmäßigerer Vererzung auch weniger, bei anderen Lagerstätten dagegen auch 70%. Wenn der Kerngewinn niedriger ist, werden die Reserven der Kategorie C_1 zugezählt.

2. Die Angaben über die Qualität des Mineralrohstoffes umfassen:
Den Mineralbestand, das Gefüge der einzelnen Typen der Mineralisierung.
Den mittleren Gehalt an nutzbaren und schädlichen Komponenten.

Die Aufbereitbarkeit des Erzes soll auf Grund der Laboruntersuchungen der Durchschnittsproben der einzelnen Erzarten (oxydische, sulfidische, komplexe und andere Erze) bekannt sein.

3. Die bergbaulich-technischen Förderbedingungen sollen in allgemeinen Zügen bekannt sein.

4. Die Toleranz der Fehler bei der Feststellung der Reserven der Erze und der nutzbaren Komponenten darf nicht größer als $\pm 35\%$ sein.

Die Reserven der B-Kategorie werden auf Grund einer Erkundungsstufe der Lagerstätte bestimmt, die niedriger ist als diejenige der Reserven der A-Kategorie, und demzufolge sind auch die erforderlichen Investitionen je Einheit der nutzbaren Komponente und des mineralischen Rohstoffes kleiner. Wie bei den Reserven der A-Kategorie, so gibt es auch für Reserven der B-Kategorie keine allgemein angenommenen Normen über die erforderliche Dichte der Erkundungsarbeiten. Im allgemeinen betragen die Abstände zwischen den Erkundungsarbeiten 200 bis 30 m, d. h. bis zur Länge des Blockes oder bis zum Sohlenabstand, falls die Erkundung durch bergmännische Arbeiten durchgeführt wird. Bei kleinen Lagerstätten oder bei Lagerstätten mit großer Veränderlichkeit der Formen und des Gehaltes an nutzbaren Komponenten können die Reserven der B-Kategorie nur auf Grund bergmännischer Arbeiten bestimmt werden und nur ganz selten durch Angaben aus Bohrungen. In sehr kleinen Lagerstätten mit sehr ungleichmäßiger Vererzung (kleine nesterförmige Chromerze, einzelne primäre Lagerstätten des Platins, des Goldes, des optischen und Piezoquarzes u. a.) werden die Untersuchungen nur bis zur Erkundungsstufe der Reserven der C_1-Kategorie durchgeführt.

Reserven der C_1-Kategorie. Zu den Reserven der C_1-Kategorie zählen Erze unter folgenden Bedingungen:

1. Der Erzkörper ist durch Erkundungsarbeiten nur von einer Seite aufgeschlossen; zu den Reserven der C_1-Kategorie gehören auch jene Lagerstättenteile, die von zwei oder drei Seiten aufgeschlossen sind, jedoch die Abstände zwischen den Erkundungsarbeiten und die Abstände zwischen der Probenahme größer sind, als für die höheren Reservekategorien vorgeschrieben ist.

Zu den Reserven der C_1-Kategorie gehören auch jene Lagerstättenteile, die sich in der Lagerstätte unmittelbar neben den Reserven der höheren Kategorien befinden. Die Größe der Extrapolierung der Konturen der Erzkörper ist nicht gleich für alle Lagerstättentypen.

In die Reserven der C_1-Kategorie können auch jene Erzkörper eingereiht werden, deren Konturen von der Tagesoberfläche aus durch geochemische und geophysikalische Untersuchungen festgestellt wurden, unter der Bedingung, daß sie stellenweise durch Erkundungsarbeiten und durch einzelne Probenahmen nachgeprüft werden.

Form und Grenzen der Erzkörper brauchen nur annähernd bekannt zu sein.

2. Die Qualität der Mineralsubstanz ist nur in allgemeinen Zügen bekannt: Der Gehalt an nutzbaren und schädlichen Komponenten in den Reserven dieser Kategorie wird durch einzelne Proben festgestellt. Während der Erkundungsarbeiten (bergmännische Arbeiten, Bohrungen) müssen die Proben systematisch entnommen werden.

Dort wo die Reserven der C_1-Kategorie unmittelbar neben den Erzkörpern mit Reserven der höheren Kategorien liegen, können zum Teil auch die Angaben der Proben aus den bereits genauer untersuchten Erzkörperteilen verwendet werden.

Proben aus stark verwitterten Ausbissen sind nicht ausreichend für die Bestimmung der Qualität des mineralischen Rohstoffes der Reserven der C_1-Kategorie.

Die technologischen Eigenschaften des Erzes werden nur größenordnungsmäßig auf Grund von mineralogischen Untersuchungen der einzelnen Proben, zum Teil auch durch Analogievergleich mit ähnlichen, bereits in Abbau stehenden Lagerstätten bestimmt.

3. In die Reserven der C_1-Kategorie können auch Reserven früher untersuchter, zum Teil auch abgebauter Lagerstätten eingereiht werden, in denen die Arbeit unterbrochen wurde, so daß die Angaben über die Qualität der Erze und die Dokumentation (alte Pläne u. dgl.) nicht ausreichend oder ungenügend glaubwürdig sind.

4. Die bergbaulich-technischen Förderbedingungen sind nur annähernd bekannt.

5. Die Feststellung der Reserven der C_1-Kategorie darf einen Fehler von $\pm 60\%$ haben.

Reserven der C_2-Kategorie. Die Reserven der C_2-Kategorie sind jene Rohstoffmengen, die in einer Lagerstätte oder in einer erzführenden Region erwartet werden können auf Grund metallogenetischer Merkmale der Lagerstätte oder des Gebietes.

Bei der Bestimmung der potentiellen Reserven in einem Gebiet, die grundsätzlich auf geologischen Kriterien sowie geochemischen und geophysikalischen Untersuchungen beruht, wird meistens folgendes berücksichtigt:

1. Die Dimensionen der Erzkörper werden nur in ihrer Größenordnung auf Grund von Angaben detaillierter geologischer und metallogenetischer Karten bestimmt. Dabei gibt es für jedes Gebiet charakteristische geologische Merkmale (bei magmatogenen Lagerstätten sind es vorwiegend strukturelle und magmatische Merkmale, umgewandeltes Nebengestein u. a., bei sedimentären Lagerstätten handelt es sich um die Ausdehnung der erzführenden lithologisch-stratigraphischen Fazien u. dgl.). Diese werden ergänzt durch geochemische und geophysikalische Untersuchungen, manchmal auch durch spezielle Untersuchungsverfahren.

Die Reserven der C_2-Kategorie werden oft auf Grund statistischer Methoden bestimmt, wobei abgewandelte Koeffizienten der Erzführung aus aktiven Lagerstätten oder aus genauer untersuchten Lagerstätten des betreffenden metallogenetischen Gebietes oder der Zone angewendet werden.

2. Die Qualität des mineralischen Rohstoffen ist nur annähernd durch einzelne Proben bekannt.

Zum Unterschied von den Reserven der C_1-Kategorie können in die Reserven der C_2-Kategorie auch solche Erzkörper eingereiht werden, deren Ausbisse stark umgewandelt sind; über den Gehalt der nutzbaren Komponente in den tieferen Teilen des Erzkörpers können Schlüsse nur unter Vorbehalt gezogen werden (auf Grund von Angaben der mineralogischen Untersuchungen und der Probenahme aus den verwitterten Ausbissen).

Oft erfolgt die Beurteilung der technologischen Eigenschaften nur auf Grund der Analogie mit einer anderen ähnlichen, aber genauer untersuchten Lagerstätte.

3. Für die Eingliederung von Lagerstätten oder Lagerstättenteilen aus älteren aufgelassenen Gruben in die Kategorie der C_2-Vorräte müssen einzelne Dokumente der älteren Bergbauperiode zugänglich sein (Karten und Risse, Qualitätsangaben, Angaben über die Produktionskapazität u. a.).

4. Die bergbaulich-technischen Förderbedingungen können nur annähernd eingeschätzt werden.

5. Bei der Festlegung von C_2-Reserven gibt es keine Toleranzgrenzen. Vielmehr soll angestrebt werden, die Größenordnung der Vorräte anzugeben.

In vielen Ländern (besonders in den sozialistischen Ländern Europas) bestehen außer diesen allgemeinen Anweisungen über die Einteilung der Erzreserven zusätzliche Vorschriften für jeden einzelnen Rohstoff. Dadurch wird der Einfluß der subjektiven Faktoren bei der Schätzung und bei der Eingliederung der Reserven bedeutend verringert.

In den weiteren Ausführungen im vorliegenden Buch wird die Einteilung der Reserven in A-, B-, C_1- und C_2-Kategorien beibehalten, da eine solche Einteilung für die wirtschaftsgeologische Bewertung von Lagerstätten sehr günstig ist.

c) Vorratskategorien und Investitionen

Die Art und das Ausmaß der Investitionen hängen von der bestimmten Kategorie der Reserven ab. In westlichen Ländern werden Investitionen nur auf Grund sicherer und wahrscheinlicher Reserven angelegt. Wir sind der Meinung, daß Investitionen zum Teil auch auf Grund der Reserven der niedrigeren Kategorien (Reserven der C_1-Kategorie) angelegt werden können. Wenn die Investitionen für die Erweiterung der Produktion nur auf Grund der Reserven der A+B-Vorräte angelegt werden, wird zweifellos das Risiko verringert bzw. die Sicherheit der Investitionen erhöht. Da die Kosten für die Durchführung der Erkundungsarbeiten häufig sehr bedeutend sein können, ergibt sich die Frage, bis zu welcher Grenze es rationell ist, weitere Erkundungsarbeiten zur Erlangung von A- und B-Vorräten durchzuführen. Bei vielen Lagerstätten können durch Erkundungen gar keine Reserven der A-Kategorie erreicht werden, was übrigens für eine rationelle Förderung auch nicht erforderlich ist. Die Investitionen werden dann nur auf Grund von Vorräten der B-Kategorie, ja manchmal sogar auch auf Grund von Vorräten der C_1-Kategorie angelegt (Lagerstätten des Platins, des Piezoquarzes, manchmal auch kleine Chromitlagerstätten u. a.).

Bei der Einschätzung des günstigsten Verhältnisses der Höhe der Investitionen zu den Kosten für eine bestimmte Dichte der Erkundung einer Lagerstätte sollten die gesamten Investitionen, die Art der mineralischen Rohstoffe und die allgemein geologischen Angaben über die Lagerstätte als Ausgangspunkt dienen. Bei größeren Gesamtinvestitionen sollte der Anteil der auf die Erkundungsarbeiten entfallenden Kosten größer sein. Im allgemeinen kann angenommen werden, daß die Kosten für die Untersuchung der Erzlagerstätte heute meist zwischen 0,2% und 5% liegen, manchmal auch bis zu 10% vom angenommenen Wert des mineralischen Rohstoffes, dessen Reserven die Grundlage für die Gesamtinvestitionen sind.

Auf das Verhältnis von Reserve-Kategorien zu Investitionen wirkt neben der Höhe der Kosten für die Erkundungsarbeiten auch die Zeit mit ein. Die Forderung, nur Reserven der A+B-Kategorie abzubauen, bedingt oft den Aufschub des Beginns der Förderung auf 2 bis 3 Jahre, oft sogar länger. Zweifellos hat ein solcher Aufschub des Beginns der Förderung auch seine negativen wirtschaftlichen Folgen, besonders bei mineralischen Rohstoffen, deren Konjunkturperiode auf dem Weltmarkt von verhältnismäßig kurzer Dauer ist. Die Ausarbeitung der Projekte und die Investitionen können daher zum Teil auch auf den Reserven der C_1-Kategorie beruhen, die im Laufe der Abbaudauer in die höheren Reservekategorien überführt werden können (A- oder B-Kategorie).

Tab. 6 zeigt die gesetzlichen Forderungen in der Sowjetunion an die Anteile von Reserven der C_1-Kategorie als Basis für den Abbau. Aus den angeführten Angaben ist deutlich ersichtlich, welchen großen Anteil an den Gesamtreserven die Reserven der C_1-Kategorie je nach der Art des mineralischen Rohstoffes und des Lagerstättentypus haben können.

Tabelle 6. *Notwendige Anteile der Vorratskategorien als Grundlage für Projektierung und Kapitalaufwendung im Bergbau (UdSSR, 27. 1. 1953)*

	% von A + B + C_1-Vorräten		
	A + B Minimum	A	C
I. Lagerstätten von seltenen und Buntmetallen			
1. *Erzlagerstätten von Pb, Zn, Cu, Ni, Co, W, Mo, Hg, Sb, Au, As u. a.*			
a) Große Erzkörper einfacher Form (lagerförmig, stockförmig) mit regelmäßiger Vererzung	30	5	70
Seifen mit konstanter Mächtigkeit, mit regelmäßiger Vererzung und relativ einfachem Liegenden			
b) Große Erzkörper (linsenförmig) mit relativ regelmäßiger Vererzung	20	—	80
Seifen mit relativ regelmäßiger Vererzung, mit wechselndem Liegenden			
c) Erzkörper mit komplizierter Morphologie (Gänge und Linsen), veränderlicher Mächtigkeit; unregelmäßiger Vererzung	5	—	95
Seifen mit sehr komplizierten Formen und unregelmäßiger Vererzung			
d) Erzkörper mit veränderlichen Formen (Türmchen, Nester, schlauchförmige Vererzung) und sehr unregelmäßiger Vererzung	—	—	100
2. *Al-Erzlagerstätten*			
a) Große Bauxitlagerstätten (lagerförmige Erzkörper), mit geringen Qualitätsschwankungen, oder oberflächennahe Erzkörper	50	10	50
b) Linsenförmige Bauxitlager, mit veränderlicher Mächtigkeit und Qualität	30	—	70
c) Nephelin-, Alunit- und Cyanitlagerstätten	25	5	75

Tabelle 6. (Fortsetzung)

	% von $A+B+C_1$-Vorräten		
	A+B Minimum	A	C
II. Lagerstätten von Eisenmetallen			
1. *Fe-Lagerstätten*			
a) Große linsenförmige Erzlagerstätten einfacher Form und regelmäßiger Vererzung	35	10	65
b) Große lagerförmige und linsenförmige Erzkörper in größerer Teufe oder komplizierten bergbautechnischen Bedingungen	35	—	65
c) Erzkörper komplizierter Formen mit sehr unregelmäßiger Vererzung	30	—	70
2. *Mn-Lagerstätten*			
a) Große linsenförmige Erzkörper mit relativ regelmäßiger Vererzung und einfacher Form	30	10	70
b) Kleine, lagerförmige, linsenförmige und gangförmige Vererzungen mit unregelmäßigen Metallgehalten; größere Teufenlage	20	—	80
3. *Cr-Lagerstätten*			
Linsenförmige und unregelmäßige Erzkörper	40	5	60
III. Kohlenlagerstätten			
a) Flöze flacher Lagerung mit einfachen Erkundungs- und Abbaubedingungen	60	30	40
b) Flöze mit relativ einfachen Erkundungs- und Abbaubedingungen	50	20	50
c) Flöze mit komplizierten geologischen, Erkundungs- und Abbaubedingungen, schwankende Qualität	50	—	50
IV. Nichtmetallische Lagerstätten			
a) Lagerförmige Lagerstätten mit konstanter Mächtigkeit und Qualität	50		50
b) Lagerförmige, linsenförmige und gangförmige Lagerstätten mit relativ konstanter Mächtigkeit und Qualität	40	10	60
c) Gangförmige, linsenförmige und nesterförmige Lagerstätten; schwankende Mächtigkeit und Qualität	—	—	100
d) Nur Lagerstätten mit komplizierter Form, unregelmäßiger Qualität und sehr unregelmäßiger Anordnung	—	—	100

d) Mindestreserven

Unter Minimalreserven einer Lagerstätte versteht man diejenige Menge des mineralischen Rohstoffes, die noch eine rentable Gewinnung der Lagerstätte zuläßt. Dabei umfassen die Minimalreserven nur jene Mengen, auf Grund deren man die Produktion plant, technische Projekte ausführt und Investitionen anlegt.

Bei der Bewertung einer Lagerstätte ist es wichtig zu wissen, wie weit eine Lagerstätte erkundet sein soll, um mit ihrem Abbau beginnen zu können. Ganz besonders wichtig ist diese Frage bei Lagerstätten großer Dimensionen, bei denen es nicht wirtschaftlich ist, die ganze Lagerstätte eingehend zu untersuchen (Reserven der A- und der B-Kategorie). In vielen Fällen genügt es, durch Erkundungsarbeiten nur gewisse Minimalmengen des mineralischen Rohstoffes sicherzustellen. Eine Erweiterung dieser Mindestreserven durch eine Fortsetzung der Erkundungsarbeiten oder durch Feststellung der „absoluten" Gesamtreserven in einer Lagerstätte ist nicht immer von besonderer Bedeutung. Wie groß diese Mindestreserven sein sollen, muß für jede Lagerstätte einzeln bestimmt werden, entsprechend den gesamten wirtschaftsgeologischen und bergbaulich-technischen Bedingungen, die für eine gewisse Lagerstätte und für den betreffenden mineralischen Rohstoff charakteristisch sind.

Das Problem der Minimalreserven ist theoretisch noch immer nicht genügend klargestellt, ganz besonders nicht in den sozialistischen Ländern. Von den Studien, die in den letzten Jahren in westlichen Ländern dieses Problem behandeln, ist jene von F. Blondel besonders interessant:

Das Verhältnis von Minimalreserven zum wirtschaftlichen Ergebnis der Auswertung einer Lagerstätte hat F. Blondel mit der folgenden Formel ausgedrückt:

$$B = b_0 R - a_1 N - c_0 R a(N) - c_1 N a(N)$$

wobei: N = Zeitdauer des Abbaus in Jahren;
B = Gesamtgewinn im Laufe des Abbaus von N Jahren;
a_0 = Kosten je Tonne; sie gehen mit der Produktionskapazität proportional;
$b_0 = V - a_0$ = Bruttogewinn je Tonne (V = Verkaufspreis je Tonne);
R = Reserven in der Lagerstätte in Tonnen;
c_0 = Investitionen je Tonne (sie sind zur Produktionskapazität proportional);
a_1 = konstante jährliche Abbaukosten;
c_1 = Investitionen, die von der Produktion unabhängig sind;
a = Funktion der Zeitdauer in Jahren (N) der Amortisation und des Zinsfußes (r).

Auf Grund dieser Formel hat F. Blondel einige Kennlinien ausgearbeitet, die die Verhältnisse von Mindestreserven bzw. von jährlicher Produktion zur Dynamik der Produktion und den wirtschaftlichen Ergebnissen, die bei der Förderung erreicht werden, darstellen. Abb. 7 zeigt das Verhältnis von Gesamtgewinn zu den Reserven des mineralischen Rohstoffes bzw. den Jahren des Abbaus. Aus den angeführten Angaben geht hervor, daß die Größe der Reserven ein gewisses Minimum (R_{min}) überschreiten muß, um eine Lagerstätte wirtschaftlich abbauen zu können. Bei Reserven unter diesem Minimum könnte die Gewinnung der Lagerstätte nur mit Verlust durchgeführt werden. Mit Erhöhung der Reserven wächst bis zu einem bestimmten Niveau auch der Gesamtgewinn (in Abb. 7 sind für die Reserven auch verschiedene Größen angenommen: $R = 10{,}20$ und 50 Millionen Tonnen). Wenn die Reserven des mineralischen Rohstoffes größer als die Minimalreserven sind ($R > R_{min}$), so wird die Kennlinie im Gebiet des Gewinnes liegen, der durch die Größen N_1 und N_2 bestimmt ist.

Die Kennlinie $B(N)$ zeigt bei einem Wert N_m auch die entsprechende jährliche Produktion (P_m):

$$P_m = \frac{R}{N_m}$$

Dieser Wert ist ein Maximum, das der „optimalen Abbaudynamik" bei größtmöglichem Gewinn entspricht (N_m = optimale Zeitdauer des Abbaus). Die Größe N_m hängt von der Größe der Reserven ab, und sie wird um so größer sein, je größer die Reserven sind. In Abb. 8 ist die Kennlinie dargestellt, die das Verhältnis der optimalen Zeitdauer der Förderung zu den Reserven der mineralischen Rohstoffe angibt. Auf Grund dieser Kennlinie können Minimalreserven bestimmt werden, die $B = 0$ (Förderung ohne Gewinn) entsprechen. Auf Grund dieser Angaben kann man feststellen, daß die optimale Zeit der Förderung N_m viel langsamer ansteigt als die Reserven, und zwar im Gebiet der kleineren Werte von R mit $\sqrt{R}$, und im Gebiet der größeren Werte für R mit $\log R$. Daraus kann der

Schluß gezogen werden, daß sich die günstigsten Bedingungen für eine Lagerstätte ausrechnen lassen und daß man mit dem Abbau beginnen kann, noch ehe die gesamten Reserven in einer Lagerstätte bekannt sind.

Die interessanten Betrachtungen und die Probleme, die F. BLONDEL zum Teil erfaßt hat, müssen zweifellos theoretisch weiterentwickelt werden. Dasselbe be-

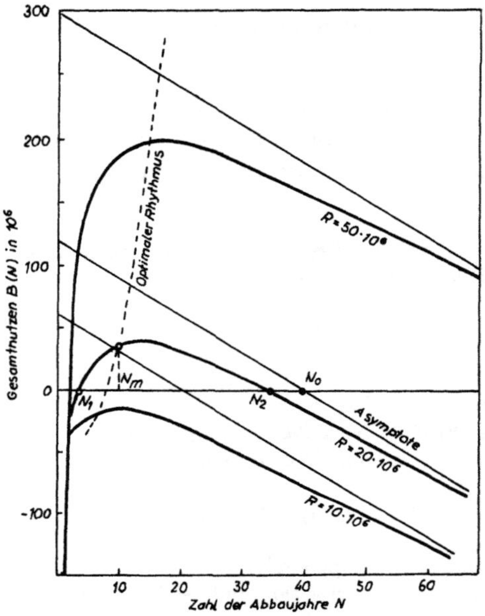

Abb. 7. Gesamtnutzen $B(N)$ als Funktion der Zahl (N) der Abbaujahre und Vorräte R (nach F. BLONDEL)

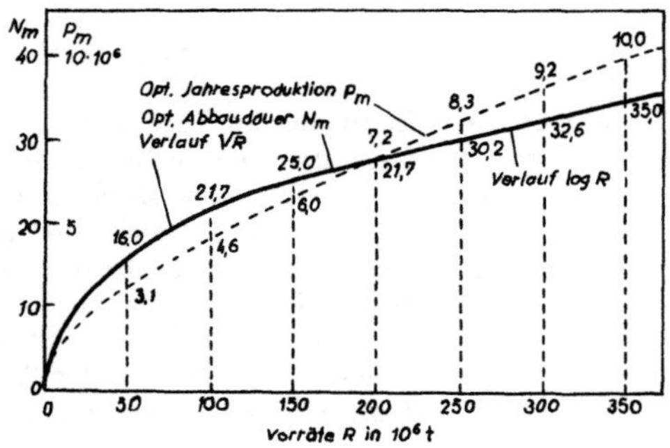

Abb. 8. Optimale Abbaudauer N_m als Funktion von Vorräten (nach F. BLONDEL)

zieht sich auch auf die Variantenrechnung, die in vielen Ländern Osteuropas eine sehr verbreitete Anwendung findet und die in diesen Ländern bisher meistens die Grundlage für die Bestimmung der optimalen Förderbedingungen einer Lagerstätte bildete.

B. Wirtschaftliche Kennziffern

Die wirtschaftlichen Kennziffern einer Lagerstätte oder einer erzführenden Zone sind viel charakteristischer und umfassender als die natürlichen Kennziffern. Durch einen Vergleich des Wertes der einzelnen Lagerstätten auf Grund der wirtschaftlichen Kennziffern bekommt man einen besseren Aufschluß über die technisch-wirtschaftlichen Vorteile der einen Lagerstätte gegenüber der anderen.

Unter den wichtigsten wirtschaftlichen Kennziffern können unterschieden werden:

1. *Der Preis der Bergbauprodukte* (Erze, Konzentrate) ist meistens keine exakte Kennziffer für die Bedeutung einer Lagerstätte. Dieser Wert unterliegt Änderungen.

2. *Die Gestehungskosten* sind eine sehr wichtige Kennziffer bei der Bewertung einer Lagerstätte. Es besteht kein Zweifel, daß diejenigen Lagerstätten günstiger sind, bei denen die Gestehungskosten niedriger sind.

Die Gestehungskosten umfassen die Abbaukosten, ferner — falls ein Konzentrat als Marktprodukt vorgesehen ist — auch die Aufbereitungskosten mit den Transportkosten vom Bergwerk bis zur Aufbereitung. Wenn das Unternehmen auch Metall erzeugt, umfassen die gesamten Kosten auch jene der Metallgewinnung.

Bei der Erkundung der Lagerstätte werden die gesamten erwarteten Gestehungskosten des Marktproduktes auf 1 t des abgebauten Erzes und 1 t des gewinnbaren Metalls bezogen.

3. *Die spezifischen und gesamten Investitionskosten* sind sehr charakteristische Kennziffern des Wertes einer Lagerstätte. Bei der Erwägung mehrerer Varianten in bezug auf die Wahl der optimalen Variante sind Lagerstätten mit niedrigen spezifischen Investitionen, manchmal auch mit niedrigen Gesamtinvestitionen, günstiger. Auf Grund der Investitionen wird auch der auf die Amortisation entfallende Teil für jede Tonne Fördererz bestimmt.

Bei manchen Lagerstätten können auch die Folgeinvestitionen eine Rolle spielen.

4. *Die Rentabilität der Produktion* ist eine zusammengesetzte Kennziffer der Lagerstättenbewertung, die über den wirtschaftlichen Wert einer Lagerstätte am besten Auskunft gibt.

Man kann die Rentabilität der Produktion auf verschiedene Weise darstellen. Die einfachste Art ihrer Darstellung ist der Unterschied zwischen dem Wert des Marktproduktes (Erz, Konzentrat, Metall) und seinen gesamten Gestehungskosten, bezogen auf die Jahresproduktion oder auf die Produktionseinheit. Einen noch besseren Aufschluß über die Rentabilität der Produktion gibt das Verhältnis vom jährlichen Gewinn zu den gesamten Betriebskosten des Unternehmens oder das Verhältnis vom Jahresgewinn zum Wert des Grund- und Betriebsfonds des Unternehmens.

5. *Die Amortisationsfrist der angelegten Investitionen* zählt zur Gruppe wichtiger Kennziffern bei der Bewertung einer Lagerstätte.

Da die wirtschaftsgeologische und wirtschaftliche Bewertung einer Lagerstätte ein komplexes Problem darstellt, bei welchem verschiedene Faktoren eine Rolle spielen, ist eine vertrauenswürdige Bewertung lediglich auf Grund einer Reihe von natürlichen und wirtschaftlichen Kennziffern möglich, die alle zusammen eine Gesamtheit bilden. Eine Bewertung, der nur einzelne (natürliche oder wirtschaftliche) Kennziffern zugrunde liegen, wird weder über den Wert der einzelnen Lagerstätten einen genaueren Aufschluß geben können, noch wird sie eine Richtlinie sein können für die Wahl der optimalen Variante in einer Lagerstätte oder für den Vergleich des wirtschaftlichen Wertes mehrerer Lagerstätten. Daher werden bei der Bewertung der Lagerstätten immer häufiger und häufiger Methoden der mathematisch-statistischen Analysen angewendet, die auf natürlichen und wirtschaftlichen Kennziffern der Bewertung der Lagerstätten aufbauen.

Der Vergleich des wirtschaftlichen Wertes mehrerer Lagerstätten und die Bestimmung der optimalen Variante erfolgt immer häufiger auf Grund zahlreicher Verfahren, die bei der operativen Lagerstättenuntersuchung Anwendung finden.

Von diesen heute angewendeten verschiedenen Verfahren hat eine jede ihre Vorteile und Nachteile, so daß keine von ihnen als eine universelle Methode betrachtet werden kann. Von den Verfahren, die bei der Lagerstättenbewertung angewendet werden, seien genannt:

Korrelationsverfahren
Kennziffernverfahren
Graphoanalytisches Verfahren
Lineare Programmierung
Diskriminationsanalyse

Die Anwendung dieser Verfahren bei der wirtschaftsgeologischen und wirtschaftlichen Lagerstättenbewertung befindet sich noch im Anfangsstadium, so daß eine breitere Anwendung dieser Verfahren bei der Bestimmung des wirtschaftlichen Wertes einer in Untersuchung stehenden Lagerstätte oder einer aktiven Lagerstätte noch bevorsteht. Bei diesen Analysen ist die Anwendung der mathematischen Verfahren selbst nicht wesentlich, sondern die Feststellung der Reihenfolge der einzelnen natürlichen oder wirtschaftlichen Kennziffern, die mathematisch als Gesamtheit analysiert wird, wobei die Stellung der einzelnen Kennziffern in dieser Reihenfolge ihrer Bedeutung bei der Bewertung der Lagerstätte entspricht.

Wirtschaftliche Bewertung

Die wirtschaftliche Bewertung von Lagerstätten ergibt die wichtigste Kennziffer über eine Lagerstätte. Sie umfaßt das Problem der Ausnutzung von Lagerstätten und ihrer Verwendung in der Wirtschaft.

Die Bewertung der Lagerstätten, die letztlich den ökonomischen Nutzen ausdrückt, resultiert aus den natürlichen Werten. Durch Vergleich des Wertes der erhaltenen Produkte mit den für ihre Gewinnung erfolgten Aufwendungen läßt sich die Bewertung einer Lagerstätte weitaus vollkommener als nur durch natürliche Kennziffern durchführen. So können zwei Lagerstätten ein und desselben mineralischen Rohstoffes mit den gleichen Vorräten und auch mit den gleichen natürlichen Kennziffern bei Anwendung der Bewertung in Geldeinheiten auch sehr verschiedene wirtschaftliche Bedeutung haben (Teufe von Erzkörpern, Abbauverfahren, hydrogeologische Verhältnisse u. a.). Sogar innerhalb einer Lagerstätte können die gleichen Mengen eines bestimmten Erzes verschiedenen Wert haben.

Bei der Lagerstättenbewertung in Geldeinheiten ist es möglich, genauere Vergleiche einzelner Lagerstätten, manchmal einzelner Teile einer Lagerstätte, durchzuführen. Hierbei erscheint auch neben der Kennziffer Rentabilität als weitere bedeutende Kennziffer die auf eine Einheit des Erzeugnisses entfallende Höhe der Investitionen.

Die wirtschaftliche Bewertung einer Lagerstätte ist von erheblicher Bedeutung während der Erkundung und auch während des Abbaus der Lagerstätte. Während der Erkundung ist es daher möglich, weitere Arbeiten rationeller zu gestalten. So kann man bei erzreichen Lagerstätten eher größere Fehler des mittleren Gehaltes an nutzbaren Komponenten zulassen als bei armen Lagerstätten. Die Genauigkeit der Bestimmung des Gehaltes wird aber um so notwendiger, je mehr sich der Gehalt dem industriellen Minimalgehalt oder sogar dem geologischen Schwellengehalt nähert.

Die Bewertung in Geldeinheiten ist auch wichtig für die Festsetzung der Bergwerksrente als sehr bedeutende Kennziffer der Rentabilität, für die Bestimmung des industriellen Minimalgehaltes, der optimalen Kapazität und für die Ermittlung des Einflusses der Abbauverluste auf das wirtschaftliche Ergebnis.

a) Die wirtschaftliche Lagerstättenbewertung ohne Berücksichtigung des Zeitfaktors

Ein besseres Bild über den wirtschaftlichen Wert einer Lagerstätte erhält man aus dem Unterschied zwischen dem Wert der nutzbaren Bestandteile in der Lagerstätte und den Kosten, die für ihre Gewinnung aufgewendet werden müssen.

Ohne Rücksicht auf die Lebensdauer des künftigen Abbaues kann eine annähernde Bewertung einer Lagerstätte in Geldeinheiten ermittelt werden durch:

$$V = (V_i - T_i)Q$$

wobei: V = Wert der Lager (Geldeinheit),
V_i = Wert der nutzbaren Bestandteile im mineralischen Rohstoff (Geldeinheit/Tonne)
T_i = Kosten zur Gewinnung der nutzbaren Bestandteile (Geldeinheit/Tonne),
Q = Vorräte der mineralischen Rohstoffe bzw. der nutzbaren Bestandteile in den mineralischen Rohstoffen (Tonnen).

Folgendes Beispiel der Rentabilitätsbestimmung gilt für den Abbau einer Kupferlagerstätte im Tiefbau. Das Erz wird durch Flotation angereichert (sulfidisches Erz) und die Konzentrate werden zu metallischem Kupfer verarbeitet. Die Vorräte betragen 10 Millionen Tonnen.

Allgemeine Angaben:

Kupfergehalt im Erz (C_r)	2%
Verdünnung beim Abbau (a)	5%
Verluste beim Abbau	10%
Kupfergehalt im Konzentrat (C_k)	20%
Ausbringen des Kupfers im Konzentrat (i_k)	90%
Ausbringen des Kupfers in der Hütte (i_m)	95%
Kupfergehalt im Endprodukt (C_b)	99%
Kosten für die Erzgewinnung (T_r), Din/Tonne	2500.—
Kosten für die Aufbereitung (T_f), Din/Tonne	1500.—
Verhüttungskosten (T_m), Din/Tonne	85000.—
Transportkosten bis zur Flotation (T_t), Din/Tonne	200.—
Transportkosten für das Konzentrat bis zur Hütte (T_{tt}), Din/Tonne	700.—
Preis für 1 t Kupfer (P), Din/Tonne	380000.—

Das Gesamtausbringen des Kupfers bei seiner Verarbeitung:

$$i = \frac{90 \cdot 95}{100} = 85\%$$

Die metallurgischen Verarbeitungskosten für 1 t Metall, auf 1 t Konzentrat (T_{mk}) reduziert:

$$T_{mk} = \frac{C_k \cdot i_m \cdot T_m}{100 \cdot C_b} = \frac{20 \cdot 95 \cdot 85000}{100 \cdot 99} = 16310 \text{ Din/Tonne}$$

Der Wert des Metalls (V) im Erz in der Lagerstätte:

$$V = \frac{C_r \cdot P}{C_b} = \frac{2 \cdot 380000}{99} = 7676 \text{ Din/Tonne}$$

Der Wert des aus dem Erz zu gewinnenden Metalls (V_1):

$$V_1 = \frac{C_r(100-a) \cdot i \cdot P}{100 \cdot C_b} = \frac{2 \cdot 95 \cdot 85 \cdot 380000}{100 \cdot 100 \cdot 99} = 6200 \text{ Din/Tonne}$$

Die Gewinnungs- und Verarbeitungskosten für 1 t Erz betragen:

$$T_i = \frac{C_r(100-a)i_k}{100 \cdot C_k}(T_{mk} + T_{tt}) + (T_r + T_f + T_t) =$$

$$= \frac{2 \cdot 95 \cdot 90}{100 \cdot 100 \cdot 20}(16310 + 700) + (2500 + 1500 + 200) = 5815 \text{ Din/Tonne}$$

Die Rentabilität der industriellen Gewinnung für 1 t Erz (D_r):

$$D_r = V_1 - T_i = 6200 - 5815 = 385 \text{ Din/Tonne}$$

Die Rentabilität für die Erzeugung des Kupfers kann auf ähnliche Weise bestimmt werden. Die Kosten für die Kupfergewinnung (T_b):

$$T_b = \frac{100 \cdot 100 \cdot C_b}{C_r(100-a) \cdot i}(T_r + T_f + T_t) + \frac{100 \cdot C_b}{C_k \cdot i_m}(T_{mk} + T_{tt}) =$$

$$= \frac{100 \cdot 100 \cdot 99}{2 \cdot 95 \cdot 85}(2500 + 1500 + 200) + \frac{100 \cdot 99}{20 \cdot 95}(16310 + 700) =$$

$$= 346550 \text{ Din/Tonne}$$

Die Rentabilität der Produktion im Verhältnis zu 1 t gewonnenen Kupfers:

$$D_b = P - T_b = 380000 - 346550 = 33450 \text{ Din/Tonne}$$

Nimmt man an, daß die Lagerstätte zu 90% (Verluste 10%) ausgebaut wird, so ist die Rentabilität der Gewinnung der Lagerstätte:

$$D = (V - T) \cdot 0{,}9 \cdot Q = 385 \cdot 0{,}9 \cdot 10000000 = 3465000000 \text{ Din}$$

So kann man ein annäherndes Bild über die Bedeutung einer Lagerstätte bekommen, ohne aber einen zuverlässigen Wert in Geldeinheiten zu erreichen. Der Hauptmangel einer solchen Bewertung ist die Außerachtlassung des Zeitfaktors. Viele Lagerstätten werden 30 bis 50 Jahre abgebaut, andere hingegen nur einige Jahre. Es gibt aber auch Lagerstätten, deren Vorräte im Verhältnis zur Produktionskapazität praktisch als unerschöpflich betrachtet werden können oder wenigstens für eine Produktion für mehrere hundert Jahre ausreichen. Wird die für die Realisierung des Profits nötige Zeit nicht berücksichtigt, so kann man den wahren wirtschaftlichen Wert der jeweiligen Lagerstätte nicht erhalten.

Die Bewertung einer Lagerstätte ist mit den politisch-wirtschaftlichen Prinzipien des Landes eng verbunden. In dieser Hinsicht besteht ein krasser Unterschied zwischen den westlichen und den sozialistischen Ländern. Die Hauptkriterien der wirtschaftlichen Bewertung unterscheiden sich wesentlich voneinander: In der westlichen Welt ist die Höhe des Profits entscheidend, der durch die Gewinnung einer Lagerstätte erreicht wird, während in sozialistischen Ländern der grundlegende Wertmaßstab die Nützlichkeit des jeweiligen mineralischen Rohstoffes für die gesellschaftliche Gemeinschaft ist. So ist es notwendig, die Prinzipien der Bewertung von Lagerstätten getrennt für westliche und sozialistische Länder zu besprechen.

b) Die wirtschaftliche Bewertung von Lagerstätten und Bergwerken in westlichen Ländern

Lagerstätten (und Bergwerke) bilden in westlichen Ländern einen Gegenstand des Handels, dessen Wert im Grunde genommen durch die Höhe des Profits bestimmt wird, der durch die Gewinnung der Lagerstätte innerhalb einer bestimmten Zeit verwirklicht werden kann.

Bei der wirtschaftlichen Bewertung geht man davon aus, daß die in einen Bergwerksbetrieb angelegten Mittel in möglichst kurzer Zeit einen möglichst großen Profit abwerfen[1]. Die angelegten Mittel sollen in einer bestimmten Zeit nicht nur mit jenen Zinsen rückerstattet werden, die man bei einem anderen Geschäft erhalten hätte, sie sollen vielmehr mit Rücksicht auf das Risiko des Bergwerkes und des Absatzes der Bergbauerzeugnisse auf dem Markt noch einen zusätzlichen Profit für dieses Risiko bringen. Daher wird der Geldwert einer Lagerstätte und eines Bergwerkes durch die Summe ausgedrückt, die der Abbau als Profit mit hohen Zinsen bringen wird.

Mit den Problemen der wirtschaftlichen Bewertung (Bewertung in Geldeinheiten) haben sich mehrere Autoren befaßt (D. Parks, A. Richard, C. Hoover u. a.). Einige der beigefügten Formeln haben eine breitere praktische Bedeutung erhalten, doch viele sind nur theoretische Betrachtungen des Problems geblieben.

Heute werden in den westlichen Ländern bei der Bewertung einer Lagerstätte oder eines Bergwerks hauptsächlich zwei grundlegende Verfahren angewendet:

α) Verfahren des Zinsfußes. Die Übertragung des künftigen Wertes eines Objektes, eines Bergwerks oder einer Lagerstätte auf die heutigen Verhältnisse bzw. auf die Verhältnisse des Augenblickes, in dem die Bewertung erfolgt, kann durch die Zinseszinsformel durchgeführt werden:

$$V_p = \frac{1}{(1+r)^n}$$

wobei V_p der gegenwärtige Wert einer Geldeinheit ist, die sie in (n) Jahren haben wird; r ist der Zinsfuß. An Stelle der 1 im Zähler in obiger Formel kann der in Zukunft zu verwirklichende Gesamtprofit eingesetzt werden.

Unter Berücksichtigung des jährlichen Reingewinnes bzw. des Profits, den ein Bergwerk abwerfen kann, ergibt sich der jetzige Wert einer Lagerstätte oder eines Bergwerks folgendermaßen:

$$V_p = \frac{(1+r)^n}{r\,(1+r)^n} \cdot A$$

dabei sind: A der Jahresprofit, (n) und (r) dieselben Werte wie in der vorhergehenden Formel.

β) Die Hoskoldformel. Die wirtschaftliche Bewertung eines Bergwerks und einer Lagerstätte beruht in den westlichen Ländern im Grunde genommen noch immer auf der Hoskoldformel, obgleich die Prinzipien, auf denen sie beruht, vor über 80 Jahren aufgestellt wurden. Nach H. D. Hoskold ändert sich der Wert einer Lagerstätte mit dem Grad seiner Erschöpfung, und in dem Moment, wo

[1] Die Meinung von F. A. Thomson, „daß der Bergbau die Kunst ist, aus Erz Geld zu machen“, ist für die Einstellung der westlichen Länder zu diesem Wirtschaftszweig sehr bezeichnend.

die Lagerstätte erschöpft ist, sollte das investierte Kapital, die entsprechenden Zinsen einbegriffen, voll zurückerstattet sein. Daher kann die Bewertung einer Lagerstätte in jeder Phase ihres Abbaus durchgeführt werden, und ihren Wert („den Gegenwartswert") bestimmt das zu investierende Kapital, das im Laufe der Gewinnung mit dem künftigen Gesamteinkommen des Unternehmens gleich sein wird. Nach H. HOSKOLD wird bei der Errechnung des Gegenwartswertes eines Bergwerks oder einer Lagerstätte angenommen, daß der Betrag der investierten Mittel nicht vor der endgültigen Erschöpfung rückerstattet werden kann, wenn das investierte Kapital nur durch den normal abfallenden Gewinn rückerstattet wurde.

Die Hoskoldformel ist:

$$V_p = \frac{A}{\frac{r}{R^n - 1} + r_1}$$

wobei: V_p = Gegenwartswert des Bergwerks (bzw. der Lagerstätte), der erwartete jährliche Profit, der in der Formel als Jahresrente betrachtet wird;

A = Jahresprofit des Bergwerks;

r = normaler Akkumulationszinsfuß, meistens 3 bis 5%;

r_1 = die „Belohnungs"-Risiko-Zinsen, abhängig vom Grad des Risikos in der Bergwerksproduktion;

n = die Lebensdauer des Betriebes, die sich aus ermittelten Reserven und der Kapazität des Betriebes ergibt.

$R = 1 + r$.

Die Anwendung der Hoskoldformel bei der Bestimmung des Wertes eines Bergwerks oder einer Lagerstätte wird nachfolgend an einigen Beispielen erläutert.

1. Ein kleineres Bergwerk erzeugt jährlich 50000 t Erz mit einem Reingewinn von 1 $ pro Tonne Erz. Die Erzvorräte gewährleisten eine Produktion von 10 Jahren. Werden als Akkumulationszinsfuß 4% und als „Belohnungs"-Risiko-Zinsen 12% angenommen, ist der Gegenwartswert des Bergwerks:

$$V_p = \frac{A}{\frac{r}{R^n - 1} + r_1} = \frac{50000}{\frac{0{,}04}{1{,}04^{10} - 1} + 0{,}12} = 245955 \text{ \$}$$

2. Es wurde geschätzt, daß ein Bergwerk jährlich 100000 t Erz mit 20 Cent Reingewinn pro Tonne Erz liefern kann. Die Erzvorräte betragen 2000000 t. Wie groß ist der Gegenwartswert des Bergwerks, wenn man als Akkumulationszinsfuß 3% und als „Belohnungs"-Risiko-Zinsen 8% annimmt?

$A = 100000 \cdot 0{,}20 = 20000$ $ jährlich

$n = 2000000 : 100000 = 20$ Jahre

$r_1 = 8\%;\ r = 3\%$

$$V_p = \frac{20000}{\frac{0{,}03}{1{,}03^{20} - 1} + 0{,}08} = 170620 \text{ \$}$$

Erfolgt die Realisierung des vorgesehenen Profits nicht unmittelbar im Moment der Bewertung, sondern etwas später (z. B. bei Lagerstätten, die sich in der Phase der Erforschung u. dgl. befinden), und nimmt man für die Zeit des aufgeschobenen Abbaus einen Zinsfuß, der von dem für den Zeitraum der Realisierung des Profits verschieden ist, so wird der Gegenwartswert des Bergwerks oder der Lagerstätte bestimmt als:

$$V_p = \frac{\dfrac{A}{\dfrac{r}{R^n - 1} + r_1}}{(1 + r_2)^m} = \frac{\dfrac{A}{S + r_1}}{(1 + r_2)^m}$$

wobei: r = üblicher Akkumulationszinsfuß;
r_1 = „Belohnungs"-Risiko-Zins;
r_2 = der sich auf den Zeitraum zwischen dem Abbau und dem Moment der Bewertung des Bergwerks oder der Lagerstätte beziehende Zinsfuß.

Ein fertig ausgerüstetes Bergwerk kann jährlich 100000 t Erz liefern[1]. Mit Rücksicht auf die Marktverhältnisse ist es nicht günstig, dasselbe in der folgenden Periode von 5 Jahren in Betrieb zu nehmen. Es wird angenommen, daß der Reingewinn pro Tonne Erz 25 Cent betragen wird. Nimmt man als üblichen Zinsfuß 5%, als „Belohnungs"-Risiko-Zins 10% und als Zinsfuß für die Zeit bis zum Anfang der Erzeugung 7%, so ist der Gegenwartswert des Bergwerks:

$A = 100000 \cdot 0{,}25 = 25000$ \$ jährlich
$n = 1000000 : 100000 = 10$ Jahre
$m = 5$ Jahre
$r = 0{,}05$
$r_1 = 0{,}10$
$R_2 = 0{,}07$
$R^n = (1 + 0{,}05)^{10}$

$$V_p = \frac{\dfrac{25000}{\dfrac{0{,}05}{0{,}05^{10}} + 0{,}10}}{(1 + 0{,}07)^5} = 99300 \text{ \$}$$

Anstatt des Gegenwartswertes kann der sich auf den Beginn des Lagerstättenabbaus beziehende Wert (V^1) errechnet werden:

$$V^1 = \frac{A}{S + r_1} = \frac{25000}{\dfrac{0{,}05}{1{,}05^{10}} + 0{,}10} = 139300 \text{ \$}$$

$$V_p = V^1 \frac{1}{(1 + r_2)^m} = \frac{129300}{1{,}07^5} = 99300 \text{ \$}$$

Die Hoskoldsche Formel, die den künftigen Wert einer Lagerstätte oder eines Bergwerks auf die heutigen Verhältnisse bezieht, ist günstig zur relativ einfachen Erlangung einer Vorstellung über die Wirtschaftlichkeit von Investitionen in einem Bergwerksbetrieb in westlichen Ländern. Durch Annahme des Reingewinns als Grundelement der Bewertung eines Bergwerks sind auch die grundlegenden Prinzipien der westlichen Vorstellung der Rentabilität in einem Betrieb erfüllt.

Bei der Bestimmung des jährlichen Reingewinns, der im Lauf der künftigen Bergwerksproduktion verwirklicht werden soll, nimmt man mittlere Preise für

[1] Nach R. Parks.

die verkauften Erzeugnisse sowie mittlere Abbau- und Verarbeitungskosten der mineralischen Rohstoffe an. Da die Elemente, die für den Profit maßgebend sind, bedeutenden Schwankungen unterworfen sind, die bei der Bewertung nicht immer mit genügender Genauigkeit erfaßbar sind, wird die Höhe des Reingewinns sehr oft durch Kostenvoranschläge bestimmt, in denen subjektive Faktoren einen bedeutenden Platz einnehmen. So dient die nach der Hoskoldschen Formel vorgenommene Bewertung häufig nur zur allgemeinen Orientierung.

Um bei der Bewertung von Bergwerken und Lagerstätten in Geldeinheiten auch den Einfluß des im Bergbau auftretenden Risikos zu berücksichtigen, hat H. Hoskold in seine Formel neben dem üblichen Zinsfuß noch die „Belohnungs"-Risiko-Zinsen eingeführt. Neben dem im Bergbau als Folge der natürlichen Bedingungen auftretenden Risiko (Wassereinbrüche, Brände u. dgl.) sind für die westliche Welt auch die Risiken von besonderer Bedeutung, die als Folge von Veränderungen auf dem Markt und von politischen Faktoren (Nationalisierung, Streiks u. dgl.) auftreten. Nicht für alle mineralischen Rohstoffe und auch nicht bei allen Verhältnissen einer Lagerstätte oder einer Grube ist die Größe der Risiken die gleiche. Daher wird auch der „Belohnungs"-Risiko-Zins nicht immer den gleichen Wert haben. H. Hoskold setzte die „Belohnungs"-Risiko-Zinsen mit 15 bis 25% an, doch stellte es sich später heraus, daß dieser Satz zu hoch ist. Unter den gegenwärtigen Bedingungen nimmt man meistens 8 bis 12% an. Den wahren Wert des „Belohnungs"-Risiko-Zinsfußes wird man möglichst verheimlichen (Steuerhinterziehung, möglichst billiger Kauf der Grube u. dgl.). Die Änderungen des „Belohnungs"-Risiko-Zinsfußes üben in der Hoskoldschen Zinsenrechnung einen großen Einfluß auf die Bestimmung des Gegenwartswertes eines Bergwerks aus. Dafür noch folgendes Beispiel:

Der Gegenwartswert eines Bergwerks, das Reserven für 5 Jahre und einen jährlichen Reingewinn von 20000 $ gewährleistet, würde sich bei Anwendung eines Akkumulationszinsfußes von 4% in Abhängigkeit von einem 8-, 12-, 15- und 25%igen „Belohnungs"-Risiko-Zins in folgenden Grenzen ändern:

„Belohnungs"-Risiko-Zinsen	8%	Gegenwartswert	75660 $
„ „ „	10%	„	70180 $
„ „ „	12%	„	65570 $
„ „ „	15%	„	59700 $
„ „ „	25%	„	45980 $

Die von den Rohstoffreserven und der Produktionskapazität abhängige Lebensdauer (Zeit des Abbaues) bildet gleichfalls einen von der Hoskoldschen Formel mit erfaßten Faktor. Obgleich in einer längeren Zeitspanne des Abbaues ein höherer absoluter Gewinn erzielt wird, so nimmt bei Anwendung der Hoskoldschen Zinseszinsrechnung die absolute Zunahme der Erhöhung des Gegenwartswertes eines Bergwerks in denselben Zeitspannen allmählich ab bzw. es erfolgt die Wertzunahme viel langsamer als die Erhöhung der Lebensdauer eines Bergwerks. In den letzten Abbauperioden ist die Zunahme des Gegenwartswertes des Bergwerks ganz gering.

Betrachten wir diese Veränderungen der Zunahme des Gegenwartswertes eines Bergwerks in Abhängigkeit von der Erhöhung der Abbaudauer einer Lagerstätte, wenn das Bergwerk einen Reingewinn von 20000 $ jährlich mit einem Akkumulationszinsfuß von 4% und einem „Belohnungs"-Risiko-Zins von 10% abwirft:

Abbaudauer	Gegenwartswert	Wertzunahme im Verhältnis zum Gegenwartswert in Zeitspannen von je 5 Jahren	
Jahre	$	$	%
5	68270.—		
10	109120.—	40850.—	61
15	133390.—	24270.—	23
20	149900.—	16510.—	12,4
25	161270.—	11370.—	7,6
30	169730.—	8460.—	5,2
35	176090.—	6360.—	4,1

Das angeführte Beispiel zeigt, daß die in den ersten Abbaujahren einer Lagerstätte erzielten wirtschaftlichen Ergebnisse bei der Lagerstättenbewertung von ausschlaggebender Bedeutung sind. Geringere Fehler beim Voranschlag der mineralischen Reserven einer Lagerstätte haben bei der industriellen Bewertung der Lagerstätte keinen größeren Einfluß, da die erhöhten oder verringerten Reserven (bis zu 20%), die ihrem Umfang nach der Erzeugung von 5 Jahren entsprechen, bei der Bewertung einen Fehler von nicht mehr als einigen Prozenten verursachen werden.

c) Die wirtschaftliche Lagerstättenbewertung in den sozialistischen Ländern

Die wirtschaftsgeologische und wirtschaftliche Bewertung der Lagerstätten mineralischer Rohstoffe in den sozialistischen Ländern unterscheidet sich wesentlich von der Bewertung in den westlichen Ländern. Obwohl bei der Lagerstättenbewertung in den sozialistischen Ländern noch immer viele wirtschaftliche Kategorien der Lagerstättenbewertung wie in den westlichen Ländern angewendet werden, ist deren Sinn und Ziel unter den Bedingungen der sozialistischen Planwirtschaft wesentlich verschieden.

Anstatt des Profits, der in den kapitalistischen Ländern der Grundmaßstab des Wertes einer Lagerstätte ist, wird in den sozialistischen Ländern der Wert einer Lagerstätte nach dem Nutzen für den gesamten Staat beurteilt, wobei natürlich auch der Gewinn bei der Förderung der in Untersuchung stehenden oder der bereits in Abbau befindlichen Lagerstätte mit berücksichtigt wird. Der Schwerpunkt der Lagerstättenbewertung liegt jedoch auf der Bedeutung der betreffenden Lagerstätte für die geplante Entwicklung eines bestimmten Wirtschaftszweiges des betreffenden Staates.

Die Lagerstättenbewertung in den sozialistischen Staaten besitzt die spezifischen Merkmale einer staatlichen Planwirtschaft. Bei der Bewertung einer Lagerstätte wird diese nur als ein Teil der gesamten Rohstoffbasis des Landes betrachtet. Unter den Bedingungen der sozialistischen Planwirtschaft kann daher eine gesonderte Beurteilung bzw. eine gesonderte wirtschaftliche und wirtschaftsgeologische Bewertung der Lagerstätten nicht in Betracht kommen, sondern nur im Rahmen der gesamten Rohstoffbasis der Industrie bzw. eines bestimmten Industriezweiges. Daher werden bei der Bewertung der Rohstoffbasis und der einzelnen Lagerstätten die durchschnittlichen Selbstkosten des Produktes in den einzelnen Industriezweigen angewendet, während die einheitlichen Preise der Produkte der Staat bestimmt. Jene tragen einer gleichmäßigeren Entwicklung der Wirtschaft unter der Berücksichtigung des Bedarfes im eigenen Land Rechnung.

Bei der Ausarbeitung der Kriterien für die Bewertung einer Lagerstätte richtet man sich hauptsächlich nach dem Bedarf an Menge und Qualität. Bei der Beurteilung der Bedingungen für die Gewinnung bestimmter Lagerstätten oder bestimmter mineralischer Rohstoffe wird durch den Staatsplan entsprechend dem Bedarf des Landes eine gleichmäßige Entwicklung aller Wirtschaftszweige vorgesehen, wovon die Intensität der Untersuchung der einzelnen Lagerstätten mineralischer Rohstoffe oder der einzelnen erzführenden Regionen sowie die Kapazität der einzelnen Bergwerke und Aufbereitungs- bzw. Hüttenbetriebe abhängen. Gewöhnlich wird angestrebt, den einheimischen Bedarf nach einem bestimmten Rohstoff innerhalb der geologischen und wirtschaftlichen Möglichkeiten in kürzester Zeit mit geringstem Aufwand und kleinster Beanspruchung der Gemeinschaftskräfte zu befriedigen. Bei der Deckung des einheimischen Bedarfes müssen auch die wirtschaftlichen Ergebnisse der Verwendung der mineralischen Rohstoffe bzw. der Ausnutzung der einzelnen Lagerstätten berücksichtigt werden. Bisher haben die sozialistischen Länder ihren Bedarf an mineralischen Rohstoffen weitestgehend selbst gedeckt. Für die Entwicklung einzelner Industriezweige wird das aber in Zukunft nicht mehr möglich sein, so daß eine internationale Arbeitsverteilung in bedeutenderem Maße als bisher notwendig wird.

Ein besonderes Kennzeichen der Lagerstättenbewertung im Sozialismus ist die Außerachtlassung des Risikos, das im Bergbau der westlichen Welt so entscheidend ist. Die Auswirkungen des Bergbaurisikos sind zwar auch im Sozialismus vorhanden, doch beschränkt sie sich nur auf die an die natürlichen Verhältnisse in der Lagerstätte gebundenen Änderungen, nicht aber auf die des Marktes oder auf politisch-wirtschaftliche Ursachen.

Bei Betrachtung der Elemente der industriellen Bewertung ist ein möglichst vollkommener Abbau der Lagerstätten von besonderer Wichtigkeit, obgleich ein weiterer Abbau ärmerer Teile der Lagerstätte oder einer Lagerstätte mit ungünstigeren Abbaubedingungen zu einer Verringerung des Einkommens je Produktionseinheit führt.

Obwohl für die Entwicklung eines Landes Lagerstätten als Rohstoffbasis der Industrie sehr wichtig sind, gibt es in den sozialistischen Ländern keine allgemeingültigen Prinzipien für die wirtschaftsgeologische und für die wirtschaftliche Lagerstättenbewertung. Mehrere Publikationen behandeln diese Frage, besonders in der Sowjetunion (K. L. Posharizkij, A. A. Perwuschin, N. W. Wolodomonow, V. I. Krejter, W. W. Pomeranzew, D. M. Rura, S. J. Ratschkowskij u. a.) und in der DDR (F. Stammberger u. a.).

Da es keine festgelegten einheitlichen Prinzipien und Kriterien für die Lagerstättenbewertung gibt, konnte es natürlich auch zu keiner Ausarbeitung einer Methodik der Lagerstättenbewertung kommen, die allgemein in den Ländern unter den Bedingungen der sozialistischen Planwirtschaft gelten. Der Leitgedanke, daß die Nützlichkeit einer Lagerstätte als Maßstab des Wertes für die Gemeinschaft gilt, hat bisher noch keinen entsprechenden Niederschlag gefunden, um diesen Wert auch mit brauchbaren Formeln auszudrücken.

Eine besonders strittige Frage ist der Geldwert von Lagerstätten unter den Bedingungen der sozialistischen Planwirtschaft. Einzelne Autoren bestreiten überhaupt die Möglichkeit, den Wert der Lagerstätte in Geldeinheiten ausdrücken zu können, da sie den Standpunkt einnehmen, daß der Geldwert der Lagerstätte nur beim Kauf bzw. Verkauf der Lagerstätte zum Ausdruck kommt. Aber ein Kauf-Verkauf ist in den sozialistischen Ländern nicht diskutabel, da die Lagerstätten allgemeines Gesellschaftsgut darstellen. Wir aber nehmen an, daß bei der wirtschaftlichen Lagerstättenbewertung der Wert der Lagerstätte auch unter den Bedingungen der sozialistischen Planwirtschaft in Geldeinheiten ausgedrückt werden kann. Der Geldwert dient hier nicht als Basis des Kaufes-Verkaufes der Lagerstätte oder der Konzession, wie es in den westlichen Ländern der Fall ist, sondern der Geldwert von Lagerstätten dient nur zum Ausdruck des Wertes.

Es gibt heute verschiedene Vorschläge, welche die Methodik der Lagerstättenbewertung betreffen. Allen diesen Vorschlägen ist die Tendenz gemeinsam, daß die Bedeutung der Lagerstätten für den Staat auf Grund bestimmter wirtschaftlicher Kategorien (z. B. auf Grund der Rentabilität der Gewinnung der Lagerstätte) zu bestimmen ist. Mit anderen Worten, die Gemeinschaft braucht eben nicht alle Lagerstätten ohne Rücksicht auf die wirtschaftlichen Ergebnisse der Investitionen, und es soll auch nicht für den Aufschluß aller Lagerstätten und aller mineralischen Rohstoffe investiert werden. Aus Gründen der beschränkten Verfügbarkeit über finanzielle Mittel für Investitionen sind bei der wirtschaftsgeologischen und wirtschaftlichen Bewertung der einzelnen Lagerstätten und erzführenden Regionen für die Vor- und Detailerkundung und Förderung nur solche Lagerstätten zu wählen, bei deren späterer Gewinnung günstigste wirtschaftliche Ergebnisse erzielt werden können. Das wirtschaftliche Ergebnis der Gewinnung der Erzlagerstätten in sozialistischen Ländern wird in der Zukunft eine immer wichtigere Rolle bei der ökonomischen und wirtschaftsgeologischen Lagerstättenbewertung spielen.

Von den zahlreichen Verfahren, die für die wirtschaftliche Lagerstättenbewertung in den Ländern mit sozialistischer Planwirtschaft vorgeschlagen werden, sollen nur einige erwähnt werden:

1. Vom Prinzip der Zinseszinsrechnung des zukünftigen Reingewinns bei der Förderung ausgehend, schlug K. L. Posharizkij für die Lagerstättenbewertung die folgende Formel vor:

$$V_p = \frac{A(1+r)^{n-1}}{r(1+r)^n}$$

wobei: V_p = Wert der Lagerstätte oder des Bergwerks in Rubel;
A = jährlicher Reingewinn des Bergwerks in Rubel;
r = Zinsfuß;
n = Zeitdauer der Gewinnung in Jahren.

Da die von K. L. Posharizkij vorgeschlagene Formel eigentlich eine Variante der Formeln nach H. Hoskold und S. Truscott ist, ist dieses Verfahren der Bewertung der Lagerstätten in einer sozialistischen Planwirtschaft nicht anwendbar.

2. *Die Lagerstättenbewertung auf Grund der wertmäßigen und natürlichen Kennziffern* findet heute in den Ländern mit sozialistischer Planwirtschaft eine ver-

breitete Anwendung. Dieses Verfahren der Lagerstättenbewertung gebrauchen heute vorwiegend jene Autoren, die die Richtigkeit der Einführung des Geldwertes bei der Lagerstättenbewertung negieren.

Die Lagerstättenbewertung beruht bei diesem Verfahren auf verschiedenen, vorwiegend wertmäßigen Kennziffern, von denen gewöhnlich folgende verwendet werden:

a) Gestehungskosten
b) Rentabilität
c) Spezifische Investitionen
d) Amortisationsfrist der angelegten Mittel

Die Bewertung umfaßt neben den angeführten auch noch andere wertmäßige und natürliche Kennziffern (Reserven, Qualität des mineralischen Rohstoffes), so daß sie meist eine Synthese mehrerer einzelner Kennziffern ist. Dabei wird auch die Erhöhung der Arbeitsproduktivität besonders berücksichtigt.

Einige Autoren verwenden auch verschiedene Kennziffern der Lagerstättenbewertung, so daß es eigentlich eine allgemeingültige, auf bestimmten wertmäßigen und natürlichen Kennziffern beruhende Methodik der Lagerstättenbewertung nicht gibt; der Mehrzahl der angewandten Verfahren sind die von a) bis d) angeführten Kennziffern gemeinsam.

3. *Bergwerksrente als Maßstab der Lagerstättenbewertung.* Besonders interessant ist das Verfahren der Lagerstättenbewertung nach N. Wolodomonow, die grundsätzlich auf der Anwendung der Bergwerksrente als Ausdruck des Geldwertes der Lagerstätte beruht.

Die Frage, ob eine Bergwerksrente unter den Verhältnissen der sozialistischen Planwirtschaft überhaupt besteht oder nicht, gab zu vielen Diskussionen Anlaß, die noch keine Klarheit erzielen konnten. Es besteht kein Zweifel, daß unter den Verhältnissen der sozialistischen Planwirtschaft (ohne Privateigentum der Konzessionen und Lagerstätten) keine absolute Rente besteht. Dies kann man aber nicht auch für die differentiale Rente bzw. für die Bergwerksrente behaupten, da das Wesen und die Bestimmung dieser Rente ganz andere Ziele hat als unter den Verhältnissen der westlichen Wirtschaft. Die größte Schwierigkeit bei der Anwendung der Bergwerksrente als einer bestimmten wirtschaftlichen Kategorie besteht in der Art des Ausdrucks dieser Rente in ihrem wirtschaftlichen Ergebnis sowie ihrer Anwendung auf verschiedenste Abbaubedingungen des gleichen Rohstoffes (Arbeitsproduktivität, Mechanisation u. a.).

Der spezifische Mechanismus der Bestimmung der einheitlichen Preise — der komplex und oft unbeständig ist, weil er den Verhältnissen der jeweiligen Entwicklungsetappe der Gemeinschaft entspricht — und die durchschnittlichen Selbstkosten des Produktes in den einzelnen Industriezweigen tragen dazu bei, daß die Bergwerksrente nicht zum Ausdruck kommt.

Nach N. Wolodomonow ist die Bergwerksrente „das Mehrprodukt, ein zusätzliches Produkt (= Gewinn), welches infolge der erhöhten Arbeitsproduktivität beim Abbau besonders guter Lagerstätten und einzelner Abbaublöcke entsteht". Die Bergwerksrente wird auf Grund der möglichen Selbstkosten des Produktes bestimmt, welche — nach N. Wolodomonow — die höchstzulässigen Selbstkosten des Produktes aus den „schlechten" Blöcken oder Teilen in der Lagerstätte angeben. Ausgehend vom Standpunkt, daß die möglichen Selbstkosten grundsätzlich für jedes Produkt einheitlich sein müssen, drückt N. WOLODOMONOW die Höhe der Bergwerksrente einer bestimmten Lagerstätte mit der folgenden Formel aus:

$$v = \sum (Q - q) R \cdot \pi \cdot \varrho \cdot \varphi$$

wobei: v = Bergwerksrente (in Geldeinheiten);
Q = zulässige Selbstkosten des Produktes (Geldeinheiten pro Tonne);
q = Selbstkosten, bestimmt für die einzelnen Blöcke (Geldeinheiten pro Tonne);
R = berechnete Vorräte der einzelnen Blöcke (Tonne);
π = Ausbringen der Nutzkomponente beim Abbau;
ϱ = Ausbringen bei der Aufbereitung;
φ = Ausbringen bei der metallurgischen Verarbeitung.

Wenn $q < Q$ ist, wird der Block als wirtschaftlich betrachtet.

„Dem Geldwert der Bergwerksrente entspricht ihre natürliche Größe, das Mehrprodukt. Somit wird das Gesamtprodukt, d. h. die gewonnenen Vorräte der Lagerstätte, unterteilt in Minimalprodukt und Mehrprodukt; das Verhältnis von Mehrprodukt zum Minimalprodukt drückt die Höhe der Bergwerksrente aus.“ Die Höhe der Bergwerksrente für eine Lagerstätte ist für jene die in Geldeinheiten ausgedrückte Bewertung.

Neben der Bergwerksrente ist auch die Zeit ein wichtiger Faktor, die N. WOLODOMONOW durch das Verhältnis der Investitionen zur Bergwerksrente ausdrückt, indem er die Kennziffer „Rückerstattungsfrist der Investitionen durch die Bergwerksrente“ einführt:

$$\varepsilon = \frac{K}{P(Q - q)}$$

wobei: ε = Rückerstattungsfrist der Investitionen in Jahren;
K = Gesamtsumme der Investitionen in Geldeinheiten;
P = Jahresproduktion des Betriebes in Tonnen;
q = Selbstkosten im Betrieb, Geldeinheiten pro Tonne;
Q = zulässige Selbstkosten, Geldeinheiten pro Tonne.

Außer der Rückerstattungsfrist der Investitionen schreibt N. WOLODOMONOW bei der Lagerstättenbewertung auch der Gesamthöhe der Bergwerksrente, bestimmt auf Grund der Reserven in der ganzen Lagerstätte, und dem Gesamtprodukt der Lagerstätte eine große Bedeutung zu, die alle zusammen den Gesamtgeldwert der Lagerstätte darstellen.

4. V. MILUTINOVIĆ hat ein Verfahren der Lagerstättenbewertung für Buntmetall-Lagerstätten ausgearbeitet, auf Grund welcher die Bewertung der jugoslawischen Erzlagerstätten durchgeführt wurde. Obgleich sein Verfahren in erster Linie für die Bewertung einer Gruppe mineralischer Rohstoffe bestimmt war, haben die ihr zugrunde liegenden Prinzipien eine viel breitere Bedeutung und sind auch bei den Lagerstätten aller übrigen mineralischen Rohstoffe anwendbar.

Ausgehend von gleichen ständigen Jahresdurchschnittsbeträgen des Arbeitsüberschusses und der Amortisation sowie der Abbauzeit einer Lagerstätte und des üblichen Zinsfußes, hat V. MILUTINOVIĆ folgende Bewertungsformel angegeben:

$$EO_1 = (VP + A)\frac{R^n - 1}{\frac{r}{100} \cdot R^n}$$

wobei: EO_1 = derzeitige industrielle Bewertung („bedingter Wert") der Lagerstätte, bestimmt nur unter Anwendung des üblichen Zinsfußes;

VP = Arbeitsüberschuß[1];

A = Amortisation;

$R = 1 + \frac{r}{100}$

r = üblicher Zinsfuß[2];

n = Zahl der Abbaujahre.

Auch das Risiko infolge erschwerter natürlicher Verhältnisse hat V. MILUTINOVIĆ durch die Einführung eines Korrekturzinsfaktors berücksichtigt. Er drückt die Bewertung in Geldeinheiten nach folgender Formel aus:

$$EO_2 = \frac{EO_1}{R_1 \cdot IV_2{}^n}$$

wobei: $R_1 = 1 + \frac{r_1}{100}$

r_1 = Korrekturfaktor, der für die einzelnen Lagerstätten und Bergwerke verschieden ist;

$IV_2{}^n$ = Tafelwert $= \frac{r^n - 1}{r^n(r-1)}$

Für die wirtschaftliche Bewertung einer Lagerstätte ist es unbedingt notwendig, infolge der Veränderlichkeit der Abbau- und Verarbeitungskosten in der für die Produktion vorgesehenen Periode auch die Erhöhung der Arbeitsproduktivität zu berücksichtigen. Dies ist von besonderer Wichtigkeit bei Lagerstätten, die eine lange Zeit (über 15 bis 20 Jahre) abgebaut werden; bei Lagerstätten kleineren Maßstabes, deren Produktion nur einige Jahre dauern wird, ist der Einfluß der Änderung der Arbeitsproduktivität nur von untergeordneter Bedeutung.

Für den Einfluß der Änderung der Arbeitsproduktivität im Laufe der vorgesehenen Abbauperiode hat V. MILUTINOVIĆ folgende Formel entwickelt:

$$EO_3 = (VP + A)\frac{IV_r^n + \frac{100 \cdot d}{r}(IV_r^n - n \cdot II_r^n)}{R_1 \cdot IV_r^n}$$

bzw.

$$EO_4 = (VP + A)\frac{q^n - R^n}{R^n(q - R)R_1 \cdot IV_r^n}$$

[1] Teil des Ertrags nach Abzug des für den Verbrauch bestimmten Betrags.

[2] Der Zinseszinsentafel.

wobei: EO_3 = wirtschaftliche Bergwerks- und Lagerstättenbewertung, wenn die Erhöhung der Produktivität durch eine arithmetische Reihe dargestellt wird;

EO_4 = wirtschaftliche Bergwerks- und Lagerstättenbewertung, wenn die Erhöhung der Produktivität durch eine geometrische Reihe dargestellt wird;

d = Unterschied der Mehrarbeit im Vergleich zum vergangenen Jahr;

q = Verhältnis zwischen der Mehrarbeit im vergangenen und im kommenden Jahr.

(Andere Zeichen siehe vorhergehende Formeln.)

Abschließend sei noch bemerkt, daß trotz vieler Vorschläge für die Verfahren der Lagerstättenbewertung unter den Bedingungen der sozialistischen Planwirtschaft noch keine allgemeingültige Methodik gefunden wurde.

III. Wirtschaftsgeologische Lagerstättenbewertung während der einzelnen Untersuchungsphasen

Die Untersuchung der Erzlagerstätten ist oft mit sehr bedeutenden Investitionen verbunden. Die für die Untersuchung von Lagerstätten erforderlichen Mittel werden in der Zukunft immer bedeutender sein, denn Lagerstätten an der Tagesoberfläche kommen in der Welt immer seltener vor, so daß neugefundene Reserven, insbesondere in industriell hochentwickelten Ländern, in immer größeren Teufenlagen gesucht werden müssen. Ihre Erkundung wird pro Einheit der nutzbaren Komponente immer größere finanzielle Mittel und immer längere Zeit bei größerem Risiko beanspruchen, als es bisher der Fall war. Daher ist es notwendig, die finanziellen Mittel für die Lagerstättenerkundung möglichst rationell zu verwenden. Eine zweckmäßige Leitung der Erkundungen ist mit den geologischen und ökonomischen Analysen der einzelnen Erkundungsphasen eng verbunden. Dies soll die Grundlage einer allmählichen Erfassung der Lagerstätte sein. Besonders wichtig ist das bei Lagerstätten, die nach ihren technisch-wirtschaftlichen und geologischen Merkmalen an der Grenze oder nahe der Grenze der Bauwürdigkeit liegen.

Auf Grund der wirtschaftsgeologischen Lagerstättenbewertung im Laufe der einzelnen Untersuchungsphasen wird beschlossen, ob die Erkundungsarbeiten fortzusetzen sind oder ob die Erkundungsarbeiten rechtzeitig eingestellt werden sollen. Auf Grund der Erkenntnisse durch die einzelnen Erkundungsphasen kann auch beschlossen werden, das Tempo der Untersuchungsarbeiten zu beschleunigen, sogar auch mit steigenden Kosten solcher Erkundungsarbeiten pro Einheit der nutzbaren Komponente, wenn es nötig und ökonomisch begründet ist (Bedarf des Landes, Konjunktur auf dem Markt u. a.).

Die wirtschaftsgeologische Analyse der Ergebnisse der einzelnen Erkundungsphasen dient als Grundlage für die Festsetzung des optimalen Umfangs und der Art der noch durchzuführenden Erkundungsarbeiten. Dadurch wird ein unnötiger Mittel- und Zeitaufwand für die Untersuchung bestimmter Lagerstätten und erzführender Regionen vermieden, deren Abbau nicht die erwarteten wirtschaftlichen Ergebnisse bringen wird.

Die Höhe der erforderlichen finanziellen Mittel für die Durchführung der Erkundungen schwankt in weiten Grenzen. Sie hängt vor allem von der Lagerstättengröße, von der Teufe der Lagerstätte, von der Dichte der Erkundungsarbeiten und von der Art der angewendeten Untersuchungsarbeiten bzw. von dem Gewicht der Angaben der einzelnen Erkundungsarbeiten wie auch von den allgemeinen Bedingungen der Durchführung der Erkundungen ab. Im nachfolgenden Kapitel sind Angaben angeführt über die Kosten pro Einheit bei den einzelnen Arten der Erkundungs- und Untersuchungsarbeiten.

Bei den Untersuchungen lassen sich grundsätzlich vier Phasen unterscheiden:

a) Aufsuchen
b) Vorerkundung
c) Detailerkundung
d) Abbauuntersuchung

In vielen Lagerstätten, insbesondere in kleinen Lagerstätten mit ungleichmäßiger Vererzung, durchlaufen die Untersuchungen nicht alle angeführten Phasen, sondern es werden einige Phasen übersprungen, so daß oft die Gewinnung nur auf Grund von Sucharbeiten, manchmal auch auf Grund von Vorerkundungen, begonnen wird. Wenn es sich um geologisch einfache Lagerstätten handelt, kann der Abbau sogar unmittelbar nach Beendigung der Aufsuche erfolgen. Die Abbauuntersuchung erfolgt gleichzeitig mit dem Abbau der Lagerstätte.

Jede von den angeführten Untersuchungsphasen hat auch ihr bestimmtes Ziel, jede beansprucht bestimmte Investitionen für die Ermittlung der nötigen Angaben und erfordert eine gewisse Zeitdauer für die Realisierung des festgelegten Untersuchungsprogramms. Die ersten Phasen der Lagerstättenuntersuchung beanspruchen gewöhnlich weniger Investitionen und Zeit, während fortgeschrittene Untersuchungsphasen mit viel größerem Aufwand an Zeit und Investitionen verbunden sind.

Die wirtschaftsgeologische Beurteilung der Ergebnisse der einzelnen Such- und Erkundungsarbeiten umfaßt eine Reihe von Faktoren, von denen die wichtigsten sind: geologische Faktoren, Faktoren der Gewinnung, technologische Faktoren und allgemeine wirtschaftliche Faktoren. Der Einfluß der einzelnen Faktoren und der Charakter dieser Faktoren sind in allen Phasen der Untersuchungen nicht gleich.

A. Die Phase der Aufsuchung von Lagerstätten

Die Beurteilung der Ergebnisse, die beim Aufsuchen erzielt wurden, sind hauptsächlich geologische Faktoren, die die Grundlage bilden sollen für die Schätzung der Zukunftsaussichten der Lagerstätte und für die Planung der weiteren Untersuchungen sowie deren ökonomische Begründung.

Die geologische und wirtschaftliche Beurteilung der Aufsuchungsarbeiten umfaßt folgendes:

1. Geologische Faktoren der Lagerstättenbewertung

Auf Grund der geologisch-strukturellen Untersuchung der erzführenden Zone und der Vererzungen, die auf geologischen Karten und Profilen großer Maßstäbe dargestellt sind, auf Grund von Untersuchung von Erzausbissen und auf Grund der Angaben geochemischer und geophysikalischer Untersuchungen, die ergänzt werden durch einzelne Schürfarbeiten, sollen folgende Angaben ermittelt werden:

a) Der Lagerstättentyp und seine Perspektive hinsichtlich der Gesamtreserven und der Qualität des Erzes. Das wurde im vorangehenden Kapitel bereits eingehend besprochen.

b) Auf Grund eines weitmaschig angelegten Netzes von Untersuchungsarbeiten an der Tagesoberfläche (Schürfe u. a.) und auf Grund von geologischen Karten, geochemischen und geophysikalischen Untersuchungen sind die annähernden Konturen der Vererzung zu bestimmen. Auf Grund einzelner Bohrungen oder auf Grund der geologisch-strukturellen Merkmale des erzführenden Gebietes oder der Lagerstätte muß man die Erstreckung des Erzkörpers in die Tiefe feststellen oder abschätzen. So ist bei sedimentären Lagerstätten die Schätzung der dritten Dimension der Lagerstätte viel zuverlässiger als bei magmatogenen Lagerstätten, besonders wenn schon in der Nähe die gleiche geologische Formation abgebaut wird.

Am Ende der Aufsuchungsarbeiten soll der annähernd erwartete Umfang der Lagerstätte angegeben werden, die hauptsächlich den Reserven der C_1+C_2-Kategorie entspricht. Die geschätzten Mindestreserven sollen nur die Grundlage sein für eine begründete Fortsetzung der Vorerkundungen, keinesfalls aber die Grundlage für die Planung der Produktion. Weitere Untersuchungen sollten nicht unternommen werden, wenn die erhofften Reserven nicht größer sind als die für den Aufschluß einer Lagerstätte unbedingt notwendigen Mindestreserven.

c) Die Qualität der Erze ist nur auf Grund der Proben bekannt, die unsystematisch zum Teil an der Tagesoberfläche und zum Teil in tieferen Lagerstättenteilen genommen wurden. Bei Lagerstätten einzelner Metalle (Kupfer, Blei—Zink, Silber) soll versucht werden, bereits während der Phase der Aufsuchung einzelne Proben aus den unter der Oxydationszone liegenden Lagerstättenteilen zu entnehmen.

2. Faktoren der Gewinnung von Lagerstätten

In der Phase der Aufsuchungsarbeiten umfassen die für den Bergbau interessanten Faktoren:

a) Die technischen Möglichkeiten der untersuchten Lagerstätte. Bei einzelnen Lagerstätten kleiner Dimensionen und ungleichmäßiger Verteilung im Raum sind die Ergebnisse der Aufsuchungsarbeiten die Grundlage der unmittelbaren Gewinnung der Lagerstätte.

b) Die jährliche Kapazität des künftigen Bergwerks wird annähernd bestimmt auf Grund der in dieser Untersuchungsphase geschätzten Reserven. Die etwaige Kapazität des Bergwerks soll größenordnungsmäßig die zu erwartenden Produktionskosten angeben.

3. Technologische Faktoren

In der Phase der Aufsuchungsarbeiten soll erwogen werden:

a) Ist das betreffende Erz überhaupt aufbereitbar und verarbeitbar? Durch Analogievergleich mit ähnlichen Erzen kann man Schlüsse ziehen über die Aufbereitbarkeit des betreffenden Erzes, insbesondere hinsichtlich des Ausbringens. Bei Erzen komplexer Zusammensetzung, die ungenügend untersucht sind in bezug auf ihre Aufbereitbarkeit oder die der Gruppe schwer aufbereitbarer mineralischer Rohstoffe angehören, kann man auch einzelne Laborproben durchführen zur Feststellung ihres Verhaltens im später durchzuführenden Aufbereitungsprozeß.

b) Auf Grund der Untersuchung des Mineralbestandes und der Struktur und des Gefüges des Erzes und auf Grund des Verwachsungsgrades der Erzmineralien und Beimengungen kann man Schlüsse ziehen über die Aufbereitbarkeit des betreffenden Erzes.

c) Die Möglichkeit einer wirtschaftlichen Aufbereitung ohne größere Investitionen (Handscheidung, Wäsche u. a.).

4. Allgemeine ökonomische Faktoren

Unter den besonders wichtigen allgemeinen Faktoren, die auf die wirtschaftsgeologische Bewertung einer Lagerstätte in der Phase der Aufsuchungsarbeiten einwirken, sind Transportkosten hervorzuheben.

Die Transportverhältnisse können besonders bei armen Erzen oder bei geringwertigen Erzen ausschlaggebend sein, diese auf über große Entfernungen transportiert werden sollen. Dabei ist es auch wichtig, ob Verkehrswege bereits bestehen oder aber erst ausgebaut werden sollen und welche Transportart zur Verfügung steht (Seetransport, Transport auf Flüssen, Kraftwagen- oder Eisenbahntransport, Transport mit Lasttieren).

B. Vorerkundung

Während die Beurteilung der Ergebnisse der Aufsuchungsarbeiten vorwiegend auf natürlichen Kennziffern beruht, liegen der Beurteilung der Ergebnisse der Vorerkundung auch jene Kennziffern zugrunde, von denen die wirtschaftlichen Ergebnisse der Lagerstättenausnutzung abhängen. Die während der Phase der Vorerkundung gesammelten Angaben sind ausschlaggebend für die Entscheidung, ob weitere Untersuchungen zweckmäßig sind, oder aber, ob sie einzustellen sind. Die Vorerkundungen sollen eine Untersuchungsstufe erreichen, die eine annähernde wirtschaftsgeologische und technisch-ökonomische Beurteilung der Abbaubedingungen und der wirtschaftlichen Ergebnisse der späteren Produktion ermöglicht. Es handelt sich um eine generelle Beurteilung. Es ist aber keinesfalls ausgeschlossen, daß es am Ende der Detailerkundung oder im Laufe der Gewinnung zu gewissen Änderungen der einzelnen Kennziffern der vorangegangenen wirtschaftsgeologischen Bewertung kommt. Doch diese Abweichungen dürfen nicht wesentlich auf die Wirtschaftlichkeit der Gewinnung der Lagerstätte einwirken.

In der Phase der Vorerkundung sollen bei der wirtschaftsgeologischen Bewertung folgende Faktoren erfaßt werden:

1. Geologische Faktoren

Von den geologischen Faktoren sind folgende am wichtigsten:

a) Der wirtschaftsgeologischen Einschätzung liegen grundsätzlich die Reserven der C_1-Kategorie zugrunde. Der Anteil der Reserven der B-Kategorie ist nicht bei allen Lagerstättentypen und bei allen mineralischen Rohstoffen gleich groß. Von den Gesamtreserven, auf denen die Bewertung beruht, betragen die

Reserven der B-Kategorie meist 5 bis 10%, manchmal auch bis zu 20%. Die Reserven der C_2-Kategorie werden bei der Einschätzung nicht direkt einbezogen, indirekt werden aber auch die potentiellen Möglichkeiten der Lagerstätte und der erzführenden Zone berücksichtigt.

b) Die Qualität der Mineralsubstanz ist ausreichend bekannt, so daß man über den ungefähren mittleren Gehalt der nutzbaren und der schädlichen Komponenten bzw. über die Durchschnittshöhe der Kennziffern der Qualität verfügt. Im Laufe aller Erkundungsarbeiten (bergmännische Arbeiten, Bohrungen) wurden systematische Proben genommen.

Auf Grund der durchgeführten Berechnungen werden der mittlere Gehalt der nutzbaren Komponente, der industrielle Minimalgehalt und der geologische Schwellengehalt festgelegt. Außer dem Gehalt der führenden nutzbaren Hauptkomponenten sollen auch die Anteile der nutzbaren Begleitkomponenten bestimmt werden für eine Beurteilung der Möglichkeit einer komplexen Nutzung des Erzes.

Während der Phase der Vorerkundung wird auch die Frage der geringsten noch bauwürdigen Mächtigkeit des Erzkörpers besprochen.

c) Die optimale Dichte des Netzes der Vorerkundungsarbeiten wird erwogen und bestimmt. Wichtig ist die allmähliche Überführung der Reserven der niedrigeren Kategorien (C_2 und C_1) in die Reserven der höheren Kategorien (B-Kategorie).

2. Faktoren der Gewinnung

In der Phase der Vorerkundung soll eine Reihe von Fragen der künftigen Gewinnung besprochen werden. Viele dieser Angaben werden nur annähernd bestimmt, so daß sie sich im Laufe des Abbaues auch ändern werden, doch diese Änderungen dürfen auf die Wirtschaftlichkeit der Gewinnung keinen wesentlichen Einfluß haben.

Wichtigere Angaben über den zukünftigen Abbau der Lagerstätte während der Vorerkundungsphase sind folgende:

a) Die Abbaubedingungen sollen besser geklärt sein (geologisch und bergbautechnisch). Auf Grund der ermittelten Angaben kann auch das Abbauverfahren eingeschätzt werden (Tiefbau oder Tagebau oder beides kombiniert).

b) Die Kapazität des Bergwerks wird annähernd auf Grund der Analogie oder auf Grund von empirischen Formeln, auf Grund der Reserven der C_1- und der B-Kategorie bestimmt. Wurde am Ende dieser Untersuchungsphase auch ein Abbauprojekt ausgearbeitet, kann die Kapazität des Bergwerks auch auf Grund direkter Berechnungen bestimmt werden.

c) Die Kapitalanlage als wichtige Kennziffer der Wirtschaftlichkeit der geplanten Produktion ist für die wirtschaftsgeologische Bewertung der Lagerstätte am Ende der Vorerkundung unbedingt erforderlich.

Die gesamten und die spezifischen Investitionen, die in dieser Phase der Lagerstättenbewertung nur annähernd festgesetzt werden, beziehen sich auf die Gesamtreserven des mineralischen Rohstoffes bzw. auf 1 t des Erzes.

Neben den erforderlichen Investitionen wird auch die Frist der Amortisation der angelegten Mittel annähernd bestimmt.

d) Die zu erwartenden Abbaukosten pro Tonne Erz werden nur annähernd bestimmt; die zuverlässige Höhe dieser Kosten wird auf Grund des Projektes der Gewinnung der Lagerstätte bestimmt, falls überhaupt ein solches Projekt in dieser Untersuchungsphase ausgearbeitet wurde.

3. Technologische Faktoren

Die Aufbereitbarkeit des Erzes, zum Teil auch die Verhüttbarkeit, soll in der Vorerkundungsphase nur annähernd auf Grund von Laboruntersuchungen des Erzes ermittelt werden. Eine Ausnahme bilden neue Arten mineralischer Rohstoffe, die in der Industrie bisher noch nicht verwendet wurden, so daß ihre technologischen Eigenschaften in bezug auf ihre Aufbereitbarkeit und in bezug auf die Möglichkeit ihrer späteren Verarbeitung eingehender überprüft werden müssen.

Außer der Aufbereitbarkeit und dem Verhalten bei der technologischen Verarbeitung müssen auch die technisch-ökonomischen Kennziffern des Erzes genau bekannt sein. Im einzelnen soll die wirtschaftsgeologische Bewertung erfassen:

a) *Die Aufbereitbarkeit.* In dieser Hinsicht werden die einzelnen Erzarten in der Lagerstätte gesondert untersucht (oxydische, sulfidische, komplexe u. a.). In der Phase der Vorerkundung genügt es, die Möglichkeit der Gewinnung der Marktkonzentrate und die annähernd erzielbaren Ausbringen bei der Aufbereitung der einzelnen Erzarten zu kennen.

b) Die vorgesehene jährliche Kapazität der Aufbereitungsbetriebe und der Umfang der zu erwartenden Produktion für Konzentrat und für Metall im Konzentrat.

c) Die gesamten und die spezifischen Investitionen für die Aufbereitungsbetriebe werden auch in dieser Untersuchungsphase nur annähernd bestimmt, oft auf Grund der Analogie mit Betrieben, die die gleiche Erzart oder einen ähnlichen mineralischen Rohstoff aufbereiten.

d) Die Verarbeitungskosten für 1 t Erz und die Kosten der Gewinnung von 1 t Konzentrat einer bestimmten Qualität werden auch nur annähernd bestimmt.

e) Das Verhalten des mineralischen Rohstoffes (Erz und Konzentrat) im Prozeß der technologischen Verarbeitung bestimmt man hauptsächlich auf Grund der Analogie mit ähnlichen mineralischen Rohstoffen, wobei die Angaben über die Qualität des mineralischen Rohstoffes berücksichtigt werden, die durch systematische Probenahmen des Erzes in der Lagerstätte oder der Produkte seiner Aufbereitung gesammelt wurden. Nur bei neuen mineralischen Rohstoffen, die bisher in der Industrie nicht verwendet wurden, werden technische oder halbtechnische Versuche zum Verhalten des mineralischen Rohstoffes (Erz oder Konzentrat) durchgeführt.

Außerdem können auch die Energieversorgung, das Bestehen oder Nichtbestehen von Ansiedlungen und die klimatischen Verhältnisse eine wichtige Rolle spielen.

Auf Grund der in der Vorerkundungsphase gewonnenen Angaben wird eine gesamte Bewertung der Lagerstätte durchgeführt zur Feststellung des wirtschaftlichen Wertes der Lagerstätte. Dabei liegen hauptsächlich folgende Kennziffern zugrunde:

Der Bedarf des Landes.

Die Rentabilität der Produktion in dieser Erkundungsphase wird gewöhnlich als Differenz zwischen dem Preis des Erzeugungsproduktes (Erze, Konzentrate) und den Gesamtkosten ihrer Gewinnung ausgedrückt.

Die Wirksamkeit der Investitionen: In der Vorerkundungsphase wird die Wirksamkeit der Investitionen pro Tonne Erzreserven bestimmt.

C. Detailerkundung

Die Detailerkundung einer Lagerstätte ist begründet, wenn folgende Bedingungen erfüllt sind:

Wenn in der Vorerkundungsphase eindeutig festgestellt wurde, daß die Lagerstätte wirtschaftlich interessant ist und daß bei ihrer Gewinnung bestimmte wirtschaftliche Ergebnisse erzielbar sind.

Wenn die Absicht besteht, unmittelbar nach Beendigung der Detailerkundungen und nach Durchführung der Vorrichtungsarbeiten mit dem Abbau der Lagerstätte zu beginnen.

Am Ende der Detailerkundung wird die Lagerstätte bewertet. Diese Bewertung beruht hauptsächlich auf den technisch-ökonomischen Faktoren des Abbaues, der Aufbereitung und der Verarbeitung. Die Angaben, die einer solchen Bewertung zugrunde liegen, sind vorwiegend im Projekt über den Abbau der Lagerstätte und über die Erzaufbereitung festgelegt, so daß die Höhe der Wertangaben dem tatsächlichen Zustand in der betreffenden Lagerstätte in bezug auf die technisch-ökonomischen Bedingungen der Gewinnung der Lagerstätte und der Auswertung der mineralischen Rohstoffe entspricht.

Im Laufe der Phase der Detailerkundung müssen gewöhnlich zahlreiche wichtige Faktoren beurteilt und Angaben gesammelt werden, um eine gründliche ökonomische Bewertung der Lagerstätte durchführen zu können. Das sind:

1. Geologische Faktoren

Von den geologischen Faktoren sind folgende am wichtigsten:

a) Je nach der erreichten Stufe der Erkundung der Lagerstätte und ihrer einzelnen Teile gehören ihre Reserven hauptsächlich der B- und C_1-Kategorie an; der Anteil der Reserven der A-Kategorie beträgt meist nicht über 5 bis 10% der Gesamtreserven ($A+B+C_1$-Kategorie); auch Reserven der C_2-Kategorie werden in die Schätzung einbezogen.

Das Verhältnis der einzelnen Kategorien ist nicht bei allen mineralischen Rohstoffen und bei allen Lagerstättentypen des gleichen Erzes gleich. Zu eingehenden Untersuchungen der Lagerstätte (und damit ein großer Anteil der Reserven der A-Kategorie) beanspruchen unnötige Investitionen für die Durchführung solcher Erkundungsarbeiten und verlängern die Erkundungsdauer, d. h. der Beginn der Förderung wird dadurch verzögert. Anderseits erhöht eine ungenügende Erkundungsstufe, d. h. ein sehr kleiner Anteil der $A+B$-Kategorie bei den Gesamtreserven, das Risiko der Ermittlung der Reserven, das durch die verringerten Investitionen für die Erkundung nicht immer kompensiert werden kann. Daher ist die Feststellung der optimalen Dichte der Erkundungsarbeiten ein wichtiges Problem der Detailerkundung.

Bei der Projektierung der bergmännischen Arbeiten in der Phase der Detailerkundung sollen nach Möglichkeit auch die Belange des zukünftigen Abbaues berücksichtigt werden.

Nach Beendigung der Detailerkundung werden die Erzreserven einzeln für jeden Erztyp festgestellt. Die Festlegung der Grenzen der Vererzung der Lagerstätte und ihrer einzelnen Teile wird auf Grund des geologischen Schwellengehaltes, der Abbaubedingungen und der Qualität des mineralischen Rohstoffes durchgeführt.

b) Die Qualität des Erzes muß genau bekannt sein, d. h. man muß nicht nur über den industriellen Minimalgehalt und geologischen Schwellengehalt der nutzbaren Hauptkomponenten und der schädlichen Komponenten Bescheid wissen, sondern man muß auch den Gehalt und die Verteilung aller nutzbaren Komponenten im Erz genau kennen, um denselben möglichst vollkommen ausnutzen zu können.

Die durchschnittlichen Kennziffern der Qualität des Erzes müssen nicht nur in der Lagerstätte als Gesamtheit bekannt sein, sondern auch in den einzelnen Blöcken. Außerdem müssen die durchschnittlichen Kennziffern der einzelnen Erzsorten in der Lagerstätte (oxydische, sulfidische, komplexe Erze u. a.) vorliegen.

c) Die Lagerstätte muß geologisch genau erkundet sein. Dabei sind Struktur und Morphologie der Erzkörper besonders wichtig.

d) Am Ende der Detailerkundung umfaßt die wirtschaftsgeologische Bewertung auch die Analyse der ökonomischen Ergebnisse der in die Erkundungsarbeiten in der betreffenden Lagerstätte oder erzführenden Zone angelegten Mittel.

2. Faktoren des Abbaues

Am Ende der Detailerkundung, die teilweise auch in den Bereich der Vorrichtung der Lagerstätte für den Abbau übergeht, sollen alle Angaben zur Verfügung stehen, die die technisch-ökonomischen Abbaubedingungen bestimmen. Von jenen sind am wichtigsten:

a) Die geologischen Faktoren umfassen die Form, die Dimension und die Lage der Lagerstätte und der einzelnen Erzkörper im Raum, ferner die hydrogeologischen Verhältnissen und die physikalisch-mechanischen Eigenschaften des Erzes und der Nebengesteine.

Die Erkundungsstufe kann auch vom angewendeten Abbauverfahren abhängen. Wenn Tagebau durchgeführt wird, sind bei sonst gleichen Bedingungen eingehendere Untersuchungen mit dichterem Abstand der einzelnen Untersuchungsarbeiten nötig, denn in einem Tagebau wirken sich die späteren Änderungen des Abbauverfahrens viel ungünstiger aus als beim Abbau der Lagerstätte im Tiefbau.

b) Auf Grund der vorliegenden Angaben wird auch das anzuwendende Abbauverfahren ausgearbeitet. Die Ausarbeitung der Projekte der Abbauverfahren wird Projektierungsbetrieben überlassen. Diese Projekte können dann auch dem Geologen bei der Bewertung der Lagerstätte und ihrer technisch-ökonomischen Möglichkeiten nützlich sein.

c) Die Erzverdünnung und die Erzverluste beim Abbau der Lagerstätte werden entsprechend den gewählten Abbauverfahren und den Abbaubedingungen bestimmt.

Bei der Überführung der geologischen Reserven in gewinnbare Reserven ist zu beachten, daß ein Teil der geplanten Erzverluste (z. B. Erzfesten in Abbauen) nachträglich durch den Rückbau einzelner oder aller Festen und Schweben herabgesetzt werden kann.

d) Die jährliche Grubenkapazität wird auf Grund eines ausgearbeiteten Abbauprojektes bestimmt.

e) Je nach der Kapazität, den geologischen Merkmalen der Lagerstätte und den Abbauverfahren werden die Abbaukosten bestimmt. Dabei soll zwischen der Höhe der geplanten und den effektiven Kosten kein wesentlicher Unterschied entstehen.

f) Die gesamten und die spezifischen Investitionen werden nicht auf Grund der Reserven bestimmt, wie es bei der Schätzung in der Vorerkundungsphase der Fall ist, sondern auf Grund der vorgesehenen Kapazität des Bergwerks und der Aufbereitungsanlagen.

3. Technologische Faktoren

Die technologischen Faktoren, die bei der Bewertung einer Lagerstätte in der Phase der Detailerkundung berücksichtigt werden, umfassen vor allem:

a) Die Ausbringen, die bei der Aufbereitung der einzelnen Erztypen erreicht werden (nach dem Gehalt der nutzbaren Komponenten und des Mineralbestandes), sollen nicht nur auf Grund von Laboruntersuchungen festgestellt werden, sondern sie müssen zum Teil auch industriell oder in halbtechnischen Versuchsanlagen überprüft werden.

Wenn ein Erz technologisch verarbeitet wird, muß die Größe der dabei erreichbaren Ausbringen bekannt sein.

b) Die Qualität des Konzentrates, seine Absatzmöglichkeit auf dem Markt oder die Möglichkeit einer weiteren Verarbeitung des Konzentrates müssen genau bekannt sein. Ebenso müssen auch über die Gehalte und die mögliche Ausnutzung der begleitenden nutzbaren Komponente genaue Angaben vorliegen.

c) Die gesamten und die spezifischen Investitionen für die Aufbereitungs- bzw. Verarbeitungsanlagen des Erzes müssen ermittelt werden.

d) Die Kosten der Aufbereitung bzw. der technologischen Verarbeitung zählen zu den wichtigen Kennziffern der Wirtschaftlichkeit der Verarbeitung des Erzes bzw. des Konzentrates.

e) Auch die Transportkosten vom Bergwerk bis zur Aufbereitungsanlage sind wichtig. Weniger interessant sind Transportkosten des Konzentrates bis zum Verarbeitungsbetrieb.

4. Faktoren, die durch den Markt bestimmt werden

Von den Marktfaktoren, die bei der Bewertung der Lagerstätte in der Phase der Detailerkundung berücksichtigt werden, sind besonders folgende wichtig:

a) Der Marktpreis des Endproduktes (Erz, Konzentrat, Metall) ist eine der Hauptkennziffern der Rentabilität der zukünftigen Bergwerksproduktion.

b) Die Absatzmöglichkeit bestimmter Mengen des mineralischen Rohstoffes (Erz, Konzentrat) oder des Metalls auf dem Markt muß untersucht werden. Die Qualität des Erzes und des Metalls muß den Anforderungen des Marktes bzw. des Verbrauchers entsprechen.

Auf Grund der gewonnenen Angaben erfolgt die wirtschaftliche Bewertung der Lagerstätte. Die charakteristischen Elemente dieser Wertschätzung haben wir schon vorangehend geschildert. Wesentlich ist noch die Bestimmung der wirtschaftlichen Ergebnisse des Abbaues der Lagerstätte und der angelegten Investitionen nach der Beendigung der Detailerkundung.

D. Beziehungen zwischen wirtschaftsgeologischer Bewertung und Lagerstättentyp

Die wirtschaftsgeologische Bewertung, insbesondere aber die Wirtschaftlichkeit der Erkundung selbst, d. h. der Dichte und der Art der Untersuchungsarbeiten, ist mit dem Lagerstättentyp eng verbunden (Imprägnations-Lagerstätten, Erzgänge, kompakte metasomatische Lagerstätten, Seifen u. a.).

Am Beispiel einer Stockwerk-Imprägnations-Lagerstätte werden wir die allgemeinen Merkmale der wirtschaftsgeologischen Bewertung darstellen; ähnlich kann auch bei anderen Lagerstättentypen vorgegangen werden, unter Berücksichtigung der spezifischen Merkmale der betreffenden Lagerstätten (Erstreckung der Erzkörper, der Formänderung und der Verteilung der nutzbaren Komponenten, Gleichmäßigkeit der Vererzung).

Die wirtschaftsgeologische Beurteilung von Stockwerk-Imprägnations-Lagerstätten. Stockwerk-Imprägnations-Lagerstätten sind wirtschaftlich sehr wichtige Lagerstätten des Kupfers, des Molybdäns, seltener auch des Wolframs, Zinns und Goldes. Bei der wirtschaftsgeologischen Bewertung dieser Lagerstätten während der einzelnen Erkundungsphasen werden grundsätzlich die schon erwähnten Kriterien angewendet. Vor allem sind dabei die Grundeigenschaften dieser Erztypen in bezug auf die Methodik und die Wirtschaftlichkeit der Untersuchung zu beachten.

1. Im allgemeinen sind die Dimensionen der Stockwerk-Imprägnations-Lagerstätten sehr groß; die Erzkörper haben gewöhnlich eine Fläche von 0,001 bis 1 km² oder mehr. Sie streichen oft einige Kilometer, wobei sie manchmal eine Mächtigkeit von 0,1 der streichenden Erstreckung erreichen.

Auf Grund ihrer Größe lassen sich Stockwerk-Imprägnations-Lagerstätten etwa wie folgt einteilen:

Sehr große Lagerstätten	über 1 km²
Große Lagerstätten	0,5 bis 1,0 km²
Mittelgroße Lagerstätten	0,1 bis 0,5 km²
Kleine Lagerstätten	0,01 bis 0,1 km²

Die Dichte der Erkundungsarbeiten steht mit der Größe der Lagerstätte in engem Zusammenhang.

2. Die Erzkörper besitzen vorwiegend unregelmäßige Formen. Das gilt besonders dann, wenn die Grenzen nach dem geologischen Schwellengehalt gezogen werden. Sie besitzen nur einen geringen Vererzungskoeffizient und eine unregelmäßige Metallverteilung. Ihrer Form nach, die oft auch von der Struktur der Lagerstätte und des vererzten Gebietes abhängt, lassen sich folgende Erzkörper unterscheiden:

Isometrische Erzkörper.

Stock- und schlauchförmige Erzkörper, die meist an Kreuzungsstellen von Bruchzonen auftreten; diese Erzkörper haben häufig eine große Teufenerstreckung.

Lagerförmige Erzkörper.

Gangzonen, die hauptsächlich längs größerer Bruchzonen entstanden sind und hier von Stockwerk-Imprägnationsvererzungen begleitet werden.

3. Der Gehalt an nutzbaren Komponenten ist meist gering; der Variationskoeffizient des Metallgehaltes schwankt in weiten Grenzen: von 50 bis 200%. Das hängt zum Teil auch von

dem betreffenden Metall ab (bei Kupferlagerstätten ist die Vererzung im allgemeinen gleichmäßiger als bei Zinn- und Wolframlagerstätten).

Neben der primären Vererzung treten oft weitausgedehnte Oxydationszonen auf (in Kupferlagerstätten auch Zementationszonen). Daher haben die Lagerstätten dieses Typus oft mehrere Erzarten vom gleichen Metall.

Der Übergang des Erzes in das Nebengestein ist meist allmählich.

Da es sich um große Lagerstätten mit einem geringen Metallgehalt handelt, werden bei ihnen billige Abbauverfahren angewendet. Die Lagerstätten dieses Typus werden im Tagebau abgebaut oder im Tiefbau mit Bruchbau gewonnen.

Die wirtschaftsgeologische Bewertung der Stockwerk-Imprägnations-Lagerstätten in den einzelnen Erkundungsphasen umfaßt:

Die Sucharbeiten haben neben den früher erwähnten allgemeinen Aufgaben auch das folgende Ziel:

Auf Grund strukturgeologischer Karten, geochemischer und geophysikalischer Untersuchungen sollen auf der Oberfläche des Geländes die annähernden Konturen der Mineralisierung gezogen werden, ferner sollen die Erzausbisse (falls vorhanden) aufgesucht werden und durch ein weitmaschiges Netz von Erkundungsarbeiten (oft genügen nur einige Bohrungen) die Teufe und die Zusammensetzung der Oxydationszone festgestellt werden. Bei Lagerstätten mancher Metalle (besonders des Kupfers) soll auch das Vorhandensein einer Zementationszone ermittelt werden.

Der Metallgehalt soll nur annähernd festgestellt werden. Ist die Oxydationszone sehr stark umgewandelt, müssen auch Angaben über den Metallgehalt der Zementationszone und der primären Erze beschafft werden.

Vorerkundungen sollen genauere Angaben über den inneren Aufbau der Lagerstätte sichern und wirtschaftlich interessante Vererzungen innerhalb eines mineralisierten Gebietes abtrennen. Bei Kupfer- und Molybdänlagerstätten sollen auch die Teufe und das Ausmaß der Oxydationszone bestimmt werden.

Bei den Vorerkundungen spielen die Dichte und die Art der Erkundungsarbeiten eine besonders wichtige Rolle. Für die Vorerkundung verwendet man vorwiegend Bohrungen, in einem beschränkten Maß auch bergmännische Arbeiten (Schürfe, Schächte u. a.). Der Anteil der Bohrungen und der bergmännischen Arbeiten ist in der Phase der Vorerkundungen nicht immer gleich und hängt von der Veränderlichkeit des Erzkörpers, von der Gleichmäßigkeit der Vererzung, von der Größe der einzelnen wirtschaftlich wichtigen Erzkörper und von der Regelmäßigkeit ihrer Anordnung in der Lagerstätte bzw. im mineralisierten Raum ab.

Die Dichte der Erkundungsarbeiten während der Phase der Vorerkundung entspricht den Anforderungen für die Bestimmung der Reserven der C_1-Kategorie. Es gibt heute keine einheitlichen Normen über die Dichte der Erkundungsarbeiten, so daß die Abstände nach den Eigenschaften der Lagerstätten bestimmt werden. In Tab. 7 sind Richtwerte über die Dichte der Bohrungen bei der Vorerkundung der Stockwerk-Imprägnations-Lagerstätten in der Sowjetunion (nach B. I. Galkin) angegeben. Die angeführten Angaben geben nur ein

Tabelle 7. *Bohraufwand bei der Vorerkundung von stockförmigen Lagerstätten*

Größe der Lagerstätte	Formen der Vererzung	Zahl der Bohrungen
Große (über 0,8 km^2)	Durchgehende Vererzung	30—40
	Mehrere Erzkörper	50—80
Mittlere (0,8 bis 0,1 km^2)	Durchgehende Vererzung	20—30
	Mehrere Erzkörper	40—60
Kleine (0,1 bis 0,01 km^2)	Durchgehende Vererzung	15—20
	Mehrere Erzkörper	25—40

annäherndes Bild über die Abstände zwischen den einzelnen, gleichmäßig angeordneten Bohrungen, d. h. diese Angaben sind nicht als Norm zu betrachten.

Die Erkundungsarbeiten in dieser Phase reichen meist bis zu etwa 300 bis 500 m Teufe, denn dies ist gleichzeitig auch die Grenzteufe bei fast allen diesen Lagerstätten.

Die Detailerkundung der Stockwerk-Imprägnations-Lagerstätten erfordert sehr bedeutende Investitionen. Obzwar die Erkundungskosten je Einheit des Erzes oder Metalls niedrig sind (niedriger als bei vielen anderen Lagerstättentypen, insbesondere bei Erzgängen), sind die Gesamtinvestitionen dennoch, bedingt durch die Dimensionen der Lagerstätten, oft sehr groß (bis zu 2 bis 3 Millionen Dollar). Die Untersuchungen können bis zu einigen Jahren in Anspruch nehmen.

Neben den allgemeinen Faktoren der Lagerstättenbewertung in der Phase der Detailerkundung ist die Beurteilung der Wirtschaftlichkeit der Untersuchungen bzw. der Dichte und der Art der Untersuchungsarbeiten besonders wichtig. Die Dichte der Untersuchungsarbeiten ist sehr wichtig, von ihr hängt grundsätzlich die Höhe der erforderlichen Investitionen für die Detailerkundung und für die Dauer der Untersuchungsarbeiten ab.

Nicht in allen Lagerstättenteilen ist die Erkundungsstufe gleich: genauer untersucht werden die Teile nahe der Tagesoberfläche, besonders wenn eine Gewinnung der Lagerstätte durch Tagebau vorgesehen ist. In den Lagerstättenteilen, die sich in einer Teufe von etwa 200 bis 300 m befinden, werden die Untersuchungen bis zu einer solche Stufe durchgeführt, die zum Teil den Reserven der B-Kategorie entspricht, während in den tieferen Lagerstättenteilen die Untersuchung bis zur Ermittlung der Reserven der C_1-Kategorie reichen kann.

In Anbetracht der Veränderlichkeit der Faktoren, die auf die Dichte der Erkundungsarbeiten einwirken, gibt es keine allgemeingültigen Normen über den rationellsten Abstand zwischen den einzelnen Untersuchungsarbeiten. In den USA wird bei Detailerkundungen der Stockwerk-Imprägnations-Lagerstätten des Kupfers ein Quadratnetz mit Seiten von 65 m × 65 m bis 130 m × 130 m angewendet. In der Sowjetunion ist das Untersuchungsnetz für die Bohrungen noch dichter (50 m × 50 m bis 100 m × 100 m). Die optimale Dichte des Netzes der Untersuchungsarbeiten wird für jede Lagerstätte einzeln bestimmt, entsprechend den für die untersuchte Lagerstätte charakteristischen Verhältnissen. Dabei ist die Feststellung des günstigsten Verhältnisses zwischen der Dichte der Untersuchungsarbeiten und der Aussagekraft der gesammelten Angaben bzw. der Genauigkeit der Bestimmung der Reserven besonders wichtig. Es ist nicht zu vergessen, daß die Verringerung des Abstandes zwischen den Untersuchungsarbeiten nicht proportional sein wird mit der Erhöhung der Genauigkeit der Bestimmung der Reserven. Dabei werden aber die nötigen Investitionen für die Untersuchungsarbeiten wesentlich größer sein.

Die Detailerkundungen werden mittels Bohrungen und bergmännischer Arbeiten durchgeführt. Die bergmännischen Arbeiten werden zum Teil so geplant, daß man sie später beim Abbau der Lagerstätte verwenden kann, wenn die Gewinnung im Tiefbau erfolgt. Das Verhältnis vom Anteil der bergmännischen Arbeiten zu den Bohrungen wird für jede Lagerstätte einzeln, entsprechend der geologischen Eigenheiten, bestimmt.

E. Untersuchungskosten und wirtschaftliches Ergebnis der Investitionen für Untersuchungsarbeiten

Die Suche und die Erkundung der Erzlagerstätten erfordern bedeutende Investitionen und großen Zeitaufwand. Im einzelnen hängen die Untersuchungskosten von vielen Faktoren ab:

a) Die geologische Kenntnis über das Auftreten von Erzlagerstätten ermöglicht eine rationelle Planung der Untersuchungen und die Beschränkung der Detailuntersuchungen auf kleinere, günstiger gelegene Gebiete. So ist für das Aufsuchen und Erfassen der Lagerstätte weniger Arbeit und Zeit erforderlich. Für diese Zwecke ist die Herstellung einer metallogenetischen prognostischen Karte eines größeren Gebietes von besonderem Vorteil (Abb. 9). Die Bedeutung einer metallogenetischen Forschung ist besonders groß bei der Erkundung von Erzkörpern und erzführenden Zonen ohne Erzausbisse, wenn die Erkundung nur nach metallogenetischen Kriterien durchgeführt werden muß. Das ist für die Wirtschaftlichkeit der Investitionen für die Erkundung sehr wichtig.

b) Die Art der Lagerstätte ist ein sehr wichtiger Faktor, von dem der Erfolg der Erkundung abhängt. Die Erkundung einer Lagerstätte mit Ausbissen an der

Tagesoberfläche ist wesentlich einfacher und erfordert kleinere Investitionen als die Erkundung von verborgenen Erzlagerstätten.

c) Die Lage des erzführenden Gebietes kann oft für den Erfolg der Erkundung sehr wichtig sein. Das Auffinden der Lagerstätte in bedeckten Gebieten (Wald,

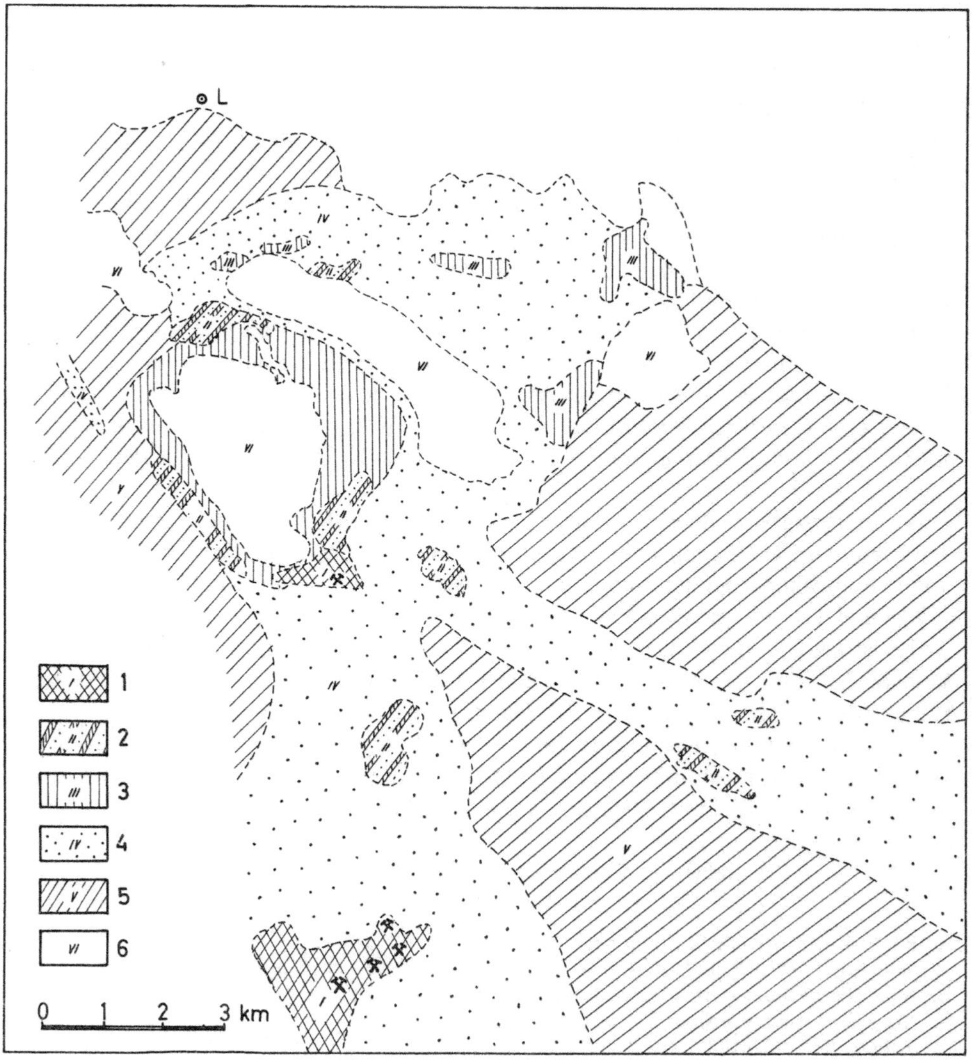

Abb. 9. Prognostische Karte für Pb-Zn-Lagerstätten in einem Teil Jugoslawiens. *1* Gebiete mit bekannten, wirtschaftlich bedeutenden Lagerstätten, die im Abbau stehen, *2* Gebiete mit bekannten kleinen Lagerstätten, *3* Gebiete mit bekannten Pb-Zn-Mineralisationen, *4* erzhöffige Gebiete ohne bekannte Lagerstätten, *5* ungenügend untersuchte Gebiete, *6* nicht interessante Gebiete für Pb-Zn-Vererzung

Sümpfe, glaziales Material u. a.), in klimatisch ungünstigen und von Transportwegen weit entfernten Gebieten ist zweifellos schwerer und erfordert mehr Arbeit und Investitionen.

d) Mit der Größe des erzführenden Gebietes oder der untersuchten Lagerstätte ändert sich auch die Höhe der für die Untersuchungsarbeiten erforderlichen Investitionen.

e) Die erwünschte Erkundungsstufe oder die Sicherstellung der Reserven der einzelnen Kategorien bestimmt auch die Dichte der Erkundungsarbeiten, d. h. sie erfordert einen bestimmten Umfang und eine bestimmte Art von Erkundungsarbeiten.

f) Die Art der Untersuchungsarbeiten ist ein ausschlaggebender Faktor für die Bestimmung der Höhe der erforderlichen Investitionen, der Zeitdauer der Durchführung dieser Arbeiten und der Aussagekraft der Angaben.

Die Arbeiten, die bei der Untersuchung angewendet werden, lassen sich in zwei Hauptgruppen unterscheiden: Arbeiten, die das Auffinden der Lagerstätte im Gelände, und Arbeiten, die die Umgrenzung der Lagerstätte und die Ermittlung der wesentlichen Angaben über ihre Ausdehnung, Form, Qualität und Lage im Raum ermöglichen.

Die Kosten der Durchführung der einzelnen Arten von Untersuchungsarbeiten können in weiten Grenzen je nach den Arbeitsbedingungen schwanken.

1. *Aufsuchen.* Bei der Suche müssen Angaben erhalten werden, die es ermöglichen, eine metallogenetisch interessante Zone für Detailuntersuchungen einzuengen. Bei diesen Untersuchungen lassen sich drei Gruppen von Verfahren unterscheiden:

a) *Geologische Untersuchungen:* Auf Grund metallogenetischer Analysen in einer Zone mit Hilfe geologisch-struktureller Karten und regionaler geochemischer und geophysikalischer Erkundungen wird das Programm der Untersuchung festgelegt und das versprechendste Verfahren für die Suche ausgewählt.

Es ist schwer abzuschätzen, wieviel in solche Arbeiten investiert wird. Besser abschätzbar sind die Kosten geologischer Kartierung bestimmter Maßstäbe pro Einheit der Fläche bzw. nach der Größe des untersuchten Gebietes.

In den letzten Jahren werden immer öfter photogeologische Landesaufnahmen gemacht, wobei Farbphotographien eine sehr nützliche Unterlage für die Beurteilung der Aussichten der einzelnen Gebiete in bezug auf die Vererzung sein können.

Tabelle 8. *Kosten für terrestrische Photogrammetrie* (nach W. Peters)

A.	Photokarten, staatliche Aufnahme; Maßstab: 1 Zoll : 1 engl. Meile bis 3 Zoll : 1 engl. Meile	0.05 bis 0.3 $ pro Quadratmeile
B.	Neue photogrammetrische Karte, für 50000 Quadratmeilen	2 bis 8 $ „ „
C.	Neue photogrammetrische Karte, für ungefähr 25 Quadratmeilen, Maßstab 1000 Fuß : 1 Zoll; schwarz-weiß	durchschnittlich 20 $ „ „
D.	Wie C, farbig	durchschnittlich 30 $ „ „
E.	Wie C, mit Isohypsen, 5 Fuß Abstand	100 bis 150 $ „ „
F.	Allgemeine geologische Auswertung der staatlichen phototerrestrischen Aufnahme	1 bis 4.5 $ „ „
G.	Genaue geologische Auswertung der staatlichen phototerrestrischen Aufnahme	4 bis 8 $ „ „

In Tab. 8 sind annähernde Angaben über die Kosten der Ausführung und der geologischen Interpretation photogrammetischer Karten in den Weststaaten der USA angeführt.

b) *Geophysikalische Untersuchungen* sind sehr nützlich für die Auffindung der Lagerstätten einzelner Metalle, ganz besonders in erzführenden Regionen ohne Ausbisse.

Die Höhe der Kosten geophysikalischer Untersuchungen hängt an erster Stelle von der angewandten Methode und von den Bedingungen, unter denen die Untersuchungen durchgeführt werden, ab. Bei der Untersuchung großer Gebiete werden geophysikalische Erkundungen oft mit Hilfe von Flugzeugen und Hubschraubern aus der Luft durchgeführt, so daß man auf diese Weise schneller und billiger zu Angaben pro Einheit der Oberfläche des untersuchten Gebietes kommt. Detaillierte Überprüfungen der aus der Luft festgestellten Anomalien werden später durch Messungen im Gelände durchgeführt.

Tabelle 9. *Die Selbstkosten der geophysikalischen Untersuchungen*

Erdmagnetische Untersuchungen:	
Luftmessungen	6 bis 13 $ pro Profilmeile
Erdmessungen	50 bis 150 $ „ „
(bei den Voruntersuchungen in einem größerem Gebiet sind die Kosten gewöhnlich	etwa 10 $ pro Acre)
Elektromagnetische Untersuchungen:	
Flugzeug	10 bis 20 $ pro Profilmeile
Hubschrauber	30 bis 40 $ „ „
Erdmessungen	100 bis 300 $ „ „
Induzierte Polarisation:	
Abstand 1000 Fuß	250 bis 300 $ „ „
Abstand 500 Fuß	300 bis 400 $ „ „
Abstand 100 bis 200 Fuß	450 bis 550 $ „ „
Eigenpotentialmessungen	70 bis 135 $ „ „
Radioaktive Messungen:	
Luftmessungen	4 bis 10 $ „ „
Erdmessungen	35 bis 55 $ „ „
Kombinierte magnetische, elektromagnetische und radioaktive Messungen (mit Flugzeug)	15 bis 25 $ „ „
Gravimetrische Detailmessungen	70 bis 150 $ „ „
Seismische (Reflexions- oder Refraktionsmessungen):	
Seichte Messungen in geologisch einfachen Gebieten	6000 bis 15000 $ pro Monat
Tiefgreifende in geologisch komplizierten Gebieten	20000 bis 25000 $ „ „

In Tab. 9 sind Angaben über die Kosten der geophysikalischen Untersuchungen bei Anwendung verschiedener Methoden in den Weststaaten der USA (nach W. C. Peters) angeführt.

c) *Die geochemische Erkundung* primärer und sekundärer Aureolen der einzelnen Elemente, die für eine Lagerstätte oder erzführende Zone charakteristisch sind, beansprucht verhältnismäßig wenig Zeit und keine besonderen Investitionen.

Die Kosten der geochemischen Erkundung schwanken in weiten Grenzen je nach der Anzahl der gesuchten Elemente und je nach der Dichte der Probenahme. Regionale geochemische Erkundung bei 20 bis 40 Proben je Quadratmeile kostet in den USA gewöhnlich zwischen 200 und 300 $. Bei einer Detailuntersuchung in Abständen der Proben von 50 bis 500 Fuß kostet sie zwischen 400 und 500 $ pro Quadratmeile.

2. *Erkundungsarbeiten.* Die Umgrenzung der Erzkörper bzw. die Ermittlung der Lage im Raum, der Form und der Qualität der Erzkörper wird auf Grund

bergmännischer Erkundungsarbeiten (Strecken, Schürfe, Schächte) und auf Grund von Bohrungen durchgeführt.

Je nach der Art der angewandten Erkundungsarbeiten ändern sich auch die Höhe der Kosten, die Zeitdauer der Erkundung und die Aussagekraft der erhaltenen Angaben.

Erkundungen durch bergmännische Arbeiten sind viel teurer und dauern länger als Erkundungen durch Bohrungen. Jedoch werden dabei zuverlässigere Angaben erhalten.

Tabelle 10. *Bohrkosten im Westen der USA* (Angaben pro 1 Fuß)

A. *Flachbohrungen (bis 1000 Fuß) mit Spülung:*	
Bohrwagen, nur bis 200 Fuß	\$ 0.50 bis 1.25
Rotary-Bohrgarnitur	\$ 0.70 bis 4.—
Diamantbohrungen	\$ 2.50 bis 7.—
Kernbohrungen	\$ 3.— bis 7.—
Diamantkernbohrungen	\$ 3.— bis 10.—
Zusätzliche Kosten entstehen: für Transport (etwa \$ 0.50 pro Meile vom Zentralbetrieb), für Verzögerungen u. a.	
Die Kosten für Vorbereitung des Bohrplatzes und Herrichtung der Anfahrtswege übernimmt der Auftraggeber.	
B. *Tiefbohrungen (bis 3000 Fuß):*	
Grundpreise	\$ 1.50 bis 4.—
Kernbohrungen	\$ 7.— bis 10.—
Verrohrung	\$ 2.50 bis 4.—
Zusätzliche Kosten entstehen durch Spülung, Chemikalien und geophysikalische Bohrlochaufnahmen.	
C. *Großlochbohrungen (Durchmesser 36 Zoll)*	\$ 30.— bis 50.—

Die Kosten der Durchführung der bergmännischen Arbeiten können verschieden hoch sein. Das hängt von den Bedingungen ab, unter denen die Arbeiten durchgeführt werden (Gesteinshärte, Profil der Strecken, Transportlänge u. a.). Unter mittelschweren Bedingungen kosten Erkundungsstollen in den USA etwa 26 \$ je Fuß. Davon entfallen etwa 35% auf Lohnkosten. Wenig tiefe Erkundungsschächte kosten je Fuß bis zu etwa 200 \$, wovon etwa 65% der Kosten auf Material entfallen.

Bei Bohrungen ist die Höhe der Kosten je Längeneinheit sehr verschieden. Sie hängt von der Tiefe und vom Durchmesser der Bohrungen, vom Kerngewinn und von den verwendeten Bohraggregaten ab. In Tab. 10 sind Angaben über die Bohrkosten einzelner spezialisierter Unternehmen in den Weststaaten der USA angeführt (nach W. C. Peters).

Wenn die Lagerstätte durch Bohrungen erkundet wird, ist man bestrebt, entsprechend den jeweiligen geologischen Eigenschaften der Lagerstätten, Bohrungen ohne Kerngewinn oder aber nur Kontrollkernbohrungen durchzuführen, wenn dadurch nicht die Genauigkeit der Feststellung der Reserven und der Qualität eingeschränkt wird.

In den meisten Fällen werden die Lagerstätten mit Hilfe kombinierter Arbeiten, d. h. durch Bohrungen und bergmännische Arbeit erkundet, wobei durch Bohrungen vorwiegend Angaben über die allgemeinen Dimensionen der Lagerstätte erhalten werden, die dann später durch bergmännische Arbeiten nachgeprüft und ergänzt werden. Bohrungen als schnellere und billigere Erkundungsart werden gewöhnlich bei Aufsuchungsarbeiten und in der Vorerkundungsphase häufiger angewendet, während bei der Detailerkundung die bergmännischen Arbeiten größere Anwendung finden. Der Anteil an einzelnen Erkundungsarbeiten muß für jede Lagerstätte einzeln bestimmt werden.

Bei den *Kennziffern des Erfolges der Investitionen* für Untersuchungsarbeiten sind sehr große Unterschiede des wirtschaftlichen Wertes möglich. Es lassen sich folgende Kennziffern unterscheiden:

1. Die Erzreserven sind die wichtigste natürliche Kennziffer des Erfolges der Investitionen für Erkundungsarbeiten. Neben den Gesamtreserven kann auch die Erhöhung der Reserven innerhalb einer bestimmten Zeitspanne (gewöhnlich 3 bis 4 Jahre) in bezug auf die Höhe der Investitionen für die Erkundungsarbeiten als Kennziffer genommen werden.

Bei der Beurteilung der Wirtschaftlichkeit der Investitionen geben natürliche Kennziffern ungenügenden Aufschluß. Daher sind technisch-wirtschaftliche Parameter interessanter.

2. Die Erkundungskosten je Einheit der Erzreserven oder nutzbarer Komponenten geben einen viel umfassenderen Aufschluß über den Erfolg der Investitionen. Dabei können aber nicht alle Kategorien zusammen betrachtet werden, sondern die Erkundungskosten müssen pro Erz- oder Metalleinheit einzeln für die Reserven der A-, B- und C_1-Kategorie ermittelt werden. Denn die Aussagekraft der einzelnen Angaben ist nicht gleich. Außerdem wird die gleiche Erzsubstanz bei der Überführung in die Reserven einer höheren Kategorie neue Investitionen für Erkundungsarbeiten erfordern.

Die Schätzung des Erfolges der Investitionen nur auf Grund der Aufwände für Erkundungen ist oft nicht umfassend, insbesondere wenn mehrere Lagerstätten verglichen werden, denn der wirtschaftliche Wert der Reserven in den einzelnen Lagerstätten kann verschieden sein: 1 t Metall in einer Lagerstätte, die sich durch günstigere Förderbedingungen auszeichnet (reicheres Erz, günstigere Abbau- und Transportbedingungen, bessere Aufbereitbarkeit u. a.), ist in wirtschaftlicher Hinsicht nicht gleichwertig mit 1 t des gleichen Metalls in einer anderen Lagerstätte, in der weniger günstige Abbaubedingungen vorliegen, obwohl die Erkundungskosten in den beiden Lagerstätten pro Erz- oder Metalleinheit gleich groß oder sogar im letzteren Falle etwas geringer sein können.

3. Der Anteil der Erkundungskosten pro Erz- oder Metalleinheit am Profit, der beim Lagerstättenabbau erzielt wird, gibt einen viel besseren Aufschluß über den Erfolg der Investitionen für die Erkundungsarbeiten in einer Lagerstätte oder in einem erzführenden Gebiet. In der Phase der Aufsuchung und der Vorerkundung kann der Anteil der Untersuchungskosten am Gewinn der Grube nur annähernd geschätzt werden. In der Phase der Detailerkundung ist eine solche Einschätzung jedoch ziemlich genau.

4. *Die spezifischen Investitionen* pro Einheit der Reserven, die während einer Zeitspanne erkundet wurden, können auch über den Erfolg der Investitionen für die Untersuchungsarbeiten Aufschluß geben.

5. *Die Dauer der Erkundung und die Amortisation der angelegten Mittel* sind ein besonders wichtiger Faktor bei der Schätzung des Erfolges und der Wirtschaft-

lichkeit der Investitionen. Sehr unterschiedliche wirtschaftliche Ergebnisse werden erreicht, wenn die Erkundung, insbesondere die Detailerkundung, zu lange Zeit dauert. Dadurch verschiebt sich der Beginn der Gewinnung der Lagerstätte und damit der Amortisation der für die Erkundungen angelegten Mittel. Daher ist jede Erkundung, die längere Zeit beansprucht, wirtschaftlich nicht begründet.

Noch viel schlechter wirkt sich in diesem Sinne eine zeitliche Verschiebung des Beginns der Förderung nach beendeter Erkundung aus, da so große Mittel investiert werden, während ein Einkommen ausbleibt.

Die Investitionen für die Erkundungsarbeiten müssen wie alle übrigen Investitionen, die in die Industrie angelegt werden, betrachtet werden. Daher können die gesamten Investitionen für die Erkundungsarbeiten, die im Laufe einer bestimmten Anzahl von Jahren angelegt wurden, nicht nur als eine Reihe von Investitionen in einzelnen Jahren betrachtet werden, sondern sie müssen im Falle einjähriger Investitionen mit dem entsprechenden festgelegten Zinsfuß belastet werden, während — wenn es sich um Investitionen durch mehrere Jahre hindurch handelt — der Zinsfuß nach der Formel der Zinseszinsrechnung errechnet wird.

Die Bestimmung der optimalen Dauer der Erkundung einer Lagerstätte ist eines der wichtigsten Probleme der Wirtschaftsgeologie. Aber auch die Frage der Minimalreserven und die Höhe der Investitionen sowie die wesentlichen Merkmale der Wirtschaftspolitik eines Landes hinsichtlich der Rohstoffbasis gehören zu den entscheidendsten Fragen der Wirtschaftsgeologie.

Literatur

AGASHKOW, M. I., 1948: Die Bestimmung der Kapazität von Bergwerken (russisch). Moskau.

—, D. M. BRONIKOW, 1954: Über die Methodik der Bestimmung des industriellen Minimalgehaltes in Erzen. (K metodike opredelenija minimalno promisljenogo soderzhanija metala v rude, russisch.) Trudi In-ta gornogo dela. Moskau, AN SSSR, **1**.

BATY, V., 1949: Les méthodes d'évaluation des gites minéraux. Rev. Univ. Min., Lüttich.

BAXTER, C. H., R. D. PARKS, 1939: Mine Examination and Valuation. Mich. Coll., Min. Techn., Houghton.

BERRY, E. S., 1922: Present Value and Its Relation to Ore Reserves, Plant Capacity and Grade of Ore. Min. Metall No. 3.

BLEES, E. W., 1965: Über die Methodik der ökonomischen Bewertung von Erzlagerstätten. (K metodike ekonomitscheskoj ozenki rudnich mestorozhdenij, russisch.) Rasw. i ochrana nedr. No. 6, Moskau.

BLOHA, E. E., 1962: Grundursachen von Lagerstättenverlusten. (Osnownie pritschini poter poleznich iskopaemich w nedrach, russisch.) Rasw. i ochrana nedr. No. 2, Moskau.

BLONDEL, F., 1947: Aperçus sur l'économie minérale. Ec. Nat. Arm., Paris.

—, 1951: La classification des gisements minéraux. Chron. Mines colon. No. 179, Paris.

—, 1953: La notion de réserves minérales. Le point de vue du mineur et celui de l'économiste. Mines No. 4, Paris.

—, S. G. LASKY, 1956: Mineral Reserves and Mineral Resources. Econ. Geol. **51**, No. 7.

—, 1958: Zum Begriff der „Vorräte" einer Minerallagerstätte. Erzmetall **11**, H. 3.

BONBRIGHT, J. C., 1937: Valuation of Property. New York: McGraw-Hill.

BOUROZ, M., 1954: Une étude des réserves exploitables d'un gisement. Rev. Ind. Min. **35**, No. 613, St. Etienne.

BOYD, J., 1956: Economic Determination of a Mining and Milling Project. Min. Eng. **8**, No. 6, New York.

BRINSMADE, R. B., 1908: Calculation of Mines Values. AIME Trans. **39**.

BURNHAM, U. H., 1912: Modern Mine Valuation. London: Griffith.

CALLWAY, H. M., 1958: Economic Relation of Mining Rate to Grade of Ore. Min. Eng. **10**, No. 4.

CLARK, N., 1935: Geological Theory in Mine Examinations. Pan-Amer. Geol. **63**, No. 1.

DOLBEAR, H. S., 1953: Changing Factors in Mine Valuation. Min. Eng. No. 9, London.

FINLAY, J. R., 1920: Cost of Mining. New York: McGraw-Hill.

FORESTER, J. D., 1946: Principles of Field and Mining Geology. New York: J. Wiley Inc.

GALKIN, B. I., 1962: Erkundung von stockförmigen Lagerstätten der Bunt- und seltenen Metalle. (Raswedka schtokwerkowich mestorozhdenij zvetnich i redkich metalow, russisch.) Moskau: Gosgeoltechizdat.

GORODECKIJ, P. I., 1955: Grundlagen zur Projektierung von Bergwerksanlagen. (Osnowi proektirowania gornorudnich predprijatija, russisch.) Moskau: Metalurgizdat.

HARRISON, H. L. H., 1954: Examination, Boring and Valuation of Aluvial Deposits. Min. Pub., London.

HAZEN, S. W. JR., 1956: Utilizing the Techniques of Statistical Analysis in Computing Reserves and Grade of Ore. Bull. School. Min. Metall., Rolla, Techn. Ser.

HESSE, A. W., 1930: The Principles of Coal Property Valuation. New York: J. Wiley Inc.

HOOVER, J. T., 1948: The Economics of Mining. Stanford Univ. Press.

HOSKOLD, H. D., 1905: The Engineers Valuing Assistant. London: Longmans, Green.

IPATOW, P. M., 1947: Abbauverfahren für Buntmetall-Lagerstätten. (Sistemi podsemnoj rasrabotki mestorozhdenij zvetnich metalow, russisch.) Moskau: Metalurgizdat.

IPPEN, P., 1957: Wirtschaftslehre des Bergbaues. Wien: Springer.

JAHNS, H., 1956: Grundsätzliches zur Einteilung von Lagerstättenvorräten. Ein Vorschlag für ihre Normung. Glückauf H. 35/36.

JANKOVIĆ, S., 1957: Probenahme und die Bestimmung von Lagerstättenvorräten. (Oprobowanie i proratschun reserwi mineralnih sirowina, serbisch.) Zav. za. geol. i geofiz. istr., Belgrad.

—, 1960: Wirtschaftsgeologie. (Ekonomska geologija, serbisch.) Zav. za geol. i geofiz. istr., Belgrad.

JONES, W. R., 1954: Ore Reserves, Their Classification and Definition. Bull. Inst. Min. Metall., London.

Klassifikation der Lagerstättenvorräte fester nutzbarer Rohstoffe der UdSSR, 1960 (russisch).

KREJTER, W. M., 1940: Das Aufsuchen und die Erkundung nutzbarer Bodenschätze. (Poiski i raswedki polesnich iskopaemich, russisch.) Moskau.

—, 1960: Das Aufsuchen und die Erkundung von Lagerstätten nutzbarer Bodenschätze. (Poiski i raswedki polesnich iskopaemich, russisch.) Bd. 1, 2. Moskau: Gosgeoltechizdat.

KRIZHOV, W. L., 1963: Die Bestimmung der Selbstkosten bei der Gewinnung von komplexen Eisenerzen. (Opredelenie sebestoimosti produkzii is kompleksnich zhelesnich rud, russisch.) Gornij journal No. 5, Moskau.

KRUSCH, P., 1920: Die Untersuchung und Bewertung von Erzlagerstätten. Stuttgart: Enke.

KRYSHOW, L. W., 1952: Bestimmung der unteren Bauwürdigkeitsgrenzen für Bilanzvorräte. (Opredelenie brakowotschnich graniz balansowich sapassow, russisch.) Gornij journal No. 7, Moskau.

KULIBIN, W. A., 1950: Bestimmung der Grenzwerte nützlicher Komponenten im Erz. (Opredelenie nizhnego predela soderzhanija polesnich iskopaemich w rude, russisch.) Gornij journal No. 9.

LASKY, S. G., 1950: How Tonnage and Grade Relations Help. Predict Ore Reserves. Eng. Min. No. 1, New York.

—, 1955: Mineral Industry Future Can Be Predicted. Eng. Min. No. 1, New York.

LAWFORD, E. G., 1928: How Much of the Vein Is Ore. Eng. Min. No. 1, New York.

LEVONIK, S. B., 1963: Fragen der Wirtschaftsgeologie. (Waprosi ekonomitscheskoj geologii, russisch.) AN SSSR, Moskau.

LEWES, A. S., 1946: Risks of Mining Venture Should Be Evaluated. Eng. Min. J. No. 9.

LEWIEN, E., 1960: Zur Frage der Bauwürdigkeit. Z. angew. Geol. **6**, No. 1.

LOUIS, H., 1923: Mine Valuation. London: Griffith.

MALISCHEW, I. I., 1963: Über Qualität und Ergebnisse von Erkundungsarbeiten. (O katschestve i efektivnosti geologoraswedotschnich rabot, russisch.) Rasw. i ochrana nedr. No. 7, Moskau.

MARX, K., 1956: Das Kapital, Bd. 1. Berlin: Dietz.
MATHERON, G., 1955: Application des méthodes statistiques à l'évaluation des gisements. Ann. Mines, Paris.
MCLAUGHLIN, D. H., 1939: Geological Factors in the Valuation of Mines. Econ. Geol. **34**, No. 6.
MCKINSTRY, H. E., 1948: Mining Geology. New York: Prentice Hall.
MILUTINOVIĆ, V., 1961: Ökonomische Bewertung von Bergwerken und Buntmetallerzlagerstätten. (Ekonomska ozena rudnika i lezhischta obojenih metala, serbo-kroatisch.) Zav. za geol. i geofiz. istr. **10**, Belgrad.
MUIR, W. L. G., 1965: Problems of Mine Finance. Min. Mag. **112**, No. 6.
MÜLOT, E., 1960: Begutachtung von Erzlagerstätten und bergbauliche Aufschlußprojektierung. Z. angew. Geol. **6**, No. 11.
NOLAN, B. T., 1955: The Outlook for the Future — Nonrenewable Resources. Econ. Geol. **50**, No. 1.
NOWOSHILOW, B. F., 1958: Die Grundlagen der Bewertung von Lagerstätten nutzbarer Bodenschätze und Bergwerken. (Osnowi ozenki mestorozhdenij polesnich iskopaemich i rudnikow, russisch.) Gornij journal No. 8.
OELSNER, O., 1952: Grundlagen zur Untersuchung und Bewertung von Erzlagerstätten. Gera: Thüring. Verlag.
Outlook for Key Commodities, 1952: Resources for Freedom. Report President's Materials Policy Commission (Paley Report). Washington.
PARKS, R. D., 1949: Examination and Valuation of Mineral Property. Massachusetts.
PERWUSCHIN, S. A., 1958: Die Grundlagen der Bewertung von Lagerstätten nutzbarer Bodenschätze und Bergwerken. (Osnowi ozenki mestorozhdenij polesnich iskopaemich i rudnikow, russisch.) Gornij journal No. 8.
PETERS, W. C., 1959: Cost of Exploration for Mineral Raw Materials. Cost. Eng. **4**, No. 3.
PETRASCHECK, W. E., 1951: Berechnung und Schätzung von Lagerstättenvorräten. Erzmetall, Stuttgart.
POMERANZEW, W. W., 1957: Industrieforderungen für die Vorratsberechnung von Lagerstätten der Bundmetalle (russisch). Moskau.
—, 1957: Elemente einer provisorischen industriellen Einschätzung von Erzlagerstätten der Buntmetalle. (Elementi predvaritaljnich promischlenich ozenok rudnich mestorozhdenij zvetnich metalow, russisch.) Moskau: Ugletechizdat.
POSHARIZKIJ, K. L., 1947: Grundsätze bei der Bestimmung industriellen Minimalgehalts im Erz. (Osnownie polozhenia pri opredelenij minimuma promischlenogo soderzhanija metala w rude, russisch.) Gornij journal No. 9.
—, 1957: Die Grundlage der Bewertung von Lagerstätten nutzbarer Bodenschätze und Bergwerken. (Osnovi ozenki mestorozhdenij polesnich iskopaemich i rudinkow, russisch.) Gornij journal No. 9, Moskau.
PRESTON, L. E., 1960: Exploration for Non-ferrous Metals. Washington: Resour. f. the Future, Inc.
PROKOFJEW, E. P., 1947: Bestimmungsmethode des industriellen Minimalgehaltes im Erz beim Abbau monometallischer Lagerstätten. (Metod ustanowlenia minimalnogo primischlenogo soderzhanija w rude pri rasrabotke monometalitscheskich mestorozhdenij, russisch.) Geol. i gorn. delo. Moskau: Metalurgizdat.
—, 1956: Vorratsberechnung mineralischer Rohstoffe. Berlin: VEB Verlag Technik.
—, 1956: Über industriellen Minimalgehalt und geologischen Schwellengehalt. Z. angew. Geol. **2**, H. 4, Berlin.
RATSCHKOWSKIJ, S. J., 1955: Bergbauökonomie in der UdSSR. (Ekonomika gornorudnoj promischlenosti SSSR, russisch.) Moskau: Metalurgizdat.
—, 1959: Grundlagen der ökonomischen Bewertung von Lagerstätten unter den Bedingungen der sozialistischen Planwirtschaft. (Osnowi ekonomitscheskoj ozenki v uslowijach sozialistitscheskogo chosjajstwa, russisch.) Izv. VuZ, Zwetnaja metalurgija No. 6, Moskau.
REH, H., 1956: Untersuchung und Zuverlässigkeit der Bewertung von Lagerstätten nutzbarer Rohstoffe und Ableitung einer erweiterten Klassifikation der Vorräte. Z. angew. Geol. **2**, H. 4, Berlin.
—, 1956: Normenentwurf „Nutzbare Lagerstätten-Einteilung der Vorräte". Glückauf H. 35/36.

ROBERTS, W. A., 1944: State Taxation of Metallic Deposits. Cambridge.

RUMBOLD, W. R., 1927: The Valuation of Aluvial Deposits. AIME Trans. **37.**

RURA, D. M., 1958: Die industrielle Bewertung von Erzlagerstätten (russisch). Moskau.

SCHABELNIKOW, G. P., 1958: Die Grundlage der Bewertung von Lagerstätten nutzbarer Bodenschätze und Bergwerken (russisch). Gornij journal No. 12, Moskau.

SERGEEW, A. A., 1964: Rationelle Ausnützung von Erzlagerstätten. (Razionalnoe ispolsowanie rudnich mestorozhdenij, russisch.) Metalurgija, Moskau.

SICHEL, H. S., 1949: Mine Valuation and Maximum Likehood. Diss. Univ., Johannesburg.

SLICHTER, L. B., 1959: Aspects, Mainly Geophysical of Mineral Exploration. Nat. Resources, New York: McGraw-Hill.

SMIRNOW, W. I., 1951: Berechnung von Vorräten mineralischer Rohstoffe. (Podstschjot sapassow mineralnoga sirja, russisch.) Moskau: Gosgeoltechizdat.

SOUKUP, B., 1963: Allgemeine Bedingungen der Abbauwürdigkeit. Z. angew. Geol. **9**, H. 12, Berlin.

STAMMBERGER, F., 1957: Zum Problem der Bauwürdigkeit. Z. angew. Geol. H. 2/3, Berlin.

—, 1960: Lagerstättenvorräte, Investitionsaufwand und ökonomischer Nutzeffekt. Z. angew. Geol. **6**, H. 1, Berlin.

—, 1962: Zur ökonomischen Bewertung von Lagerstätten nutzbarer Rohstoffe. Freib. Forsch. C 147, Berlin Akad.-Verlag.

—, 1964: Zum ökonomischen Nutzungsprinzip von Armerzlagerstätten unter den Bedingungen des Sozialismus. Z. angew. Geol. **10**, H. 12, Berlin.

SUBRILOW, L. J., 1958: Die Grundlage der Bewertung von Lagerstätten nutzbarer Bodenschätze und Bergwerken (russisch). Gornij journal, No. 8, Moskau.

TAGGART, A. F., 1960: Handbook of Mineral Dressing. New York: J. Wiley Inc.

THIEBAUT, L., 1952: Recherche et étude économique des gites métalliféres. Paris: Bèranger.

TRUSCOTT, S. I., 1947: Mine Economics. London: Min. Publ. Ltd.

TRYON, G. G., E. ECKEL, 1932: Mineral Economics. New York: McGraw-Hill.

VOGEL, E., 1954: Analyse der in verschiedenen Ländern gebräuchlichen Vorratskategorien und eigene Vorschläge zur Klassifikation von Vorräten mit besonderer Berücksichtigung des Gangerzbergbaus. Freib. Forsch. C 10.

WOLODOMONOW, N. W., 1959: Die Bergwerksrente und Prinzipien zur Bewertung von Lagerstätten. (Gornaja renta i prinzipi ozenki mestorozhdenij, russisch.) Moskau: Metalurgizdat.

—, 1964: Grundsätze zur Bewertung von Lagerstätten. Z. angew. Geol. **10**, H. 2, Berlin.

WOODTLI, R., 1962: Report of the Problem of Mineral Resources. OECD, Paris.

WRIGHT, C. W., 1953: Mining Methods and Costs at Metall Mines of USA. US BMI C., No. 6503.

Zweiter Teil

Wirtschaftsgeologische Charakteristiken der Lagerstätten einzelner Metalle

Eisen

Eisenerzlagerstätten haben große Bedeutung für die Wirtschaft einzelner Länder, denn Eisen ist jenes Metall, welches die neuzeitliche Zivilisation begründet. Die ansteigende Kennlinie der Eisen- und Stahlproduktion eines Landes ist gleichzeitig eine der wichtigsten Kennziffern seiner Industriekraft. Aus diesen Gründen werden mit der Entwicklung der Rohstoffbasis dieses Metalls die Grundlagen für die gesamte Industrie eines Landes geschaffen.

I. Erze und Lagerstätten

Für die wirtschaftliche Bewertung der Lagerstätten und Eisenerze sind jene Elemente von grundlegender Bedeutung, von denen das Ausbringen dieser Erze und Lagerstätten abhängt.

A. Minerale und Erze

In der Natur gibt es eine große Anzahl von Eisenmineralen (mehr als hundert); wirtschaftliche Bedeutung haben jedoch nur einige Minerale (Tab. 11).

Tabelle 11. *Wirtschaftlich bedeutende Fe-Minerale*

Erzmineral	Formel	Fe-Gehalt (%)
Magnetit	$FeO \cdot Fe_2O_3$	72,4
Hämatit	Fe_2O_3	70,0
Limonit	$Fe_2O_3 \cdot n H_2O$	48 bis 63
Goethit	$FeO \cdot OH$	
Siderit	$FeCO_3$	48,3
Fe-Chlorite (Thuringit, Chamosit)	OH-halt. Fe-Al-Mg-Silikat	27 bis 38

Außer diesen gibt es eine kleinere Anzahl an Mineralen mit verhältnismäßig hohem Eisengehalt (Sulfide: Pyrit mit 46,6% Fe und Pyrrhotin mit 63,6% Fe), die jedoch nur in Ausnahmefällen als Rohstoff für die Herstellung von Eisen dienen.

Eisenerze werden im Grunde genommen nach den Haupterzmineralen eingeteilt; wirtschaftlich bedeutende Eisenerze sind folgende: 1. Magnetit- und Titanomagnetit-, 2. Hämatit-, 3. Limonit-, 4. Siderit- (Karbonat) und 5. Silikaterze (Fe-Chlorite). Es treten in der Regel zwei bis drei Eisenminerale auf: Magnetit-Hämatit, Siderit-Limonit, Chamosit-Thuringit-Siderit, oft noch mit anderen Mineralen vergesellschaftet.

Vom wirtschaftlichen Standpunkt aus sind die Magnetiterze die wichtigsten, dann folgen Hämatit- und Limoniterze; silikatische Eisenerze sind arme Erze und besitzen nur eine geringe wirtschaftliche Bedeutung.

B. Wirtschaftlich wichtige Lagerstättentypen

Verschiedenartige physikalisch-chemische und geologische Bedingungen können zu wirtschaftlich bedeutenden Eisenkonzentrationen führen. Der Anteil der verschiedenen Lagerstättentypen an den Gesamtvorräten der Welt ist verschieden: so haben magmatogene Lagerstätten eine geringere wirtschaftliche Bedeutung als exogene und metamorphogene Lagerstätten; zum Unterschied zu anderen Metallen spielen metamorphogene Lagerstätten unter den Eisenerzlagerstätten eine wichtige Rolle und stellen den Hauptanteil der Erzvorräte dieses Metalls dar.

Bei der Beurteilung einer Eisenerzlagerstätte ermöglichen die Kenntnisse der Lagerstättentypen eine bessere Einsicht über die Möglichkeiten der Lagerstätte hinsichtlich der Erzart und deren technologischen Eigenschaften, Mineralvergesellschaftungen, Vorkommen, Ausdehnung der Erzkörper sowie hinsichtlich der Vorräte, die sich bei den gegebenen Lagerstättentypen bilden können.

1. Magmatische Lagerstätten

In magmatischen Lagerstätten hat Eisen beträchtliche Konzentrationen. Es wird zum Teil von flüchtigen Komponenten (Fluor, Chlor, Phosphor) begleitet. Entsprechend den Konzentrationsbedingungen können Lagerstätten kristallisation Differentiate und Erzinjektionen unterschieden werden. Dem Mineralbestand nach sind die magmatischen Lagerstätten in der Hauptsache aus Magnetit- und Titanomagnetiterzen aufgebaut.

a) *Kristallisationsdifferentiate* treten in basischen und ultrabasischen magmatischen Gesteinen (Gabbros, Norite, Pyroxenite), zum Teil auch in Peridotiten und Duniten auf; dieser Lagerstättentyp kommt nur ausnahmsweise auch in anderen magmatischen Gesteinen (Gabbro-Diorit, Diorit) vor.

Die Erzkörper haben in der Regel die Form von Schlieren aus kompakten Erzen und Imprägnationen. Lagerstätten, die zu diesem Typ gehören, enthalten meistens geringere Erzvorräte — bis 10 Millionen Tonnen Erz —, jedoch sind auch Lagerstätten bekannt, die bis 2 Milliarden Tonnen Erz beinhalten.

Das Erz aus diesen Lagerstätten ist in der Hauptsache Titanomagnetit. Der Mineralbestand dieses Erzes ist ziemlich einförmig: Magnetit, Titanomagnetit, Ilmenit, seltener Hämatit-Ilmenit, manchmal von Fe- und Cu-Sulphiden (Pyrit, Pyrrhotin, Bornit, Kupferkies) begleitet; in Erzen aus diesen Lagerstätten können manchmal auch stärkere Platin- und Vanadiumkonzentrationen beobachtet werden.

Der Eisengehalt beträgt gewöhnlich 40 bis 50%, ausnahmsweise bis 60% Fe, TiO_2 7 bis 15%, manchmal 20 bis 30%, Vanadium kann 1% erreichen (ausnahmsweise sogar 8% V_2O_3).

Dieser Lagerstättengruppe gehören die bekannten Lagerstätten des Bushveld-Massivs in der Südafrikanischen Union an, ferner einzelne Lagerstätten in Tanganjika und im Ural. Unter Berücksichtigung der Tatsache, daß es sich vorwiegend um Titanomagnetit- und Titanlagerstätten handelt, besitzen diese Lagerstätten für Eisen geringere Bedeutung in Vergleich mit den anderen Lagerstättentypen.

b) *Erzinjektionen (hysteromagmatische Lagerstätten)* entstanden durch Einpressungen von erzführendem Magma mit hohen Eisenkonzentrationen in das Nebengestein, wobei meist bedeutende Anteile leichtflüchtiger Komponenten vorhanden sind. Diese Lagerstätten können infolge ihrer Ausdehnung wirtschaftlich sehr bedeutend sein.

Die Erzkörper besitzen voriwegend die Form von ausgedehnten Schichten und Platten, die ihrer Form und Bildung nach an Erzgänge erinnern.

Nach den Mineralparagenesen können bei hysteromagmatischen Lagerstätten Magnetit- und Titanomagnetit-Lagerstätten unterschieden werden.

Magnetit-Apatit-Lagerstätten wurden bei bedeutender Konzentration von Fluor und Phosphor gebildet und enthalten oft große Eisenmengen. Das Erz besteht aus Magnetit und Fluorapatit, seltener mit etwas Hämatit. In den Randteilen der Lagerstätte finden sich auch Bildungen der pneumatolytischen Phase (Skapolith, Albit, Turmalin, Fluorapatit).

Die Erzkörper enthalten gewöhnlich 55 bis 70% Fe und hohe Phosphorkonzentrationen (2 bis 4% und mehr); durch den sehr hohen Phosphorgehalt fanden diese Erze früher keine Verwendung in der Industrie.

Diesem Lagerstättentypus gehören Kirunavara in Schweden, Lebjazhinsko im Ural u. a. an.

Titanomagnetitlagerstätten sind dem Mineralbestand nach gleich den Lagerstätten der Kristallisationsdifferentiation, nur treten sie in Form von Platten und Linsen auf.

Diesem Typus gehört Kusinsko am Ural an. Die wirtschaftliche Bedeutung in bezug auf Eisen ist bei diesen Lagerstätten gering.

2. Skarnlagerstätten

Skarnlagerstätten, die am Kontakt oder im Kontakthof von Granitoiden mit Nebengesteinen (Karbonat-, vulkanogene u. a. Gesteine) gebildet wurden, können wirtschaftlich bedeutend sein.

Die Lage und die Form der Erzkörper stehen in engem Zusammenhang mit der Art der Kontaktzone. Bei steilen Kontakten erstrecken sich die Erzkörper in große Teufen; sie haben dann in der Regel die Form von sehr gestreckten Säulen und unregelmäßigen Linsen. Bei schwachgeneigten Kontakten sind die Erzkörper nicht tief und weniger mächtig, können jedoch in der Streichrichtung eine ganz bedeutende Ausdehnung erreichen.

Der Konzentrationsgrad der Erzmineralien ist nicht gleichmäßig über der vererzten Zone. Es können Übergänge von Imprägnationen bis zu kompakten Erzmassen vorkommen. Aus diesen Gründen kann auch der Eisengehalt in Skarnerzen in weiten Grenzen schwanken — von etwa 15% bis fast 70%. Kompakte Erze werden meist in Kalksteinen gebildet, dagegen sind Imprägnationserze in der Regel an Silikatgesteine gebunden.

Es gibt kleine Skarnlagerstätten (Linsen, Stöcke, bis 1 Million Tonnen Erz), und solche, deren Reserven 30 bis 40 Millionen Tonnen Erz betragen. Für die Bewertung von Skarn-Eisenlagerstätten muß berücksichtigt werden, daß sie in einem Erzrevier oder metallogenetischem Gebiet meist zahlreich auftreten, wobei die einzelnen Lagerstätten auch klein sein können, jedoch zusammen wirtschaftlich bedeutendere Vorräte ergeben können.

Magnetit ist das wichtigste Erzmineral, Hämatit dagegen tritt seltener auf.

Für die Erze dieser Lagerstätten ist besonders die Anwesenheit von Sulfiden charakteristisch (Magnetkies, Pyrit, Kupferkies, seltener Arsenkies, Zinkblende), die sogar einige Prozente ausmachen können. Das setzt die Güte des Erzes herab oder erfordert dessen Aufbereitung. Als nützliche Begleitmineralien können Kobalt, seltener Manganmineralien auftreten. In einzelnen Magnetit-Skarn-Lagerstätten werden Borate (Ludwigit, Cottait) beobachtet. Der Anteil an Nichterzmineralien kann sehr hoch sein, so daß das Fördererz aus diesen Lagerstätten oft einen sehr hohen Gehalt an Silizium aufweist (bis über 20% SiO_2). Aus diesem Grunde gehören diese Erze in der Regel dem saueren Typ an.

Berücksichtigt man, daß das Eisen des Fördererzes nicht ausschließlich an Magnetit und Hämatit gebunden ist, sondern auch an Silikate gebunden sein kann, muß bei der Bewertung der Erzgüte der Gehalt an verhüttbarem Eisen extra bestimmt werden, der in Skarnerzen um einige Prozent niedriger sein kann als der gesamte Eisengehalt.

Die Skarnlagerstätten gehören zu den größten Eisenerzlagerstätten der Sowjetunion (Magnitnaja Gora, Gora Blagodat u. a.). Zu den bekannten Lagerstätten zählen auch Iron Springs in Utah, USA.

3. Hydrothermale Lagerstätten

Hydrothermale Eisenerzlagerstätten sind wirtschaftlich viel weniger wichtig als die obenerwähnten Lagerstättentypen. In den meisten Fällen sind die Vorräte der hydrothermalen Lagerstätten klein, obwohl doch auch Lagerstätten vorhanden sind, deren Vorräte 30 bis 40 Millionen Tonnen enthalten können (ausnahmsweise auch bis 100 Millionen Tonnen Erz [Sideritlagerstätten]).

Die Güte der Erze hängt vor allem vom Mineralbestand des Erzes ab. Dem Hauptmineral nach können im wesentlichen Siderit- und Hämatitlagerstätten unterschieden werden. Nur ausnahmsweise können auch bedeutende Magnetitlagerstätten gebildet werden, die meist einen Übergang zu den Skarnlagerstätten bilden.

Sideritlagerstätten. Diese Lagerstätten können manchmal wirtschaftlich wichtig sein, da sie große Vorräte an genügend gutem Erz haben. Es können unterschieden werden:

a) *Sideriterzgänge.* Solche Erzgänge können in einzelnen Lagerstätten auch wirtschaftlich wichtig sein, obwohl in der Regel nur unbedeutende Vorräte vorhanden sind.

Besonders charakteristisch ist der Mineralbestand der Sideritgänge. Der Siderit bildet nur selten eine monomineralische Masse, sondern wird in der Regel von vielen hydrothermalen Sulfiden (Blei, Zink, Kupfer, seltener Nickel und Kobalt) begleitet. In einzelnen Erzlagerstätten gehen die Sideritgänge in Quarzgänge über, in denen die Sulfide die nützliche Hauptkomponente bilden. Der Siderit weist oft einen erhöhten Mangangehalt auf. Unter den Begleitmineralien sind Quarz, seltener Karbonate am wichtigsten.

Als typische Sideritlagerstätten von wirtschaftlicher Bedeutung können die bekannte Lagerstätte Siegerland in Deutschland, sowie einzelne kleine Lagerstätten in Ungarn und in der Tschechoslowakei angeführt werden.

b) *Metasomatische Sideritkörper.* Sideritlagerstätten, die in Kalksteinen gebildet wurden, treten in der Welt verhältnismäßig selten auf, können jedoch in einzelnen Fällen wirtschaftlich sehr wichtig sein, da sie große Erzmengen enthalten können. Die Erzkörper bestehen vorwiegend aus dichtem Erz, jedoch können auch allmähliche Übergänge zu Kalkstein beobachtet werden.

Siderit als Eisenerz zählt nicht — dem Eisengehalt und den begleitenden Komponenten nach — zu den ausgesprochen guten Erzen. Der mittlere Gehalt an Eisen beträgt in der Regel 35 bis 38%.

Das Erz ist in den meisten Fällen durch einen niedrigen Gehalt an Schwefel (0,5 bis 0,3% S und oft auch weniger) und Phosphor (hundertstel Teile eines Prozentes) ausgezeichnet; der Anteil an Silizium ist ebenfalls niedrig (gewöhnlich nur bis 5% SiO_2). Das Erz weist oft auch einen etwas höheren Mangangehalt (gewöhnlich 4 bis 5% Mn) auf.

In metasomatischen Sideritlagerstätten sind Oxydationsprodukte häufig. In solchen Fällen wurden in den höchsten Teilen des Erzkörpers Limonitmassen gebildet, die infolge ihres erhöhten Eisengehaltes und ihrer günstigen Eigenschaften für metallurgische Zwecke besonders geeignet sind.

Als bedeutendere Vertreter metasomatischer Sideritlagerstätten können der Erzberg in Österreich, Bakalsko in der Sowjetunion, Bilbao in Spanien, sowie kleinere Lagerstätten in Algier und Tunis genannt werden.

Hämatitlagerstätten. Wirtschaftlich bedeutende Hämatitlagerstätten sind selten anzutreffen. Sie enthalten in der Regel nur geringe Vorräte, sind jedoch durch ein Erz hoher Qualität ausgezeichnet.

In solchen Lagerstätten ist Hämatit das Haupterzmineral. Der Eisengehalt im Erz kann bis 60% ansteigen, im Mittel beträgt er ungefähr 50% Fe. Der Phosphorgehalt ist fast immer niedrig (unter 0,05%), ebenso der Schwefelgehalt.

Diesem Lagerstättentypus gehört Cumberland in England an.

Magnetitlagerstätten. Hydrothermale Magnetitlagerstätten sind in der Welt äußerst selten und nur aus Ostsibirien bekannt. Genetisch sind sie an Gabbro und Diabase gebunden (Lagerstättengruppe Angara-Ilim).

Trotz ihrer Seltenheit können diese Lagerstätten sehr interessant sein. Im Gebiet Angara-Ilim in Sibirien ergeben die berechneten Vorräte mehrere hundert Millionen Tonnen Erz. In den mineralisierten Massen kann dichtes Erz (48 bis 60% Fe, 0,02 bis 0,5% S, 0,1% P, stellenweise auch 1% P durch Apatitbeimengungen) und Imprägnationserz (27 bis 36% Fe) unterschieden werden; ein besonderes Merkmal dieses Erzes sind der hohe CaO- und MgO-Gehalt (zusammen bis 17 bis 23%) und der niedrige SiO_2-Gehalt.

4. Vulkanisch-sedimentäre Lagerstätten

Vulkanisch-sedimentäre Lagerstätten können wirtschaftlich interessante Lagerstätten darstellen, obwohl in manchen Fällen größere Mengen niedrigprozentiger Erze vorhanden sind.

Die zu diesem Typ gehörenden Lagerstätten treten in der Regel in Form von Schichten, mächtigeren Lagen oder Linsen auf, oft stark stratigraphisch gebunden. Die Erzkörper können eine sehr große Ausdehnung besitzen und über Vorräte von vielen Millionen Tonnen Erz (ausnahmsweise auch 100 bis 200 Millionen Tonnen) verfügen.

Die Qualität des Erzes hängt in erster Linie vom Mineralbestand ab. Als Hauptbestandteile treten Hämatit, Siderit, Chamosit und Thuringit, seltener Magnetit auf. Hämatiterze sind in der Regel durch einen hohen Eisengehalt (ungefähr 50% Fe) ausgezeichnet. Der Eisengehalt in Siderit- und Chamositerzen ist dagegen bedeutend niedriger (gewöhnlich 30 bis 35% Fe). Der Mangangehalt dieser Erzart beträgt meistens bis 3%. Die Erze der vulkanisch-sedimentären Lagerstätten enthalten oft hohe Siliziumkonzentrationen (15 bis 20%, manchmal auch 30% SiO_2).

Diesem Typ gehören die Hämatitlagerstätten im Gebiet von Lahn-Dill in Deutschland, die Chamosit-Siderit-Lagerstätten Westmazedoniens in Jugoslawien u.a.m. an.

5. Verwitterungslagerstätten in der Oxydationszone

Durch die Verwitterung primärer Sulfidlagerstätten mit Pyrit oder Pyrrhotin oder karbonatischer Eisenerzlagerstätten (Siderit), zum Teil auch silikatischer Eisenerzlagerstätten, kann es zur Bildung von beträchtlichen, wirtschaftlich interessanten Eisenkonzentrationen in der Oxydationszone kommen.

Das Hauptmineral in diesen Erzlagerstätten ist Limonit. In der Tiefe geht die Limonitlagerstätte in die primäre Erzlagerstätte über. In einzelnen Lagerstätten kann die Oxydation so weit fortgeschritten sein, daß die ganze primäre Lagerstätte in Limonitmassen umgewandelt ist.

Die Qualität des Erzes aus solchen Lagerstätten hängt sehr vom Mineralbestand des primären Erzes und dem Oxydationsgrad der primären Erzmineralien ab. Obwohl Limoniterze der Gruppe hochwertiger Eisenerze angehören, muß bei einer Bewertung des Erzes aus Lagerstätten dieses Typs berücksichtigt werden, daß das Erz aus solchen Lagerstätten auch verhältnismäßig hohe Sulfidkonzentrationen haben kann, die von den primären Erzen zurückblieben, insbesondere wenn die primären Erze vorwiegend aus Pyrrhotin oder Pyrit bestanden. Neben Schwefel können solche Erze auch erhöhte Konzentrationen einzelner Metalle enthalten, die die Verhüttung erschweren oder eine Beschränkung ihres Einsatzes bei der Verhüttung verursachen (gewöhnlich 0,5 bis 1,0% Blei, Zink und Kupfer). Der SiO_2-Anteil ist in diesen Erzen in der Regel sehr niedrig. Außer störenden und unerwünschten Komponenten können die Erze aus solchen Lagerstätten aber auch wirtschaftlich interessante Goldanreicherungen enthalten.

Die Erze aus dem Eisernen Hut werden durch ihren porösen Aufbau ausgezeichnet. Ockerähnliche erdige Erze sind charakteristisch. Häufig weisen Erze aus diesen Lagerstätten einen hohen Feuchtigkeitsgehalt auf.

Bezüglich der Vorräte kann gesagt werden, daß jene bescheiden sind und selten einige Millionen Tonnen erreichen.

Dieser Lagerstättengruppe gehören einige Lagerstätten im Ural (UdSSR) an, ferner der Eiserne Hut auf der Pyrit- und Kupferlagerstätte in Rio Tinto, Spanien, und die Limonitmassen von Ljubija in Jugoslawien.

6. Klastische Schuttlagerstätten

In einzelnen Weltteilen sind auch wirtschaftlich interessante klastische Schuttlagerstätten bekannt, deren Erz aber durch eine ungleichmäßige Verteilung und geringe Güte gekennzeichnet ist. Es treten vorwiegend sideritische, teils limonitische Erze auf; ausnahmsweise können auch Magnetit-Ilmenit-Ablagerungen gebildet werden, die wirtschaftlich aber nur geringe Bedeutung haben. Der Eisengehalt der Erze aus diesen Lagerstätten ist niedrig (in der Regel 25 bis 35%); das Erz enthält gewöhnlich hohe Siliziumkonzentrationen (mehr als 15 bis 20% SiO_2). Der Phosphatanteil kann stellenweise auch 1% betragen, dagegen ist der Schwefelgehalt gewöhnlich sehr niedrig (unter 0,2%).

Die Qualität dieser Erze kann durch nasse Aufbereitung verbessert werden, so daß der Eisengehalt bis 40% erhöht werden kann und der Siliziumgehalt auf 10% und weniger beschränkt wird.

Die Erzvorräte in Lagerstätten dieses Typs sind gewöhnlich gering, nur in seltenen Fällen können sie auch viele Millionen Tonnen abbauwürdigen Erzes enthalten.

Bei einer Bewertung dieser Lagerstätten, insbesondere der Erwägung einer eingehenden Untersuchung, die bedeutendere Mittel erfordert, müssen die besonderen Eigenheiten des Erzes und der Erzvorräte in Betracht gezogen werden. Auch die Verkehrs- und Transportmöglichkeiten bzw. die Entfernung von den Hüttenanlagen, die das Erz verarbeiten sollen, sind zu beachten.

Bekannt sind die zu diesem Typ gehörenden Lagerstätten *Salzgitter* und Peine-Ilsede in Deutschland. Zu ihnen gehört auch die ihrer Entstehung nach einzig in der Welt dastehende eluvial-alluviale Lagerstätte Berezovsk in der Sowjetunion, deren Vorräte mehrere Hunderte Millionen Tonnen Erz betragen.

7. Lateritische Lagerstätten

Lateritische Lagerstätten, die an ein tropisches Klima gebunden sind, im Zusammenhang mit der Verwitterung ultrabasischer Gesteine und Serpentinite, sind oft anzutreffen. Trotz der ungeheuer großen Vorräte sind doch die Lagerstätten dieses Typs wirtschaftlich von geringer Bedeutung, denn das Erz kann in vielen Fällen nicht wirtschaftlich verwertet werden (niedriger Eisengehalt, unerwünschter Chromgehalt, manchmal beträchtliche SiO_2-Konzentrationen, schwer aufbereitbar).

Die Form und das Ausmaß der Erzkörper hängen stark von der Morphologie der ehemaligen Gesteinsoberfläche ab. Die Erzkörper bilden vorwiegend Schichten, die auf den nicht oder nur teilweise verwitterten Gesteinen aufliegen. In Gebieten mit einem kräftig entwickelten Paläorelief ist die Lateritkruste stark absätzig und die Erzkörper treten in Form von Linsen auf, die in den ultrabasischen Gesteinen und Serpentiniten zurückblieben.

Die Erzkörper können längs ihrer Ausbisse mitunter mehrere Kilometer weit verfolgt werden und ermöglichen dann eine Gewinnung im Tagebau. Ungünstiger liegen die Verhältnisse, wenn die Lateritlagerstätten von mächtigeren Schichten bedeckt wurden, so daß ein untertägiger Abbau notwendig wird.

Das Erz besteht vor allem aus Fe-Hydroxyden — Goethit, Hydrogoethit, Hydrohämatit — und Hydro-Fe-Silikaten (Nontroniten) mit Beimengungen von Chromit, ferner Nickel (als Ni-Silikate), Kobalt und Mangan.

Die Qualität des Erzes schwankt sehr, besonders im vertikalen Profil durch die Lagerstätte. Das Erz enthält in der Regel 25 bis 35% Eisen, seltener auch bis 50%. Das Erz wird durch einen stets vorhandenen und etwas erhöhten Cr_2O_3-Gehalt (0,2 bis 0,4%, manchmal bis 1%), ferner Nickel (0,5 bis 1,5%) ausgezeichnet. Die Erze dieser Lagerstätten haben schwankenden SiO_2-Gehalt (von 5 bis 25%, mitunter auch bis 30% SiO_2).

Der Anteil an unerwünschten und störenden Komponenten — Phosphor und Schwefel — ist sehr gering (unter 0,1%). Der Feuchtigkeitsgehalt ist bei diesen Lagerstätten meist sehr hoch (15 bis 30%).

Die Vorräte an lateritischen Erzen können sehr groß sein. In der Welt gibt es viele Lagerstätten, deren Vorräte Hunderte Millionen Tonnen Erz betragen. Trotzdem haben zur Zeit diese Lagerstätten als Rohstoffbasis des Eisens nur eine beschränkte wirtschaftliche Bedeutung.

8. Infiltrationslagerstätten

Infiltrationslagerstätten besitzen nur geringe wirtschaftliche Bedeutung, denn es werden vorwiegend nur unbedeutende Erzvorräte angetroffen. Dieser Lagerstättentyp ist linsen- oder nestförmig, ausnahmsweise auch schichtförmig.

Die Erzkörper beinhalten gewöhnlich Limonit, seltener Siderit und Sphärosiderit. Ein besonderes Kennzeichen dieser Lagerstätten sind Tone, die in einzelnen Lagerstättenteilen, besonders in den Randzonen der Erzkörper, mit den Erzmineralien vermengt sind. Dadurch ist oft eine nasse Aufbereitung dieser Erze erforderlich.

Die Qualität der Erze aus Lagerstätten dieses Typs ist nicht hoch und schwankt selbst innerhalb eines Erzkörpers. So können oft Teile mit bauwürdigen und unbauwürdigen Erzen unterschieden werden. Der stark schwankende Eisengehalt (20 bis 55%) liegt im Mittel bei 35 bis 45% Fe. Die Erze dieser Lagerstätten haben oft auch einen sehr hohen Siliziumgehalt (bis 40 bis 50% SiO_2), der jedoch durch eine nasse Aufbereitung wesentlich verringert werden kann. Der Anteil an sonstigen schädlichen und unerwünschten Komponenten ist nicht besonders hoch und wirkt sich nicht weiter nachteilig auf die Verwendung dieser Erze in der Industrie aus.

Wirtschaftlich bedeutende Infiltrationslagerstätten sind selten in der Welt. Bekannt sind unter anderen Alpajevsko (abbauwürdige Vorräte von ungefähr 70 Millionen Tonnen Erz) und das Bilimbajevski-Revier in der Sowjetunion, sowie Egrimont in England.

9. Sedimentäre Lagerstätten

Sedimentäre Lagerstätten sind sehr große und wichtige Eisenerzlagerstätten, vor allem jene, die in Meeren abgelagert wurden.

Sedimentäre Lagerstätten sind hauptsächlich in Schichten oder langgestreckten Linsen abgelagert, die einen bestimmten stratigraphischen Horizont bilden. Die Mächtigkeit der Schichten kann sehr beträchtlich sein (bis 10 — 12 m). Die Flächenausdehnung kann erheblich sein. Im Bereich mancher Becken können auch mehrere erzführende Horizonte auftreten.

Der Mineralbestand hängt von den Entstehungsbedingungen, in erster Linie vom Sauerstoffpotential (Eh) und vom p_H-Wert ab. Aus diesen Gründen gibt es oxydische Erze (Limonit, Goethit, Hämatit, selten von Magnetit begleitet), silikatische Erze (Chamosit, Thuringit) oder karbonatische Erze (Siderit).

In der Regel werden oxydische Erze näher dem Ufer und karbonatische Erze in tieferen Beckenteilen gebildet.

Die Güte des Erzes ist von seinem Mineralbestand abhängig. Im allgemeinen ist die Qualität der sedimentären Eisenerze nicht besonders hoch, insbesondere hinsichtlich des Eisengehaltes.

Der Eisengehalt schwankt gewöhnlich zwischen 20 und 50%, meistens beträgt er 30 bis 40%. Neben Eisen enthalten diese Erze auch bedeutendere Mangankonzentrationen (einige Prozente), so daß in einigen Lagerstätten auch Übergänge zu Manganerzen auftreten können. Ein besonderes Kennzeichen der sedimentären Erze ist der Phosphorgehalt (meistens 0,2 bis 0,5%, aber auch bis 1,5%). Das schränkt in einigen Lagerstätten den Wert dieser Erze für die Industrie ein. Der Phosphor tritt vorwiegend als Kalziumphosphat, manchmal als Vivianit, selten als Barrandit auf. Als Ergebnis sekundärer epigenetischer und metamorpher Umwandlungen kann der amorphe Phosphorit in kristallinen Apatit übergehen. Bisherige Versuche, den Phosphorgehalt im Konzentrat durch Aufbereitung zu senken, brachten keine vollständig zufriedenstellende Lösung. Manche sedimentäre Lagerstätten haben auch bemerkenswerte Konzentrationen von Vanadium (bis 0,1%). Der Anteil an tonigem oder kalkigem Material ist sehr schwankend. Das ist für eine Bewertung der Erzqualität ausschlaggebend; günstiger für die Verhüttung sind Erze mit erhöhtem Kalziumgehalt.

In Aufbereitungsanlagen kann die Güte dieses Erztyps noch verbessert werden, besonders wenn es sich um Erze mit höherem Tonanteil handelt.

Hinsichtlich der Vorräte können die sedimentären Eisenerzlagerstätten größenordnungsmäßig zu denRiesenlagerstätten gezählt werden in denen mehrere hundert Millionen Tonnen abbauwürdiges Erz vorhanden sind. Aus diesen Gründen ist dieser Lagerstättentyp von besonderem Interesse bei einer Bewertung der Lagerstätten und bei der Beurteilung über gerechtfertigte Investitionen und eingehendere Schürfarbeiten.

Sedimentäre Lagerstätten finden sich fast in allen Weltteilen. Zu den wichtigsten zählen die jurassischen Erzlagerstätten Lothringens in Frankreich, die tertiären auf Kertsch in der Sowjetunion, Wabana auf Neufundland in Kanada und Clinton in den USA. Wirtschaftlich weniger bedeutend sind die Erzlagerstätten Northampton und Oxford in Großbritannien.

10. Metamorphogene Eisenerzlagerstätten

Metamorphogene Erzlagerstätten, die durch eine intensive Umwandlung primärer Lagerstätten entstanden, sind von außerordentlicher wirtschaftlicher Bedeutung, denn ein Großteil der Weltvorräte an Eisenerzen (über 60%) entfällt auf Lagerstätten dieses Typs. In Zukunft werden metamorphogene Lagerstätten eine immer größere Wichtigkeit für die Eisen- und Stahlgewinnung der Welt erlangen, da die weitere Entwicklung der Aufbereitungstechnik auch eine bessere Nutzung jener Lagerstätten oder Lagerstättenteile ermöglichen wird, die heute noch nicht abbauwürdig sind, die jedoch Riesenvorräte enthalten, die sich unter sehr günstigen Bedingungen abbauen lassen.

Metamorphogene Lagerstätten werden in der Regel durch mächtige Serien gebänderter Eisenquarzite gekennzeichnet, in denen dünne Hämatit- und Martitlagen auftreten (selten auch Siderit und Chamosit; Sulfide sind äußerst selten). In diesen erzführenden Formationen, in denen der Eisengehalt gewöhnlich 20 bis 40% beträgt, können auch in gewissen Lagerstättenteilen ein erhöhter Eisengehalt (50 bis 65%) und ein niedrigerer Siliziumgehalt auftreten. Solche reicheren Lagerstättenteile stellen heute die einzigen abbauwürdigen Vorräte dieses Typs dar.

Die Eisenerze aus metamorphogenen Lagerstätten gehören im allgemeinen zu den schwer aufbereitbaren Erzen oder, besser gesagt, zu den Erzen, die heute noch immer nicht rentabel angereichert werden können, vor allem wenn dieselben aus Hämatit oder Martit bestehen. Magnetiterze sind bedeutend leichter aufbereitbar, so daß Konzentrationen von mehr als 60% Fe erzielt werden. Die Schwierigkeiten bei der Aufbereitung entstehen durch die sehr feine Verwachsung der Mineralien.

Die Erzkörper zeichnen sich durch ihre großen Ausmaße aus. Ihre Mächtigkeit beträgt in der Regel mehrere Meter, jedoch sind auch solche von 50 m und mehr bekannt. Innerhalb der erzführenden Serie sind oft mehrere Horizonte vererzt. In einzelnen Erzgebieten der Welt ist die erzführende Serie gefaltet, so daß die Mächtigkeit derselben mehrere Male vergrößert erscheint. Im Streichen kann die erzführende Serie kilometerweit verfolgt werden, mit Unterbrechungen auch länger. Aus diesen Gründen können die Erzvorräte in solchen Lagerstätten mehrere Milliarden Tonnen betragen.

Metamorphogene Lagerstätten sind sehr verbreitet. Diesem Typ gehören die größten Lagerstätten der Sowjetunion an (Krivoi Rog, die magnetische Anomalie von Kursk, ferner die Lagerstätten der Halbinsel Kola u. a.), weiters die Lagerstätten von Lake Superior, USA, die Lagerstätten in der Provinz Bihar und Orisa in Indien, die Itabaritlagerstätten in Brasilien, Cero Bolivar in Venezuela, die Lagerstätten von Labrador in Kanada, die Lagerstätten in der Mandschurei u. a. m.

II. Suche und Erkundung

Die wirtschaftlich bedeutenden Eisenerzlagerstätten haben oft große Ausmaße, aber auch eine ziemlich ungleichmäßige Qualität. Aus diesen Gründen sind für ihre Erkundung oft bedeutende Investitionen und eine verhältnismäßig große Zeitdauer nötig. Es wird gewöhnlich angenommen, daß die für die Untersuchung angelegten Gesamtmittel nicht größer sein sollen als ungefähr bis 4 bis 6% des Wertes der Erzsubstanz, die später beim Abbau gewonnen wird.

Eine zweckmäßige Untersuchung der einzelnen erzführenden Regionen wird in der Regel etappenweise durchgeführt und muß durch entsprechende wirtschaftsgeologische Bewertung vervollständigt werden. Auf Grund wirtschaftsgeologischer Analysen kann gefolgert werden, ob sich ein weiterer Investitionsaufwand für Untersuchungsarbeiten lohnt oder ob die Arbeiten eingestellt werden sollen.

III. Abbau

Da Eisenerz ein verhältnismäßig billiger Mineralrohstoff ist, muß man beim Abbau einer Lagerstätte bestrebt sein, Verfahren anzuwenden, die niedrige Abbaukosten ermöglichen, selbst auf Kosten einer schlechteren Ausnützung der Lagerstätte.

Eisenerzlagerstätten werden sowohl in Tagebauen als auch im Tiefbau abgebaut, oft mit sehr hohen Fördermengen. Die Kapazitäten von Eisenerzgruben sind gewöhnlich groß, wobei eine hochmechanisierte Gewinnung angestrebt wird.

IV. Aufbereitung des Erzes

Die Erhöhung des Eisengehaltes und die Verringerung des Gehaltes an schädlichen und unerwünschten Bestandteilen im Erz stellt die grundlegende Aufgabe der Aufbereitung von Eisenerz dar. Es ist eine Tatsache, daß reiche Lagerstätten immer seltener werden und sich die Erzeugung von Stahl und Roheisen immer mehr auf arme Erze stützen wird. Bei der weitaus größten Zahl von Lagerstätten muß das Erz einer vorhergehenden Aufbereitung unterzogen werden. Dabei wird der Anteil der Erze, die aufbereitet werden müssen, immer mehr ansteigen. In den USA werden von der gesamten Produktion folgende Mengen aufbereitet: 1944: 33,8%; 1950: 44,0%; 1955: 52,1%; 1957: 69,1%; in der UdSSR 1940: 16%; 1955: 45,4%; 1957: 51,5%. Die Einführung der Aufbereitung ermöglicht die Ausnützung auch armer Erze, welche immer mehr die Hauptmenge des Bilanzerzes darstellen. So gehören in der UdSSR nahezu 88% aller Erze zu den armen Erzen, welche eine Aufbereitung erfordern.

Infolge der Erhöhung der Kapazität der Hochöfen wird eine Aufbereitung unerläßlich. Dadurch wird aber der Verhüttungsprozeß wirtschaftlicher.

Heute werden nicht nur arme Erze aufbereitet, sondern auch Erze, welche bis zu 50% Fe enthalten. Denn eine Charge reichen Erzes vermindert, nach R. Fisch, die Kosten für Koks um 9 bis 18% und erhöht die Produktivität der Hochöfen um 20% im Vergleich zu einer Charge von 50%igem Erz. Jedes Prozent Eisen im Erz über 60% Fe führt zu einer Erhöhung der Produktivität der Hochöfen um 3% und verringert den Verbrauch von Koks um 2%. Die Verringerung des SiO_2-Gehaltes im Erz wirkt sich ebenfalls sehr günstig auf die Erhöhung der Wirtschaftlichkeit des Hüttenprozesses aus.

Unter reichen Erzen versteht man jene, welche 80 bis 90% Metall vom theoretischen Gehalt an Erzmineralen enthalten. Dieser Prozentsatz kann geringer sein, wenn das Verhältnis der sauren und der basischen Komponenten in der Schlacke sehr günstig (1 : 1) ist. Die Güte reicher Erze hängt von der chemischen Zusammensetzung des Erzes und des umgebenden Gesteins ab, wobei gewisse Korrekturen infolge der physikalischen Eigenschaften des Erzes vorgenommen werden können.

Eisenerze werden mechanisch und metallurgisch aufbereitet.

Zu den mechanischen Verfahren zählen folgende:

1. *Handscheidung* wird gewöhnlich nach dem Farbunterschied der Minerale durchgeführt, manchmal auch nach dem Unterschied des spezifischen Gewichts der Erzmineralien und des umgebenden Gesteins (Abschätzung in der Hand). Für eine moderne Gewinnung von Eisenerzlagerstätten (Massenabbaumethoden, große Kapazitäten) kommt die Handscheidung kaum zur Anwendung.

2. *Sieben*, um die reicheren von den ärmeren Erzsorten zu trennen — Klassierung der Größe nach.

3. *Waschen des Erzes* und Entfernen toniger Komponenten. Dieses Verfahren wird oft bei Erzen klastischer Lagerstätten angewendet.

4. *Die magnetische Separation* wird häufig angewendet. Sehr hohe Ausbringen bei verhältnismäßig geringen Kosten werden bei diesem Verfahren erzielt.

Die Erzmineralien müssen eine Suszeptibilität von über $1000 \cdot 10^{-6}$ haben, tonige Bestandteile erschweren diese Anreicherung.

Die Ausbringen, die auf magnetischen Separatoren erzielt werden, sind sehr veränderlich — von 30 bis 95% in Abhängigkeit von der mineralischen Zusammensetzung des Erzes und dem Grad der Trennung der Erzminerale. Falls die magnetischen Minerale durch den Mahlprozeß vollkommen aufgeschlossen sind, können die Ausbringen in Magnetscheidern auch 95% betragen.

5. Auch *Schwerkraftverfahren* werden in großem Umfang angewendet. Günstigere Ergebnisse werden erzielt, wenn die Unterschiede der spezifischen Gewichte der Erzminerale und des begleitenden Gesteins groß sind bei gleichzeitigem Fehlen von tonigen Bestandteilen.

Die Unterschiede der spezifischen Gewichte von Erz- und Nichterzmineralen müssen mindestens etwa 0,2 betragen. Für eine erfolgreiche Aufbereitung durch Schwerkraftverfahren ist es notwendig, daß das Erz nicht zu feinkörnig ist. Die Schwerkraftkonzentration wird besonders bei der Aufbereitung von Hämatiterzen, teilweise auch bei der von Sideriterzen angewendet.

In den letzten Jahren wird erfolgreich das „Strippa-Verfahren" angewendet, welches besonders für die Aufbereitung von Erzen grobkörniger Klassen ($-60+20$ mm) geeignet ist.

6. *Die Flotation* findet bei der Aufbereitung von Eisenerzen nur eine beschränkte Anwendung. Sie wird angewendet, wenn die Körner klein sind oder wenn sich die Erz- und Nichterzminerale voneinander schwach unterscheiden (Suszeptibilität, spezifisches Gewicht, Härte). Dieses Verfahren ist besonders bei der Aufbereitung einzelner Hämatiterze günstig.

Unter Laboratoriumsbedingungen wird auch *die elektrostatische Trennung* angewendet, ferner *Dekrepitation* mit Klassierung und *die Aufbereitung auf Reibungsbasis* (nach den verschiedenartigen Reibungskoeffizienten der Minerale an den Oberflächen). Alle diese Verfahren haben bis jetzt noch keine größere Anwendung in der Industrie gefunden.

In der Praxis werden oft kombinierte Aufbereitungsverfahren benützt, besonders bei Erzen von komplexer mineralischer Zusammensetzung.

In Tab. 12 ist der Anteil an den einzelnen Aufbereitungsverfahren in der UdSSR dargestellt. Aus den angeführten Angaben geht die immer größere Bedeutung der magnetischen Separation hervor.

Tabelle 12

Aufbereitungsverfahren	Erhaltenes Konzentrat					
	1000 t	%	1000 t	%	1000 t	%
	1940		1950		1956	
Gravitation	2120	81	1620	19	5290	25
Trockene magnetische Separation	430	16	6490	75	12080	51
Nasse magnetische Separation	80	3	560	6	5620	24
	2630	100	8760	100	23620	100

Literatur: Zhelezorudnaja basa tschernoj metalurgiji SSSR, Moskva 1957. (Rohstoffbasis für die Schwarzindustrie der UdSSR, Moskau, 1957).

Bei der Beurteilung der einzelnen Erze hinsichtlich ihrer Aufbereitbarkeit muß man berücksichtigen, daß sich verschiedenartige Erze verschieden gut konzentrieren lassen und auch verschiedene Ausbringen gestatten:

Magnetiterze. Dank ihrer hohen Suszeptibilität können Magnetiterze sehr erfolgreich, durch einfache und billige Verfahren (magnetische Separation mit schwachem Magnetfeld) angereichert werden. Dabei werden sehr hohe Ausbringen erreicht, wobei die Konzentrate 62 bis 67% Fe enthalten. Diese günstigen Eigenschaften des Magnetits ermöglichen die Gewinnung auch sehr armer Magnetiterze (Aufgabegehalt 20% Fe).

Etwas niedrigere Ausbringen werden bei der Aufbereitung von Eisenquarziten erzielt, bei denen der Magnetit eng mit dem Silizium verwachsen ist. In den Magnetiterzen, welche auch Eisensilikate und Beimengungen schwach magnetischer oxydischer Fe-Minerale enthalten, enthalten die Berge oft noch 10 bis 25% Fe, wobei der Anteil von Magnetit bis zu 5% beträgt.

Titanomagnetiterze können hinsichtlich der Aufbereitungsmöglichkeiten folgendermaßen eingeteilt werden: a) in Erze mit grobkörnigem Ilmenit, aus diesen Erzen erhält man leicht gesonderte Konzentrate von Magnetit und Ilmenit; b) in Erze mit kleinen Ilmeniteinschlüssen, das Ausscheiden des Ilmenits als gesondertes Konzentrat ist mit großen Schwierigkeiten verbunden; und c) in Erze mit feiner Verwachsung von Magnetit und Ilmenit; aus diesen Erzen können mittels mechanischer Verfahren keine gesonderten Konzentrate von Magnetit und Ilmenit gewonnen werden. Das Vanadium, welches in diesen Erzen auftritt, geht beinahe vollständig in das Magnetitkonzentrat über.

Bei der Aufbereitung von Magnetiterzen mit Beimischungen von Sulfid, Borat oder Apatit werden gewöhnlich kombinierte Aufbereitungsverfahren angewendet. Sulfide werden gewöhnlich durch Flotation ausgeschieden, während die Abtrennung des Magnetits von Borat und Apatit auf nassen Magnetscheidern geschieht.

Hämatiterze. Zu den leicht aufbereitbaren Erzen gehört das reiche Hämatit- und Martiterz in Tonen, aus denen mittels Waschen oder Schwerflüssigkeit hochwertige Konzentrate ausgeschieden werden können. Die durch Anwendung von Schwerkraftverfahren erzielten Ausbringen sind sehr verschieden (70 bis 80%), wobei Konzentrate mit 55 bis 65% Fe erhalten werden.

Die Aufbereitung von Eisenquarziten, in denen Hämatit und Martit die wichtigsten Erzminerale sind, ist sehr kompliziert. Die Anwendung von Schwerkraftverfahren ermöglicht nicht die Gewinnung von genügend reichen Konzentraten, daher wird immer häufiger Flotation angewendet, wobei Konzentrate mit 60 bis 65% Fe bei relativ hohen Ausbringen erzielt werden können. Außer der Flotation wird auch das magnetisierende Rösten angewendet. In Zukunft wird dieses Verfahren für die Aufbereitung von Hämatit-Eisenquarziten von großer Bedeutung sein.

Limoniterze. Die Aufbereitung von Limoniterzen kann mit verschiedenartigen Verfahren durchgeführt werden. Bei allen diesen Prozessen werden oft nur niedrigere Ausbringen erzielt, was den wirtschaftlichen Wert der Gewinnung beeinträchtigt.

Das erfolgreichste Verfahren, das bei der Aufbereitung von verschiedenartigen Limoniterzen angewendet werden kann, ist das Reduktionsrösten mit nachträglicher Separation in einem starken Magnetfeld. Dabei können hohe Ausbringen und ein hoher Eisengehalt im Konzentrat erzielt werden. Die Anwendung dieses Verfahrens erfordert jedoch bedeutende Investitionen. Das erhöht die Gesamtkosten der Gewinnung von Konzentraten. Das kann bei armen Erzen für die Wirtschaftlichkeit der Erzeugung entscheidend sein.

Außer den erwähnten Verfahren können bei der Aufbereitung auch einfachere Verfahren angewendet werden. Sie lassen aber nur geringere Ausbringen und niedrigere Eisengehalte im Konzentrat zu. Zu diesen Verfahren gehört das Waschen (besonders wenn die Tonbeimischungen hoch sind) oder die Schwerkrafttrennung (Oolith- und andere grobkörnige Erze).

Sideriterze. Sideriterze werden relativ selten aufbereitet. Es wird vorwiegend das Oxydationsrösten zur Entfernung von CO_2 und Feuchtigkeit angewendet, danach eventuell Waschen und Schwerkraftverfahren. In Ländern mit beschränkter Rohstoffbasis werden auch andere Verfahren angewendet (Rösten bei hohen Temperaturen und magnetische Separation).

Silikat-Fe-Erze. Diese Erze werden selten aufbereitet, da sie hierfür ungeeignet sind, auch bei vorherigem magnetisierendem Rösten. In Ländern, die arm an hochwertigen Fe-Erzen sind, werden diese Erze dennoch unter Anwendung verschiedenartiger Verfahren aufbereitet (Waschen, Schwerkraftverfahren, magnetisierendes Rösten). Etwas günstigere Ergebnisse können erzielt werden, wenn limonitisierte Silikat-Fe-Erze aufbereitet werden.

In Tab. 13 ist der Einfluß der Zusammensetzung und der physikalischen Eigenschaften von Fe-Erzen auf den Aufbereitungsprozeß dargestellt (nach G. J. JUDENITSCH).

N. N. TSCHINKIN hat statistisch eine Reihe von Angaben über die Frage der Aufbereitung und Formeln zur Bestimmung der Kennziffern der Aufbereitung verschiedenartiger Erze in Abhängigkeit vom Gehalt an Metallen im Rohstoff und in den Erzmineralen vorgeschlagen:

Für Limonit:	γ konz. $= 1{,}55\,\alpha + 4{,}47$
	$\beta = 0{,}35\,\alpha + 34{,}03$
Für Magnetiterze:	γ konz. $= 1{,}53\,\alpha - 2{,}61$
	$\beta = 0{,}14\,\alpha + 51{,}48$
Für Hämatiterze:	γ konz. $= 2{,}56 - 43{,}5$
	$\beta \approx 56{,}5$
Dabei sind:	$\alpha =$ der Gehalt an Metall im aufzubereitenden Erz,
	$\beta =$ der Gehalt an Metall im Konzentrat,
	$\gamma =$ das Ausbringen im Konzentrat.

Das wahrscheinliche Ausbringen des Metalls im Konzentrat (ε) wird nach den bekannten γ, β und α auf Grund der Formel

$$\varepsilon = \frac{\gamma \cdot \beta}{\alpha}$$

durchgeführt.

Die obenerwähnten Kennziffern der Aufbereitung sind ausschließlich als Richtwerte für die gegebene Gruppe anzusehen, da sich bei den einzelnen Erzen diese Kennziffern stark von den industriellen Kennwerten unterscheiden können.

Die Gewinnungskosten für 1 t Konzentrat (T_k) können nach der folgenden Formel bestimmt werden:

$$T_k = \frac{T_r + T_0}{\gamma \text{ konz.}} \cdot 100 \approx \frac{(T_r + T_0)(\beta - \delta)}{\alpha - \beta}$$

wobei: $T_r =$ der Preis für 1 t Konzentrat;
$T_0 =$ die Aufbereitungskosten für 1 t Erz;
$\delta =$ das Ausbringen des Produktes.

Die Abhängigkeit der Kosten für 1 t Roheisen von der Zusammensetzung der Fe-Erze (Gehalt an Eisen und Elementen, die die Schlacke bilden), kann durch die Formel:

$$T_S = (Q_1 \cdot T_1) + (Q_2 \cdot T_2) + (Q_3 \cdot T_3) + T_t$$

dargestellt werden, wobei:

T_S = die Kosten für 1 t Roheisen;

Q_1, Q_2 und Q_3 = der Verbrauch von Erz, Schmelzmittel und Brennstoff (Koks, Kohle) für 1 t Roheisen;

T_1, T_2 und T_3 = Kosten für 1 t Erz, Schmelzmittel und Brennstoff;

T_t = Kosten der Anlage.

Tabelle 13. *Zusammenhang zwischen Zusammensetzung und physikalischen Eigenschaften von Erzen nach Grundverfahren der Aufbereitung*

Grundverfahren	Zusammensetzung des Erzes	Charakter der Vererzung und physikalische Eigenschaften der Minerale	Zustand des Erzes
Waschen	Verschiedene Erze mit hohem Tongehalt (gewöhnlich Limonit)	Stückiges Erz mit tonigem Bindemittel	Erze mit lockeren Bergen
Schwachmagnetscheidung	Magnetiterze	Erze mit stark magnetischen Erzmineralen	Erze mit festen Bergen
Schwerkraftaufbereitung	Verschiedene Oxyderze (Hämatit, kompaktes Limonit) bei Quarzgangart	Vorwiegend grobkörniges Erz mit hohem spezifischem Gewicht	Erze mit festen Bergen
Klassierung	Verschiedene Erze mit wenig Ton. Reiche Fe-Erze bei Abtrennung und Agglomerierung des Feinkornes	Vorwiegend stückiges Erz mit relativ weichen Bergen	Erze mit teilweise lockeren Bergen
Starkfeldmagnetscheidung	Verschiedene schwachmagnetische Erze (Limonit u. a.)	Vorwiegend grobkörnige und feinkörnige Erze mit schwachmagnetischen Erzmineralen	Erze mit festen Bergen
Magnetisierendes Rösten	Verschiedene schwachmagnetische Erze (Limonit, Siderit, Martit, Silikaterz)	Vorwiegend körnige und feinkörnige Erze mit schwachmagnetischen Mineralen	Erze mit festen Bergen
Flotation	Verschiedene Erze	Vorwiegend feinkörnig	Erze mit festen Bergen
Kombinierte Verfahren:			
a) Waschen	Erze mit Tonen	Verschiedene Vererzung	Berge teilweise locker
b) Magnetscheidung	Magnetiterze mit Beimischungen schwachmagnetischer Minerale	Vorwiegend grobkörnige Erze mit magnetischen Erzmineralen	Erze mit festen Bergen
c) Flotation + Schwerkraftverfahren + Magnetscheidung	Verschiedene Erze	Vorwiegend feinkörnig	Erze mit festen Bergen

Aus der obigen Formel ersieht man, daß das Roheisen billiger sein wird, wenn der Einsatz von Erz kleiner ist bzw. der Gehalt an Eisen im Erz größer, während der Verbrauch von Schmelzmitteln um so geringer sein wird, je mehr sich das

Verhältnis der sauren Oxyde zu den basischen 1 : 1 nähert. Daraus resultieren die heutigen intensiven Bestrebungen, reicheres Erz zu verarbeiten, sogar auch Erze, welche auf bedeutende Entfernungen zu transportieren sind oder bedeutende Mittel für ihre Aufbereitung erfordern.

Zu den metallurgischen Verfahren der Aufbereitung gehören hauptsächlich:

1. *Das Rösten* von Sideriterzen in Schachtöfen.

2. Das *magnetisierende Rösten* findet eine immer weitere Anwendung bei der Aufbereitung von Fe-Erzen. Die Gewichtsausbringen, die bei der magnetischen Separation in einzelnen Anlagen erzielt werden, bewegen sich von 55 bis 65% mit Konzentraten von 40 bis 65% Fe. Die Verarbeitungskosten in den USA betragen gewöhnlich zwischen 1 $ und 3 $ pro Tonne.

3. *Das Sintern* von Fe-Erzen ist ein sehr weitverbreitetes metallurgisches Aufbereitungsverfahren. Beim Sintern sind außer der Bildung von stückigen Produkten gewisse Verbesserungen der Qualität der Charge möglich (Verringerung des Schwefelgehaltes, Entfernen des Arsens); durch Zugabe von Kalkstein zur Charge kann basischer Sinter erhalten werden, wodurch Koks im Hochofen eingespart werden kann.

4. *Das Pelletisieren* wird für Fraktionen unter 0,1 mm bis 0,2 mm angewendet. Es hat eine besonders weite Verbreitung in den USA (bei der Verarbeitung von Taconit). Das Rösten der Pellets erfolgt in Schachtöfen in heißen Rauchgasen (als Brennstoff wird meistens Öl verwendet). Die Pellets haben gewöhnlich über 60% Fe.

5. *Das Krupp-Renn-Verfahren* wird hauptsächlich zur Aufbereitung von armen und sauren Eisenerzen angewendet. Durch Reduktion dieser Erze erhält man Eisenkörner mit geringem Kohlenstoffgehalt („Luppen"). Die gewonnenen Luppen haben gewöhnlich etwa 90% Fe, oft auch bedeutend mehr (98%).

V. Metallurgische Verarbeitung von Erzen und Konzentraten

Zum Erschmelzen der Erze und Konzentrate werden verschiedenartige Verfahren angewendet, je nach Art des Erzes und des Energievorrates (Koks, elektrische Energie) und in Abhängigkeit von anderen technisch-wirtschaftlichen Faktoren.

Zu den bedeutendsten Verfahren gehören:

1. *Hochöfen.* Das Schmelzen in Hochöfen gehört zu den ältesten und weitestverbreiteten Verfahren. In den USA werden gegen 94% der Erze in Hochöfen verarbeitet. Die dabei erzielten Ausbringen betragen gegen 90 bis 95%.

Die Gewinnung von Eisen in Hochöfen ist heute das wirtschaftlichste Verfahren. Die Zusammensetzung der Charge (Erz, Koks, Kalkstein) hängt hauptsächlich von der Art des Erzes und dem Anteil der einzelnen Komponenten ab.

Die Wirtschaftlichkeit der Verhüttung in Hochöfen hängt in großem Maß von der Kapazität der Hochöfen ab. Hochöfen kleiner Kapazität sind unwirtschaftlich. Aus diesem Grund ist man bestrebt, nur größere Einheiten zu bauen (800 bis 1000 t pro Tag).

Ein Hochofen im Distrikt Lake Superior, USA, welcher mit 50%igem Erz versorgt wird, verbraucht durchschnittlich für 1 t Roheisen:

Erz, Sinter	etwa 1750 kg
Koks	770 bis 820 kg
Kalkstein	365 bis 550 kg

Mit Rücksicht auf den hohen Koksverbrauch, er ist die teuerste Komponente der Charge, soll das Erz möglichst wenig Silikate und möglichst viel Eisen enthalten.

Trotz der großen Wirtschaftlichkeit der Verhüttung des Erzes hat die Hochofentechnik doch auch ihre Mängel. In erster Linie erfordert die Errichtung von Hochöfen hohe Investitionen (für den Bau der Öfen gewöhnlich 12 bis 15 Millionen Dollar, mit den Hilfseinrichtungen können die Investitionen auch den Betrag von 70 Millionen Dollar erreichen). Die hohen Investitionen und die großen Kapazitäten der Anlagen erfordern eine langfristige Versorgung mit Erz. Mit Rücksicht auf den hohen Anteil des Kokses im Schmelzprozeß werden Hochöfen gewöhnlich in Gegenden mit hochwertiger Kohle errichtet, denn die Transportkosten für Koks können einen sehr bedeutenden Einfluß auf die Gesamtkosten der Verarbeitung haben.

2. *Elektrische Öfen.* Obwohl die Schmelzkosten pro Einheit des Metalls größer sind als die Kosten in Hochöfen, hat unter bestimmten Bedingungen dieses Verfahren doch einen Vorteil gegenüber dem Schmelzen in Hochöfen. Das Schmelzen in elektrischen Öfen ist vorteilhafter in Ländern oder Gegenden, in denen man über genügend billige elektrische Energie verfügt, in denen nicht genügend Koks vorhanden ist oder der Koks sehr weit transportiert werden muß.

Zu den Hauptvorteilen des Erschmelzens in elektrischen Öfen gehören:

a) Anstatt Koks kann als Reduktionsmittel Halbkoks oder getrockneter Lignit verwendet werden, welche bedeutend billiger sind als Koks.

b) Die Kapitalanlagen sind bedeutend geringer.

c) Es können auch kleine Einheiten errichtet werden, welche beliebig vergrößert werden können.

d) Es können auch komplexe Erze eingesetzt werden.

3. *Erzeugung von Eisenschwamm.* In der Praxis besteht schon seit langen Jahren das Bestreben, Roheisen durch direkte Reduktion durch Überführung des Oxydes in Metall zu erhalten. Für diese Verarbeitungsart können hauptsächlich nur hochwertiges Oxyderz oder Konzentrate verwendet werden (am häufigsten Magnetitkonzentrate mit 69 bis 70% Fe); diese Produkte können direkt als Chargen in Stahlwerken eingesetzt werden.

Zu den erfolgreichsten Verfahren der Verarbeitung bei niedrigen Temperaturen (900 bis 1100° C) gehört das *Wibergverfahren.* Die Reduktion erfolgt in Schachtöfen. Der durchschnittliche Verbrauch von Rohstoffen für 1 t Eisenschwamm mit 91% Fe beträgt:

Pellets	1360 kg	Elektrische Energie	925 kWh
Koks	176 kg	Elektroden	1,5 kg
Koksgas	109 m³	Dolomit	70 kg

Zu den direkten Reduktionsverfahren gehört auch *das Krupp-Renn-Verfahren.* Das Erz und der Brennstoff werden auf 5 bis 8 mm zerkleinert und gut vermischt und damit kontinuierlich ein Drehofen beschickt. Erz und Brennstoff bewegen sich in den Heiz- und Reduktionsgasen entgegengesetzter Richtung und werden nach und nach erhitzt. In der Zone von 600 bis 1100° C erfolgt die Reduktion des Fe-Oxyds zu Fe-Schwamm. Im rückwärtigen Teil des Ofens verschmelzen die reduzierten Eisenteilchen (Schwämme) miteinander und bilden Luppen. Die Luppen verlassen zusammen mit der teigigen Schlacke den Ofen. Nach der Abkühlung auf normale Temperatur und Zerkleinerung wird das Eisen durch Magnetseparation ausgeschieden.

Außer den erwähnten gibt es noch eine Reihe anderer Verfahren direkter Reduktion. In den USA sind in den letzten zehn Jahren der *Strategic-Udy-Prozeß*, der *R-N-Prozeß, H-Iron, Nu-Iron* und andere Verfahren entwickelt worden. Unter ihnen sind besonders der Strategic-Udy- und der R-N-Prozeß interessant, welche für beinahe alle Arten von Fe-Erzen geeignet sind (besonders der Strategic-Udy-Prozeß). Viele dieser Verfahren befinden sich noch immer im Entwicklungsstadium.

In Tab. 14 sind vergleichende Angaben über die Erzeugungskosten und notwendigen Investitionen bei der Anwendung von Hochöfen, Elektroöfen und dem Wibergverfahren für die Verarbeitung von Fe-Erzen und Konzentraten dargestellt. Da sich diese Angaben etwa auf das Jahr 1950 beziehen, können sie jetzt nur für einen relativen Vergleich der Wirtschaftlichkeit der einzelnen Verfahren dienen.

Wenn auch heute die Kosten der Verarbeitung von Fe-Erzen und Konzentraten angestiegen sind, ist doch das Schmelzen in Hochöfen in den meisten Fällen noch am wirtschaftlichsten. Hingegen können Veränderungen in der Struktur der Er-

Tabelle 14. *Produktionskosten und notwendige Investitionen für Hochöfen, Elektroöfen und Öfen für Eisenschwamm*[1]

	Hoch-öfen	Elektro-öfen (Type Tysland-Hole)	Öfen für Eisen-schwamm (Type Wiberg)
Kapazität			
Gesamte Jahresproduktion (in t)	280000	110000	45000
Zahl der Öfen	1	3	2
Tagesproduktion je Ofen (in t)	800	100	64
Produktionskosten[2] *pro Tonne Eisen* (in $)			
Koks	9.35[3]	5.12[4]	3.60[5]
Erz	14.50[6]	14.50[6]	20.75[7]
Kalkstein, je $ 2.25 pro Tonne	0.97	0.88	0.09
Elektroden, je $ 134.— pro Tonne	—	1.80	0.40
Energie, je 0,3 c pro kWh	—	7.50	2.70
Kühlwasser, je 0,003 c pro Gallone (3,79 l)	0.42	0.33	0.06
Arbeit, $ 1.20 pro Stunde	0.94	2.19	2.52
Reparatur und Wartung	0.54	0.95	1.65
Überwachung u. a. (zusammen mit dem Abguß)	3.65	3.80	3.25
	30.33	37.07	35.02
Abschreiben für Gas, je 25 c pro Million B.T.U.	1.90	1.75	—
Nettoproduktionskosten	28.43	35.32	35.02
Gesamte Investitionen[8] (in 1000 $)			
Öfen und Hilfsausrüstung	12000	5000	1300
Bauarbeiten	2000	1000	400
Ausrüstung für Handhabung mit dem Material	2000	1000	300
Koksöfen	6000	—	—
Arbeitskapital (6 Monate)	4000	2000	750
Überwachung und Unvorhergesehenes	2000	750	250
Insgesamt	28000	9750	3000
Investitionen pro Tonne jährlich ($)			
Insgesamt	100	89	67

[1] Nach: Mineral Facts and Problems, Bureau of Mines, Washington, 1956.
[2] Reale Produktionskosten (ohne Gewinn).
[3] Koks in eigenen Betrieben je $ 11.25 pro Tonne erhalten: 0,83 t.
[4] Gekaufter gemischter Koks (metallurgischer Koks je $ 16.50 pro Tonne, kleine Fraktion je $ 8.25 pro Tonne): 0,45 t.
[5] Gekaufter Koks je $ 16.50 pro Tonne: 0,22 t.
[6] 50% Fe, je $ 7.25 pro Tonne: 2,0 t.
[7] 56% Fe, je $ 11.50 pro Tonne: 1,8 t.
[8] Investitionen sind nur grob orientativ und dienen zum Vergleich.

zeugungskosten manchmal einem oder dem anderen Verfahren den Vorrang geben (Elektroöfen, Krupp-Renn-Verfahren u. a.). Solche Veränderungen erlauben oft auch die Errichtung kleinerer Einheiten in der Nähe der Rohstoffbasis bei einer Verbesserung des wirtschaftlichen Ergebnisses der Verarbeitung.

VI. Produktion und Rohstoffbasis der Welt

Die Eisenerze sind der Rohstoff für die Gewinnung von Roheisen und Stahl. Die Stahlindustrie ist die Grundlage der heutigen Zivilisation und der deutlichste Beweis für die industrielle Kraft eines Landes. Man nimmt an, daß einem Prozent Anstieg der allgemeinen industriellen Erzeugung eine Erhöhung des Stahlverbrauches um 1,1% vorangeht. Daher ist es verständlich, daß die Stahlerzeugung jedes Jahr beträchtlich ansteigt. Parallel zum Anwachsen der Stahlerzeugung erhöht sich auch die bergbauliche Gewinnung von Fe-Erzen, welche eine Menge von mehreren hundert Millionen Tonnen jährlich beträgt. Der heutige Stand und die zukünftigen Bedürfnisse bringen es mit sich, daß die Rohstoffbasis von Eisen für die einzelnen Länder und die gesamte Welt eine außerordentlich große Bedeutung hat.

Bei der Beurteilung von Lagerstätten oder einzelner Lagerstättenbezirke ist es notwendig, auch den Bedarf für einen bestimmten Rohstoff und seine Möglichkeiten auf dem Markt abzuschätzen. Deswegen soll hier Grundlegendes über Bedarf und Versorgung des Weltmarktes mit Eisenerz erörtert werden.

A. Metallurgische und bergbauliche Erzeugung von Eisen in der Welt

Die Produktion von Eisen zeigt, wie selten bei einem anderen Metall, einen ständigen Anstieg. Das geht am deutlichsten aus den Werten der letzten Jahrhunderte hervor (Tab. 15).

Tabelle 15. *Roheisenerzeugung in den Jahren 1500 bis 1964**

Jahr	Erzeugung Millionen Tonnen	Jahr	Erzeugung Millionen Tonnen
1500	0,05	1937	102,30
1600	0,07	1943	159,00
1700	0,10	1951	147,20
1800	0,80	1957	208,60
1850	4,80	1962	265,00
1900	41,90	1964	281,00

* Metallstatistik 1965.

In Zukunft wird noch eine bedeutende Erhöhung der metallurgischen Erzeugung von Roheisen und Stahl erwartet. Man nimmt an, daß die mittlere jährliche Erhöhung der Welterzeugung von Stahl ungefähr 7 bis 9% betragen wird; in Entwicklungsländern kann dieser Anstieg auch bedeutend größer sein, während er in den Ländern mit hochentwickelter Industrie geringer sein wird. Auf Grund der derzeitigen Anwachsrate der Stahlerzeugung kann man erwarten, daß um das Jahr 1980 die Welt jährlich gegen 700 bis 750 Millionen Tonnen Stahl erzeugen wird. In Abb. 10 ist die erwartete Stahlerzeugung bis zum Jahr 1980 dargestellt; die angeführten Angaben sind als Richtwerte zu betrachten.

Die Weltproduktion von Stahl, welche 1964 einen Stand von nahezu 370 Millionen Tonnen erreicht hat, stammt aus 47 Ländern; beinahe 80% davon stammen aus 8 Ländern. In Tab. 16 ist die Stahlerzeugung der einzelnen Länder dargestellt; in derselben Tabelle befinden sich auch Angaben über die Stahlerzeugung pro Kopf der Bevölkerung in den einzelnen Ländern, was einen besseren Überblick über die industrielle Stärke eines Landes gibt.

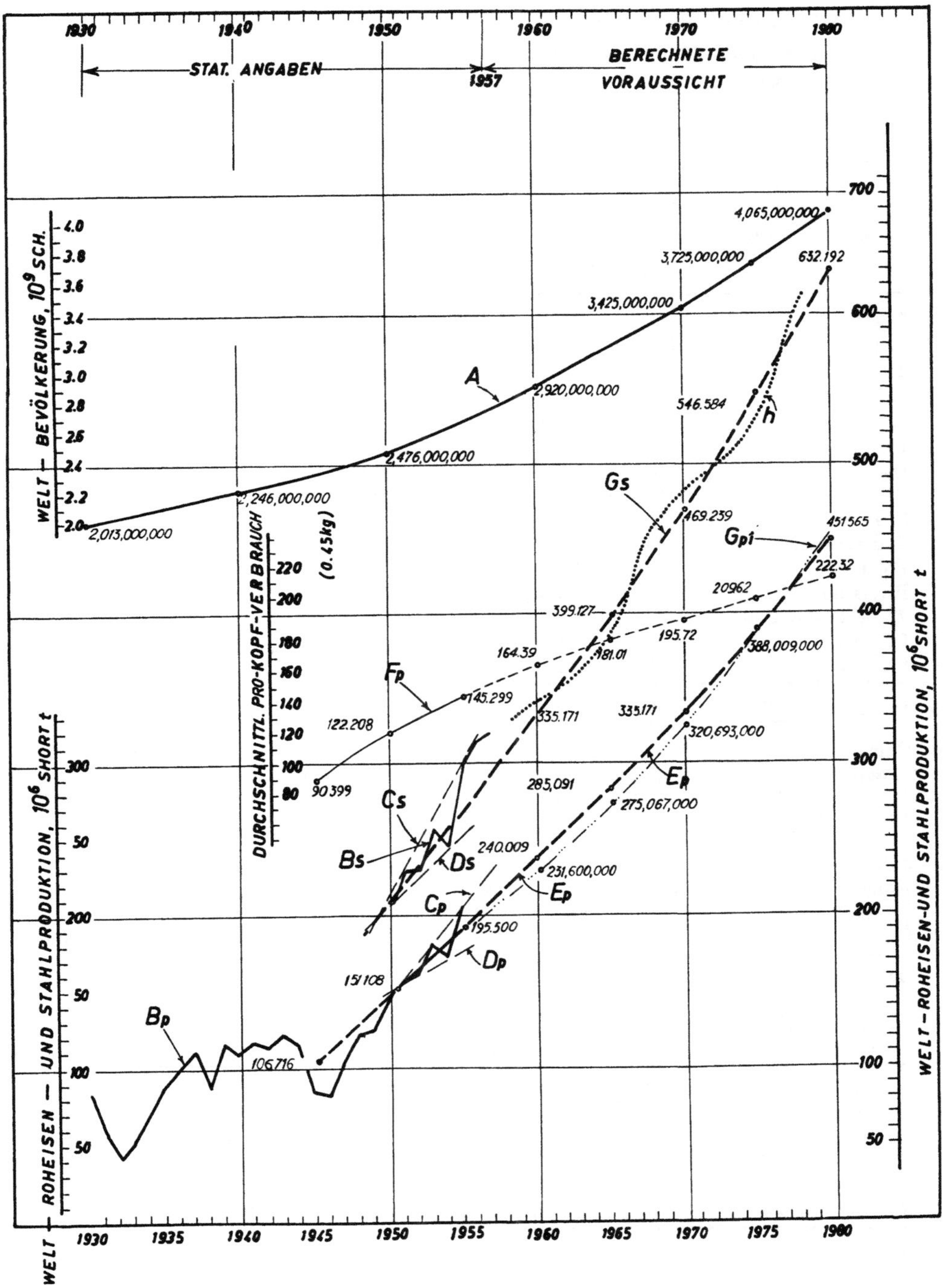

Abb. 10. Weltproduktion von Roheisen, Ferrolegierungen und Stahl, sowie die voraussichtliche Produktion bis 1980. Bevölkerungszuwachs der Welt (nach Angaben der UN) und Pro-Kopf-Verbrauch für Roheisen in der Zeit von 1945 bis 1980 (nach F. C. FEARING)
A Bevölkerung der Welt, *B* erreichte Produktion, *C* maximale Zuwachsrate des Verbrauchs, *D* minimale Zuwachsrate des Verbrauchs, *E* mittlere Zuwachsrate nach 1945, F_p mittlerer Pro-Kopf-Verbrauch für Roheisen, E_p voraussichtliche Zuwachsrate für Roheisen bis 1980, G_s voraussichtliche Zuwachsrate für Stahl bis 1980, G_{pi} voraussichtliche Produktion von Roheisen bei einer Zuwachsrate von 3,5%, *h* Schwankungen der zukünftigen Zuwachsrate um den angenommenen Mittelwert (*G*)

Zusammen mit der metallurgischen Erzeugung von Stahl wächst naturgemäß auch die bergbauliche Erzeugung, wobei immer mehr arme Erze ausgenützt werden müssen.

Tabelle 16. *Weltproduktion des Rohstahles (nach Ländern und pro Kopf der Bewohner)*

Land bzw. Kontinent	Jahresproduktion				Produktion pro Kopf der Bewohner			
	Durchschnitt 1936–38	1960	1961	1962	Durchschnitt 1936–38	1960	1961	1962
	in 1000 Tonnen				in Kilogrammen			
BRD	18520	34100	33458	32563	420	614	596	573
Belgien	3115	7181	7002	7344	372	785	761	794
Frankreich	6950	17300	17577	17232	169	380	382	369
Italien	2145	8229	9124	9488	51	167	184	190
Luxemburg	1976	4084	4113	4010	6609	13006	12975	12531
Großbritannien	11910	24695	22441	20822	252	472	425	391
Österreich	582	3163	3103	2270	86	447	439	419
Schweden	1033	3218	3556	3601	165	430	473	477
Spanien	371	1920	2327	2220	15	64	76	72
Jugoslawien	174	1442	1526	1580	11	78	82	84
Polen	1345	6680	7233	7580	39	225	241	250
Rumänien	247	1806	2127	2320	16	98	115	124
Tschechoslowakei	1889	6768	7040	7560	131	496	511	546
Ungarn	622	1886	2053	2320	68	189	205	231
UdSSR	17333	65292	70751	76300	102	305	325	344
Europa insgesamt[1]	70700	195471	201545	206437	141	288	286	281
China	—	16500	18000	19000	—	24	26	27
Japan	5832	22138	28268	27440	83	238	301	289
Asien insgesamt	7250	42925	51370	52410	6	26	30	30
Brasilien	81	2321	2443	2500	2	33	33	33
Kanada	1244	5250	5950	6530	110	293	326	351
Mexiko	77	1555	1682	1730	4	44	47	47
USA	42906	91920	90453	90750	333	509	492	486
Amerika insgesamt	44321	102063	101707	102855	160	253	246	243
Südafrikanische Union	329	2114	2472	2585	34	134	152	155
Afrika insgesamt	329	2309	2717	2830	2	9	10	11
Australien	1048	3740	3974	4260	153	364	378	398
Australien und Ozeanien insgesamt	1048	3740	3974	4260	97	238	248	260
Weltproduktion	124000	346700	361500	369000	57	116	118	118

[1] Produktion pro Kopf, ohne UdSSR; „Stahl und Eisen“.

Im Laufe der letzten Jahre belief sich die gesamte Bergbauproduktion auf 450 bis 530 Millionen Tonnen Erz. Wenn man die geplanten Erzeugungen von Stahl in den kommenden 25 bis 40 Jahren betrachtet, ist es klar, wie ungeheuer

Tabelle 17. *Weltproduktion der Eisenerze (nach Ländern und pro Kopf der Bewohner)* („Stahl und Eisen“, 9/1963)

Land bzw. Kontinent	% Fe[1]	Jahresproduktion (in 1000 Tonnen)				Produktion pro Kopf der Bewohner (in Kilogrammen)			
		Durchschnitt 1936–38	1960	1961	1962	Durchschnitt 1936–38	1960	1961	1962
BRD	30	8924	18869	18866	16643	221	340	336	292
Frankreich	33	34772	67723	67395	66908	844	1487	1467	1432
Italien	50	960	2138	2065	1985	23	43	42	40
Luxemburg	27	5934	6978	7458	6469	19846	22223	23527	20216
Großbritannien	30	13132	17362	16783	15523	278	332	318	292
Norwegen	60	1132	1812	2054	2140	388	505	569	589
Österreich	30	1858	3542	3693	3790	275	500	522	535
Schweden	60	13377	21317	23131	22100	2131	2850	3076	2925
Spanien	50	2027	5493	6098	5940	81	182	200	193
Jugoslawien	45	562	2199	2184	2180	37	119	117	116
Polen	34	707	2182	2386	2430	21	73	80	80
Rumänien	45	126	1460	1737	1580	8	79	94	84
Tschechoslowakei	34	1526	3120	3295	3540	106	229	239	255
Ungarn	25	327	1642	1643	1700	12	95	96	100
UdSSR[2]	60	26982	106541	118186	128600	158	497	542	581
Europa insgesamt[3]		113920	266537	280058	284693	231	352	354	337
China	30	5288	55000	60000	63000	12	81	86	84
Indien	58	3106	14078	15604	16520	8	25	27	29
Japan	50	664	2849	2826	2440	9	31	30	26
Korea	42	697	3100	3200	3200	32	94	95	92
Malaya	60	1667	5731	6841	6720	408	829	959	914
Philippinen	60	721	1139	1171	1380	47	41	41	46
Asien insgesamt		12202	82056	89851	93455	8	50	53	52
Brasilien	65	270	5256	6282	5880	7	74	86	78
Chile	60	1545	6041	6984	6780	325	823	892	813
Kanada	55	1364	19372	18414	24550	120	1082	1008	1320
Mexiko	60	170	870	1145	1720	7	25	32	46
Peru	60	—	5232	5376	5400	—	482	519	507
Venezuela	65	—	19490	14565	13860	—	2647	1919	1780
USA	50	50575	90209	72691	69500	392	499	396	372
Amerika insgesamt		54185	147025	126042	128275	203	364	305	303
Algerien	50	2456	3444	2867	2400	332	313	254	208
Liberia	67	—	3275	3600	3600	—	2539	2769	2727
Marokko	55	1438	1577	1463	1260	—	136	123	108
S. Leone	60	691	1563	1640	1700	364	638	653	659
Südafrikanische Union	60	442	3071	4061	4350	45	194	250	262
Afrika insgesamt		5865	15333	15895	15450	35	60	61	58
Australien	56	2037	4425	4800	4800	298	431	457	448
Australien und Ozeanien insgesamt		2037	4725	5100	5100	189	301	318	311
Weltproduktion		189000	514800	516900	526100	86	301	318	311

[1] Annähernde Bewertungen.
[2] Geschätzt.
[3] Produktion pro Kopf der Bewohner, ohne UdSSR.

groß die bergbauliche Gewinnung sein muß, um den Bedarf zu decken. Allein die Sowjetunion plant bis 1980 jährlich etwa 600 Millionen Tonnen Erz zu fördern für die Erzeugung von etwa 250 Millionen Tonnen Stahl bzw. sollen bis zu diesem Zeitraum annähernd 8 Milliarden Tonnen Erz abgebaut werden. Für den Bedarf der westlichen Länder bis zum Jahr 2000 müssen annähernd 25 Milliarden Tonnen Erz abgebaut werden, wenn man als mittleren jährlichen Anstieg der bergbaulichen Erzeugung nur 5% annimmt. Fügt man die bergbauliche Erzeugung der Sowjetunion und Chinas hinzu, so könnte der gesamte Weltbedarf an Eisenerzen bis zur ungeheuren Menge von nahezu 40 Milliarden Tonnen Erz ansteigen.

Die bergbauliche Erzeugung stammte im Jahre 1964 aus 58 Ländern, über 82% davon stammen aus nur 10 Ländern. In Tab. 17 ist die Bergbauproduktion der Welt und der wichtigsten Erzeugungsländer von Fe-Erzen dargestellt. Aus einem Vergleich der Angaben in Tab. 16 und Tab. 17 geht hervor, daß viele Länder als bedeutendste Stahlproduzenten gleichzeitig nicht auch die bedeutendsten Erzeuger von Erz sind, sondern ihren gesamten Bedarf oder einen beträchtlichen Teil durch Einfuhr decken (Belgien, zum Teil die USA u. a.). Anderseits gibt es Länder mit bedeutender bergbaulicher Erzeugung, jedoch ohne metallurgische Verarbeitung (Venezuela u. a.).

B. Rohstoffbasis der Welt

Eisenlagerstätten gibt es in allen Teilen der Welt. Die wirtschaftlich bedeutendsten Fe-Provinzen sind:

Europa. Die *südrussische Provinz* (metamorphogene Lagerstätten — Eisenquarzite in der Zone Krivoi Rog — Kursker Magnet-Anomalie), weiters *Lothringen* (jurassische Minette), das Gebiet von Kertsch in der Sowjetunion (sedimentäre Erze), die *skandinavischen Provinzen* (vorwiegend die schwedischen Erze hoher Qualität).

Zu den anderen, wirtschaftlich weniger bedeutenden Provinzen gehören das *norddeutsche Erzgebiet* (sedimentäre und klastische Schuttlagerstätten) sowie auch die *Balkanprovinzen* (hauptsächlich Erze minderer Qualität von verschiedenartiger Genese).

Asien. Der *Ural* (Skarn- und sedimentäre Lagerstätten im Südural), die *mandschurische Provinz* (metamorphogene Lagerstätten von hochwertigen Erzen), die ausgedehnte *indische Provinz* (hauptsächlich metamorphogene Lagerstätten und durch Umwandlung primärer Lagerstätten entstandene Erze) sowie auch die *philippinische Provinz* (große Massen von Lateriterzen geringerer Qualität). Von etwas geringerem Ausmaß, aber noch ungenügend erforscht, ist die *Indonesische Provinz.*

Afrika. Die *westafrikanische Provinz* (ein sehr höffiges Gebiet mit metamorphogenen hochwertigen Erzen, teilweise auch Lateriterzen), die *südafrikanische Provinz* (vorwiegend metamorphogene Lagerstätten) und die *nordafrikanische Provinz* (Skarn-, hydrothermale und zum Teil sedimentäre Lagerstätten).

Außer diesen Provinzen gibt es in Zentral- und Ostafrika eine Reihe kleinerer und ungenügend erforschter Lagerstätten.

Amerika. Das Gebiet des *Oberen Sees* in den USA (vorwiegend metamorphogene Lagerstätten mit hochwertigen Erzen und Takoniten), *Labrador* (metamorphogene Lagerstätten), weiterhin Neufundland (sedimentäre Lagerstätten Vabanas), weiterhin die *kubanischen Provinzen* (Lateriterze verhältnismäßig guter Qualität), die *venezolanische Provinz* (Gebiet des Orinoko) und die *brasilianische Provinz* (außerordentlich bedeutende metamorphogene Itabiritlagerstätten).

Außer diesen gibt es noch Gebiete von geringerer Bedeutung (*Clinton* in USA usw.).

Australien. Eisenerzlagerstätten befinden sich vorwiegend im westlichen Teil des Kontinentes (Lateriterze) und im südlichen Teil (Iron Monarc). In geringerem Maß sind auch metamorphogene Lagerstätten untersucht worden.

Erzreserven. Die Angaben der Weltreserven von Eisenerzen sind nicht in allen Quellen einheitlich. Einzelne Länder veröffentlichen keine Angaben über ihre Reserven oder über die Menge ihrer Bilanzerze, wobei die Auslegung der Bilanzerze verschieden sein kann (Tab. 18 und 18a).

Tabelle 18. *Geschätzte Weltreserven der Fe-Erze*
(1960; in Millionen Tonnen)

Gebiet	Reiches Erz	Armes Erz	Metallreserven
Nordamerika	*12055*	*71700*	*28575*
USA	5455	64700	23248
Kanada	6600	7000	5327
Südamerika	*23708*	*36600*	*24991*
Brasilien	16200	36000	20900
Venezuela	2200	ohne Angaben	1400
Europa	*53667*	*25654*	*26744*
UdSSR	33757	23894	18928
Afrika	*9459*	ohne Angaben	*5288*
Asien und Ozeanien	*28805*	*92939*	*43619*
Indien	21300	7000	37900
China	4198	ohne Angaben	3576
Insgesamt	*128000*	*227000*	*129000*

Quelle: H. H. LANDSBERG: Resources in America's Future. Resources for the Future Inc., Washington 1963.

Tabelle 18a. *Nachgewiesene und potentielle Reserven der Fe-Erze nach einzelnen Regionen der Welt*
(in Millionen Tonnen)

Gebiet	Reserven		Fe-Gehalt (%)		Von nachgewiesenen Reserven soll aufbereiten (%)
	nachgewiesene	potentielle	nachgewiesener	potentieller	
Westeuropa	23960	13021	38,6	34,6	12
Osteuropa	1185	774	34,7	33,6	93
UdSSR	26177	16830	35,3	33,2	88
Nordamerika	12463	27574	34,6	32,1	90
Südamerika	4946	15210	60,0	60,2	14
Afrika	2439	4588	56,7	57,8	29
Fernost	5550	10396	63,2	64,0	5
China und Korea	3817	8366	40,6	42,4	79
Ozeanien	495	1610	60,0	56,4	20
Insgesamt	71032	98369	40,8	42,9	61

Quelle: Engng. Min. J. **163**, No. 12 (1962).

Die Klassifizierung der angeführten Eisenerzvorräte basiert auf natürlichen Kennziffern (Menge, Güte bzw. Metallgehalt im Erz). Eine Klassifizierung der Erzreserven der Welt nach ihrem wirtschaftlichen Wert, die über die Eisenrohstoffbasis der Welt viel bessere Auskünfte geben würde, gibt es leider noch immer nicht. Durch eine solche Klassifizierung könnte man die einzelnen Lagerstätten oder Erzreviere und ihre wirtschaftliche Bedeutung für die Eisen- bzw. Stahlproduktion viel besser beurteilen.

Ohne die Richtigkeit der angeführten Angaben über die Eisenerzreserven der Welt näher zu analysieren, können wir dennoch feststellen, daß die Weltreserven in ihrer Gesamtheit vorwiegend aus armem Erz gebildet werden (etwa 50% der gesamten Vorräte sind Erze mit weniger als 40% Fe-Gehalt), besonders in denjenigen Ländern, die heute zu den Hauptstahlproduzenten zählen, so daß bei ungefähr 60% der Gesamtvorräte der Welt eine Anreicherung des Erzes erforderlich ist (bei Vorkommen von Erzen mit unter 40% Fe müssen etwa 90% aller Erze angereichert werden). Ein weit größerer Teil der potentiellen Weltreserven entfällt auf eisenhaltige Quarzite, die in der Zukunft eine sehr wichtige Rolle als Rohstoffbasis für die Stahl- bzw. Roheisengewinnung spielen können, obwohl sie heute größtenteils zu den bedingten Bilanzreserven zählen.

Ein Vergleich der heutigen und künftigen Roheisen- bzw. Stahlproduktion auf Grund der Erzvorräte der Welt zeigt, daß es noch genügende Vorräte gibt, die den Weltbedarf nach Eisenerzen noch fast 200 Jahre decken können. Im Grunde genommen mangelt es in der Welt nur an reichen oder leicht anreicherbaren Erzen, die transportgünstig liegen und die in großer Menge und billig abgebaut werden können. Eben deshalb werden sich auch die weiteren Untersuchungen an erster Stelle diesen mineralischen Rohstoffen zuwenden; das soll nicht bedeuten, daß arme Erze, die von anderen Gesichtspunkten aus für den Produzenten interessant sind, nicht weiter untersucht werden sollten, da für die Beurteilung der Wirtschaftlichkeit einer Lagerstätte der Metallgehalt im Erz allein nicht ausschlaggebend ist.

VII. Preise von Erzen und Metallen

Der Preis des Erzes hängt von der Qualität bzw. vom Gehalt an nützlichen, schädlichen und unerwünschten Komponenten im Erz ab. Tab. 19 zeigt die Preisgestaltung von Fe-Erzen im Gebiet des Oberen Sees, USA, auf Basis von 51,5% Fe frei Hafen.

Die Preise von Roheisen und Stahl hängen von ihrer Qualität ab. Tab. 20 zeigt die Preise von Roheisen in einzelnen Hütten in den USA.

VIII. Die wirtschaftsgeologische Bewertung der Erze und Lagerstätten

A. Qualität der Erze

Die Qualität eines Erzes wird durch den Mineralinhalt und durch den Anteil nützlicher, schädlicher und unerwünschter Komponenten bestimmt.

Die Qualität eines Eisenerzes ist vor allem von seinem *Eisengehalt* abhängig. Man unterscheidet Erze, die direkt in der Industrie verwendbar sind, und Erze, die vorher angereichert bzw. aufbereitet werden müssen. Direkt verarbeitbare Erze enthalten gewöhnlich:

Magnetiterz	über 50% Fe
Hämatiterz	„ 50% Fe
Limoniterz	„ 45% Fe
Sideriterz	„ 35% Fe

Ist der Eisengehalt im Erz geringer, soll das Erz aufbereitet werden. Die Silikaterze (Thuringit, Chamosit) gehören gewöhnlich zur Gruppe armer Erze (33 bis 35% Fe).

Tabelle 19. *Preise von Erz im Gebiet der Oberen Seen in Amerika* (gewählte Jahre)

Jahr	$ pro Tonne
1940	4,80
1945	4,95
1950	8,10
1951	8,70
1952	9,45
1953	10,10
1954	10,30
1955	10,30
1056	11,10
1957	11,80
1958	11,45
1959	11,45
1960	11,45
1961	11,45
1962	10,65
1963	10,65
1964	10,55

Quelle: Bis 1957 Wirtschaftsgeologie von S. Janković; von 1958 bis 1964 Metal Statistics, New York 1965.

Tabelle 20. *Preise für Roheisen in den USA ($ pro Tonne)*

Jahr	BSG Philadelphia	BES Valey	LSG Chicago
1949	50,53	47,00	46,50
1950	51,51	48,04	47,35
1951	58,06	53,00	52,50
1952	59,26	54,08	53,58
1953	60,85	56,25	55,77
1954	60,21	57,00	56,50
1955	61,43	58,20	57,72
1956	65,16	61,69	61,26
1957	69,33	65,83	65,35
1958	70,80	67,00	66,50
1959	68,50	67,00	66,50
1960	68,50	67,00	66,50
1961	68,50	67,00	66,50
1962	68,03	66,50	66,00
1963	64,67	64,00	63,50
1964	53,50	64,00	63,50

Quelle: Metal Statistics, 1965; with buyers guide. New York.
BSG: Thomas-Roheisen: bis 1,5% SiO_2, bis 0,05% S, bis 0,3% P.
VES: Bessemer-Roheisen: 1 bis 3% SiO_2, bis 0,05% S, bis 0,1% P.
LSG: Guß-Roheisen, №2: 1,75 bis 2,25% SiO_2, bis 0,05% S, 0,4 bis 0,8% R, etwa 0,5 bis 1,0% Mn.

Der industrielle minimale Eisengehalt im Erz ist mit dem Mineralinhalt des Erzes, seiner Aufbereitbarkeit und den Abbaukosten eng verbunden. Die im Tagebau massenhaft bzw. zu niedrigen Abbaukosten gewonnenen Erze müssen nach der heutigen Auffassung mindestens etwa 25% Fe enthalten bei einem günstigen Schlackenverhältnis, oder aber es muß sich um leicht aufbereitbare Erze handeln. Zu dieser Erzgruppe zählen oolithische Erze aus Lothringen. Bei einigen sehr leicht aufbereitbaren Erzen kann der minimale Eisengehalt im Erz manchmal auch etwas niedriger sein. So werden z. B. in der Sowjetunion einzelne Magnetiterzlagerstätten abgebaut, deren Erze nur 20% Fe-Gehalt haben; die gewonnenen Konzentrate sind besonders hochwertig (über 60% Fe-Gehalt).

1. Zu den *nutzbaren Komponenten* im Erz zählen neben Eisen auch Nickel und Vanadium, zum Teil auch Mangan, selten Chrom; sie gehen bei der Verarbeitung in das Roheisen über und bis zu bestimmten Grenzen wird durch sie die Güte des Stahles verbessert (Edelstahl).

Chrom und *Nickel* werden im Hochofen reduziert und gehen (bis 90%) in das Roheisen über. Über 1% Cr_2O_3-Gehalt im Erz ist unerwünscht, denn bei der Verarbeitung eines chromreichen Eisens zu Stahl entstehen viele Schwierigkeiten. Das Verhältnis von Chrom zu Nickel in einem Eisenerz, das für die Herstellung von Spezialguß bestimmt ist, soll 1,5 : 1 nicht überschreiten.

Vanadium ist eine sehr erwünschte Eisenerzkomponente, selbst dann, wenn es nur in geringen Mengen im Erz vorhanden ist. Deshalb ist ein höherer Vanadiumgehalt erwünscht. Bei der Verhüttung gehen 70 bis 80% des Vanadiums in das Roheisen über.

Mangan ist im allgemeinen eine erwünschte Komponente im Eisenerz; es gehen 40 bis 70% in das Roheisen über. Für die Herstellung von Grauroheisen ist Mangangehalt im Erz unerwünscht. Dafür werden meist Eisenerze mit 0,5 bis 1,2% Mn-Gehalt, für einzelne Roheisenarten Erze mit höchstens 0,2% Mn-Gehalt verwendet.

2. *Schädliche Beimengungen* sind häufiger; der zugelassene Prozentsatz hängt in vielen Fällen vom Verarbeitungsverfahren des Erzes ab. Man kann sie hauptsächlich in zwei Gruppen einteilen:

a) Komponenten, die bei der Verhüttung in das Metall übergehen und seine Güte beeinträchtigen (Schwefel, Arsen, Zinn);

b) Komponenten, die die metallurgische Verarbeitung erschweren, aber auf die Güte nicht wesentlich einwirken (Blei, Zink, zum Teil Titan).

Phosphor und manchmal Chrom gehören beiden Gruppen an.

Schwefel läßt sich aus dem Roheisen schwer entfernen, so daß der größte Teil in den Stahl übergeht und seine Güte sehr beeinträchtigt. Deshalb werden strenge Forderungen an den Schwefelgehalt im Roheisen gestellt.

Der Schwefelgehalt im Eisen wird nicht nur durch den Gehalt im Erz bestimmt, er hängt auch bedeutend vom Schwefelgehalt des für die Erzverhüttung verwendeten Kokses und vom Verhüttungsverfahren ab. Bei der sauren Verarbeitung der hämatitischen Erze mit Koks mit niedrigerem Schwefelgehalt (bis 0,5% S) wird gewöhnlich bei Erzen mit 50 bis 55% Fe-Gehalt ein Schwefelgehalt im Erz von 0,75 bis 1,0% geduldet. Wenn aber der Schwefelgehalt im Koks bedeutend höher ist (etwa 2% S), so dürfen diese Erze nicht mehr als 0,15 bis 0,35% S enthalten. Bei reichen Erzen und bei Agglomeraten soll der Schwefelgehalt nach sowjetischer Norm 0,1 bis 0,2% nicht überschreiten.

Es ist zu berücksichtigen, daß ein Teil des Schwefels auch ausgeschieden werden kann (Agglomeration, manchmal durch Oxydationsröstung). Ein Erz mit

1 bis 1,5% S-Gehalt enthält nach der Agglomerierung höchstens etwa 0,05 bis 0,1% S.

Die Ausscheidung des Schwefels aus Erzen, in denen Schwefel als Sulfat auftritt, ist schwerer durchführbar, aber es können dennoch Agglomerate mit etwa 0,3% S-Gehalt gewonnen werden.

Auch durch Pyritröstung können Agglomerate mit niedrigem Schwefelgehalt gewonnen werden. Deshalb wird Pyrit manchmal auch als Eisenerz verwendet.

Zinn ist im Eisen lösbar und geht in den Stahl über, wodurch der Stahl spröder wird. Über 0,08% Zinngehalt im Erz ist deshalb nicht erwünscht. Zinn tritt meist nur in Magnetiterzen auf.

Arsen ist leicht reduzierbar und geht in Roheisen (etwa 60% des gesamten Gehaltes) und in Stahl über, wodurch sich die Sprödigkeit des Stahles erhöht. Bei Agglomerierung wird ein größerer Teil des Arsens ausgeschieden. Das Arsen ist viel schwerer ausscheidbar, wenn es als Arsenat auftritt. Deshalb stellt man genaue Anforderungen an den zulässigen Arsengehalt im Erz (gewöhnlich sind über 0,07% As-Gehalt im Erz nicht zulässig; für hochwertiges Roheisen verwendet man Erze, die praktisch kein Arsen enthalten).

Phosphor geht im Hochofen größtenteils in das Roheisen über (etwa zu 95%), er kann aber bei der Stahlerzeugung zum Teil beseitigt werden (Thomas-Konverter, Siemens-Martin-Ofen). Die Phosphorausscheidung ist jedoch nicht immer billig, daher ist ein niedriger Phosphorgehalt im Erz erwünscht. Der zulässige Phosphorgehalt im reichen Erz oder Konzentrat hängt auch vom Phosphorgehalt im Koks und in den Schmelzreagentien ab. Bei Bessemer-Erzen sollte der Phosphorgehalt 0,03% nicht überschreiten; beim Siemens-Martin-Verfahren sollte er 0,15% nicht überschreiten; für das Thomas-Verfahren allerdings sind Erze mit mindestens 0,8 bis 1,2% Phosphor erwünscht.

Titan. Unerwünscht in Eisenerzen kann auch Titan sein. Die Verhüttung eines Erzes mit über 6% TiO_2 ist mit bedeutenden Schwierigkeiten verbunden. Geringe Mengen (Zehntel eines Prozentes TiO_2) wirken auf die Verhüttung des Erzes im Hochofen nicht wesentlich ein.

Blei und Zink sind ebenfalls unerwünscht. Gewöhnlich wird angenommen, daß der Gehalt dieser Metalle im Erz 0,1% nicht überschreiten soll.

Kupfer wirkt sich in kleinerem Prozentsatz nicht nachteilig aus; jedoch über 0,2 bis 0,5% ist Kupfer schädlich, denn ein aus kupferführendem Eisenerz gewonnener Stahl weist schlechte Eigenschaften auf. In Skarnmagnetiterzen kann oft ein besonders hoher Kupfergehalt auftreten.

3. *Bestand der Nebengesteine.* Besonders wichtig bei der Beurteilung der Güte von Eisenerzen ist der Anteil einzelner Komponenten, die in der Gattierung bzw. Schlacke mit enthalten sind; davon hängt auch oft die Wirtschaftlichkeit des Verhüttungsverfahrens bzw. die Höhe der damit verbundenen Verarbeitungskosten ab. Zu diesen Komponenten zählen SiO_2, Al_2O_3, CaO und MgO (saure und basische Berge). Besonders unerwünscht ist ein höherer SiO_2-Gehalt, der erhöhten Kalkstein- und Brennstoffverbrauch je Tonne Roheisen und kleinere Hochofenkapazität mit sich bringt. Deshalb werden häufig Erze mit einem höheren Fe- und SiO_2-Gehalt weniger geschätzt als Erze, die zwar einen kleineren Fe-Gehalt haben, bei denen aber auch der SiO_2-Gehalt kleiner ist. So erhöht jedes Prozent SiO_2 im Erz die Kosten der Roheisengewinnung um etwa 25 Cent/Tonne. Eben deshalb wird

bei der Beurteilung der Qualität eines Eisenerzes und bei der Beurteilung der Möglichkeit seiner Aufbereitung auch sein SiO_2-Gehalt besonders berücksichtigt.

Wenn das molekulare Verhältnis zwischen der Summe von $CaO + MgO$ und der Summe von $SiO_2 + Al_2O_3$ annähernd 1 ist, dann müssen bei der Verhüttung dieser Erze keine Flußmittel zugeschlagen werden, wodurch auch die Auswertung von Erzen mit kleinerem Fe-Gehalt möglich ist.

Bei der Analyse des Erzes und der Berge soll auch der Anteil an K_2O, Na_2O, BaO und TiO_2 berücksichtigt werden, denn damit ist auch die Bestimmung des optimalen Schlackenganges eng verbunden.

Magnetiterze zählen normalerweise zu den hochwertigen Erzen. Ihrer Bildung und ihrer mineralischen Paragenese nach kann man folgende Magnetiterze unterscheiden:

a) Skarnerze haben meistens eine bedeutend komplexere chemische und mineralische Zusammensetzung als die übrigen Magnetiterze. Außer an Magnetit ist Eisen auch zu einem kleinen Anteil an Fe-Silikate und Sulfide gebunden. Als nutzbare Begleiter treten Mangan, Kobalt, seltener Vanadium, ausnahmsweise auch Beryllium (Helvin) auf. Unerwünschte Komponenten sind sulfidischer und sulfatischer Schwefel, manchmal Phosphor, Zink, Arsen und Zinn. In einzelnen Magnetitlagerstätten treten auch bedeutendere Kupferkonzentrationen auf (meist Kupferkies). Das Verhältnis des gesamten Eisengehaltes zum Ferroeisengehalt in reinen Magnetiterzen soll höchstens 3 sein; wenn der Oxydationsgrad steigt, werden die Erze in martitische (oder teilweise martitische) umgewandelt und dann kann dieses Verhältnis auch größer als 7 sein. Nach den Gangarten (meistens Skarnminerale) gehören Skarnerze gewöhnlich zur Gruppe saurer Erze.

b) Magnetitische Fe-Quarzite haben einen niedrigen Eisengehalt (24 bis 45% Fe); fast immer ist Magnetit von kleinen Hämatitkonzentrationen begleitet. Der Anteil an schädlichen und nützlichen Komponenten ist bei diesen Erzen unbedeutend. Nach der Gangart (Quarz, Chalzedon) zählt das Erz zur Gruppe saurer Erze.

Bei der Beurteilung der Qualität magnetitischer Erze nach Gesichtspunkten der Metallurgie soll auch das Gefüge der Erze berücksichtigt werden. Oft haben sehr reiche, kompakte Erze eine sehr geringe Porosität, so daß keine schnelle Reduktion bei der Verhüttung der Erze erfolgen kann. Die einzelnen Magnetiterze können oft so kompakt sein (Porosität unter 3%), daß sie vor der Verhüttung gemahlen und agglomeriert werden müssen, um die Reduktionsfreudigkeit beim Schmelzvorgang zu verbessern. Obwohl nicht alle Magnetiterze so kompakt sind, sind sie doch schwerer reduzierbar als die übrigen Eisenerze.

Hämatiterze und Konzentrate zählen im allgemeinen zu den leicht schmelzbaren Erzen. Kompakte Hämatiterze enthalten oft 50 bis 65% Fe, stellenweise sogar 67 bis 68% Fe bei einem unbedeutenden Prozentsatz schädlicher Komponenten (Phosphor, Schwefel). In vielen Hämatitlagerstätten fällt beim Abbau eine größere Menge kleiner Hämatitfraktionen an, die später agglomeriert werden müssen. Wie schon vorher erwähnt wurde, ist die Ausscheidung hämatitischer Konzentrate aus den Fe-Quarziten, in denen Hämatit die Hauptkomponente ist, sehr schwierig. In der Sowjetunion gilt für hämatitische Fe-Quarzite unter mittelschweren Abbauverhältnissen, daß das abzubauende Erz mindestens 30% Fe enthalten muß.

Limoniterze. Die Qualität der Limoniterze ist sehr verschieden und hängt oft von der Art der Lagerstätte ab. Die technologischen Eigenschaften dieser Erze hängen vor allem von der Form ab, in der ihre Hauptkomponenten — Eisen und Silizium — auftreten.

In sedimentären Lagerstätten schwankt der Eisengehalt der Erze sehr stark: 30 bis 50% Fe, selten auch bis 55% Fe. Von schlackenbildenden Oxyden sind überwiegend SiO_2 (20 bis 30%) und Al_2O_3 (5 bis 6%, manchmal auch 12 bis 13%) vertreten, während der CaO- und MgO-Gehalt gewöhnlich klein ist. Mangan (bis 4 bis 5%) und Vanadium (hundertstel Prozente) sind fast immer anwesend.

Schädliche Beimengungen sind sulfidischer und sulfatischer Schwefel, Phosphor und Arsen.

Limoniterze der Infiltrationslagerstätten weisen gewöhnlich veränderliche physikalisch-mechanische Eigenschaften auf (kompakte, stückige, brüchige Erze) und müssen manchmal durch komplizierte technologische Verfahren angereichert werden.

Lateritisches Limoniterz, das durch Verwitterung von Serpentiniten entstanden ist, hat gewöhnlich einen erhöhten Nickel- und manchmal auch Kobaltgehalt, enthält aber immer Chrom. Silizium und Aluminium sind stark vertreten, während der Schwefel- und Phosphoranteil unbedeutend ist.

Sideriterze sind meistens minderwertige Eisenerze. Kompakte Erze enthalten gewöhnlich 30 bis 40% Fe. Der Anteil an begleitenden Komponenten hängt von der Art der Lagerstätte ab. So enthalten z. B. Sideriterze aus vulkanisch-sedimentären Lagerstätten immer höhere Konzentrationen an SiO_2 (gewöhnlich 15 bis 20%) und unbedeutende Mengen von Schwefel und Phosphor. Das Erz aus Infiltrationslagerstätten ist tonreicher, während Sideriterze aus hydrothermalen Lagerstätten oft größere Sulfidmengen enthalten.

Titanomagnetiterze werden in Titanerze und Eisenerze unterschieden:

Titanerze sollen zumindest 10% TiO_2 enthalten; der geologische Schwellengehalt ist 6% TiO_2.

Ilmenitausscheidungen müssen mindestens eine Korngröße von 0,05 mm aufweisen.

Magnetit-Ilmenit-Erz ist ein Aggregat aus Ilmenitkörnchen, die mit Magnetit verkittet sind.

Im Ilmenit sollen keine feindispersen Magnetiteinschlüsse vorhanden sein und umgekehrt. Das ist eine Grundbedingung für die Gewinnung von Titankonzentraten durch Flotation oder magnetische Aufbereitung.

Es gibt keine einheitlichen Normen für die Qualität des für die Industrie bestimmten Eisenerzes und den zulässigen Gehalt an einzelnen Erzkomponenten. Jedes Land, ja sogar auch einzelne Hütten, stellen diesbezüglich ihre speziellen Anforderungen je nach ihren Betriebsverhältnissen und je nach den mineralischen Rohstoffen, die sie verwenden oder verwenden können. Anderseits ist es möglich, daß die Industrie ihre Qualitätsforderungen im Laufe der Zeit ändert und den neuen technologischen oder wirtschaftlichen Bedingungen anpaßt. Aus diesem Grunde sind alle vorangehend angeführten Angaben, welche die Beschränkungen des Gehaltes an einzelnen Komponenten betreffen, nur als Richtwerte zu betrachten.

Einzelne Länder, die über keine reicheren Erze oder nur über arme Erze verfügen, haben Normen, die oft weit unter den durchschnittlichen europäischen Normen oder den Weltnormen liegen. Tab. 21 gibt eine Übersicht der Anforderungen in bezug auf die Erzqualität, die die ČSSR stellt.

Bei der Bewertung der Qualität des Erzes in einer Lagerstätte ist auch *die Stückgröße des Erzes* entscheidend. Beim Abbau wird ein Teil des Erzes als

Tabelle 21. *Tschechoslowakische Normen für Eisenerze* (ČSN 44 1570, 1952)

Bezeichnung	Art	Vorbereitung	$Fe + \frac{Mn}{2}$ min. %	$SiO_2 + 1{,}7\,S - \frac{CaO}{1{,}3} - \frac{1{,}4\,MgO}{1{,}3}$ max. %	SiO_2, %	Behandlung
A_1	Schamosit	Rohstücke	28		17	Rösten
A_2		Röststücke	38		23	Direkt verhüttungsfähig
A_3		Geröstetes, klein	28		31	Agglomeration
A_4		Geröstetes, Staub	24		36	Agglomeration
B_1	Pyrit	Rohstücke	33		25	Verhüttungsfähig
B_2		Rohes	31		26	Agglomeration
B_3		Klein	28		28	Sinterung
B_4		Rohpulver	23		34	Sinterung
C	Magnetit	Abgebautes	32	17	29	Direkt verhüttungsfähig
D	Limonit	Abgebautes	33	20	34	Direkt verhüttungsfähig
E_1	Siderit	Rohstücke	25	16	20	Rösten, manchmal direkt verhüttungsfähig
E_2		Geröstetes	35	21	23	Direkt verhüttungsfähig, manchmal Agglomeration
F_1	Ocker	Rohes	35	20	24	Agglomeration
F_2		I	25	—	28	Stück
G	Ankerit	Rohes		$(CaO + 1{,}4\,MgO) - (SiO_2 + 1{,}7\,S)\,1{,}3$ mind. 25%	—	Direkt verhüttungsfähig

Unerwünscht: $BaSO_4$, As, Sb, Zn und S, ohne nähere Beschränkungen.

Stückerz und ein Teil als feine Fraktion gewonnen. Eine vollständige Bewertung des Erzes umfaßt auch die Feststellung des Anteils der feinen Fraktionen, die später einer Agglomeration unterzogen werden müssen. Im allgemeinen sollte der Anteil der feinen Fraktionen 15% nicht überschreiten. Tab. 22 zeigt die sowjetischen Normen für Eisenerzsorten.

Tabelle 22. *Sowjetische Normen für Stückigkeit von Fe-Erzen*

Erzart	Korngröße in mm		Zulässiger Anteil des Feingutes und Staubes		
	zulässige	optimale	Größe mm	%	maximal %
Magnetit	75	5—35	bis 3	10	—
Hämatit und Martit	150	5—40	bis 3	10	25—30
Limonit und Siderit	75—120	5—60	bis 5	10	ausnahmsweise bis 100
Agglomerate, gerösteter Siderit und Limonit	150	5—40	bis 3	10	20

Neben den erwähnten Kennziffern, die für die Qualität des Eisenerzes bestimmend sind, umfaßt die Normierung auch die Bestimmung *des Feuchtegehaltes.*

Der Härtegrad der Erze. Stückerz soll eine Druckfestigkeit von 120 bis 150 kg/cm² haben.

B. Erzvorräte

Bei der wirtschaftsgeologischen Bewertung einer Lagerstätte muß berücksichtigt werden, daß wirtschaftlich bedeutende Eisenerzlagerstätten viel größere Erzreserven haben als die Lagerstätten der übrigen Metalle. Je nach den Metallmengen können mehrere Gruppen unterschieden werden (für Lagerstätten gültig, nicht für Erzzonen):

sehr kleine Lagerstätten	0,02 bis 0,5	Millionen Tonnen Eisenmetall
kleine Lagerstätten	0,5 bis 25	,, ,, ,,
mittelgroße Lagerstätten	25 bis 150	,, ,, ,,
große Lagerstätten	150 bis 500	,, ,, ,,
sehr große Lagerstätten	über 500	,, ,, ,,

Über die minimalen Erz- oder Metallreserven in einer Lagerstätte können keine allgemeingültigen Regeln angeführt werden. Außer den allgemeinen wirtschaftsgeologischen Faktoren (Erzreserven, Erzqualität) wirken beim Abbau einer Lagerstätte auch die folgenden Umstände mit ein:

a) die betreffende Lagerstätte stellt den einzigen Versorger einer Hütte von bestimmter Produktionskapazität dar;

b) die Lagerstätte ist der Bestandteil eines größeren Erzfeldes oder Erzgebietes und versorgt nur teilweise eine bestimmte Hütte;

c) die Erze oder Konzentrate sind für den Markt bestimmt, ohne jede Verpflichtung gegenüber einer bestehenden oder geplanten Hütte.

Als Mindestreserven einer Lagerstätte, die eine bestimmte Hütte versorgen soll, wird angenommen, daß sie den Bedarf der Hütte über 20 Jahre decken sollen, denn die Investitionen für die Metallurgie der Eisenmetalle sind besonders groß. Als Basis für die Bestimmung der Kapazität und der Investitionen sollen nicht nur die Reserven der A- und B-Kategorien, sondern auch zum Teil jene der C_1-Kategorie Berücksichtigung finden. Das Verhältnis zwischen der einen zu den anderen Reserven hängt von dem Standpunkt der einzelnen Länder oder Firmen sowie auch vom Lagerstättentyp ab; sehr oft betragen die Vorräte der C_1-Kategorie sogar 60% der Gesamtreserven, und auf dieser Basis werden dann finanzielle Mittel angelegt.

Wenn z. B. eine Lagerstätte einen kleineren Hochofen mit einer Kapazität von 300 t/Tag Roheisen mit 50%igem Fe-Erz beschicken soll, dann müßten in der Lagerstätte mindestens etwa 10 bis 12 Millionen Tonnen Eisenerzreserven bzw. bis etwa 4 bis 5 Millionen Tonnen gewinnbaren Metalls vorhanden sein. Eine Lagerstätte dieser Größenordnung zählt zur Gruppe kleiner Lagerstätten mit den minimalen Erzreserven für die Versorgung eines Industriebetriebes. Natürlich gilt dies nur als Richtwert.

In einzelnen Fällen können die Kapazität und auch die entsprechenden minimalen Erz- und Metallreserven geringer sein (sogar einige hunderttausend Tonnen Metall im Erz), wenn z. B. billige Elektroenergie für elektrische Öfen vorhanden ist.

Sehr kleine Lagerstätten können hauptsächlich als zusätzliche Nebenerzquelle für die Versorgung einer Hütte abgebaut werden, oder — bei günstigen Transport- und bergbautechnischen Bedingungen — auch für andere Zwecke (meistens Erze besserer Qualität — Magnetit und Hämatit).

Die Wirtschaftlichkeit des Abbaus sehr kleiner und kleiner Lagerstätten muß für jede Lagerstätte gesondert festgestellt werden.

C. Transport

Die Transportverhältnisse und die Entfernung der Lagerstätte von der erzverarbeitenden Industrie sind sehr wichtige Faktoren bei der Bewertung einer Lagerstätte, besonders wenn arme und minderwertige Erze vorliegen. Bei sehr hohen Transportkosten kann die Lagerstätte nur als Außerbilanzlagerstätte eingestuft werden.

Sehr häufig liegt der Fall vor, daß die Transportkosten sogar mehrfach größer sind als die Abbaukosten, so daß in diesem Fall die Wirtschaftlichkeit des Abbaus einer Eisenerzlagerstätte durch die Transportverhältnisse des betreffenden Erzgebietes bestimmt wird. Wenn Wasserwege für den Erztransport in Betracht kommen können, dann ist auch bei armen und minderwertigen Erzen ein etwas längerer Transportweg zulässig.

Reiche Erze und Konzentrate (gewöhnlich mit über 60% Fe) können die Transportkosten für Wasserfracht auch auf einem Transport von mehreren hundert Kilometern vertragen. Hinsichtlich der Ausbeute bei der Verhüttung reicher Erze und Konzentrate sind die Transportkosten solcher Erze sogar bei Überseetransport (westeuropäische Stahlindustrie) erträglich, auch wenn sie bis 6 bis 8 $ je Tonne Erz betragen. Wenn Spezialschiffe für den Erztransport (Tonnage auch bis 60000 bis 70000 Tonnen) zur Verfügung stehen, kann noch eine Verringerung der Überseetransportkosten pro Tonne Erz bzw. Metall erwartet werden.

Abschließend ist noch zu erwähnen, daß bei der Beurteilung der Rohstoffbasis für die Versorgung einer Hütte auch die anderen für die Verhüttung erforderlichen

Rohstoffe zu berücksichtigen sind (an erster Stelle Kokskohle und Flußmittel — Kalkstein, Dolomit). Bei günstiger Lage der Vorkommen dieser Rohstoffe sinken auch die Produktionskosten pro Tonne erzeugten Roheisens, wodurch sich manchmal auch die Verwertung Fe-armer Erze lohnt.

Literatur

Barrett, E. P., 1954: Sponge Iron and Direct-Iron Process. Bureau of Mines Bull. 519.

Belasch, N. F., 1962: Flotation von Eisenerzen. (Flotazia zhelesnich rud, russisch.) Moskau: Gosgortechizdat.

Bergmann, A., 1960: Flotation von Schlammen von Brauneisenerzen. Bergbauwiss. **7**, H. 14.

Blondel, F., 1955: Les types de gisements de fer. Chron. Min. colon. **23**, No. 231.

Bureau of Mines and Geological Survey, 1956: Materials Survey — Iron Ore.

Davis, E. W., 1940: The Evaluation of Iron Ore. Univ. of Minnesota Inst. Technol., Inf. Circ. 1.

Dean, R. S., C. W. Davis, 1941: Magnetic Separation of Iron Ores. Bureau of Mines Bull. 425.

Eisenerze: Bibliographisches Taschenbuch. (Zhelesnie rudi: Bibliografitscheski sprawotschnik, russisch.) 1957: AN SSSR, Moskau.

Eisenverarbeitende Industrie, Technischer Fortschritt in der Schwarzmetallurgie der UdSSR, (Zhelezorudnaja promischlenost, technitscheski progress v tschernoj metalurgii SSSR. russisch.) 1962. Moskau: Gosgortechizdat.

Hayward, C. R., 1946: An Outline of Metallurgical Practice, 2nd Ed. New York: D. Van Nostrand Co. Inc.

Instruktionen für Vorratsklassifikation für Fe-Lagerstätten, 1956. (Instrukzie po primeneniju klassifikazii sapassow k mestorozhdenijam zhelesnich rud, russisch.) Moskau: Gosgeoltechizdat.

Judenitsch, I. G., 1955: Aufbereitung von Fe- und Mn-Erzen. (Obogaschtschenije zhelesnich i marganzewich rud, russisch.) Moskau: Metalurgizdat.

Jackson, C., E. D. Gardner, 1936: Stoping Methods and Costs. Bureau of Mines Bull. 390.

Reno, H. T., 1960: Iron. In: Mineral Facts and Problems. Bureau of Mines Bull. 585, Washington.

Roe, L. A., 1957: Iron Ore Benefication. Lake Bluff, Ill.: Minerals Pub. Co.

Rohstoffbasis der Schwarzmetallurgie der UdSSR. (Zhelesorudnaja basa tschernoj metalurgii SSSR, russisch.) 1957: AN SSSR, Moskau.

Rosin, M. S., 1963: Iron. In: Mineralvorräte kapitalistischer Länder. (Mineralnie ressurssi kapitalistitscheskich stran, russisch.) Moskau: Gosgeoltechizdat.

Squires, A. M., C. A. Johnson, 1957: The H-Iron Process. Jour. Metals, pt. I, **9**, No. 4.

Stewart, A., 1958: Direct Reduction of Iron Ores. Min. Congr. Jour. **44**, No. 12.

Symposium sur les Gisements de fer du Monde, 1952: XIX Intern. Geol. Congr., Algier.

Udy, M. J., 1958: The Strategic-Udy Process, Direct Iron Reduction. Western Miner. and Oil Review (Vancouver, B. C.) **31**, No. 6.

Welteisenerzlagerstätten. (Zhelesorudnie mestorozhdenia mira, russisch.) 1955. T. I—II, Moskau.

Mangan

Mangan gehört zur Gruppe der Metalle, die für die Industrie von ganz besonderer Bedeutung sind und die zu den Hauptrohstoffen der strategischen Industrie zählen.

Zur Zeit wird Mangan in verschiedenen Industriezweigen verwendet: in der Metallurgie, in der chemischen Industrie, für die Herstellung von elektrischen Batterien, in der keramischen Industrie und in der Glasindustrie. Der weitaus größte Teil der Manganerze wird in der Metallurgie verbraucht.

In Anbetracht der vielseitigen Möglichkeiten der Verwendung von Mangan müssen bei einer wirtschaftsgeologischen Beurteilung der Manganerze und der Manganlagerstätten die große wirtschaftliche Bedeutung dieser mineralischen Rohstoffe und die zahlreichen Möglichkeiten ihres Einsatzes in der Industrie berücksichtigt werden.

I. Erze und Lagerstätten

A. Minerale und Erze

In der Natur gibt es mehr als 150 Manganminerale, wirtschaftlich wichtig sind jedoch nur einige. In Tab. 23 sind die meistverbreiteten manganhaltigen Minerale angeführt.

Tabelle 23. *Wichtige Manganminerale*

Mineral	Formel	% Mn
Pyrolusit	MnO_2	55—63
Manganit	$MnO_2 \cdot Mn(OH)_2$	50—62
Psilomelan — vad[1]	$n \cdot MnO \cdot MnO_2 \cdot m\, H_2O$	35—60
Vernadit	$MnO_2 \cdot n\, H_2O$	40—45
Braunit	$3\,Mn_2O_3 \cdot MnSiO_3$	60—69
Hausmannit	Mn_3O_4	65—72
Rhodochrosit	$MnOO_3$	40—45
Mangan-Kalzit	$(Ca, Mn)CO_3$	7—25
Oligonit	$(Mn, Fe)CO_3$	23—32
Rhodonit	$MnSiO_3$	32—36

[1] Im allgemeinen kann Psilomelan wie $n\,RO \cdot MnO_2 \cdot m\,H_2O$ dargestellt werden, wo RO : MnO; BaO, CaO, MgO, CuO, NiO, CoO, ZnO, PbO, K_2O, Li_2O ist. In Abhängigkeit vom Anteil der einzelnen Komponenten unterscheiden sich: Psilomelan, Romaneschit (Ba-Psylomelan), Ranseit (Ca-Psilomelan), Kryptomelan (K-Psilomelan), Lithioforit (Li-Psilomelan) u. a.

Tabelle 24. *Klassifikation der Manganerze in den USA, in Indien und Deutschland*

Erz	USA	Indien	Deutschland
Manganerz	über 35% Mn	40—63% Mn	über 30% Mn
Eisen-Mangan-Erz	10—35% Mn	25—50% Mn 10—30% Fe	5—30% Mn
Manganhaltiges Eisenerz	5—10% Mn	5—30% Mn 30—65% Fe	5—30% Mn
Eisenerz	unter 5% Mn	unter 5% Mn	unter 5% Mn

Die größte wirtschaftliche Bedeutung haben Manganoxyde, weniger bedeutend sind Karbonate, während Silikate, besonders Sulfide, in wirtschaftlicher Hinsicht fast gar nicht wichtig sind.

Die Klassifikation *der Manganerze* geschieht auf Grund ihrer mineralischen Zusammensetzung und ihrer Verwendung in der Industrie.

Bei der industriellen Klassifikation unterscheidet man zwei Gruppen von Manganerzen: *metallurgische Erze,* die in der Metallurgie verwendet werden, und *chemische Erze,* die in der chemischen Industrie verwendet werden; eine besondere Gruppe bilden oft die „Batterie“-Manganerze, d. h. Erze, die für die Herstellung von Trockenbatterien dienen. Tab. 24 gibt eine Übersicht der Klassifikation der Manganerze und der Kriterien für eine Trennung der Erze in Manganerze und manganhaltige Eisenerze in den USA, in Indien und Deutschland; diese Einteilung bezieht sich nicht nur auf reiche Erze, sondern auch auf Mangankonzentrate.

B. Wirtschaftlich wichtige Lagerstättentypen

In der Erdkruste werden Mangankonzentrationen unter sehr verschiedenen Bedingungen (endogene, exogene, metamorphe) gebildet. Wirtschaftlich wichtigste sind:

1. Skarnlagerstätten

Skarnlagerstätten mit Mangan kommen sehr selten vor und sind äußerst selten wirtschaftlich bedeutend. Sie führen gewöhnlich Mangansilikate (Mn-Granat, Mn-Pyroxene und Mn-Epidotite), ferner Hausmannit, Braunit, Rhodonit, ausnahmsweise Franklinit. In diesen Lagerstätten können oft Magnetit, seltener Hämatit, in größeren Mengen auftreten.

Die wirtschaftliche Bedeutung der manganführenden Skarnlagerstätten ist gering, obwohl die Erze eine sehr gute Qualität besitzen. Aber die Erzkörper sind sehr klein. Etwas interessantere Lagerstätten dieser Art gibt es in Mittelschweden (Langban u. a.) und in der bekannten Lagerstätte Franklin Furnace in USA.

2. Hydrothermale Lagerstätten

Hydrothermale Mn-Lagerstätten gibt es verhältnismäßig häufig, doch sind sie meist von geringerer wirtschaftlicher Bedeutung, nicht nur bezüglich der Mangankonzentrationen, sondern auch in bezug auf die Qualität des Erzes (hochwertige Oxyderze kommen nur ausnahmsweise vor).

Die hydrothermalen Manganlagerstätten lassen sich in metasomatische Lagerstätten und gangförmige Lagerstätten unterscheiden.

Die metasomatischen Lagerstätten, meist in Kalkkörpern gebildet, werden gewöhnlich von Mangankarbonaten, in geringerem Maße von Manganoxyden aufgebaut. Oligoniterzkörper sind in diesem Lagerstättentyp oft anzutreffen. Sie sind gewöhnlich in der Randzone von polymetallischen Erzkörpern angeordnet (Blei-Zink, seltener Kupfer). Zu dieser Gruppe zählt die Lagerstätte Huelva in Spanien, auch einige Lagerstätten in Jugoslawien (Oligoniterzkörper in Treptscha, ferner die primären Mangankonzentrationen in Novo Brdo).

Gangförmige hydrothermale Lagerstätten gibt es viel zahlreicher. Die Minerale Braunit, Manganit, Pyrolusit, manchmal Mangankarbonate und Mangansilikate, treten häufig verbunden mit Zinkblende, Kupferkies und Tetraedrit auf. Außerdem befinden sich oft in den Manganerzgängen bedeutende Mengen Baryt, Quarz und Kalzit. Bei diesem Lagerstättentyp treten in der Tiefe oft plötzlich Auskeilungen auf, besonders bei epithermalen, im subvulkanischen Niveau gebildeten Lagerstätten, in denen die Konzentrationen der Erzminerale gewöhnlich in der Tiefe von nur 30 bis 40 m liegen.

Zu den hydrothermalen Ganglagerstätten des Mangans können auch die einzelnen Lagerstätten in Deutschland (Ilfeld, Ilmenau u. a.) gezählt werden, ferner die paragenetisch kompliziert aufgebaute Lagerstätte Butte in Montana (USA), wie auch die einzelnen Lagerstätten in Japan und Mexiko (Luzifer, Borogos u. a.).

3. Vulkanogen-sedimentäre Lagerstätten

Vulkanogen-sedimentäre Lagerstätten sind genetisch an submarine Ergüsse der Diabase, Porphyrite bzw. Andesite und Keratophyre gebunden. Räumlich und genetisch sind diese Lagerstätten mit Hornsteinen eng verbunden, manchmal werden sie auch durch toniges Material und unreine Kalksteine begleitet, oft auch von bedeutenderen Eisenkonzentrationen.

Mangankonzentrationen treten meist in Linsen auf und bestehen dann aus Psilomelan, Pyrolusit, seltener Hausmannit und Braunit; manchmal sind die Erzkörper schichtförmig in Tuffe eingelagert. Im Streichen können sie oft mehrere hundert Meter verfolgt werden, die erzführenden Zonen sogar mehrere Kilometer. In den meisten Lagerstätten liegen die Erzkörper konkordant zum Nebengestein, wobei sie einen bestimmten stratigraphischen Horizont bilden. In den einzelnen Lagerstätten dieses Typs werden auch sekundäre Bildungen beobachtet, die häufig die Form sehr dünner Gängchen haben, die aus Pyrolusit bestehen. Diese sekundären Bildungen haben einen viel größeren Mangangehalt als die sie umgebenden Manganerze.

Die vulkanogen-sedimentären Lagerstätten haben geringe wirtschaftliche Bedeutung. In den meisten erzführenden Gebieten der Welt sind die Erzkörper klein (meist 10000 bis 50000 t, ausnahmsweise auch bis 100000 bis 150000 t); sie kommen aber nur selten vereinzelt vor; in der Regel bilden sie innerhalb einer erzführenden Zone (meist in der Hornstein-Formation) mehrere kleinere Erzkörper, die voneinander räumlich getrennt sind. Diese Eigenart im Auftreten muß bei der wirtschaftsgeologischen Bewertung der Erzreserven bestimmter erzführender Gebiete und Erzvorkommen besonders berücksichtigt werden.

Die Qualität der Erze dieser Lagerstätten ist im allgemeinen minderwertig. Der Mangangehalt schwankt meistens von 25 bis 40%, seltener steigt er bis 45%. Die Erze haben fast immer einen hohen SiO_2-Gehalt, so daß sie im allgemeinen zu den Si-Mn-Erzen gezählt werden; der SiO_2-Gehalt im Erz beträgt gewöhnlich 15 bis 20%. Das Erz weist schwankende Eisenkonzentrationen auf; der mittlere Eisengehalt ist meist hoch im Vergleich zum Mangangehalt (1 : 3 bis 1 : 4); in einzelnen Lagerstätten oder sogar auch in Teilen ein und derselben Lagerstätte kann der Fe-Gehalt niedrig sein (bis 4 bis 6% Fe). Der Anteil unerwünschter Komponenten (Schwefel, auch Phosphor) ist meist niedrig, so daß sie für die Verwendung dieser Erze in der Industrie kein Hindernis bedeuten (in einigen Lagerstätten gibt es auch höhere Phosphatkonzentrationen). Aber es werden bei den einzelnen Erzen dieses Lagerstättentypus auch höhere Blei- und Zinkkonzentrationen angetroffen, die den wirtschaftlichen Wert dieser Erze bedeutend verringern. Was ihre physikalischen Eigenschaften betrifft, handelt es sich hier meist um kompakte, stückige Erze mit einem geringen Anteil an Feinmaterial.

Da die Lagerstätten dieses Typus vorwiegend klein sind, erfolgt die Anreicherung am häufigsten durch Handscheidung, seltener durch eine Wäsche des Erzes. Eine besondere Schwierigkeit bei der Anreicherung dieser Erze entsteht durch die feinen Verwachsungen der Mn-Minerale und des Siliziums (manchmal Gelsilizium). Wenn Silizium bänderförmig oder in räumlich von den Mn-Mineralen getrennten Massen vorkommt, so ist ihre Trennung viel einfacher und vollkommener durchführbar. Durch Handscheiden können gewöhnlich Erze mit 42 bis 46% Mn-Gehalt und bis etwa 15% SiO_2-Gehalt gewonnen werden. Die Ausbringen sind dabei sehr verschieden, meist bis etwa 60 bis 70%.

Der Abbau dieser Lagerstätten erfolgt in der Regel mit sehr primitiven Mitteln und ohne größeren Einsatz an Mechanisierung. Meist beginnt man mit kleineren Tagebauen und später geht man auf Tiefbau über. Bei einzelnen Lagerstätten wird auch selektiver Abbau angewendet. Dabei wird in der Lagerstätte ein bedeutender Teil des mit Silizium durchwachsenen Manganerzes zurückgelassen.

Vulkanogen-sedimentäre Lagerstätten kommen besonders häufig in Südeuropa vor, auf der Balkanhalbinsel und in Kleinasien, auch in Chile, auf Kuba, in Mexiko und in den USA; vor allem werden sie in Jugoslawien, in der Türkei, zum Teil auch in Griechenland und in Bulgarien abgebaut.

4. Verwitterungslagerstätten

In wirtschaftlicher Hinsicht sind bei Manganlagerstätten besonders diejenigen Erzkörper wichtig, die infolge einer supergenen Verwitterung der primären Lagerstätten oder der mit Mangan angereicherten Gesteine gebildet wurden. Diese Lagerstätten sind sehr verbreitet, und in vielen Regionen sind die Oxydationsprodukte die einzigen abbauwürdigen Lagerstättenteile. Im allgemeinen führten die Oxydationsprozesse zur Anreicherung des Mangans und zum Herabsetzen der unerwünschten Komponenten im primären Erz.

a) Eine besonders wichtige Lagerstättengruppe bilden *Mangan- und Eisenmanganhüte*; sie entstanden in den oberflächennahen Oxydationszonen infolge der Verwitterung von Manganlagerstätten, die aus primären Mn-Mineralen mit niedriger Wertigkeit aufgebaut waren.

In der Oxydationszone kommt es verhältnismäßig leicht zum Zerfall der Mangankarbonate, die in Hydroxyde des vierwertigen Mangans — meistens Psilomelan und Vernadit — übergehen.

Auch die Mangansilikate verwittern im Oxydationsbereich verhältnismäßig leicht. Dabei geht Silizium verloren, was für die Qualität der Neubildungen in wirtschaftlicher Hinsicht besonders wichtig ist. Den größten Anteil haben dabei Minerale der Psilomelan- und Vernaditgruppe wie auch Pyrolusit.

Bis zu welcher Tiefe die Oxydationszone reicht, hängt, ähnlich wie bei den Lagerstätten der übrigen Metalle, von vielen Faktoren ab (Klima, geomorphologische Eigenschaften des Gebietes u. a.), so daß ihre Mächtigkeit sehr verschieden sein kann. Meist ist die Oxydationszone nur 30 bis 40 m tief. Im allgemeinen entspricht die Tiefe der Oxydationszone dem Niveau des Grundwasserkörpers; bei ehemals entstandenen Eisenhüten kann es vorkommen, daß die Oxydationsprodukte sogar unter dem jetzigen Wasserspiegel des Grundwassers liegen.

In den Manganhüten, die oberhalb der Ausbisse polymetallischer Lagerstätten gebildet wurden, befinden sich neben Psilomelan auch seine Abarten (Chalkophanit, Lampadit u. a.), ferner kleinere Bleikonzentrationen, seltener Zink- bzw. Kupferkonzentrationen. In der Lagerstätte Butte wurden die oberhalb der Rhodochrositgänge liegenden Manganhüte für die Gewinnung von Silber und anderen Metallen abgebaut.

b) *Lateritische Lagerstätten* können auch zu dieser Lagerstättengruppe gezählt werden, die durch Akkumulation der ungelösten Manganoxyde in tropischen Gebieten bei der Verwitterung der Manganminerale oder der manganhaltigen

Gesteine gebildet wurden. Selbst wenn im Gestein der Mangangehalt verhältnismäßig gering ist, können im Laufe des supergenen Zerfalls dennoch oft sehr bedeutende Mangankonzentrationen in der Verwitterungskruste entstehen.

Die Erzkörper treten am häufigsten als kleine Linsen oder Nester auf. Das unterhalb der Erzkörper liegende Gestein ist oft von dünnen Rissen durchsetzt, die mit sekundären Mangan- und Eisenoxyden ausgefüllt sind.

Die Qualität der Erze ist sehr verschieden. Es werden Lagerstättenteile angetroffen, die mit Mangan reich durchsetzt sind und einen bedeutend höheren Mangangehalt aufweisen als das primäre Gestein oder die primäre Manganlagerstätte. Dementsprechend schwankt auch der Mangangehalt von 25 bis 50%; stellenweise finden sich auch Erze mit über 50 bis 52% Mn-Gehalt; der mittlere Mangangehalt in den Erzkörpern ist gewöhnlich 40 bis 50%. Die Erze besitzen meistens einen kleinen SiO_2-Gehalt (bis einige Prozente), denn durch den Verwitterungsprozeß ist das SiO_2 weitgehend entfernt worden. Die Erze dieser Lagerstätten zeichnen sich auch durch sehr schwankende Eisenkonzentrationen (von 5 bis 20% Fe) aus, was im wesentlichen von der Zusammensetzung der primären Gesteine bzw. von der Manganmineralisierung abhängt. Der Anteil der unerwünschten Komponenten — Schwefel und Phosphor — ist gewöhnlich gering.

Das Erz lateritischer Lagerstätten ist aufbereitbar und wird vorwiegend naßmechanisch und mittels Schwerkraftverfahren aufbereitet. Durch diese Vorgänge kann der Mangangehalt bedeutend erhöht werden, doch sind die Ausbringen verhältnismäßig gering, besonders wenn es sich um lockeres Erzgut handelt; der Anteil feiner Fraktionen kann bei diesen Erzen oft bedeutend sein.

Diese Lagerstätten werden meist im Tagebau abgebaut, nur in geringerem Maße und bis zu unbedeutenden Tiefen wird Tiefbau durchgeführt. Die Abbaukosten sind im allgemeinen gering.

Im Verwitterungsbereich ultrabasischer Gesteine und Serpentinitkörper können mit Kobalt angereicherte Manganhydroxyde kleinere Konkretionen und Überzüge bilden. Manchmal können auf diese Weise verhältnismäßig reiche Lagerstätten kobaltführender Manganhydroxyde entstehen (Neukaledonien).

Verwitterungslagerstätten sind sehr oft anzutreffen: in Indien, Ghana, in der Sowjetunion, in Brasilien, Ägypten, Südafrika. Die Lagerstätten dieses Typus sind für Indien, Ghana und die Union Südafrika von außerordentlich großer wirtschaftlicher Bedeutung.

5. Infiltrationslagerstätten

Diese Lagerstättengruppe ist mit der vorher genannten Gruppe genetisch eng verbunden. Bei den Infiltrationslagerstätten kommt es, im Gegensatz zu der eben besprochenen Gruppe, zur Bildung von Mangankonzentrationen auf einer von der Verwitterungsstelle der primären Manganmineralien entfernten Stelle.

Bei der Verwitterung der Gesteine oder der Lagerstätten wird Mangan frei und geht, wenn entsprechende Verhältnisse vorliegen, in ein schwach saures und elektrisch negativ geladenes Hydrosol über. Aus der Lösung kann es mit dem Eisen ausgeschieden werden, doch unter bestimmten exogenen Verhältnissen kann im Laufe seines geochemischen Kreislaufes wieder eine Trennung des Eisens vom Mangan eintreten (denn Mangan ist leichter löslich als Eisen). Eine besonders starke Ausscheidung des Mangans aus der Lösung erfolgt, wenn manganführende Lösungen auf Kalke treffen. Die unter solchen Bedingungen entstandenen Mangankonzentrationen treten als Knollen, kleinere Nester und Linsen auf. In diesen Lagerstätten, vor allem wo Kalke an Schiefer grenzen, werden die Erzkörper von Ton umgeben, der zum Teil auch in den Erzkörpern selbst vorhanden ist. Treten die Lagerstätten in schiefrigen Gesteinen, die teilweise ausgelaugt (ausgewaschen) sind, auf, so bilden sich Mangankonzentrationen meist in Form von Konkretionen, die im umgewandelten primären Gestein ungleichmäßig verteilt sind.

Die Manganerze dieser Lagerstätten wurden vorwiegend kolloidal ausgeschieden und nachträglich umkristallisiert. Es entstanden Manganit, Pyrolusit, seltener Hausmannit, häufig Limonit; Psilomelan ist gewöhnlich besonders verbreitet.

Der Mangangehalt in den Lagerstätten ist sehr verschieden. Meist ist er sehr niedrig, weil Manganminerale mit Nichterzmineralen bzw. mit den Nebengesteinen innig vermischt sein können. In den meisten Lagerstätten erreicht der Mangangehalt 30 bis 45%. Das Erz der Infiltrationslagerstätten führt gewöhnlich einen hohen SiO_2-Gehalt, wenn es mit tonigen Komponenten innig vermengt ist (die bei der Aufbereitung durch Schwemmung oder durch Schwerkraft verhältnismäßig leicht abzutrennen sind); hingegen hat kompaktes, in Kalksteinen gebildetes Manganerz meistens einen niedrigen SiO_2-Gehalt (basische Manganerze). Eine besondere Charakteristik dieser Erze ist auch der niedrigere Fe-Gehalt und der kleine Phosphor- und Schwefelanteil. Manche Erze führen höhere Arsengehalte (bis 0,2 bis 0,3% As). Die Erze dieser Lagerstätten sind vorwiegend locker und erdig; kompaktes, stückiges Erz kommt seltener vor.

In der Regel sind die Lagerstätten dieses Typus klein und werden meist mit primitiven Mitteln abgebaut, wobei die Abbauleistung selten 10000 t Erz pro Jahr überschreitet. Deshalb sind diese Lagerstätten wenig interessant, obwohl sich das angereicherte Erz dieser Lagerstätten oft durch gute Qualität auszeichnet.

Zu den wichtigeren Lagerstätten dieses Typus gehören einzelne Lagerstätten im Ural und in Sibirien, ferner auf Kuba und Haiti, wie auch einige Lagerstätten in Arkansas (USA) und auf der Balkanhalbinsel.

6. Sedimentäre Lagerstätten

Nach den Bildungsbedingungen und anderen geologischen Eigenschaften lassen sich sedimentäre Manganlagerstätten in zwei Gruppen einteilen: marine Lagerstätten und See- bzw. Moor-Lagerstätten. In wirtschaftlicher Hinsicht sind marine Mn-Lagerstätten außerordentlich wichtig, denn in ihnen befinden sich beträchtliche Massen wertvoller Manganerze.

Je nach den Bildungsbedingungen und nach den mineralischen Vergesellschaftungen unterscheidet man bei marinen Lagerstätten: Lagerstätten mit oxydischem Pyrolusiterz, Lagerstätten mit Manganiterz und Lagerstätten mit Karbonaterzen. Jede Lagerstättenart hat ihre spezifischen wirschaftsgeologischen Eigenschaften.

Pyrolusitkonzentrationen bilden sich etwa im Bereich der Festlandschwelle. Die Lagerstätten entstehen in seichtmariner Zone in der Nähe der Küstenlinie und in einer sauerstoffreichen Umgebung. Die Erze sind manganreich und enthalten geringe Schwefel-, Phosphor- und Eisenkonzentrationen. Auf Grund der strukturellen und texturellen Eigenschaften der

Erze einzelner großer Manganlagerstätten läßt sich schließen, daß die primären Erze eine oolithische Textur mit Manganhydroxyden im Kern hatten und daß sie dann später im Laufe der diagenetischen Prozesse in harte und kompakte Konkretionen oder in dünnschichtige Pyrolusit-Psilomelan-Bildungen umgewandelt wurden. Diese können sehr erfolgreich aufbereitet und von dem Gestein, in dem sie liegen, leicht getrennt werden.

Manganiterze werden in etwas tieferen Meeresbereichen gebildet, in denen der Sauerstoffzutritt beschränkt ist. Der Mangangehalt ist etwas kleiner als bei dem oben erwähnten Typ, während der Anteil an schädlichen und unerwünschten Komponenten etwas größer ist (Phosphor, Silizium, Schwefel).

Karbonaterze bilden sich in den tieferen Bereichen der Ablagerungsbecken, in denen ein alkalisches Milieu ohne Sauerstoffzutritt herrscht; manchmal fand die Sedimentation auch in Anwesenheit bedeutender CO_2-Konzentrationen statt, die durch die Zersetzung organischer Überreste am Meeresgrund entstanden. Von den Erzmineralen sind Rhodochrosit, Manganokalzit und Oligonit vertreten. Diese Erze sind manganarm, hingegen kann der Phosphor- und Schwefelgehalt bedeutend ansteigen. Als Begleiter treten auch Glaukonit, Pyrit, Markasit, Baryt und Gips auf. Besonders verbreitet kann auch Opal und Kalzedon sein, wodurch der Siliziumgehalt in den Erzen sehr erhöht wird.

Die Ausdehnung und rasche Wechsellagerung der einzelnen manganführenden Fazien bei marinen Lagerstätten hängen im Grunde genommen vom Neigungsgrad der Kontinentalschwelle bzw. von der Senkungsgeschwindigkeit der Ablagerungsbecken ab. Bei kleinen Neigungen, wie es der Fall ist in der Lagerstätte von Tschiatur wechseln die Zonen oxydischer Erze mit Zonen karbonatischer Erze auf einer Entfernung von 10 bis 12 km ab, während bei der Lagerstätte Polunotschnoe in der Sowjetunion dies schon bei einer Entfernung von nur 0,5 km erfolgt.

Eine besondere Stellung bei der Bildung von Manganerzlagerstätten nimmt die Diagenese ein. Im Laufe der Diagenese kann es nicht nur zu einer gewissen Änderung der mineralischen Zusammensetzung und Struktur kommen, sondern auch zu Änderungen der Konzentration der Metalle in bezug auf die umgebende Erzmasse.

Die Erze sedimentärer Lagerstätten werden vor ihrer Verwendung in der Industrie in der Regel angereichert. Das Erz in der Lagerstätte hat meist nur einen geringen Mangangehalt: der Mittelgehalt ist 25 bis 35% Mn, während der SiO_2-Gehalt manchmal sehr groß sein kann (bis zu 20 bis 25%); nur ausnahmsweise treten hochwertige Erze auf (etwa 50% Mn), die keiner Aufbereitung bedürfen. Die Erze sedimentärer Lagerstätten zeichnen sich gewöhnlich durch einen hohen Phosphorgehalt aus, der in einer und derselben Lagerstätte von 0,05 bis 1,0 bis 1,5% P, meist von 0,1 bis 0,2% P schwankt. Dasselbe gilt auch für die Eisenkonzentrationen (von 3 bis 4% bis über 20%).

Durch Anreicherung (naßmechanische Aufbereitung, Schwerkraftverfahren, selten auch Flotation) wird der Mangangehalt im Konzentrat bedeutend erhöht, so daß verkaufsfähige Konzentrate gewonnen werden können. Dabei wird aber oft der Phosphorgehalt nicht wesentlich herabgesetzt, so daß die aus sedimentären Erzen gewonnenen Konzentrate gewöhnlich einen Phosphorgehalt von 0,1% bis 0,2%, manchmal bis 0,3%, haben. Die Ausbringen bei der Anreicherung dieser Erze sind verhältnismäßig gering und deshalb wird angestrebt, mittels kombinierter Aufbereitungsverfahren die Ausbringen an Mangankonzentraten zu erhöhen (Flotation des Abfallschlammes nach dem naßmechanischen und Schwerkraftverfahren).

Sedimentäre Lagerstätten, die oft ganz besonders groß sein können, werden gewöhnlich im Tagebau gewonnen, wobei Mechanisierung und Massenabbau der erzführenden Schicht angewendet werden. Die Abbaukosten sind im großen und ganzen gering.

Zu den wichtigsten Lagerstätten dieses Typus zählen die größten Manganlagerstätten der Welt Nikopolje und Tschiatur sowie die interessante Karbonat-Silikat-Erze enthaltende Lagerstätte Usinskoje in der Sowjetunion.

7. Metamorphogene Lagerstätten

Metamorphogene Lagerstätten sind umgewandelte Lagerstätten magmatogener oder exogener Herkunft. Durch eine regionale Metamorphose entstehen Umwandlungen, die nicht nur die physikalischen Eigenschaften und die mineralische und chemische Zusammensetzung ändern, sondern auch das Gefüge der Erze und oft auch die morphologischen Merkmale der Erzkörper.

Primär lockere Sedimente werden durch diese Prozesse dichter, kompakter. Aus primär wasserreichen Mineralen entstehen wasserarme Verbindungen (auf Kosten der Manganhydrate bilden sich vor allem Braunit und Hausmannit, und aus Opal entstehen Kalzedon und Quarz). Bei der Metamorphose von Karbonaterzen kommt es zu einer Umkristallisation und zur Bildung kristalliner Karbonate, die innig mit Mangansilikaten (auf Kosten des Opals, der in diesen Erzen primär enthalten war) verwachsen sind. War die Metamorphose sehr intensiv, so entstanden Verbindungen der oxydischen und karbonatischen Minerale mit Silizium, sie werden in silikatische Manganerze umgewandelt. Solche Prozesse führen zu einer Manganverarmung der Erze, wodurch ihre Qualität verschlechtert wird und das Erz als Außerbilanzreserve eingereiht werden muß.

Metamorphogene Manganlagerstätten haben nur dann eine größere wirtschaftliche Bedeutung, wenn sie ehemalige marine sedimentäre Lagerstätten gewesen sind, die bedeutende Ausmaße hatten und keiner intensiven Metamorphose ausgesetzt waren. Besonders wichtige Lagerstätten dieses Typus finden sich in Indien, Ghana, Brasilien, ferner in einigen Teilen der Sowjetunion. Bei fast allen Lagerstätten dieser Art, falls Ausbisse vorhanden waren oder wenn sie oberflächennahe gelagert waren, werden supergene Verwitterungserscheinungen beobachtet. Deshalb können viele metamorphogene Lagerstätten auch als Verwitterungslagerstätten beurteilt werden.

II. Suche und Erkundung

Die Suche und Erkundung der Manganerzlagerstätten erfordert im allgemeinen keine bedeutenden Investitionen und wird weitgehend durch den Lagerstättentypus bestimmt.

Wirtschaftlich weniger wichtige Lagerstätten (vulkanogen-sedimentäre, hydrothermale) besitzen in der Regel auch kleinere Ausmaße; bei vielen solchen Lagerstätten setzt nach der Erkundung unmittelbar ihr Abbau ein, so daß die für ihre Erkundung angelegten Mittel zum Teil durch das gewonnene Erz rückerstattet werden. Bei einer wirtschaftsgeologischen Beurteilung der erzielten Erkundungsergebnisse spielt die Qualität der Erze und ihre Aufbereitbarkeit (vor allem durch einfache Aufbereitungsverfahren — Handscheiden und naßmechanische Aufbereitung) eine besonders wichtige Rolle. Ohne vorherige Untersuchung der Verwendungsmöglichkeiten des Erzes bzw. der Möglichkeit seiner Qualitätsverbesserung sollten daher keine eingehenderen Erkundungen der Lagerstätte unternommen werden.

Die Erkundung größerer, wirtschaftlich wichtiger Lagerstätten, vor allem sedimentärer und Verwitterungslagerstätten, erfordert etwas größere Investitionen, die jedoch mit einem geringeren Risiko verbunden sind, besonders in bezug auf die Größe der Lagerstätten. Es handelt sich meist um schicht- und linsenförmige Erzkörper, bei denen eine bestimmte stratigraphische Gesetzmäßigkeit ihrer Lage herrscht. Im allgemeinen wird deshalb weitmaschiger erkundet (hauptsächlich Bohrungen, nur stellenweise von bergmännischen Untersuchungsarbeiten unterstützt). Dank der gesetzmäßigen stratigraphischen Anordnung der Erzlagerstätten ist es möglich, ein entsprechend rationelles Netz der Erkundungsarbeiten anzulegen und einer überflüssigen Untersuchung der Lagerstätte vorzubeugen.

Auf diese Weise können die gesamten Investitionen für die Erkundung pro Tonne des erkundeten Erzes auf eine reale Höhe beschränkt werden. Bei der Bestimmung der einzelnen Erzreservenkategorien bzw. ihres Anteils an den gesamten Erzreserven einer Lagerstätte oder einer erzführenden Zone darf nicht außer acht gelassen werden, daß Qualitätsänderungen der Erze für die Schätzung viel ausschlaggebender sind als Änderungen der Erzkörperformen.

Bei Lagerstätten, deren Untersuchung größere Investitionen erfordern und deren Erzqualität etwa an die Bilanzqualität angrenzt, sollen bei der wirtschaftsgeologischen Bewertung der Lagerstätte während der Suche und Vorerkundung die Qualität der Erze, ihre Aufbereitbarkeit und der zu erwartende Gewinn besonders eingehend geprüft werden. Im Grunde genommen hängt von dieser Bewertung die weitere Erkundung der betreffenden Manganerzlagerstätte ab. Ist eine wirtschaftliche Förderung des Erzes bzw. der Gewinn eines Konzentrates, das auf dem Markt absetzbar ist, nicht möglich, dann soll die Erkundung nicht fortgesetzt werden.

Obwohl Manganerze und Mangankonzentrate zu den Rohstoffen zählen, die verhältnismäßig teuer sind, ist es dennoch unerläßlich, zu erwägen, ob und welcher Umfang der Erkundungsarbeiten gerechtfertigt ist und ob die allgemeinen Abbau- und Absatzbedingungen des Erzes bzw. Konzentrates den Gesichtspunkten der Wirtschaftlichkeit entsprechen. Die Transportverhältnisse im erzführenden Gebiet verdienen besondere Beachtung. Ist die Lagerstätte vom Hafen oder von anderen Verkehrswegen sehr weit entfernt, so darf nicht vergessen werden, daß die Transportkosten sogar einige Male höher als die Abbaukosten sein können und demzufolge auf die Wirtschaftlichkeit der Produktion einwirken werden. Bei minderwertigen Erzen können die Transportkosten eine besonders große Rolle spielen; Erze, die bei günstigen Transportverhältnissen als wirtschaftlich interessant betrachtet werden können, werden im Falle hoher Transportkosten nur als bedingte Bilanzreserven oder als Außerbilanzmassen behandelt werden.

Bei der wirtschaftsgeologischen Bewertung einer Mn-Lagerstätte müssen noch vor der Planung umfangreicher und eingehender Erkundung zumindest annähernd alle Elemente erfaßt werden, die die spätere Gewinnung der betreffenden Lagerstätte beeinflussen können.

III. Abbau

Manganerzlagerstätten werden im Tagebau und im Tiefbau (meist in geringer Teufe) gewonnen, wobei sowohl moderne Gewinnung, oft aber auch ganz primitive Gewinnungsverfahren angewendet werden. Da die Art der Manganerzkörper sehr verschiedenartig sein kann, sind dementsprechend auch die angewendeten Abbauverfahren sehr unterschiedlich. Man kann sagen, daß es kein besonderes, für Manganerzlagerstätten spezifisches Abbauverfahren gibt. Da die Möglichkeit einer einfachen und billigen Aufbereitung besteht, kann manchmal beim Abbau auch Bruchbau angewendet werden. Im allgemeinen zeichnen sich die bei Manganerzlagerstätten angewendeten Verfahren durch geringe Abbaukosten aus. Nur bei Lagerstätten, die chemisch verwertbare Erze oder Erze für die Herstellung elektrischer Batterien enthalten, wird oft selektiver Abbau angewendet. Das hat eine Erhöhung der Abbaukosten zur Folge, die jedoch die Erze mit Rücksicht auf ihren hohen Marktpreis vertragen können.

Der Abbau von Mn-Erzlagerstätten erfordert gewöhnlich nur unbedeutende spezifische Investitionen, insbesondere bei oberflächennahen oder unmittelbar an der Oberfläche anstehenden Lagerstätten.

IV. Aufbereitung

Die wirtschaftsgeologische Bewertung der Manganerzlagerstätten und Erze steht in enger Beziehung zum Verhalten des Erzes bei seiner späteren technologischen Verarbeitung und mit dem dabei erzielbaren wirtschaftlichen Erfolg.

Heute gibt es sehr wenige Mn-Erze, die unmittelbar in der Industrie verwendet werden können. Bevor die Erze auf den Markt gebracht werden, ist eine Verbesserung ihrer Qualität unerläßlich. Durch die Aufbereitung soll nicht nur der Mn-Gehalt im Erz oder im Konzentrat erhöht werden, sondern man trachtet auch den Anteil an schädlichen und unerwünschten Komponenten, vor allem an Phosphor, möglichst herabzusetzen und ein Erz mit einem günstigen Mn/Fe-Verhältnis zu gewinnen.

Bis zum Jahr 1950 wurden ganz einfache Aufbereitungsverfahren (Zerkleinerung, Sieben, Schwemmen) angewendet, wobei die Ausbringen klein waren. In den letzten Jahren werden durch die Entwicklung verschiedener Aufbereitungsverfahren viel größere Ausbringen erreicht (bis über 70—80%).

Folgende mechanische Verfahren werden heute vorwiegend bei der Anreicherung der Manganerze angewendet:

a) *Handscheidung* ist eine oft angewendete Art der Erzaufbereitung, besonders in Lagerstätten mit kleiner Produktion.

b) *Naßmechanische Erzaufbereitung* bei Lagerstätten mit tonigen oder erdigen Bergen. Durch Spülung mit Wasser werden die Berge von den kompakten Manganmineralen leicht getrennt. Sind die Manganminerale weich und brüchig, kann es bei der naßmechanischen Aufbereitung zu bedeutenden Manganverlusten im Schlamm kommen; diese Verluste sind besonders groß, wenn Waschanlagen benützt werden, in denen das Erzgut während der Wäsche stark zerrieben wird.

Diese Aufbereitungsverfahren gehören zu den einfachsten und billigsten; häufig werden sie kombiniert mit dem Klassieren und Sieben des Erzes, dessen einzelne Fraktionen (Klassen bestimmter Korngröße) sich durch den Metallgehalt unterscheiden lassen, so daß diese Fraktionen von der Grundmasse leicht getrennt werden können.

Das naßmechanische Aufbereitungsverfahren findet besonders bei Erzen Anwendung, die aus Psilomelan-Wad aufgebaut sind, ferner aus Pyrolusit, Vernadit, und vor allem dann, wenn diese Erze mit tonigem Material vermischt vorkommen.

c) *Schwerkraftkonzentration* ist ein sehr verbreitetes Verfahren für die Aufbereitung von Manganerzen. Dieses Verfahren eignet sich besonders für verhältnismäßig grobe Erzklassen (für Manganerze $-50+1$ mm), wenn der Anteil toniger Materiale nicht groß ist. Wird feinkörniges Erz durch Schwerkraftkonzentration angereichert, sind die Manganverluste groß.

Eine immer größere Anwendung bei der Anreicherung manganischer Erze finden in den letzten Jahren die Verfahren mit Schwerflüssigkeiten; bisher erzielte Resultate können als sehr zufriedenstellend bezeichnet werden.

Unter den Erzen, die durch Schwerkraft erfolgreich angereichert werden können, sind Pyrolusit, Braunit, Hausmannit und Manganit zu nennen.

d) Für die Anreicherung der Manganerze wird in neuerer Zeit *die Flotation* angewendet, meist in Kombination mit anderen Anreicherungsverfahren (Schwerkraftaufbereitung, naßmechanische Aufbereitung).

Von den Manganmineralien läßt sich am besten Rhodochrosit flotieren, von den Oxyden Pyrolusit. Karbonaterze können besonders erfolgreich flotiert werden, wenn das Erz außer Rhodochrosit keine anderen Karbonate enthält.

Das Flotationsverfahren kann auch angewendet werden, um Mn-Minerale aus dem nach der Wäsche hinterbliebenen Schlamm auszuscheiden, wodurch das gesamte Manganausbringen wesentlich erhöht werden kann. Durch die Ausscheidung kleiner Partikelchen von Mn-Mineralen, wie sie im Schlamm nach der Wäsche meist vorhanden sind, und die gewonnenen guten Konzentrate hat die Flotation die besten Zukunftsaussichten.

Als Hauptverfahren der Anreicherung wird die Flotation selten angewendet. Einzelne Produzenten von Mn-Konzentraten in den USA wenden Flotation als das Grundverfahren zur Anreicherung des Psilomelan-Wad-Erzes an, das primär 20% Mn enthält. Es sei jedoch bemerkt, daß dies ein sehr teures Verfahren ist (großer Reagensverbrauch).

e) *Magnetscheidung* findet bei der Anreicherung von Mn-Erzen immer noch eine beschränkte Anwendung (einzelne Lagerstätten in Montana, USA).

Unter den Manganmineralen weisen Psilomelan-Wad, Rhodochrosit und Vernadit eine etwas erhöhte Suszeptibilität auf, doch diese Eigenschaft der Minerale, die übrigens nicht besonders ausgeprägt ist, findet bisher keine breitere Anwendung in der Praxis. Versuche mit magnetisierender Röstung sind noch immer auf Laborarbeiten beschränkt.

Bei den meisten Lagerstätten wird nicht nur eines der möglichen mechanischen Aufbereitungsverfahren angewendet, sondern die Kombination einiger Verfahren, um dadurch die gesamten Manganausbringen zu erhöhen. Noch immer werden vorwiegend billige Verfahren angewendet (Handklauben, Waschen, Schwerkraftkonzentrationen). In großen Lagerstätten rentiert sich auch ein komplexes, teureres Verfahren. So wurden durch Errichtung der Flotationsanlagen in der Lagerstätte Tschiatur die Mn-Ausbringen auf über 85% erhöht — mit einer weiteren Aussicht auf eine Verlustverringerung.

Die Tatsache, daß einige industriell hochentwickelte Länder, vor allem die USA, innerhalb ihrer Staatsgrenzen keine Lagerstätten hochwertiger Mn-Erze haben, gab in den letzten Jahren einen Ansporn zu intensiver Arbeit an der Entwicklung neuer Verfahren, die die Möglichkeit der Auswertung auch ärmerer oder schwerer aufbereitbarer Mn-Erze ermöglichen sollten. Dabei werden Verfahren in Erwägung gezogen, die teuer sind und die sich in steigendem Maß den metallurgischen Anreicherungsverfahren nähern. So werden hydrometallurgische Verfahren, zum Teil auch magnetisierende Röstung eingeführt. Bei hydrometallurgischen Verfahren geht Mangan in Lösung, aus der es dann später wieder gefällt wird. Da diese chemischen Verfahren teuer sind, werden sie nur in beschränktem Maß angewendet (Gewinnung besonders hochwertiger Konzentrate für die Erzeugung des metallischen Mangans, ferner die Gewinnung des synthetischen aktiven Pyrolusites u. a.).

Verhältnismäßig arme karbonatische Mn-Erze werden oft erfolgreich durch Röstung angereichert. Dieses Verfahren findet in den USA besonderen Anklang. Im Laufe der letzten Jahre wird auch Sinterung und Agglomerierung von Mn-Konzentraten immer mehr eingeführt. Durch Agglomierung des Staubes wird unter anderem auch eine teilweise Ausscheidung der schädlichen und unerwünschten Komponenten erreicht (Pb, Zn). Für die Sinterung eignen sich besonders lockere Erze und Konzentrate.

V. Metallurgische Verarbeitung

Mangan wird in der Stahlindustrie als Ferromangan verwendet. Ferromangan wird aus Manganerzen und Mangankonzentraten in Hochöfen und Elektroöfen gewonnen, wobei Ausbringen von etwa 80 bis 85%, manchmal auch weniger, erreicht werden. Manganverluste, die bei der Verarbeitung der Manganerze entstehen, sind zum Teil an die Schlacke gebunden, zum Teil geht Mangan mit den Abgasen verloren. Deshalb ist für die Wirtschaftlichkeit der Verarbeitung der Anteil der Komponenten gesteinsbildender Minerale im Erz (SiO_2, Al_2O_3, CaO, MgO u. a.) besonders wichtig, denn sie bilden zusammen mit der Koksasche und den Schmelzreagenzien die Schlacke. Die Höhe der Manganverluste und der Energieverbrauch sind der Schlackenmenge direkt proportional. Wichtig ist bei diesen Prozessen auch die Zusammensetzung der Schlacke, die durch das Verhältnis $(CaO + MgO + BaO) : (SiO_2 + Al_2O_3)$ bestimmt wird. Je basischer die Schlacke ist, desto weniger Mangan wird sie enthalten (CaO und MgO vertreiben MnO aus der Schlacke und ermöglichen den leichteren Übergang des Mangans in das Metall). Sehr „saure“ Erze bzw. Erze mit einem hohen SiO_2-Gehalt sind für die Ferromangangewinnung nicht wirtschaftlich und demzufolge wenig geeignet. Am günstigsten ist es, wenn das Verhältnis $(CaO + MgO) : (SiO_2 + Al_2O_3)$ nahe dem Wert 1 liegt.

Für die Gewinnung von Ferromangan werden hochwertige Erze verwendet, aber auch Abfälle und Schlacke (das Verhältnis Mangan : Eisen im Manganerz soll annähernd mindestens 6 : 1 mit sehr niedrigem Phosphorgehalt sein).

Die Verarbeitung in Elektroöfen ist bedeutend teurer und wird nur in beschränktem Maß angewendet, hauptsächlich für die Gewinnung spezieller Ferromanganarten, ferner für die Erzeugung von Silikomangan und anderer wertvollerer Manganlegierungen.

Elektrolytisches Manganmetall wird aus hochwertigen Erzen und Konzentraten, auch aus Schlacke, gewonnen. Erfolglos blieben die Anstrengungen, zu diesen Zwecken auch Erz schlechterer Qualität zu verwenden, denn die Kosten waren dabei zu groß. Da die Produktionskosten erheblich sind, wird die elektrolytische Methode selten angewendet.

Es wurden Versuche gemacht, durch elektrolytische Verfahren auch ein synthetisches Manganoxyd zu erzeugen, wofür hochwertige und auch minderwertige Erze verwendet wurden. Die Produktionskosten waren jedoch sehr groß, deshalb wird synthetisches MnO_2 durch chemische Verfahren erzeugt.

Abschließend soll noch betont werden, daß derzeit, an erster Stelle in den USA, sehr intensive Untersuchungsarbeiten vorgenommen werden zur Ermittlung wirtschaftlicherer Verfahren der Ferromangangewinnung aus armen Erzen. Eines dieser Verfahren ist das Udy-Verfahren, bei dem mit Hilfe speziell konstruierter Elektroöfen angestrebt wird, Ferromangan unter Verwendung eines Silizium-Eisen-Mangan-Erzgutes geringer Qualität zu gewinnen. Alle diese Verfahren finden jedoch noch immer keine breitere Anwendung in der Industrie.

VI. Produktion und Rohstoffbasis der Welt

A. Metallurgische und bergmännische Produktion

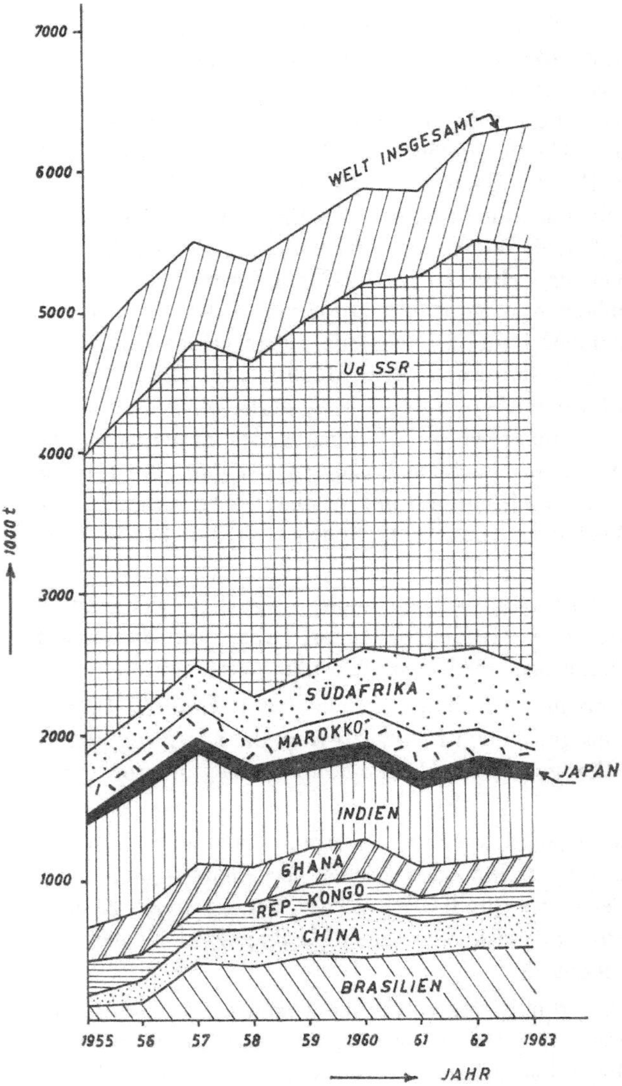

Abb. 11. Manganproduktion der Welt von 1955 bis 1963

Wie schon erwähnt wurde, wird die Hauptmenge der Manganerze in der Metallurgie für die Stahlerzeugung verwendet. Deshalb ist auch die Produktion des Mangans und der Manganlegierungen der Stahlerzeugung entsprechend.

In Anbetracht des Anstieges der Stahlproduktion, die in der nächsten Zukunft erwartet wird, wird angenommen, daß im Jahr 1980 etwa 12 Millionen Tonnen Mangan in Form verschiedener Legierungen erforderlich sein werden. Es ergibt sich also ein Anstieg des Verbrauches, der die Produktion der Jahre 1960 bis 1964 mehrmals übertrifft.

In den letzten Jahren wird ein ständiger Anstieg der Bergbauförderung beobachtet. Im Gegensatz zu der Produktion der Ferromanganlegierungen, die aus industriell hochentwickelten Ländern stammen, kommen die Erze, mit Ausnahme der Sowjetunion, aus Ländern, die eine sehr kleine oder überhaupt keine metallurgische Produktion an Ferromanganlegierungen haben. Die weitaus größte Grubenproduktion von Manganerzen der Welt hat die Sowjetunion, dann folgen Indien, Ghana und die Südafrikanische Union; in den letzten

Jahren steigt auch die Bedeutung der Grubenproduktion in Marokko, Brasilien und Mexiko. Abb. 11 zeigt die Entwicklung der Grubenproduktion von Manganerzen (mit über 30% Mn-Gehalt) in den wichtigsten Produktionsländern der Welt.

Der Anstieg der Manganerzförderung ist mit dem weiteren Anstieg der Stahlproduktion eng verbunden; der Manganverbrauch für die Stahlerzeugung hängt vom Mangangehalt im Eisenerz (ursprüngliches Mangan) ab. Es wird angenommen, daß außer dem ursprünglichen Mangan auch noch durchschnittlich etwa 5,5 kg Manganmetall je Tonne Stahl erforderlich sind. Der spezifische Verbrauch an Manganmetall im Erz (kg/t der Rohstahlproduktion) betrug in den Jahren 1946 bis 1961 zwischen 12 und 21 kg, der Durchschnittsverbrauch 17 kg.

Wenn bis zum Jahr 1980 die vorgesehene Stahlproduktion der Welt von etwa 700 Millionen Tonnen erreicht wird, kann man erwarten, daß die Jahresproduktion der Erze mit etwa 40% Mn-Gehalt im Erz ungefähr 40 Millionen Tonnen erreichen wird. Das ist etwas mehr als das Dreifache der Jahresproduktion in der Periode 1958 bis 1964.

B. Rohstoffbasis der Welt

In der Welt gibt es viele Manganerzlagerstätten, die in einigen wirtschaftlich wichtigeren metallogenetischen Provinzen angeordnet sind:

a) *Europa.* Die wichtigsten Manganlagerstätten befinden sich in der Sowjetunion in der Region Nikopolje; kleinere Lagerstätten gibt es auf der Balkanhalbinsel und in Portugal.

b) *Asien.* In diesem Kontinent befinden sich außerordentlich wichtige Manganerzlagerstätten. Zu den bedeutendsten Provinzen zählen Tschiatursko-Charska in der Sowjetunion (oligozäne sedimentäre Lagerstätten), dann die westsibirische Provinz mit sedimentären und metamorphen Lagerstätten. Von besonderer Bedeutung ist die große Manganprovinz in Indien (präkambrische metamorphe Lagerstätten und Verwitterungslagerstätten) wie auch die Lagerstätten der Provinz des Stillen Ozeans (Indonesien, Philippinen, zum Teil auch Japan).

c) *Afrika.* In Afrika gibt es mehrere Manganprovinzen, unter denen besonders wichtig sind: die nordafrikanische Provinz (sedimentäre Lagerstätten der oberen Kreide), ferner die westafrikanische Provinz (Ghana und die benachbarten Gebiete) und die südafrikanische Provinz (metamorphe Lagerstätten).

d) *Südamerika.* Wirtschaftlich wichtige Manganlagerstätten finden sich hauptsächlich in der großen brasilianischen Provinz (metamorphe Lagerstätte).

e) *Nordamerika.* Der Kontinent Nordamerika ist arm an Manganlagerstätten mit reichen Erzen. Eine geringe wirtschaftliche Bedeutung hat die Provinz Mexiko.

Die Weltreserven der Manganerze sind nur annähernd bekannt, und zwar deshalb, weil allgemein gültige Kriterien für die Vorratsberechnung und Bewertung und besonders für die Begriffsbestimmung der Bilanzerzkategorien bisher fehlen; außerdem veröffentlichen manche Länder, vor allem die Sowjetunion, keine Angaben über ihre Erzreserven, so daß die angeführten Reserven hauptsächlich auf subjektiven Beurteilungen beruhen. Abgesehen davon besteht jedoch kein Zweifel, daß sich die größten Bilanzreserven des Mangans in der Sowjetunion befinden (hauptsächlich in den Lagerstätten Nikopolje und Tschiatur), dann in Indien, Gabun, Brasilien, in der Südafrikanischen Union und in China. Größere Reserven an Manganerzen für die Herstellung von Batterien (peroxydische Manganerze) besitzen die Sowjetunion (Lagerstätte Tschiatur) und Ghana; auf Kuba und in Marokko befinden sich bedeutende Vorräte an Manganerzen für die chemische Industrie.

Tab. 25 gibt einen Überblick über die Erzreserven der Welt und der einzelnen Länder; die angeführten Angaben beziehen sich hauptsächlich auf Bilanzerze.

Tabelle 25. *Manganerzreserven der Welt*
(in Millionen Tonnen, 1957)

Land bzw. Kontinent	Mn-Gehalt %	Erzreserven
UdSSR	20—50	625
Schweden	etwa 45	0,5
Italien	25—45	1,5
Ungarn	etwa 25	4,0
Portugal	etwa 25	10,0
Rumänien	etwa 25	10,0
Europa		660,0
Gabon	48—50	100,0
Marokko	25—45	50,0
Südafrikanische Union	37—52	60,0
Ghana	52	10,0
„	etwa 25	20,0
Kongo	25—45	30,0
Ägypten	etwa 25	10,0
Afrika		300,0
Indien	45—52	112,0
China	47—52	50,0
Philippinen	25—50	6,0
Türkei	25—50	1,0
Indonesien	45—50	10,0
Japan	etwa 25	16,0
Asien		200,0
Kuba	20—45	2,0
Mexiko	45	5,0
USA	35	1,0
Brasilien	45—51	63,0
Amerika		75,0
Insgesamt		1235

In vielen Ländern gibt es beträchtliche Mengen armer Außerbilanzreserven (Indien, Brasilien u. a.). In Anbetracht der geologischen Bedingungen und der verhältnismäßig geringen Stufe der bisherigen Erkundung der einzelnen Weltteile, an erster Stelle des Kontinentes Afrika, kann eine weitere Vergrößerung der Manganrohstoffbasis angenommen werden. Andererseits, mit dem Fortschritt technologischer Verarbeitungsverfahren wird auch die Verarbeitung ärmerer Mn-Erze möglich sein. Auf diese Weise wird die Welt ihren Manganerzbedarf decken können.

VII. Preis von Mn-Erzen

Die Preise für Mn-Erze auf dem Weltmarkt basieren gewöhnlich auf der Longton für 1%Mn (Metalleinheit %Mn/Longton). Andere Komponenten (SiO_2, P, Pb, Zn u. a.) können gewisse Schwankungen des Grundpreises verursachen.

In den Jahren von 1953 bis 1958 schwankten die Preise für Mn-Erz mit 48 bis 50% Mn zwischen $ 0.84 und $ 1.72. Nach dem Jahre 1958 ist der Preis stark gefallen. In der Periode von 1962 bis 1964 schwankte der Preis für 48%iges Erz zwischen $ 0.65 und $ 0.80 pro Metalleinheit.

VIII. Die wirtschaftsgeologische Bewertung der Erze und Lagerstätten

Die Hauptkomponenten für die wirtschaftsgeologische Bewertung einer Mn-Lagerstätte sind die Erzqualität und die Reserven wie auch die Abbaubedingungen und die für die Lagerstätte spezifischen Faktoren, von denen die Transportverhältnisse besonders wichtig sind.

A. Qualität der Erze

Die Qualität der Mn-Erze richtet sich hauptsächlich nach den Anforderungen der Industrie. Dabei ist neben der chemisch-mineralogischen Zusammensetzung des Erzes auch die Aufbereitbarkeit des Erzes sehr wichtig.

Für die Bestimmung der einzelnen Komponenten in den Manganerzen gibt es keine einheitlichen Normen. Dieser Umstand ist bei der wirtschaftsgeologischen Beurteilung der Lagerstätten zu berücksichtigen. Je nach den angewandten technologischen Verfahren der Erz- und Konzentratverarbeitung stellen die Verbraucher der Manganerze unterschiedliche Anforderungen an den Gehalt der einzelnen Komponenten im Erz, und zwar nicht nur in bezug auf die schädlichen Komponenten, sondern auch auf den Mangangehalt. In Kaufverträgen werden Bedingungen über die Erzqualität und Preise festgelegt.

Die Qualität der Manganerze und die Anforderungen der Industrie in bezug auf den Erzinhalt hängen grundsätzlich vom Verwendungszweck des Erzes ab.

Metallurgische Erze werden nach dem Anteil einzelner Komponenten im Erz in mehrere Gruppen eingeteilt: Tab. 26 gibt Aufschluß über die allgemeinen Charakteristiken der einzelnen Erzarten auf Grund der vorhandenen Erzklassifikation in der Sowjetunion.

Reiche, nicht anreicherungsbedürftige Erze sollten den folgenden Bedingungen entsprechen (die angeführten Angaben sind nur Richtwerte):

a) Oxydische und karbonatische Erze mit mindestens 44% Mn, höchstens mit 15% SiO_2 bei einem Mn/Fe-Faktor über 6 und höchstens mit 0,15 bis 0,2% P. Erwünscht ist, daß der P-Gehalt pro 1% Mn 0,003% nicht überschreitet.

Bei karbonatischen Erzen beziehen sich die angeführten Angaben auf deren Abröstungsprodukte (Glühprodukte).

Die mineralischen Rohstoffe (Erz, Konzentrat, Sinter), die für die Staatslagervorräte („Stockpile“) in den USA gekauft werden (Festlegung vom 14. 3. 1958), sollen folgende chemische Zusammensetzung haben (im Trockenzustand; Tab. 27).

Tabelle 26. *Art der metallurgischen Erze* (Erzklassifikation der UdSSR)

Erztypen	Mn-Gehalt	Mn : Fe	P-Gehalt auf 1% Mn %
I. Manganerze			
a) *Silikatische*			
1. Nicht aufbereitungsbedürftig	mindestens 30—35%	min. 6—7	0,0030
2. Leicht aufbereitbare Erze	„ 10—15%	min. 6—7	0,0035
3. Aufbereitung mit Vorbrechen	„ 20—25% (in Konz.)	min. 6—7	
4. Schwer aufbereitbar	20%, bei mindestens Mn-Fe 25%	6—2	max. 0,015
b) *Kalkige*, nicht aufbereitbar	mindestens 8—10%	7—4	max. 0,005
II. Eisen-Mangan-Erze			
1. Keine Aufbereitung nötig	10—30%, 15—50% Fe bei Mn+Fe 40—60%	—	max. 0,005 max. 0,005
2. Leicht aufbereitbare Erze	Mn+Fe mindestens 20—30%	—	max. 0,005 (in Konz.)
3. Schwer aufbereitbare Erze	mindestens 12%	—	max. 0,015
III. Manganführende Eisenerze			
1. Keine Aufbereitung nötig	4—10%; 35% Fe	—	max. 0,05
2. Werden nach Brechen aufbereitet (Oxyderze)	5—10%; Fe min. 30%	—	(in Konz.)
3. Manganosiderit	mindestens 4%; etwa 40% Fe	—	(in Konz.) (im Erz)

Tabelle 27. *Zusammensetzung von Mn-Erzen und -Konzentraten für „Stockpile" in den USA*

Komponente		P-30-R	P-30-R1	P-30-R	P-30-R1
Mn, Minimum	%	46,0	46,0	40,0	44,0
Fe, Maximum	%	8,0	8,0	16,0	12,0
$SiO_2 + Al_2O_3$, Maximum	%	12,0	12,0	15,0	15,0
P, Maximum	%	0,18	0,18	0,30	0,24
Cu + Pb + Zn, Maximum	%	0,10	0,20	1,00	0,30

Tabelle 28. *Normen der UdSSR für Manganerze und für Ferromangan*

Art	Mn %	SiO_2 %	Mn : Fe	P %
I—A	über 50	bis 9	mindestens 8—10	bis 0,18—0,20
I—B	40—50	9—15	„ 6— 7	„ 0,14—0,17
II—	35—40	15—25	„ 4— 5	„ 0,20
III	30—35	25—35	„ 3— 4	„ 0,15

Tabelle 29. *Normen der Sowjetunion für Manganerze für die Erzeugung von Spiegeleisen*

Art	Mn + Fe %	Mn : Fe	SiO_2 %	P %
I	50—60	1,5—0,6	bis 15	bis 0,09—0,18
II	40—50	2,0—0,8	15—25	„ 0,08—0,15
III	30—40	2,5—1,0	25—35	„ 0,07—0,12

Die Normen der Sowjetunion für Erze erlauben größere Abweichungen des Gehaltes an einzelnen Komponenten (Tab. 28).

b) Eisenmanganerze mit 40 bis 60% Fe + Mn, mit höchstens 25% SiO_2 und höchstens 0,2% P, und Manganerze mit mindestens 25% Mn, höchstens 40% SiO_2 und höchstens 0,2% P.

Die Erze dieser Gruppe werden in der Spiegeleisen- und Silikonspiegeleisenindustrie verwendet. Die Normung der Sowjetunion für solches Erz ist in Tab. 29 angeführt.

c) Eisenmanganerze mit mindestens 35% Fe + Mn und Manganerze mit 20 bis 30% Mn und höchstens 20% SiO_2.

Diese Erze verwendet man für die Roheisenerzeugung. Zu dieser Gruppe gehören Erze, die die geringste industrielle Bedeutung haben.

Bei Erzen, die aufbereitet werden müssen, muß für jede Lagerstätte der Erzinhalt und die Wirtschaftlichkeit ihrer Förderung einzeln beurteilt werden. Ist das Erz leicht aufbereitbar, kann es wirtschaftlich interessant sein, auch sogar dann, wenn das Erz nur 25 bis 30% Mn-Gehalt fühst (große Reserven von Erzen mit tonigen oder lockeren Bergen, die durch Wäsche oder durch einfache Schwerkraftkonzentration leicht beseitigt werden können).

Chemisches Erz. Verwendung in der chemischen Industrie (chemische Präparate, Farben, Trockenbatterien, farbloses Glas u. a.) finden peroxydische Erze, an erster Stelle pyrolusitische Erze mit aktivem Sauerstoff. Die Anforderungen der chemischen Industrie in bezug auf die Qualität der chemischen Erze sind meist wie folgt (Richtwerte):

1. Das Erz soll mindestens 80% MnO_2-Gehalt aufweisen (umgerechnet auf metallisches Mangan mindestens 50%); selten werden als minimaler MnO_2-Gehalt 75% toleriert;
2. Eisengehalt bis zu 4% Normung der UdSSR;
3. Ca-Gehalt soll 2 bis 3% nicht überschreiten;
4. Nickel-, Kobalt- und Arsenanteil wird als schädlich betrachtet (nur Spuren sind gestattet);
5. Cu-Gehalt bis zu 0,2%.

Tabelle 30. *Zusammensetzung von Mn-Erzen und -Konzentraten für die chemische Industrie in den USA*

Komponente		Typ A	P-81	P-81-R
MnO_2, Minimum	%	80	85	82
Mn, Minimum	%			53
Fe, Maximum	%	3,0	3,0	3,0
SiO_2, Maximum	%		3,0	5,0
Al_2O_3, Maximum	%		3,0	3,0
P, Maximum	%		0,1	0,2
As, Maximum	%		0,05	0,1

Beim Kauf von Manganerzen und -konzentraten für Staatslagervorräte der USA (28. 10. 1957) zum Einsatz in der chemischen Industrie (Herstellung von Permanganat und Oxydans in den chemischen Prozessen) wird die folgende chemische Zusammensetzung (im Trockenzustand) gefordert (Tab. 30).

In Tab. 31 sind die französischen Normen für chemische Erze angeführt.

Korngröße. Bezüglich der Korngröße der Erze werden keine besonderen Anforderungen gestellt. Als obere Grenze wird meist 100 mm genommen, der Feinkornanteil soll möglichst klein sein.

Tabelle 31. *Französische Normen für chemisches Erz*

Art	MnO_2 (%)	SiO_2 (%)	Fe (%)
RP 6	über 92	unter 3	unter 0,5
RP 5	90—92	„ 4	„ 1,0
RP 4	84—90	„ 5	„ 1,5
RP 3	80—84	„ 6	„ 2
RP 2	75—80	„ 8	„ 2

Bei der Beurteilung der Qualität des Erzes oder Konzentrates in einer bestimmten Lagerstätte und der Absatzmöglichkeit der Erze bzw. Konzentrate auf dem Markt ist nicht außer acht zu lassen, daß der Verkauf des Erzes oder Konzentrates auch von den geschäftlichen Vereinbarungen abhängt. Durch Mischung des Erzes mit anderen entsprechenden Erzen kann der erwünschte Anteil an einzelnen Komponenten erreicht werden.

B. Erzreserven

Die Ausdehnung der Manganlagerstätten, besonders hydrothermaler Manganlagerstätten, ist meist klein. Bei der Einschätzung der minimalen Erzreserven einer Lagerstätte soll neben den allgemeinen technisch-wirtschaftlichen Faktoren (Abbaubedingungen, Transportverhältnisse, Preise u. a.) auch besonders berücksichtigt werden, daß Manganerze oft durch einfache Verfahren angereichert werden können, und ferner, daß die notwendigen Investitionen für die Gewinnung größerer Manganlagerstätten verhältnismäßig sehr klein sind. Deshalb können die minimalen Manganerzreserven auch nur etwa einige zehntausend Tonnen Erz betragen, manchmal sogar auch weniger (bei Lagerstätten mit chemischem Erz unter günstigen Abbaubedingungen sogar nur 3000 bis 5000 t gewinnbarer Erze).

Auf Grund der Metallreserven in Manganlagerstätten lassen sich einige Gruppen unterscheiden:

sehr kleine Lagerstätten		bis zu 5000	Tonnen	Manganmetall
kleine Lagerstätten	5000 bis	50000	„	„
mittelgroße Lagerstätten	50000 bis	250000	„	„
große Lagerstätten	250000 bis	1000000	„	„
sehr große Lagerstätten		über 1000000	„	„

Diese Grenzen kennzeichnen nur die Größenordnung und beziehen sich auf das gewinnbare Metall.

C. Abbaubedingungen

Die meisten heute im Abbau stehenden Manganlagerstätten haben Ausbisse oder liegen oberflächennahe, haben also im allgemeinen günstige Abbauverhältnisse. In Anbetracht der verhältnismäßig kleinen Investitionen für den Bergbau kann auch bei sehr geringer Kapazität gearbeitet werden. Bei günstigen Transportverhältnissen und wenn durch Handklassierung hochwertiges Erz wirtschaftlich gewonnen werden kann, wird sich der Aufschluß auch solcher Gruben lohnen, bei denen eine Jahresförderung von nur einigen 10000 t Erz vorgesehen ist. Wenn aber das Erz komplexere Aufbereitungsverfahren erfordert und deshalb größere Investitionen für den Abbau und für Aufbereitungsanlagen angelegt werden müssen, steigt die Jahresförderung bedeutend (Größenordnung: 25000 bis 30000 t).

D. Transportverhältnisse

Die Entfernung der Lagerstätte von den Verkehrswegen oder von den Verbrauchern spielt für die Wirtschaftlichkeit der Erzlagerstätte eine große Rolle. Wie bei manchen Erzen können auch bei Manganlagerstätten die Abbaukosten wesentlich niedriger sein als die Transportkosten. Deshalb sind die Transportkosten oft für die Abbauwirtschaftlichkeit einer Lagerstätte mit armen Erzen ausschlaggebend. Aus diesem Grunde müssen die Transportverhältnisse bei der Beurteilung der Abbauwürdigkeit einer Lagerstätte eingehend erwogen werden.

Literatur

Berg, G., F. Friedensburg, 1942: Mangan. Die metallischen Rohstoffe. Stuttgart: F. Enke.

Betehtin, A. G., 1946: Wirtschaftlich wichtige Mn-Erze. (Promischlenie marganzewie rudi SSSR, russisch.) Moskau.

DeHuff, G. D., 1960: Manganese. In: Mineral Facts and Problems. Bureau of Mines Bull. 585, Washington.

Judenitsch, G. I., 1955: Aufbereitung von Fe- und Mn-Erzen. (Obogaschtschenie zhelesnich i marganzewich rud, russisch.) Moskau: Metalurgizdat.

Mangan (Marganez), 1947: Anforderungen der Industrie an die Qualität mineralischer Rohstoffe. (Trebowanie promischlenosti k katschestvu mineral. sirja, russisch.) Moskau: Gosgeolizdat.

Manganese, 1952: Materials Survey. Bureau of Mines, Washington.

Rosin, M. S., 1963: Mangan (Marganez). Mineralvorräte kapitalistischer Länder. (Mineralnie ressurssi kapitalistitscheskich stran, russisch.) Moskau: Gosgeoltechizdat.

Symposium Sobre Yacimientos Manganeso, 1956: XX Congresso Geol. Intern., Mexico.

Welsh, J. Y., 1957: Manganese From Low-Grade Ores by the Ammonium Carbamate Process. J. Metals **9**, No. 6.

Chrom

Chrom gehört zu den strategisch wichtigen Metallen. Deshalb haben Chromiterze und Chromitlagerstätten, die die wichtigsten Rohstoffe für die Chromproduktion darstellen, eine ganz besondere wirtschaftliche Bedeutung.

Ein Großteil der Cr-Produktion wird für metallurgische Zwecke verwendet (50 bis 55% der Gesamtproduktion), ein kleinerer Teil dient zum Einsatz in der feuerfesten Industrie (etwa 35%), und nur verhältnismäßig geringe Mengen finden in der chemischen Industrie Verwendung.

I. Erze und Lagerstätten

A. Minerale und Erze

Chrom kommt in der Erdkruste zu etwa 99% in Form von Oxyden vom Spinelltyp vor. Aber allein *Chromit* ist von wirtschaftlicher Bedeutung.

Die Chromspinelle entsprechen ihrer Zusammensetzung nach der folgenden Formel:

$$R''O \cdot R_2'''O_3$$

Zu den R''O-Komponenten, die als isomorphe Beimengung auftreten, zählt an erster Stelle MgO, dann FeO, weniger MnO, nur ausnahmsweise ZnO und in ganz unbedeutenden Mengen NiO und CoO. Zu den $R_2'''O_3$-Komponenten zählen Cr_2O_3, Al_2O_3 und Fe_2O_3 (Abb. 12).

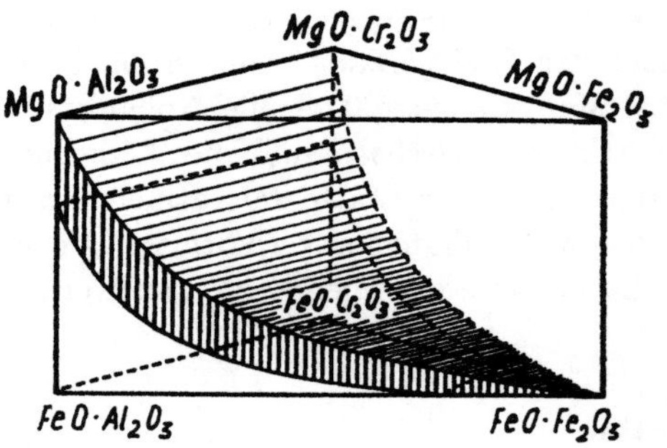

Abb. 12. Spinell-Dreistoffsystem mit dem vorherrschenden Isomorphiegebiet (R. E. Stevens)

Der Cr_2O_3-Gehalt im Chromit bzw. in den Chromspinellen schwankt und hängt vom Anteil der erwähnten isomorphen Komponenten ab. Deshalb ist auch der Cr/Fe-Faktor in den Chromspinellen veränderlich, was bei der wirtschaftsgeologischen Bewertung der Lagerstätten sehr wichtig ist. Chromspinelle, die ihrer Zusammensetzung nach dem Chromit entsprechen ($FeCr_2O_4$), enthalten 67,8% Cr_2O_3, 32,2% FeO; der Cr/Fe-Faktor ist 2 : 1. Chromiterze mit diesem Cr/Fe-Faktor werden heute in der Ferrochromerzeugung nicht verwendet. Weil in Chromspinellen das Magnesium an Stelle eines bedeutenden Teiles von FeO treten kann, ist auch der Cr/Fe-Faktor veränderlich und entsprechend höher (über 2,5%, ja sogar bis zu 5%). Der Anteil der einzelnen Komponenten in den Chromspinellen schwankt gewöhnlich in folgenden Grenzen:

Cr_2O_3	13,9 bis 65%,	gewöhnlich	33 bis 55%
Al_2O_3	0 bis 30%,	,,	4 bis 20%
Fe_2O_3	0 bis 30%		
FeO	6 bis 18%		
MgO	10,44 bis 32,46%		

Im Laufe der Metamorphose zerfallen die Chromspinelle allmählich bzw. werden umgewandelt. Diese Umwandlungen zeigen sich zuerst an den Rändern der Chromerzkörner, oft auch längs der Verwachsungen, und breiten sich allmählich gegen die Kornmitte zu aus. Als chemischer Prozeß betrachtet, bestehen diese Veränderungen darin, daß FeO in Fe_2O_3 übergeht, zum Teil gehen Al_2O_3 und unbedeutend MgO verloren. Deshalb wird das Verhältnis der Komponenten $R''O : R_2'''O_3$ bei umgewandelten Chromspinellen von dem für unveränderte Chromspinelle charakteristischen Verhältnis 1 : 1 abweichen.

Nach dem Inhalt der einzelnen Komponenten der Chromspinelle lassen sich mehrere Varietäten dieses Minerals unterscheiden; in Tab. 32 ist die Klassifikation der Chromspinelle nach A. K. Boldirev angeführt.

Von den in Tab. 32 angeführten Mineralen sind Magnesiochromit, Chrompicotit mit einem hohen Cr/Fe-Faktor und Alumochromit industriell am wichtigsten. Die Kenntnis über den Anteil der einzelnen isomorphen Beimengungen im Chromspinell ist praktisch sehr wichtig, denn von diesem Anteil hängt nicht nur die Verwendung der Chromspinelle, sondern auch die Möglichkeit der Verbesserung der Erzqualität durch Aufbereitung ab.

Tabelle 32. *Klassifikation der Chromspinelle* (nach A. K. BOLDIREV)

Dreiwertige Elemente	Zweiwertige Elemente		
	Mg	Fe''	Mg, Fe''
Al	Spinell	Hercinit	Pleonast
Fe'''	Magnoferrit	Magnetit	Magnomagnetit
Cr	Pikrochromit	Chromit	*Magnesiochromit*
Al, Cr	Chromspinell	*Alumochromit*	*Chrompicotit*
Fe''', Cr			Magnoferrichromit
Al, Fe''', Cr ...	Ferrichromspinell		Ferrichrompicotit

Die Zusammensetzung der Chromspinelle steht in engem Zusammenhang mit der chemischen Zusammensetzung des Magmas. Obwohl auf diesem Gebiet noch viele Probleme ungelöst sind, kann an Hand der Studien von T. P. THAYER angenommen werden, daß das Verhältnis $Cr_2O_3 : Fe_2O_3 : Al_2O_3$ bei Chromspinellen vom Verhältnis $Cr_2O_3 : Fe_2O_3$ im Magma und vom Al_2O_3-Überschuß, der nach der Bildung von $CaO + Na_2O$ zurückblieb (d. h. Al_2O_3-Überrest nach der Bildung des Anorthits), abhängt. So stellte T. P. THAYER die folgenden wechselseitigen Beziehungen fest:

Chromite reich an Cr_2O_3 (arm an Al_2O_3):	Dunite, Peridotite arm an Eisen und Aluminium
Chromite reich an FeO (Cr_2O_3-Gehalt meistens niedrig):	Pyroxenite Fe-reich, aber Al-arm
Chromite reich an Al_2O_3 (Cr_2O_3-Gehalt niedrig):	Peridotite mit Feldspat

Aus diesen Gründen kann die Zusammensetzung der Chromspinelle in ein und demselben Massiv in den einzelnen Zonen auch verschieden sein. So stellte G. VAN DER KAADEN fest, daß in den südwestlichen chromitführenden Revieren der Türkei die Chromspinelle in den dachnahen Regionen höheren Al-Gehalt haben, während dieses Verhältnis in den tieferliegenden Teilen der basischen Massive umgekehrt ist. Den kleinsten Al-Gehalt haben Chromspinelle aus Dunit, etwas größer ist er bei Chromiten aus Harzburgit und Enstatit-Dunit; der Al-Gehalt ist am größten bei Chromiten, die in der Region auftreten, wo Gabbro vorherrscht.

Alle *Chromiterze* können in zwei Gruppen eingeteilt werden: kompakte und Sprenkelerze. Die Erze sind meistens mittel- oder feinkörnig, viel seltener grobkörnig.

Kompakte Erze enthalten außer Chromspinellen auch Beimengungen von Serpentin, Chlorit, ferner verschiedene Karbonate und andere Minerale, gewöhnlich 5 bis 10% der Gesamtmasse. Kompakterze werden gewöhnlich nicht mechanisch angereichert; ihre Anwendung hängt ausschließlich von der Zusammensetzung der sie aufbauenden Chromspinelle ab.

Dem Cr_2O_3-Gehalt nach werden Chromerze in drei Klassen eingeteilt:

Erze I. Klasse .... über 48% Cr_2O_3
Erze II. Klasse .... 42 bis 48% Cr_2O_3
Erze III. Klasse .... unter 42% Cr_2O_3

Nach der sowjetischen Klassifikation werden die Chromiterze in mehrere Arten und Marken eingeteilt (Tab. 33).

Tabelle 33. *Klassifikation der Chromiterze in der Sowjetunion*

Marke	Art	Cr_2O_3 Gehalt %	Cr : Fe	SiO_2, %
Erze mit niedrigem Eisengehalt	I	60 und mehr	3,0	unter 6,0
	II	56—59		
	III	50—55		
	IV	45—49		
	V	40—44		
	VI	60 und mehr	2,8	unter 6,0
	VII	50—59		
	VIII	50—54		
	IX	46—49		
	X	40—45		
Erze mit relativ hohem Eisengehalt	XI	40—44	2,3	unter 8,5
	XII	35—39		
	XIII	32—34		
Eisenreiche Erze	XIV	35—39	1,8	unter 11,0
	XV	32—34		

B. Wirtschaftlich wichtige Lagerstättentypen

Wirtschaftliche Cr-Konzentrationen werden, im Gegensatz zur Mehrzahl der anderen Metalle, fast ausschließlich in intramagmatischen Gebieten in engem Zusammenhang mit den Prozessen der Magmendifferenzierung gebildet; Alluvionen mit Chromit sind nur ausnahmsweise wirtschaftlich interessant.

1. Stratiforme Lagerstätten (schichtförmige Lagerstätten)

Stratiforme Lagerstätten entstanden als Folge einer Segregation, wobei die Gravitationsdifferentiation manchmal auch Strömungen im Magma von großer Bedeutung sind. Räumlich sind sie an basische und ultrabasische Gesteine gebunden.

Stratiforme Lagerstätten haben die Form von Platten mit schwankender Mächtigkeit (0,1 bis 3 bis 4 m), im Streichen können sie oft mehrere Kilometer verfolgt werden. In erzführenden Massiven nehmen die stratiformen Lagerstätten bestimmte „Horizonte" ein; in vielen Lagerstätten sind mehrere Chromitbänder und -platten vorhanden, die zueinander parallel liegen, so daß es zu einer rhythmischen Wechsellagerung von Chromitkonzentrationen und Nebengestein kommt.

Die Erzkörper können aus kompakten Erzen, aber auch aus armen Imprägnationen aufgebaut sein (Sprenkelerze). Die Qualität des Erzes bzw. der Gehalt an

Cr_2O_3 aus Lagerstätten dieses Typus schwankt sehr (meist unter 42% Cr_2O_3-Gehalt); nur in einzelnen Lagerstätten oder Teilen großer chromitführender Massive kann der Cr_2O_3-Gehalt auch über 46% betragen. Erze aus stratiformen Lagerstätten haben gewöhnlich einen hohen Fe-Gehalt, so daß der Cr/Fe-Faktor niedrig ist (vorwiegend innerhalb der Grenzen von 1,5 bis 2,5); nur ausnahmsweise kommen in solchen Lagerstätten auch größere Erzpartien vor, in denen der Cr/Fe-Faktor 3 überschreitet. Der Al_2O_3-Anteil in den Erzen aus diesen Lagerstätten ist gewöhnlich niedrig.

Die Chromitreserven in stratiformen Lagerstätten können außerordentlich groß sein. Zu den Lagerstätten dieses Typus zählen auch die größten Chromitlagerstätten der Welt: Great Dyke und Selukwe in Südrhodesien, Bushweld in der Südafrikanischen Union, Stillwater in den USA; sie alle enthalten große Massen minderwertiger Erze.

2. Podiforme Lagerstätten (sackförmige Lagerstätten)

Podiforme Lagerstätten, wie sie T. Thayer benannt hat, sind unter etwas anderen Verhältnissen als die stratiformen Typen entstanden und zeichnen sich durch besondere Qualität und Art des Erzes aus.

Räumlich (und auch genetisch) sind die Lagerstätten an ultrabasische Gesteine gebunden, vor allem an Dunite oder ihre Umwandlungsprodukte (Serpentinit- und Talkkarbonatgesteine). Gewöhnlich treten sie in Form von langgezogenen Linsen oft großen Ausmaßes mit jähem Übergang in das Nebengestein oder in Form von unregelmäßigen Erzkörpern auf. Im Gegensatz zu stratiformen Lagerstätten ist bei den podiformen Lagerstätten keine Gesetzmäßigkeit ihrer räumlichen Anordnung zu erkennen; in einzelnen Massiven ist ein Zusammenhang mit den tieferliegenden Teilen bzw. mit den an Dunit reicheren Teilen zu erkennen; diese Beziehungen sind aber nicht immer deutlich sichtbar.

Der Cr_2O_3-Gehalt in den Erzen dieser Lagerstätten ist sehr veränderlich — von 15% bis über 50%; auch innerhalb eines Erzkörpers müssen die Cr_2O_3-Konzentrationen nicht gleichmäßig sein. Der Anteil der armen Sprenkelerze kann manchmal in Erzkörpern, die über 46 bis 48% Cr_2O_3 enthalten, sehr klein sein.

Das Erz aus solchen Lagerstätten kann auch veränderliche Fe-Konzentrationen aufweisen, so daß der Cr/Fe-Faktor auch 2,0 bis 2,5 sein kann. In der Mehrzahl der Lagerstätten jedoch ist der Cr/Fe-Faktor höher, gewöhnlich 2,8 bis 3,5, der Mittelwert ist etwa 3,0. Daher stellen die Erze aus diesen Lagerstätten gewöhnlich einen hochwertigen Rohstoff für die Gewinnung von Ferrochrom dar; Chromspinell ist meistens ein Magnesiochromit.

Die Erzkörper in Harzburgiten oder in Teilen mit einem größeren Anteil an Pyroxenit und Gabbro weisen oft hohe Al_2O_3-Konzentration auf; Chromspinell kommt in Form von Alumochromit vor, seltener als Chrompicotit.

Die Ausmaße der Erzkörper in diesen Lagerstätten sind sehr veränderlich. Sie schwanken von 100 bis 200 Tonnen bis 3 bis 4 Millionen Tonnen Chromiterz. Bei der Bewertung der Erzgebiete und erzführenden Reviere muß mit einer starken Veränderlichkeit der Größe und der Form der Erzkörper, aber auch mit der Anhäufung von Erzkörpern in bestimmten Massivteilen gerechnet werden.

Als Produzenten von hochwertigem Chromerz können Lagerstätten dieses Typus wirtschaftlich sehr bedeutend sein. Solche Lagerstätten befinden sich in der

Sowjetunion (Kempirsaj, Saranovsko, Schordzinsko usw.), in Kleinasien (Guleman usw.), auf der Balkanhalbinsel (Raduscha, Xerolivado usw.), auf Kuba, den Philippinen, in Iran und Pakistan.

3. Seifenlagerstätten

Neben primären gibt es auch eluviale und alluviale Lagerstätten. Da der Chromit chemisch beständig und mechanisch sehr widerstandsfähig ist, besteht die Möglichkeit, daß sich durch den Zerfall primärer Lagerstätten gewisse Konzentrationen von Chromspinellen auch in Ablagerungen bilden. Meistens entstehen solche Lagerstätten in der unmittelbaren Nähe der primären Lagerstätten; in den von den Ausbissen weiter entfernten Seifen ist die Chromitanreicherung oft sehr gering. Nur ausnahmsweise kann es zu einer etwas bedeutenderen Konzentration kommen, auch nach einem verhältnismäßig langen Transport, wie es bei dem Chromit in den Sanden von Ulcinj in Jugoslawien der Fall ist.

Die Mächtigkeit der chromitführenden Ablagerungen, die wirtschaftlich interessant sind, ist gewöhnlich 0,5 bis 3 m, ausnahmsweise auch 10 bis 15 m (Kempirsaj). Der Cr_2O_3-Gehalt schwankt, meistens ist er 3 bis 30%, im Mittel etwa 15% (Great Dyke).

Die Chromitreserven können bedeutend sein. In der Great-Dyke-Zone betragen die Reserven etwa 55 Millionen Tonnen Chromit.

Zu den chromitführenden Seifen, die auch wirtschaftlich bedeutend sind, zählen die erwähnten Lagerstätten der Great-Dyke-Zone in Südrhodesien und Kempirsaj in der Sowjetunion.

II. Suche und Erkundung

Das Ausmaß der Erkundungsarbeiten, das Risiko und die Investitionen stehen in engem Zusammenhang mit dem Typus der Lagerstätten.

Da bei stratiformen Typen eine deutliche Gesetzmäßigkeit der Erzkörperformen besteht, kann auch die Dichte der Erkundungsarbeiten geringer sein, so daß auch die nötigen Investitionen verhältnismäßig klein sind. Das Ausmaß der Erkundungsarbeiten ist mit den wirtschaftlichen Bedingungen der künftigen Ausbeute eng verbunden (Erzqualität, Kapazität, Profit); zur Sicherung größerer Reserven ist ein größerer Umfang von Erkundungsarbeiten nötig, wobei die Erkundungsarbeiten in der Regel dem Streichen der erzführenden Zone folgen.

Die Erkundung der sackförmigen Lagerstätten ist weitaus komplizierter, denn eine gesetzmäßige Anordnung der Erzkörper im umgebenden Gestein ist äußerst selten ausgeprägt. Daher werden die Erkundungsarbeiten oft mit großem Risiko und mit bedeutenden Investitionen ausgeführt. Bei einer systematischen Erkundung eines Gebietes werden bis 10 bis 15% des Gesamtwertes der Bergbauproduktion für die Erkundung ausgegeben, besonders für die Erkundung „blinder“ Erzkörper. In Anbetracht des so hohen Risikos der Erkundungen ist zu trachten, solche Untersuchungen manchmal „a fond perdu“ durchzuführen.

Wichtig für die Bewertung von Chromlagerstätten sind in erster Linie die geologischen Eigenarten (Ausdehnung der ultrabasischen Gesteine, innerer petrographischer Bau derselben und Lagerstättentyp) sowie die Erzqualität. Besonders hohe Erkundungskosten können entstehen, wenn Massive erkundet werden, in denen Lagerstätten mit Ausbissen schon erschöpft sind. Zu solchen Gebieten können viele ultrabasische Massive der Balkanhalbinsel und Kleinasiens gezählt werden.

III. Abbau

Bei der Gewinnung von Chromitlagerstätten werden die üblichen Abbauverfahren angewendet, die den kleinen, unregelmäßig geformten Erzkörpern (sackförmige Lagerstätten) oder den dünnen plattenförmigen Erzkörpern (stratiformer Lagerstättentypus) angepaßt sind. Außer Tiefbau wird auch Tagebau, manchmal auch kombiniert Tief- und Tagebau betrieben. Tiefbau erfolgt gewöhnlich bis zu einer Tiefe von etwa 100 m, aber in einzelnen Lagerstätten mit steilen Platten und Säulen kann der Abbau auch bis zu einer Teufe von 300 bis 400 m vordringen. Besondere Schwierigkeiten können in tektonisch gestörten Lagerstätten oder in Lagerstätten mit großem Wasserzufluß auftreten, was eine beträchtliche Steigerung der Abbaukosten hervorrufen kann (bis zu 10 $ pro Tonne).

Die Produktionskosten können in weiten Grenzen variieren, gemäß den Lagerungsverhältnissen einer Lagerstätte und der Kapazität des Bergwerkes; bei mittelschweren Bedingungen und kleinen Kapazitäten betragen die Abbaukosten gewöhnlich 4 bis 6 $ pro Tonne.

Bei Chromerzlagerstätten werden moderne Abbauverfahren mit hoher Mechanisierung angewendet, oft aber auch sehr primitive Verfahren, besonders wenn die Erzkörper klein sind. Im letzten Falle sind die Investitionen unbedeutend. Charakteristisch für den Bergbau bei sackförmigen Lagerstätten ist das Bestehen vieler kleinerer Erzlagerstätten, die voneinander bis zu mehreren Kilometern entfernt liegen können. Die Gesamtproduktion eines Gebietes kommt aus einzelnen kleineren Lagerstätten, die oft nur die allernötigste Bergbauausrüstung haben. Eine örtlich so verstreute Produktion verursacht höhere Abbau- und Transportkosten pro Maßeinheit des Erzes als bei großen Erzlagerstätten, in denen man mechanisiert abbaut.

Die Minimalproduktion eines Chromitbergwerks steht in engem Zusammenhang mit dem Preis des Erzes und seiner Qualität, mit den Abbaubedingungen und den Transportverhältnissen wie auch mit dem Umstand, ob dies die einzige Abbaustelle in einem erzführenden Bereich ist oder nur eine von vielen aktiven Lagerstätten in demselben. Bei hochwertigen Erzen (mit über 46% Cr_2O_3 und einem Cr/Fe-Faktor, der größer als 3 : 1 ist), bei günstigen Transport- und Abbaubedingungen (Tagebau oder flacher Tiefbau), können Lagerstätten mit einer Jahreskapazität von 2000 bis 5000 t Erz wirtschaftlich günstig gewonnen werden, wobei die Gesamtreserven für eine Produktion von mehreren Jahren ausreichen sollen.

IV. Aufbereitung

In einem chromitführenden Massiv, besonders bei sackförmigen Lagerstätten, kommen neben reichen Erzkörpern auch niedrigprozentige Erze vor, die vor ihrer Verwendung in der Industrie angereichert werden müssen, damit der Gehalt an Cr_2O_3 erhöht und der Anteil der Berge, an erster Stelle des SiO_2, herabgesetzt wird. Die Grundbedingung für eine erfolgreiche Erhöhung des Cr/Fe-Faktors im Konzentrat ist, daß der Cr_2O_3-Gehalt im Chromspinell hinreichend hoch ist.

Es ist technisch möglich, Erz mit nur 5 bis 6% Cr_2O_3 anzureichern, aber diese Rohstoffe können heute nicht als Bilanzerz betrachtet werden; die untere Grenze des industriellen Minimalgehaltes an Cr_2O_3 liegt bedeutend höher und ist vorwiegend eine Frage der Wirtschaftlichkeit und nicht der Technologie, wodurch die Höhe nicht konstant ist. Bei niedrigen Marktpreisen für Chromitkonzentrate beträgt der industrielle Minimalgehalt etwa 25 bis 30%, manchmal auch 35 bis 40% Cr_2O_3, bei sonst günstigen Bedingungen. Daher wird der Minimalgehalt an Cr_2O_3 nach den aktuellen wirtschaftlichen Bedingungen und den Abbaumöglichkeiten eines Erzgebietes bestimmt.

Bei der Anreicherung von Chromerzen werden verschiedene mechanische Verfahren angewendet:

a) *Die Handscheidung* des Erzes und die Gewinnung des Markterzeugnisses ist in einzelnen sackförmigen Lagerstätten besonders erfolgreich. Hingegen aber wird bei Sprenkelerz durch Handscheidung keine zufriedenstellende Erzanreicherung und Bergeausscheidung erreicht.

b) *Schwerkraftverfahren.* Heute werden arme Chromiterze überwiegend naßmechanisch angereichert. Das zerkleinerte Haufwerk wird aufgemahlen, klassiert und einer Setz- und Herdwäsche unterzogen. Für den Erfolg der Aufbereitung ist eine gute Klassierung sehr wichtig.

Die Ausbringen, die durch Schwerkraftverfahren erzielt werden, sind sehr verschieden und hängen vom Cr_2O_3-Gehalt im Erz, von der Korngröße und von der Art der Verwachsung des Chromits mit der Gangart ab; im allgemeinen beträgt das Ausbringen 65 bis 85%, selten bis 90%; Ausbringen von über 80% können als zufriedenstellend betrachtet werden. Der Anreicherungsfaktor ist gewöhnlich 4 : 1 bis 5 : 1.

Die Kapazität der Separationen ist ebenso veränderlich. Als minimale Kapazität nimmt man 15000 t pro Jahr an (Größenordnung). Die Höhe der Separationskosten hängt auch von vielen Faktoren ab; bei mittelschweren Arbeitsbedingungen betragen sie etwa 2 bis 3 $ pro Tonne.

In einzelnen modernen Anlagen für die Chromerzaufbereitung werden Verfahren mit *Schwerflüssigkeiten* angewendet, wobei als Suspensoid feingemahlenes Ferrosilizium verwendet wird.

In einzelnen Betrieben wurde versucht, sehr feinkörnige Erze und feine Erzfraktionen durch Hydrozyklone anzureichern.

c) *Flotation* findet noch immer in der Praxis der Chromerzanreicherung wenig Anwendung, obwohl manche Erze durch diese Methode angereichert wurden (Raduscha in Jugoslawien). Meistens wird die Flotation kombiniert mit Schütteltischen angewendet, besonders bei einzelnen feinkörnigen Erzen aus Alluvionen, wobei ein Ausbringen von etwa 90% Cr_2O_3 erreicht wird.

d) *Elektrostatische Separation* wird nur bei Anreicherungen der chromitführenden Sande in Japan angewendet. Diese Methode ist sonst nur auf Laborarbeiten beschränkt.

V. Metallurgische Verarbeitung

Die Art der Verarbeitung der Erze und Konzentrate hängt von ihrem Einsatz in der Industrie ab.

A. Ferrochromerzeugung

Für die Gewinnung von Ferrochrom gibt es mehrere metallurgische Verfahren. Das meistverbreitete Verfahren ist die Gewinnung von Ferrochrom in elektrischen Lichtbogenöfen, wodurch mehrere Typen von Ferrochrom hergestellt werden.

Ferrochrom wird in Elektroöfen durch Reduktion des Chromoxydes und des Eisens aus dem Erz oder Konzentrat hergestellt. Als Reduktionsmittel verwendet man Koks. Das

Resultat dieses Prozesses ist die Gewinnung von Chromkarbid; gewöhnlich wird ein Chromausbringen von 90 bis 95% erreicht.

Ferrochrom mit mehr oder weniger Kohlenstoffgehalt kann durch verschiedene Verfahren hergestellt werden, von denen das silikothermische Verfahren das wichtigste ist (Reduktion des Chromoxydes und des Eisens aus dem Erz mittels Silizium: Beket- und Gin-Verfahren). Der Cr-Gehalt im Ferrochrom steht in enger Beziehung mit dem Cr-Gehalt im Erz und mit dem Cr/Fe-Faktor; deshalb soll dieses Verhältnis im Erz möglichst hoch sein. Tab. 34 zeigt das Wechselverhältnis zwischen dem Cr-Gehalt im Ferrochrom und der Größe des Cr/Fe-Faktors im Chromerz. Verschiedene Verfahren der Erzverarbeitung bedingen auch verschiedene Cr/Fe-Faktoren. Im allgemeinen soll bei der Erzeugung von Ferrochrom der Cr/Fe-Faktor 2,5 (UdSSR) bzw. 2,8 bis 3,0 (USA) überschreiten.

Tabelle 34. *Zusammensetzung von Ferrochrom in Abhängigkeit vom Cr/Fe-Faktor im Chromerz*

Gehalt der Legierung in %		Cr/Fe-Faktor im Erz
Chrom	Eisen	
55,0	35,0	1,78
58,0	31,2	2,14
64,5	25,5	2,85
66,0	24,0	3,15
69,0	21,0	3,70
70,8	19,2	4,16
73,9	16,1	5,19
76,6	13,4	6,52

Bei Erzen, die für die Gewinnung von Ferrochrom — durch verschiedene Verfahren — bestimmt sind, sind manchmal auch die physikalischen Eigenschaften der Erze wichtig. So wird bei einigen Verfahren (bei der Gewinnung von kohlenfreiem Ferrochrom nach dem Gin-Verfahren) die Forderung gestellt, daß das Erz möglichst locker und feinkörnig (Konzentrat) ist, während bei anderen Verfahren Stückerz Bedingung ist.

Bei der Chromerzverarbeitung kann auch die Zusammensetzung der Begleitminerale (bei der Bestimmung der günstigsten Charge) bzw. der Gehalt an SiO_2, Al_2O_3, CaO, $SiO_2 + MgO +$ CaO von gewisser Bedeutung sein. Alle erwähnten Komponenten sind nicht in gleichem Ausmaß für die Zusammensetzung der Charge ausschlaggebend. Bei der Verhüttung mit basischer Schlackenbildung (Verhüttung nach dem Beket-Verfahren) ist es erwünscht, daß der SiO_2-Gehalt in der Berge möglichst klein ist, der CaO-Gehalt aber möglichst groß; der Al_2O_3-Gehalt sollte möglichst niedrig sein. Bei einigen anderen Verfahren ist es fast umgekehrt (Verhüttung mit saurer Schlackenbildung): der SiO_2-Gehalt in der Berge und der Al_2O_3-Gehalt im Chromit soll größer und das Verhältnis $SiO_2 + Al_2O_3 / MgO + CaO$ soll kleiner als 1 sein. Bei der Gewinnung von kohlenstofffreiem Ferrochrom durch das alumothermische Verfahren darf der SiO_2-Gehalt 0,5% nicht überschreiten.

B. Chromit für die feuerfeste Industrie

Verschiedene Produkte, die aus Chromit oder aus einer Kombination von Chromit und anderen Rohstoffen (Magnesit, Dunit u. dgl.) erzeugt werden, sind ein viel angewendetes und gesuchtes feuerfestes Material in der Metallurgie, in der Zement- und Papierindustrie und anderen Industrien.

C. Chromsalzerzeugung

Die chemische Industrie verwendet Chromit an erster Stelle für die Gewinnung von zwei Chromsalzen: Natriumdichromat und, in kleinerer Menge, Kaliumdichromat, die unter dem gemeinsamen Namen *Chrompik* auftreten.

VI. Produktion und Rohstoffbasis der Welt

A. Metallurgische und bergmännische Produktion

Die Chromerzeugung ist mit der Entwicklung der gesamten Industrie eng verbunden, an erster Stelle mit der Entwicklung der Produktion von rostfreiem Stahl, weniger mit der Entwicklung der chemischen Industrie.

Tabelle 35. *Chromitproduktion der Welt*
(in 1000 short tons)

Land	1954—58[1]	1959	1960	1961	1962	1963
Albanien	162,8	273,4	318,6	256,2	283,0[2]	310,0[2]
UdSSR	800,0	940,0	1010,0	1015,0	1270,0	1355,0
Kuba	86,9	43,7	32,8	27,6	39,0	55,8
Vereinigte Staaten	166,8	105,0[3]	107,0[3]	82,0[3]	—	—
Griechenland	41,0	27,8	38,4	34,3	26,6	18,3
Jugoslawien	133,0	118,0	110,9	119,2	107,0	103,4
Indien	73,7	105,4	110,4	50,6	64,4	71,4
Iran	35,8	60,6	75,0	81,3	121,3	110,0
Philippinen	627,7	720,3	809,6	705,8	585,6	502,9
Türkei	784,9	427,3	530,7	443,9	581,0	445,2
Südrhodesien	522,7	543,1	668,4	590,9	507,7	412,4
Südafrikanische Union	685,0	749,9	850,9	989,7	1006,2	873,2
Weltproduktion	4310,0	4315,0	4885,0	4660,0	4840,0	4475,0

[1] Durchschnittlich. [2] Geschätzt. [3] Nur für die Regierung.

Quelle: Minerals Yearbook, vol. I, Bureau of Mines, Washington.

Jetzt und auch in Zukunft werden die Hauptmengen von Chromiterzen in der Metallurgie für die Ferrochromproduktion verwendet. Die meisten Länder, die Chromiterz abbauen, haben keine eigenen metallurgischen Anlagen für die Verwertung der abgebauten Erze, sondern bringen sie auf den Markt und verkaufen sie meistens an industriell hochentwickelte Länder. Der Grund liegt darin, daß diese Länder, selbst wenn sie auch eine eigene Ferrochromindustrie ausbauen wollten, über bedeutende Mittel für den Ausbau metallurgischer Anlagen, auch über eine billige Elektroenergieversorgung, Koks und letzten Endes auch über bedeutende technische Erfahrungen verfügen müßten. In Abhängigkeit von der Qualität des Erzes und der gewünschten Qualität des Produktes braucht man 4500 bis 18000 kWh/t Chrom.

Tab. 35 zeigt die Weltproduktion von Chromiterzen in den Jahren 1951 bis 1964.

B. Rohstoffbasis der Welt

Chromerzlagerstätten sind nicht gleichmäßig verteilt, sondern befinden sich nur in einigen metallogenetischen Provinzen, genetisch mit ultrabasischen und basischen Gesteinen eng verbunden. Zu den wichtigsten Provinzen zählen:

Die südafrikanische Provinz umfaßt sehr bedeutende chromitführende Gebiete (Bushweld, Selukwe, Great Dyke).

Die Ural-Provinz in der Sowjetunion besteht aus vielen chromitführenden Zonen (Saranovsk, Alapajevsk, Kempirsaj u. a.).

Die balkan-kleinasiatische Provinz erstreckt sich über die Balkanhalbinsel, die Türkei und den Klein-Kaukasus. In ihr gibt es zahlreiche Chromitlagerstätten.

Die pazifische Provinz umfaßt zahlreiche Lagerstätten auf den Philippinen, in Neukaledonien und in Japan.

Angaben über die vorhandenen Chromerzreserven sind nur annähernd bekannt, denn von einzelnen Ländern, wie von der UdSSR und von Albanien, liegen keine Angaben vor. Die in den letzten Jahren bekanntgegebenen Chromerzreserven der Welt wurden bedeutend nach der erneuten Berechnung der Chromerzreserven in Rhodesien und in der Südafrikanischen Union erhöht.

Tabelle 36. *Chromiterzreserven der Welt*
(in Millionen Tonnen, 1962)

Land bzw. Kontinent	Erzreserven	Cr_2O_3 Gehalt %
Albanien[1]	1,5	30—48
Finnland	15,0	20
Griechenland	5,0	20
Jugoslawien	0,5	
Sowjetunion[1]	50,0	30—50
Europa	73,0	
Indien	3,0	30—54
Iran	2,0	
Philippinen	6,0	29—36
Japan	2,0	40
Türkei	15,0	40—52
Asien	33,0	
Südafrikanische Union	220,0	40—45
Südrhodesien	550,0	40—50
Siera Leone	1,5	45
Afrika	774,0	
Brasilien	5,0	40—47
Kuba	5,0	22—52
USA[1]	2,0	20—40
Amerika	14,0	
Neukaledonien	5,0	30—52
Australien	0,5	
Australien und Ozeanien	6,0	

[1] Schätzung.

Quelle: Mineralnie ressurssi kapitalisticeskih stran. — Gosgeolizdat, Moskau 1963. — Mineral Facts and Problems, Washington 1960.

Tab. 36 gibt Aufschluß über die Chromiterzreserven in den einzelnen chromiterzreichen Ländern der Welt. Es sei betont, daß die vorliegenden Angaben nur unter Vorbehalt angenommen werden können, denn sie wurden auf Grund unterschiedlicher Voraussetzungen ermittelt. Eine Unterscheidung der Angaben nach den Anteilen der einzelnen Chromiterztypen an den Gesamtreserven liegt nicht vor (metallurgische und feuerfeste Chromiterze in bezug auf die Gesamtreserven). Eine vollständigere Beurteilung der Chromerzvorräte der Welt könnte auf Grund einer wirtschaftlichen Vorräteklassifizierung erfolgen, jedoch sind dementsprechende Angaben leider noch immer nicht zu erhalten.

Bei der Beurteilung der weiteren Entwicklung der Rohstoffbasis der Welt muß folgendes berücksichtigt werden:

a) Viele erzführende Gebiete mit Lagerstätten des sackförmigen Typus sind heute schon erschöpft. In der Zone der Balkanhalbinsel und Kleinasiens werden die meisten Lagerstätten mit Ausbissen abgebaut und sind zum Teil entweder schon erschöpft oder es gehen die Vorräte zur Neige, oder aber es erfolgt der Abbau unter weniger günstigen Verhältnissen als zuvor. Die Erkundung „blinder" Erzkörper ist noch in einzelnen Ländern in der Anfangsphase, während andere Länder überhaupt keine Erkundungsarbeiten der Chromerzlagerstätten unternehmen (bedeutende Investitionen bei großem Risiko). In diesen Teilen der Welt ist deshalb eine bedeutendere Erhöhung der vorhandenen Erzreserven nicht zu erwarten. In Pakistan und in Persien sind zwar die geologischen Verhältnisse für die Entwicklung der Rohstoffbasis etwas günstiger, aber die Transportverhältnisse liegen ungünstiger als auf der Balkanhalbinsel und in Kleinasien. Soweit auf Grund der bisherigen Erkundungen ermittelt wurde, ist das Ausmaß dieser Lagerstätten allerdings klein.

Für die Beurteilung der weiteren Aussichten auf Chromerzreserven in Lagerstätten des sackförmigen Typus ist der Umstand nicht zu vergessen, daß sie die wichtigsten Versorger von Erzen mit hohem Cr_2O_3-Gehalt (über 45% Cr_2O_3), hohem Cr/Fe-Faktor und Al-Gehalt (über 20% Al_2O_3) sind. Die Erschöpfung der Lagerstätten oder ein Absinken ihrer Gewinnung könnte eine Änderung der Versorgung des Marktes mit bestimmten Erzen und infolgedessen auch gewisse Preisschwankungen auf dem Weltmarkt hervorrufen.

Günstige Möglichkeiten für die Ermittlung weiterer Erzreserven bestehen in Südrhodesien, zum Teil auch in der Südafrikanischen Union. In Südrhodesien sind die Erzreserven nur bis zu einer Tiefe von etwa 150 m ermittelt; bei einem weiteren Vordringen in die Tiefe dürften die Reserven dieses Lagerstättentypus zweifellos noch größer sein. Dabei ist aber nicht zu vergessen, daß die Erze dieser Lagerstätten, mit Ausnahme des Great-Dyke-Gebietes, hohen Fe-Gehalt, relativ geringen Cr_2O_3-Gehalt und kleinen Cr/Fe-Faktor haben.

b) Mit dem Fortschritt der Technik der Anreicherung und der Verarbeitung der Erze könnten auch bedeutende Massen armer Erze oder Erze mit einem geringen Cr/Fe-Faktor verwertet werden, die man heute als wirtschaftlich uninteressant betrachtet. In weiterer Zukunft ist die Möglichkeit der Verwertung erheblicher Massen von Chromiterzen mit nur einigen Prozenten Cr_2O_3-Gehalt aus lateritischen Lagerstätten in der Sowjetunion, in Kuba, auf den Philippinen und auf Ceylon nicht ausgeschlossen.

In Anbetracht des stetigen Anstiegs des Weltbedarfes an Chromiterzen werden bis zum Jahr 2000, berechnet auf der Basis einer Erhöhung von 6% pro Jahr, etwa 200 Millionen Tonnen Cr_2O_3 (ausgenommen die Sowjetunion) erforderlich sein. Ausgehend von den bis heute untersuchten Chromerzgebieten ist zu erwarten, daß die Weltreserven an Chromiterzen noch durch mindestens weitere 70 bis 80 Jahre ausreichen werden. Das Problem der zukünftigen Industrieversorgung der einzelnen Länder der Welt wird mehr ein Wirtschaftsproblem als ein naturgegebenes Problem darstellen.

VII. Chromitpreise

Die Preise für Chromiterze hängen von der Qualität, besonders vom Cr_2O_3-Gehalt und vom Cr/Fe-Faktor ab. Dabei gelten verschiedene Normen für Erze für die metallurgische und chemische Industrie und für die Erzeugung von feuerfesten Steinen.

Tab. 37 zeigt die Preisschwankungen von Chromerz in den Jahren 1949 bis 1964.

Tabelle 37. *Die Entwicklung der Chromerzpreise in der Türkei und in Rhodesien von 1949 bis 1965* (fob Lkw Ostküste USA in $/t)

% Cr_2O_3 Cr/Fe-Faktor	Türkisches Erz		Rhodesisches Erz			
	48 3 : 1	46 3 : 1	48 3 : 1	48 2,8 : 1	48 —	46 —
1. 1. 1950	—	—	36,9	27,6—28,5	—	19,7—20,7
1. 1. 1951	42,3—43,3	—	35,4—37,4	33,5—35,4	24,6	19,7—20,7
1. 1. 1952	52,2—53,1	—	42,3—44,3	39,4—41,3	30,5—31,5	—
1. 1. 1953	54,1—55,1	—	43,3—45,3	39,4—41,3	31,5—32,5	—
1. 1. 1954	52,2—53,1	—	43,3—45,3	39,4—41,3	31,5—33,5	—
1. 1. 1955	55,1—56,1	42,3—43,3	42,3—44,3	39,4—40,4	31,5—32,5	—
1. 1. 1956	52,2—53,1	48,7—50,2	44,3—45,3	32,5—34,6	32,5—34,4	—
1. 1. 1957	58,1—60,0	55,1—57,1	54,1—57,6	51,2—55,1	45,3—48,9	—
1. 1. 1958	54,1—56,1	51,2—53,1	46,3—48,2	43,3—45,3	36,4—38,4	—
1. 1. 1959	—	—	41,3—43,3	38,4—40,4	28,5—30,5	—
1. 1. 1960	42,8—46,3	40,4—41,8	—	—	—	—
1. 1. 1961	36,0—38,0	33,5—34,0	35,7—36,2	32,0—33,5	27,0—28,0	—
1. 1. 1962	36,0—38,0	33,5—34,0	35,7—36,2	32,0—33,5	27,0—28,0	—
1. 1. 1963	36,0—38,0	—	35,7—35,2	32,0—33,5	27,0—28,0	—
1. 1. 1965	30,0—32,0	—	32,0—35,0	—	30,0—31,0	—
1. 1. 1966	29,5—31,5	—	31,0—35,0	28,0—29,0	—	—

VIII. Die wirtschaftsgeologische Bewertung der Erze und Lagerstätten

A. Qualität des Erzes

1. Metallurgisches Erz

Die Qualität des Erzes, das für die Ferrochromerzeugung bestimmt ist, hängt vom Cr_2O_3-Gehalt im Erz und vom Cr/Fe-Faktor ab; gewöhnlich soll das Erz mindestens 46 bis 48% Cr_2O_3 enthalten und einen Cr/Fe-Faktor von 3 : 1 haben, seltener auch 2,8 : 1; für Erze, die einen Cr/Fe-Faktor von über 3 : 1 haben, werden auch höhere Preise bezahlt. Erze mit einem niedrigeren Cr/Fe-Faktor als 3 : 1 werden oft mit höherwertigen Erzen verschnitten.

Bei metallurgischen Erzen ist ein möglichst niedriger SiO_2-Gehalt (bis 5 bis 6%) erwünscht. Desgleichen werden gewisse Anforderungen in bezug auf ihre physikalischen Eigenschaften gestellt. Meistens wird hartes Stückerz gefordert. Wenn Ferrochrom mit einem niedrigen Cr-Gehalt hergestellt werden soll, kann auch zum Teil Chromitkonzentrat und Feingut verwertet werdein. Der Anteil des Konzentrates und des Feingutes ist aber im Vergleich zum Gesamtverbrauch an metallurgischen Erzen klein, so daß Konzentrate und Feingut keine breitere Anwendung bei der Ferrochromerzeugung finden. Daher ist ein Absatz der Chromkonzentrate und des Feingutes auf dem Markt viel schwerer.

Gewöhnlich haben Chromiterze einen niedrigen Schwefel- und Phosphorgehalt; zugelassen sind bis 0,05% S und 0,07% P, was meistens bei hochwertigen Chromiterzen auch der Fall ist. Tab. 38 zeigt die chemische Zusammensetzung der metallurgischen Chromiterze in den einzelnen Lagerstätten.

Tabelle 38. *Zusammensetzung der metallurgischen Chromerze*
(Wichtige Erzlagerstätten der Welt)

Erzlagerstätte (Land)	Komponente (%)					Cr : Fe
	Cr_2O_3	FeO	Al_2O_3	MgO	SiO_2	
Rhodesien	49,62	13,96	12,72	13,08	7,26	3,1
Neukaledonien	58,28	15,10	11,17	12,58	0,81	3,4
Daghardi (Türkei)	51,67	13,58	8,52	16,04	5,92	3,3
Beludschistan (Indien)	53,54	14,50	10,68	16,26	2,30	3,2
Almaz (UdSSR)	58,16	12,37	9,19	16,10	2,30	4,1
Zypern	46,07	14,60	11,00	17,53	6,60	2,8
Radusa (Jugoslawien)	48,74	13,26	10,22	16,68	7,19	3,2

2. Chromerz als feuerfester Rohstoff

Es gibt keine einheitlichen Normen für die physikalischen Eigenschaften chromitischer Erze, die für die Herstellung von feuerfesten Steinen verwendet werden. Im Grunde genommen hängt die Qualität des Erzes vom Gehalt der einzelnen Erzkomponenten (SiO_2, Al_2O_3, CaO, Cr_2O_3), von den physikalischen Eigenschaften und von den Eigenschaften des Chromiterzkornes (Bindungsfähigkeit in den feuerfesten Steinen) ab; ein möglichst großer Al_2O_3-Gehalt ist besonders erwünscht, denn selbst wenn auch der Cr_2O_3-Gehalt niedrig ist, wird durch den vorhandenen Al_2O_3-Gehalt die mechanische und chemische Beständigkeit des feuerfesten Materials erhöht. Entsprechend den verschiedenen technologischen Verfahren, die in der feuerfesten Industrie angewendet werden, stellen auch die einzelnen Fabriken unterschiedliche Anforderungen an die Qualität des Erzes.

Den charakteristischen Eigenschaften nach werden Chromiterze als feuerfester Rohstoff oft in bestimmte Kategorien eingeteilt, für die auch verschiedene Preise auf dem Markt erzielt werden.

Allgemein soll Chromiterz als feuerfester Rohstoff einen möglichst hohen Al_2O_3-Gehalt bei möglichst niedrigem SiO_2-Gehalt haben; der Cr/Fe-Faktor ist bei diesem Erz ohne Bedeutung. Gewöhnlich wird folgender Erzinhalt gefordert:

Cr_2O_3	mindestens 30 bis 31%
Al_2O_3	„ 20%
$Cr_2O_3 + Al_2O_3$	„ 60%
SiO_2	höchstens 5 bis 6%; hochwertiges Erz hat sogar nur 1,5 bis 3,0% SiO_2.

Das Erz soll stückig (gewöhnlich 50 bis 300 mm), hart und kompakt sein. Erwünscht ist ein möglichst kleiner Anteil an kleinen Fraktionen (Feingut); die kleinste zulässige Größe ist 2 bis 3 mm.

Tab. 39 gibt die jugoslawischen Normen für Chromiterz, das in der feuerfesten Industrie für die Herstellung von chrommagnesitischen und chromitischen Erzeugnissen verwendet wird, an. Chromite mit der Bezeichnung H-I und H-II kommen auf den Markt als Stückerz von 40 bis 400 mm Größe und als Erzkorn von 0,5 bis 4 mm, wobei bei den letzteren unter 0,5 mm und über 4 mm Größe ein Anteil von höchstens je 6% toleriert wird.

Tab. 40 zeigt die chemische Zusammensetzung der Chromerze für die Industrie feuerfesten Materials, die in verschiedenen Lagerstätten der Welt abgebaut wurden.

Tabelle 39. *Jugoslawische Normen für Chromerze für feuerfeste Steine*
(Jus. B.Gl. 050, 1958)

	Bezeichnung	
	H I	H II
Glühverlust .... %	$\leq$ 1,5	$\leq$ 2,5
SiO_2 .... %	$\leq$ 6,5	$\leq$ 8,5
$Al_2O_3 + TiO_2$ ... %	$\leq$ 20,0	$\leq$ 24,0
FeO .... %	< 16,0	< 16,0
CaO .... %	$\leq$ 1,5	$\leq$ 2,5
Cr_2O_3 .... %	$\geq$ 44,0	$\geq$ 36,0
$Cr_2O_3 + Al_2O_3$ .. %	$\geq$ 60,0	$\geq$ 58,0

Tabelle 40. *Zusammensetzung der Chromerze für feuerfeste Steine*

Erzlagerstätte (Land)	Komponente (%)				
	Cr_2O_3	FeO	Al_2O_3	MgO	SiO_2
Moa (Kuba)	36,43	14,16	26,46	18,56	3,40
Kamagej (Kuba)	30,55	13,25	29,31	16,77	4,97
Griechenland	38,33	15,70	21,62	18,48	4,68
Philippinen	32,09	13,00	27,61	18,18	5,31
UdSSR	46,19	15,63	14,58	15,39	3,96
Deva (Jugoslawien)	46,24	13,85	12,51	18,68	7,71

3. Chemische Industrie

Die chemische Industrie verwendet gewöhnlich Erze mit mindestens 44% Cr_2O_3 (in der Sowjetunion manchmal auch mit mindestens 35 bis 37% Cr_2O_3). Die Praxis zeigte, daß der Einsatz armer Erze nicht wirtschaftlich ist, denn es wird ein Chromerzausbringen von höchstens 60 bis 65% erreicht. Daher werden manchmal auch Erze oder Konzentrate mit über 48% Cr_2O_3 verwendet.

Bei Chromiterzen, die in der chemischen Industrie verwendet werden, werden SiO_2 und Al_2O_3 als schädliche Beimengung des Erzes angesehen. Bei reichen Erzen ist ihr Anteil gewöhnlich klein.

Tabelle 41. *Zusammensetzung der Chromerze für die chemische Industrie*

Erzlagerstätte (Land)	Komponente (%)				
	Cr_2O_3	FeO	Al_2O_3	MgO	SiO_2
Montana (Konz.) (USA)	41,40	20,50	18,20	12,50	4,25
Rhodesien (Konz.)	48,98	19,40	12,50	13,33	3,38
Alapaevsko (UdSSR)	36,34	15,30	17,12	18,31	6,20
Transvaal	44,00	23,60	13,80	8,30	6,20
Radusa (Konz.) (Jugoslawien)	48,07	15,10	12,50	15,01	6,27

Bezüglich der physikalischen Eigenschaften werden keine besonderen Anforderungen gestellt. Da das Erz im Verarbeitungsprozeß fein gemahlen wird, sind weiche oder feinere Konzentrate besser geeignet.

Tab. 41 zeigt die Zusammensetzung der Chromerze, die in der chemischen Industrie verwendet werden.

B. Erzreserven

Chromitkonzentrationen sind in den einzelnen Lagerstätten mengenmäßig sehr verschieden. In den meisten chromitführenden Gebieten überschreiten die Reserven der einzelnen Lagerstätten kaum einige hundert Tonnen Metall. Ihrem Ausmaß nach kann man die Lagerstätten in einige Gruppen einteilen:

sehr kleine Lagerstätten	bis 10000	Tonnen Metall
kleine Lagerstätten	10000 bis 50000	,, ,,
mittelgroße Lagerstätten	50000 bis 200000	,, ,,
große Lagerstätten	200000 bis 500000	,, ,,
sehr große Lagerstätten	über 500000	,, ,,

Bei der Bewertung der minimalen industriellen Erzreserven spielt auch die Qualität eine sehr wichtige Rolle; metallurgische Erze mit einem hohen Cr/Fe-Faktor (über 3) besitzen einen größeren Wert als die übrigen industriellen Chromiterztypen bei sonst gleichen Bedingungen. Hartes Stückerz hat einen größeren Wert als weiches, zerreibliches Erz. Außerdem ist es nicht einerlei, ob es sich um Erz der I., II. oder III. Klasse handelt, denn bei den einzelnen Klassen ist nicht nur der Preis des Erzes, sondern auch die Möglichkeit der direkten Handscheidung sehr verschieden. Für die Bewertung der minimalen industriellen Reserven ist es meist wesentlich, ob die Lagerstätte abgesondert liegt oder aber ein Bestandteil eines engeren chromiterzführenden Reviers ist. Deshalb ist ein wirtschaftlicher Abbau, besonders bei günstiger Anordnung der Lagrestätten und bei guten Transportverhältnissen, sogar bei solchen Lagerstätten möglich, die nur 2000 bis 5000 t Erzreserven mit über 48% Cr_2O_3-Gehalt bergen. Falls der Abbau einer Lagerstätte bedeutende Investitionen fordert, erfolgt die Bewertung der minimalen industriellen Erzreserven auf Grund der geologischen und technisch-wirtschaftlichen Kennziffern, die für ein Gebiet oder eine Lagerstätte charakteristisch sind.

C. Abbaubedingungen

Bei der Betrachtung der Abbaumöglichkeiten einer Lagerstätte bei ihrer wirtschaftsgeologischen Bewertung ist es grundsätzlich wichtig, die möglichen oder tatsächlichen Abbau- und Konzentrationskosten festzustellen.

Die Höhe der Abbaukosten schwankt sehr und hängt von den Abbaubedingungen (Tagebau, Tiefbau, Lagerstättenteufe, Festigkeit des Nebengesteins, Entwässerung usw.) und von der Produktionskapazität ab. Bei mittelschweren Bedingungen und kleiner Bergbaukapazität betragen die Abbaukosten bei den im Tagebau gewonnenen sackförmigen Lagerstätten gewöhnlich 4 bis 6 $.

Bei stratiformen Lagerstätten wirkt sich die minimale Mächtigkeit der Chromitbänder ganz besonders auf die Abbaubedingungen aus. Die minimale Mächtigkeit steht unter anderem mit der Qualität des Erzes und seinem Marktpreis in enger Beziehung. So hatten Chromitbänder in Südrhodesien in den Jahren 1958 bis 1964 eine minimale Mächtigkeit von 2,0 m und reichten bis zu einer Teufe von ungefähr 150 m.

Die Investitionen für den Abbau von Chromitlagerstätten sind gewöhnlich klein, besonders bei Bergwerken, wo keine Errichtung von Anreicherungsanlagen erforderlich ist oder keine Transportwege ausgebaut werden müssen. Als Basis zur Feststellung der Bergwerkskapazität und der Amortisation der Investitionen nimmt man hauptsächlich die Reserven der B- und C_1-Kategorie, wobei die Reserven der C_1-Kategorie bei sackförmigen Lagerstätten mit einem viel größeren Anteil an den Gesamtreserven vertreten sind (60 bis 70%). Der Anteil der Reserven der C_1-Kategorie ist proportional dem Grad der Erkundung (in neuentdeckten Lagerstätten ist der Anteil der C_1-Reserven kleiner, während in schon im Abbau befindlichen oder genau erforschten Lagerstätten der Anteil der C_1-Reserven größer ist).

Wenn der Abbau große Investitionen erfordert, sollen die B- und C_1-Reserven eine Produktion durch mindestens 10 Jahre hindurch decken. Das hängt von der Höhe der Investitionen, vom Erztypus und von der Wirtschaftlichkeit des Abbaus ab.

D. Transportverhältnisse

Der Einfluß der Transportkosten auf die gesamten Kosten der Versendung des Erzes zum Markt kann oft für die Wirtschaftlichkeit des Abbaus der einzelnen Erzreviere oder erzführenden Gebiete ausschlaggebend sein. Während die Bergbaukosten 3 bis 6 $ je Tonne betragen, können die Transportkosten bis zum Markt sogar 10 $ betragen (die durchschnittlichen Transportkosten von Südafrika bis USA oder bis Europa betragen 7 bis 9 $ je Tonne).

Chromitlagerstätten finden sich oft in Gebieten, die vom Verkehrsnetz weit entfernt liegen, oder in unzugänglichen Gebirgen. Die Verbraucher der Chromiterze sind oft einige hundert Kilometer von dem Erzgebiet entfernt. Um das Erz über eine solche Entfernung an den Verbraucher zu bringen, muß oft mit einem sehr umständlichen Transport gerechnet werden. Außer mit Schiffen, Kraftwagen oder mit der Eisenbahn wird es oft auch mit sehr primitiven Transportmitteln (Esel, Pferde u. dgl.) befördert. Um über die Höhe der Transportkosten für Chromiterze ein klareres Bild zu erhalten, führen wir annähernde Werte aus Kleinasien an (in den Jahren 1958 bis 1964):

Lasttiere (Esel, Pferde) ...	0,6 $ t/km
Lastkraftwagen	0,025 bis 0,04 $/t/km (bei schlechten Wegen sogar 0,1 $/t/km)
Eisenbahn	0,8 $/t/km. In einzelnen Ländern gewährt die Eisenbahn einen Tarifnachlaß für den Transport mineralischer Rohstoffe, der bis etwa 50% vom angeführten Frachtsatz betragen kann. Die Eisenbahnfrachtsätze unterliegen oft Änderungen. Deshalb gilt der angeführte Frachtsatz nur als Richtwert.

Wenn man berücksichtigt, daß das Erz oft einige hundert Kilometer mit der Bahn oder auch 150 bis 200 km mit Lastkraftwagen bis zum Hafen transportiert werden muß, dann kann man ermessen, wie bedeutend die Transportkosten bei Chromiterzen oder -konzentraten sein können. Wird diesen Kosten auch noch die Hafengebühr zugezählt (1,5 bis 3 $, manchmal sogar mehr), dann sind die gesamten Kosten des Transportes und der Verschiffung des Erzes oft unvergleichlich höher als die Abbau- und Anreicherungskosten; deshalb sind sie auch ausschlaggebender bei der Beurteilung der Wirtschaftlichkeit der Ausbeute einer Lagerstätte, ganz besonders, wenn es sich bei niedrigen Marktpreisen um niedrigprozentige oder minderwertigere Erze handelt.

Literatur

ALLAN, R., G. E. HOWLING, 1940: Chrome Ore and Chromium. Imp. Inst., Min. Resources Dept., London.

BATEMAN, A., 1951: The Formation of Late Magmatic Oxide Ores. Econ. Geol. **46**, No. 4.

BETECHTIN, A. G., 1937: Die Chromite der UdSSR. (Chromitii SSSR, russisch.) AN SSSR, Moskau, Leningrad.

BORCHERT, H., 1958: Die Chrom- und Kupferlagerstätten des initialen ophiolitischen Magmatismus in der Türkei. MTA 102, Ankara.

CISSARZ, A., 1956: Lagerstätten und Lagerstättenbildung in Jugoslawien. Raspr. Geol. zav. **6**, Belgrad.

DONATH, M., 1962: Chrom. Die metallischen Rohstoffe, Bd. 14. Stuttgart: F. Enke.

DRAŠKIĆ, D., 1962: Möglichkeit der Aufbereitung der Chromerze, besonders der armen Erze. (Mogućnost koncentracije rude hroma, sa posebnim osvrtom na koncentraciju siromašnih ruda, serbo-kroatisch.) Sav. geol. društ. FNRJ, V Savet., Belgrad.

FRIEDENSBURG, F., 1956: Die Bergwirtschaft der Erde. Stuttgart.

GRČEV, K., 1962: Erkundung von Chromerzen im Ljuboten-Serpentin-Massiv. (Istraživanje hromne rude u Ljubotenskom serpentinskom masivu, serbo-kroatisch.) Sav. Geol. društ. FNRJ, V Savet., II, Belgrad.

HEILIGMAN, H. A., H. M. MIKAMI, 1960: Chromite. In: Industriel Minerals and Rocks, 3rd Ed. New York: AIME.

HIESSLEITNER, G., 1952: Serpentin- und Chromerzgeologie der Balkanhalbinsel. Jahrb. Geol. Bundesanst., Sonderbd. 1, Wien.

HOENES, D., G. VOLKERT, 1954: Das metallurgische Verhalten der Chromerze. Archiv Eisenhüttenw. **25**.

JANKOVIĆ, S., 1962: Rohstoffbasis des Chroms und deren Perspektive in Jugoslawien. (Sirovinska baza hroma u FNRJ i njene perspektive, serbo-kroatisch.) Sav. Geol. društ., V Savet., II, Belgrad.

VAN DER KAADEN, G., 1956: On Relationship Between the Composition of Chromites and Tectonic-Magmatic Position in Peridotite Bodies in the SW of Turkey. Congr. Geol. Intern. XX, sect. 8, Mexico.

KONOPICKY, K., 1957: Feuerfeste Baustoffe. Düsseldorf.

LE ROUT, D. B., 1959: The Benefication of Chromite Ore. Coal and Base Min. of S. Africa.

MCINIS, W., 1960: Chromium. In: Mineral Facts and Problems. Bureau of Mines Bull. 585, Washington.

MELCHER, N. B., 1952: Chromite. Mineral Resources of the World. New York: Prentice Hall, Inc.

Methods of Prospection for Chromite, 1964: Proceedings of an OECD Seminar on Modern Scientific Methods of Chromite Prospecting, Athens 1963. OECD, Paris.

MURDOCK, T. G., 1959: An Economic Study of Chromite Mining in Turkey. U.S. Bureau of Mines, Trade Notes, Spec. Suppl. No. 56.

National Academy of Sciences, 1959: Report of the Committee on Refractory Metals. Report MAB-154-M/I, Vol. II.

PETRASCHECK, W. E., 1957: Die genetischen Typen der Chromerzlagerstätten und ihre Aufsuchung. Erzmetall **45**.

RAMDOHR, P., 1960: Die Erzmineralien und ihre Verwachsungen. Berlin.

Resources for Freedom, 1952: Paley Report, Washington.

ROSIN, M. S., 1963: Chrom (Chromiti). Mineralvorräte kapitalistischer Länder. (Mineralnie ressurssi kapitalistitscheskich stran, russisch.) Moskau: Gosgeoltechizdat.

SEARLE, A. B., 1950: Refractory Materials: Their Manufacture and Uses. 3. Aufl. London.

Symposium on Chrom Ore, 1961. CENTO, Ankara 1960.

TATARINOW, P. T., 1946: Chrom (Chromit). Anforderungen der Industrie an die Qualität mineralischer Rohstoffe. (Trebowanie promischlenosti k katschestwu mineral. sirja, russisch.) Moskau: Gosgeoltechizdat.

THAYER, T. P., 1946: Preliminary Chemical Correlation of Chromite with the Containing Rocks. Econ. Geol. **41**, No. 3.
—, 1960: Some Critical Differences Between Alpine-type and Stratiform Peridotite-gabbro Complex. Inter. Geol. Congr., Rept. XXI, Sess. Norden, pt. 13.
WORST, B. G., 1958: The Differentiation and Structure of the Great Dyke Southern Rhodesia. Geol. Soc. S. Afr. Trans. **61**.
ZACHOS, K., 1953: Chromit Deposits of Vourinon Area. The Mineral Wealth of Greece 3, Athens.

Zinn

Zinn zählt zur Gruppe der wichtigen strategischen Metalle. Die größten Zinnmengen werden für die Weißblechherstellung verwendet, d. h. etwa 38%, ferner wird Zinn als Lötzinn (etwa 23%) verwendet, weiters für Bronzen und Messing etwa 20% und für Antifriktionslegierungen (Babbitmetall) etwa 5%; in kleineren Mengen findet Zinn seine Anwendung zur Herstellung von Chemikalien, zu Verzinnungszwecken u. dgl.

I. Erze und Lagerstätten

A. Minerale und Erze

In der Natur sind heute 17 Zinnminerale bekannt. Wirtschaftliche Bedeutung hat nur *Kassiterit* (SnO_2 — 78,6% Sn), und gleichzeitig ist er auch der Hauptrohstoff für die Zinngewinnung. In einzelnen Lagerstätten, die sehr selten vorkommen, kann auch *Stannin* ($Cu_2S \cdot FeS \cdot SnS_2$ — 27,5% Sn) in größeren Konzentrationen auftreten, aber diese Lagerstätten sind meist für die Zinngewinnung wirtschaftlich nicht interessant; für eine wirtschaftliche Zinngewinnung aus Stanninerzen sind größere Reserven reicher Erze erforderlich, die durch besondere technologische Verfahren verarbeitet werden.

B. Wirtschaftlich wichtige Lagerstättentypen

Von den wirtschaftlich wichtigen Zinnlagerstätten haben heute die Seifenlagerstätten die größte Bedeutung, aus denen etwa 70% der Weltzinngewinnung stammen (mit Ausnahme der Lagerstätten in der Sowjetunion und in China). Kassiterit-Quarz-Lagerstätten haben von den primären Lagerstätten (mit etwa 20% Zinnreserven der Welt) die größte Bedeutung, von kleinerer Bedeutung sind hingegen Kassiterit-Sulfid-Lagerstätten, die nur mit etwa 20% an der Weltproduktion teilhaben und etwa 15% Zinnreserven bergen, und pegmatitische Lagerstätten die nur etwa 3% der gesamten Zinnproduktion der Welt liefern.

1. Pegmatitische Lagerstätten

Pegmatitische Lagerstätten sind gewöhnlich an saure und ultrasaure Granitintrusionen gebunden. Zinnführende Pegmatite sind in Endo- als auch in Exokontaktzonen gebildet, oft in bedeutender Entfernung von der Kontaktstelle.

Die mineralische Zusammensetzung der zinnführenden Pegmatite ist ziemlich komplex; charakteristische Minerale sind: Quarz, Albit, K-Feldspat, Spodumen, Muskowit, Lepidolith, Kassiterit, und oft finden sich auch Beryll und Poluzit, dann Minerale der Columbit-Tantalit-Gruppe u. a. Der mineralischen Vergesellschaftung nach lassen sich zwei Lagerstättentypen unterscheiden:

a) *Quarz-Mikroklin-Lagerstätten* mit charakteristischer mineralischer Zusammensetzung: Quarz, Albit, Mikroklin, Muskowit, Kassiterit u. a.

b) *Spodumen-Quarz-Mikroklin-Lagerstätten* mit den Hauptmineralen: Quarz, Albit, Spodumen, Mikroklin, Lepidolith, Kassiterit.

In pegmatitischen Lagerstätten tritt Kassiterit meist in groben Körnern auf (1 bis 2 mm, oft sogar größer). Das ist für die Erzaufbereitung sehr wichtig (Möglichkeit der Handscheidung).

Bei den meisten Lagerstätten sind die zinnführenden Pegmatite nicht an die ausgesprochen pegmatitische Phase gebunden, sondern vorwiegend an die späteren Prozesse der Vergreisenung und Albitisierung bzw. an das pneumatolytische Stadium. Kassiterit ist in den albitisierten und vergreisten Lagerstättenteilen meistens ungleichmäßig verteilt.

In vergreisten Pegmatiten treten Kassiteritkonzentrationen als Nester von 3 bis 4 m Länge mit großem Sn-Gehalt auf. Es soll jedoch erwähnt werden, daß die gesamte Gesteinsmasse, die abgebaut wird, gewöhnlich nicht über 0,1% Sn enthält. Viel gleichmäßiger ist die Vererzung der albitisierten Pegmatite, jedoch ist der Sn-Gehalt in ihnen verhältnismäßig gering. Die Pegmatite haben als Träger des Kassiterits eine geringe wirtschaftliche Bedeutung. Werden sie abgebaut, so werden neben Zinn auch Glimmer, ferner Lithium, Cäsium, Rubidium, Tantal und Niobium gewonnen.

Zu den wichtigsten Lagerstätten dieses Typus gehören Manono im Kongo, einzelne Lagerstätten in Nigerien, Paukuab in Südwestafrika und die pegmatitisch-pneumatolytische Lagerstätte Zaaiplats in Transvaal, Südafrikanische Union.

2. Kassiterit-Quarz-Formation

Die Lagerstätten der Kassiterit-Quarz-Formation enthalten verschiedenartige Bildungen, die während der pneumatolytischen, pneumatolytisch-hypothermalen und hypothermalen Mineralisationsphase entstanden sind. Auf Grund ihrer verschiedenen Paragenesen und ihrer wirtschaftlichen Bedeutung lassen sich folgende Lagerstättentypen unterscheiden: a) der Greisentypus, b) der Topas-Quarz-Typus, c) der Feldspat-Quarz-Typus und d) der Quarztypus.

In den Lagerstätten der Kassiterit-Quarz-Formation, und zwar in den Erzgängen sowie in den stockförmigen Vererzungen, ist Zinn meist sehr ungleichmäßig verteilt. In den gangförmigen Lagerstätten können oft erzreichere Nester oder auch Erzsäulen großer Ausdehnung vorhanden sein. Der Zinngehalt in den Erzen der wirtschaftlich wichtigeren Lagerstätten ist gewöhnlich: a) in Erzgängen 1 bis 2%, selten bis 3%; b) in stockförmigen Lagerstätten meistens von 0,3 bis 1,0%.

Die Erzreserven der Lagerstätten dieses Typus sind mengenmäßig sehr verschieden. Die Erzgänge haben meist eine kleine Ausdehnung (0,2 bis 1,0 m Mächtigkeit, selten mehr; in der Teufe keilen sie meistens nach 100 bis 200 m aus, ausnahmsweise auch bei 500 m). Vererzte stockförmige Imprägnationslagerstätten und Erzkörper sind gewöhnlich viel größer und können größere Massen armer Erze enthalten; diese Lagerstätten können wirtschaftlich wegen der erheblichen Reserven besonders wichtig sein.

Zu den Kassiterit-Quarz-Lagerstätten zählen viele Lagerstätten der Welt, die wirtschaftlich außerordentlich wichtig sind (primäre Lagerstätten in Malaya, ferner im Erzgebirge in Deutschland, Ononsko in der Sowjetunion u. a.).

3. Kassiterit-Sulfid-Formation

Kassiterit-Sulfid-Lagerstätten sind heterogenen Ursprungs und die mineralischen Paragenesen sind sehr verschiedenartig. Charakteristisch ist bei Sulfiderzen, daß in ihnen Sulfide, im Vergleich zu den übrigen begleitenden Erz- und Gangmineralen, vorherrschen (manchmal erreicht der gesamte Sulfidanteil im Erz sogar 90%). Falls Stannin bedeutend häufiger vertreten ist als Kassiterit, ist dieses Erz nicht abbauwürdig.

Auf Grund der Paragenesen und der Genesis lassen sich folgende Kassiterit-Sulfid-Lagerstätten unterscheiden:

a) *Skarnlagerstätten* sind genetisch an Granite gebunden und zeichnen sich durch die folgende typische mineralische Zusammensetzung aus: Granat, Pyroxen, Kalzit, Quarz, Pyrrhotin, Pyrit, Kassiterit, oft Scheelit. Die Erzkörper treten als unregelmäßige Stockwerke oder Nester auf und enthalten meistens unbedeutende Erzreserven, so daß sie im Grunde genommen keine besondere wirtschaftliche Bedeutung besitzen.

b) *Der Turmalin-Sulfid-Lagerstättentypus* pneumatolytischen Ursprungs mit hypothermalem bis epithermalem Telescoping hat folgende typische mineralische Zusammensetzung: Turmalin, Quarz, Chlorit, Kassiterit, Pyrit, Magnetkies. Die Erzkörper sind gangförmig oder an tektonisch gestörte Zonen gebunden. Dieser Kassiterit-Sulfid-Lagerstättentypus ist gewöhnlich genetisch an hypoabyssische Granite und Granodiorite gebunden.

c) *Der Chlorit-Sulfid-Lagerstättentypus* ist hydrothermal-mesothermalen Ursprungs und genetisch meist an hypoabyssische Granite und Granodiorite gebunden. Seine typische mineralische Zusammensetzung ist: Chlorit, Quarz, Kalzit, Magnetkies, Pyrit, Kupferkies, Zinkblende, Arsenkies, Kassiterit, Stannin; die Erzkörper unterscheiden sich nicht von dem erwähnten Typus.

d) *Der Galenit-Sphalerit-Typus* ist genetisch am häufigsten an Granodiorite gebunden, mesothermalen bis epithermalen Ursprungs mit der typischen mineralischen Zusammensetzung: Galenit, Sphalerit, Pyrit, Kassiterit, Sulfostannit. Die Erzkörper sind meistens gangförmig.

Für Kassiterit-Ganglagerstätten ist es charakteristisch, daß sie an Intrusionen granodioritischer Gesteine genetisch gebunden sind. Die Lagerstätten sind in exokontakten Zonen anzutreffen, oft in bedeutender Entfernung von der ursprünglichen Intrusion.

Die Erzkörper weisen sehr verschiedene Formen auf; vorwiegend sind es Erzgänge, die durch Spaltenfüllung entstanden sind, ferner vererzte tektonisch gestörte Zonen und auch stockförmige Imprägnationserzkörper; neben solchen Lagerstätten finden sich auch linsenförmige, schlauchförmige und säulenförmige Erzkörper, oft von großer Ausdehnung und von wirtschaftlich besonderer Bedeutung.

Die Lagerstätten der Kassiterit-Sulfid-Formation führen gewöhnlich einen etwas höheren Zinngehalt als die Lagerstätten der pegmatitischen Formation, besonders wenn es sich um stockförmige Erzkörper handelt (in ausgedehnten vererzten Zonen ist oft der Mittelgehalt etwa 1,0% Sn). Manchmal können die Erze dieser Lagerstätten schwerer aufbereitbar sein.

Die Lagerstätten dieser Formation können erhebliche Erz- bzw. Zinnreserven bergen (mit Ausnahme des Skarntypus). Viele Lagerstätten des Stockwerktypus enthalten mehrere Millionen Tonnen Erz mit mehreren hundert Tonnen Zinnreserven.

Die Lagerstätten der Kassiterit-Sulfid-Formation haben eine große wirtschaftliche Bedeutung, besonders die Lagerstätten in der Sowjetunion (Haptscheranginsko, ferner die Lagerstätten in SSR Jakutska: Mali Hingan, Sinascha u. a.). Von den übrigen Lagerstätten dieses Typus sind zu erwähnen: Lagerstätten in Bolivien, die unter sehr unterschiedlichen geologischen Verhältnissen entstanden sind, ferner die Lagerstätten in Südchina und in Thailand; die Lagerstätte in Cornwall gehört teilweise der Kassiterit-Sulfid-Formation an.

4. Seifenlagerstätten

Bei Seifenlagerstätten werden vier Grundtypen unterschieden:

a) *Eluviale Seifen.* Im allgemeinen sind die Kassiteritkonzentrationen in eluvialen Seifen gering und wirtschaftlich uninteressant. Etwas bessere Verhältnisse werden in Gebieten mit tropischem Klima angetroffen, wo das Gestein einer besonders intensiven Verwitterung ausgesetzt ist, während die Abtragung beschränkt ist. In solchen Verhältnissen, wie es in Malaya der Fall ist, können eluviale zinnführende Seifen sogar mehrere Meter mächtig sein und einen großen wirtschaftlichen Wert besitzen.

b) *Deluviale Seifen.* Im Deluvium kann es zur Bildung erhöhter Kassiteritkonzentrationen kommen, wenn die primäre Lagerstätte von sehr kompakten Erzgängen oder Stockwerken aufgebaut war. Infolge der Gravitation wird das Material im Deluvium in Bewegung gesetzt, wodurch die tieferen Teile der Ablagerung mit Kassiterit angereichert sein können.

Bei deluvialen Seifen bestehen Übergänge zu alluvialen Seifen (deluvial-alluviale Seifen). In solchen Übergangsablagerungen wird das Material ausgewaschen, wodurch es zu einer Erzanreicherung kommt. Solche Lagerstätten können einen großen wirtschaftlichen Wert haben, trotz ihrer kleinen Reserven, denn sie sind reich an Kassiterit und haben nur eine Bedeckung von geringer Mächtigkeit, so daß ihr Abbau sehr einfach ist.

c) *Alluviale Seifen.* Einen sehr großen wirtschaftlichen Wert haben alluviale Zinnseifen. Aus ihnen stammt ein bedeutender Teil der Kassiteritproduktion der Welt. Ihrer Bildungsart und ihren geomorphologischen Eigenschaften nach sind sie den goldführenden Seifen ähnlich, mit der Ausnahme, daß Kassiterit nicht immer bis zum Bedrock reicht, sondern im vertikalen Profil auch in etwas höheren Horizonten verteilt vorkommen kann.

Unter den alluvialen Kassiteritseifen sind die Vorkommen in Talablagerungen wirtschaftlich wichtiger als die Vorkommen in Flüssen. Der Kassiteritgehalt in diesen Seifen schwankt; malaiische Lagerstätten führen meist einen Kassiteritgehalt von 0,2 bis 0,6 kg/m^3 Sand.

d) *Marine Seifen.* Diese Seifen werden längs der Meer- und Seenküsten unweit von den primären Lagerstätten gebildet. Dieser Lagerstättentypus kann sehr bedeutende Reserven enthalten (einige Lagerstätten in Malaya, in Indonesien, in der Sowjetunion). In Indonesien entstanden solche Seifen im Gebiet, wo alte Flüsse ins Meer einmündeten und wo das von den Flüssen angeschwemmte Material von der Brandung mitgerissen und abgelagert wurde; solche Seifen weisen manchmal eine Mächtigkeit von über 30 m auf.

II. Suche und Erkundung

Die Art und der Umfang der Such- und Erkundungsarbeiten, die hierfür erforderlichen Investitionen und die wirtschaftsgeologische Bewertung der Ergebnisse der einzelnen Erkundungsphasen primärer Zinnlagerstätten unterscheiden sich sehr von denen der Zinnseifen.

In den Vorerkundungsphasen von *primären Zinnerzlagerstätten* wird vor allem die Aufmerksamkeit der Feststellung des Zinngehaltes im Erz bzw. in der mineralisierten Zone und der annähernden Ausdehnung der Vererzung gewidmet. Dabei können Bruchzonen größerer Mächtigkeit mit stockförmigen Imprägnationsvererzungen eine wichtigen Rolle spielen. Bei Ganglagerstätten sind nur kleinere Reserven zu erwarten; dabei wird besonders die Möglichkeit der Vorkommen mehrerer Erzgänge in einer Erzzone oder in einem Erzfeld berücksichtigt, in denen dann auch größere Gesamtreserven vorkommen können. Da die Ausdehnung der Erzgänge, besonders ihre Mächtigkeit, klein ist, sind auch die Investitionen für Erkundungsarbeiten (je Einheit des Erzes bzw. des Metalls) oft viel größer als bei Erkundungen größerer Lagerstätten des Stockwerktyps. Je nach den morphologischen Eigenschaften der Lagerstätte und je nach der mehr oder weniger gleichmäßigen Verteilung des Zinngehaltes im Erz werden entweder Bohrungen oder bergmännische Erkundungsarbeiten oder aber beides vorgenommen. Das beeinflußt natürlich die Höhe der Erkundungskosten. Im allgemeinen werden für diese Arbeiten Investitionen bis 5%, ausnahmsweise auch bis 10% der Gesamtkosten der Gewinnung des Metalls aus dem Erz angelegt (bei großen Lagerstätten des Stockwerktyps können im Falle einer verhältnismäßig gleichmäßigen Zinnverteilung in der Lagerstätte die Erkundungskosten auch nur etwa 3% der gesamten Kosten der Metallgewinnung ausmachen).

Bei der Erkundung von Ganglagerstätten kann man sich oft damit begnügen, nur in allgemeinen Zügen die Ausdehnung der Vererzung und die Schwankungen des Zinngehaltes zu ermitteln. In der Erkundungsphase genügen deshalb Investitionen in einer Höhe, um Reserven der B-Kategorie festzustellen, die etwa 15 bis 20% der Gesamtreserven ausmachen, während dann die Detailuntersuchungen (Überführung der übrigen Reserven in die A- und B-Kategorie) im Rahmen der Vorrichtung für den Abbau der Lagerstätte unternommen werden.

Untersuchung von *Seifenlagerstätten:* Die Sucharbeiten beruhen auf der Ermittlung der Ausdehnung der Seife, der Mächtigkeit und der Erstreckung der erzführenden Schicht, ihrer Tiefe und des annähernden Zinninhalts. Bei einer Beurteilung der Ergebnisse, die durch die Vorerkundung ermittelt wurden, spielen die Abbaubedingungen und die Möglichkeit einer breiteren Anwendung der Mechanisierung eine große Rolle. Die ersten Untersuchungen beginnt man gewöhnlich in jenen Lagerstättenteilen, die von geologischen Standpunkten aus am günstigsten sind; die Schätzung der Höffigkeit der übrigen Teile stützt sich in bedeutendem Maße auf die Ergebnisse dieser ersten Untersuchungen. Auf Grund der ermittelten Angaben und nach deren Bewertung wird der Plan und das Programm der Detailerkundungen der Seife je nach ihren spezifischen Eigenschaften ausgearbeitet.

III. Abbau

Beim Abbau der Zinnlagerstätten unterscheidet man zwei grundverschiedene Verfahren: die Zinngewinnung aus primären Lagerstätten und die Zinngewinnung aus sekundären Lagerstätten bzw. Seifen.

Der Abbau der primären Lagerstätten ist meistens mit erheblichen Abbaukosten verbunden, denn die Konzentrationen der Sn-Minerale treten vorwiegend als Gänge kleiner Ausdehnung sehr veränderlicher Form und mit sehr ungleichmäßig verteiltem Metallinhalt auf. Da die Erzgänge vorwiegend kleine Reserven enthalten, ist auch die Abbauproduktion klein und meist von kurzer Dauer. Eine besser mechanisierte Arbeit wird deshalb beim Abbau dieser Lagerstätten selten angewendet, denn man ist bestrebt, die Abbauinvestitionen möglichst klein zu halten. Außerdem werden viele primäre Lagerstätten nur zeitweise (zu Zeiten der Zinnkonjunktur) abgebaut.

In manchen Lagerstätten wendet man manchmal auch selektiven Abbau an. Durch Handscheidung des Erzes und selektiven Abbau kann schon im Abbau hochwertiges Erz gewonnen werden, so daß sich die erhöhten Kosten des selektiven Abbaus lohnen. Beim Abbau der stockförmigen Lagerstätten wird Blockbruchbau mit Hilfe mechanisierter Arbeit von großer Abbauleistung angewendet, wodurch die Abbaukosten wesentlich herabgesetzt werden.

Zinnseifen, die vorwiegend eine große Ausdehnung besitzen, werden meistens im Tagebau mit weitgehender Mechanisation gewonnen (Bagger, Sandpumpen, Monitoren u. a.). Es werden verschiedene Gewinnungsverfahren bei diesen Lagerstätten angewendet (hydraulische Verfahren, Waschen, Baggern u. a.). Große Abbauleistung und niedrigere Produktionskosten sind die Grundmerkmale der Förderung eluvialer und alluvialer Zinnseifen; deshalb können auch Lagerstätten mit sehr kleinem Sn-Gehalt wirtschaftlich abgebaut werden (in Südostasien sogar bis zu 0,3 lb je Kubikyard, was etwa einem Sn-Gehalt von 0,01% entspricht).

Bei erzreichen, aber kleinen verstreuten Zinnseifen können manchmal auch alte, billige Verfahren angewendet werden (primitives Abbauen, verbunden mit Waschanlagen).

IV. Aufbereitung

Da der Zinngehalt im Erz meist niedrig ist, führt die direkte Verhüttung der Erze zu erheblichen Zinnverlusten. Deshalb muß das Erz vorher angereichert werden. Durch die Anreicherung gewinnt man Zinnkonzentrate, die durch metallurgische Verfahren weiterverarbeitet werden können. Die Aufbereitung ist manchmal auch deshalb notwendig, weil größere Mengen von Beimischungen im Erz enthalten sind, die die Qualität des Zinnmetalls beeinträchtigen (Blei, Zink, Antimon, Wismut, Arsen u. a.).

Die Aufbereitungsverfahren für Erze aus primären Lagerstätten unterscheiden sich von denen, die bei Erzen aus Seifen angewendet werden.

Aufbereitung des zinnführenden Sandes. Zum Unterschied von den primären Lagerstätten wird Zinn in Seifen nicht von sulfidischen Mineralen begleitet. Deshalb findet bei der Aufbereitung des zinnführenden Sandes nur eine Trennung des Kassiterits von den Bergen statt. Zu diesem Zweck werden sehr einfache

Aufbereitungsverfahren angewendet, die auf dem hohen spezifischen Gewicht des Kassiterits beruhen (Schwerkraftkonzentration).

Besonders große Anwendung findet in der Praxis die Anreicherung zinnführenden Sandes mit Hilfe von Setzmaschinen. Bei Anwendung dieser Methoden werden oft Kassiteritausbringen von 90% und auch mehr erreicht; wenn Sand mit Tonerde vermischt ist, sind die Ausbringen bedeutend geringer (meist etwa 75%).

Die in Setzmaschinen gewonnenen Kassiteritkonzentrate entsprechen meistens nicht den gestellten Anforderungen, so daß sie einer nachträglichen Reinigung bedürfen.

Anreicherung der Erze aus primären Lagerstätten. Die Anreicherung der Zinnerze ist ein viel komplexeres und teureres Verfahren als die Anreicherung des zinnführenden Sandes, und zwar nicht nur deshalb, weil diese Erze zerkleinert und gemahlen werden müssen, sondern weil auch die mineralische Zusammensetzung der Zinnerze aus primären Lagerstätten viel komplexer ist und weil viele schädliche Komponenten enthalten sind.

Sehr oft wird als erste Phase der Aufbereitung *Handscheidung* durchgeführt (im Abbau oder vom Transportband weg). Um dieses Aufbereitungsverfahren anwenden zu können, muß Kassiterit vom Nebengestein makroskopisch gut unterscheidbar sein.

Bei Anwendung der *Verfahren der Schwerkraftkonzentration* sind die mineralische Zusammensetzung und die strukturell-texturellen Eigenschaften des Erzes ausschlaggebend, denn davon hängt der Stammbaum des Aufbereitungsverfahrens und die Wahl der erforderlichen Einrichtungen ab.

Zinnkonzentrate werden hauptsächlich in Setzmaschinen und auf Schütteltischen gewonnen. Dabei hängen die Ausbringen von der Größe der Kassiteritkörnchen im Erz ab. Bei Aufbereitung sehr schwacher Kassiteritimprägnationen können erhebliche Verluste entstehen, so daß selbst in einer Lagerstätte, die über einen verhältnismäßig großen Zinninhalt verfügt, dadurch die Wirtschaftlichkeit ihres Abbaus in Frage gestellt sein kann. Allgemein gilt, daß bei der Konzentration auf Schütteltischen eine Kassiteritkorngröße unter 0,2 mm unzulässig ist. Kassiteritkörnchen von unter 0,1 mm Feinheit sind durch Schwerkraft schwer konzentrierbar, selbst wenn Kassiterit nicht mit anderen Mineralen verwachsen ist. Dabei werden nur sehr geringe Ausbringen erreicht.

Aufbereitung durch Flotation wird vorwiegend als ein Hilfsverfahren bei der Konzentration von Zinnerzen angewendet, um aus den Zinnkonzentraten Sulfide, manchmal auch Scheelit, zu entfernen.

Wenn im Erz Kassiterit mit Sulfiden innig verwachsen ist, kann eine Trennung nicht erreicht werden.

Elektrostatische Scheidung wird angewendet, um Scheelit und Kassiterit aus den auf den Schütteltischen gewonnenen komplexen Konzentraten zu trennen; auch wenn im Kassiteritkonzentrat größere Mengen von Wolframit, Granat und magnetischen Eisenmineralen enthalten sind (manchmal werden die Konzentrate vorher geröstet). Die elektrostatische Separation ist gewöhnlich ein Bestandteil der Aufbereitungsanlage, die zwischen die einzelnen Phasen der Zinnerzkonzentration eingeschaltet wird.

Tab. 42 zeigt das Zinnausbringen im Verhältnis zum Zinngehalt im Erz, zur Kassiteritkorngröße und zur mineralischen Zusammensetzung des Erzes.

Anforderungen an die Qualität des Zinnkonzentrates. Die Qualität des Zinnkonzentrates hängt nicht nur vom Zinngehalt, sondern auch vom Gehalt der Beimengungen ab. Aus Seifen gewonnene Konzentrate sind meistens hochwertiger als jene aus primären Lagerstätten. Der zulässige Gehalt an einzelnen nutzbaren und schädlichen Komponenten im Zinnkonzentrat steht in enger Beziehung zu den Anforderungen der Metallurgie und der Zinnverbraucher. Besonders scharfe Grenzen stellt man in bezug auf den Bleigehalt (meist bis 0,4 bis 1% Pb) und den Kupfergehalt (bis 0,5% Cu).

In den Westländern haben genormte Konzentrate über 60% Sn-Gehalt. Sehr hochwertige Konzentrate sind erwünscht, nicht nur wegen der Herabsetzung der Kosten ihrer metallurgischen Verarbeitung, sondern auch deshalb, weil einzelne Zinnlagerstätten weitab (mehrere hundert Kilometer) von den Hütten bzw. von den Verbrauchern liegen (Transportkosten).

Tabelle 42. *Ausbringen von Zinnerzen*

Erztypen und deren mineralogische Zusammensetzung	Zinngehalt im primären Erz %	Vorwiegende Kassiteritkorngröße mm	Zinnausbringen %	Zinngehalt im Konzentrat %
Feinkörnige Imprägnationen				
Sulfidische	0,52	0,04—0,10	47,0	15,0
Turmalin-Kassiterit-Erze	0,43	0,03—0,18	63,0	55,4
Mittelkörnige Imprägnationen				
Sulfiderze komplexer Zusammensetzung	0,31	0,10—0,40	55,0	60,0
Chlorit-Kassiterit-Erze	0,15	0,02—0,60	66,5	45,0
Mittel- u. grobkörnige Imprägnationen				
Kassiterit-Quarz mit Wolframit	0,23	> 2,0	70,0	17—20
Kassiterit-Quarz	0,3	> 2,0	87,0	62,0

In Indonesien enthalten genormte Konzentrate 70 bis 72% Sn. Bolivianische Konzentrate sind zinnärmer; sie haben nur 62 bis 64% Sn, manchmal sogar bedeutend weniger.

Komplexe Konzentrate. Unter den komplexen Konzentraten treten meist Wolfram-Zinn-Konzentrate auf. Es werden Kassiterit-Wolframit- und Scheelit-Kassiteritkonzentrate unterschieden. Da aus diesen komplexen Konzentraten später selektive Konzentrate gewonnen werden, werden keine besonderen Anforderungen in bezug auf ihren Inhalt gestellt. In der Sowjetunion zählt man zu Wolfram-Zinn-Konzentraten jene, die über 10% WO_3 führen. Für den Zinngehalt gelten dieselben Anforderungen wie bei reinen Zinnkonzentraten.

In einzelnen, sehr seltenen Fällen können auch zinnführende Bleikonzentrate einen industriellen Wert haben.

V. Metallurgische Verarbeitung

Metallisches Zinn wird fast ausschließlich durch pyrometallurgische Verfahren aus Kassiteritkonzentraten gewonnen. Die Kosten der metallurgischen Verarbeitung sind direkt proportional dem Zinngehalt im Konzentrat. In der Sowjetunion müssen Konzentrate mindestens 40% Sn aufweisen, in den Westländern werden noch viel höhere Anforderungen (über 60% Sn) gestellt.

Da Zinnkonzentrate oft auch viele Beimischungen enthalten (Cu, Fe, Sb, As, S, Bi, Zn, W, manchmal auch Ag), die zum Teil in das Metall übergehen (außer Wolfram), wird oft vor der Verhüttung eine Reinigung der Konzentrate vorgenommen. Dabei wird *Röstung*, *Magnetscheidung* und *Laugung* angewendet.

Röstung. Je nach den zu entfernenden Komponenten wendet man Oxydationsröstung, Oxydations-Reduktions-Röstung oder Chlorisierungsröstung an. Oxydationsröstung wird vorgenommen, um Schwefel zu entfernen, und teilweise auch, um Ferroeisen in Ferrieisen umzuwandeln und um Ferrite anderer Metalle zu bilden. Da alle Ferrite magnetisch sind, können sie durch Magnetscheidung sehr leicht entfernt werden. Bei der Oxydationsröstung werden teilweise auch Arsen und Antimon entfernt. Durch Chlorisierungsröstung können Blei, Kupfer und Silber entfernt werden.

Bei gerösteten Konzentraten mit großem Fe-Gehalt wird *Magnetscheidung* angewendet. Dabei kommt es neben der Anreicherung der nichtmagnetischen Fraktion an Zinn auch zur Herabsetzung des Gehaltes der übrigen Komponenten, die aus der magnetischen Fraktion ausgeschieden wurden (Ferrite, Magnetkies).

Laugung wird angewendet, um jene Komponenten auszuscheiden, die durch Röstung und Magnetscheidung nicht entfernt werden konnten. Zu diesen Komponenten zählen an erster Stelle Wismut, manchmal auch Wolfram, Kupfer, Arsen, Silber, Blei und Zink.

Auf Grund des Zinngehaltes und des Anteils der Beimengungen lassen sich Zinnkonzentrate im allgemeinen in drei Gruppen einteilen:

a) Reiche (mit über 60% Sn) und reine Konzentrate (minimaler Gehalt an Beimischungen). Dieser Gruppe gehören die meisten aus Seifen gewonnenen Konzentrate an.

b) Arme Konzentrate mit einem bedeutenden Anteil an Beimengungen. Auf Grund ihres Anteiles und auf Grund der Verfahren der Vorverarbeitung können die Konzentrate der ersten zwei Gruppen noch in einige Untergruppen eingeteilt werden:

Konzentrate, bei denen Röstung, Auslaugung und Elektromagnetscheidung durchgeführt werden müssen. Das Konzentrat enthält Wismut- und Wolframminerale; Fe_2O_3-Gehalt $> 10\%$, As + S-Gehalt $> 0{,}25\%$.

Konzentrate, bei denen Röstung und Magnetscheidung nötig ist: Das Konzentrat enthält Wolframminerale (Wolframit und Ferberit), aber es enthält keine Wismutminerale. Ferroxydgehalt beträgt etwa 10%, As + S-Gehalt $> 25\%$.

Konzentrate, die Röstung und Magnetscheidung erfordern: Im Konzentrat sind keine Wismut- und Wolframminerale anwesend; Fe_2O_3-Gehalt 20%, As $> 0{,}5\%$, S über 2%.

Konzentrate, die manchmal direkt verhüttet werden; sie enthalten keine Wolfram- und Wismutkonzentrate; Fe_2O_3-Gehalt 10 bis 20%, As + S-Gehalt etwa 0,5%.

c) Zinn-Blei-Zink-Konzentrate werden durch komplexe Verfahren verarbeitet; als Rohstoffe für die Zinngewinnung besitzen sie heute keine besondere Bedeutung (man kann sie als Rohstoff für die Gewinnung von Zinn-Blei-Legierungen verwenden).

Verhüttung der Zinnkonzentrate. Zinnmetall wird aus Konzentraten durch Reduktion gewonnen. Dieser Prozeß umfaßt: Reduktion des Kassiterits und der Oxyde anderer Metalle, Bildung der Schlacke und teilweise Verflüchtigung der einzelnen Komponenten.

Für die Zinnverhüttung werden hauptsächlich Schachtöfen, Flammöfen und elektrische Öfen benutzt. Eine besonders große Anwendung finden horizontale Flammöfen.

Die Schmelzprodukte sind schwarzes Zinn, Schlacke und aus Abgasen aufgefangener Pulverstaub. Schwarzes Zinn enthält 96 bis 99% Sn und einen kleineren Prozentsatz an Verunreinigungen, die durch Raffination entfernt werden.

Raffination. Bevor schwarzes Zinn auf den Markt gebracht wird, muß es von Eisen, Blei und anderen Verunreinigungen durch Raffination befreit werden (durch Erhitzen oder durch Elektrolyse). Nach der Raffination enthält das gewonnene Zinn 99,2 bis 99,99% Sn.

VI. Produktion und Rohstoffbasis der Welt

A. Bergbau und Hüttenproduktion

In letzter Zeit werden bedeutende Schwankungen der bergbaulichen Kassiteritgewinnung registriert, die von 165000 bis 200000 t variiert. Da aus den führenden Zinnproduktionsländern der Welt (China und Sowjetunion) keine amtlichen Angaben über ihre Zinnproduktion vorliegen, kann man über die gesamte bergbauliche und hüttenmännische Zinngewinnung der Welt nur annähernde Angaben machen.

Die Bergbaugewinnung des Zinns stammt aus nur wenigen Ländern der Welt. Etwa 80 bis 85% der Zinnproduktion liefern sechs Länder (Malaya, China, Bolivien, die Sowjetunion, Indonesien und Thailand). Abb. 13 stellt die bergbauliche Zinngewinnung der Welt und der einzelnen Länder mit bedeutenderer Kassiteritproduktion dar.

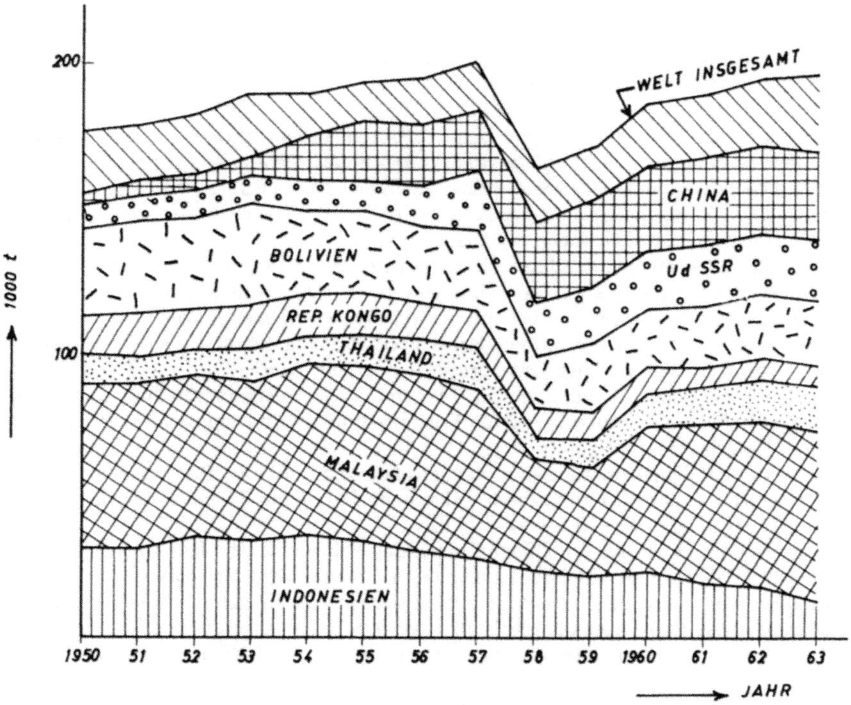

Abb. 13. Weltförderung von Zinn von 1950 bis 1963

Bei der metallurgischen Zinngewinnung werden nicht nur Kassiteritkonzentrate, sondern auch sekundäres Zinn (Alt-Zinn und Zinnabfälle) verhüttet. Die Zinngewinnung aus sekundärem Zinn ist von besonderer Bedeutung: es werden auf diese Weise in der Welt etwa 20 bis 25% des sekundären Zinns, in den USA sogar etwa 35%, rückgewonnen. Wie bei der bergbaulichen Zinngewinnung, ist auch die hüttenmännische Gewinnung auf eine kleine Zahl von Ländern beschränkt, wobei viele Länder mit großer Zinnbergbauproduktion im eigenen Land keine eigene Hüttenindustrie besitzen und umgekehrt (Großbritannien, Niederlande, USA, Belgien). Abb. 14 stellt die Hüttenproduktion des Zinns der Welt und der einzelnen wichtigeren Gewinnungsländer dar.

B. Rohstoffbasis der Welt

Wirtschaftlich wichtige Zinnlagerstätten und Zinnreserven sind in der Welt nicht gleichmäßig verteilt, sondern es gibt metallogenetische, außerordentlich zinnreiche Provinzen einerseits, und dann auch ganze Kontinente (Nordamerika) anderseits, die keine wichtigeren Zinnlagerstätten besitzen. Zu den bedeutendsten Zinnprovinzen zählen heute die Gebiete in Südostasien und in Ostsibirien.

Von den wichtigsten metallogenetischen Zinnprovinzen der Welt seien genannt:

1. *Die südostasiatische Provinz* ist das wirtschaftlich wichtigste zinnführende Gebiet der Welt (mit etwa 60% der gesamten heutigen Zinngewinnung); hier tritt mit Zinn auch Wolfram auf, besonders in den nördlichen und nordöstlichen Regionen dieser Provinz.

2. *Die bolivianische Zinnprovinz* mit vielen sehr zinnreichen Lagerstätten; in ihr finden sich sehr bedeutende primäre Zinnlagerstätten. Neben Zinn kommt auch Wolfram vor.

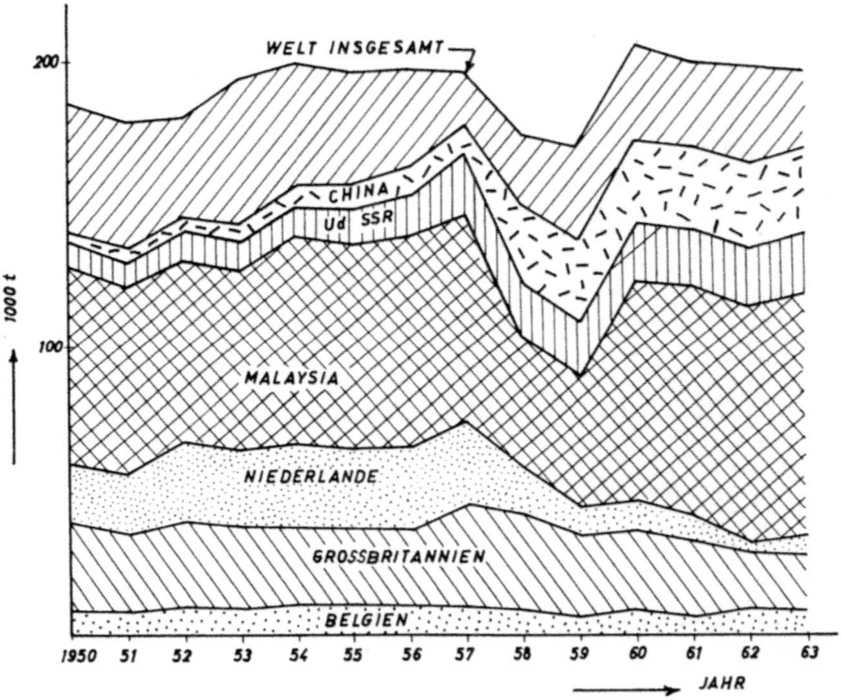

Abb. 14. Welthüttenproduktion von Zinn von 1950 bis 1963

3. *Die zentralafrikanische Zinnprovinz* umfaßt die Zinnlagerstätten im Kongo und in Uganda (vorwiegend pegmatitische Lagerstätten und Seifen).

4. *Die nigerische Zinnprovinz* mit vielen Seifen und pegmatitischen Lagerstätten (die primären Lagerstätten haben keinen besonderen wirtschaftlichen Wert).

5. *Die Zinn-Wolfram-Provinz Westeuropas* (Cornwall, Bretagne, Spanien, Portugal und das Erzgebirge) mit vielen Lagerstätten, die jedoch größtenteils erschöpft sind.

6. *Die ostaustralisch-tasmanische* Zinn-Wolfram-Provinz.

7. *Die jakutische Zinnprovinz* im Nordosten Sibiriens, in der sich wirtschaftlich außerordentlich wichtige Kassiterit-Sulfid-Lagerstätten befinden.

Außer den oben erwähnten gibt es noch viele andere, kleinere Zinnlagerstätten (Süd- und Südwestafrika, Südrhodesien, Japan, Mexiko und Brasilien).

Die Angaben über die Zinnreserven der einzelnen Länder und über die Weltreserven an Bilanzerzen und Metall können heute nicht als absolut zuverlässig betrachtet werden, sondern sind nur Annäherungswerte. Tab. 43 gibt Aufschluß über die Zinnreserven jener Länder, die bedeutendere Zinnlagerstätten besitzen.

Wird mit einem weiteren ständigen Anstieg des Zinnbedarfs der Welt gerechnet, kann angenommen werden, daß die heute bekannten Reserven den

Bedarf für längere Zeit nicht decken können. Man darf aber nicht außer acht lassen, daß ein Teil des erforderlichen Zinns durch Aluminium und andere Metalle ersetzt werden könnte, besonders wenn es zu einem ernsten Zinnmangel in der Welt oder zu Preiserhöhungen auf dem Weltmarkt kommen sollte.

Tabelle 43. *Zinnreserven der Welt*
(in 1000 t)

Kontinent bzw. Land	Gesamte Reserven	Zinngehalt im Erz %	Kassiterit-gehalt im Sand kg/m³
Europa	1030		
Britannien	12	1,0—1,5	
Frankreich	6	0,12	
Portugal	10	0,4—1,0	
UdSSR*	1000		
Asien	4500		
Burma	300	1—1,5	0,3—1,2
Indonesien	1000	—	0,5—0,76
Japan	20	0,86	
China*	650	—	
Malaya	1500	1—3	0,2—0,3
Thailand	1000	1—2	0,2—0,4
Afrika	729		
Kongo	600	0,1—0,25	0,5—1,5
Südafrikanische Union	15	1,3—1,6	
Amerika	285		
Bolivien	270	0,86—2,2	
Australien	40	0,6—3,0	0,5—2,0
Ganze Welt	6600		

* Geschätzt.

Quelle: Mineralnie ressurssi kapitalistitscheskich stran. Gosgeoltechizdat, Moskau 1963. — Mineral Facts and Problems. U.S. Bureau of Mines, Washington 1956, 1960.

VII. Zinnpreise

Zinn wird auf dem Markt als Konzentrat oder als Metall gehandelt. Der Preis der Konzentrate richtet sich an erster Stelle nach dem Zinngehalt im Konzentrat und nach dem Anteil der übrigen Komponenten. Daher gibt es keine festgesetzten Zinnpreise, sondern sie werden zwischen Erzeuger und Hütte vereinbart.

Die Preise der Konzentrate richten sich nach den Zinnpreisnotierungen auf dem Markt, wobei gewöhnlich die folgende Formel angewendet wird:

$$P = \frac{a\,(b-c)}{100} - d$$

wobei: P = Preis des Konzentrates bzw. Erzes;
a = Marktpreis oder durch Verträge festgesetzter Zinnmetallpreis;
b = Zinngehalt im Konzentrat (Erz);
c = Verhüttungsverluste; bei Konzentraten mit 65% Sn wird eine Einheit in Abzug gebracht;
d = Verhüttungskosten.

Für den Anteil der Verunreinigungen im Konzentrat und die entsprechenden Strafen gibt es keine einheitliche Normung in der Welt. Zum Beispiel: malaiische Hütten berechnen Abzüge für über 1% S, über 1% As, über 5% Fe und über 0,1% Cu + Pb + Bi + Sb; Antimon ist besonders unerwünscht.

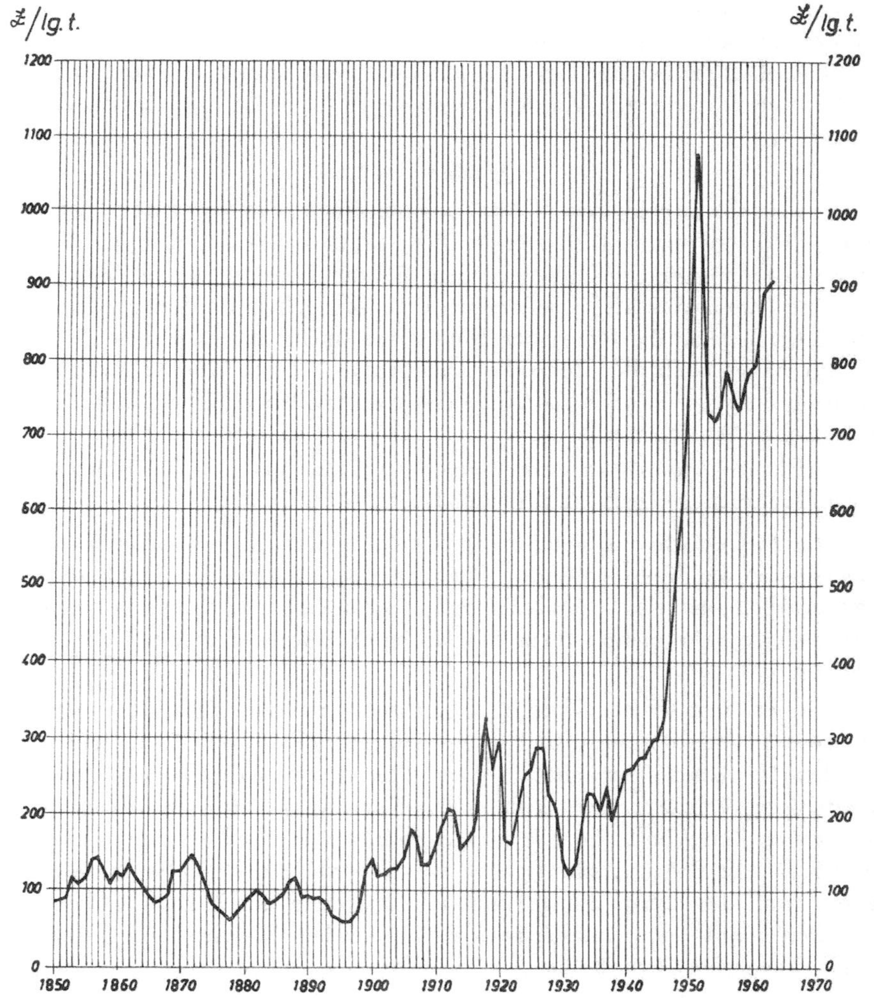

Abb. 15. Preisschwankungen von Zinn an der Londoner Börse von 1850 bis 1964 (Metallstatistik, 1964)

Es bestehen heute drei Hauptmärkte für Zinn: London, Singapur und New York. Nach dem plötzlichen Preissturz im Jahr 1951 wurden in den letzten Jahren geringe Preisschwankungen mit steigender Tendenz beobachtet. Die Zinnpreisschwankungen auf dem Londoner Markt sind auf Abb. 15 dargestellt.

VIII. Die wirtschaftsgeologische Bewertung der Erze und Lagerstätten

Bei der wirtschaftsgeologischen Beurteilung der Zinnerze und Zinnlagerstätten während der Untersuchungsphase wird auf den Gehalt und die Reserven der Erze besonderes Gewicht gelegt. Bei der Bewertung des industriellen Minimalgehaltes und des geologischen Schwellengehaltes werden auch die Abbaubedingungen bzw. Abbaukosten abgeschätzt. Die Höhe der Transportkosten ist meist weniger wichtig, denn Zinn gehört zu den teuren Metallen. Jedoch können die Transportkosten auf die Wirtschaftlichkeit der Lagerstätten bedeutend einwirken, wenn die Lagerstätten weit entfernt von Verkehrswegen liegen (z. B. Lagerstätten in Bolivien).

A. Qualität des Erzes

Die wirtschaftsgeologische Beurteilung der Zinnerze aus primären Lagerstätten unterscheidet sich wesentlich von der Beurteilung bei Seifen, denn die Verfahren ihrer Gewinnung sind grundverschieden. Bei der Beurteilung der Abbauwürdigkeit einer Zinnlagerstätte spielt neben dem Zinngehalt im Erz und neben den Zinnreserven auch die Größe der Kassiteritkörnchen eine wichtige Rolle, denn von ihr hängt auch die Höhe des Ausbringens bei der Anreicherung ab. Und demnach ändert sich auch die Höhe des industriellen Minimalgehaltes und des geologischen Schwellengehaltes.

a) *Primäre Lagerstätten.* Auf Grund der Größe der Kassiteritkörner unterscheidet man einige Gruppen primärer Lagerstätten:

Feine Imprägnationen. Feinimprägnierte Erze werden gewöhnlich in primären Lagerstätten der Kassiterit-Sulfid-Formation angetroffen. Die Größe der Kassiteritkörnchen ist meist 0,01 bis 0,1 mm, aber es kommen auch 0,001 mm kleine Körnchen vor; die obere Grenze der Korngröße dieses Erztypus ist meist etwa 0,22 mm.

Erze mit einer solchen Korngröße sind schwer aufbereitbar, daher stellt man sehr scharfe Anforderungen in bezug auf ihre Qualität. Bei vielen Lagerstätten mit derartig feinen Imprägnationserzen wurden keine zufriedenstellenden Aufbereitungsergebnisse erreicht, so daß solche Lagerstätten aufgelassen wurden, trotz ihres hohen Zinngehalts. So war man gezwungen, in der Sowjetunion eine Zinnlagerstätte mit 65% Kassiteritgehalt im Erz von 300 Mesh Korngröße aufzulassen, trotz des hohen Zinngehaltes im Erz, denn durch kein Aufbereitungsverfahren konnte eine Anreicherung erzielt werden. Es wird angenommen, daß kleine Erzkörnchen von 20 bis 40 Mikron praktisch nicht konzentrierbar sind.

Wegen der kleinen Ausbringen bei der Anreicherung ist es erforderlich, daß Erze, in denen Kassiterit in Form von feinen Imprägnationen auftritt, einen bedeutend höheren minimalen industriellen Mittelgehalt an Zinn führen als Erze mit gröberkörnigem Kassiterit.

In gangförmigen Sulfid-Kassiterit-Lagerstätten wird als minimales Metroprozent meistens etwa 0,25 bis 0,30 genommen. Wenn das Erz auch andere nutzbare Komponenten enthält, die nebenbei gewonnen werden können, kann der industrielle minimale Zinngehalt sogar kleiner sein. Bei stockförmigen Vererzungen, bei denen Massenabbau durchgeführt wird, kann er noch geringer sein; in manchen Lagerstätten dieser Art sinkt der Minimalgehalt auf 0,15 bis 0,2% Sn.

Es sei erwähnt, daß alle angeführten Gehalte ausschließlich als Richtwerte zu betrachten sind.

Bei der mineralogischen Zusammensetzung ist es besonders wichtig, daß Zinn als Kassiterit und nicht als Stannin oder als ein anderes Mineral auftritt. Kommt Zinn als Stannin vor, hat das Erz keinen praktischen Wert, denn aus Stanninerzen lassen sich nicht genügend reiche Zinnkonzentrate herstellen, und die Verhüttung armer Konzentrate, besonders wenn sie einen größeren Cu- und S-Gehalt führen, ist außerordentlich schwer.

Mittelgroße Kassiteritkörner. Erze, die mittelgroße Kassiteritkörnchen euthalten (0,2 bis 1 mm), kommen vor allem in Pegmatitlagerstätten vor. Wegen der wesentlich Aufbereitbarkeit dieser Erze sind ihre Lagerstâtten abbauwürdig, auch wenn die Erze einen bedeutend kleineren Zinngehalt besitzen. Der industrielle minimale Zinngehalt solcher Erze aus Ganglagerstätten ist etwa 0,8%. Bei ausgesprochen günstigen strukturell-mineralogischen Eigenschaften des Erzes und günstigen bergbautechnischen Bedingungen kann der Zinngehalt sogar etwas geringer sein. Die genauere Höhe des minimalen Zinngehalts muß für jede Lagerstätte einzeln festgestellt werden, je nach den Lagerstättenverhältnissen und Erzeigenschaften.

Grobkörnige Kassiteriterze. Die Konzentrierung des Kassiterits aus solchen Erzen ist sehr einfach und erfordert keine größeren Investitionen. Kassiteritkonzentrate mit sehr schwankendem Sn-Gehalt lassen sich durch sehr einfache Verfahren gewinnen (Handscheidung beim Abbau, Waschen des Erzes). Daher sind sogar sehr kleine Zinnlagerstätten mit solchen Erzvorkommen wirtschaftlich abbauwürdig.

Der industrielle Zinngehalt in kleinen Lagerstätten mit grobkörnigem Kassiterit liegt etwa zwischen 0,2 und 0,3%; in Lagerstätten, bei denen Handscheidung möglich ist, kann der Minimalgehalt auch etwas geringer sein.

b) *Zinnseifen.* Eine sehr wichtige Rolle bei der Beurteilung der Zinnseifen spielt neben dem Gehalt und der Größe der Kassiteritkörner auch das Verhältnis der Überlagerung und des zinnführenden Sandes, besonders bei Lagerstätten, die im Tagebau zu gewinnen sind. Dieses Verhältnis kann in weiten Grenzen schwanken (1 : 1 bis 4 : 1 und mehr). Je ungünstiger dieses Verhältnis liegt, desto höher muß der minimale industrielle Mittelgehalt von Zinn sein und umgekehrt.

Bei Lagerstätten mit großen Reserven und der Möglichkeit einer Mechanisierung des Tagebaus kann der minimale industrielle Zinngehalt zwischen 100 und 250 g/m^3 liegen. Bei primitivem Abbau von Zinnseifen muß der Sand einen bedeutend höheren Sn-Gehalt führen als bei größeren Bergbaubetrieben mit hochentwickelter Mechanisierung und großer Förderleistung, denn im erstgenannten Fall sind die Produktionskosten höher. Je nach dem Verhalten des Sandes bei seiner Naßaufbereitung und je nach der Mächtigkeit des Abraumes ist ein minimaler wirtschaftlicher Kassiteritgehalt im Sand von einigen hundert Gramm je Kubikmeter Sand erforderlich.

B. Lagerstättengröße

Die Zinnlagerstätten treten in sehr verschiedenen Größen auf: einige hundert Tonnen Zinn, aber auch riesengroße Lagerstätten mit mehreren hunderttausend

Tonnen. Die Lagerstätten lassen sich nach den Reserven folgendermaßen einteilen:

sehr kleine Lagerstätten	bis zu 5000	Tonnen Zinn
kleine Lagerstätten	5000 bis 20000	„ „
mittelgroße Lagerstätten	20000 bis 100000	„ „
große Lagerstätten	100000 bis 500000	„ „
sehr große Lagerstätten	über 500000	„ „

Die angeführte, auf natürlichen Kennziffern aufgebaute Größenverteilung gilt nur annähernd und bezieht sich nur auf einzelne Lagerstätten.

Die Größe der industriellen minimalen Reserven in einer Lagerstätte oder erzführenden Region muß für jede Lagerstätte einzeln festgestellt werden, je nach den Besonderheiten und je nach den Abbaubedingungen und der Erzqualität der Lagerstätte. Wirtschaftlich abbauwürdig sind manchmal auch Vorkommen mit nur 200 bis 300 t Zinninhalt oder sogar weniger (reiche Lagerstätten, bei denen Handscheidung möglich ist).

Literatur

AHLFELD, F., 1958: Zinn und Wolfram. Die metallischen Rohstoffe. Stuttgart: F. Enke.

CVETKOW, W. M., 1947: Zinn (Olowo). Anforderungen der Industrie an die Qualität mineralischer Rohstoffe. (Trebowanie promischlenosti k katschestwu mineral. sirja, russisch.) Moskau: Gosgeoltechizdat.

FERMOR, L., 1949: The Mineral Resources of Malaya and Other Eastern Countries. Min. J. **233**, No. 5955.

HARRIS, H. G., E. S. WILLBOURN, 1940: Mining in Malaya. London: The Malayan Information Agency.

HUGHES, A. D., 1949: Alluvial Tin Mining in Malaya. Min. Eng. No. 1.

KOLODIN, M. S., 1963: Sekundäres Zinn. (Wtoritschnoe olowo, russisch.) Moskau: Metalurgizdat.

MANTELL, C. L., 1949: Tin: Its Mining, Production, Technology, and Applications. Am. Chem. Soc. Mono. Ser. New York: Reinhold Publ. Corp.

MARKOWA, I. E., W. E. ORLOWA, 1956: Mineralvorräte Indonesiens, Malayas und Thailands. (Mineralnie ressurssi Indonesii, Malai i Tailanda, russisch.) Moskau: Gosgeoltechizdat.

Materials Survey — Tin, 1953. Compile for the NSRB by Department of Commerce, National Production Authority, Washington.

MERRILL, CH. W., 1952: Tin. The Mineral Resources of the World. New York: Prentice Hall, Inc.

MILLER, F., 1952: Symposium on Tin. 55th Annual Meeting, ASTM.

NEKERVIS, R. J., B. W. GONSER, 1953: Tin. — Ch. 21, Modern Uses of Nonferrous Metals. 2nd ed. New York: AIME ser.

OSSTROMENTZKIJ, N. M., 1961: Zinn (Olowo). Anforderungen der Industrie an die Qualität mineralischer Rohstoffe. (Trebowanie promischlenosti k katschestwu mineral. sirja, russisch.) Moskau: Gosgeoltechizdat.

PENNIGTON, J. W., 1960: Tin. In: Mineral Facts and Problems. Bureau of Mines Bull. 585, Washington.

RADKEWITSCH, E. A., 1963: Tin (Olowo). Mineralvorräte kapitalistischer Länder. (Mineralnie ressurssi kapitalistitscheskich stran, russisch.) Moskau: Gosgeoltechizdat.

RAMDOHR, P., 1960: Die Erzmineralien und ihre Verwachsungen. Berlin.

SCHEIN, P. J., W. N. GUDIMA, 1964: Kleines Buntmetallurgisches Taschenbuch. (Kratkij sprawotschnik metalurgii po zwetnim metalam, russisch.) Moskau: Metalurgija.

Wolfram

Wolfram ist ein strategisches Metall. Es findet Verwendung in vielen Industriezweigen, besonders in der Stahlindustrie. Die größten Wolframmengen werden zur Herstellung von Wolframstählen und anderen Legierungen verbraucht (über 40%), ferner zur Herstellung von Karbiden (etwa 35%) und Wolframmetall (etwa 15%), in der Farben- und Lackindustrie.

I. Erze und Lagerstätten

A. Minerale und Erze

Bis heute ist nur eine kleine Anzahl von Wolframmineralen bekannt. Wirtschaftlichen Wert besitzen nur zwei Minerale: Wolframit und Scheelit (Tab. 44).

Erze. Auf Grund des vorherrschenden Minerals im Erz unterscheidet man wolframitische und scheelitische Erze. Außer diesen treten auch Wolfram-Zinn-Erze, manchmal von Uranmineralen begleitet, auf. Scheeliterze sind gewöhnlich mit Sulfiden verbunden, oft auch mit Gold (goldführende Scheeliterze).

Tabelle 44. *Wirtschaftlich wichtige Wolframminerale*

Mineral	Formel	% WO_3
Wolframit	$(Fe, Mn)WO_4$	76,35—76,58
Ferberit	$FeWO_4$	
Hübnerit	$MnWO_4$	
Scheelit	$CaWO_4$	80,53

B. Wirtschaftlich wichtige Lagerstättentypen

Die wirtschaftlich wichtigeren Wolframlagerstätten lassen sich in folgende Typen einteilen:

a) *Stockwerkvererzung.* Der Stockwerktypus der Wolframvererzung ist selten, wobei die Lagerstätten sehr große Ausdehnung haben (sogar mehrere hundert Meter Länge und bis zu mehreren Zehnermetern Mächtigkeit). In vielen Lagerstätten des Stockwerktypus sind auch Erzgänge vorhanden.

Das auftretende Wolframmineral ist normalerweise Wolframit, begleitet von unbedeutenden Mengen Molybdänglanz und Scheelit, während Quarz und Karbonate die wichtigsten Gangarten sind.

Lagerstätten dieses Typus enthalten meistens sehr bedeutende Reserven armer Erze; der WO_3-Gehalt ist gewöhnlich etwa 0,2 bis 0,6%. Diese Erze werden im Großabbau gewonnen, oft auch im Tagebau, wodurch die Wirtschaftlichkeit der Förderung dieser Lagerstätten bedeutend steigt.

Zu diesem Lagerstättentypus zählen die Lagerstätten Dzidinsko und Kajrakti in der Sowjetunion.

b) *Skarnlagerstätten.* Wolfram-Skarn-Lagerstätten entstanden meistens an Kontakten von Granodioriten oder Graniten mit Karbonatgesteinen, manchmal finden sich kleinere Erzkörper auch in Kalkschollen, die in magmatischen Intrusiven eingeschlossen sind. Ausdehnung und Form dieser Lagerstätten sind sehr verschieden: sehr große Lagerstätten mehr oder weniger regelmäßiger Form, die sich an Bruchzonen oder an Kontakten karbonatischer und alumosilikatischer Gesteine bildeten, manchmal auch bis zu 20 bis 30 m mächtig und mehrere hundert Meter im Einfallen, bis zu kleinen nestförmigen Lagerstätten, die ungleichmäßig verteilt liegen.

In Wolfram-Skarn-Lagerstätten ist Scheelit das vorherrschende Erzmineral; der Scheelit wird von kleinen Mengen Molybdänglanz, manchmal auch Kassiterit, wie auch von Sulfiden (Kupferkies, Pyrit, Zinkblende, Wismutglanz u. a.) begleitet; in einzelnen Lagerstätten dieses Typus kommen auch Gold und geringe Mengen Uran vor.

Der Wolframgehalt im Erz ist sehr schwankend. Große Erzkörper mit mehr oder weniger gleichmäßiger Wolframverteilung haben einen etwas kleineren Wolframgehalt (gewöhnlich 0,2 bis 0,8% WO_3) als die aus reicheren Konzentrationen gebildeten Erznester (auch bis zu 4% WO_3). Jedenfalls können Skarnlagerstätten wirtschaftlich sehr bedeutend sein.

Den Skarnlagerstätten gehören viele Lagerstätten in Kalifornien, in Mittelasien in Sibirien, ferner die Molybdänglanzlagerstätte mit Scheelit Tirniaus im Kaukasus, Uludag in der Türkei und einige Lagerstätten in Brasilien, in Korea, in Schweden, Marokko und in Austrialien an.

c) *Ganglagerstätten.* Gangförmige Wolframlagerstätten kommen in der Welt sehr häufig vor. Es sind vorwiegend Quarzgänge, meist 0,2 bis 0,5 m mächtig, die im Streichen und Fallen manchmal auf mehrere hundert Meter verfolgt werden können. Die Erzgänge treten selten vereinzelt auf, sondern bilden Erzgangsysteme, wodurch sich die gesamten Wolframreserven in einem Erzgebiet sehr erhöhen.

Der Wolframgehalt in den Ganglagerstätten ist gewöhnlich hoch — 0,5 bis 3 bis 4% WO_3. Trotz des hohen Wolframgehaltes haben Erzgänge gewöhnlich geringere wirtschaftliche Bedeutung wegen der kleinen Reserven und den ungünstigen Abbauverhältnissen.

Auf Grund der mineralischen Paragenesen und der Bildungsbedingungen lassen sich die gangförmigen Wolframlagerstätten folgendermaßen unterscheiden:

Quarz-Wolframit-Erzgänge enthalten schwankende Mengen von Kassiterit, Topas, Beryll, Wismut, stellenweise auch Molybdänglanz, Pyrrhotin und Pyrit. Neben 0,2 bis 2,0% WO_3-Gehalt führen die Erze oft auch bis zu 0,4% Sn.

In wirtschaftlicher Hinsicht ist dies der wichtigste Typus von Wolframgängen. Ihm gehören die größten Lagerstätten der Welt — in China und in Südostasien, ferner die Lagerstätten Zabajkal in Sibirien, die Lagerstätten in Portugal und in Spanien — an.

Quarz-Scheelit-Gänge mit oder ohne wirtschaftlich bedeutende Goldkonzentrationen finden sich verhältnismäßig oft; diese Erzgänge haben gewöhnlich geringe Ausdehnung.

Wolframit-Antimonit-Gänge führen oft einen hohen Metallgehalt, doch haben sie meistens geringe Ausdehnung; gewöhnlich sind sie bis 0,5 m mächtig und keilen schon nach 30 bis 40 m aus.

d) *Sedimentäre Wolframlagerstätten* haben geringe wirtschaftliche Bedeutung, obwohl sich Wolframit und Scheelit in den Ablagerungen auch anreichern können. Besonders erhöhte Konzentrationen dieser Minerale werden in der Nähe von primären Lagerstätten (eluviale Lagerstätten) gefunden.

Alluviale Wolframerzlagerstätten kommen selten vor, denn die Wolframminerale sind spaltbar und diese Eigenschaft ist die Ursache, daß sie durch mechanische Zerstörung während des späteren Transportes zu feinem Wolframsand zerkleinert werden. Auf diese Weise werden die Wolframminerale sehr verstreut, so daß es zu einer Konzentration und zur Bildung der Lagerstätten nicht kommen kann.

Zu den eluvialen Lagerstätten zählen einzelne Lagerstätten in Malaya und in Indonesien (oft zusammen mit Kassiterit), die Lagerstätten in der Sowjetunion (besonders im Gebiet der Dzidinsko-Lagerstätte), im Kongo, in Bolivien, in China u. a.

II. Suche und Erkundung

Die Suche und Erkundung der Wolframerzlagerstätten wie auch die wirtschaftsgeologische Beurteilung der einzelnen Erkundungsphasen sind vom Lagerstättentypus abhängig.

Bei *Ganglagerstätten* hängt der Umfang der Erkundungsarbeiten sehr von der Ausdehnung der Erzgänge, von ihrer Häufigkeit im Erzfeld wie auch vom Wolframgehalt im Erz und von seiner Aufbereitbarkeit ab. In den meisten Fällen laufen die Erkundungsarbeiten mit dem Abbau parallel, so daß man gewöhnlich keine Detailerkundungen vornimmt (Reserven der A-Kategorie). Bohrungen dienen meist nur dazu, um Vorkommen von Erz festzustellen; der Wolframgehalt und die Mächtigkeit des Erzganges können nur annähernd bestimmt werden.

Bei *Skarnlagerstätten* sind Erkundung und Investitionen dafür von der Ausdehnung der mineralisierten Zone bzw. von der Ausbildung der Kontakte und von der Vererzungsstufe abhängig. Die Erkundungsarbeiten können bei großen Skarnlagerstätten sehr umfangreich sein und längere Zeit beanspruchen (bis zu 5 Jahren).

Stockwerklagerstätten beanspruchen ebenso bedeutende Investitionen für die Durchführung von Erkundungsarbeiten, doch sind sie, bezogen auf die gewinnbare Metallmenge, bedeutend billiger als bei Ganglagerstätten. Wie bei den großen Skarnlagerstätten werden auch Stockwerklagerstätten mit mehr oder weniger gleichmäßig verteiltem Wolframgehalt durch Bohrungen untersucht, und nur stellenweise werden die Resultate solcher Erkundungen durch bergmännische Aufschlüsse überprüft.

III. Abbau

Da Wolframlagerstätten meist geringe Ausdehnung besitzen, wird ihr Abbau selten mechanisiert. Sie werden größtenteils, besonders Ganglagerstätten, im Tiefbau abgebaut; Tagebau wird seltener angewendet (nur bei manchen Skarnlagerstätten oder beim Typus der Stockwerklagerstätten).

Selektiver Abbau wird oft bei der Gewinnung einzelner erzarmer Ganglagerstätten des Wolframs oder bei Skarnlagerstätten angewendet, in denen die Mineralisation in Form von Nestern und Linsen auftritt. Durch den selektiven Abbau, verbunden mit Handscheidung, wird das Erz schon beim Abbau angereichert; die erhöhten Kosten bei selektivem Abbau werden dadurch bei der Erzaufbereitung wieder eingespart.

IV. Erzaufbereitung

Die bei der Aufbereitung der Wolframerze verwendeten Verfahren richten sich nach dem Mineralbestand des Erzes. Bei einzelnen Lagerstättentypen ist der Mineralbestand des Erzes wenig komplex, so daß die Abtrennung der Wolframminerale mit keinen besonderen Schwierigkeiten verbunden ist. Bei Lagerstätten, in denen die Wolframminerale zusammen mit einer Reihe anderer Minerale, d. h. mit Sulfiden, Oxyden und Silikaten auftreten, ist die Aufbereitung viel komplizierter und wird mittels verschiedenartiger Verfahren durchgeführt.

Am einfachsten ist die Aufbereitung der Erze aus Wolframit-Quarz-Gängen, am schwierigsten ist sie meistens bei scheelitführenden Skarnen, in denen zusammen mit Scheelit auch noch Sulfide und Silikate anfallen. Im allgemeinen wird bei der Aufbereitung der Wolframerze neben Handscheidung auch noch eine der folgenden Methoden angewendet:

Aufzubereitende Erze:	*Üblich angewendete Methode:*
Wolframit, monomineralisches Erz	Schwerkraft, (Flotation)
Wolframit und Kassiterit	Schwerkraft, Flotation
Wolframit und Scheelit	Magnetscheidung
Wolframit, Kassiterit, Wismut	Magnetscheidung, Laugung
Wolframit, Scheelit, Kassiterit	Schwerkraft, Flotation, magnetische und elektrostatische Separation
Wolframit, Arsenkies, Pyrit und andere Sulfide	Schwerkraft, Flotation, Rösten
Scheelit, monomineralisches Erz	Schwerkraft, (Flotation)
Scheelit und Kassiterit	Elektrostatische Separation
Scheelit, Apatit, Kalzit	Schwerkraft, Flotation, Laugung
Alle übrigen komplexen Erze, Schlamm und Staub	Laugung und Verhüttung

Der große Unterschied des spezifischen Gewichtes der Wolframminerale und der mineralischen Begleiter ermöglicht sehr oft beste Ergebnisse bei Anwendung *der Schwerkraftverfahren.* Schüttelherde und Setzmaschinen sind fast immer ein Bestandteil der Einrichtung von Wolframerz-Aufbereitungsanlagen. Dabei ist die Korngröße der Wolframminerale besonders wichtig. Sind die Mineralkörner zu fein, ist es schwierig, hochwertige Konzentrate zu gewinnen und ein zufriedenstellendes Ausbringen zu erzielen. Durch zu feines Zerkleinern der Wolframerze beim Mahlen können sich ebenfalls oft große Metallverluste ergeben.

Flotation wird dann angewendet, wenn die Unterschiede der spezifischen Gewichte der Wolframminerale und der mineralischen Begleiter unbedeutend sind oder wenn Schwierigkeiten durch zu feines Mahlgut auftreten.

Besonders große Schwierigkeiten bei der Anreicherung der Wolframerze macht die Entfernung des Molybdäns, wenn es nicht als Sulfid, sondern als isomorphe Beimischung im Powelit vorliegt; die Trennung des Kalziummolybdats und des Kalziumwolframats ist durch übliche mechanische Aufbereitungsverfahren nicht möglich, sondern wird durch *Laugung* mittels Säuren in Autoklaven durchgeführt. Aus der Lösung scheidet sich das „synthetische Konzentrat", d. h. der synthetische Scheelit aus. Desgleichen ist z. B. die Entfernung des Schwefels im Baryt oder im Gips durch Aufbereitungsverfahren nicht oder nur sehr schwer möglich.

Die durch verschiedene Aufbereitungsmethoden erzielten Ausbringen sind bei den verschiedenen Wolframerzen nicht immer gleich groß. Im allgemeinen wird bei der Aufbereitung von Wolframiterzen ein besseres Ausbringen erzielt als bei der Aufbereitung der Scheeliterze. So wird bei Wolframiterzen häufig ein Ausbringen von 80 bis 90% erreicht, bei Scheeliterzen erreicht man dies seltener, meist nur etwa 60 bis 70% (bei Gewinnung von Konzentraten der Standardqualität bzw. mit mindestens 60% WO_3).

Die Qualität der Konzentrate hängt grundsätzlich von ihrem WO_3-Gehalt und vom Gehalt der schädlichen Komponenten ab. Standardkonzentrate enthalten meistens 60% WO_3; was den Gehalt an schädlichen Komponenten betrifft, stellen die einzelnen Länder unterschiedliche Anforderungen. Gewöhnlich werden 0,03 bis 0,2% P, 0,3 bis 3,0% S, 0,04 bis 0,2% As, 0,08 bis 1,5% Sn, 0,1 bis 0,2% Cu zugelassen.

Tab. 45 zeigt die Zusammensetzung von Wolframkonzentraten der Stockpiles strategischer Reserven der USA.

Tabelle 45. *Zusammensetzung der Wolframkonzentrate der USA — „Stockpile"*

Komponente		Typ A, B oder C Ferberit-, Hübnerit-, Wolframiterz oder -konzentrat		Typ D Natürliches Scheeliterz oder -konzentrate	Typ E Synthetisches Scheelitkonzentrat
		für Karbidpulver	für reines Metall		
WO_3, mindestens	%	65,00	65,00	65,00	65,00
Sn, meistens	%	1,50	1,50	0,10	0,05
Cu, „	%	0,50	0,50	0,10	0,05
As, „	%	0,20	0,20	0,10	0,05
Bi, „	%	0,50	0,50	0,25	0,25
Sb, „	%	0,05	0,05	0,10	0,05
Mo, „	%	0,10	0,025	0,10	0,10
P, „	%	0,05	0,05	0,05	0,05
S, „	%	0,50	0,50	0,50	0,50
Pb, „	%	1,00	1,00	0,10	0,10
Zn, „	%	1,00	1,00	0,10	0,10
Ca, „	%	0,20	0,20	—	—
Mn+Fe, „	%	—	—	2,00	0,50

Quelle: Mineral Facts and Problems. U.S. Bureau of Mines, Washington 1960.

V. Metallurgische Verarbeitung

Die Methoden der metallurgischen Verarbeitung des Wolframs unterscheiden sich wesentlich von denen anderer Metalle, da Wolfram einen sehr hohen Schmelzpunkt hat ($3410^{\circ} \pm 20^{\circ}$ C).

Die Metallurgie des Wolframs hat sich vorwiegend empirisch entwickelt; es gibt auf diesem Gebiet zahlreiche Patente. Das Wesen dieser Patente ist Betriebsgeheimnis der einzelnen Firmen und wird besonders der Rüstungsindustrie wegen geheimgehalten.

Den Rohstoff für die metallurgische Verarbeitung des Wolframs bilden gewöhnlich Konzentrate mit 60 bis 70% WO_3, die aus Ferberit, Hübnerit (Wolframit) und Scheelit zusammengesetzt sind und auch Verunreinigungen aller Art enthalten.

Herstellung von Ferrowolfram. Der größte Prozentsatz der Wolframkonzentrate (etwa 70% der gesamten Weltproduktion) wird für die Herstellung von Ferrowolfram verwendet, das für die Herstellung der Spezial- und Edelstähle dient.

In den einzelnen Ländern werden verschiedene Verfahren angewendet, am häufigsten aber wird Ferrowolfram direkt aus Konzentraten in Elektroöfen hergestellt.

Chemisch-technologische Verarbeitung der Konzentrate. Um aus Wolframkonzentraten metallisches Wolfram und Wolframstaub zu erhalten, müssen die Konzentrate vorher mit Alkalien oder Säuren gelöst werden.

Bei allen diesen Verfahren der WO_3-Gewinnung entstehen große Schwierigkeiten dadurch, daß das Wolframtrioxyd viele schädliche und unerwünschte Elemente enthält, die ausgeschieden oder auf den den Marktanforderungen entsprechenden Mindestgehalt zurückgeführt werden müssen. Diese schädlichen Beimengungen lassen sich durch verschiedene Verfahren entfernen, von denen die Lösung in Ammoniak die häufigst angewendete Methode ist.

Bei diesen Prozessen treten als *unerwünschte* und *schädliche Komponenten* auf: a) Beimengungen, die während des ganzen Prozesses vorhanden sind und im Endprodukt zurückbleiben, und b) Beimengungen, die den Verarbeitungsprozeß erschweren, aber im Endprodukt nicht mehr auftreten.

Zu den Beimengungen, die im Endprodukt zurückbleiben, zählen vor allem Molybdän und Antimon, seltener Wismut. Besonders nachteilig sind diese Beimengungen bei Wolfram für die Glühlampenherstellung. Außerdem ist auch das Antimon schädlich, da es die Tiegel angreift, die in den Reduktionsöfen gebraucht werden.

Der Arsen- und Phosphorgehalt verursacht große Schwierigkeiten beim Verarbeitungsprozeß, denn er führt zu bedeutenden Wolframverlusten. Bei vielen Betrieben werden höchstens 0,02% As- und höchstens 0,05% P-Gehalt zugelassen; bei fast allen Betrieben kommt ein Kauf von Konzentraten mit über 0,25% As + P-Gehalt nicht in Frage.

Kupfer-, Zinn- und Mangangehalt ist unerwünscht, da diese Komponenten die Qualität der Schnellschneidstähle beeinträchtigen.

In Anbetracht der schädlichen Wirkung der erwähnten Komponenten im Verarbeitungsprozeß stellt der Verbrauchermarkt genaue Anforderungen in bezug auf die Qualität bzw. den Gehalt dieser Komponenten in den Konzentraten; ein Umstand, der bei der wirtschaftsgeologischen Beurteilung der Wolframerze berücksichtigt werden soll.

VI. Produktion und Rohstoffbasis der Welt

A. Bergmännische und hüttenmännische Gewinnung

Der Wolframerzbergbau ist verhältnismäßig jung, denn er begann in größerem Maß erst Anfang dieses Jahrhunderts. Im Laufe der vergangenen 60 Jahre verzeichnete die bergmännische Gewinnung der Wolframerze einen bedeutenden Anstieg, besonders in Kriegszeiten und in den Zeiten der Aufrüstung. Infolge des plötzlichen starken Preissturzes ging in den letzten Jahren die bergbauliche Wolframgewinnung zurück oder sie stagnierte. Aktiv blieben vorwiegend große Gruben, während viele kleine Gruben heute aufgelassen sind.

Die Bergbauproduktion des Wolframs stammt aus vielen Ländern, jedoch stammen etwa 70% der Förderung aus nur sechs Ländern. Da über die Bergbauproduktion Chinas und der Sowjetunion, die Hauptwolframproduzenten der Welt, keine Angaben veröffentlicht wurden, kann man die Gesamtproduktion der Welt nicht ganz überblicken. Deshalb weichen die aus verschiedenen Quellen stammenden Angaben über die Weltbergbauproduktion von Wolframerzen und -konzentraten voneinander ab.

Abb. 16 zeigt die Produktion an Wolframerzen und -konzentraten (auf der Basis von 60% WO_3) der Welt und der einzelnen Länder mit entwickelter Bergbauförderung.

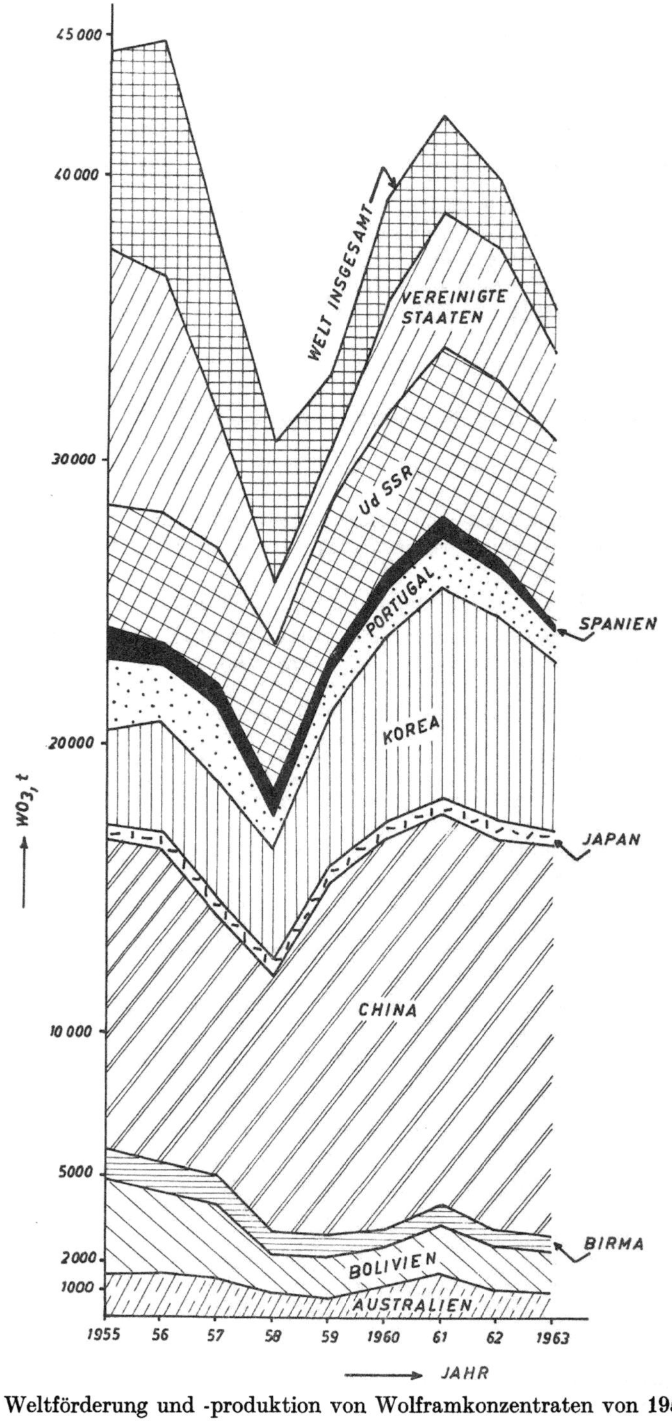

Abb. 16. Weltförderung und -produktion von Wolframkonzentraten von 1955 bis 1963

B. Rohstoffbasis der Welt

Es gibt zahlreiche Wolframerzlagerstätten auf der Welt, die auf mehrere metallogenetische Provinzen verteilt sind; stellenweise gibt es auch Einzellagerstätten, die manchmal außerordentlich große Ausdehnung besitzen (Uludag bei Bursa in der Türkei, Sandong in Korea u. a.). In manchen metallogenetischen Provinzen findet sich Wolfram auch mit Zinn (Wolfram-Zinn-Erzformationen), während in anderen Wolfram von Molybdänglanz begleitet wird.

Zu den wichtigsten metallogenetischen Wolframprovinzen der Welt zählen:

Die südchinesische Provinz birgt die größten Wolframreserven der Welt; aus ihr stammen etwa 30% der heutigen gesamten Produktion.

Die malaiische Provinz ist nur eine Fortsetzung der südchinesischen Provinz. Sie umfaßt hauptsächlich Kassiterit-Wolframit-Lagerstätten.

Die mittelasiatische Provinz in Sibirien setzt sich aus zahlreichen Skarn-Scheelit-Lagerstätten zusammen.

Die australisch-tasmanische Provinz deckt ein weites Gebiet, und in ihr liegen viele kleine Lagerstätten.

Die Wolframprovinz der Kordilleren Nordamerikas umfaßt eine Reihe von Skarn-Scheelit-Lagerstätten.

Die nordbrasilianische Provinz beinhaltet mehrere Skarnlagerstätten mit geringer Bergbauproduktion.

Die bolivianische Provinz zählt zu den wichtigsten Wolframprovinzen, wenn auch ein bedeutender Teil der Erzreserven bereits erschöpft ist. Es handelt sich vorwiegend um gangförmige Wolframitlagerstätten.

Die argentinische Provinz besitzt mehrere kleine Lagerstätten.

Die portugiesisch-spanische Provinz wird aus zahlreichen Lagerstätten gebildet, die in einer mehrere hundert Kilometer langen Zone liegen. Es handelt sich hier vorwiegend um Ganglagerstätten.

Tabelle 46. *Wolframreserven der Welt*
(1000 t WO_3)

Kontinent bzw. Land	Reserven	WO_3-Gehalt (%)
Europa	135	
Portugal	20	0,4 —1,2
UdSSR*	100	
Spanien	10	0,5 —1,0
Schweden	2	0,3
Asien	3470	
Burma	50	0,75—1,5
Korea (Süd-)	70	0,1 —1,75
China	3300	
Malaya	14	1,5
Türkei	35	0,5
Amerika	200	
Bolivien	55	0,8 —1,7
Brasilien	20	0,4 —0,5 u. mehr
Kanada	35	2,5
USA	90	0,3 —1,0
Ganze Welt	3800	

* Beurteilung.

Quelle: Mineralnie resursi kapitalisticeskih stran. Gosgeolizdat, Moskau 1963. — Mineral Facts and Problems. U.S. Bureau of Mines, Washington 1960.

Tab. 46 gibt über die Wolframreserven der einzelnen Länder der Welt mit bedeutenderen Vorkommen Auskunft. Obwohl in der Zahlentafel neben den Erzreserven auch der WO_3-Gehalt im Erz angeführt ist, lassen sich daraus keine zuverlässigeren Schlüsse über die Wirtschaftlichkeit der Förderung dieser Erze ziehen. Die Frage des Bilanzwertes der angeführten Weltreserven hängt grundsätzlich vom Marktpreis des Wolframs und der Wolframkonzentrate ab. In Anbetracht der starken Preisschwankungen, die im Laufe des letzten Jahrzehntes in den Grenzen $\pm 300\%$ variierten, ist es schwer zu bestimmen, welcher Teil der angeführten Reserven heute zu den Bilanzreserven zählt.

Wenn man den Weltbedarf mit den Weltreserven vergleicht, so ergibt sich, daß die 3,05 Millionen Tonnen Wolframmetall der oben angeführten Erzreserven (bzw. WO_3-Gehalt) ausreichend wären, um den Weltbedarf noch fast 80 Jahre zu decken. Werden jedoch dabei die Reserven Chinas ausgeklammert, so würde es bedeuten, daß durch die restlichen Wolframerzreserven der Welt der Bedarf der Industrie der Westländer durch eine längere Zeitdauer nicht gedeckt werden könnte (zumindest nicht bei den heutigen Wolframpreisen).

VII. Preise der Erze, der Konzentrate und der Metalle

Die Preise der Wolframkonzentrate bestimmt man auf Grund de WO_3-Gehaltes und des Gehaltes an unerwünschten Komponenten. Standardskonzentrate enthalten gewöhnlich 60% WO_3; der Grundpreis je WO_3-Einheit richtet sich nach dem WO_3-Gehalt im Konzentrat. Für Konzentrate mit über 65% WO_3 zahlt man einen Aufpreis für jede Einheit WO_3. Im Kaufvertrag für Wolframkonzentrate wird auch der maximale Gehalt der einzelnen Komponenten bestimmt: wenn die Konzentrate über 1,5% Sn und über 0,2% As enthalten, zahlt man festgelegte Strafen bzw. der Preis des Konzentrates wird proportional dem Anteil an schädlichen Komponenten vermindert.

Die Preise für Wolfram, sei es für Konzentrat oder für Metall, unterlagen in den letzten 20 Jahren bedeutenden Schwankungen, wie sie bei den übrigen Metallen nur selten beobachtet werden. Besonders niedrige Wolframpreise bestehen seit dem Ende des Krieges in Korea. Abb. 17 zeigt die Entwicklung der Wolframpreise (Einheit WO_3 und Wolframmetall).

Da dem plötzlichen Preissturz kein entsprechender Rückgang des Wolframverbrauchs folgte, kann man erwarten, daß die herrschende Krise im Wolframbergbau der Welt in der Zukunft einigermaßen nachlassen wird.

VIII. Die wirtschaftsgeologische Bewertung der Erze und Lagerstätten

A. Qualität der Erze

Die Qualität der Wolframerze hängt vom Gehalt an nutzbaren und schädlichen Komponenten, vom Verwachsungsgrad der Erzminerale und von der Korngröße ab.

Entscheidend für die Beurteilung der Qualität der Wolframerze ist der WO_3-Gehalt. Besonders wichtig ist auch die Höhe der Bauwürdigkeit. Wie bei Lagerstätten anderer Metalle hängt auch die Bauwürdigkeit von Wolframerzen von vielen Faktoren ab, an erster Stelle vom Umfang der Produktion bzw. von den Produktionskosten pro Tonne abgebauten Wolframerzes und vom Preis des Metalls auf dem Markt. Bei den meisten monometallischen Wolframerzlager-

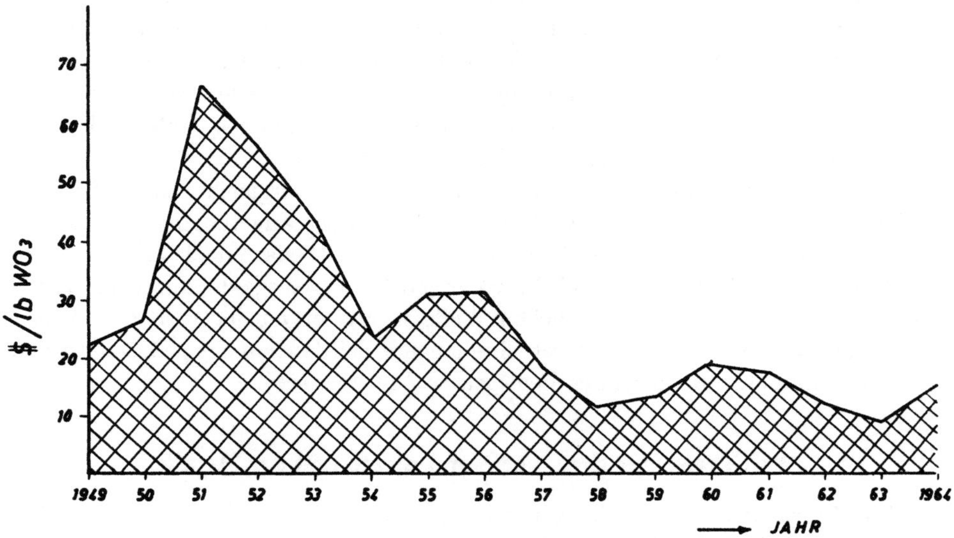

Abb. 17. Preisschwankungen für Wolfram auf dem Weltmarkt von 1949 bis 1964

stätten (oder bei Lagerstätten, in denen Wolfram mit abgebaut wird) schwankt der minimale industrielle Gehalt zwischen 0,5 und 3,0% WO_3. Monometallische Ganglagerstätten führen gewöhnlich 0,6 bis 3,0% WO_3, Stockwerklagerstätten 0,2 bis 0,6% WO_3 und Skarnlagerstätten 0,3 bis 3% WO_3. Wenn die Lagerstätte größere Reserven enthält bzw. eine größere Produktion möglich ist, kann der minimale industrielle Gehalt in einzelnen Stockwerklagerstätten auch bis 0,2% sinken (die tschechoslowakische Normung ČSN 1637 sieht vor, daß zu den Bilanzerzen auch ein Erz mit nur 0,1% WO_3 zählt, was jedenfalls tief unter dem Weltdurchschnitt liegt).

In vielen Fällen wird bei Ganglagerstätten die Wirtschaftlichkeit des Abbaues einer Lagerstätte durch das Metroprozent ermittelt (Mächtigkeit des Erzganges multipliziert mit dem WO_3-Gehalt). Als minimaler Wert des Metroprozentes wird in der Sowjetunion oft 0,15 bis 0,20 angenommen. Der genauere Wert wird für jede Lagerstätte einzeln bestimmt.

Der bauwürdige WO_3-Gehalt in sedimentären Lagerstätten hängt von der Ausdehnung der Ablagerung und von den Abbauverhältnissen ab (Deckegebirgsmächtigkeit). Bei kleinen sedimentären Lagerstätten beträgt der bauwürdige WO_3-Gehalt meistens etwa 0,03%, bei großen Lagerstätten kann er auch 0,015% WO_3 betragen. Treten in der Lagerstätte neben Wolframmineralen auch andere nutzbare Komponenten (Gold u. a.) auf, kann der minimale industrielle Gehalt für WO_3 auch niedriger als die angeführten Gehalte sein. Für jede Lagerstätte muß dieser Minimalgehalt einzeln festgestellt werden.

In Wolframerzen gibt es schädliche und inerte Beimengungen. Die schädlichen Komponenten gehen ins Wolframkonzentrat über und verschlechtern seine

Qualität, während die inerten Komponenten in das Konzentrat übergehen und es nur verdünnen. Zu den schädlichen Komponenten zählen Molybdän, Zinn, Antimon, Phosphor, Arsen, Schwefel, Kupfer, Wismut; inerte Komponenten sind Minerale mit großem spezifischem Gewicht, ähnlich dem der Wolframminerale; bei Scheeliterzen sind es jene Erze, die durch Flotation leicht aufbereitbar sind, ferner Kalzit, Baryt, Fluorit, Talk, Gips und Apatit.

Der Gehalt an schädlichen und inerten Komponenten kann in weiten Grenzen schwanken. Da die Abtrennung dieser Komponenten von den Wolframmineralen verschieden gut möglich ist (je nach dem Verwachsungsgrad und der Korngröße), sind keine besonderen Bestimmungen für den Maximalgehalt dieser Komponenten im Erz, sondern nur im Konzentrat vorgesehen.

B. Erzreserven

Die Wolframerzlagerstätten haben normalerweise geringe Ausdehnung. In Anbetracht der verhältnismäßig hohen Preise und der leichten Aufbereitbarkeit der Erze werden sehr oft auch Lagerstätten mit kleinen Erzreserven wirtschaftlich abgebaut (bei einer Jahresproduktion von etwa 50 t Konzentrat). So z. B. stammt in Burma die Jahresproduktion in einer Höhe von 8000 bis 10000 t aus 243 kleinen Erzlagerstätten bzw. etwa 40 t Konzentrat im Durchschnitt aus jeder Lagerstätte. In Brasilien und in Frankreich ist dieser Durchschnitt etwas höher, d. h. etwa 60 t Wolframkonzentrat. Dies alles weist auf die Möglichkeit hin, daß in Perioden hoher Preise auch Lagerstätten mit nur einigen zehn Tonnen Reserven abbauwürdig sind, besonders wenn auf einem engbegrenzten Gebiet mehrere solche Erzkörper vorkommen.

Um einen besseren allgemeinen Überblick über die Ausdehnung der größten Lagerstätten der Welt zu gewinnen, sind nachfolgend die Angaben über die Erz- und Metallreserven in einigen Wolframlagerstätten der Welt angeführt (Tab. 47).

Tabelle 47. *Erz- und Metallreserven in einigen großen Wolframlagerstätten der Welt*

Erzlagerstätte (Land)	Mineral	Reserven t	Gehalt an WO_3 im Erz %	Reserven an WO_3 t
Sandong (Korea)	Scheelit	3000000	1,5	45000
King Island (Australien)	Scheelit	3000000	0,6	18000
Machi (Burma)	Wolframit	766500	1,1 (+1,1% Sn)	8430
Chojla (Bolivien)	Wolframit	1000000	0,8 (+0,4% Sn)	8000
Pasto Bueno (Peru)	Hübnerit	690000	0,96	6624

Bei den meisten Wolframlagerstätten sind geringe Investitionen erforderlich, denn es handelt sich um kleine Lagerstätten mit geringer Erzförderung und um Erze, die leicht durch Handscheidung aufbereitet werden können (meistens bei gangförmigen Quarz-Wolframit-Lagerstätten). Größere Investitionen beanspruchen nur große Skarn- und Stockwerklagerstätten, besonders diejenigen, die im Tagebau gewonnen werden. Größere Investitionen sind auch für die Aufbereitung einiger komplexer Wolframerze erforderlich. Der Einfluß der Investitionen auf die Wirtschaftlichkeit der Gewinnung von Wolframlagerstätten braucht nicht für jede Lagerstätte einzeln beurteilt zu werden, denn allgemeingültige und zuverlässige Schlüsse lassen sich hier nicht ziehen.

Literatur

AHLFELD, F., 1958: Zinn und Wolfram. Die metallischen Rohstoffe, Bd. 11. Stuttgart: F. Enke.
HOLLIDAY, R. W., 1960: Tungsten. In: Mineral Facts and Problems. Bureau of Mines Bull. 585, Washington.
KERR, P. F., 1946: Tungsten Mineralisation in the United States. Geol. Soc. Amer. Mem. **15**.
LI, K. S., Y. W. CHING, 1956: Tungsten, Its History, Geology, Ore-Dressing, Metallurgy, Chemistry, Applications and Economics. Am. Chem. Soc. Mon. 94, 3. Aufl. New York: Reinhold Publ. Co.
Materials Survey — Tungsten, 1956: Washington: Department of Commerce.
RAMDOHR, P., 1960: Erzmineralien und ihre Verwachsungen. Berlin.
SMIRNOW, S. S., 1945: On the Tin-Tungsten Mineralisation of the East of the USSR (russisch). AN SSSR, ser. geol. No. 6.
SMITHELIS, C. J., 1952: Tungsten. 3rd Ed. London: Chapman & Hall.
VEI CHOW JUAN, 1946: Mineral Resources of China. Econ. Geol. **41**.
ZADRA, J. B., 1959: Milling and Processing Tungsten. Bureau of Mines Inf. Circ. 7912.

Molybdän

Molybdän ist ein außerordentlich wichtiges strategisches Metall, das zu etwa 80% in der Stahlindustrie verwendet wird (Spezialstähle). Ein kleinerer Prozentsatz des Molybdäns wird dort eingesetzt, wo sehr hohe Temperaturen auftreten, ferner in der Elektrotechnik für die Herstellung von Lampen. Unbedeutende Mengen verwendet man auch in der Farbindustrie und für medizinische Zwecke.

I. Erze und Lagerstätten

A. Minerale und Erze

In der Natur sind Mo-Minerale nicht besonders zahlreich. Wirtschaftliche Bedeutung haben nur einige von ihnen (Tab. 48), wobei Molybdänglanz eine besondere Stellung zukommt. Wulfenit bildet nur ausnahmsweise wirtschaftlich interessante Konzentrationen (Mežice in Jugoslawien). Powellit und Molybdit sind in den Oxydationszonen mancher Molybdänlagerstätten sehr verbreitet.

Tabelle 48. *Wichtige Molybdänminerale*

Mineral	Formel	% Mo
Molybdänglanz ...	MoS_2	59,69
Wulfenit	$PbMoO_4$	39,3 MoO_3
Povelit	$CaMoO_4$	72,0 MoO_3
Molybdit	$Fe_2O_3 \cdot 3MoO_3 \cdot 47 \cdot 5H_2O$	59,5 MoO

Molybdänerze. Von den Molybdänerzen können im wesentlichen folgende Arten unterschieden werden:

a) *Quarz-Molybdänglanz-Erze* sind die wirtschaftlich wichtigsten Molybdänerze. Die Grundbestandteile dieses Erztyps sind Molybdänglanz und Quarz, begleitet von Pyrit, seltener auch von Kupfer-, Blei- und Zinksulfiden. Ihrem Oxydgehalt nach werden Quarz-Molybdän-Erze in sulfidische und oxydische Erze eingeteilt.

b) *Molybdän-Wolfram-Erze* sind komplexe Erze, in denen neben Molybdän auch Wolfram auftreten kann. Die Erze bestehen aus Molybdänglanz, Wolframit, seltener Scheelit und Quarz; Pyrit tritt mengenmäßig zurück.

c) *Molybdän-Kupfer-Erze.* In diesen Erzen ist Kupfer vorherrschend, aber auch der Molybdängehalt ist genügend hoch (meist 0,005 bis 0,05%), um aus diesen Erzen auch Molybdän gewinnen zu können.

d) *Wulfeniterze* gibt es sehr selten und sind diese vorwiegend an Blei-Zink-Lagerstätten gebunden.

B. Wirtschaftlich wichtige Lagerstättentypen

Unter den wirtschaftlich wichtigen Molybdänlagerstätten werden unterschieden:

1. Stockförmige Imprägnationslagerstätten

Stockförmige Imprägnationslagerstätten sind die wichtigsten Lagerstätten des Molybdäns. In ihnen liegen die größten Molybdänreserven, und schon über 60 Jahre liefern sie den Großteil der Molybdänproduktion der Welt (90%).

Stockförmige Imprägnationslagerstätten haben gewöhnlich eine sehr beträchtliche Ausdehnung und führen oft mehrere zehn Millionen Tonnen, manchmal sogar einige hundert Millionen Tonnen Erz.

Auf Grund des Mineralbestandes lassen sich stockförmige Imprägnationslagerstätten in folgende Gruppen einteilen:

Molybdänlagerstätten. Die Lagerstätten dieser Art befinden sich gewöhnlich in hydrothermal umgewandelten magmatischen Gesteinen granitoidischer Zusammensetzung (unter den hydrothermalen Umwandlungen von Nebengesteinen ist Verkieselung besonders weit verbreitet). Das Hauptererzmineral ist Molybdänglanz, als Gangart tritt Quarz auf. In Lagerstätten dieses Typs ist nur ein sehr geringer Molybdängehalt vorhanden: meist 0,15 bis 0,4%. Da jedoch in Anbetracht der beträchtlichen Ausdehnung dieser Lagerstätten Bruchbau angewendet werden kann, wodurch die Produktionskosten sehr niedrig sind, können auch Lagerstätten mit einem industriellen Minimalgehalt von etwa 0,2 bis 0,3% Mo abbauwürdig sein.

Zu dieser Lagerstättengruppe zählen die größten Molybdänlagerstätten der Welt: Climax in USA, Mačkatica in Jugoslawien und einzelne Lagerstätten in der Sowjetunion (Sorskoe, Perwomajskoe u. a.), ferner Dachischan, Gisin, Dundojgin und Schensi in China.

Kupfer-Molybdän-Lagerstätten sind als „porphyrische" Kupferlagerstätten bekannt, in denen Molybdän in kleineren Konzentrationen vorkommt. Aus diesen Lagerstätten wird Molybdän als Nebenprodukt gewonnen. In Anbetracht der beträchtlichen Ausmaße „porphyrischer" Kupferlagerstätten werden aus diesen Lagerstätten erhebliche Molybdänmengen gewonnen.

2. Skarnlagerstätten

Skarnlagerstätten des Molybdäns von wirtschaftlichem Wert sind selten. Neben Molybdänglanz, der vorwiegend in mit Quarz ausgefüllten Spalten vorkommt oder kleinere Nester bildet, gibt es mitunter auch Scheelit sowie kleinere

Mengen von Kupferkies und Pyrit. In manchen Lagerstätten kann Kupferkies auch bedeutendere Konzentrationen haben (Molybdän-Kupfer-Lagerstätten).

In den Skarnlagerstätten schwankt der Molybdängehalt bedeutend — von 0,1 bis 0,6 bis 0,8%; in wirtschaftlich wichtigen, großen Lagerstätten beträgt der Molybdängehalt meist ungefähr 0,3 bis 0,4%. Aus manchen Lagerstätten werden neben Molybdänit auch Scheelit und Kupferkies gewonnen.

Zu den bedeutenden Lagerstätten dieses Typus, die manchmal sehr beträchtliche Reserven enthalten, zählen einzelne Lagerstätten in der Sowjetunion (Tirniaus im Nordkaukasus, Ljangarskoe in Mittelasien u. a.); dieser Lagerstättengruppe können auch die Lagerstätten Azegour in Marokko und Yang-Schi-Tschang-Zu in China zugeordnet werden.

3. Ganglagerstätten

Gangförmige Molybdänlagerstätten kommen verhältnismäßig häufig vor, jedoch ist ihre wirtschaftliche Bedeutung klein, denn sie enthalten nur unbedeutende Erzreserven. Die Mächtigkeit der Quarz-Molybdänglanz-Gänge beträgt gewöhnlich 0,05 bis 0,1 m bis 0,3 bis 0,5 m, selten bis 1,0 bis 1,5 m; im Streichen können sie oft mehrere hundert Meter verfolgt werden (mit Unterbrechungen), während sie eine Teufenerstreckung von 100 bis 200 m bis 300 bis 400 m haben können. Größere Bedeutung können Erzregionen haben, in denen eine größere Anzahl von vererzten Gängen vorkommen (bis 2 bis 3 Millionen Tonnen Erz).

In Ganglagerstätten ist Molybdänglanz das Haupterzmineral und oft ist es sogar die einzige nutzbare Komponente der Lagerstätte. Der Molybdängehalt ist meist hoch — gewöhnlich etwa 0,5 bis 1,0%, seltener bis etwa 3%. Da die Förderkosten bei gangförmigen Lagerstätten bedeutend höher sind als bei stockförmigen Imprägnationslagerstätten, so muß auch der industrielle Minimalgehalt im Erz einige Male höher sein als in den Imprägnationslagerstätten. Da Molybdänglanz in Lagerstätten dieses Typs manchmal in Form von reichen Nestern oder Erzsäulen auftritt, kann bei kleiner Förderung mitunter Handscheidung angewendet werden.

Zu den gangförmigen Lagerstätten zählen Questa in New Mexico, Umaltinsko, Dawenda, Sirigitschi u. a. in der Sowjetunion, Knaben in Norwegen sowie einzelne Lagerstätten in Colorado und Alaska in den USA.

4. Schichtenförmige sedimentäre Lagerstätten

Schichtenförmige sedimentäre Molybdänlagerstätten haben wegen des geringen Mo-Gehaltes im Erz und wegen der Schwierigkeiten bei der Gewinnung herkömmlicher Konzentrate geringe wirtschaftliche Bedeutung, doch enthalten diese Lagerstätten sehr beträchtliche Erzreserven und können als wichtige potentielle Reserven angesehen werden.

Die Lagerstätten dieses Typs sind erst seit jüngster Zeit bekannt, so daß sie noch ungenügend erforscht sind. Molybdänkonzentrationen, vergesellschaftet mit Vanadium und Uran, kommen in kohlenführenden Sedimenten vor. Die mit Molybdän angereicherten Schichten sind manchmal mehrere Meter mächtig und können in der Streichrichtung bis zu mehreren Kilometern verfolgt werden. Da Molybdän in der Kohlensubstanz, seltener in toniger Sustanz, sehr dispers auftritt, läßt sich Molybdän durch Flotation nicht konzentrieren, sondern das Metall muß durch sehr teure metallurgische Verfahren gewonnen werden. Da die hydrometallurgische Molybdängewinnung vielfach teurer ist als die Gewinnung und Verarbeitung der Konzentrate, müssen diese Erze für eine wirtschaftliche Verwendung mindestens einen dreifach höheren Molybdängehalt (mindestens 1% Mo) besitzen als die vorher besprochenen Molybdäniterze.

Zu diesen schichtenförmigen sedimentären Lagerstätten gehören einzelne Lagerstätten in der Sowjetunion.

II. Suche und Erkundung

Die Untersuchungsart der Molybdänlagerstätten und die Bewertung der Ergebnisse stehen in enger Beziehung mit dem Lagerstättentyp.

Stockförmige Lagerstätten: Bei der Suche und Erkundung gilt die Aufmerksamkeit vor allem dem Molybdängehalt, der auf Grund eines weitmaschigen Netzes von Erkundungsarbeiten bestimmt wird (vorwiegend durch Bohrungen, stellenweise durch bergmännische Arbeiten). Bei der Erkundung von Lagerstätten dieser Art muß man mit bedeutenden Investitionen und mit einem verhältnismäßig hohen Risiko rechnen, besonders wenn der Molybdängehalt sich dem geologischen Schwellengehalt nähert (0,1 bis 0,2%).

Bei diesem Lagerstättentypus werden durch Vorerkundungen hauptsächlich Reserven der C_1-Kategorie ermittelt; der Anteil der B-Kategorie beträgt meist nicht mehr als 10 bis 15% der Gesamtreserven. Wenn die Ergebnisse der Vorerkundung die Wirtschaftlichkeit des Abbaus der Lagerstätte nachweisen, so unternimmt man Detailerkundungen, wobei bergmännische Arbeiten den Vorrang haben. Hier werden die bergmännischen Arbeiten gleichzeitig als Vorrichtungsarbeiten für den Abbau benutzt.

Die Erkundungskosten bei stockförmigen Lagerstätten sind je Metalleinheit gewöhnlich nicht besonders hoch. Überschreitet der Anteil der Reserven der B-Kategorie nicht 20% der Gesamtreserven, sind die Erkundungskosten im allgemeinen nicht höher als etwa 5% der gesamten Kosten der Molybdängewinnung.

Gangförmige Lagerstätten. Da diese Lagerstätten eine geringe Ausdehnung haben, hängt die Berechtigung größerer Investitionen für Erkundungsarbeiten auch davon ab, ob sich in einer Region mehrere Erzgänge oder nur vereinzelte Molybdänglanz-Quarz-Gänge befinden.

Die wirtschaftsgeologische Bewertung von Ganglagerstätten richtet sich gewöhnlich nach den durch bergmännische Erkundungsarbeiten ermittelten Angaben und weniger nach den Ergebnissen von Bohrungen, denn Molybdän ist in den Gängen recht ungleichmäßig verteilt. In der ersten Erkundungsphase wird der Gang in der Regel durch eine Strecke in nur einem Niveau untersucht, während die tieferen Teile durch Bohrungen erkundet werden. Da die Gänge geringmächtig sind, im Streichen aber mehrere hundert Meter lang sein können, sind die Erkundungskosten bei gangförmigen Lagerstätten pro Einheit des an Erzreserven enthaltenen Metalls bedeutend größer als bei stockförmigen Lagerstätten.

Die wirtschaftsgeologische Beurteilung der Erkundungsergebnisse umfaßt neben dem Molybdängehalt auch die Höhe des industriellen minimalen Metroprozentes und die Möglichkeit der Handscheidung des Erzes.

III. Abbau

Die bergbauliche Gewinnung des Molybdäns zeigt keine für dieses Metall spezifischen Besonderheiten.

Die üblichen, bei Lagerstätten anderer seltener Metalle angewendeten Abbauverfahren werden auch beim Abbau der Molybdänganglagerstätten angewendet. Da es sich meistens um kleine Lagerstätten und um eine unbedeutende Produktion handelt, wird gewöhnlich im Abbau das Erz von Hand ausgeklaubt, so daß im Bergbau selbst eine bedeutende Anreicherung des Erzes erreicht werden kann.

Bei Lagerstätten großer Ausdehnung (Climax u. a.) wird neben Tagebau auch Tiefbau mit sehr großen Abbauleistungen angewendet. Die Anwendung des Massenabbaues lohnt sich und ist begründet, obwohl es dabei zu einer gewissen Verdünnung der Erzsubstanz kommt.

IV. Aufbereitung

Der Molybdängehalt im Erz ist meistens zu gering, um solche Erze direkt verarbeiten zu können. Sie müssen also vorher aufbereitet werden. Andrerseits führt der steigende Molybdänbedarf der Industrie dazu, nicht nur Molybdänerze abzubauen, sondern auch Erze, in denen Molybdän als Begleiter in sehr kleinen Mengen auftritt.

Für die Anreicherung von Mo-Erzen und molybdänhaltigen Erzen wird ausschließlich das Flotationsverfahren angewendet. Schwerkraftverfahren eignen sich nicht, denn Molybdänit wird dabei sehr zerkleinert und ein bedeutender Anteil geht in die Bergen verloren, so daß das Ausbringen außerordentlich klein wird. Es muß aber beachtet werden, daß durch Flotation nicht bei allen Typen von Lagerstätten und bei allen Mo-Mineralen gleich gute Ergebnisse erreicht werden.

Die besten Ergebnisse bei der Flotation läßt der Molybdänglanz zu, und zwar bei komplexen Erzen als auch bei reinen Molybdänglanzerzen. Powellit flotiert bedeutend schlechter, trotzdem werden bei seiner Aufbereitung noch zufriedenstellende Ausbringen erzielt. Bedeutend schwerer lassen sich ferrimolybdänit- und limonitführende Erze aufbereiten. Die dabei erreichten Ausbringen schwanken in sehr weiten Grenzen. Daher kann man über die Flotationseigenschaften des Erzes bei der Beurteilung eines Molybdänvorkommens erst nach Beendigung der technologischen Untersuchungen genauere Aussagen machen.

Über die Aufbereitbarkeit der Erze aus verschiedenen Lagerstättentypen kann im allgemeinen folgendes gesagt werden:

a) Quarz-Molybdänglanz-Erze zählen zu den am leichtesten aufbereitbaren Erzen; es werden meist Ausbringen von über 85 bis 90% erreicht.

b) Bei der Aufbereitung der Kupfer-Molybdän-Erze kommt es manchmal zu Schwierigkeiten (besonders bei Oxyderzen), die jedoch technisch zu bewältigen sind. Es gibt keine Standardverfahren für die selektive Flotation der Kupfer-Molybdän-Erze, sondern man wählt für jede einzelne Lagerstätte ein angepaßtes Schema der Flotation. Die bei der Aufbereitung dieser Erze bis zum Jahre 1960/63 erreichten Ausbringen betrugen etwa 70%.

c) Molybdänglanz wird aus Molybdän-Wolfram-Erzen durch Flotation ausgeschieden, Wolframit aber mittels naßmechanischer Verfahren.

d) Die Anreicherung von Skarn-Molybdän-Erzen ist ein viel schwierigeres Verfahren, besonders wenn Molybdänglanz zusammen mit Scheelit auftritt. Das Aufbereitungsverfahren hängt von der Korngröße des Scheelits ab; die Gewinnung von Scheelitkonzentraten genügend guter Qualität ist mit großen Schwierigkeiten und mit beträchtlichen Verlusten verbunden.

e) Oxyderze des Molybdäns machen die größten Schwierigkeiten bei der Aufbereitung. Bei der heutigen Entwicklungsstufe der Technik sollte man jedoch von der Aufbereitung dieser Erze nicht vollkommen absehen, sondern für jede einzelne Lagerstätte ein entsprechendes Aufbereitungsschema entwickeln. Powelliterze eignen sich dabei wegen ihrer bedeutenden Vorzüge besser als Ferrimolybdäniterze.

Neben dem Mo-Gehalt und dem Metallausbringen muß bei der Bewertung der Qualität der Konzentrate auch der Gehalt an schädlichen Komponenten berücksichtigt werden. Eine sehr scharfe Beschränkung wird in bezug auf den Gehalt an Phosphor, Arsen, Kupfer, weniger an Zinn, gestellt.

In einzelnen Fällen ist auch der Gehalt an inerten Mineralen wichtig, die bei der Flotation zusammen mit Molybdänglanz flotieren, die die Anreicherung zwar nicht beeinträchtigen, sondern die Konzentrate nur verdünnen. Solche Minerale sind Graphit, Kaolin, Serizit und die meisten Sulfide, die bei der Flotation in das Molybdänglanzkonzentrat übergehen.

Tabelle 49. *Technische Anforderungen an Mo-Konzentrate*

Komponente	UdSSR (Gost, 212-41) Kennzeichen			ČSSR ČSN 441632 (1952)	USA
	KM_1	KM_2	KM_3		
Molybdän, min. .... %	50,00	48,00	47,00	30	50,7
Phosphor, max. .... %	0,07	0,07	0,15		0,01—0,03
Arsen, „ .... %	0,07	0,07	0,07		
Kupfer, „ .... %	0,50	1,00	2,00	1,5	0,17—0,24
Eisen, „ .... %				5,0	0,3 —0,4
Blei, „ .... %				2,5	
Zinn, „ .... %	0,07	0,07	0,07		
CaO, „ .... %				4,0	
Al_2O_3, „ .... %				2,0	
SiO_2, „ .... %	5,00	5,00	7,00		
Feuchtigkeit, max. ...... %	4,00	4,00	4,00	0,5	

Es gibt keine einheitliche Norm für den Mo-Gehalt im Konzentrat, so daß in verschiedenen Ländern die Molybdänverbraucher verschiedene Anforderungen in dieser Hinsicht stellen. In den meisten Fällen wird gefordert, daß die Konzentrate im Handel 47 bis 50% Mo bzw. 87% MoS_2 enthalten. Aus Tab. 49 sind die Anforderungen ersichtlich, die in den USA, in der Sowjetunion und in der ČSSR in bezug auf die chemische Zusammensetzung der Molybdänkonzentrate gestellt werden. Aus diesen Angaben ergeben sich klar die großen Unterschiede der Anforderungen einzelner Molybdänverbraucher. In vielen Fällen wird der Fe-Gehalt im Molybdänkonzentrat dadurch herabgesetzt, daß man Pyrit durch Rösten in Magnetit überführt und durch Magnetscheidung entfernt.

V. Metallurgische Verarbeitung

In der Industrie wird Molybdän als Ferromolybdän, Kalziummolybdat, Ammoniummolybdat und Molybdänmetall verwendet. Jedes einzelne Produkt wird durch verschiedene Verfahren gewonnen und findet eine verschiedenartige Verwendung.

Ferromolybdän. Für die Verhüttung des Ferromolybdäns wird geröstetes Konzentrat verwendet, in dem Molybdän in Form von MoO_3 enthalten ist. Die Oxydationsröstung des Molybdänglanzes erfolgt bei 600° C, wobei Schwefel, zum Teil auch Arsen, entfernt wird. Ein möglichst niedriger Si-Gehalt ist erwünscht; wenn ein erhöhter Si-Gehalt bei der Anwendung der silikothermischen Verfahren vorhanden ist, so wird viel Schlacke gebildet und es kommt zu einem ungünstigen Temperaturgleichgewicht und zu Molybdänverlusten in der Schlacke.

Kalziummolybdat gewinnt man aus Molybdänit-, Wulfenit- und Powelliterzen und -konzentraten. Es wird durch eine zweiphasige Röstung gewonnen.

Ammoniummolybdat. Das durch Röstung der Konzentrate gewonnene MoO_3 wird in Ammoniak gelöst, wobei Ammoniummolybdat gewonnen wird. Zu diesem Zweck verwendet man Konzentrate mit möglichst hohem MoS_2-Gehalt, um möglichst viel Molybdän in Ammoniummolybdat überzuführen.

VI. Produktion und Rohstoffbasis der Welt

A. Bergbau- und Hüttenproduktion

Die bergbauliche und hüttenmännische Molybdänproduktion ist auf sehr wenige Länder beschränkt. Neben Molybdänlagerstätten sind auch „porphyrische" Kupferlagerstätten eine wichtige Quelle der Mo-Gewinnung. Die heutige Molybdänproduktion stammt größtenteils aus den USA (über 75%), ferner aus der Sowjetunion und aus Chile. Abb. 18 zeigt die Molybdänproduktion der Welt und der einzelnen Länder. Da über die Molybdänproduktion der Sowjetunion keine amtlichen Angaben vorliegen, sind die Angaben über die Sowjetunion nur Schätzwerte.

B. Rohstoffbasis der Welt

Es gibt eine größere Anzahl von Mo-Erzlagerstätten, jedoch wirtschaftlich wichtige Lagerstätten sind nur in einigen metallogenetischen Provinzen angeordnet. Zu den wichtigen metallogenetischen Provinzen der Welt zählen:

Die westamerikanische Provinz in den USA umfaßt viele Molybdänlagerstätten, aus denen der Großteil der heutigen Molybdänproduktion der Welt stammt. Außer stockförmigen Mo-Lagerstätten befinden sich in dieser Provinz auch zahlreiche und große „porphyrische" Cu-Lagerstätten, in denen Molybdän als begleitende Komponente auftritt. Gangförmige Lagerstätten haben einen geringen wirtschaftlichen Wert.

Die südamerikanische Provinz erstreckt sich längs der Küste des Stillen Ozeans und in ihr sind riesengroße „porphyrische" Kupferlagerstätten mit Molybdän als Begleitkomponente vorhanden.

Die mediterrane Provinz umfaßt viele Lagerstätten der alpidischen metallogenetischen Epoche in Jugoslawien, in den südlichen Gebieten der Sowjetunion und im Atlasgebiet in Marokko.

Die chinesische Provinz ist in bezug auf die Metallogenese des Molybdäns sehr wenig erkundet, jedoch nach Angaben der Fachliteratur der Sowjetunion kommen in ihr außerordentlich bedeutende Lagerstätten vor.

Die skandinavische Provinz umfaßt viele kleinere Molybdänerzlagerstätten, die vorwiegend gangförmig sind.

Die Molybdänreserven der Welt sind nur zum Teil bekannt, hauptsächlich nur die der Westländer (Tab. 50). Aus der Sowjetunion und aus China liegen keine

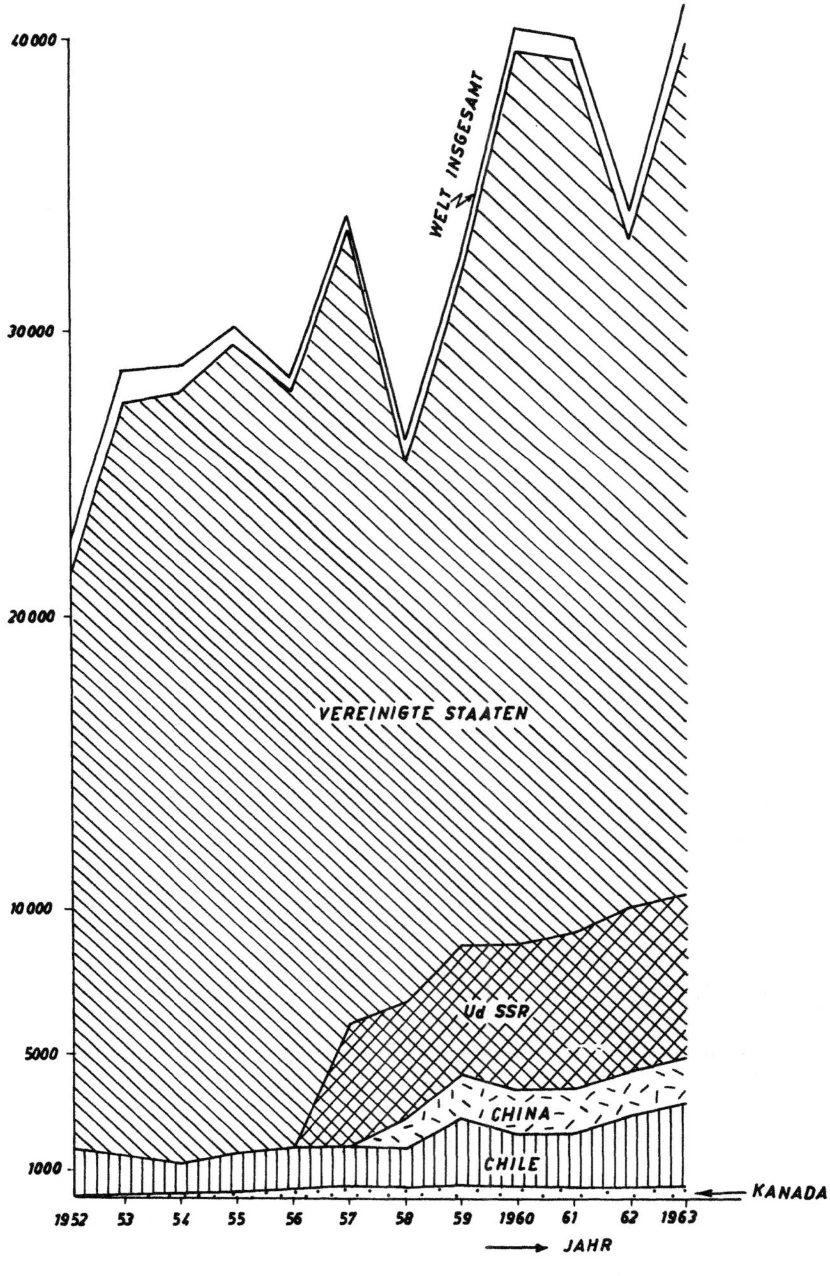

Abb. 18. Molybdänweltproduktion von 1952 bis 1964

Angaben vor; auch verfügt man über keine nähere Beschreibung der chinesischen Lagerstätten, so daß eine auch nur annähernd zuverlässige Schätzung ihrer Reserven nicht in Frage kommt. Nach W. M. Kreiter befinden sich in China größere

Molybdänreserven als in den USA, jedoch erwähnt der Autor nichts Näheres über den Bilanzwert dieser Reserven (vor allem nichts über den Mo-Gehalt im Erz).

Tabelle 50. *Molybdänreserven der Welt*
(1000 t Metall; ohne China und Sowjetunion)

Kontinent bzw. Land	Gesamte Reserven	Molybdängehalt %
Europa		
Italien	30	0,6
Jugoslawien	40	0,1—0,2
Norwegen	3	0,4—0,5
Asien		
Türkei	2	0,4
Japan*	10	keine Angaben
Afrika		
Marokko	4	0,5—0,6
Amerika		
Chile*	100	0,006—0,012
Grönland*	30	0,15 —0,24
Kanada	19	0,23 —0,44
USA	1800	0,002—0,6
Australien	5	0,5 —1,0

* Beurteilung.

Quelle: Mineralnie ressurssi kapitalistitscheskich stran. Gosgeolizdat, Moskau 1963. — Minerals Facts and Problems. U.S. Bureau of Mines, Washington 1960.

VII. Preise des Molybdäns

Molybdän kommt auf den Markt als Konzentrat, als Molybdänmetall, Ferromolybdän, Kalziummolybdat und MoO_3. Abb. 19 zeigt die Preisschwankungen der einzelnen Handelsprodukte des Molybdäns.

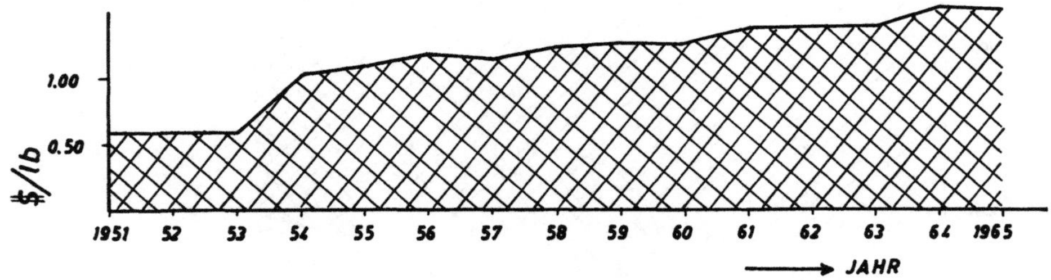

Abb. 19. Molybdänpreise auf dem Weltmarkt von 1951 bis 1965

VIII. Die wirtschaftsgeologische Bewertung der Erze und Lagerstätten

Die wirtschaftsgeologische Bewertung der Molybdänerze und -lagerstätten umfaßt die Schätzung der Qualität und der Reserven sowie die Beurteilung der Abbaubedingungen einer Lagerstätte; unter den allgemeinen wirtschaftlichen Faktoren können immer auch die Wasserversorgung und in kleinerem Maß auch die Transportverhältnisse, eine wichtigere Rolle spielen.

A. Qualität des Erzes

Die Qualität der Molybdänerze wird durch den Mo-Gehalt im Erz, den Mineralbestand bzw. das Verhalten des Erzes im Aufbereitungsprozeß und durch den Anteil an übrigen nutzbaren Komponenten bestimmt. Bei gangförmigen Lagerstätten ist auch die Verdünnung des Erzes beim Abbau besonders wichtig, so daß sich die Bewertung des Metallgehaltes im Erz einer Lagerstätte auf den Mo-Gehalt des Haufwerkes beziehen muß.

Der Mineralbestand des Erzes ist für seine Aufbereitbarkeit und für das angestrebte Ausbringen außerordentlich wichtig, so daß derselbe in großem Maße auch auf die Wirtschaftlichkeit des Abbaues bzw. auf die Höhe des industriellen Mo-Gehaltes im Erz einwirkt. Sulfidische Mo-Erze lassen sich sehr gut aufbereiten, wobei gewöhnlich ein Ausbringen von 90 bis 95% erreicht wird.

Oxydische Mo-Erze haben einen geringen wirtschaftlichen Wert, denn ihre Aufbereitung ist mit großen Schwierigkeiten verbunden und die Ausbringen sind dabei klein (meist etwa 30%); oxydisches, mit Limonit innig verwachsenes Mo-Erz läßt sich praktisch nicht aufbereiten, demzufolge sind diese Erze auch als Rohstoff für die Mo-Gewinnung wirtschaftlich nicht interessant. Komplexe Erze eignen sich weniger für die Aufbereitung; bei „porphyrischen" Kupferlagerstätten wird durch Aufbereitung der Erze ein Ausbringen von etwa 70% Molybdän im Konzentrat erreicht. In Anbetracht der verschiedenen Preise und des unterschiedlichen Ausbringens, das bei der Verarbeitung komplexer Erze erreicht wird, werden bei den verschiedenen Begleitmetallen verschiedene Koeffizienten in Ansatz gebracht, um den gewinnbaren Mo-Anteil zu bestimmen (0,23 WO_3, 0,4 Sn). Die Zurückführung der Oxyderze auf Molybdäniterze führt man gewöhnlich auf Basis des Koeffizienten 0,3 durch.

Treten in einer Lagerstätte sulfidische und oxydische Mo-Erze gemeinsam auf, so müssen — in Anbetracht der unterschiedlichen Wirtschaftlichkeit der Aufbereitung — oxydische Erze und sulfidische Erze getrennt beurteilt werden, desgleichen auch das Verhältnis ihres mengenmäßigen Anteils in der Lagerstätte.

Bei der Bewertung einer Lagerstätte spielt die Bestimmung des industriellen minimalen Mo-Gehaltes im Erz eine besonders wichtige Rolle. Der industrielle Minimalgehalt hängt von vielen Faktoren ab, von denen besonders ausschlaggebend sind: der Mineralbestand des Erzes, die Lagerstättengröße, die Abbauverhältnisse und die Höhe der Abbaukosten wie auch der Anteil der begleitenden nutzbaren Komponenten im Erz. Im allgemeinen ist der Mo-Gehalt in Molybdänglanzerzen geringer als in Oxyderzen, ferner ist er in stockförmigen Lagerstätten geringer als in Ganglagerstätten, geringer in komplexen Erzen als in monometallischen Molybdänerzen.

Da der industrielle Minimalgehalt in weiten Grenzen je nach dem Lagerstättentyp schwanken kann, wollen wir hier die allgemeine Charakteristik der wirtschaftlich wichtigen Lagerstättentypen besprechen:

a) *Ganglagerstätten.* Bei der Beurteilung der Höhe des industriellen minimalen Mo-Gehaltes im Erz muß beachtet werden, daß es sich um dünne Erzkörper handelt, bei deren Abbau es zu bedeutender Verdünnung der Erzsubstanz kommt: manchmal ist der Mo-Gehalt im abgebauten Gestein 1,5- bis 3mal geringer als der Metallgehalt im Erzgang. Bei mittelschweren Abbaubedingungen und bei einer

Grubenförderung von 100 bis 200 t Erz/Tag ist der industrielle Minimalgehalt gewöhnlich 0,7 bis 1,0% Mo; in Lagerstätten, in denen Molybdänglanz kleinere Nester bildet, so daß beim Abbau das Erz ausgeklaubt werden kann, kann der industrielle Minimalgehalt manchmal sogar nur bis zu 0,5 bis 0,6% Mo betragen.

Bei der Bewertung der Ganglagerstätten wird nicht mit dem industriellen Minimalgehalt im Erz, sondern mit Metroprozenten gerechnet. Als minimales Metroprozent nimmt man gewöhnlich etwa 0,25 bis 0,30 (Größenordnung).

b) *Stockförmige Lagerstätten* zeichnen sich durch große Ausdehnung aus. Die Begrenzung der Erzkörper wird nach den Angaben systematischer Probenahmen festgelegt. Dabei trachtet man möglichst genau auch den Vererzungskoeffizienten zu bestimmen (in wirtschaftlich wichtigen Lagerstätten meist über 0,5 bis 0,6, selten auch bis zu 0,8).

Es werden meist Massenabbauverfahren angewendet (Tagebau und Tiefbau), so daß die Bergbaukosten pro Erzeinheit gering sind (oft sogar 4- bis 5mal niedriger als beim Abbau von Ganglagerstätten). Bei stockförmigen Lagerstätten sinkt daher der industrielle Minimalgehalt auf etwa 0,2 bis 0,25% Mo, der geologische Schwellengehalt sogar auf etwa 0,1% Mo.

c) In *stockförmigen Imprägnations-Kupferlagerstätten* fällt der industrielle Minimalgehalt sogar bis 0,004% Mo. Dennoch kommt die Molybdängewinnung aus den Erzen mit derartig niedrigem Mo-Gehalt in Betracht, weil Molybdän als eine begleitende Komponente des Kupfers im Erz auftritt und auf seine Gewinnung nur ein unbedeutender Teil der Kosten entfällt (hauptsächlich die Aufbereitungskosten).

d) In den übrigen Lagerstätten mit *komplexem Erz* (Mo-Wo-Erze, polymetallische Erze u. a.) hängt der industrielle Minimalgehalt vom Anteil und von der Aufbereitbarkeit der übrigen Komponenten im Erz ab.

B. Erzvorräte

Die in wirtschaftlich wichtigen Lagerstätten enthaltenen Molybdänvorräte können in weiten Grenzen schwanken. Bei der Bewertung einer Lagerstätte ist die Bestimmung der industriellen minimalen Molybdänreserven besonders wichtig, die wiederum vom Mo-Gehalt im Erz und von den Abbaubedingungen abhängen.

a) *Ganglagerstätten.* Die Erzreserven in Ganglagerstätten können ganz verschieden groß sein: von 100000 bis 200000 t bis zu 2 bis 3 Millionen Tonnen. Die industriellen minimalen Erzreserven stehen in engem Zusammenhang mit der Kapazität der Grube bzw. der Aufbereitungsanlage und mit dem Mo-Gehalt im Erz. Bei reichen Erzen mit etwa 1% Mo ist die Kapazität der Aufbereitungsanlage mindestens 50 t/Tag. Dann sollen etwa 200000 bis 250000 t minimaler Erzvorräte vorhanden sein. Bei Lagerstätten mit geringerem Mo-Gehalt (0,7 bis 1,0%), die eine sehr große Erzverdünnung aufweisen, ist die minimale Kapazität der Aufbereitungsanlage 100 bis 250 t/Tag, so daß industrielle minimale Erzreserven von etwa 400000 bis 500000 t Erz erforderlich sind.

Die Bergbaukosten und Aufbereitungskosten je Einheit schwanken bedeutend je nach der Kapazität der Anlage. In der Sowjetunion werden gewöhnlich die folgenden relativen Verhältnisse eingehalten (nach N. A. CHRUSCHTSCHOW):

Kapazität, t/Tag	Bergbaukosten (relative Verhältnisse)	Aufbereitungskosten
über 500	100	100
200 bis 500	120	110
100 bis 200	150 bis 180	200
unter 100	170 bis 230	300

Obwohl es sich hier lediglich um annähernde Angaben handelt, läßt sich doch daraus schließen, welche wichtige Rolle der Kapazität zufallen kann bei der Bewertung der Wirtschaftlichkeit des Abbaues und der Aufbereitung des Molybdänerzes.

b) *Stockförmige Lagerstätten.* In stockförmigen Lagerstätten liegen meist Reserven von mehreren Millionen Tonnen Erz vor. Die Grubenkapazität beträgt gewöhnlich bei:

kleinen Lagerstätten	1000 bis 3000	Tonnen Erz täglich
mittelgroßen Lagerstätten	3000 bis 5000	,, ,, ,,
großen Lagerstätten	5000 bis 10000	,, ,, ,,
sehr großen Lagerstätten	über 10000	,, ,, ,,

In Anbetracht der großen Investitionen für die Aufbereitungsanlagen und die Grube müssen die Erzreserven für eine Förderung für mindestens 15 Jahre ausreichen. Daher sollen in diesen Lagerstätten etwa 4 bis 5 Millionen Tonnen Erz bzw. etwa 10000 t Molybdän im Erz vorhanden sein. In den meisten Lagerstätten dieses Typs sind die Reserven einige Male größer.

C. Allgemeine Faktoren

Von den allgemeinen Faktoren, die bei der Bewertung von Molybdänlagerstätten wichtig sein können, kann die *Wasserversorgung* eine außerordentlich große Rolle spielen. Dieser Faktor ist ganz besonders wichtig bei Lagerstätten mit großer Ausdehnung, wo Aufbereitungsanlagen von großer Kapazität erforderlich sind (über 3000 t Erz pro Tag). Nach der heutigen Auffassung muß eine Wasserzufuhr von 3 bis 5 m^3 je Tonne Erz sichergestellt sein. Für eine Flotation, die mit einer Kapazität von 1000 t Erz pro Tag arbeitet, ist eine Wasserzufuhr von mindestens 50 bis 60 l/sec und für den Gesamtbedarf der Betriebe von 60 bis 70 l/sec erforderlich.

Für Aufbereitungsanlagen von großer Kapazität kann manchmal auch die *Stromversorgung* besonders wichtig sein (meist etwa 40 bis 50 kWh pro Tonne Erz).

Abschließend sei noch betont, daß die Wirtschaftlichkeit des Abbaus für jede Lagerstätte einzeln beurteilt werden muß, je nach den vorhandenen Bedingungen und je nach ihrem Erzinhalt. Daher sind die oben angeführten Werte des industriellen Minimalgehaltes nur als Richtwerte zu betrachten.

Literatur

Butler, B. C., J. W. Vanderwild, 1933: The Climax Molybdenum Deposit. U.S. Geol. Surv. Bull. **846**e.

Chruschtschow, N. A., 1963: Molybdän. Mineralvorräte kapitalistischer Länder. (Mineralnie ressurssi kapitalistitscheskich stran, russisch.) Moskau: Gosgeoltechizdat.

Janković, S., 1960: Wirtschaftsgeologie, Bd. 1. (Ekonomska geologija, T. 1, serbisch.) Zav. za geol. i geofiz. istr. 7/1, Belgrad.
Krusch, P., 1938: Molybdän. Die metallischen Rohstoffe, H. 2, Stuttgart: F. Enke.
Landsberg, H. H., F. F. Fischman, L. J. Fischer, 1963: Resources in America's Future. Baltimore: The Johns Hopkins Press.
McInnis, 1957: Molybdenum. Bureau of Mines Inform. Circ. 7784, Washington.
Molybdän, 1947: Anforderungen der Industrie an die Qualität mineralischer Rohstoffe (russisch). Vol. 27, Moskau.
—, 1961: Beurteilung von Lagerstätten bei Such- und Erkundungsarbeiten. (Ozenka mestorozhdenijach pri poiski i razvedki, russisch.) Vol. 19. Moskau: Gosgeoltechizdat.
Molybdenum, 1960: Mineral Facts and Problems. Bureau of Mines, Bull. 556, Washington.
Statistical Year Book, 1964: United Nation, New York.
Vanderwild, J. W., 1942: The Occurrence and Production of Molybdenium. Colorado School of Mines **37**, No. 4.

Nickel

Nickel wird zu etwa 80% in der Industrie zum Legieren mit anderen Metallen verwendet. Neben Nickelstählen haben auch seine Legierungen mit Buntmetallen eine vielseitige Anwendung. Daher gehört Nickel zu den strategisch wichtigsten Metallen. In bezug auf die Wichtigkeit dieses Metalls in der Kriegsindustrie einerseits und in der Friedensindustrie anderseits nehmen seine Lagerstätten und seine Erzeugung eine besondere Stelle in der Wirtschaft einzelner Länder ein.

I. Erze und Lagerstätten

A. Minerale und Erze

In der Natur sind heute 46 Nickelminerale bekannt und fast ebenso viele Minerale, in denen sich Nickel als isomorphe Beimengung findet. Wirtschaftliche Bedeutung haben aber nur 15 bis 20 solcher Minerale, von denen den Sulfiden die größte Bedeutung zukommt, dann folgen die Silikate des Nickels. Von geringerer Bedeutung sind Sulfoarsenide. In Tab. 51 werden die wichtigsten Nickelminerale angeführt.

Tabelle 51. *Wirtschaftlich bedeutende Nickelminerale*

Mineral	Formel	% Ni
Millerit	NiS	64,7
Pentlandit	$(Fe, Ni)S$ oder $(Fe, Ni)_9S_8$	22 —42
Nickelführender Magnetkies	Fe_mS_n, gewöhnlich Fe_7S_8	0,5— 0,7
Rotnickelkies	$NiAs$	39 —45
Kobaltkies	$(Co, Ni, Fe, Cu)_3S_4$	bis 2% Ni + Co
Bravoit	$(Fe, Ni)S_2$	etwa 20
Gersdorffit	$NiAsS$	26 —40
Ullmannit	$NiSbS$	27,8
Chloantit	$(Ni, Co)As_2$	9 —28
Garnierit	$(Ni, Mg)O \cdot SiO_2 \cdot H_2O$	21,8—28,8
Nickelblüte	$Ni_3(AsO_4)_2 \cdot 8H_2O$	29,4

Unter den *Nickelerzen* können im allgemeinen Sulfid- und Silikaterze unterschieden werden. Beide Gruppen zeichnen sich nicht nur durch den unterschiedlichen mineralogischen Bestand aus, sondern auch durch verschiedene Kennziffern der technisch-wirtschaftlichen Verarbeitung.

Sulfidische kupferführende Nickelerze zeichnen sich durch einen relativ beständigen mineralogischen Inhalt aus. Die Hauptminerale des Erzes sind: Pentlandit, nickelführender Magnetkies und Kupferkies (gewöhnlich etwa 90% aller Erzminerale). Neben diesen enthalten die Erze auch Magnetit, manchmal auch Kubanit, Millerit, Zinkblende, Pyrit, Ilmenit; in manchen Lagerstätten enthält das Erz auch Arsenide und Sulfoarsenide des Nickels: Nickelin, Gersdorfit, sowie auch platinführende Minerale (Sperrylith, Kuperit). Wirtschaftliche Bedeutung haben Nickel und Kupfer wie auch viele der sie begleitenden Metalle (Platin, Gold, Silber, Kobalt, Selen u. a.).

Silikatische Nickelerze. Der Hauptteil des Nickels ist in einzelnen Erztypen an Ni-Hydrosilikate gebunden. In anderen Erzen ist fast das gesamte Nickel als Adsorptionsprodukt an Magnesiumsilikat, Hydroalumo- und Ferrosilikat sowie auch an SiO_2-Minerale gebunden.

Der chemischen Zusammensetzung nach unterscheidet man unter Silikaterzen nontronitische Erze, Magnesium- und Serpentinerze wie auch ockerige Siliziumerze; in wirtschaftlicher Hinsicht sind nontronitische Erze am bedeutendsten.

B. Wirtschaftlich wichtige Lagerstättentypen

1. Magmatische Lagerstätten

Genetisch und räumlich sind liquidmagmatische Lagerstätten an basisches und ultrabasisches Gestein gebunden: an Norite, Pyroxenite, Peridotite, selten an normalen Gabbro und Gabbrodiabas.

Man kann, dem Mineralbestand im Erz und den Bedingungen des Entstehens der Lagerstätten nach, die kupfer-nickel-führenden Lagerstätten in zwei Grundtypen unterscheiden: Imprägnationslagerstätten und Lagerstätten mit kompaktem Erz. Es ist nicht immer möglich, zwischen diesen beiden eine genaue Grenze zu ziehen; der Sulfidgehalt in Imprägnationslagerstätten beträgt meistens 2 bis 10%, seltener auch bis 20%. Im allgemeinen wird ein Gehalt von ungefähr 0,8 bis 0,9% Ni als Grenze zwischen den sulfidischen Imprägnations- und den kompakten Kupfer-Nickel-Erzen genommen.

Lagerstätten des kompakten Sulfiderzes stellen wirtschaftlich sehr wichtige Nickelkonzentrationen dar. Der Form und den Bedingungen der Lagerung nach unterscheidet man:

Erzgänge und apophysenartige Erzkörper sind gewöhnlich an Spalten der Intrusion und an liegende Nebengesteine gebunden. Ihre Mächtigkeit beträgt bis 1,5 bis 2 m, im Einfallen können sie manchmal mehrere hundert Meter verfolgt werden. („Offset deposits" in Sudbury.)

Erzgänge mit kompaktem Erz zeichnen sich durch einen sehr hohen Gehalt an Nickel und Kupfer — bis 8 bis 10% Ni + Cu, meistens 4 bis 5% Ni und 2% Cu — aus.

Erzlager finden sich in der untersten Schicht des Intrusivkörpers („Marginal deposits" in Sudbury). Die Erzmineralien bilden derbe Massen. Bei sehr großen Erzlagern ist manchmal auch brekziöses Erz anzutreffen.

Der Nickel- und Kupfergehalt ist gewöhnlich geringer als in Erzgängen: 2 bis 4% Ni und 0,8 bis 2,0% Cu.

Zu dieser Gruppe gehören die größten Nickellagerstätten der Welt — jene im Gebiet Sudbury in Kanada, ferner Nitis-Kumusje, Norilsk, Petschenga und andere in der Sowjetunion.

Imprägnationslagerstätten sind wirtschaftlich weniger bedeutend als Lagerstätten mit kompaktem Erz, doch da sie größer sind, enthalten sie erhebliche Gesamtreserven an Metallen. Wirtschaftlich wichtige Imprägnationslagerstätten entstanden gewöhnlich in den unteren Teilen der Intrusiva („Basaltypus des Imprägnationserzes": z. B. Lagerstätten Nitis Kumusje und Soptschuajwentsch in der Montsche-Tundra, Norilsk, UdSSR) oder in den untersten Schichten einzelner „stratifizierter" Horizonte im Massiv („Erzschichten" in Soptschuajwentsch). Die Erzkörper müssen nicht unbedingt an die untersten Schichten gebunden sein, sie können sich auch in der Mitte, sogar auch in den oberen Teilen des Massivs bilden („hängende Imprägnationserzkörper").

Imprägnationslagerstätten können oft sehr bedeutende Ausmaße besitzen. Es sind Lagerstätten bekannt, deren Größe — in horizontaler Erstreckung — mehrere Quadratkilometer überschreiten kann, bei einer mittleren Mächtigkeit von 5 bis 10 m.

Der Nickelgehalt in Imprägnationslagerstätten ist sehr verschieden. Er beträgt meist 0,3 bis 0,8% Ni, wobei die untere Grenze des Nickelgehaltes oft auch bis zu hundertstel Prozenten herabsinken kann.

Zu diesem Lagerstättentypus gehören viele wirtschaftlich außerordentlich wichtige Lagerstätten: Sudbury in Kanada, Insizwa in der Südafrikanischen Union, ferner Norilsk in Sibirien, Nitis-Kumusje auf der Halbinsel Kola.

2. Hydrothermale Ganglagerstätten

Hydrothermale Lagerstätten haben eine sehr beschränkte wirtschaftliche Bedeutung. Es sind Ganglagerstätten, in denen neben Nickel auch Kupfer und andere Buntmetalle auftreten: Kupfer und Kobalt (nickelführende Pyrite und Magnetkiese in einzelnen hypothermalen Lagerstätten) und schließlich Kobalt und andere Metalle (in Lagerstätten der Bi-U-Ag-Ni-Co-Formation). Die Hauptmineralerze in hydrothermalen Lagerstätten sind Nickelin, Smaltin, Chloantit, Kobaltin, gediegenes Silber, Argentit, Pyrit, Zinkblende, Bleiglanz, Kupferkies, manchmal auch Wismut, Uraninit u. a. Von den Nichterzmineralen sind von größerer Bedeutung: Quarz, Baryt, Fluorit, Karbonate.

Bei einer Bewertung der Ganglagerstätten soll stets die Möglichkeit einer bedeutenden Verdünnung der Erzsubstanz im Verhältnis zum Gehalt in der Lagerstätte beachtet werden. Beim Abbau dünner Erzgänge — und diese sind bei diesem Lagerstättentypus vorherrschend (gewöhnlich 0,1 bis 0,5 m, selten auch bis 1,0 bis 2,0 m) — kann die abgebaute Erzsubstanz auch 2- bis 3mal weniger Nickel enthalten als das Erz in der Lagerstätte.

Ungeachtet des verhältnismäßig hohen Nickelgehaltes (manchmal 3 bis 4% Ni) sind die Ganglagerstätten von geringer wirtschaftlicher Bedeutung, denn die Erzgänge besitzen meist kleine Ausmaße.

Eine der bedeutendsten hydrothermalen Nickellagerstätten ist die Blei-Zink-Lagerstätte in Bawdwin in Burma. Dem Gangtypus der hydrothermalen Nickelerzlagerstätten können die Lagerstätten Annaberg, Schneeberg in Deutschland, Joachimsthal in der ČSSR, ferner die Lagerstätten Bou-Azer in Nordafrika und die Ni-Co-Lagerstätten am See Teminskaming-Cobalt, Ontario, in Kanada zugezählt werden. Die meisten dieser Lagerstätten sind zum größten Teil erschöpft (außer der Lagerstätte Bawdwin).

3. Silikatlagerstätten

Nickelsilikatlagerstätten lieferten früher den Hauptanteil der Weltproduktion dieses Metalls, während sie heute, mit Ausnahme der Lagerstätten in der Sowjetunion, nur den kleineren Teil der Weltproduktion des Nickels ergeben. Dessenungeachtet enthalten sie doch die größten Reserven der Nickelerze und stellen hiermit die potentielle Hauptquelle für die Nickelgewinnung dar. Sie sind bei der physikalischen und chemischen Verwitterung ultrabasischer Gesteine in Gebieten mit heißem und feuchtem Klima entstanden (manchmal auch in Gebieten gemäßigten Klimas).

Nach der Zusammensetzung des Gesteins, das der Verwitterung ausgesetzt war und nach der Form der Erze können mehrere Typen der Silikatlagerstätten des Nickels unterschieden werden: a) deckenförmige Lagerstätten, b) spaltenförmige Lagerstätten und c) Kontakt-Karstlagerstätten. Jede dieser Typen weist bestimmte Eigenschaften auf, die bei einer wirtschaftsgeologischen Bewertung der Lagerstätten und ihrer Erze beachtet werden müssen.

Deckenförmige Lagerstätten. Diese Lagerstätten befinden sich in Massiven serpentinisierter Dunite und Peridotite. Sie bilden unregelmäßige Flächen, die in den Lagerstätten des Urals gewöhnlich 0,5 bis 3 km², selten 5 bis 6 km² einnehmen. Manchmal sind die Lagerstätten durch jüngere Sedimente bedeckt, die sie vor nachträglicher Erosion schützen.

Diese Lagerstätten zeichnen sich durch ein vertikales Zoning in der Verteilung der einzelnen Elemente aus.

In der oberen Zone ist in kleinen Vertiefungen Ocker konzentriert, dessen Nickelgehalt wirtschaftlich unbedeutend ist.

Die Mittelzone, d. h. die Zone der nontronitischen Serpentinite, stellt die wichtigste erzführende Zone dar. Sie besteht aus tonigen Massen mit kleineren Mengen von Ni-Silikaten. In chemischer Hinsicht zeigt diese Zone ein fast völliges Fehlen von Magnesium, teilweise von Silizium, und einen erhöhten Gehalt an Eisen, Aluminium, Nickel und Kobalt. Die Mächtigkeit der nontronitischen Zone in den Lagerstätten des Urals ist meist 2 bis 15 m, sehr selten auch bis 30 m. Der Nickelgehalt in der nontronitischen Zone ist gewöhnlich 0,7 bis 2,0%.

Die untere Zone besteht aus ausgelaugten Serpentiniten, die die Zementationszone in bezug auf das Silizium, teilweise auch auf das Nickel darstellt. In dieser Zone bildet das Nickel eigene Minerale (Garnierit u. a.) oder es ist an Silizium gebunden (Chrysopas).

Unter der Zone der ausgelaugten Serpentinite bildet sich manchmal eine Magnesitzone auf Kosten der Magnesiumauslaugung in den oberen Teilen. In der Tiefe gehen die ausgelaugten Serpentinite in wenig veränderte, später auch in ganz unveränderte Serpentinite über.

Die Grenzen zwischen den einzelnen Zonen sind nicht scharf.

Außer Nickel kommt in diesen Lagerstätten auch Kobalt (Asbolan und kobalthaltiger Psilomelan-Wad) vor.

Spaltenförmige Lagerstätten. Diese Lagerstätten sind Verwitterungszonen, die in tektonisch gestörten Teilen der Serpentinitmassive entstanden — der Verwitterungsprozeß folgte den tektonischen Spalten. Daher finden sich Verwitterungserscheinungen auch noch in einer Teufe von über 150 m. Diese Art der Nickelkonzentration bedingt teilweise auch die Form der Erzkörper. Sie haben die Form ausgedehnter Linsen oder steil abfallender Keile.

Die verwitterte Spaltenzone besteht hauptsächlich aus rissigem Serpentinit, Gängchen mit Garnierit, Kalzit und anderen Karbonaten und aus Ocker-Quarz-Produkten, die durch Umwandlungen des Serpentins entstanden sind.

Die Erze des spaltenförmigen Typus haben einen bedeutend größeren Nickelgehalt als Erze aus deckenförmigen Verwitterungslagerstätten, doch sind die Reserven gewöhnlich unbedeutend. Dieser Lagerstättentyp ist ziemlich selten.

Kontakt-Karstlagerstätten. Diese Lagerstätten haben besondere Merkmale. Sie wurden an den Kontaktstellen der Serpentinite mit verkarstetem Kalkstein gebildet. Die Produkte der mechanischen und chemischen Verwitterung der Serpentinite konzentrieren sich in Karsthohlräumen in der Nähe des Kalkstein-Serpentinit-Kontaktes. Karsterscheinungen sind besonders gut in tektonisch gestörten Teilen entwickelt. An solchen Stellen reicht der Prozeß der Verkarstung bis zu einer Tiefe von über 200 m hinab.

Nickel kommt in Form von Garnierit und anderer nickelhaltiger Silikate und als Ni-Halloysit vor. Die stärksten Konzentrationen an Ni-Silikaten befinden sich am Boden oder an den Wänden der Karsthohlräume. Die Form und die Größe der Erzkörper ist sehr verschieden. Das hängt vom unterirdischen Kalksteinrelief ab.

Der Nickelgehalt beträgt gewöhnlich 0,8 bis 2,0%, stellenweise auch bis 4 bis 5% und ist demnach sehr schwankend. Die Erzkörper besitzen gewöhnlich kleine Ausmaße, so daß wirtschaftlich bedeutendere Lagerstätten selten anzutreffen sind, obgleich sie auch reicheres Erz enthalten können.

Neben ausgesprochen nickelführenden Lagerstätten haben auch *lateritische Eisenerzlagerstätten* mit einem erhöhten Nickelgehalt (gewöhnlich 0,7 bis 1,5% Ni, manchmal auch bis 2% Ni) eine große Bedeutung. Zu den bedeutendsten Lagerstätten dieses Typus zählen die Lagerstätten im Ural (Sowjetunion), auf Kuba, Neukaledonien, in Indonesien, auf den Philippinen, in Jugoslawien, Griechenland, Brasilien und Venezuela.

II. Suche und Erkundung

Die Suche und Erkundung der Nickellagerstätten wie auch die Bewertung der wirtschaftsgeologischen Ergebnisse der einzelnen Untersuchungsphasen stehen in engem Zusammenhang mit dem Lagerstättentypus:

a) Magmatische Nickellagerstätten sind in der Welt selten. Werden aber während der Phase der Prospektion günstige geologische Eigenschaften einzelner Massive und das Auftreten von Mineralisierungen festgestellt, so ist es begründet, das Risiko der ersten Vorerkundungsarbeiten zu übernehmen (Bohrungen, bergmännische Arbeiten). Bei kompakten Erzkörpern können schon die ersten Vorerkundungsarbeiten genügen, um einen zuverlässigeren Schluß über das Ausmaß und die Art der weiteren Untersuchung zuzulassen. Ein weit größeres Ausmaß der ersten Vorerkundungsarbeiten ist bei Imprägnationslagerstätten notwendig, besonders bei Lagerstätten, deren Nickelgehalt sich dem industriellen Minimalwert nähert. In Imprägnationslagerstätten ist es oft nötig, bedeutende Geldmittel für Erkundungsarbeiten anzulegen (gewöhnlich bis 5% vom Wert des aufgefundenen Nickels), um das Risiko — besonders bezüglich des mittleren Metallgehaltes in der Lagerstätte — herabzusetzen.

b) Die Untersuchung der hydrothermalen Ganglagerstätten ist einfacher, aber gewöhnlich bedeutend teurer als die der magmatischen Lagerstätten, berechnet pro Maßeinheit des Metalls in den Erzreserven. Infolge des Schwankens des Nickelgehaltes bzw. des Metroprozentes in Ganglagerstätten und der relativ kleinen Reserven ist es oft notwendig, einen größeren Anteil an Reserven der B-Kategorie zu sichern, was eine Erhöhung der Investitionen für die Erkundungsarbeiten zur Folge hat. Bei der wirtschaftsgeologischen Bewertung der einzelnen Phasen der Erkundung ist der Gehalt und das Ausmaß der Lagerstätte bzw. das Metroprozent von besonderer Bedeutung. Dabei muß beachtet werden, daß Lagerstätten dieses Typs Nickelmengen enthalten, die wirtschaftlich nicht bedeutend sind, wenn auch die Möglichkeit besteht, daß das Erz zeitweise einen hohen Nickelgehalt aufweist.

c) Die Untersuchung der silikatischen Nickellagerstätten ist verhältnismäßig einfach, besonders bei deckenförmigen Lagerstätten. Dabei ist die Qualität des Erzes bzw. der Nickelgehalt und seine Verteilung in der Verwitterungskruste von besonderer Bedeutung. Die Nickelkonzentrationen sind gewöhnlich räumlich unregelmäßig verteilt, mit einer charakteristischen Veränderlichkeit in vertikaler Richtung. Dies erfordert ein verhältnismäßig dichtes Netz der Erkundungsarbeiten (gewöhnlich seichte Bohrungen). Im Rahmen der wirtschaftsgeologischen Bewertung der einzelnen Erkundungsphasen ist die Beurteilung der Bedingungen für die eventuelle zukünftige Gewinnung von besonderer Wichtigkeit (die Mächtigkeit der Deckschichten, die Dicke der nickelhaltigen Linsen bzw. der Erzkörper mit einem wirtschaftlich bedeutenden Nickelgehalt im Erz pro Maßeinheit usw.).

III. Abbau

Bei der Gewinnung von Nickellagerstätten werden die üblichen Verfahren des Abbaus angewendet, wobei bei einzelnen Lagerstättentypen verschiedene Verfahren angewendet werden.

Bei sulfidischen Lagerstätten werden oft Tiefbau und Tagebau kombiniert. Lagerstätten größeren Ausmaßes werden unter Anwendung einer weitgehenden Mechanisierung abgebaut (z. B. im Sudbury-Revier in Kanada); das erfolgreiche Anreichern auch sehr armer Erze und Imprägnationen ermöglichen Verfahren des Massenabbaus. Kleinere Lagerstätten mit unbedeutender Produktion werden im allgemeinen ohne besondere Mechanisierung abgebaut.

Bei hydrothermalen Nickellagerstätten handelt es sich hauptsächlich um Erzgänge von geringer Mächtigkeit (gewöhnlich 0,2 bis 1,0 m), verschiedener Form, steiler Lagerung. Die Abbaukosten solcher Lagerstätten sind bedeutend höher als bei der vorher besprochenen Lagerstättengruppe, da die Erzgänge gewöhnlich ein sehr geringes Ausmaß besitzen.

Bei deckenförmigen Silikatlagerstätten wird meistens Tagebau angewendet. Bei kleineren Lagerstätten dieses Typs wie auch bei spaltenförmigen und Karstlagerstätten ist der Abbau meistens primitiv. Es besteht die Möglichkeit, an der Arbeitsstelle selbst Handscheidung durchzuführen. Eine Mechanisierung ist nur bei Lagerstätten größeren Ausmaßes vertretbar (silikatische Nickellagerstätten im Ural).

IV. Aufbereitung

Das Verhalten einzelner Erze bei der Aufbereitung ist sehr verschieden und hängt von ihrem mineralogischen Bestand ab. Sulfidische Erze können sehr erfolgreich angereichert werden, während sich die silikatischen Nickelerze trotz zahlreicher Versuche heute noch nicht wirtschaftlich anreichern lassen. Daher rührt auch der verschiedene industrielle Minimalgehalt des Nickels in sulfidischen und silikatitischen Erzen her.

Die Flotation ist das Grundverfahren der Anreicherung der sulfidischen Ni-Cu-Erze. In geringerem Ausmaß werden auch Nickelarsenide angereichert.

Beim Flotieren der Ni-Cu-Erze werden entweder gemischte Kupfer-Nickel- oder selektive Konzentrate gewonnen (ein Kupferkonzentrat mit einem ganz kleinen Gehalt von Nickel oder ohne denselben und ein Kupfer-Nickel-Konzentrat, in dem der Nickelgehalt größer ist als der Kupfergehalt). Ob das Erz aus einer Erzlagerstätte einer selektiven oder gemeinsamen Flotation unterzogen wird, hängt nicht nur von dem mineralogischen Bestand und dem Gefüge des Erzes, sondern auch von der Rentabilität der metallurgischen Verarbeitung einzelner Konzentrate ab. Die besten Ergebnisse gibt die selektive Flotation im allgemeinen dann, wenn der Kupfergehalt im Erz oder im Konzentrat bedeutend höher als der Nickelgehalt ist.

Größere Verluste bei der Anreicherung sind möglich, wenn das Erz folgende Komponenten enthält:

a) Olivin, rhombische Pyroxene, Serpentine und andere Silikate, in denen isomorph beigemengtes Nickel vorhanden ist. Besonders ungünstig ist die Anwesenheit von Olivin und Serpentin.

b) Ein Teil des Nickels geht in die Berge, wenn die Sulfide mit den Silikaten eng verwachsen sind.

c) Unerwünscht ist die Anwesenheit größerer Mengen von sekundären Silikatmineralen (Talk u. a.), da diese bei der Anreicherung in das Konzentrat übergehen und seine Qualität beeinträchtigen.

Ebenso hängt auch bei Nickelerzen der Erfolg der Anreicherung vom Oxydationsgrad der Erzminerale ab.

Bei Nickelarseniden wird gewöhnlich vor der Verhüttung Handscheidung angewendet; in vielen Bergwerken wird dieselbe mit naßmechanischer Konzentration, in letzter Zeit auch mit Flotation kombiniert. Bei der Anreicherung verschiedener Erztypen schwankt das Ausbringen des Nickels und Kupfers in den Konzentraten innerhalb sehr weiter Grenzen.

Bei Erzen mit höherem Nickel- und Kupfergehalt (2 bis 2,5%) erreicht das Ausbringen des Kupfers 95 bis 97%, das des Nickels 92 bis 93%, manchmal auch über 95% (Falconbridge in Kanada). Bei ärmeren Erzen oder bei Erzen mit ungünstigen Eigenschaften in bezug auf die Flotation ist das Ausbringen kleiner und beträgt gewöhnlich 85 bis 90% für Kupfer und 80 bis 85% für Nickel.

Bei Erzen, die viel Olivin enthalten und arm an Nickel und Kupfer sind, kann das Ausbringen des Nickels auch auf 70 bis 75% herabsinken.

V. Metallurgische Verarbeitung

Genauso wie bei der Anreicherung unterscheiden sich auch bei der metallurgischen Verarbeitung die Methoden der Verarbeitung von sulfidischen und silikatischen Nickelerzen.

Metallurgische Verarbeitung von sulfidischen Cu-Ni-Erzen und -Konzentraten. Die technologische Verarbeitung der Ni-Cu-Erze und -Konzentrate besteht aus mehreren Phasen:

a) *Verhüttung (Gewinn von Nickelstein).* Die Verhüttung der groben Erzstücke erfolgt gewöhnlich in Schachtöfen oder in elektrischen Öfen, während feinere Fraktionen und Konzentrate in Rotationsöfen verhüttet werden (manchmal wird vorher auch Agglomeration angewendet). Dabei wird ein Produkt mit etwa 10% Nickel und etwa 5% Kupfer gewonnen.

Das dabei erreichte Ausbringen ist meist 90 bis 94% Ni und 92 bis 95% Cu.

b) *Verarbeitung des Kupfer- und Nickelsteins zur Gewinnung von feinem Kupfer- und Nickelstein.* Die Weiterverarbeitung erfolgt in Konvertern mit Durchblasung des erschmolzenen Kupfer-Nickel-Steins in Anwesenheit von Quarz. Dabei kommt es zur Oxydation und Schlackenbildung des Eisens. Für die Gewinnung einer Tonne feinen Nickelsteins sind, außer 1 bis 2,5 Tonnen Quarz, 1,0 bis 3,8 Tonnen Roherz (je nach Metallgehalt) erforderlich.

Feiner Kupfer-Nickel-Stein enthält, außer Metallen der Platingruppe, meist 48 bis 56% Ni und 27 bis 36% Cu; Konverterschlacken werden durch spezielle Verfahren zur Kobaltgewinnung weiterverarbeitet.

c) *Verarbeitung des feinen Nickel-Kupfer-Steins.* Um Kupfer vom Nickel aus dem feinen Kupfer-Nickel-Stein zu trennen, können verschiedene Verfahren angewendet werden: das Oxford-Verfahren, das Hibinet-Verfahren und seltener das Monda-Verfahren.

Abb. 20 zeigt eine schematische Darstellung der Verfahren bei der Verarbeitung der Kupfer-Nickel-Erze.

Metallurgische Verarbeitung der silikatischen Nickelerze. Bei der Verarbeitung der silikatischen Nickelerze werden verschiedene technologische Prozesse angewendet, von denen die pyrometallurgischen Verfahren (Flußmittel sind Gips oder Pyrit und Kalkstein) und die hydrometallurgischen Methoden (saure oder alkalische Laugung) größte Anwendung finden.

Von den metallurgischen Verarbeitungsverfahren silikatischer Nickelerze sind folgende hervorzuheben:

Abb. 20. Schematische Darstellung der Ni-Gewinnung und -Verhüttung

a) *Verhüttung der Erze in Wasserkühlungsöfen.* Das Erz, das gewöhnlich vorher brikettiert oder agglomeriert wurde, wird geschmolzen, um rohen Nickelstein zu gewinnen, der meist etwa 25% Ni (neukaledonischer roher Nickelstein enthält 25 bis 35% Ni) und 20 bis 25% S enthält. Bei der weiteren Verarbeitung des rohen Nickelsteins im Konverter kommt es zur Bildung der eisenhaltigen Schlacke und zur weiteren Konzentration des Nickels im Nickelstein. Als Produkt des Bessemer-Prozesses wird feiner Nickelstein mit 76 bis 78% Ni, 21 bis 23% S und etwa 1% Beimischung (Co, Cu, Fe u. a.) und Konverterschlacke mit einem höheren Kobaltgehalt (im Vergleich zu seinem Gehalt im Erz) sowie etwa 1% Ni gewonnen. Aus diesen Schlacken wird dann später Kobalt gewonnen. Durch die Verarbeitung des feinen Nickelsteins erhält man endlich elektrolytisches Nickel.

b) *Gewinnung von nickelführendem Roheisen.* Für die Gewinnung von Roheisen mit einem gewissen Ni-Gehalt werden nicht nur nickelhaltige Eisenerze, sondern auch eisen-magnesiumhaltige Nickelerze verwendet. Diese Erzverarbeitungsverfahren sind besonders für einige arme Erze wichtig (lateritische Eisenerze mit geringem Nickelgehalt).

Für die metallurgische Verarbeitung der Erze zur Gewinnung des nickelführenden Roheisens ist der Fe-, Ni-, Cr- und Co-Gehalt wie auch deren gegenseitiges Verhältnis wichtig. Der mittlere Nickelgehalt in nickelführenden eisenhaltigen Magnesiumerzen beträgt meist 1,5 bis 2,5%. Der Cr/Ni-Faktor (sowie auch Cr/Ni + Co) wirkt auf die Wirtschaftlichkeit der

Verarbeitung des nickelführenden Roheisens und auf seine Verwendung bedeutend ein. Es wird angenommen, daß dieses Verhältnis 1 : 3 nicht überschreiten soll. Im allgemeinen ist es erwünscht, daß das Verhältnis Fe : Ni (sowie auch Fe : Ni + Co) möglichst niedrig (unter 15 : 1) liegt. Für die Qualität der Erze ist auch der Schwefel-, Phosphor- und Mangangehalt wichtig.

Der Nickelgehalt im Roheisen hängt vom Nickelgehalt im Erz ab. Durch die Verhüttung der nickelführenden Erze in Hochöfen wird gewöhnlich niedriglegiertes Eisen erzeugt, in dem der Nickelgehalt etwas größer ist als im Erz. Dieses Eisen wird durch das Bessemer-Verfahren zu Ferronickel verarbeitet (mit mindestens 5% Ni).

c) *Elektrische Verhüttung.* In manchen Fabriken Neukaledoniens wird das Erz mit Kohle vermischt und in Elektroöfen geschmolzen. Durch dieses Verfahren wird Nickel und Eisen aus dem Erz reduziert.

Diese Verarbeitungsmethode ist einfach und kann in Gebieten mit billiger Versorgung durch elektrische Energie (Unternehmen Iote, Neukaledonien, verbraucht 1200 kWh je Tonne Erz) und bei Verwendung reicher Erze (mit einigen Prozenten Nickelgehalt) breitere Anwendung finden.

d) *Gewinnung von metallischem Nickel durch Reduktion mittels Generatorgases.* Dieses Verfahren hat die amerikanische Firma Freeport Sulphur entwickelt und verwendete es zum ersten Mal im Jahre 1943 bei der Verarbeitung des Erzes aus Kuba. Nach dieser Methode kann metallisches Nickel auch aus armen silikatisch-oxydischen nickelführenden Eisenerzen gewonnen werden.

Der Verarbeitungsprozeß ist folgender: Nach der Zerkleinerung und dem Mahlen wird das Erz einer Reduktion mittels Generaltorgases in Heresgof-Öfen unterzogen. Sodann wird es in Ammoniaklösung ausgelaugt, aus der Nickel als Karbonat gefällt wird. Durch das Rösten des Nickelkarbonats wird Oxyd gewonnen, das sodann raffiniert wird. Die Verhüttung zur Gewinnung des metallischen Nickels erfolgt in elektrischen Öfen.

VI. Produktion und Rohstoffbasis der Welt

A. Bergwerks- und Hüttenproduktion

In den letzten Jahrzehnten ist die Nickelerzeugung um mehr als das 20fache gestiegen. Im Jahre 1900 wurden in der Welt etwa 9000 t Ni gewonnen. Im Jahre 1963 ist die Erzeugung auf über 367000 t gestiegen. Abb. 21 stellt die Bergwerksproduktion der Nickelerze in der Welt wie auch die Produktion in den einzelnen Ländern dar. Aus den Angaben ist ersichtlich, daß der bei weitem größte Teil der Weltproduktion des Erzes aus nur einigen Ländern kommt, wobei Kanada, die Sowjetunion und Kaledonien zusammen über 90% der gesamten Weltproduktion liefern.

Eine metallurgische Nickelproduktion haben auch nur wenige Länder. Die meisten davon haben keine eigenen Lagerstätten, sondern beziehen Nickelkonzentrate aus dem Ausland (Abb. 22).

B. Rohstoffbasis der Welt

Nickellagerstätten, besonders sulfidische, sind nicht sehr häufig. Magmatische und hydrothermale Lagerstätten kommen vereinzelt vor und sind nur an einige metallogenetische Gebiete gebunden. Lagerstätten mit Silikaterzen sind viel häufiger und nehmen oft große Flächen ein. In sulfidischen Lagerstätten befinden sich die wirtschaftlich bedeutendsten Reserven. In den silikatischen Lagerstätten, die meist arme Erze führen, befinden sich die größten Massen des Nickels der Welt.

Die bedeutenderen Ni-Provinzen sind:

a) *Die kanadische Provinz* ist in bezug auf Nickel das bedeutendste Gebiet der Welt. Die Lagerstätten sind im kanadischen Schild konzentriert (vorwiegend in Sudbury und in der Provinz Manitoba).

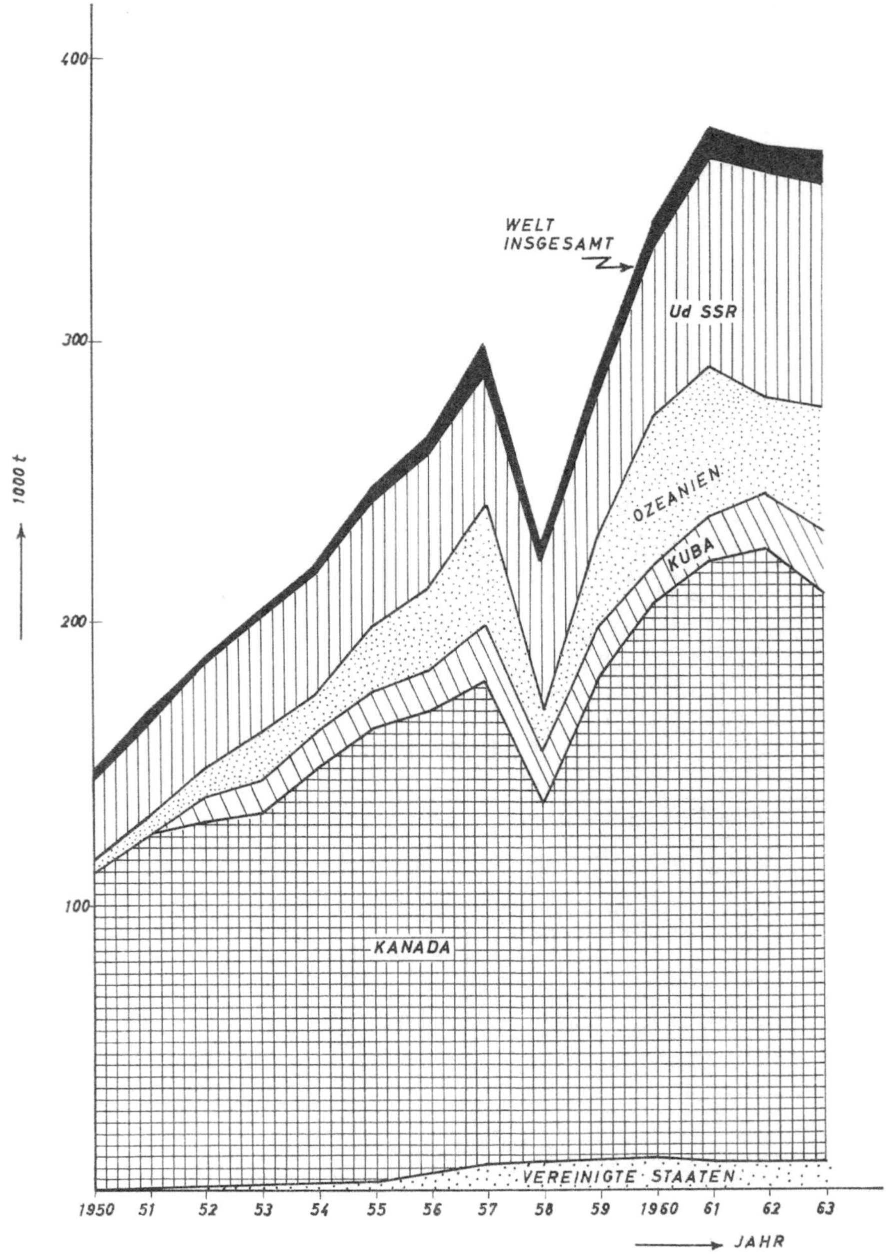

Abb. 21. Weltnickelförderung von 1950 bis 1964

b) *Die skandinavische Provinz* umfaßt eine Reihe kleinerer sulfidischer Lagerstätten Norwegens, Finnlands wie auch der Sowjetunion (Lagerstätten auf der Halbinsel Kola).

c) *Die südafrikanische Provinz* hat bedeutende Lagerstätten sulfidischen Nickelerzes im großen Bushveld-Massiv.

d) *Die sibirische Provinz* enthält mehrere sulfidische Nickelerzlagerstätten (Norilsk u. a.).

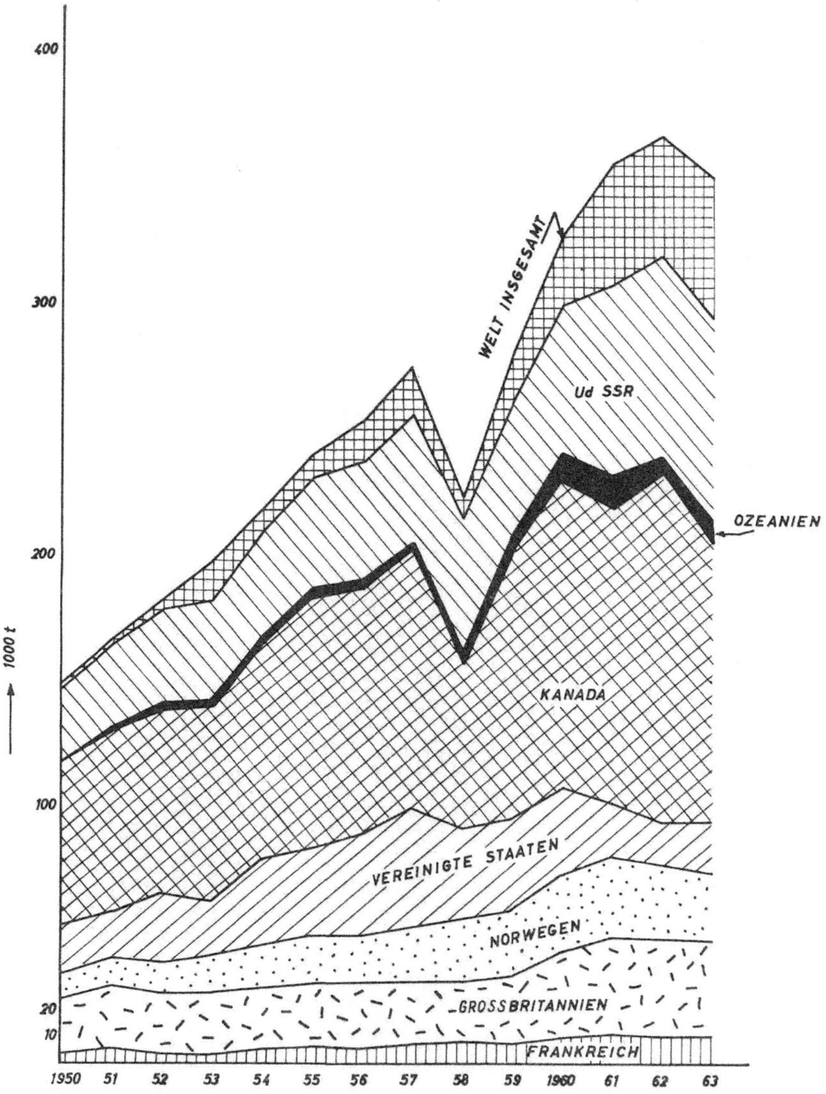

Abb. 22. Welthüttenproduktion von Nickel von 1950 bis 1963

e) *Die Provinz des Urals* verfügt über eine Reihe großer Lagerstätten mit silikatischem Nickelerz.

f) *Die Provinz des Stillen Ozeans* umfaßt im allgemeinen die silikatischen Lagerstätten Neukaledoniens und Indonesiens.

g) *Das kubanische Gebiet* enthält sehr bedeutende Konzentrationen in Lateritlagerstätten.

h) *Die brasilianische Provinz* umfaßt neben vielen kleinen auch einige sehr bedeutende silikatische Nickellagerstätten.

i) *Die Balkanprovinz* birgt zahlreiche kleinere Lagerstätten mit silikatischen Fe-Ni-Erzen.

Die Weltreserven an Nickelerzen sind nicht genau bekannt. Dies ist darauf zurückzuführen, daß einzelne Länder, in erster Reihe die Sowjetunion, keine Angaben über Metall- und Erzreserven bekanntgeben oder daß einzelne Kompanien nicht die tatsächlichen Reserven ihrer Lagerstätten angeben. Außerdem ist bei der Beurteilung der Nickelreserven die Bilanzfrage von höchster Bedeutung, besonders bei lateritischen Lagerstätten mit Silikaterz, welche riesengroße Massen armer Erze enthalten; es ist aber noch immer nicht entschieden, ob sie wirtschaftlich interessant sind. So hat Neukaledonien bei einem Durchschnittsgehalt von 1% Ni im Erz Reserven von 15 Millionen Tonnen Metall, bei 2% Ni

Tabelle 52. *Nickelreserven der Welt*
(in 1000 t Metall)

Kontinent bzw. Land	Gesamtreserven	A + B-Kategorie	Ni-Gehalt (%)
Europa	3950		
Finnland	17[1]	17	0,1—0,8
Griechenland	112[3]	12	1,0
Jugoslawien	800[3] *		
UdSSR	3000[1 2]		
Asien	3700		
Burma	10[1]	7	1,0
Philippinen	1630[3]	600	0,8—1,6
Indonesien	2000[3] *	—	3,0
Afrika	596		
Südrhodesien	400[1]	—	1,0
Republik Malghesien	110[1]	—	1,7 u. 4,2—8,5
Südafrikanische Union	50	25	0,35—3,0
Amerika	16300		
Brasilien	600	334	2,2
Dominikanische Republik	500[2] *	—	1,50
Kanada	8980[1]	5650	0,75—2,8
Puerto Rico	726[3]	—	0,88
USA	440[1 2]	300	0,3—1,35
Venezuela	525[2]	—	1,75
Kuba	11500[3] *	—	0,8
Ozeanien	16500	2172	
Neukaledonien	15000[2]	2172	1,0
Westirien	1600[2]	—	1,2—1,4

[1] Sulfidisches Erz. [2] Silikatisches Erz. [3] Fe-Ni-Erz.
* Geschätzt.

Quelle: Mineral Facts and Problems. Bureau of Mines, Washington 1956, 1960. — Mineralnie ressurssi kapitalistitscheskich stran. Gosgeoltechizdat, Moskau 1963.

im Erz aber Reserven von nur etwa 2,2 Millionen Tonnen. Es steht nicht fest, ob bei einem Nickelgehalt von 1% diese Reserven bilanzfähig sind.

In Tab. 52 sind die Nickelreserven der einzelnen Länder und der Welt angegeben. Sie sind nur durch natürliche Kennziffern dargestellt. Eine wirtschaftliche Klassifizierung der Weltreserven des Nickels wurde nicht durchgeführt, so daß das Verhältnis der Nickelreserven in den einzelnen Ländern wirtschaftlich nicht vergleichbar ist. Bei Ländern, die sulfidische und silikatische Nickelerzlagerstätten haben, sind die Reserven beider Erzgruppen in einer Ziffer angegeben (z. B. Sowjetunion).

Es muß hervorgehoben werden, daß durch intensive Untersuchungen die gesamten Weltreserven in den letzten Jahren bedeutend gestiegen sind. Ein besonders großer Anstieg der Reserven ist bei silikatischen Lagerstätten erreicht worden. In Zukunft sind die Hauptquellen des Nickels die silikatischen Lagerstätten, obgleich vom wirtschaftlichen Standpunkt aus die sulfidischen Lagerstätten noch den Vorrang für die Nickelgewinnung haben.

Ein Vergleich des Weltbedarfes an Nickel mit den heute bekannten Reserven ergibt, daß die heutige Rohstoffbasis nicht genügt, um den Bedarf für einen längeren Zeitabschnitt zu decken. Nach H. Landsberg werden für die westliche Welt im Zeitabschnitt der Jahre 1960 bis 2000 insgesamt etwa 33,3 Millionen Tonnen Nickel nötig sein; wenn man den Bedarf der Sowjetunion, Chinas und anderer Länder des Ostens dazurechnet, ist es durchaus möglich, daß die Welt bis zum Jahre 2000 etwa 50 Millionen Tonnen Nickel verbrauchen wird. Das ist viel mehr als die heute bekannten Reserven (Bilanz- und Außerbilanzvorräte).

Obgleich die heute bekannten Reserven für die folgenden 40 Jahre ungenügend sind, gehört das Nickel noch immer nicht zu den ausgesprochen kritischen Rohstoffen. Die sulfidischen Erze, die wirtschaftlich günstiger sind, sind zwar beschränkt, es bestehen aber weitgehende Möglichkeiten hinsichtlich einer weiteren bedeutenden Vergrößerung der Reserven an silikatischen und Fe-Ni-Erzen. Die Versorgung der Welt mit Nickelerzen wird in der Zukunft weniger ein Problem der Quantität darstellen als ein Problem der wirtschaftlichen Rentabilität dieser Versorgung.

VII. Nickelpreise

Während des letzten Jahrzehntes machte sich auf dem Weltmarkt ein Preisanstieg des Nickels bemerkbar. Wie auch bei anderen strategisch wichtigen Metallen, so kam es auch beim Nickel während des Krieges in Korea zu bedeutenden Preisschwankungen. Abb. 23 zeigt das Diagramm der Preise für elektrolytisches Nickel (99,9% Ni) im Zeitabschnitt 1935 bis 1964; als Basis der Preise wurde die Parität FOB Port Colborn, Ontario, genommen.

VIII. Die wirtschaftsgeologische Bewertung der Erze und Lagerstätten

Die wirtschaftsgeologische Bewertung der Erze und Lagerstätten des Nickels umfaßt die Qualität und die Reserven des Erzes sowie die allgemeinen technisch-wirtschaftlichen Bedingungen. Dabei unterscheidet sich der Maßstab der Bewertung bei sulfidischen oder silikatischen Nickelerzen.

A. Qualität des Erzes

Die Qualität des Erzes ist in erster Linie von dem Gehalt an nützlichen Komponenten abhängig, da diese insgesamt auf den industriellen Minimalgehalt des

Nickels im Erz und auch auf die wirtschaftlichen Ergebnisse der Nutzung des Erzes einwirken.

Sulfidische Nickelerze. In diesen Erzen findet man am häufigsten außer Nickel bedeutende Beimengungen von Kupfer, Kobalt und Metallen der Platingruppe. Als Nebenprodukte bei der Verarbeitung dieser Erze werden auch Gold, Silber, manchmal auch Selen und Tellur gewonnen.

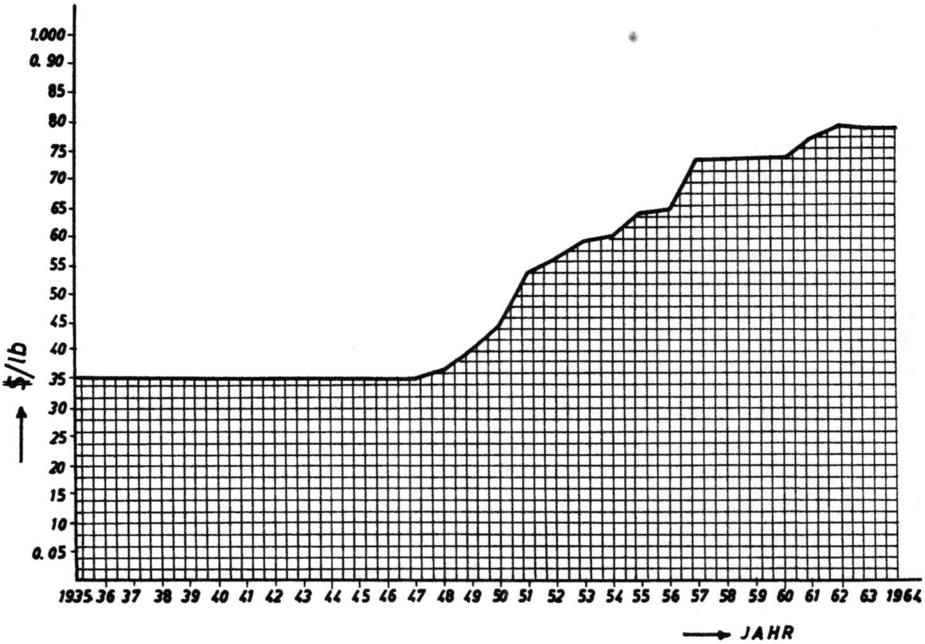

Abb. 23. Nickelpreise auf dem Weltmarkt (Londoner Börse) von 1935 bis 1964 (Metallstatistik, 1964)

Ihren technologischen Eigenschaften nach können unter den sulfidischen Ni-Cu-Erzen zwei Gruppen unterschieden werden: arme Erze, die vorher aufbereitet werden müssen, und reiche Erze.

a) Bei armen Erzen ist die Frage der Bestimmung des industriellen Minimalgehaltes an Nickel besonders wichtig. Man kann heute annehmen, daß bei monometallischen Erzen in Imprägnationslagerstätten der Gehalt von über 0,5% Ni wirtschaftlich interessant sein kann; in Lagerstätten mit hoher Produktion und niedrigen Gewinnungskosten, mit einem Erz, das sich leicht anreichern läßt, kann der Gehalt auch auf etwa 0,3 bis 0,4% Ni herabsinken.

b) Reiche Erze bzw. Erze, die direkt zur metallurgischen Verarbeitung versandt werden, enthalten gewöhnlich etwa 2% Nickel. Es ist aber auch technisch möglich, sulfidische Erze mit 1% Nickel zu verhütten. In einzelnen Betrieben werden aber sogar Erze mit über 2% Nickel angereichert, da es günstiger ist, reiche Nickelerze und kupferhaltige Konzentrate gesondert zu verhütten.

Einen großen Einfluß auf die Qualität des Nickelerzes besitzt auch der Gehalt an schädlichen Beimengungen und schlackenbildenden Komponenten. Daher umfaßt eine komplette Analyse solcher Erze die Bestimmung einer Reihe von

Elementen: Ni, Cu, S, Co, Pt, Pd, Rh, Au, Ag, Pb, Zn, Se, Te, As, SiO_2, Al_2O_3, MgO, CaO.

Zu den schädlichen Beimengungen gehören in erster Reihe Blei, Zink, Wismut und Arsen, die die technologische Verarbeitung erschweren und die Qualität des Metalls verringern. Eine besonders schädliche Komponente ist das Blei, dessen Anwesenheit sogar in tausendstel Prozent die Qualität des Nickels beeinträchtigt.

Auch der Schwefelgehalt kann für die Qualität des Erzes wichtig sein, da derselbe für den Nickel- und Kupfergewinn im ersten Schmelzprodukt des Erzes oder Konzentrates entscheidend ist (roher Nickelstein). Es wird angenommen, daß ein normaler Gewinn erreicht wird, wenn das Erz höchstens 12% Schwefel enthält. Falls der Schwefelgehalt im Erz zu hoch ist, wird das Erz oft geröstet, um den Schwefel teilweise zu entfernen.

Die Anwesenheit von MgO wirkt außerordentlich auf den Schmelzpunkt ein, daher ist es günstiger, wenn das Erz weniger MgO enthält. Heute werden Erze mit einem MgO-Gehalt von 2 bis 5% zur Gruppe guter Erze gerechnet, die mit 5 bis 9% MgO zu den zufriedenstellenden Erzen; Erze, die mehr als 15 bis 17% MgO enthalten, sind nicht erwünscht, weil ihre Verarbeitung mehr Brennstoff oder elektrische Energie und auch größere Mengen an Flußmitteln erfordert.

Aluminium ist nicht schädlich, wenn sein Gehalt im Erz 10 bis 12% nicht übersteigt. Wenn der Al_2O_3-Gehalt größer ist und Al_2O_3 zusammen mit SiO_2 auftritt, wird auch eine höhere Schmelztemperatur für die Verarbeitung des Erzes erforderlich sein.

Der SiO_2-Gehalt des Erzes bestimmt die Beschaffenheit der Schlacke und wirkt auf den Grad der Schmelzfähigkeit des Erzes und die notwendige Menge der Flußmittel ein. Die Schmelzfähigkeit des Erzes steht in direkter Proportionalität zum SiO_2-Gehalt. Die technologischen Prozesse erlauben einen Höchstgehalt von 30 bis 35% SiO_2 im Erz. Der SiO_2-Gehalt ist in gangförmigen Erzkörpern und Sulfiderzen viel niedriger, so daß manchmal bei der Verhüttung den Flußmitteln auch bestimmte Mengen von Silizium beigefügt werden.

Der Eisengehalt erhöht die leichte Schmelzbarkeit des Erzes. Der Eisengehalt soll höher als der SiO_2-Gehalt sein. Ein Eisengehalt von 35 bis 40% ist am günstigsten.

Silikatische Nickelerze. Bei der Untersuchung von silikatischen Ni-Erzen ist es erforderlich, nicht nur Angaben über den Anteil nützlicher und schädlicher Komponenten im Erz zu haben, sondern auch Angaben über die physikalische Beschaffenheit des Erzes, über die mineralogisch-petrographischen Eigenschaften, die Feuchtigkeit, manchmal auch über die Stückgröße des Erzes.

Der industrielle Minimalgehalt des Nickels in silikatischen Erzen ist bedeutend höher als bei sulfidischen Erzen, weil es bisher noch nicht gelungen ist, solche Erze wirtschaftlich anzureichern. Heute wird angenommen, daß der industrielle minimale Ni-Gehalt in silikatischen Erzen 1,3 bis 1,5% enthalten soll. Der geologische Schwellengehalt wird mit 0,7 bis 0,8% Ni (in der Trockenprobe) angenommen.

Manchmal werden in silikatischen Erzen auch wirtschaftlich bedeutende Co-Konzentrationen angetroffen. Das Verhältnis von Co- zu Ni-Gehalt schwankt innerhalb sehr weiter Grenzen — von 1 : 40 bis 1 : 20. Wenn der Co-Gehalt größer als 0,1% ist, wird die Lagerstätte oft als Ni-Co-Lagerstätte angesprochen.

Die zur Gewinnung von legiertem Roheisen und Ferronickel bestimmten Erze müssen in bezug auf den Eisen- und Chromgehalt genauer untersucht werden.

Außer den vorher erwähnten Komponenten muß bei der Untersuchung der Qualität der silikatischen Erze auch der Gehalt an schlackenbildenden Komponenten bestimmt werden (SiO_2, Fe_2O_3, MgO, CaO, Al_2O_3). Ihr Gehalt ist in den einzelnen Ländern nicht genormt, wenigstens nicht bei der Einschätzung der Reserven. Bei der Verhüttung silikatischer Ni-Erze setzt das CaO nicht nur den Schmelzpunkt herab, sondern es wirkt auch günstig auf die Zersetzung der Nickelsilikate und verhindert das Übergehen von NiO in die Schlacke.

Tabelle 53

Erzlagerstättentyp	Ni	SiO_2	Fe_2O_3	MgO	Al_2O_3	Cr_2O_3
	Grundkomponenten in Trockenprobe (in %)					
Decken- und spaltenförmige Lagerstätten in serpentinitischen ultrabasischen Gesteinen	Durchschnittsgehalt in der Lagerstätte mindestens 1,3, Grenzgehalt 0,7 bis 0,9	41,0 bis 43,0	25 bis 30	10 bis 12	—	—
Kontakt-Karst-Lagerstätte	Durchschnittsgehalt in der Lagerstätte mindestens 1,3, für leicht schmelzende Erze sogar 1,15, Grenzgehalt 0,7	40,0 bis 45,0	25 bis 30	bis 12	10 bis 16	
Fe-Ni-führende Erze: a) Stark silifizierte *Nickelerze*	Durchschnittsgehalt 1,2—1,3	bis 12,0	über 45,0	bis 3,5—4,0	bis 8,0	meistens 1,25
b) Eisenerze mit relativ hohem Nickelgehalt	Durchschnittsgehalt 0,5—0,8	bis 20	60 bis 70	1 bis 2,5	2,5 bis 4,5	meistens 1,25

Tab. 53 zeigt die Anforderungen, die hinsichtlich des Nickel- und Eisengehaltes und der Elemente, die in die Schlacke übergehen, gestellt werden; gültig für die silikatischen Ni-Lagerstätten in der Sowjetunion.

Die Angaben über die silikatischen Ni-Erze enthalten auch die physikalischen Eigenschaften des Erzes (Staub- oder Pulverform, lehmartige Masse, locker oder kompakt). Dabei ist es nötig, deren Anteile innerhalb einer Lagerstätte festzustellen.

Für die Erzqualität sind auch maßgebend die Feuchtigkeit, die Hygroskopizität wie auch die Art der physikalischen Veränderungen des Erzes beim Trocknen an der Luft.

B. Erzreserven

Ni-Lagerstätten können sehr große Erzmengen enthalten, besonders Lateritlagerstätten. Der Größe nach werden die Ni-Lagerstätten eingeteilt in:

sehr kleine Lagerstätten	bis 10000	Tonnen	Metall	im	Erz
kleine Lagerstätten	10000 bis 50000	,,	,,	,,	,,
mittelgroße Lagerstätten	50000 bis 200000	,,	,,	,,	,,
große Lagerstätten	200000 bis 500000	,,	,,	,,	,,
sehr große Lagerstätten	über 500000	,,	,,	,,	,,

Die Größe der industriellen Minimalreserven muß für jede Lagerstätte einzeln berechnet werden. Infolge der Bedingungen beim Abbau, des Metallgehaltes im Erz und der nötigen Investitionen für die Anreicherung des Erzes können Ganglagerstätten im allgemeinen kleinere industrielle Minimalreserven als sulfidische Imprägnationslagerstätten haben. In reichen Ni-Lagerstätten können die industriellen Minimalreserven an Ni im Erz sogar nur einige tausend Tonnen betragen.

Mit Rücksicht auf die Veränderlichkeit der Faktoren, die die Größe der industriellen Mindestreserven beeinflussen, ist es unerläßlich, diesen Wert für jede einzelne Lagerstätte zu bestimmen. Dabei ist es wichtig, die Kosten der Ni-Gewinnung abzuschätzen, sei es als Metall oder in Konzentratform. Für Sulfid- und Silikaterze, die nicht angereichert werden müssen, können die Erzeugungskosten für 1 t Nickelmetall (K) nach folgender Formel berechnet werden:

$$K = \frac{100(T_b + T_m)}{C \cdot i_v \cdot i_m}$$

Bei Erzen, die in der unmittelbaren Nähe der Grube angereichert werden, kann die Nickelerzeugung nach der Formel

$$T = \frac{100(T_b + T_a + T_m)}{C \cdot i_v \cdot i_a \cdot i_m}$$

berechnet werden, wobei:

T = Gewinnungskosten für 1 t Marktnickel;
C = mittlerer Ni-Gehalt im Erz;
i_v = Koeffizient der Erzverdünnung beim Abbau;
i_m = Koeffizient des Ni-Ausbringens bei der metallurgischen Verarbeitung des Erzes oder des Konzentrates;
i_a = Koeffizient des Ni-Ausbringens bei der Anreicherung;
T_b = Gewinnungskosten für 1 t Erz;
T_m = Kosten der metallurgischen Verarbeitung für 1 t Erz;
T_a = Aufbereitungskosten pro Tonne Erz.

Wenn die Anreicherung nicht in der Nähe der Grube stattfindet, müssen die Transportkosten mit einberechnet werden. Bei diesen Betrachtungen müssen Silikat- und Sulfiderze gewöhnlich gesondert besprochen werden, da die Bedingungen für die Gewinnung ihrer Lagerstätten sehr verschieden sind. Die Kosten der metallurgischen Verarbeitung sind ebenfalls verschieden.

Literatur

BAUDER, R. B., 1957: Bibliography on Extractive Metallurgy of Nickel and Cobalt. Bureau of Mines Inf. Circ. 7805, Washington.

BERG, G., F. FRIEDENSBURG, 1944: Nickel und Kobalt. Die mineralischen Rohstoffe. Stuttgart: F. Enke.

BILBREY, J. H., 1960: Nickel. In: Minerals Facts and Problems. Bureau of Mines Bull. 585, Washington.

CARON, M. H., 1950: Separation of Nickel and Cobalt. Trans. AIME, J. Metals **188**.

Instruktionen für Vorratsklassifikation von Nickellagerstätten, 1956. (Instrukzija po primeneniu klassifikazii sapassow k mestorozhdenijam niklowich rud, russisch.) Moskau: Gosgeoltechizdat.

International Nickel Co of Canada, Ltd., 1946. Canad. Min. J. **67**, No. 5.

LANDSBERG, H. H., F. F. FISHMAN, L. J. FISHER, 1963: Resources in America's Future. Baltimore: The Johns Hopkins Press.

LUTJEN, G. P., 1954: Nicaro Proves Lateritic Nickel Can Be Produced Commercially. Eng. Min. J. **155**, No. 6.

MARKOWA, E. I., 1963: Nickel (Nikel). Mineralvorräte kapitalistischer Länder. (Mineralnie ressurssi kapitalistitscheskich stran, russisch.) Moskau: Gosgeoltechizdat.

Materials Survey — Nickel, 1952. Bureau of Mines and Geological Survey, Washington.

McCLELLAND, M., 1955: Nickel in Canada. Department of Mines and Technical Survey Mem. No. 130.

Nickel (Nikel), 1946: Anforderungen der Industrie an die Qualität mineralischer Rohstoffe. (Trebowanie promischlenosti k katschestwu mineral. sirja, russisch.) Moskau: Gosgeoltechizdat.

RAHMDOHR, P., 1960: Die Erzmineralien und ihre Verwachsungen. Berlin.

Kobalt

Kobalt gehört zu den strategisch wichtigsten Metallen. Seine Hauptverwendung findet Kobalt als Legierungsmetall im Düsenflugzeugbau und für die Herstellung von Schnellschneidewerkzeugen und Permanentmagneten. Kobaltkarbide verwendet man zur Bearbeitung von Metallen. Kleinere Mengen Kobalt werden auch in der Medizin verwendet, in der keramischen Industrie u. ä.

I. Erze und Lagerstätten

A. Minerale und Erze

In der Natur sind bis heute 30 Kobaltminerale und über 100 Minerale bekannt, in denen Kobalt als Nebengemengteil auftritt. In Tab. 54 sind die wichtigsten Kobaltminerale angeführt.

Erze. Unter den Kobalterzen unterscheidet man: Arsenerze, Sulfiderze und Eisenmanganerze.

Für die Kobaltgewinnung werden neben den genannten Erzen auch sulfidische und silikatische Nickelerze, in denen Kobalt als Begleiter auftritt, verwendet.

B. Wirtschaftlich wichtige Lagerstättentypen

Höchst selten bildet Kobalt eigene Lagerstätten; in der Regel tritt es als begleitende Komponente in Lagerstätten anderer Metalle, an erster Stelle des Kupfers und des Nickels, manchmal auch anderer Sulfide (Pyrit) auf; nur in einzelnen

Lagerstätten der Ni-Co-Ag-Bi-U-Gruppe kann Kobalt als führendes Metall vorkommen und wirtschaftlich wichtige, hauptsächlich monometallische Konzentrationen bilden. Spricht man von wirtschaftlich interessanten Kobaltlagerstätten, handelt es sich fast immer um Lagerstätten anderer Metalle, aus denen größere Kobaltmengen gewonnen werden können.

Tabelle 54. *Wichtige Kobaltminerale*

Mineral	Formel	% Co
Skuterudit	$CoAs_3$	16—20
Speiskobalt	$(Co, Ni)As_{3-2}$	15—24
Safflorit	$(Co, Ni)As_2$	13—23
Kobaltglanz	$CoAsS$	29—34
Glaukodot	$(Co, Fe)AsS$	15—20
Linneit	Co_3S_4	45—53
Carrollite	$Cu(Co, Ni)_2S_4$	27—42
Asbolan	$m(Co, Ni)O \cdot MnO_2 \cdot nH_2O$	bis 32% CoO
Kobaltblüte	$Co_3(AsO_4)_2 \cdot 8H_2O$	bis 30

Magmatische Lagerstätten der Kupfer-Nickel-Erze enthalten geringere Kobaltmengen. In diesen Lagerstätten befindet sich Kobalt als isomorphe Beimischung im Pentlandit und im Pyrit, auch tritt er als Speiskobalt und Kobaltglanz auf.

Diesem Lagerstättentypus gehören die bekannten Kupfer-Nickel-Lagerstätten Sudbury und Lynn Lake in Kanada an. Trotz erheblicher Erzreserven und bedeutender Förderung sind die Lagerstätten dieses Typus als Kobaltlieferanten nicht besonders wichtig.

Skarnlagerstätten haben als Kobaltlagerstätten größere Bedeutung. Das Kobalt kommt meist als isomorphe Beimischung im Pyrit vor (1 bis 2%). Zu diesem Typ zählen die Magnetitlagerstätte Cornwall in USA (mit einem Mittel von 0,056% Co im Erz) und die Lagerstätte Bou-Azer in Marokko, in der Kobaltglanz mit Arsenkies verbunden auftritt.

Kobaltlagerstätten in kupferführendem Sandstein und Schiefer in Zentralafrika sind die wirtschaftlich wichtigsten Lagerstätten. Neben Kupfer tritt in diesen Lagerstätten auch Kobalt auf (0,05 bis 0,35%). In den Lagerstätten von Katanga ist das Kobalt in der Oxydationszone angereichert (auch bis 3,5% Co).

Aus diesen Lagerstätten gewinnt man Kobalt hauptsächlich als Nebenprodukt der Verarbeitung oxydischer und sulfidischer Kupfererze.

Komplexe hydrothermale Ag-Co-Ni-Bi-U-Lagerstätten, meist bei mittleren und niederen Temperaturen gebildet, haben für die Kobaltgewinnung noch immer eine gewisse Bedeutung. Die Erze sind Arsenide und Sulfoarsenide des Kobalts und des Nickels, Argentit und andere Silberminerale; in einigen Lagerstätten dieses Typus wurde auch Pechblende angetroffen (Gebiet Great Bear Lake, Cobalt-Temiskaming in Kanada, Joachimsthal u. ä.). Als Gangart treten meist Karbonate auf. In diesen Ganglagerstätten ist der Co-Gehalt gewöhnlich 2 bis 5%, also sehr hoch, die Erzreserven sind aber meistens gering.

Kobaltganglagerstätten mit Karbonaten oder Quarz als Hauptgangarten haben keine größere wirtschaftliche Bedeutung. In manchen Lagerstätten dieses Typus finden sich neben Kobalt auch größere Kupfer- oder Silbermengen (Blackbird in USA).

Polymetallische und kupferführende Pyritlagerstätten sind manchmal auch als Kobaltlagerstätten von sehr großer Bedeutung. An Kobaltmineralen sind in diesen Lagerstätten hauptsächlich Arsenide oder Sulfoarsenide vertreten.

Zu diesem Lagerstättentypus zählen die Blei-Zink-Lagerstätte Baldwin in Burma, ferner die Lagerstätte kupferführender Pyrite Outokumpo in Finnland u. a.

Silikatische Lagerstätten. In silikatischen Lagerstätten, die durch lateritische Verwitterung ultrabasischer Gesteine entstanden sind, wurden im Verwitterungsbereich zusammen mit Nickel- auch geringe Kobaltkonzentrationen gebildet. Hier tritt Kobalt in Form von Asbolan mit Mangan auf, wobei es zu einer gewissen Trennung der Nickel- und Kobaltkonzentrationen kommt: mit Nickel angereicherte Teile befinden sich in den unteren Partien der Verwitterungskruste, Kobaltanreicherungen aber in den oberen Bereichen. Die Co-Anreicherungen dieses Lagerstättentypus betragen gewöhnlich ein Zehntel bis ein Fünfundzwanzigstel des Ni-Gehaltes.

Solche Lagerstätten befinden sich in Neukaledonien, auf Kuba, in Brasilien; Kobalt wird als Nebenprodukt gewonnen.

II. Suche und Erkundung

Da wirtschaftlich wichtige Kobaltvorkommen im Rahmen der Lagerstätten anderer Metalle auftreten, sind auch die Probleme der Suche und Erkundung durch die jeweiligen Lagerstättentypen dieser führenden Metalle bestimmt (Kupfer, Nickel u. a.).

III. Abbau

Bei der bergbaulichen Kobaltgewinnung treten keine besonderen Probleme auf, denn Kobalt wird hauptsächlich als Nebenprodukt der Förderung anderer Metalle gewonnen.

IV. Aufbereitung und technologische Verarbeitung

Im Abschnitt über die Technologie der Nickelerzverarbeitung ist auch die Verarbeitung sulfidischer und silikatischer Ni-Co-Erze geschildert. Außer diesen beiden, in technologischer Hinsicht grundverschiedenen Typen lassen sich auf Grund ihrer verschiedenen technologischen Verarbeitungsmethode noch drei weitere Typen von Kobalterzen unterscheiden (Kobalterze mit Arsen, kobaltführende Pyrite und Magnetkies, eisen- und manganhaltige Kobalterze).

Arsenhaltige Kobalterze sind sehr verschiedenartig, doch lassen sich zwei Hauptgruppen unterscheiden: a) reine Kobalterze und b) komplexe Kobalterze (z. B. Co-Ni-Arsenide).

a) Reine Kobalterze haben sehr einfache mineralische Zusammensetzung. In diesen Erzen findet sich Kobalt in Form von Kobaltglanz und Glaukodot. Der Co-Gehalt schwankt gewöhnlich von 0,04 bis 0,2% (Imprägnationen) und von 5 bis 7% im kompakten Erz.

Die Erze mit weniger als 2,5 bis 3,5% Co müssen vor der metallurgischen Verarbeitung einer Aufbereitung durch Flotation unterzogen werden. Die auf diese Weise gewonnenen Konzentrate sollen entsprechend den Marktanforderungen mindestens 4,5% Co aufweisen (bei einem Metallausbringen von 80%). Wie die Praxis erwiesen hat, lassen sich auch aus Erzen mit 0,1% Co-Gehalt zufriedenstellende, hochwertige Konzentrate gewinnen, die den üblichen Marktanforderungen entsprechen können. Daher verarbeitet man in manchen Ländern (besonders in der Sowjetunion) auch Erze mit nur 0,1% Co-Gehalt, besonders wenn die technisch-wirtschaftlichen Faktoren der gegebenen Lagerstätten günstig sind.

b) Komplexe Kobalterze: In Co-Ni-Erzen findet sich Kobalt gewöhnlich in ziemlich unbeständigen Mineralen (Speiskobalt und Safflorit), die durch Übergänge an die entsprechenden Ni-Arsenide (Chloantit, Rammelsbergit) gebunden sind. Wichtige Komponenten dieser Erze sind Rotnickelkies, Kupferkies u. a. Zum Unterschied von den reinen Kobalterzen zeichnen sich diese Erze durch einen höheren As-Gehalt und auch — was am wichtigsten ist — durch einen höheren Gehalt an anderen Metallen aus.

Komplexe Kobalterze können durch Flotation nicht immer erfolgreich aufbereitet werden, besonders wenn diese Erze stark oxydiert sind. Deshalb werden diese Erze meist durch Schwerkraftaufbereitung konzentriert.

Kobaltführende Pyrite. Von den Erzen dieser Gruppe sind in wirtschaftlicher Hinsicht Kobalt-Kupfer-Erze besonders interessant (Kupfer tritt hauptsächlich in Form von Kupferkies auf). Der reine Pyrit in diesen Erzen enthält meist 0,40 bis 0,70% Co; der mittlere Co-Gehalt ist jedoch viel kleiner (gewöhnlich etwa 0,04 bis 0,006%).

Durch Flotation gewinnt man zuerst ein gemischtes Konzentrat, später ein selektives Konzentrat: a) pyritisches (kobaltführendes) Konzentrat und b) Kupferkieskonzentrat.

Das aus einem Erz mit 0,03 bis 0,05% Co gewonnene pyritische Konzentrat führt gewöhnlich 0,5 bis 0,6% Co bei einem Ausbringen von etwa 80% des Co-Metalls.

Die kobaltführenden pyritischen Konzentrate werden einer weiteren metallurgischen Verarbeitung unterzogen.

V. Produktion und Rohstoffbasis der Welt

A. Bergmännische und hüttenmännische Gewinnung

In den letzten 20 Jahren stieg die bergmännische Gewinnung von Kobalt stark an. Zum Unterschied von vielen Metallen stammt die bergbauliche Kobaltgewinnung der Welt nur aus einigen Ländern, wobei Kongo über 50% der gesamten Weltproduktion (nicht einbezogen ist die Sowjetunion) liefert.

In Abb. 24 ist die Kobaltproduktion der Welt (ohne die Sowjetunion) und der einzelnen Länder dargestellt.

Hüttenmännisch wird das Kobalt aus Kobaltkonzentraten und sekundärem Kobalt (altes Kobalt und Kobaltabfälle) gewonnen. Der Anteil des sekundären Kobalts an der Weltproduktion beträgt etwa 15 bis 20%.

B. Rohstoffbasis der Welt

Die Kobaltlagerstätten, wie auch die Sulfidlagerstätten, aus denen Kobalt als Nebenprodukt gewonnen wird, liegen in einigen der wichtigsten metallogenetischen Provinzen der Welt:

Die Provinz Zentralafrika umfaßt viele kupferführende Lagerstätten, die auch wirtschaftlich bedeutende Kobaltkonzentrationen enthalten (Katanga, Nordrhodesien).

Die Provinz Kanada. In ihr befinden sich eine Reihe von Lagerstätten sulfidischer Ni-Co-Cu-Erze wie auch Ag-Co-Ganglagerstätten.

Die Verbreitung des Kobalts in den Verwitterungskrusten ultrabasischer Gesteine der Welt wurde im Kapitel Nickel geschildert. In den Lagerstätten dieses Typus befinden sich bedeutende Kobaltmengen, doch ist das Problem einer wirtschaftlichen Gewinnung des Kobalts aus diesen Lagerstätten noch nicht einwandfrei gelöst.

Soweit heute bekannt, befinden sich die größten Kobaltreserven auf dem afrikanischen Kontinent. Durch die in jüngster Zeit durchgeführten Untersuchungen stellte es sich heraus, daß sich die im Jahr 1962 ermittelten Reserven fast doppelt

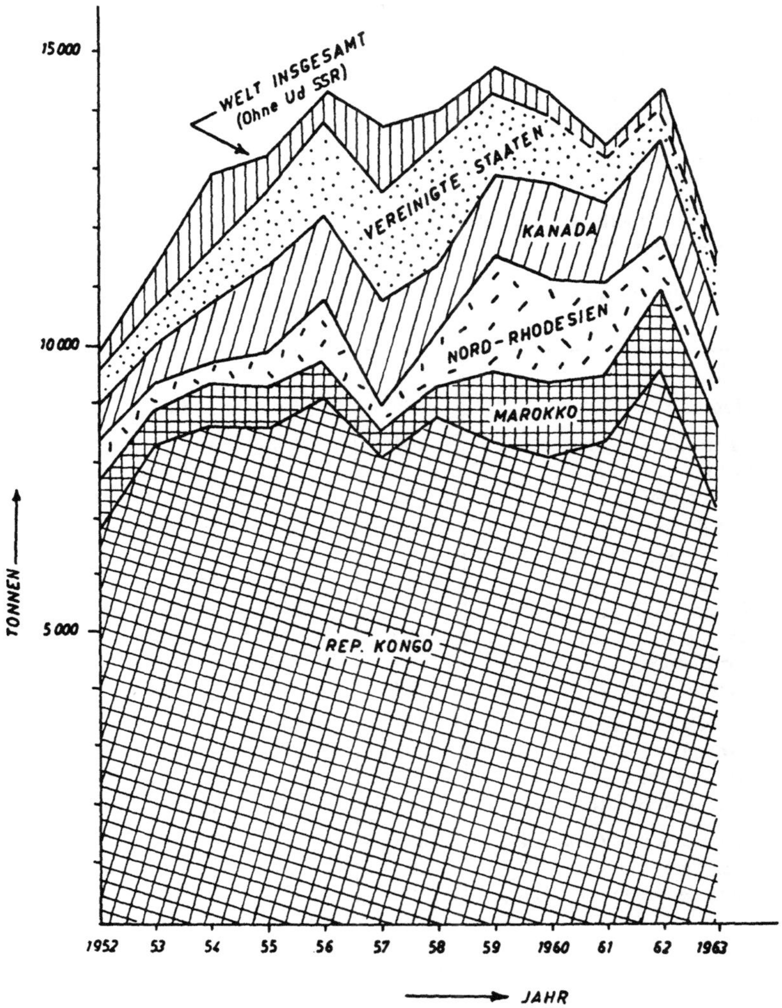

Abb. 24. Weltkobaltförderung von 1952 bis 1963

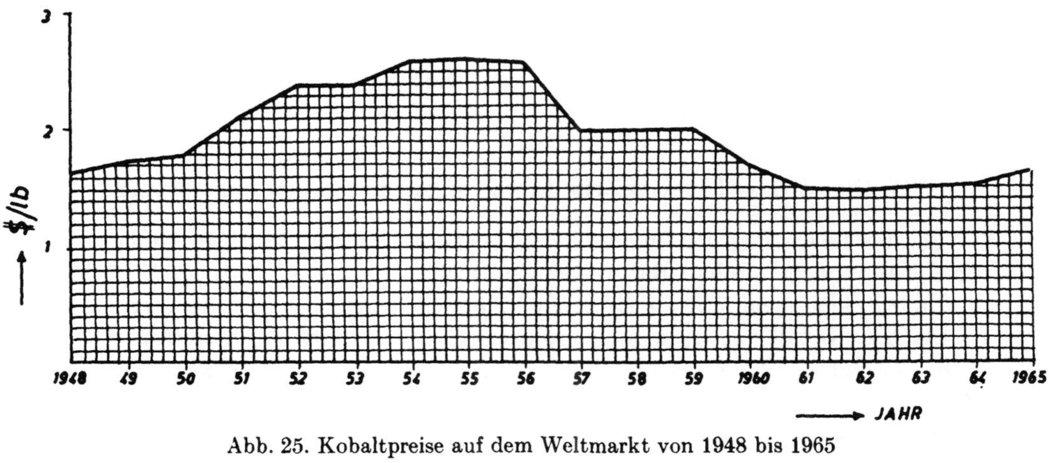

Abb. 25. Kobaltpreise auf dem Weltmarkt von 1948 bis 1965

so groß erwiesen als im Jahr 1955. In Tab. 55 sind die Kobaltreserven der einzelnen Länder der Welt angeführt (ohne Sowjetunion).

Die vorhandenen Reserven, obwohl dieselben nicht wirtschaftlich klassifiziert sind, sind ausreichend, um den Weltbedarf noch mehrere Jahrzehnte hindurch decken zu können.

Tabelle 55. *Kobaltvorräte der Welt* (ohne Sowjetunion)

Kontinent bzw. Land	Vorräte an Metall		Co-Gehalt %
	Gesamt	A + B-Kategorie	
	in 1000 Tonnen		
Europa	36	30	
Finnland	36	30	0,2
Asien	104	2	
Birma	2	2	0,075
Philippinen	90	—	ohne Angaben
Japan	5	—	0,53
Türkei	7		0,2
Afrika	1152	482	
Kongo	750	200	0,6
Marokko	10	10	0,75—1,25
Nordrhodesien	360	250	0,07—0,25
Uganda	32	22	0,18
Amerika	389	175	
Kanada	200	130	0,06—0,1
Puerto Rico	74		0,09
Vereinigte Staaten	115	45	0,05—0,7
Australien und Ozeanien	586		
Westirien	186		0,145—0,16
Neukaledonien	400		0,13

VI. Kobaltpreise

In den letzten Jahren werden keine besonderen Schwankungen der Kobaltpreise auf dem Weltmarkt beobachtet, mit Ausnahme der Periode bedeutender Preiserhöhung in den ersten Jahren nach dem Jahr 1950 und des plötzlichen Preisfalles gegen Ende des vergangenen Jahrzehnts.

Abb. 25 zeigt die Preisschwankungen des Kobalts am New Yorker Markt in der Periode von 1948 bis 1964.

VII. Die wirtschaftsgeologische Bewertung der Erze und Lagerstätten

Bei der Bewertung der Qualität der Kobalterze werden an erster Stelle der Co-Gehalt und der Gehalt der anderen nutzbaren Komponenten berücksichtigt und nur in kleinerem Maß auch die mineralogischen Eigenschaften der Erze.

Da das Kobalt meistens in komplexen Erzen vorkommt, in denen es die übrigen nutzbaren Komponenten begleitet, ist es schwer, einen allgemeingültigen Maßstab für den industriellen Minimalgehalt im monometallischen Co-Erz anzugeben. Für jede Lagerstätte muß der industrielle Minimalgehalt an Kobalt einzeln bestimmt werden, je nach den Abbau- und Verarbeitungsbedingungen. Bei monometallischen Lagerstätten (sulfidische Co-Lagerstätten oder Lagerstätten in, denen Kobalt die Hauptkomponente ist) liegt der industrielle Minimalgehalt an Kobalt in der Größenordnung von 0,5 bis 0,7%. Die tschechoslowakischen Normen (ČSN 44605, 1952) sehen für Kobaltarsenide (und Nickel) vor:

Co	mindestens 0,5%
Ni	nicht vorgesehen
Cu	bis zu 1%
Mn	soll nicht höher sein als der Co-Gehalt

Der Co-Gehalt kann diesen Normen gemäß auch kleiner sein, wenn der As-Gehalt folgendermaßen ist:

bis zu 20% As	0,5% Co
20 bis 40% As	0,4% Co
über 40% As	0,3% Co

Die tschechoslowakischen Angaben über den Gehalt an Kobalt und an Begleitmetallen sind keinesfalls für andere Länder anwendbar, sondern sollen nur als ein Richtwert bei Verhältnissen dienen, die denen der ČSSR entsprechen.

Literatur

Berg, G., F. Friedensburg, 1944: Nickel und Kobalt. Die metallischen Rohstoffe. Stuttgart: F. Enke.

Bilbrey, J. H., 1960: Cobalt. In: Mineral Facts and Problems. Bureau of Mines Bull. 585, Washington.

Davis, H. W., P. N. Moore, J. S. Vhay, 1952: Materials Survey — Cobalt. Nat. Security Resources Board.

Davis, H. W., 1956: Cobalt. Engng. Min. J., An. Surv.

Description of Nickel-Cobalt Operations, Falconbridge Nickel Mines Ltd., 1959: Canad. Min. J. No. 6.

Douglas, E. B., 1956: Mining and Milling of Cobalt Ore. Min. Eng. **8**, No. 3.

McMilan, W. D., H. W. Davis, 1955: Nickel-Cobalt Resources of Cuba. Bureau of Mines Rept. Investig. 5099.

Orlowa, E. W., 1963: Kobalt. Mineralvorräte kapitalistischer Länder. (Mineralnie ressurssi kapitalistitscheskich stran, russisch.) Moskau: Gosgeoltechizdat.

Ramdohr, P., 1960: Die Erzmineralien und ihre Verwachsungen. Berlin.

Shelton, F. K., J. C. Stahl, R. E. Churchward, 1948: Electrowinning of Cobalt from Cobaltite Concentrates. Bureau of Mines Rep. Investig. 4172.

Union Miniere du Haut-Katanga, 1958: Monograph, 109.

Young, R. S., 1948: Cobalt. New York: Reinhold Publ. Co.

Kupfer

Kupfer ist neben Eisen eines der wichtigsten Metalle in der Industrie und für manche Zwecke nicht zu ersetzen. Seine wichtigste Anwendung findet Kupfer in der Elektrotechnik. Ein Bild über die Verwendung von Kupfer in den verschiedenen Industriezweigen vermitteln die Angaben über den Kupferverbrauch der USA (in den Jahren 1950 bis 1960):

Elektroindustrie	22,0%	Fernmeldewesen	3,5%
Ausfuhr	11,0%	Klimaanlagen	2,1%
Autoindustrie	10,0%	Kühlkörper	2,0%
Bauwesen	10,0%	Schiffbau	1,6%
Röhren und Drähte	9,7%	Eisenbahn	2,0%
Beleuchtung	7,0%	Übrige	14,1%
Kriegsmaterial	5,0%		

Da der Preis des Kupfers verhältnismäßig hoch ist, wird angestrebt, es in der Industrie durch Aluminium zu ersetzen.

I. Erze und Lagerstätten

A. Minerale und Erze

In der Natur sind rund 170 kupferhaltige Mineralien bekannt. Entsprechend den Eigenschaften des Kupfers herrschen unter seinen Mineralien Sulfide vor (über 85% der Weltproduktion stammen aus Sulfiden). Viel weniger wichtig sind Karbonate, Silikate und ged. Kupfer.

Tabelle 56. *Wichtigste Kupferminerale*

	Mineral	Formel	Cu-Gehalt (%)
	Gediegenes Kupfer	Cu	bis 100
Oxyde	Cuprit	Cu_2O	88,8
	Tenorit	CuO	79,8
Cu-Sulfide	Kupferglanz	Cu_2S	79,8
	Covellin	CuS	66,4
Cu-Fe-Sulfide	Kupferkies	$CuFeS_2$	34,5
	Bornit (Buntkupfer)	Cu_3FeS_3-Cu_7FeS_5	55,5—63,3
Sulfosalze	Fahlerze (As)	$(Cu_2S \cdot FeS)_4 \cdot As_2S_3$	30—55
	„ (Sb)	$(Cu_2S \cdot FeS)_4 \cdot Sb_2S_3$	
	Enargit	$3Cu_2S \cdot As_2S_5$	48
Chloride	Atakamit	$Cu_2Cl(OH)_3$	59,43
Karbonate	Malachit	$CuCO_3 \cdot Cu(OH)_2$	57,4
	Azurit	$2CuCO_3Cu(OH)_2$	55,2
Sulfate	Chalkanthit	$CuSO_4 \cdot 5H_2O$	31,8% CuO
	Brochantit	$CuSO_4 \cdot 3Cu(OH)_2$	70,3% CuO
Silikate	Chrysokoll	$H_2CuSiO_4 \cdot H_2O$	45,2

Von den in Tab. 56 angeführten Mineralen ist Kupferkies am wichtigsten. Er tritt in allen endogenen Lagerstätten auf. Kupferglanz ist das wichtigste Erzmineral in Zonen der sekundären Anreicherung, insbesondere in stockförmigen Imprägnationslagerstätten.

Kupfererze können, vom Standpunkt der Lagerstättenuntersuchung aus betrachtet, in mehrere Gruppen eingeteilt werden, entsprechend ihren wichtigsten Paragenesen:

a) Magnetkieserz. Das Erz besteht hauptsächlich aus Magnetkies, in dem Kupferminerale (vor allem Kupferkies) und Nickel (Pentlandit, nickelhaltiger Magnetkies) enthalten sind. Der Nickelanteil überwiegt oft, so daß diese Erze in der Regel Nickelerze mit bedeutendem Kupferanteil darstellen.

b) Pyriterz. Der Hauptanteil des Erzes ist Pyrit, in dem veränderliche Mengen von Kupfersulfiden (vorwiegend Kupferkies) auftreten. Manchmal treten gemeinsam mit den Kupfermineralen auch Blei- und Zinksulfide (vor allem letztere) auf.

c) Zinkblende-Bleiglanz-Erz. In diesen Erzen tritt Kupfer in untergeordneten Mengen auf (hauptsächlich Kupfersulfide; Kupferkies besonders häufig).

d) Quarz-Kupferkies-Erz. Das Erz besteht aus Quarz und Kupferkies; der Kupferanteil schwankt in sehr weiten Grenzen.

In einzelnen Lagerstätten geht das Quarz-Kupferkies-Erz in Blei-Zink-Erze mit schwankenden Anteilen an Kupfermineralen über.

e) Kupferkies-Molybdänglanz-Erze. Diese Erze werden aus Kupferkies und Molybdänglanz aufgebaut, daneben treten Pyrit, Quarz und manche seltenen Minerale auf. Der Molybdängehalt ist in der Regel niedrig (einige hundertstel bis einige tausendstel Prozent), kann jedoch auch so hoch sein, daß die Erzlagerstätte auf Molybdän abgebaut werden kann.

f) Skarn-Kupfer-Erze. An Erzmineralen treten am häufigsten Kupferkies, Magnetit, weniger Pyrit, auf.

g) Bornit-Titanomagnetit-Erze treten selten auf (in Gabbrogesteinen).

h) Kupferglanzerze treten vor allem in Zementationszonen auf.

i) Ged. Kupfer ist nur auf einzelne Lagerstätten beschränkt.

Der technologischen Charakteristik nach können folgende Kupfererze unterschieden werden:

a) Sulfiderze; der Kupferoxydanteil übersteigt nicht 10%.

b) Oxydische Erze bestehen in der Hauptsache aus Karbonaten, Silikaten und Sulfaten des Kupfers; der Kupferoxydanteil ist in der Regel höher als 50%.

c) Mischerze bestehen aus sulfidischen und oxydischen Anteilen.

B. Wirtschaftlich wichtige Lagerstättentypen

Wirtschaftlich bedeutende Kupferkonzentrationen können unter verschiedenartigen Bedingungen gebildet werden. In Tab. 57 sind die den einzelnen Lagerstättentypen entsprechenden Anteile an Kupfererzvorräten (ohne Sowjetunion) dargestellt.

1. Magmatische Kupfererzlagerstätten

Magmatische Kupfererzlagerstätten treten selten auf, können jedoch wirtschaftlich sehr bedeutend sein. Es handelt sich um Nickel-Kupfer-Lagerstätten, in denen neben Kupfer auch wirtschaftlich außerordentlich wichtige Nickelkonzentrationen auftreten können.

Ni-Cu-Lagerstätten sind genetisch an basische und zum Teil an ultrabasische Gesteine gebunden: Gabbro (Norit), Olivindiabase, Peridotit, Pyroxenit. Das Hauptmineral ist Magnetkies, der von Pentlandit begleitet wird; dazu kommen Kupferkies, Platin- und Kobaltminerale. Kupfer ist in der Regel in diesen Erzen eine Nebenkomponente, im allgemeinen ist Nickel das führende Metall. Der Kupfergehalt im Erz schwankt und kann 2 bis 3% erreichen.

2. Skarnlagerstätten

Skarn-Kupfererz-Lagerstätten, die wirtschaftlich recht bedeutend sein können, sind ziemlich selten. Sie werden in der Regel an der Kontaktzone von Karbonatgesteinen (vorwiegend Kalksteine) mit magmatischen Gesteinen (vorwiegend Granodiorite) gebildet.

Tabelle 57. *Reservenanteil der einzelnen Lagerstättentypen an den gesamten Kupferreserven der Welt* (%)

Kontinent	Magmatogene					Kupferführende Sandsteine	Andere
	Magmatische	Skarn	Hydrothermale				
			Gänge	Porphyrische	Pyritische		
Nordamerika	13,0		6,2	59,5	7,4	3,8	10,1
Südamerika			7	93			
Afrika	0,1	1,3	0,8			97,8	
Europa	0,7	0,5	12	3	68,8	15,0	
Asien		12	15		73		
Australien					100		
Mittel	4,0	3,0	8,0	42	14	27	2,0

Unter den Skarnlagerstätten unterscheidet man, je nach Lage der Kontaktzone, Lagerstätten an steil einfallenden oder flachen Kontakten. Die ersteren sind gewöhnlich durch unregelmäßige Formen (schlauchförmige Erzkörper, Linsen, Nester) ausgezeichnet und haben eine große Teufenerstreckung; Lagerstätten mit flach einfallendem Kontakt haben gewöhnlich plattenförmig entwickelte Erzkörper.

Die Erze dieser Lagerstätten sind in der Regel Kupferkies, seltener Kupferglanz. Unter anderem haben eine größere Verbreitung: Pyrit, Magnetkies, manchmal Magnetit, seltener auch Zinkblende, Molybdänglanz, Tetraedrit. An Silikaten herrschen vor: Granat, Hedenbergit, Epidot, Amphibol u. a.

In bezug auf die Verteilung der Erzminerale können massige und Imprägnationserzkörper unterschieden werden. Massige Erzkörper sind jene, die weniger als 30% Silikate enthalten; die übrigen 70% sind Pyrit, Magnetkies, Magnetit und Kupferkies. Derbes Erz weist oft einen hohen Cu-Gehalt auf (über 3 bis 4%), so daß von einer Aufbereitung abgesehen werden kann. Der Kupfergehalt in Imprägnationserzkörpern ist schwankend, in der Regel unter 1,5% Cu, so daß das Erz aufbereitet werden muß.

In Skarnlagerstätten können neben kompakten sulfidischen Erzen auch Kupferoxyderze auftreten. Kupferoxyderze sind an die höchsten Horizonte einer Lagerstätte gebunden. Sekundäre Anreicherungen gibt es in vielen Erzlagerstätten (kompakter Kupferglanz). In einzelnen Lagerstättenteilen können auch Mischerze auftreten, deren Aufbereitung besondere Verfahren erfordert.

Die Erzvorräte der Skarnlagerstätten sind sehr verschieden — von 50000 bis 100000 t und auch bis 10 bis 15 Millionen, ausnahmsweise bis 50 Millionen Tonnen.

Wirtschaftlich bedeutende Skarnlagerstätten sind Clifton, Bisbee und Morenci in Arizona (USA) und Turinsko in der Sowjetunion.

3. Hydrothermale Lagerstätten

Hydrothermale Lagerstätten sind die wirtschaftlich wichtigsten Kupfererzlagerstätten; zu dieser Gruppe zählen die größten Kupfererzlagerstätten der Welt.

Den mineralischen Paragenesen nach können in hydrothermalen Lagerstätten einige Gruppen unterschieden werden, die verschiedene wirtschaftliche Bedeutung haben.

a) Pyritlagerstätten

Pyritlagerstätten mit Cu-Mineralen haben eine sehr große wirtschaftliche Bedeutung. Der Mineralbestand des Pyriterzes weist sehr verschiedenartige Minerale auf, die im Laufe der Erzbildung oder später im Oxydationsprozeß entstanden sind.

Unter den sulfidischen Mineralen haben außer Pyrit besonders Kupferkies, manchmal Zinkblende (oft bestehen Übergänge zu Pyrit-Zinkblende-Lagerstätten), eine große Verbreitung; in manchen Lagerstätten haben Kupferglanz und Bornit einen größeren Anteil. Stellenweise treten auf: Magnetkies, Markasit, Tetraedrit, Arsenkies, Famatinit, Argentit, Gold, Magnetit. In gewissen Erzen dieses Typs sind auch erhöhte Konzentrationen an Germanium und Selen festzustellen.

Der Metallanteil — Kupfer, Gold, Silber, Zink, Kadmium, Blei, Arsen, Selen u. a. — schwankt in weiten Grenzen. Im allgemeinen haben die primären derben Erze folgende Zusammensetzung: Sulfide 50 bis 100% (Pyrit erreicht zum Teil auch 100%); Kupferkies 0 bis 10% und mehr; Tetraedrit bis 5%.

Die Anwesenheit der sekundären Mineralien Malachit, Azurit, Chrysokoll und Chalkantit hat eine besondere Bedeutung, denn von ihrem Anteil im Erz hängt auch die Aufbereitbarkeit der Kupfererze ab. In der Oxydationszone kann es zur Bildung sehr ausgedehnter Limonitmassen kommen.

Pyriterzkörper sind in der Regel lager- bis linsenförmig; oft wird auch eine Zertrümmerung des Erzkörpers beobachtet, und an Stelle des derben Erzes treten Wechsellagerungen mit Imprägnationen auf. In vielen Pyritlagerstätten sind die Erzkörper voneinander durch taube Partien oder durch Partien mit schwacher Vererzung getrennt.

Die Ausmaße der Pyritlagerstätten sind sehr verschieden. Lagerstätten dieses Typs enthalten entweder kleine Linsen oder sehr große Erzkörper. Die Länge eines Erzkörpers schwankt von 20 bis 30 m bis einige hundert Meter, ja auch 4 bis 5 Kilometer. Die Erstreckung der Erzkörper ist in der Regel in der Streichrichtung länger als im Einfallen.

Eine der größten kupferführenden Pyritlagerstätten ist Rio Tinto in Spanien. Derselben Lagerstättengruppe gehören zahlreiche Lagerstätten des Urals an, aus denen ein Großteil der Kupfererzeugung in der Sowjetunion stammt (Kalata, Bljava u. a.), ferner Bor in Jugoslawien sowie einzelne Lagerstätten in Norwegen.

b) Stockförmige Imprägnationslagerstätten

(Porphyrerze, „disseminated copper ores")

Stockförmige Imprägnationslagerstätten des Kupfers wurden vor allem in den oberen Teilen in hypoabyssischen, plutonischen sauren Gesteinen gebildet (Granitporphyre, Granodioritporphyre u. a.).

Diese primär mit Kupfer vererzten magmatischen Gesteine können riesige Ausmaße erreichen und ungeheuer große Kupfervorräte (mehrere Millionen, ja sogar auch 30 bis 40 Millionen Tonnen) beinhalten. Der Kupfergehalt ist jedoch in diesen primären Erzen zu niedrig (0,1 bis 0,5%), um heute eine wirtschaftliche Gewinnung zu ermöglichen (nur die Lagerstätte Ajo erreicht einen Kupfergehalt von 0,85% und ist damit abbauwürdig).

Durch Umwandlungen in der Oxydationszone entstanden jedoch sekundäre Metallanreicherungen, die zur Bildung sehr bedeutender Lagerstätten führten. Der Kupfergehalt stieg dabei durchschnittlich bis 0,8 bis 1% an. Die Grenzen zwischen bau- und unbauwürdigen Erzen können nur auf Grund der Angaben systematischer Probenahmen bestimmt werden.

Der Mineralbestand der stockförmigen Imprägnationslagerstätten ist verhältnismäßig komplex, besonders bezüglich der sekundären Kupferminerale. Als Erzminerale treten primäre und sekundäre Sulfide sowie zahlreiche Minerale der Oxydationszone auf.

Die wichtigsten sulfidischen Minerale sind Kupferkies, Pyrit, Kupferglanz, weniger verbreitet Bornit, Covellin, seltener Molybdänglanz, ganz selten Enargit, manchmal Zinkblende. Als Minerale der Oxydationszone treten vor allem Malachit und Limonit auf, in geringerem Maße auch Chrysokoll, Bronchantit, auch Cuprit, Tenorit und ged. Kupfer.

Der Anteil an einzelnen Mineralarten im primären Erz beträgt im Durchschnitt 5 bis 10% Sulfide (2 bis 5% entfallen auf Kupferkies und ebensoviel auf Pyrit). In der sekundären Anreicherungszone treten neben Kupferkies auch Kupferglanz auf. Der Molybdängehalt ist in diesen Erzen oft auch von wirtschaftlicher Bedeutung. Einzelne Lagerstätten dieses Typs werden auch durch einen erhöhten Goldgehalt ausgezeichnet.

Die Abbaubedingungen solcher Lagerstätten sind besonders günstig, denn sie ermöglichen durch ihre häufig geringe Teufe die Gewinnung im Tagebau.

Zu den größten Porphyrerzlagerstätten der Welt gehören: Bingham, Ray, Santa Rita u. a. in den USA, Kounrad in der Sowjetunion, Majdanpek in Jugoslawien, teilweise auch Chuqicamata in Chile.

c) Ganglagerstätten

Ganglagerstätten sind häufig anzutreffen. Sie sind jedoch in der Regel von untergeordneter wirtschaftlicher Bedeutung, besonders im Vergleich zu den oben erwähnten Lagerstätten.

Unter den Ganglagerstätten können dem führenden Erzmineral nach Kupferkies-, Kupferglanz- und Cu-Fahlerz-Lagerstätten unterschieden werden. Kupferkieserze sind bei weitem am häufigsten anzutreffen und sind wirtschaftlich am wichtigsten. Kupferglanz-Ganglagerstätten sind seltener (Kennecott). Tetraedritgänge sind für die Kupfergewinnung bedeutungslos.

Der Mineralbestand der Quarz-Kupferkies-Erzgänge ist in der Regel mannigfaltig. Am häufigsten sind Kupferkies, Pyrit und Quarz vertreten; in geringeren Mengen treten Covellin, Bornit, Zinkblende, Bleiglanz, Gold, Magnetkies, Kupferglanz, Tetraedrit, Siderit auf, recht selten sind Enargit und Rhodochrosit.

Der Anteil der einzelnen Minerale im Erz kann in weiten Grenzen schwanken. Das annähernde Verhältnis der einzelnen Komponenten im Erz beträgt: 10 bis 50% Sulfide oder mehr (10 bis 40% entfallen dabei auf Kupferkies, der Rest auf Pyrit), und 50 bis 90% Quarz.

Zum Unterschied von anderen Typen haben die Kupferoxyderze und sekundären Kupferminerale keine große Verbreitung in Ganglagerstätten, so daß das Erz keine Schwierigkeiten bei der Aufbereitung bietet.

Die Größe der Ganglagerstätten wird durch das Ausmaß der erzführenden Spalten oder tektonisch zerrütteten Zonen bestimmt. Neben dem Erzgang, der der Hauptträger einer wirtschaftlich bedeutenden Vererzung ist, treten manchmal in den Randzonen des Ganges Imprägnationszonen auf. Die Länge der Erzgänge ist verschieden — gewöhnlich 20 bis 30 m bis 200 bis 300 m, selten bis 500 m. Die Mächtigkeit schwankt von 0,2 bis 0,5 m bis 3 bis 4 m, selten bis 10 m. Im allgemeinen besitzen die gangförmigen Erzkörper verhältnismäßig geringe Vorräte, aber reiches Erz (im Mittel 3 bis 5% Cu). Der mittlere Cu-Gehalt kann auch bedeutend niedriger sein, wenn die Imprägnationen, die manchmal die Erzkörper begleiten, miteinbezogen werden (im Mittel 1 bis 2% Cu).

Wirtschaftlich sehr bedeutende Ganglagerstätten sind Butte (Montana, USA), ferner Sangensursko in der Sowjetunion, Morococha in Peru u. a.

d) Kupferführende Sandsteine

Eine große Zahl reicher Kupfererzlagerstätten gehörten dieser Lagerstättengruppe an. Es handelt sich um mit Kupfermineralen vererzte Sedimente, vor allem um Sandsteine, Fanglomerate und Konglomerate, deren kalkiges Bindemittel durch Erzminerale ersetzt wurde. Verdrängungserscheinungen werden auch an Feldspatkörnern beobachtet. Teilweise füllen die Erzminerale auch Hohlräume und Spalten in den Gesteinen aus. Es können alle Übergänge von kompakten Erzkörpern bis zu vereinzelten Imprägnationen auftreten.

Grundsätzlich unterscheidet man auch hier primäre und sekundäre Erzminerale. Unter den Sulfiden herrschen vor: Kupferkies, Bornit und Kupferglanz; bedeutend seltener sind Zinkblende, Pyrit und ganz selten Bleiglanz und Tetraedrit vertreten. Als Kupferoxydminerale treten auf: Malachit, Azurit, Chrysokoll, seltener Bronchantit; oft tritt Limonit in diesen Lagerstätten auf.

Das Verhältnis der einzelnen Minerale in primären Erzen ist etwa folgendes: Sulfide: 3 bis 15% (selten mehr); es überwiegen Bornit und Kupferkies (primärer Kupferglanz tritt seltener auf). Der Kupfergehalt schwankt von 0,5 bis 5 bis 6% Cu.

Das primäre Erz ist in der Regel stark oxydiert, so daß in diesen Lagerstätten Malachit, Azurit und Chrysokoll sehr weit verbreitet sind. Dadurch ist die Aufbereitbarkeit dieser Erze erschwert.

Die Größe dieser Lagerstätten ist sehr verschieden. Erzführende Schichten und linsenförmige Erzkörper können innerhalb eines bestimmten stratigraphischen Horizontes einen großen Raum (von 20000 bis 30000 m^2 bis 1 bis 2 km^2, ja auch 30 bis 40 km^2) einnehmen. Die Mächtigkeit der Erzkörper ist ebenfalls schwankend (von 2 bis 3 m bis 10 bis 15 m).

Zu den größten Lagerstätten dieses Typs gehören Cu-Lagerstätten im Kongo und Nordrhodesien in Afrika und Dzeskasgan in der Sowjetunion.

e) Lagerstätten mit gediegen Kupfer

Wirtschaftlich wichtige Lagerstätten metallischen Kupfers gibt es nur ausnahmsweise.

Eine solche Lagerstätte findet sich im Gebiet des Lake Superior in den USA. Dort ist die Vererzung an Basalt- und Melaphyrergüsse und an eine Konglomerat- und Sandsteinserie gebunden. Gediegen Kupfer bildet das Bindemittel in den Konglomeraten und Sandsteinen; in den Basalten füllt es zahlreiche Hohlräume aus.

4. Imprägnationen in roten Sandsteinen und tonigen Schiefern

Lagerstätten diesen Typs finden sich gewöhnlich in klastischen Gesteinen (Fanglomeraten), Arkosen, Sandsteinen und Schiefertonen sowie auch in Tuff- und Tuffiteinlagerungen.

Die Erzminerale sind in der Regel Kupferglanz, ferner Malachit, Azurit, Chrysokoll, Bronchantit, Cuprit, Tenorit, ged. Kupfer. Selten treten Pyrit, Covellin und Kupferkies auf. Als Gangart sind Kalzit, Gips, Quarz, Baryt und Cölestin vorhanden.

In den Sandsteinen bilden die Erzminerale oft das Bindemittel. Der Kupfergehalt beträgt in Erzkörpern, die abgebaut werden, gewöhnlich 2 bis 3% Cu.

Die Vererzungen haben in der Regel kleine Ausmaße und sind unregelmäßig verteilt. Die wirtschaftliche Bedeutung dieser Lagerstätten ist gering.

Als etwas interessantere Lagerstätten dieses Typs können die kupferführenden Sandsteine des westlichen Vorurals (Sowjetunion) und von Coro-Coro in Bolivien genannt werden.

5. Sedimentäre Lagerstätten

Zur Bildung von wirtschaftlich wichtigen marin-sedimentären Lagerstätten kann es nur unter besonderen Bedingungen kommen. Solche Lagerstätten wurden hauptsächlich in vom offenen Meer abgeschnittenen Buchten innerhalb eines Sedimentationszyklus gebildet. Dabei spielen Bakterien eine bedeutende Rolle.

Das Erz aus solchen Lagerstätten besteht aus sehr verschiedenartigen Mineralparagenesen. An Kupfermineralen sind vertreten: Bornit, Kupferkies und Kupferglanz, die von Zinkblende, Bleiglanz u. a. begleitet werden. Das Erz enthält eine Reihe anderer Elemente (Gold, Molybdän, Silber, Nickel u. a. m.). Der Kupfergehalt beträgt ungefähr 1 bis 3%.

Vererzte Schiefer können große Flächen einnehmen (30 bis 40 km^2, manchmal auch mehr), besitzen jedoch eine nur unbedeutende Mächtigkeit (gewöhnlich 0,1 bis 0,4 m).

Diesem Lagerstättentyp gehören die bekannten Kupferschiefer von Mansfeld in Deutschland an.

II. Suche und Erkundung

Die Suche und Erkundung von Kupfererzlagerstätten erfordert viel Zeit und oft sehr bedeutende Investitionen (manchmal bis 5 bis 8% der gesamten Kupfererzeugungskosten).

III. Abbau

Wirtschaftlich bedeutende Kupfererzlagerstätten zeichnen sich in der Regel durch ihre Größe und ihren verhältnismäßig niedrigen Metallgehalt aus. Deshalb werden bei der Gewinnung Abbauverfahren mit einem hohen Stand der Mechanisierung und mit hohem Ausbringen angewendet, so daß die Produktionskosten gewöhnlich niedrig sind.

Tabelle 58. *Kennziffer der Erzeugung bei einzelnen Kupfererzen*

Gebiet	Charakteristik des Erzes	Kapazität t/Tag	% Cu Erz	% Cu Konzentrat	Auswertung im Konzentrat %
	„Porphyrische" Erze				
Bingham, USA	Zusammensetzung des Erzes: Kupferkies, Bornit, Kupferglanz, Covellin, Malachit, Azurit, Chrysokoll 2,5%, Pyrit 2,5%, Feldspat 35%, Quarz 30%, Glimmer 20—25%, Chlorit u. a. 5 bis 10%, Molybdänglanz	65000	0,97	34,8	90,4
Nevada, USA	Quarz-Serizit-Gesteine mit Kupferglanz und Pyrit	11000	1,5	20,0	90,0
New Cornelia	Monzonitporphyre mit Imprägnationen von Kupferkies, Bornit, Kupferglanz, Pyrit, Magnetit, Zinkblende	20000	0,93	31,3	92,0
Miami, USA	Quarz-Serizit-Gesteine mit Imprägnationen von Kupferglanz, Bornit, Pyrit, Molybdänglanz; Kupfersilikate	17000	0,72	31,4	78,9
Potrerilos, Chile	Quarz-Diorit-Porphyr mit Imprägnationen von Kupferkies, Kupferglanz und Kupfersilikate	16000	1,62	35,4	75,2
	Kupferführende Pyrit-Erze				
Noranda, Kanada	4—8% Kupferkies, 20—30% Pyrit, 50—60% Magnetkies	3000	—	9,6	95,5
Mount Lyuell, Australien	Kupferführender Pyrit	3200	1,45	25,4	89,5
	Kupferführende Zink-Pyrit-Erze				
Flin, Flon, Kanada	Zn-Cu-führende Pyrite	4500	1,7% Cu 4,4% Zn	14,2 46,0[1]	88,0 76,00[2]
Sherritt Gordon, Kanada	Zn-Cu-führende Pyrite	1800	2,3% Cu 5,6% Zn	10—23 45—54[1]	88,92 75—80[1]

[1] Zinkkonzentrat. [2] Zinkauswertung.

Die Gewinnung einer Kupfererzlagerstätte kann durch Tiefbau oder Tagebau erfolgen. Da Kupfer verhältnismäßig teuer ist, wird versucht, die Lagerstätte so vollständig wie möglich, d. h. mit geringsten Verlusten abzubauen. Die Wahl des Verfahrens hängt von der Größe der Erzlagerstätte, der Erzgüte, der Teufe und den Abbaukosten ab. Die Abbaukapazität ist bei Kupfererzen in der Regel sehr hoch — oft 10000 bis 20000 t Tagesförderung, nur ausnahmsweise 70000 bis 80000 t. Tab. 58 zeigt die Erzeugung in einzelnen Kupfererzlagerstätten.

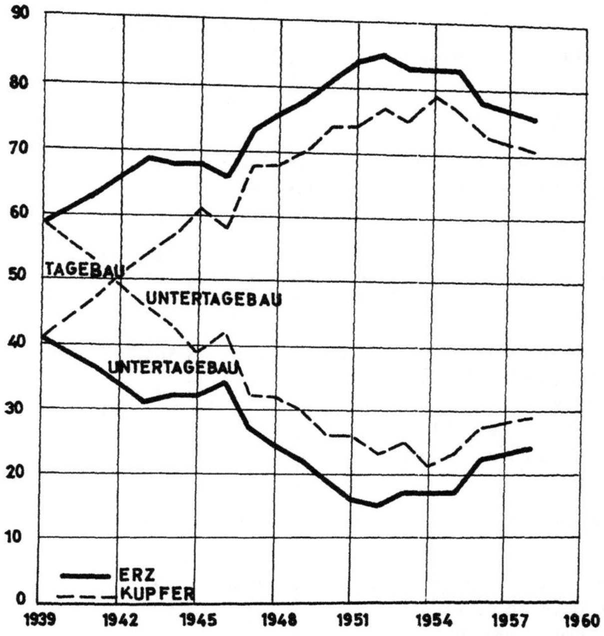

Abb. 26. Anteil der Kupferförderung aus Tage- und Tiefbau in den USA (nach: Mineral Facts and Problems, 1960)

Bei Kupfererzlagerstätten wird heute in der Welt weitgehend Tagebau angewendet, besonders bei porphyrischen Erzlagerstätten in den USA. Ungefähr 76% der Weltproduktion an Kupfer und etwa 70% der Kupfererzeugung in den USA stammen aus Tagebauen. In Abb. 26 ist das Verhältnis von Tagebau zu Tiefbau auf Kupfererzlagerstätten in den USA dargestellt.

Der Tagebau ist besonders günstig, wenn der Abraum nicht allzu mächtig ist und wenn ein günstiges Verhältnis von Abraum zu Erzkörper besteht. Bei Anwendung des Tagebaus wird ein verhältnismäßig dichtes Netz der Erkundungsarbeiten angelegt, wodurch genügend genaue Angaben für eine spätere Planung des Abbaues (Form und Größe des Erzkörpers, die Mächtigkeit des Abraumes u. a.) gewonnen werden.

Bei Lagerstätten, die tief liegen oder ein ungünstiges Verhältnis von Abraum zu Erzkörper aufweisen, muß Tiefbau angewendet werden. Gewöhnlich werden dann Bruchbauverfahren (block caving, shringage u. a.) angewendet, so daß eine sehr hohe Förderung erreicht wird. Die Förderung ist gewöhnlich vollmechanisiert (Kupferbergwerke gehören gewöhnlich zu den bestmechanisierten Bergwerken). Bei einer guten Organisation der Gewinnung können die Förderkosten sehr niedrig gehalten werden und nähern sich manchmal den Abbaukosten eines Tagebaues.

Die vollmechanisierte Arbeit und die große Kapazität fordern hohe, manchmal sehr hohe Investitionen (20 bis 30 Millionen $ bis 40 bis 50 Millionen $). Daher müssen die Erzvorräte genügend groß sein, um die Gewinnung aus der Lagerstätte wenigstens 15 bis 20 Jahre zu decken.

IV. Aufbereitung

Nach ihrem Verhalten im Aufbereitungsprozeß können die Kupferminerale in drei Gruppen eingeteilt werden:

a) *Sulfide* lassen sich sehr leicht anreichern (besonders Kupferkies).

b) *Kupferkarbonate* lassen sich schwer aufbereiten.

c) *Kupfersilikate* sind sehr schwer aufbereitbar oder können nicht wirtschaftlich aufbereitet werden.

Da der Kupfergehalt in Cu-Erzen in der Regel sehr niedrig ist, muß das Kupfererz vor der Verhüttung aufbereitet werden. Unmittelbar verhüttet werden nur reiche Erze (gewöhnlich Sulfiderze mit mehr als 2,5 bis 3,0% Cu).

Die Kupfererze werden heute fast ausschließlich durch Flotation angereichert, und nur ausnahmsweise werden auch Schwerkraftverfahren angewendet.

Flotation. Mit diesem Verfahren wird ein besonders hohes Ausbringen bei Sulfiderzen erreicht (90 bis 95%). Das Flotieren der Kupferkarbonaterze ist weitaus schwieriger. Das Flotieren der Silikate (Chrysokoll) muß noch immer als ungelöstes Problem betrachtet werden, da die angewandten Verfahren zu unrentabel sind.

Die Flotation der Kupfererze ist erschwert, wenn im Erz Pyrit, Blei-, Zink- und Molybdänsulfide auftreten und diese als gesonderte Konzentrate abgeschieden werden müssen.

Auch kupferhaltige polymetallische Erze sind schwer flotierbar. Besondere Schwierigkeiten können entstehen, wenn in diesen Erzen stärkere Konzentrationen sekundärer Kupfersulfide (Kupferglanz und Covellin) gebildet werden, die oft Krusten auf den Pyritkörnern bilden.

In Tab. 59 werden die technisch-wirtschaftlichen Parameter der Kupfererzaufbereitung und das Verhalten der einzelnen Erzarten in bezug auf deren Aufbereitbarkeit dargestellt. Diese Angaben sind jedoch nur orientativ (die Angaben für Oxyderze beziehen sich auf Erze mit Kupferkarbonaten; wenn im Erz Brochantit und Chrysokoll auftreten, sinkt das Kupferausbringen im Flotationsprozeß auf 55 bis 66%).

Die Aufbereitungskosten können in weiten Grenzen schwanken, in Abhängigkeit vom Mineralbestand und vom Aufbau des Erzes sowie von der Kapazität der Flotation. Dies soll am Beispiel zweier Bergwerke in Kanada (1956 bis 1958) dargestellt werden:

Bergwerk:	Allenby mill Copper Mountain Mine	Weedon, Que Weedon Pyrite and Copper	
Kapazität:	5000 t/Tag	300 t/Tag; Aufgabe: 1,96% Cu 1,16% Zn 29,07% S	
Zerkleinerung	0,305 $	0,15 $	Zerkleinerung
Mahlen	0,203 $	0,38 $	Mahlen
Flotieren	0,101 $	0,18 $	Kupferflotation
Wasserabgang	0,011 $	0,24 $	Zinkflotation
Halde	0,029 $	0,18 $	Pyritflotation
Insgesamt	0,649 $	0,15 $	Analyse
		0,22 $	Energie und Beleuchtung
	Insgesamt	1,50 $	

Tabelle 59. *Aufbereitbarkeit von Kupfererzen*
(Nach G. G. GUDALIN)

Aufbereitbarkeit	Wirtschaftliche Erztypen	Technologische Erzgattung	Kupfergehalt im Erz %	Kupfergehalt im Konzentrat %	Ausbringen %
Leicht	Kupferkies-Bornit-Erze	Primäre Erze	1,5—4,0	24—33	91—93
	Quarz-Kupferkies-Erze	Primäre Erze	1,7—2,0	15—17	96—97
	Skarnerze	Primäre Erze	1,7—2,0	15—17	96—97
	Pyriterze	Imprägnationen	0,7—2,0	9—14	87—89
	Stockwerk-Imprägnationen	Kupferglanzerze	0,7—2,0	9—14	87—89
Mittelschwer	Pyriterze	Cu-Pyrite	1,2—3,0	10—16	89—91
		Zn-Cu-Pyrit			
Schwer	Pyriterze	Cu-Pyrit, sekundär aufbereitet	1,2—3,0	9—12	78—82
		Zn-Cu-Pyrite, sekundär aufbereitet			
	Kupferkies-Bornit-Erze	Oxyderze (Karbonaterze)	0,7—1,2	11—22	70—80
	Skarnerze	Oxyderze (Karbonaterze)			
	Stockwerk-Imprägnationen	Oxyderze (Karbonaterze)	1,2—3,5	14—32	
	Kupferkies-Bornit-Erze	Mischerze	0,7—2,5	—	75—88
	Stockwerk-Imprägnationen	Mischerze			

Tabelle 60. *Technische Anforderungen an Kupferkonzentrat in der UdSSR*
(SMTU 2001-47)

	Chemische Zusammensetzung (%)		
	Kupfer mindestens	Blei maximal	Zink maximal
KM-1.......	20	19	6
KM-2.......	16	7	14
KM-3.......	14	10	10
KM-4.......	11	15	19

Schwerkraftaufbereitung. Dieses Verfahren wird nur ausnahmsweise angewendet (Schütteltische, Setzmaschinen), und zwar nur in kleineren Anlagen und bei Oxyderzen.

Für die Qualität der Konzentrate bestehen keine einheitlichen Normen, sondern jedes Land stellt seine Forderungen in bezug auf den Kupfergehalt. Der Kupfergehalt des Konzentrates hängt vom Kupfergehalt des in ihm enthaltenen Minerals ab. In den USA enthalten Kupferkonzentrate gewöhnlich 25 bis 30% Cu. In Tab. 60 sind die Forderungen gegeben, die die Industrie der Sowjetunion hinsichtlich der Kupferkonzentrate stellt.

V. Metallurgische Verarbeitung

Kupfererze und Kupferkonzentrate bilden den Rohstoff für die Kupfergewinnung, für welche verschiedene Verfahren angewendet werden, von denen viele kennzeichnend für Kupfer sind. Das Hauptverfahren für die Verarbeitung von Kupfererzen und Kupferkonzentraten ist die Pyrometallurgie, seltener die Hydrometallurgie.

Das *pyrometallurgische Verfahren* für die Verhüttung des Kupfers wird bei sulfidischen und oxydischen Mischerzen angewendet.

Der Verarbeitungsprozeß der sulfidischen Erze geht in einigen Phasen vor sich. Nach dem Rösten wird das Erz in Schacht- oder Flammöfen verhüttet. Als Verhüttungsprodukt wird der mit Sulfidkupfer angereicherte Kupferstein gewonnen. Der Kupfergehalt im Kupferstein schwankt von 20 bis 79,9% Cu; meistens enthält der Kupferstein 40 bis 50% Cu. Er enthält auch edle Metalle, die im Erz vorhanden waren (Gold, Silber, Platin-Gruppe). Da das spezifische Gewicht des Kupfersteins viel höher ist als jenes der Schlacken, ist deren Trennung leicht.

Der Kupferstein wird unmittelbar zu Rohkupfer verarbeitet. Dies geschieht in Konvertern, in denen der Kupferstein zu metallischem Kupfer (Blisterkupfer) reduziert wird. Das Ausbringen aus Kupferstein beträgt gewöhnlich 95 bis 99% und ist um so höher, je reicher der Kupferstein an Kupfer ist. Da das Blisterkupfer auch Beimengungen edler Metalle enthalten kann (Gold, Silber, Selen u. a.), ist es nötig, es vor seiner Verarbeitung in der Industrie zu raffinieren.

Oxydische Kupfererze können leicht in Schacht- oder Flammöfen nach Zugabe von Koks und Flußmitteln reduziert werden. So erhält man schwarzes Rohkupfer.

Die Raffination des Blisterkupfers in Flammöfen besteht in Oxydation, „fluxing" und Reduzierung. Der Prozeß beruht auf der schwachen Affinität des Kupfers zu Sauerstoff, zum Unterschied von den begleitenden Komponenten im Blisterkupfer. Im Oxydationsprozeß kommt es zur Entfernung der vorhandenen Unreinheiten, wobei folgende Reihenfolge bei der Entfernung der einzelnen Komponenten eingehalten wird: Schwefel, Zink, Zinn und Eisen. Im Fluxingprozeß werden vorwiegend Blei, Arsen und Antimon entfernt, dagegen werden einzelne Elemente bei der Flammofenraffination nicht berührt (Nickel, Wismut, Selen, Tellur).

Die *hydrometallurgische Verarbeitung* ist ein wichtiges Verfahren für die Kupfergewinnung aus armen, sehr schwer aufbereitbaren Erzen oder solchen, die in der Lagerstätte selbst ausgelaugt wurden, wodurch der industrielle Minimalgehalt an Kupfer im Erz verringert werden kann.

Ungefähr 9% der Kupfergewinnung in den USA stammen aus hydrometallurgischen Verfahren.

Man unterscheidet dabei saure und alkalische Laugung des Erzes. Kupfer wird deshalb in Lösung gebracht (Sulfat) und später gefällt. Die Fällung des Kupfers geschieht am häufigsten durch Alteisen, manchmal auch mittels Elektrolyse.

Das Ausbringen eines Kupfererzes mit 1,0 bis 1,5% Cu durch Schwefelsäurelaugung beträgt in der Regel 88 bis 95%. Das Verfahren erweist sich als besonders günstig für Karbonaterze; Laugung von Oxyd- und Sulfiderzen ist komplizierter und schwieriger, so daß verschiedene Verfahren angewendet werden müssen.

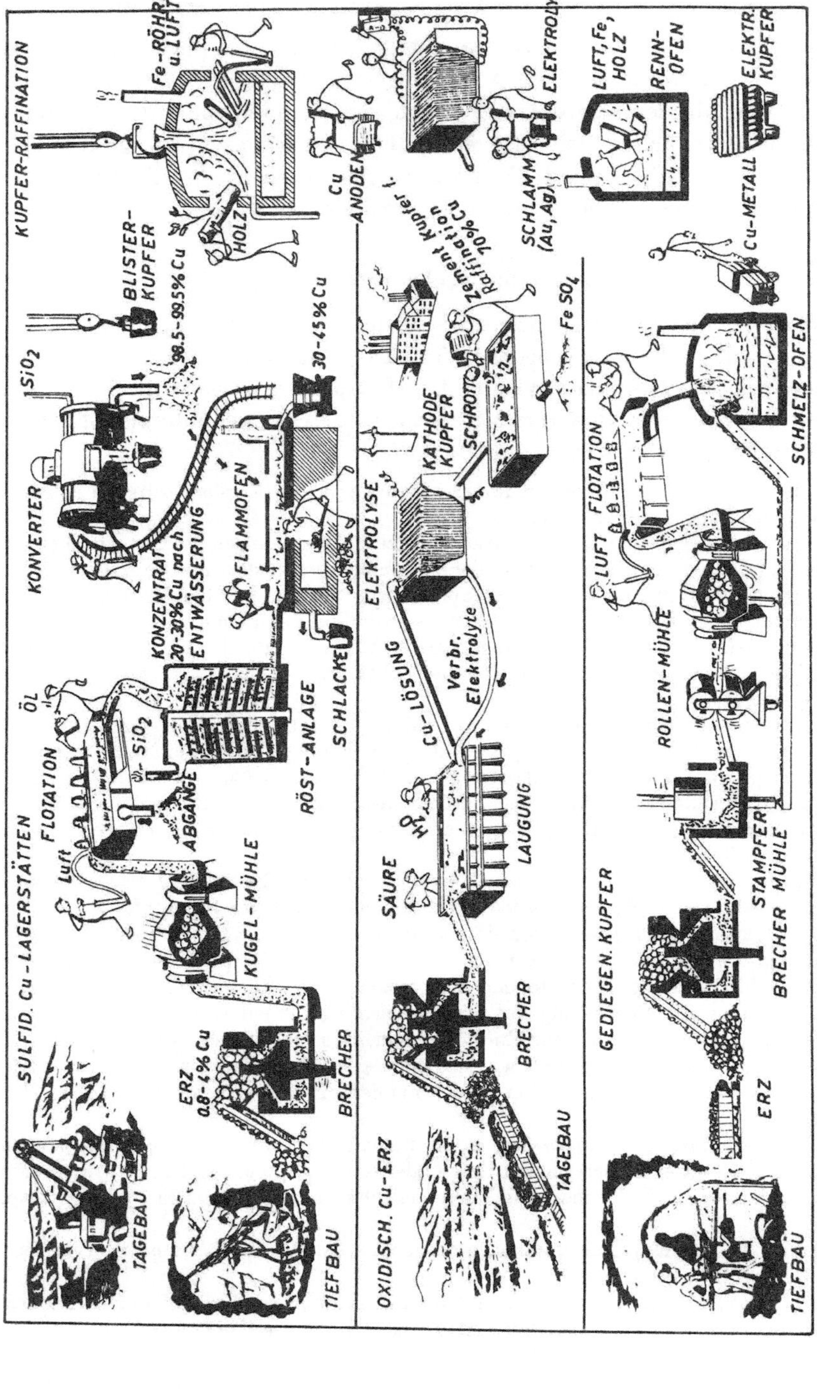

Abb. 27. Schematische Darstellung der Kupfergewinnung (nach Westinghouse Eng.)

Marktfähiges Kupfer zeichnet sich durch sehr große Reinheit aus (in der Regel 99,9% Cu). Um diesen Reinheitsgrad zu erreichen, wird es elektrolytisch raffiniert. Bei diesem Verfahren werden nebenbei auch andere nützliche Begleiter des Rohkupfers abgeschieden (Gold, Silber, Platin, Paladium).

In Abb. 27 ist der Prozeß der Kupfergewinnung von der bergbaulichen Gewinnung bis zur Metallgewinnung dargestellt; es werden entsprechend dem Mineralbestand des Erzes verschiedene Verfahren angewendet.

VI. Produktion und Rohstoffbasis der Welt

A. Bergwerks- und Hüttenproduktion

Bergbau auf Kupfer wird in vielen Ländern betrieben, aber etwa 75% der Weltproduktion kommen aus nur sieben Ländern (1964) und über 65% liefern fünf Länder (USA, Chile, Nordrhodesien, Kanada und die Sowjetunion).

In Abb. 28 ist die Bergwerksproduktion der Welt und der einzelnen Länder, die über eine größere Produktion verfügen, dargestellt.

Die metallurgische Produktion von Blisterkupfer und raffiniertem Kupfer stammt ebenfalls aus vielen Ländern; sie ist jedoch — wie die Bergwerksproduktion — auch nur in einigen Ländern von Bedeutung. Es ist bemerkenswert, daß einige Länder eine geringe oder gar keine Kupferförderung haben, jedoch über eine bedeutende metallurgische Gewinnung verfügen (Großbritannien und Belgien).

Abb. 29 zeigt die Cu-Hüttenproduktion der Welt und einiger bedeutender Länder.

Bei der Kupfererzeugung nimmt auch sekundäres Kupfer (Altkupfer und Abfälle der Kupferverarbeitung) neben reichen Erzen und Konzentraten eine wichtige Stelle ein. Es wird heute angenommen, daß 60 bis 70% des verbrauchten Kupfers nochmals der Industrie zugeführt werden; die Zeit, die notwendig ist, das verbrauchte Kupfer wieder der Verhüttung zuzuführen, beträgt 40 bis 80 Jahre, je nach Verwendungszweck. In den Westländern werden jährlich 2,3 Millionen Tonnen Altkupfer und Abfallkupfer verarbeitet (in den USA in den Jahren 1963 und 1964 über 25% dieser Mengen).

B. Rohstoffbasis der Welt

Die Kupfererzlagerstätten der Welt sind sehr unregelmäßig verteilt. Die einzelnen metallogenetischen Provinzen können erhebliche Kupferkonzentrationen aufweisen. Die größten Kupfermengen befinden sich in den Lagerstätten Amerikas (48,5% der Weltvorräte, von denen 24% auf Nordamerika entfallen) und Afrika (38,6%). Die Sowjetunion kann in diese Betrachtung wegen ungenügender Angaben nicht einbezogen werden.

Die bedeutendsten metallogenetischen Kupferprovinzen der Welt sind:

1. *Präkambrische Provinzen:* Kongo (Katanga) und Nordrhodesien mit kupferführenden Sandsteinen, das Gebiet des Lake Superior (USA) mit Lagerstätten gediegenen Kupfers und das Gebiet Sudbury in Kanada mit sulfidischen Nickel-Kupfererz-Lagerstätten.

Aus diesen Lagerstätten stammen heute über 25% der Kupfergewinnung der Welt.

2. *Herzynische metallogenetische Epoche:* Die Lagerstätten und metallogenetischen Gebiete der herzynischen Epoche besitzen eine besondere Bedeutung in der Sowjetunion: Ural mit

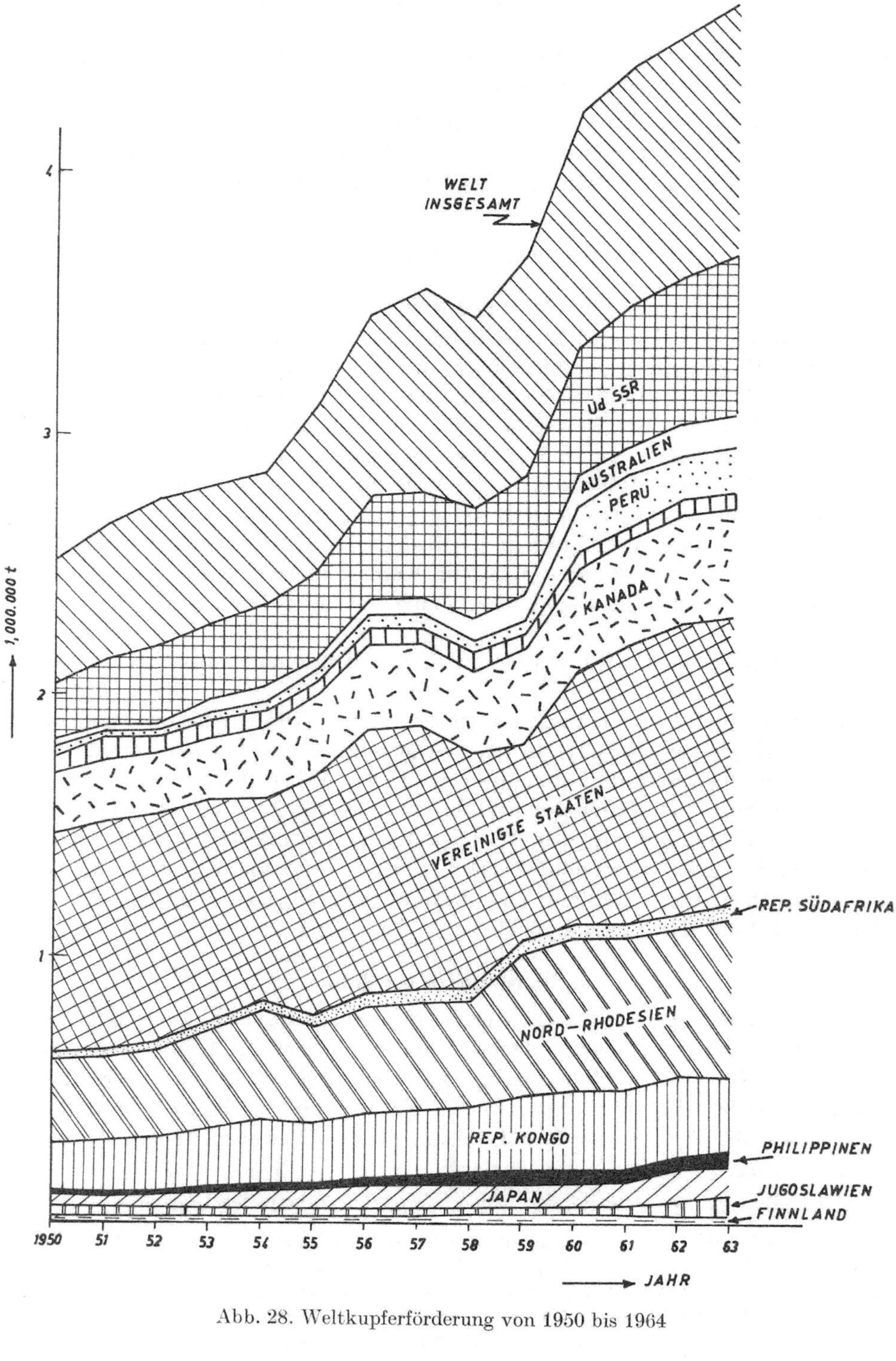

Abb. 28. Weltkupferförderung von 1950 bis 1964

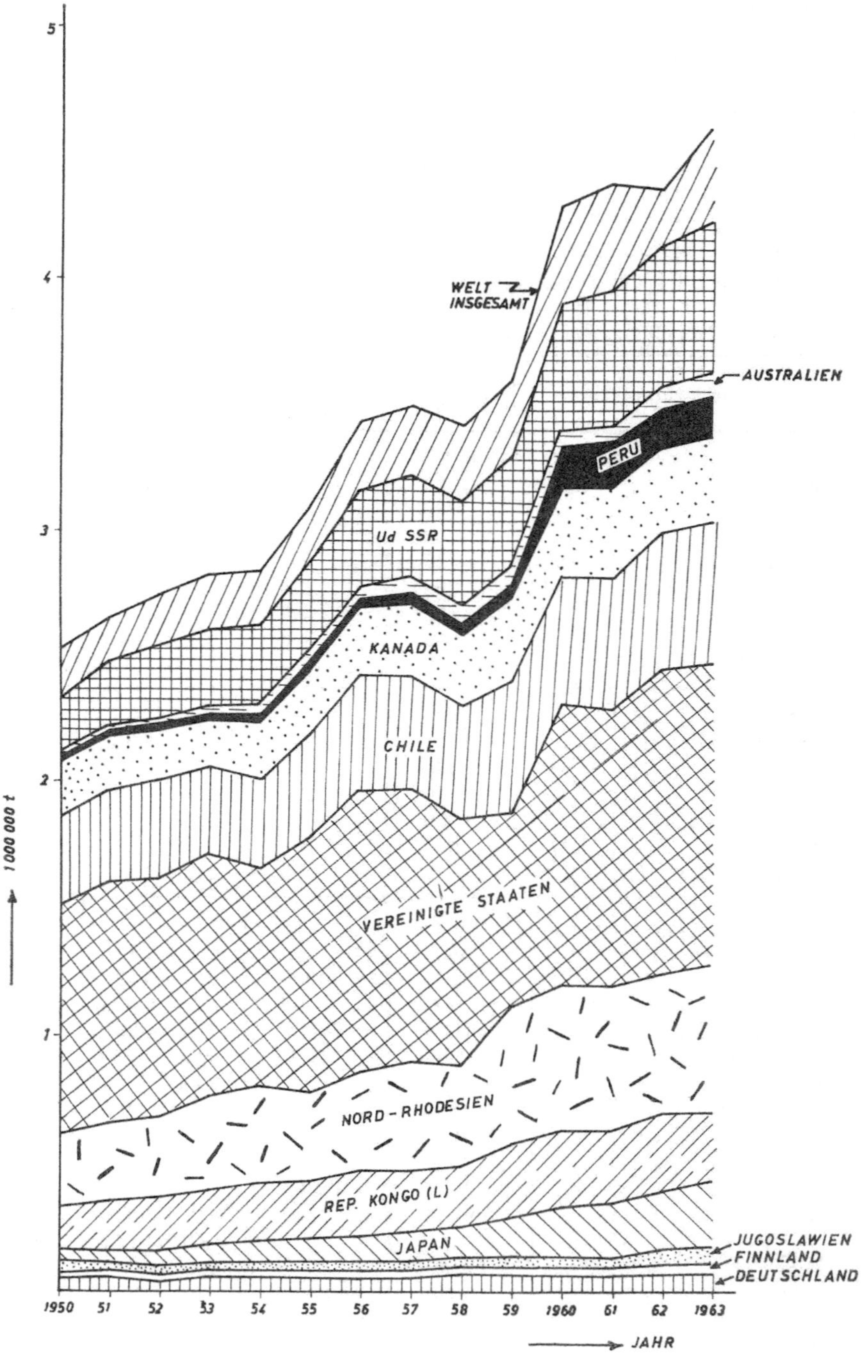

Abb. 29. Welthüttenproduktion von Kupfer von 1950 bis 1964 (Metallstatistik, 1964)

Pyrit- und Skarnlagerstätten, dann Kasakstan und Usbekistan mit großen Imprägnationslagerstätten und die Lagerstätten von Dschezkasgan mit kupferführenden Sandsteinen.

3. *Alpische metallogenetische Epoche:* Aus den Lagerstätten dieser Epoche stammt der Hauptanteil der heutigen Kupfergewinnung der Welt (über 70%). Bedeutend sind: die mediterrane Provinz, die die großen Pyrit- und Imprägnationslagerstätten des Balkans umfaßt, der Türkei, Zyperns und Transkaukasiens. Die Provinz des Stillen Ozeans enthält die größten Kupferlagerstätten: die riesigen stockförmigen Imprägnationslagerstätten (Porphyrerze) mit etwas Molybdän in den Weststaaten der USA (Bingham u. a.), Mexiko, Chile, ferner die Ganglagerstätten und Lagerstätten der kupferhaltigen Pyrite in Kanada.

Zu den Gesamtvorräten an Kupfer aus Lagerstätten kommen noch die bedeutenden Massen an Kupfer aus Altmaterial hinzu. Es wird angenommen, daß

Tabelle 61. *Kupferreserven der Lagerstätten der Welt*

Kontinent bzw. Land	Metallreserven (in 1000 t)		Kupfergehalt %
	Gesamt	A + B-Kategorie	
Europa	30300		
Finnland	1150	500	1,4 —1,5
Irland	380	300	1,13—2,0
Jugoslawien[1]	2500		
Deutschland	110	110	0,3 —1,5
Norwegen	800	400	1,5 —2,0
Spanien	4800	1400	0,3 —1,5
Schweden	500	350	0,3 —1,5
UdSSR*	20000		0,6 —1,5
Asien	5500		
Philippinen	1550	1140	0,7 —3,3
Indien	530	95	0,8 —2,5
Israel	900	285	1,5
Japan	1000	800	1,6
Zypern	550	200	1 —3,5
Türkei	900	500	2,0 —2,4
Afrika	95300		
Südafrikanische Union	2800	700	0,7 —2,19
Kongo	36000	20000	4,0 —6,41
Mauretanien (Marokko)	500	500	1,5 —2,5
Nordrhodesien	54000	28000	2,41—4,81
Sudan	300	—	2,78
Uganda	300	200	2,02
Amerika	120000		
Brasilien	520	210	1,0 —1,5
Chile	46000	15500	1,4 —2,2
Kanada	9600	7500	1,0 —3,5 (mittlerer 1,2)
Peru	12500	3900	1,0 —1,5
USA	50000	21000	0,9 —1,3
Australien	1300	1000	0,7 —4
Ganze Welt	253000		

[1] Angabe aus dem Jahre 1955.

* Geschätzt.

Quelle: Mineralnie ressurssi kapitalistitscheskich stran. Gosgeoltechizdat, Moskau 1963.

allein die USA ungefähr über 30 Millionen Tonnen Altmaterial verfügen. Unter Berücksichtigung des Kupferverbrauchs in der Industrie anderer Länder und des Prozentsatzes an Altmaterial, das der Industrie wieder zugeführt wird, kann angenommen werden, daß in der Welt annähernd 60 Millionen Tonnen Kupfer in Form von Altmaterial vorhanden sind. Das sind rund 25% der Gesamtvorräte an Kupfer aus Erzlagerstätten. Diese Angaben weisen auf die erhebliche Bedeutung von Altmetall bei der Produktion von Kupfer hin.

In Tab. 61 sind die Kupfererzvorräte der Welt und einzelner wichtiger Länder dargestellt. Wenn wir die dargestellten Vorräte mit Angaben aus dem Jahre 1957 vergleichen, kann eine Erhöhung von über 50 Millionen Tonnen allein in den Westländern, vor allem auf dem amerikanischen Kontinent, festgestellt werden.

Vergleicht man den Kupferverbrauch der Welt mit den Metallvorräten in den Lagerstätten, ergibt sich, daß die Vorräte von 250 Millionen Tonnen kaum genügen, um den Anforderungen der Welt für die folgenden 30 Jahre zu entsprechen. Wenn mit einer Jahreserzeugung von 5 Millionen Tonnen und mit einem jährlichen Zuwachs von ungefähr 5% gerechnet wird, werden nur in den Westländern bis zum Jahre 2000 ungefähr 508 Millionen Tonnen Kupfer benötigt. Das Bild wird noch ungünstiger, wenn als jährlicher Zuwachs der tatsächliche Zuwachs der Jahre 1950 bis 1960 angenommen wird, der 9% beträgt. Auf jeden Fall sind die Kupfervorräte ungenügend für die Deckung des Weltbedarfes für einen gar nicht mehr weiten Zeitabschnitt, so daß die Lage als kritisch betrachtet werden muß.

Bei einer Abschätzung der Kupfervorräte der Welt muß berücksichtigt werden, daß die Menge abbauwürdiger Erzvorräte in engem Zusammenhang mit den Marktpreisen des Kupfers steht. Es gibt riesige, mit Kupfer vererzte Gebiete, die 0,2 bis 0,5% Cu enthalten und die heute als nicht abbauwürdig gelten. Mit einer Erhöhung des Kupferpreises oder mit einer Änderung des technologischen Verfahrens ist es nicht ausgeschlossen, daß in Zukunft ein Großteil dieser kupferführenden Massen eine wirtschaftlich bedeutende Quelle der Kupfergewinnung darstellen wird.

VII. Die Kupferpreise

In der vergangenen Zeit schwankte der Preis für Kupfer ständig. Der niedrigste Preis wurde im Jahre 1932 verzeichnet, als für 0,454 kg Elektrolytkupfer $ 0,0487 gezahlt wurde, der höchste im Jahre 1956, als der Kupferpreis auf $ 0,4588 stieg. Da das Angebot die Nachfrage überstieg und die Möglichkeit auftauchte, Kupfer durch andere Metalle, in erster Linie durch Aluminium, zu ersetzen, kam es zu einem Preisabfall. Auf Abb. 30 ist das Diagramm der Preisschwankungen auf dem Markt im Laufe der Jahre 1938 bis 1964 dargestellt.

Bei einer Festlegung des Kupferpreises müßten die Kosten, die bei der Kupfergewinnung entstehen, erwogen werden. Es existieren keine genauen Angaben über die Höhe dieser Kosten, denn sie werden von den Produzenten nicht bekanntgegeben. Nach den für die Jahre 1954 bis 1958 gegebenen statistischen Angaben ergibt sich ein annähernder Betrag von 25 c/lb als mittlere Erzeugungskosten des Kupfers in einigen großen Firmen der Westländer (USA u. a.). In Rhodesien und Katanga sind die Herstellungskosten niedriger, sie betragen ungefähr 18 c/lb.

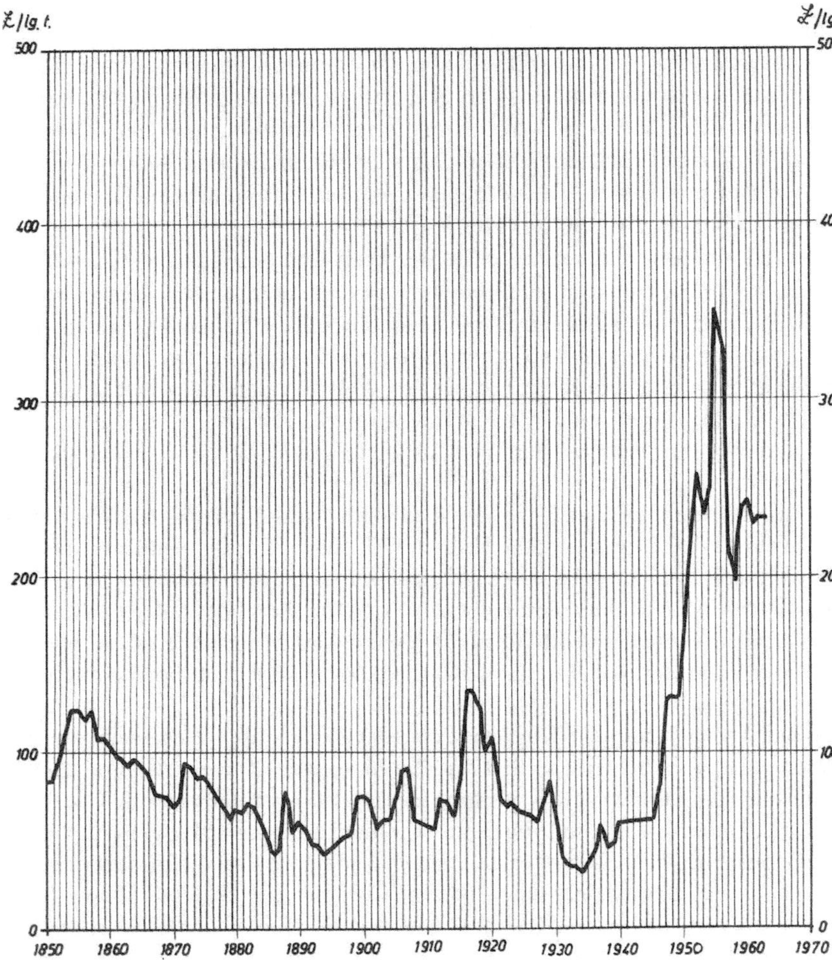

Abb. 30. Preisschwankungen von Kupfer auf dem Weltmarkt von 1850 bis 1964 (Londoner Börse)

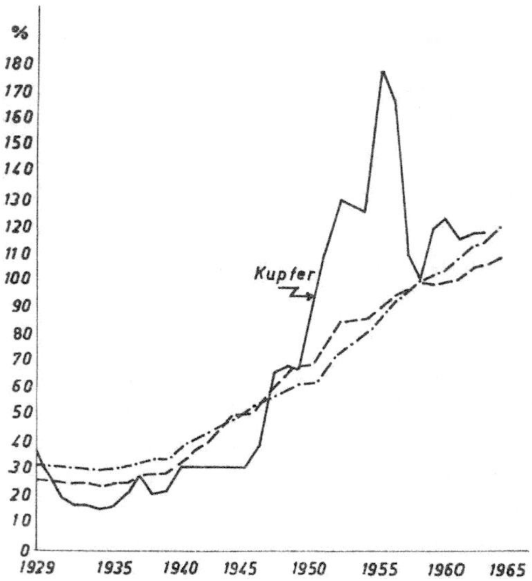

Abb. 31. Zusammenhang zwischen Kupferpreis (strichpunktiert), Lohngefüge und Kapitalanlage von 1929 bis 1964 (nach W. L. G. Muir, 1965)

Bei einer Annahme eines Anstieges des Kupferpreises auf dem Markt muß aber auch beachtet werden, daß ein steigender Anstieg der Gehälter u. a. zu erwarten ist (Abb. 31).

VIII. Die wirtschaftsgeologische Bewertung der Erze und Lagerstätten

Die wirtschaftsgeologische Bewertung der Erze und Lagerstätten beruht auf der Einschätzung der Qualität und des Ausmaßes der Lagerstätten. Der verhältnismäßig hohe Preis des Kupfers ermöglicht es, daß fast jede Lagerstätte, die über Erze mit hohem Cu-Gehalt und große Vorräte verfügt, im allgemeinen rentabel abgebaut werden kann. Da das Erz in der Regel in der Nähe der Lagerstätte selbst aufbereitet und oft auch verhüttet wird, spielen die Transportkosten keine so bedeutende Rolle.

A. Qualität des Erzes

Die Erzqualität wird im großen und ganzen durch den Mineralbestand, den Kupfergehalt und die anderen nutzbaren Komponenten im Erz bestimmt.

Der mittlere Metallgehalt im Erz ist die wichtigste Kennziffer für die Qualität des Erzes, denn Kupfererze sind vorwiegend arme Erze. Dank dem Fortschritt der Technologie der Aufbereitung und den immer niedrigeren Kosten der Förderung ist der industrielle Minimalgehalt an Kupfer im Erz im Laufe der letzten Jahrzehnte ständig gesunken. Im Zeitabschnitt 1881 bis 1961 betrug der industrielle Minimalgehalt in den Kupfererzen:

1881—1890	5,20% Cu	1921—1930	1,52% Cu
1891—1900	3,80% Cu	1931—1940	1,58% Cu
1901—1910	2,06% Cu	1941—1950	0,97% Cu
1911—1920	1,64% Cu	1951—1961	0,80% Cu

Die Größe des industriellen Minimalgehaltes an Kupfer und der geologische Schwellengehalt des Kupfererzes sind keine unveränderlichen Größen und hängen von einer Reihe von Faktoren ab, die bei einer wirtschaftsgeologischen Bewertung einer Kupfererzlagerstätte berücksichtigt werden müssen:

a) *Die Betriebskapazität* und *die Gewinnungskosten* sind die wichtigsten Parameter, die auf die Größe des Minimalgehaltes an Kupfer im Erz einwirken. Der industrielle Minimalgehalt wird — bei sonst gleichbleibenden Bedingungen — niedriger sein bei Tagebau und niedriger bei einer größeren Kapazität der Erzeugung.

Bei der Bestimmung des industriellen Minimalgehaltes muß beachtet werden, ob es sich um die mittleren Teile der Erzlagerstätte handelt oder um vererzte Teile der Randzone bzw. um Teile, die unbedingt abgebaut werden müssen oder die unabgebaut bleiben können. Dies kann besonders bei Tagebauen eine wichtige Rolle spielen, wenn sehr schwach vererzte Partien stehengelassen werden.

b) Bei gleichbleibenden Bedingungen soll der industrielle Minimalgehalt an Kupfer in *neuaufgeschlossenen Lagerstätten* etwas höher sein als der industrielle Minimalgehalt in Lagerstättenteilen, in denen schon abgebaut wird.

c) Der industrielle Minimalgehalt und der geologische Schwellengehalt an Kupfer müssen nicht immer ganz denselben Wert besitzen, nicht einmal innerhalb einer Lagerstätte, wenn sich die Gewinnungskosten in den einzelnen Lagerstättenteilen ganz bedeutend von den mittleren Selbstkosten der Grube unterscheiden. Dies kann sich besonders beim Tiefbau (tiefere Lagerstättenteile, Gefahr von Wassereinbrüchen, Schwankungen des Mineralbestandes des Erzes u. a. m.) auswirken.

d) *Die Aufbereitbarkeit des Erzes* und die technisch-wirtschaftlichen Parameter der Aufbereitung beeinflussen wesentlich die Bestimmung der Größe des industriellen Minimalgehaltes und des geologischen Schwellengehaltes an Kupfer im Erz. Das Verhalten des Erzes im Laufe des Aufbereitungsprozesses hängt von dessen Mineralbestand ab. Demnach werden der industrielle Minimalgehalt und der geologische Schwellengehalt von der Erzart abhängen (Sulfid-, Oxyd-, Karbonat-, Silikat- oder Mischerz). Es ist klar, daß bei übrigen gleichbleibenden Bedingungen der industrielle Minimalgehalt und der geologische Schwellengehalt am niedrigsten bei Sulfiderzen und am höchsten bei Kupfersilikaterzen sein werden. Daher ist es nötig zu bestimmen, welcher Teil des gesamten Kupfergehaltes auf Cu-Sulfide, Cu-Oxyde und besonders Cu-Silikate entfällt.

e) Die Größe des industriellen Minimalgehaltes und des geologischen Schwellengehaltes hängt auch vom Anteil an *nutzbaren Begleitmetallen im Erz* ab, deren Anwesenheit in der Regel an bestimmte Lagerstättentypen gebunden ist:

Pyriterze. Neben Kupfer kann Schwefel in bedeutenden Mengen vorkommen (im Pyrit), manchmal auch Zink, ferner Gold (vor allem in der Oxydationszone), seltener Kadmium. Wirtschaftliche Bedeutung kann auch Selen, manchmal Germanium, Indium u. a. m. besitzen. Aus solchen Lagerstätten werden oft auch große Mengen Pyrit gefördert, was die Rentabilität der Gewinnung dieser Lagerstätten erhöht.

Der industrielle Minimalgehalt an Kupfer in Lagerstätten mit Pyriterz kann sehr schwanken, in erster Linie in Abhängigkeit von der Größe der Lagerstätte bzw. von den Abbaukosten sowie den früher angeführten Faktoren. Im allgemeinen beträgt der industrielle Minimalgehalt an Kupfer im Erz 1,0 bis 3%. In größeren Lagerstätten liegt er in der Regel bei 1,0 bis 1,5% Cu. Der geologische Schwellengehalt beträgt gewöhnlich 0,6 bis 0,7% Cu.

Stockförmige Imprägnationserze („Porphyrerze") enthalten Molybdän und Gold als nutzbare Nebenkomponenten. Ein Molybdängehalt von 0,005 bis 0,02% im Erz kann schon als wirtschaftlich interessant angesehen werden.

Bei Tagebau und bei einer hohen Förderung von Sulfiderzen kann der industrielle Minimalgehalt an Kupfer 0,6 bis 0,8% betragen und der geologische Schwellengehalt auf 0,4 bis 0,5% Cu herabsinken.

In *Skarnerzen* können als nutzbare Komponenten neben Kupfer auch Molybdän, Gold und manchmal Kobalt auftreten.

Der industrielle Minimalgehalt an Kupfer ist in diesen Lagerstätten sehr schwankend, denn die Abbaubedingungen und Erzvorräte können sehr unterschiedlich sein. Daher beträgt er 1,0 bis 3%, in kleinen Lagerstätten 4%. In Imprägnationslagerstätten größerer Ausdehnung kann der industrielle Minimalgehalt an Kupfer auch auf 0,7% herabsinken.

Kupferführende Sandsteine enthalten neben Kupfer auch andere Metalle, die den Wert des Erzes ganz bedeutend erhöhen können (Vanadium, Kobalt, manchmal auch Uran).

Unter Berücksichtigung der weiten Verbreitung von oxydischen Kupfererzen in diesen Lagerstätten beträgt der industrielle Minimalgehalt an Kupfer gewöhnlich 2 bis 3%, der geologische Schwellengehalt kann aber in Abhängigkeit vom Mineralbestand des Erzes auf ungefähr 0,7 bis 1,0% sinken.

Ganglagerstätten enthalten manchmal Gold-, Silber-, selten auch Blei-Zink-Konzentrationen, die wirtschaftlich sehr wichtig sein können.

Der industrielle Minimalgehalt des Metalls hängt wesentlich von der Mächtigkeit des Erzganges ab, so daß in diesen Lagerstätten normalerweise das mittlere Metroprozent bestimmt wird. Bei mittleren Abbaubedingungen ist das minimale Metroprozent ungefähr 3 bis 5.

Bei einer Schätzung des industriellen Minimalgehaltes an Kupfer oder des Metroprozentes muß die Verdünnung der Erzsubstanz beachtet werden, die während des Abbaues auftreten kann. Der industrielle Minimalgehalt bzw. das Metroprozent richtet sich nach dem Kupfergehalt der abgebauten Masse bzw. des Aufgabegutes für die Flotation.

Kupfer-Nickel-Erze enthalten außer Kupfer und Nickel mehrere andere nutzbare Komponenten (Platin, Silber, Gold, Selen, Tellur, Schwefel).

Der industrielle Minimalgehalt an Kupfer wird in diesen Erzen durch den Nickelgehalt bestimmt, so daß das Erz auch bei einem Gehalt von 0,4 bis 0,5% Cu abgebaut werden kann.

f) *Erzlagerstätten*, in denen Kupfer durch Laugung gewonnen wird, nehmen eine besondere Stelle ein. Der industrielle Minimalgehalt an Kupfer kann in diesen Lagerstätten auch niedriger sein als in den bisher angeführten. Seine Größe muß für jede Lagerstätte einzeln bestimmt werden. Obwohl dieses Verfahren heute noch kaum angewendet wird, ist es doch nicht ausgeschlossen, daß es in Zukunft eine bedeutende Rolle bei der Nutzung armer Erze spielen kann.

B. Erzvorräte

Kupferlagerstätten können in einige Gruppen eingeteilt werden, die sich nach den Metallreserven unterscheiden:

sehr kleine Lagerstätten	5000 bis 50000	Tonnen Kupfer
kleine Lagerstätten	50000 bis 100000	,, ,,
mittelgroße Lagerstätten	100000 bis 500000	,, ,,
große Lagerstätten	500000 bis 2000000	,, ,,
sehr große Lagerstätten	über 2000000	,, ,,

Da die Investitionen für Abbau und technische Verarbeitung der Kupfererze in der Regel sehr bedeutend sind, besonders bei einer großen Erzeugung, ist es nötig, daß die Vorräte einen Abbau von 10 bis 15 Jahren (A + B-Kategorie) bzw. 20 Jahren (Gesamtreserven) sichern.

Literatur

Berg, G., F. Friedensburg, 1941: Kupfer. Die metallischen Rohstoffe. Stuttgart: F. Enke.
Geologist—Metalurgist, 1956. Min. Eng. No. 7.
Gudalin, G. G., F. I. Kowalew, 1951: Kupfer (Med). Beurteilung von Lagerstätten bei Such- und Erkundungsarbeiten. (Ozenka mestorozhdenij pri poiskach i raswedkach, russisch.) Moskau: Gosgeoltechizdat.

GUDALIN, G. G., F. I. KOWALEW, 1958: Kupfer (Med). Anforderungen der Industrie an die Qualität mineralischer Rohstoffe. (Trebowanie promischlenosti k katschestwu mineral. sirja, russisch.) Moskau: Gosgeoltechizdat.

HARDWICK, W. R., 1957: Theory and Practice of Open Pit Mining. Pres. AIME Meet., Tucson, Ariz.

LANDSBERG, H. H., F. F. FISHMAN, L. J. FISHER, 1963: Resources in America's Future. Baltimore: The Johns Hopkins Press.

Materials Survey — Copper, 1952. Bureau of Mines, Washington.

MCMAHON, A. D., 1960: Copper. In: Mineral Facts and Problems. Bureau of Mines Bull. 585, Washington.

NEWTON, J., C. L. WILSON, 1942: Metallurgy of Copper. New York: J. Wiley Inc.

ORLOWA, E. W., M. S. ROSIN, 1957: Mineralvorräte von Kupfer, Blei und Zink kapitalistischer Länder. (Ressurssi medi, swinza i zinka w kapitalistitscheskich stranach, russisch.) Moskau: Gosgeoltechizdat.

PARSONS, A. B., 1933: The Porphyry Coppers. AIME Rocky Mountain Fund, New York.

RAMDOHR, P., 1960: Die Erzmineralien und ihre Verwachsungen. Berlin.

SHEA, W. P., 1959: The Price of Copper. 1960—1975. Eng. Min. J. **160**, No. 8.

Blei – Zink

Blei und Zink haben eine große Bedeutung in der Industrie. Sie zählen zur Gruppe der strategisch wichtigen Metalle. Deshalb sind ihre Lagerstätten und Erze für die Wirtschaft der einzelnen Länder ganz besonders wichtig.

Blei wird vor allem in der Akkumulatoren-Industrie verwendet (in USA etwa 30% der Gesamtproduktion), weiters für die Herstellung von Tetraäthylblei (etwa 15 bis 17%), für die Produktion von Kabeln (7 bis 8%) und in der Kernwaffen- und Kriegsindustrie.

Zink ist eines der fünf Metalle, die in den technisch hochentwickelten Ländern in großen Mengen verbraucht werden. Zink verwendet man vorwiegend zum Verzinken des Eisens als Korrosionsschutz (etwa 45% der gesamten Zinkmenge, die in der Industrie der USA verwendet wird) und für die Herstellung verschiedener Legierungen.

I. Erze und Lagerstätten

A. Minerale und Erze

Heute sind über 130 Bleiminerale und 50 Zinkminerale bekannt. Aber nur einige von ihnen haben wirtschaftliche Bedeutung (Tab. 62, 63).

Von den angeführten Bleimineralen hat Bleiglanz (Galenit) die größte wirtschaftliche Bedeutung; größere Konzentrationen der meisten übrigen Minerale sind selten. Cerussit ist eines der Hauptminerale der Oxydationszone und kann manchmal sogar in wirtschaftlich interessanten Mengen vorkommen.

Von den Zinkmineralen hat Zinkblende (Sphalerit) die größte Bedeutung. Die Vorkommen der übrigen Minerale sind meist unbedeutend. Smithsonit ist das meistverbreitete Mineral der Oxydationszone und tritt in größeren Konzentrationen nur in einzelnen Lagerstätten auf.

Die primären Erze enthalten oft neben den Blei-Zink-Mineralen auch noch Pyrit, Kupferkies, manchmal Tetraedrit, Arsenkies, Magnetkies, ganz selten auch Zinnstein. Silber ist einer der häufigsten Begleiter der Blei-Zink-Minerale. Gold findet sich frei und als Beimengung im Pyrit und Kupferkies. Cadmium tritt entweder als isomorphe Beimengung in der Zinkblende auf oder seltener bildet es Greenockit. Von den anderen seltenen Elementen finden sich auch Selen, Tellur, Indium, Gallium, Germanium, Thallium, Wismut, Antimon und andere Metalle. Die Mehrzahl dieser Elemente bildet keine eigenen Minerale, sondern sie finden sich als Beimengungen in Blei-Zink-Mineralen. So ist bekannt, daß Bleiglanz meistens von größeren Anteilen an Silber, Gallium, Thallium, Wismut und Antimon begleitet wird, und daß bei Zinkblende als Begleitelemente Indium und Germanium auftreten. (Nach Untersuchungen, die R. STOIBER auf Zinkblende aus über 60 Lagerstätten durchführte, wurden in den bei niedrigen Temperaturen gebildeten Zinkblenden die größten Ge- und Ga-Konzentrationen beobachtet.) Pyrit und Kupferkies werden von Selen und Tellur begleitet.

Tabelle 62. *Wirtschaftlich bedeutende Bleiminerale*

Mineral	Formel	Pb-Gehalt (%)
Bleiglanz	PbS	86,6
Cerusit	$PbCO_3$	83,5
Anglesit	$PbSO_4$	73,6
Wulfenit	$PbMoO_4$	60,7

Tabelle 63. *Bedeutende Zinkminerale*

Mineral	Formel	Zn-Gehalt (%)
Zinkblende	ZnS	67,06
Smithsonit	$ZnCO_3$	64,8
Hydrozinkit	$2ZnCO_3 \cdot 3Zn(OH)_2$	75,24
Kalamin	$SiO_3(ZnOH)_2$	67,5

Die Gangarten sind gewöhnlich Quarz und Kalzit; in einzelnen Lagerstätten sind auch bedeutendere Konzentrationen von Baryt und Fluorit möglich.

Nach der Paragenese der einzelnen Minerale können unter *den Erzen* folgende wichtige Erzarten unterschieden werden:

a) *Bleierz* wird grundsätzlich aus Bleimineralen gebildet; Zinkminerale sind selten vertreten, gewöhnlich in sehr kleinen Konzentrationen. An nützlichen Komponenten ist in diesen Erzen gewöhnlich Silber vorhanden, in manchen Lagerstätten auch Baryt.

b) *Zinkerz* besteht aus Zinkblende und Pyrit, mit einem geringen Kupferkies- und Bleiglanzanteil. Die nützlichen Komponenten bei diesen Erzen sind Zink als Hauptkomponente, weiters seltene Elemente, die an Zinkblende gebunden sind. In einzelnen Lagerstätten ist Pyrit in sehr großen Mengen vorhanden, so daß er wirtschaftlich wichtig ist. Auch Kupfer kann bei diesen Lagerstätten wirtschaftlich bedeutend sein (meistens Kupferkies), so daß es sich um komplexe Zink-Kupfer-Erze handelt. Der Bleigehalt ist bei diesen Erzen gewöhnlich etwa 1%.

c) *Blei-Zink-Erze* haben eine weite Verbreitung. Als Erzminerale treten gewöhnlich Bleiglanz, Zinkblende, seltener Pyrit, Kupferkies und andere auf. Zu den nützlichen Komponenten zählen Blei, Zink, seltener Silber und Gold.

d) *Blei-Kupfer-Erze* (Kupferkies, Bornit, Kupferglanz, Bleiglanz) sind selten und enthalten oft neben Blei und Kupfer auch noch wirtschaftlich wichtige

Konzentrationen edler und seltener Metalle. Der Zinkgehalt ist niedrig und meistens wirtschaftlich uninteressant.

e) *Blei-Zink-Kupfer-Erze* kommen sehr oft vor und zählen zu den wichtigsten polymetallischen Erzen. Sie werden in der Regel von mehreren Mineralen aufgebaut. Neben Blei, Zink und Kupfer enthalten sie oft auch wirtschaftlich wichtige Konzentrationen von Schwefel, Gold, Silber und anderen seltenen Elementen.

f) *Blei-Zink-Zinn-Erze* treten sehr selten auf und enthalten Bleiglanz, Zinkblende, Zinnstein, Arsenkies, Zinnkies Pyrit; der Anteil anderer Minerale ist meistens unbedeutend. Manchmal finden sich in diesen Erzen auch wirtschaftlich wichtige Konzentrationen edler und seltener Metalle (Silber, Indium, Gallium u. a.).

h) *Blei-Zink-Zinn-Molybdän-Erze* finden sich nur ausnahmsweise (z. B. einige Lagerstätten in der Sowjetunion). Ihre Zusammensetzung ist sehr verschieden; Bleiglanz, Zinkblende, Zinnstein, Molybdänglanz, selten Kupferkies und Pyrit. Außer diesen sind bei komplexer Ausnützung des Erzes auch noch einige seltene Metalle von wirtschaftlicher Bedeutung.

B. Wirtschaftlich wichtige Lagerstättentypen

Unter den wirtschaftlich wichtigeren Blei-Zink-Erz-Lagerstätten werden folgende Typen unterschieden (die angeführte Reihenfolge bezieht sich nicht auf ihre Bedeutung):

1. Skarnlagerstätten

Skarnlagerstätten von Blei und Zink haben geringe wirtschaftliche Bedeutung, besonders hinsichtlich des Bleigehaltes. Etwas wichtiger sind solche Lagerstätten in den Ostgebieten der Sowjetunion (Mittelasien, Kasachstan, Küstengebiete).

Skarnlagerstätten befinden sich hauptsächlich an den Kontaktzonen von Granitoiden und sedimentären Gesteinen, von denen Karbonatgesteine ganz besonders wichtig sind. Die Erzkörper befinden sich besonders in Exoskarnen, sehr selten in Endoskarnen. Für die Ermittlung ihrer Lage sind die Strukturen der Kontaktbereiche besonders wichtig. Die Anordnung und Form der Erzkörper hängt sowohl vom tektonischen Aufbau des erzführenden Gebietes als auch von der Art des Kontaktes ab. Bei steilen Kontakten setzen die Erzkörper vorwiegend in große Teufe mit relativ kleinen Flächen in der Horizontalrichtung. Bei wenig steilen Kontakten ist die Mächtigkeit der Skarne und der in ihnen gebildeten Erzkörper gering, aber ihre Ausdehnung in streichender Richtung ist größer.

Erzkörper mit wirtschaftlich interessanten Konzentrationen nützlicher Komponenten befinden sich nur in manchen Teilen der Skarnlagerstätten. Sie treten in folgenden mannigfaltigen Formen auf:

Die Erzkörper weisen sehr unregelmäßige Formen mit Zertrümmerung und plötzlichen Auskeilungen auf. Besonders auffallende Formveränderungen werden in karbonatischen Gesteinen beobachtet, auch bei Erzkörpern, die viele Risse und Spalten haben.

Linsen und Nester verschiedener Größen sind auch eine charakteristische Erscheinungsform von Skarn-Blei-Zink-Erzkörpern, besonders wenn man die Grenzen der Erzkörper nach dem minimalen Metallgehalt zieht (Linsen und Nester reicher Erze sind von erzarmen Imprägnationen und stockwerkartiger Vererzung umgeben).

Schlauchförmige Erzkörper treten bei diesem Lagerstättentypus oft auf, besonders bei steilen Granitoid- und Kalksteinkontakten, wobei oft beobachtet wird, daß sich die einzelnen Erzkörper in der Teufe zu einem schlauchförmigen Erzkörper vereinen.

Der Blei- und Zinkgehalt der Erze dieses Lagerstättentypus kann stark schwanken — von 2 bis 20% Pb und von 5 bis 15% Zn; in den meisten Lagerstätten ist der mittlere Zinkgehalt höher als der mittlere Bleigehalt. Das Schwanken des Metallgehaltes und die Mannigfaltigkeit der Erzkörperformen sind der Grund, weshalb die Erkundung solcher Lagerstätten oft intensive und weitgehende Untersuchungsarbeiten erfordert. Die Beurteilung der Aussichten eines erzführenden Gebietes geht größtenteils von dem Ausmaß der Kontaktzone und von ihrer Struktur aus.

Skarnerze gehören zu den leicht anreicherbaren Erzen. Bei manchen Lagerstätten ist die Aufbereitung des Bleiminerals infolge der erhöhten Kupferkonzentrationen erschwert; aus vielen Lagerstätten werden Pb-Cu-Konzentrate gewonnen, aus denen später durch selektive Flotation Kupfer ausgeschieden wird. Da die Skarngesteine sehr kompakt sind, erfordert das Mahlen der Erze einen großen Energieaufwand (manchmal um 20 bis 25% mehr als bei anderen Erzarten).

Die gesamten Erzreserven eines solchen Lagerstättentyps können oft einige Millionen Tonnen Bilanzerz beinhalten, manchmal sogar 10 bis 15 Millionen Tonnen.

Zu diesem Lagerstättentyp zählen einzelne Lagerstätten der Sowjetunion (*Tetjuhe*) und *Saint Eulalia* in Mexiko, die Lagerstätten *Magdalena* und *Central Mining District* in Neumexiko u. a.

2. Hydrothermallagerstätten in Silikatgesteinen

Zu dieser Gruppe gehören die bei hohen Temperaturen entstandenen Lagerstätten mit Übergängen zu pneumatolytischen bzw. Skarnlagerstättentypen. Sie befinden sich meist in präkambrischen Gesteinen (Quarzite, Schiefer, Gneise). Ihrer Form nach handelt es sich um Erzkörper großer Ausmaße, langgestreckten Linsen, die aus kompakten Derberzen aufgebaut sind. Außer diesen Derberzen befinden sich in diesen Lagerstätten auch Imprägnationszonen und stockförmige Vererzungen, die in den Randzonen der Haupterzkörper vorkommen können. Die Ausdehnung dieser ärmeren Lagerstättenteile kann sehr groß sein.

Die Erze enthalten neben Zinkblende und Bleiglanz auch Kupferkies, größere Mengen von Gold und Silber, weiters auch Magnetkies, Pyrit, Arsenkies, Magnetit, manchmal Molybdänglanz. Zinkblende wird durch einen erhöhten Fe-Gehalt gekennzeichnet. Als Gangart treten Granate, Pyroxene, Amphibole und Turmalin auf.

Die Derberze dieser Lagerstätten besitzen gewöhnlich einen hohen Pb- und Zn-Gehalt: 6 bis 15% Pb und 5 bis 12% Zn.

Die Anreicherung der Erze dieser Lagerstättentype ist recht schwierig.

Zu diesem Lagerstättentyp gehören die gigantischen Erzgebiete *Broken Hill* in Australien, *Sullivan* in Kanada und *Savinsko* in der Sowjetunion.

3. Metasomatische Lagerstätten in Karbonatgesteinen

Die metasomatischen Lagerstätten, die gewöhnlich in Kalksteinen auftreten, sind als Blei-Zink-Lagerstätten oft wirtschaftlich sehr wichtig, denn sie beinhalten beträchtliche Reserven an hochwertigen Erzen. In den Lagerstätten dieses Typus befinden sich etwa 15% der Bleierz- und etwa 25% der Zinkerz-Weltreserven.

Ihrer Bildung nach teilt man die Lagerstätten in zwei Gruppen ein: a) *Lagerstätten* mit Erzkörpern unregelmäßiger Form mit meist kompakten Erzen und b) *schichtförmige Lagerstätten*, die bei niedrigen Temperaturen gebildet wurden und vorwiegend aus Imprägnationen aufgebaut sind.

a) *Mesothermale Lagerstätten.* Die Erzkörper treten in folgenden Formen auf: als Säulen, die sich verzweigen, als regelmäßige Gänge, dünne schlauchförmige Körper und als Linsen. Bei den Lagerstätten dieses Typus findet man auch schichtförmige Erzkörper, die sich in den Kalksteinschichten oder an den Kontaktstellen des Kalksteins mit einem undurchlässigen Gestein (Schiefer u. a.) bildeten.

Die Unregelmäßigkeit der Verteilung der Vererzung erschwert manchmal bedeutend die Erkundung dieses Lagerstättentypus und erfordert intensive und weitgehende Untersuchungsarbeiten (besonders bei Lagerstätten mit kleineren Erzkörpern).

Der primäre Mineralbestand des Erzes ist verhältnismäßig komplex: neben Zinkblende enthält das Erz auch Bleiglanz, weiters einen kleineren Prozentsatz von Boulangerit, Jamsonit oder Bournonit. Oft ist Bleiglanz von einem höheren Prozentsatz Silber begleitet. Deshalb sind Bleiglanzkonzentrate dieser Lagerstätten für die Silbergewinnung sehr wichtig. Silber kann aber auch in eigenen Mineralen auftreten (Silberglanz), selten auch reines Silbererz u. a. Als Begleiter kommen oft Kupferkies, Tetraedit, Pyrit, manchmal auch Ni-Co-Minerale sowie Uranminerale vor.

In den Kalksteinen dieser Lagerstätten sind die primären Minerale häufig oxydiert, was für das Verhalten dieser Erze bei der Aufbereitung sehr wichtig ist. Der Grad der Oxydation ist sehr verschieden und manchmal derartig, daß die primären Blei-Zink-Minerale fast vollkommen in Karbonate umgewandelt wurden. Der Oxydationsprozeß ist bei Zinkblende besonders ausgeprägt. Darum soll bei der wirtschaftsgeologischen Bewertung dieser Erze besonders beachtet werden, wie sich die Erze aufbereiten lassen und welche technisch-wirtschaftlichen Ergebnisse durch die Aufbereitung erzielbar sind.

Die Erze dieses Lagerstättentypus haben meist einen hohen Blei- und Zinkgehalt: 6 bis 15% Zn und 5 bis 10% Pb. Neben Silber kann das Erz auch wirtschaftlich interessante Goldkonzentrationen, manchmal auch Wismut enthalten. Der Pyritgehalt, seltener auch ein Magnetkiesgehalt, kann oft so hoch sein, daß auch deren Konzentrate gewonnen werden können.

Die Ausdehnung der Erzkörper ist sehr verschieden; es kommen kleine Erzkörper mit einem Erzvorrat von 10000 bis 20000 t und Erzkörper mit 10 bis 15 Millionen Tonnen Bilanzerzreserven vor. Bei der wirtschaftsgeologischen Beurteilung der einzelnen erzführenden Bezirke ist nicht zu vergessen, daß sich viele Lagerstätten dieses Typs aus einer größeren Anzahl kleinerer und größerer Erzkörper zusammensetzen, die in einem verhältnismäßig kleinen Raum liegen (Größenordnung: 1 bis 3 km^2). Für die Lokalisierung der Erzkörper ist die strukturelle und lithologische Kontrolle besonders wichtig.

Zu den metasomatischen Lagerstätten zählen viele bekannte und wirtschaftlich äußerst bedeutende Lagerstätten: Leadville in Colorado, Tintic in USA, Eureka in Nevada, Broken Hill in Nordrhodesien, Treptscha in Jugoslawien, einige Lagerstätten auf der Insel Sardinien und Turlansko in der Sowjetunion.

b) *Schichtförmige, bei niedrigen Temperaturen entstandene Lagerstätten* sind von besonderer wirtschaftlicher Bedeutung. Weil bei den meisten Lagerstätten die Vererzung an eine Schicht gebunden ist, sind auch die Erzkörper schichtenförmig bzw. lagenförmig. Die vererzten Kalksteine erstrecken sich manchmal auf mehrere hundert Meter, doch schwankt ihre Mächtigkeit von einigen zehn Zentimetern bis 20 bis 30 Meter. Die Erzminerale sind im Gestein vorwiegend körnig eingesprengt oder aber bilden kleine Nester und dünne Gänge.

Der Mineralbestand der Erze dieser Lagerstätten ist sehr einfach: Bleiglanz (mit sehr wenig Silber), Zinkblende (oft von Wurtzit begleitet), Pyrit (als Gel), Markasit. Manchmal sind die Erze monomineralisch: Bleierze mit bedeutendem Zinkanteil oder Zinkerze mit sehr niedrigem Bleigehalt.

Der Blei- und Zinkgehalt ist bei diesen Erzen verhältnismäßig klein: 3 bis 5% Pb, ebensoviel Zn. Die Erze dieser Lagerstätten besitzen günstige Eigenschaften bezüglich ihrer Aufbereitbarkeit, so daß dadurch ihr niedriger Blei- und Zinkgehalt kompensiert wird.

Zu dieser Lagerstättengruppe zählen viele Lagerstätten, und einige von ihnen gehören zu den größten Blei-Zink-Erz-Lagerstätten der Welt: Erzgebiet von Missouri, Oklahoma, Kansas, die großen Lagerstätten des südöstlichen Missourigebietes — der Hauptproduzent der USA — und die Lagerstätten in Arkansas und Wisconsin (im oberen Teil des Mississippiflusses). In Europa zählen zu dieser Lagerstättengruppe die Lagerstätten Oberschlesiens in Polen.

4. Gangförmige Lagerstätten

Gangförmige Blei-Zink-Erz-Lagerstätten kommen in der Welt sehr häufig vor. Sie haben meist sehr geringe Erzvorräte, führen aber sehr reiche Erze. Von den gesamten Weltreserven an Blei-Zink-Erzen entfallen auf diese Lagerstätten etwa 20% Bleierzreserven und etwa 15% Zinkerzreserven; ungefähr mit demselben Prozentsatz sind sie an der gesamten Weltproduktion dieser Metalle beteiligt.

Die Zusammensetzung und die Struktur der Erzgänge sind mit den mechanisch-tektonischen Bedingungen der Spaltenbildung und mit dem Prozeß der Absetzung von Erzlösungen eng verbunden. In denjenigen Lagerstätten, in denen die Erzminerale bei gleichzeitiger metasomatischer Verdrängung des Nebengesteins abgelagert wurden, sind die Erzkörper bedeutend mächtiger als dort, wo die primären Gesteine nur an Spalten von hydrothermalen Erzlösungen durchströmt wurden. In den einzelnen gangförmigen Lagerstätten, ganz besonders in den in weniger tiefen, subvulkanisch gebildeten Lagerstätten, befinden sich neben den Erzgängen auch Imprägnationszonen, deren Mächtigkeit oft die Mächtigkeit der Erzgänge übertrifft, die aber metallärmer sind. In der Nachbarschaft der Erzgänge längs der Spaltenzonen bilden sich oft stockförmige Imprägnationsvererzungen, die wirtschaftlich sehr wichtig sein können.

Es besteht kein wesentlicher Unterschied zwischen dem Mineralbestand der Erzgänge und der metasomatischen Lagerstätten in Kalksteinen. Der führenden Gangart nach werden die Erzgänge in Gruppen eingeteilt, und zwar: Quarz-, Baryt-, Sideriterzgänge u. a.

Die Erzgänge führen gewöhnlich Erze mit einem großen, aber sehr schwankenden Metallgehalt (5 bis 20% Pb, 8 bis 25% Zn). In den erzführenden Spalten befinden sich oft Teile mit einem viel höheren Metallgehalt (Erzsäulen), die in der

Streich- bzw. Fallrichtung des Ganges allmählich in erzarme oder taube Teile übergehen. Der Vererzungskoeffizient kann in weiten Grenzen schwanken, besonders bei den in subvulkanischen Zonen gebildeten gangförmigen Lagerstätten (meist 0,5 bis 0,8). Das ist bei der Erkundung der tieferen, nicht erforschten oder ungenügend erforschten Lagerstättenteile besonders zu berücksichtigen.

Die Erze dieser gangförmigen Lagerstätten zählen meist zu den leicht anreicherbaren Blei-Zink-Erzen.

Die Erzvorräte der gangförmigen Lagerstätten sind meist gering. Bei einer wirtschaftsgeologischen Beurteilung der einzelnen Reviere und Lagerstätten dieses Typs soll nicht vergessen werden, daß oft zahlreiche Erzgänge vorkommen, die zusammen mehrere Millionen Tonnen reicher Erze enthalten können. Wenn diese Erzgänge von Imprägnationszonen begleitet sind, können die gesamten Bilanzerzreserven noch bedeutender sein, obwohl der Metallgehalt der Erze hier viel geringer ist als in den Erzgängen selbst (gewöhnlich 6 bis 10% Pb + Zn bei den Bilanzerzreserven).

Zu den bedeutenderen gangförmigen Lagerstätten der Welt zählen die Lagerstätten Freiberg in Deutschland, Cœur d'Alene in Idaho in den USA, Zletovo und Srebrnica in Jugoslawien, Sadonsko in der Sowjetunion, Hunan in China, Příbram in der ČSSR u. a.

5. Erzkörper in Schiefern und tuffig-effusiven Gesteinen

Hydrothermale Lagerstätten, die längs Bruchzonen in Schiefern, in Ergußgesteinen (Keratophyre, Porphyre, Porphyrite u. a.) und innerhalb deren Tuffe oder aber an Kontaktstellen gebildet wurden, können als Lagerstätten von Blei-Zink-Erzen wirtschaftlich sehr wichtig sein. Wenn auch bei der heutigen Blei- und Zinkproduktion der Welt diese Lagerstätten nur mit 5 bis 10% beteiligt sind, ist ihre potentielle Bedeutung dennoch groß, denn sie bergen etwa 15% der gesamten Bleierz- und etwa 10% der Zinkerzreserven der Welt. Dabei soll nicht vergessen werden, daß diese Lagerstätten erst verhältnismäßig wenig erkundet sind. Der Großteil der Blei-Zink-Erzreserven der Sowjetunion findet sich heute in den Lagerstätten dieses Typus.

Ihrer Form nach unterscheidet man bei diesem Lagerstättentypus:

Lagerförmige Erzkörper, die sich vorwiegend an den Kontaktstellen zweier lithologisch verschiedenartiger Schichten befinden. Die Morphologie dieser Erzkörper hängt von den Lagerungsbedingungen der umgebenden Gesteine ab. Da diese Bedingungen verschieden sind, sind auch die Erzkörper bezüglich ihrer Form, Streich- und Fallrichtung sowie auch des Verhältnisses von Mächtigkeit zu Länge der Erzkörper sehr verschieden. Ihre Größe kann sehr bedeutend sein; ihre Ausdehnung erreicht sogar mitunter mehrere hundert Meter.

Kleinere Erzkörper, Linsen und Nester, die in den Faltenstrukturen liegen, sind oft Teile des Haupterzkörpers.

Gangförmige und linsenförmige, längs der Spaltenzonen entstandene Erzkörper können wirtschaftlich sehr wichtig sein. Neben den kompakten Erzmassen treten auch Imprägnationen, oft mit viel größerer Ausdehnung, auf.

Der Mineralbestand dieser Erze ist meist sehr komplex. Bleiglanz und Zinkblende sind die Hauptmineralerze, neben denen auch Pyrit in größerem Prozentsatz auftritt (bei kompakten Erzen manchmal das häufigste Mineral), weiters Kupferkies (in einzelnen Lagerstätten auch wirtschaftlich bedeutend) und in geringeren Konzentrationen Tetraedrit, Magnetkies, Bornit u. a. Die Erze dieser

Lagerstätten führen auch oft wirtschaftlich interessante Silber- und Goldkonzentrationen.

Der Blei-Zink-Gehalt dieser Erze schwankt bedeutend, denn neben den kompakten Erzkörpern gibt es auch oft Imprägnationszonen, deren Erze manchmal sehr geringe Metallmengen enthalten. In den kompakten Erzkörpern ist der Bleigehalt gewöhnlich 5 bis 15%, stellenweise auch 20 bis 25%, und der Zinkgehalt 5 bis 10%. In einzelnen Lagerstätten kann der Zinkgehalt bedeutend höher als der Bleigehalt sein. In den Imprägnationszonen beträgt der Metallgehalt meist 2 bis 5% Zn plus Pb.

Die Größe der Erzkörper ist sehr verschieden; manchmal sind es Erzkörper mit 20000 bis 30000 t Erzreserven, manchmal Erzkörper mit einigen Millionen Tonnen Erz. Oft ist es für diese Lagerstätten charakteristisch, daß sie in einem Gebiet nicht einzeln, sondern in Gruppen von Erzkörpern auftreten, die Erzfelder oder Erzregionen bilden. Aus diesem Grund soll bei der Beurteilung der Aussichten einer Lagerstätte die Möglichkeit des Vorhandenseins mehrerer Erzkörper oder Lagerstätten in Betracht gezogen werden, denn ihre Gesamtreserven können für die weitere Planung ausschlaggebend sein.

Zu den wirtschaftlich wichtigen Lagerstätten dieses Typus gehören die zahlreichen Lagerstätten im Altaigebirge (Ridersko u. a.) und im Salairgebirge in der Sowjetunion, Boudwin in Burma wie auch viele in kristallinen Schiefern liegende Lagerstätten der Balkanhalbinsel (Sasse in Jugoslawien und die Lagerstätten im Rhodopenmassiv in Bulgarien).

6. Sedimentäre Lagerstätten

Bei den sedimentären Blei- und Zinklagerstätten sind nur die unter bestimmten Verhältnissen entstandenen Lagerstätten von wirtschaftlicher Bedeutung.

Gewöhnlich sind die Erzkörper in verschiedene Schiefer, manchmal auch in Kalkschichten konkordant eingelagert. Sie zeichnen sich oft durch ihre besonders großen Ausmaße aus. Vorwiegend bestehen sie aus kompakten Erzen, doch kommen auch Imprägnationen vor.

Der Mineralbestand der Lagerstätten ist gewöhnlich komplex. Zinkblende ist das Haupterzmineral, das von veränderlichen Gehalten an Kupferkies begleitet wird. Bleiglanz ist meist in kleinen Mengen vertreten. Eine sehr wichtige Komponente in einzelnen Lagerstätten ist Pyrit, aus dem manchmal sogar der Hauptteil des Erzkörpers aufgebaut ist, sowie auch Baryt. Infolge der feinen Verwachsung der Erzminerale und der Begleitminerale sind die Erze der einzelnen Lagerstätten dieses Typus sehr schwer aufbereitbar.

Die kompakten Erze enthalten 10 bis 15% Zn, 5 bis 10% Pb, manchmal auch 2 bis 3% Cu. Der Pyritanteil ist sehr groß — meist 30 bis 50% aller in den kompakten Erzkörpern auftretenden Minerale.

Zu den wirtschaftlich wichtigsten Lagerstätten dieses Typus gehören die Lagerstätten Meggen und Rammelsberg in Deutschland und einige kleinere Lagerstätten in England und Jugoslawien.

II. Suche und Erkundung

Infolge der Veränderlichkeit der Formen, der Ausdehnung und der Gehalte an einzelnen nutzbaren Komponenten im Erz beanspruchen diese Lagerstätten weitgehende, intensive Untersuchungsarbeiten, die bei den einzelnen Lagerstätten manchmal Investitionen in der Höhe von 2 bis 3 Millionen Dollar erfordern und die sich auch auf Jahre hinausziehen können (bei manchen Blei-Zink-Erz-Lagerstätten beanspruchen die Erkundungsarbeiten 3 bis 7 Jahre).

Da die Erkundung der Lagerstätten erhebliche finanzielle Mittel erfordert (bis 5 bis 8% der gesamten Kosten der Erzproduktion), ist es unerläßlich, die Ergebnisse der einzelnen Stufen der Erkundung der Lagerstätten oder erzführenden Zonen nach wirtschaftsgeologischen Gesichtspunkten zu beurteilen.

A. Aufsuchung

Skarnlagerstätten. Die Erzkörper sind gewöhnlich ungleichmäßig angeordnet und haben verhältnismäßig geringes Ausmaß. Innerhalb der erzführenden Zone befinden sich gewöhnlich mehrere kleinere Erzkörper. Eine wichtige Rolle spielen die Ausmaße der Skarnzonen, ihre Struktur und der Vererzungskoeffizient. Dabei sind im allgemeinen neben der Veränderlichkeit der Formen und der Größe der Erzkörper auch die bedeutenden Schwankungen des Blei- bzw. Zinkgehaltes der Erze zu berücksichtigen. Aus diesen Gründen ist die Vorerkundung der Skarnlagerstätten oft mit einem bedeutenden Risiko bei verhältnismäßig großen Investitionen verbunden.

Metasomatische Lagerstätten in Karbonatgesteinen. Die Größe, die Verteilung und die Form dieser Lagerstätten können sehr verschieden sein. Da es keine Gesetzmäßigkeit für ihre Anordnung gibt, sind neben den lithologischen und lithologisch-stratigraphischen Kriterien oft keine anderen Methoden anwendbar, so daß die wirtschaftsgeologische Beurteilung der Ergebnisse der Vorerkundungen sehr erschwert ist. Viel günstiger für die Erkundung sind Erzkörper, die in Kalksteinen längs Kontakten mit inpermeablen Gesteinen (Schiefer, Quarzite u. a.) liegen, so daß die Struktur der Lagerung der Erzkörper ausgeprägt ist.

In der Phase der Vorerkundung ist die Feststellung des Anteils an Oxyderzen und der Tiefe der Oxydationszone besonders wichtig, denn davon hängt auch die Bestimmung des Umfangs und der Art der Erkundungsarbeiten bzw. die Höhe der hierfür erforderlichen Investitionen ab. Bei steilen erzführenden Strukturen mit tiefreichender Oxydationszone ist mit intensiven Erkundungsarbeiten (Bohrungen, Schächte) bzw. mit bedeutenden Investitionen für solche Untersuchungen zu rechnen.

Gangförmige Lagerstätten. Wichtig für die Fortsetzung der Erkundungsarbeiten sind die Ausdehnung und die Mächtigkeit des Erzganges bzw. der erzführenden Spalten, der lineare Vererzungskoeffizient, der annähernde Metallgehalt bzw. das Metroprozent in den oberflächennahen Teilen. Die hierfür erforderlichen finanziellen Mittel und der Umfang der für die Ermittlung dieser Angaben notwendigen Untersuchungsarbeiten sind relativ klein.

B. Erkundung der Lagerstätten

Die für die Erkundung einer Lagerstätte erforderlichen Investitionen können erheblich sein (Untersuchungen der Lagerstätten in großer Tiefe). Da die Einflußgrößen, welche die Intensität der Erkundung einer Lagerstätte bestimmen, sehr unterschiedlich sind, müssen oft Bohrungen von mehreren Kilometern Länge unternommen und Schurfbaue hergestellt werden. Der Umfang der erforderlichen Erkundungsarbeiten bzw. der Investitionen steht in enger Beziehung mit der Veränderlichkeit der Formen, der Größe der Erzkörper und ihrem Metallinhalt sowie auch mit dem erwünschten Erkundungsgrad bzw. dem Anteil der einzelnen Kategorien von Erzreserven. Für einen besseren Einblick in die erforderliche Intensität der Erkundungsarbeiten bei Blei-Zink-Erz-Lagerstätten werden nachfolgend Angaben über die ungefähren Abstände der Erkundungsarbeiten in den einzelnen Lagerstättengruppen angeführt:

a) Lagerstätten großer Ausmaße mit mehr oder weniger gleichmäßig verteiltem Blei-Zink-Gehalt. Es sind meist schichtförmige Erzkörper oder große Linsen mit verhältnismäßig regelmäßiger Gestalt:

Erzreserven der B-Kategorie:	Bohrungen	60 bis 80 m
	Strecken, Schächte	80 bis 120 m
Erzreserven der C_1-Kategorie:	Bohrungen	80 bis 150 m
	Strecken, Schächte	120 bis 200 m

b) Meist gangartige Lagerstätten großer Ausdehnung:

Erzreserven der B-Kategorie:	Bohrungen	30 bis 50 m
	Strecken, Schächte:	
	in der Streichrichtung	80 bis 120 m
	in der Fallrichtung	40 bis 60 m
Erzreserven der C_1-Kategorie:	Bohrungen:	
	in der Streichrichtung	80 bis 100 m
	in der Fallrichtung	60 bis 80 m

c) Zur dritten Gruppe können auch die Lagerstätten kleinerer Ausmaße und verschiedener Gestalt gezählt werden, deren Metallinhalt veränderlich ist, sowie kleinere Erzkörper in Karbonatgesteinen, dann linsen- und gangförmige Erzkörper unregelmäßiger Ausbildung:

Reserven der B-Kategorie:	Strecken, Schächte:	
	in der Streichrichtung	70 bis 90 m
	in der Fallrichtung	30 bis 40 m
Reserven der C_1-Kategorie:	Bohrungen	60 bis 90 m
	Strecken, Schächte:	
	in der Streichrichtung	90 bis 150 m
	in der Fallrichtung	40 bis 100 m

d) In diese Gruppe können Erzkörper kleinerer Ausmaße mit sehr veränderlicher Form, zum Teil auch schwankender Qualität (Nester, Linsen, absätzige Erzgänge) eingereiht werden:

Reserven der B-Kategorie:	Bohrungen in der Streichrichtung	15 bis 30 m
	Strecken, Schächte:	
	in der Streichrichtung	30 bis 40 m
	in der Fallrichtung	20 bis 30 m
Reserven der C_1-Kategorie:	Bohrungen	40 bis 50 m
	Strecken, Schächte:	
	in der Streichrichtung	60 bis 80 m
	in der Fallrichtung	60 bis 80 m

Diese einzelnen Gruppen umfassen nicht alle Typen der Blei-Zink-Erz-Lagerstätten, und die angeführten Angaben dienen nur zur Orientierung; wenn man bei einer Lagerstätte oder in einem Erzgebiet auch die Tiefe berücksichtigt, bis zu welcher die Erkundung vordringen soll, dann kann man ein annäherndes Bild über den erforderlichen Umfang der Erkundungsarbeiten und die Höhe der für ihre Durchführung nötigen Investitionen gewinnen.

Bei der wirtschaftsgeologischen Beurteilung, ob und in welchem Umfang Erkundungsarbeiten vorgenommen werden sollen, treten zwei sehr wichtige Probleme auf: die Frage des Erkundungsgrades bzw. des Anteils der einzelnen Kategorien von Erzreserven und die Frage der minimalen wirtschaftlichen Erzreserven in einer Lagerstätte. Bei der Lösung dieser Probleme, die für die einzelnen Typen von Blei-Zink-Erz-Lagerstätten spezifisch und für gewisse bergmännisch-technische und allgemeinwirtschaftliche Verhältnisse entscheidend sein können, müssen alle im allgemeinen Teil dieses Buches erwähnten Faktoren beachtet werden.

III. Abbau

Wie schon betont, sind Größe und Teufenerstreckung der Blei-Zink-Erz-Lagerstätten sehr verschieden und deshalb werden auch sehr verschiedene Aufbauverfahren bei der Gewinnung dieser Lagerstätten angewendet. Zum Unterschied von den Kupferlagerstätten wird bei der Gewinnung der Blei-Zink-Erz-Lagerstätten hauptsächlich Tiefbau, nur ganz ausnahmsweise Tagebau, angewendet.

Durch eine intensive Mechanisierung der Arbeiten beim Abbau von Blei-Zink-Erz-Lagerstätten werden heute in den Gruben dieser Metalle sehr hohe Produktionsleistungen erreicht und damit auch eine Verringerung der Produktionskosten ermöglicht. Seit den letzten Jahren werden in vielen Bergwerken, ganz besonders in den großen erzarmen Lagerstätten, Massenabbauverfahren in steigendem Maß angewendet. So betrug in den Jahren 1950 bis 1960 der Anteil an einzelnen Abbauverfahren in den Blei-Zink-Erz-Lagerstätten der Sowjetunion:

	1950	1957/60
Versatzbau	15%	7%
Magazinbau	11%	13%
Kammerbau	32%	10%
Teilsohlenabbau	8%	2%
Blockbau	12%	35%
Strebbau (Teilsohlenstrecken inbegriffen)	16%	15%
Tagebau	3%	21%
Übrige Verfahren	3%	7%

Die Produktionskapazität der Gruben ist verschieden. Auf Grund der Größenordnung der Jahresproduktion kann man die Gruben folgendermaßen einteilen, und zwar:

kleine Produktion	30000 bis 150000	Tonnen Erz
mittlere Produktion	150000 bis 500000	„ „
große Produktion	500000 bis 1000000	„ „
sehr große Produktion	über 1000000	„ „

Die Abbaukosten pro Tonne Erz hängen von vielen Faktoren ab, sie schwanken daher in weiten Grenzen. Im allgemeinen sind die Abbaukosten bei gangförmigen Lagerstätten größer als bei metasomatischen Lagerstätten in Karbonatgesteinen und geringer bei größeren Produktionsleistungen.

IV. Aufbereitung

Die wirtschaftsgeologische Bewertung der Blei-Zink-Erze hängt bedeutend vom Verhalten des Erzes im Prozeß seiner Aufbereitung ab, denn nur ausnahmsweise können einzelne Erze (und zwar in sehr beschränkten Mengen) ohne Aufbereitung verwendet werden. Aus diesen Gründen können die Aufbereitungsprozesse und die dabei erzielten technisch-wirtschaftlichen Ergebnisse bei der Bewertung der einzelnen Lagerstätten und ihrer Erze eine sehr wichtige Rolle spielen.

Die Aufgabe der Aufbereitung ist nicht nur die Anreicherung des Erzes in den Konzentraten, sondern auch eine möglichst vollkommene Trennung der einzelnen Komponenten aus den komplexen Blei-Zink-Erzen, damit die gewonnenen Konzentrate den Anforderungen der Metallurgie entsprechen.

Die Aufbereitung der Blei-Zink-Erze erfolgt heute vorwiegend durch Flotation; Schwerkraftverfahren werden nur ausnahmsweise angewendet (wenn die Bedingungen für die Flotation ungünstig sind).

A. Flotation

Die Flotation der Blei-Zink-Erze, besonders der sulfidischen Erze, gilt als Hauptverfahren der Aufbereitung dieser Erze. Je nach Mineralgehalt des Erzes wird die Flotation für alle Metalle gleichzeitig oder selektiv durchgeführt. Die Reinheit der abgeschiedenen Konzentrate und der Grad des Metallausbringens im Konzentrat sind von vielen Faktoren abhängig, die später näher besprochen werden.

Das Ausbringen bei der Flotation der Blei-Zink-Erze kann sehr verschieden sein. Die Anreicherung der sulfidischen Erze ist gut, wenn Ausbringen von 90 bis 95% Blei und über 80% Zink erreicht werden. Bei karbonatischen gemischten Erzen ist das Ausbringen kleiner.

Die Flotationskosten sind verschieden. Sie hängen vom Erz, dem erwünschten Ausbringen und der Reinheit der Konzentrate wie auch von der Kapazität der Anlage ab. Bei flotationsfähigen Erzen und bei einer Betriebskapazität von 200 bis 500 t/Tag sind die Flotationskosten bei Blei-Zink-Erzen meist etwa 2 bis 3 $.

B. Schwerkraftaufbereitung

Aufbereitung durch Schwerkraft wird manchmal bei Oxyderzen angewendet (Setzmaschinen und Schütteltische). Durch diese Verfahren wird nur ein sehr kleines Ausbringen erzielt.

Besonders wichtig ist die Anwendung schwerer Flüssigkeiten für die Vorkonzentration. Dieses Verfahren findet steigende Anwendung bei Erzen mit kleinem Metallgehalt und mit grobkörnigem Gefüge. Das gewonnene Konzentrat hat keinen besonders hohen Pb- und Zn-Gehalt, und seine weitere Aufbereitung erfolgt durch Flotation. Dies ist ein sehr billiges Verfahren, so daß manchmal auch Lagerstätten mit einem niedrigen Metallgehalt abgebaut werden können, bei denen ohne Vorkonzentration die Abbaukosten und die Kosten einer direkten Flotation zu hoch wären.

Anforderungen der Industrie an die Qualität der Blei- und Zinkkonzentrate. Die wichtigsten Kennziffern der Konzentrate sind: der Metallgehalt im Konzentrat (%), das Vorhandensein schädlicher Komponenten, das erreichbare Ausbringen des Metalls im Konzentrat, der minimale Metallgehalt in den Abgängen und die Kosten.

Auf Grund dieser Kennwerte und der Abbaukosten wird auch der Wert des Erzes in der Lagerstätte bzw. der minimale ökonomische Blei- und Zinkgehalt bestimmt. Außerdem ist auch der Marktpreis der Konzentrate von den einzelnen erwähnten Faktoren abhängig. Angesichts dessen, daß die Industrie unterschiedliche Forderungen stellt an die Qualität der Bleikonzentrate und der Zinkkonzentrate, werden wir ihre Eigenschaften gesondert betrachten.

Tabelle 64. *Einfluß des Bleigehaltes im Konzentrat auf das Bleiausbringen bei der metallurgischen Verarbeitung*

Pb-Gehalt (%)	Bleiausbringen (%)
50	96
40	94,3
30	91,7
20	86,3
10	69,4

Tabelle 65. *Einfluß des Kupfergehaltes im Bleikonzentrat auf die allgemeinen Bleiverluste bei der metallurgischen Verarbeitung*

Kupfergehalt im Bleikonzentrat %	Allgemeine Bleiverluste im Zusammenhang mit seinem Gehalt im Konzentrat (%)				
	50% Pb	40% Pb	30% Pb	20% Pb	10% Pb
2	2,6	3,3	4,36	6,5	13,5
3	3,0	3,7	5,0	7,0	24,1
4	3,6	4,5	6,0	9,4	—
5	4,4	5,5	7,4	11,6	—

Bleikonzentrat. Den Wert des Bleikonzentrates bestimmten der Bleigehalt im Konzentrat und die Beimischungen einzelner Metalle (der Gehalt an nützlichen und schädlichen Komponenten). Das ist deshalb wichtig, weil der Bleigehalt im Konzentrat auf den Prozeß der weiteren metallurgischen Verarbeitung stark einwirkt, ganz besonders bei der Reduktionsschmelzung.

Tab. 64 zeigt den Einfluß des Bleigehaltes im Konzentrat auf das Bleiausbringen bei der metallurgischen Verarbeitung (die Angaben sind nur Richtwerte).

Tab. 65 gibt größenordnungsmäßig Angaben über den Einfluß des Kupfergehaltes im Bleikonzentrat auf die allgemeinen Bleiverluste bei der metallurgischen Verarbeitung (die Angaben sind nur Richtwerte).

In kleinerem Maß trägt auch der Zinkgehalt im Konzentrat zur Verringerung des gesamten Bleiausbringens bei der metallurgischen Verarbeitung bei, besonders bei armen Bleikonzentraten. Wismut hat in kleiner Konzentration keinen schädlichen Einfluß, weder bei der Röstung noch bei der Schmelzung; es geht gewöhnlich in Schwarzeisen über, aus dem es dann durch Raffinieren entfernt wird.

Hochwertige Bleikonzentrate, die auf dem Markt angeboten werden, enthalten gewöhnlich 70 bis 80% Pb. Die untere Grenze des Pb-Gehaltes im Konzentrat wird gewöhnlich zwischen dem Lieferanten und dem Verbraucher festgelegt, vor allem wenn es sich um Bleikonzentrate handelt, in denen größere Gehalte anderer Metalle, vor allem Zink und Kupfer, vorkommen. Geringe Pb-Gehalte in Konzentraten erhält man meistens aus Mischerzen und Oxyderzen. Der Anteil der begleitenden Komponenten wird gewöhnlich durch ein Übereinkommen zwischen dem Verbraucher und dem Lieferanten bestimmt. Die vom Markt gestellten Anforderungen an die Qualität der Bleikonzentrate sind im Kapitel „Preise der Konzentrate" angeführt.

Zinkkonzentrate. So wie bei den Bleikonzentraten ist auch bei den Zinkkonzentraten ein möglichst hoher Zinkgehalt erwünscht. Standardkonzentrate des Zinks enthalten gewöhnlich 48% Zn. Der Wert der Zinkkonzentrate steigt entsprechend der Erhöhung des Zn-Gehaltes; die untere Grenze des Zn-Gehaltes im Konzentrat wird zwischen dem Verbraucher und dem Lieferanten festgelegt.

In der Sowjetunion werden auch Konzentrate mit 40% Zn-Gehalt und bis 16% Fe-Gehalt verwendet. Das ist in anderen Ländern nicht üblich. Der Cu-Gehalt in den Konzentraten ist oft unerwünscht, deshalb wird auch die zulässige höchste Gehaltsgrenze festgelegt (gewöhnlich bis 1,0 bis 1,5% Cu).

V. Metallurgische Verarbeitung

Blei- und Zinkmetall werden durch verschiedene metallurgische Verfahren gewonnen. Für die wirtschaftsgeologische Bewertung der Lagerstätten und Erze sind die metallurgischen Verfahren der Verarbeitung der Erze und Konzentrate nur wichtig in bezug auf die Produktionskosten, die erzielten Ausbringen und die Möglichkeit der Verwendung einer bestimmten Erz- bzw. Konzentratqualität (Gehalt an nützlichen und schädlichen Komponenten).

A. Bleiverarbeitung

Blei wird durch pyrometallurgische Verfahren gewonnen, d. h. durch Reaktionsschmelzung und Reduktionsschmelzung nach vorangehender Röstung.

Reaktionsschmelzung. Für diese Schmelzung werden sehr reine und reiche Erze und Konzentrate verwendet, gewöhnlich mit mindestens 70 bis 75% Pb. Bei diesem Verfahren ist der Brennstoffverbrauch sehr groß (bis zu 50% des Konzentratgewichtes). Angesichts der Unwirtschaftlichkeit der Verarbeitung findet die Reaktionsschmelzung kaum größere Anwendung.

Reduktionsschmelzung. Das Grundverfahren der Bleigewinnung in der Metallurgie ist die Reduktionsschmelzung (über 80% der Weltproduktion). Dieser Prozeß umfaßt die Röstung des Bleikonzentrates (gewöhnlich in der Agglomerationsmaschine Dwight Lloyd durchgeführt) und die Reduktionsschmelzung des gewonnenen Agglomerates im Schachtofen. Das Produkt der Reduktionsschmelzung ist schwarzes Blei, das kleinere Anteile an Antimon, Wismut, Zinn, Kupfer, Edelmetallen u. a. enthält. Das Nebenprodukt des geschmolzenen Agglomerates ist Schlacke, die meistens 1 bis 2% Pb-Gehalt aufweist; manchmal kann die Schlacke nochmals verarbeitet werden.

Das gewonnene Blei wird nachträglich raffiniert, um aus dem Blei die nützlichen Beimengungen zu gewinnen (Silber, Gold u. a.) oder aber um schädliche Beimengungen zu entfernen. Das raffinierte Metall enthält gewöhnlich 99,97 bis 99,99% Pb.

Der Prozeß der Reduktionsschmelzung hat viele Vorteile im Vergleich zu anderen Verfahren, denn für dieses Verfahren können alle Konzentrate und Erze verwendet werden, ob sie reich oder arm sind, rein oder mit Beimengungen. Als Reduktionsmittel wird Koks verwendet (meist 12 bis 15% der gesamten Gattierung bzw. 200 bis 270 kg/t Blei). Ein weiterer Vorteil dieses Verfahrens liegt darin, daß es in kleinen wie auch in sehr großen metallurgischen Betrieben angewendet werden kann.

Bleierzverarbeitende metallurgische Betriebe können verschiedene Produktionskapazität haben. Diese Kapazität hängt von vielen Faktoren ab. Im allgemeinen steigt die Rentabilität der Verarbeitung mit einer Erhöhung der Betriebskapazität. Wirtschaftliche Hütten der Welt haben bei Anwendung des Reduktionsverfahrens eine Kapazität von über 60000 t Blei pro Jahr (etwa 60% aller Hütten der Welt haben eine Kapazität von über 60000 t/Jahr). Unter gewissen Umständen ist auch eine Kapazität von etwa 20000 bis 30000 t Blei pro Jahr rentabel.

B. Zinkverarbeitung

Zink wird aus den Konzentraten durch verschiedene Methoden gewonnen, die man in zwei Gruppen einteilen kann: hydrometallurgische Verfahren (Elektrolyse) und pyrometallurgische Verfahren (Destillation). In den letzten Jahren wird die Hauptmenge an Zink (über 55%) in der Welt durch Elektrolyse, dabei zu etwa 40% durch das Verfahren mit horizontalen Muffeln, gewonnen. Der restliche Teil der Weltproduktion wird in vertikalen Muffeln, durch das elektrothermische Verfahren und in Schachtöfen (Imperial Smelting Prozess — ISP) gewonnen. Die Mannigfaltigkeit der angewendeten Prozesse der Zinkgewinnung ist zum Teil auch die Folge der Eigenschaften der Zinksulfide und des Zinks sowie der Konzentrate, die neben nützlichen Komponenten auch schädliche oder den Verarbeitungsprozeß störende Komponenten enthalten.

Im allgemeinen ist deshalb das gesamte metallurgische Ausbringen bei der Verarbeitung der Zinkkonzentrate gering (gewöhnlich 80 bis 85%, seltener 90 bis 95%); nur in Ausnahmefällen kann ein sehr hohes Ausbringen erreicht werden (über 95%).

Beim *Destillationsverfahren* wird das Zinkkonzentrat vorher geröstet und agglomeriert, um Schwefel zu entfernen und Zink in Zinkoxyd überzuführen. Das gewonnene Schwefelgas verwendet man gewöhnlich für die Erzeugung von Schwefelsäure. Das geröstete Zinkkonzentrat wird nach Agglomerierung und nach den entsprechenden Vorbereitungen mit Kohle vermischt; die so erhaltene Beschickung wird in Retorten auf 1300 bis 1400° C erhitzt. Die entstandenen Dämpfe des metallischen Zinks werden in anderen Behältern niedergeschlagen.

Bei der *Elektrolyse* des Zinks wird geröstetes Zinkkonzentrat verwendet, das in der ersten Phase des Verfahrens mit verdünnter Schwefelsäure behandelt wird. Dabei geht Zink in Lösung, und es entsteht Zinksulfat. Durch die Elektrolyse wird ein sehr reines Metall gewonnen (99,995% Zn). Es wird ein Ausbringen von etwa 90% erreicht; wird auch der Abfallschlamm verarbeitet, erhöht sich das Zinkausbringen bedeutend (95 bis 98%). Ist der Fe-Gehalt in den Konzentraten sehr groß (über 12% Fe), wird ein viel kleineres Ausbringen erreicht (80 bis 85%); durch die Verarbeitung des Abfallschlammes wird zwar das Ausbringen erhöht, doch verteuert sich naturgemäß das Verfahren.

Durch die Elektrolyse des Zinks aus dem Abfallschlamm werden nützliche Komponenten gewonnen, die im Konzentrat enthalten waren. Die Anwendung anderer Verfahren ist nur in denjenigen Ländern oder Gebieten zweckmäßig, die über keine billige Elektroenergie verfügen (Elektrizitätsverbrauch ist etwa 4000 kWh/t).

Ein besonderes Verfahren der Verarbeitung der Blei-Zink-Konzentrate ist das *ISP-Verfahren* (Imperial Smelting Process), das seit dem Jahre 1950 angewendet wird, jedoch als noch nicht genügend erforscht betrachtet werden kann. Besonders interessant könnte dieses Verfahren bei solchen Erzen werden, bei denen die Ausscheidung der Blei- und Zinkminerale in gesonderte Konzentrate sehr schwer ist, oder wenn es sich um zinkarme Konzentrate mit einem großen Pb-Gehalt handelt. Eine gleichzeitige Schmelzung der Bleierze und der Zinkerze ist möglich — zumindest behaupten es die Patentbesitzer — auch noch bei einem Verhältnis Pb : Zn = 1 : 1.

Das Produkt der Schmelzung ist Rohzink und Rohblei; aus Blei können auch Edelmetalle gewonnen werden. Das Ausbringen kann auch bis 90% erreichen.

Trotz vieler wirtschaftlicher Vorteile, die dieses Verfahren beim Einsatz bestimmter Erze haben kann, hat das ISP-Verfahren auch Nachteile (großer Koksverbrauch, keine Gewinnung der seltenen Metalle, Schwierigkeiten bei der Reduktion des Eisens in eisenreichen Zinkkonzentraten u. a.).

Die Kapazität der metallurgischen Betriebe, die Zink verarbeiten, ist sehr verschieden. Sie haben gewöhnlich eine Kapazität von über 40000 t/Jahr, die größten Betriebe 150000 t/Jahr und 170000 t/Jahr; eine Ausnahme bilden die japanischen Betriebe mit Elektrolyse von weniger als 20000 t/Jahr Kapazität. Bei dem ISP-Verfahren haben die Betriebe eine Standardkapazität von 30000 t/Jahr. Das ist ein Nachteil dieses Verfahrens.

VI. Produktion und Rohstoffbasis der Welt

A. Bergwerks- und Hüttenproduktion

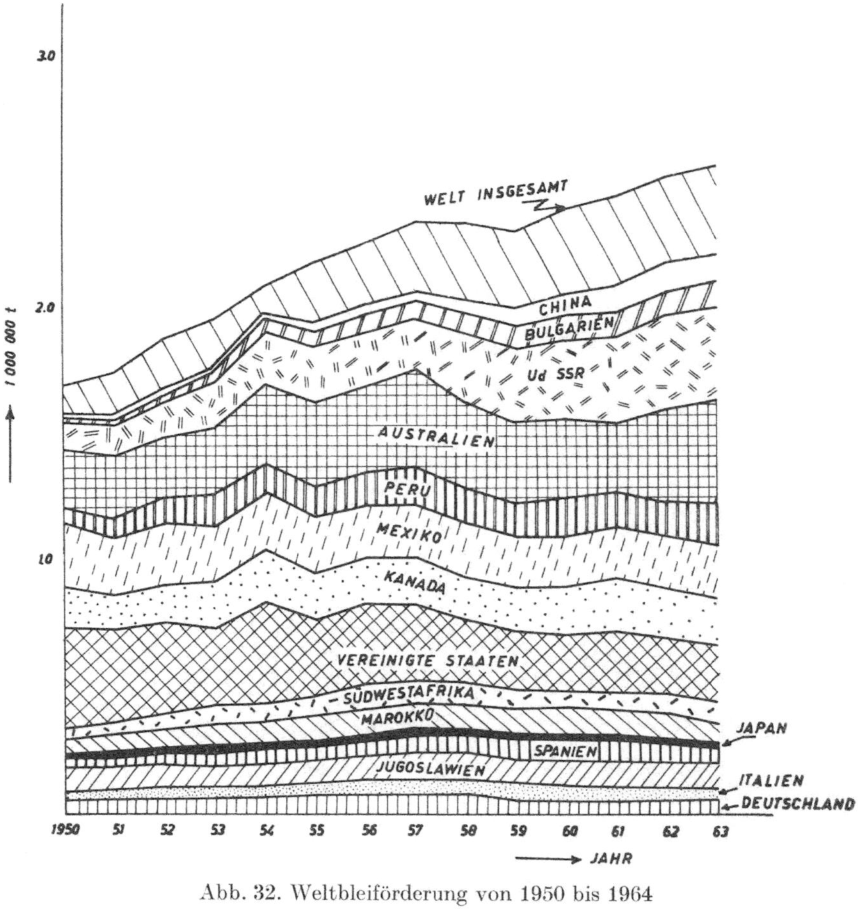

Abb. 32. Weltbleiförderung von 1950 bis 1964

Die Bergwerksproduktion von *Blei* zeigt in den letzten Jahren einen nur unbedeutenden Anstieg und beträgt ungefähr 2,3 Millionen Tonnen. Aus Abb. 32 sind die Schwankungen der Bergwerksproduktion der Welt und der Länder mit bedeutenderer Bleiproduktion im Zeitabschnitt 1950 bis 1964 ersichtlich.

Die Bergwerksproduktion von *Zink* zeigt einen ständigen Anstieg. Im Zeitabschnitt 1954 bis 1964 wird ein Anstieg von ungefähr 35% verzeichnet und eine Produktion von annähernd 4 Millionen Tonnen Zinkmetall erreicht. Aus Abb. 33

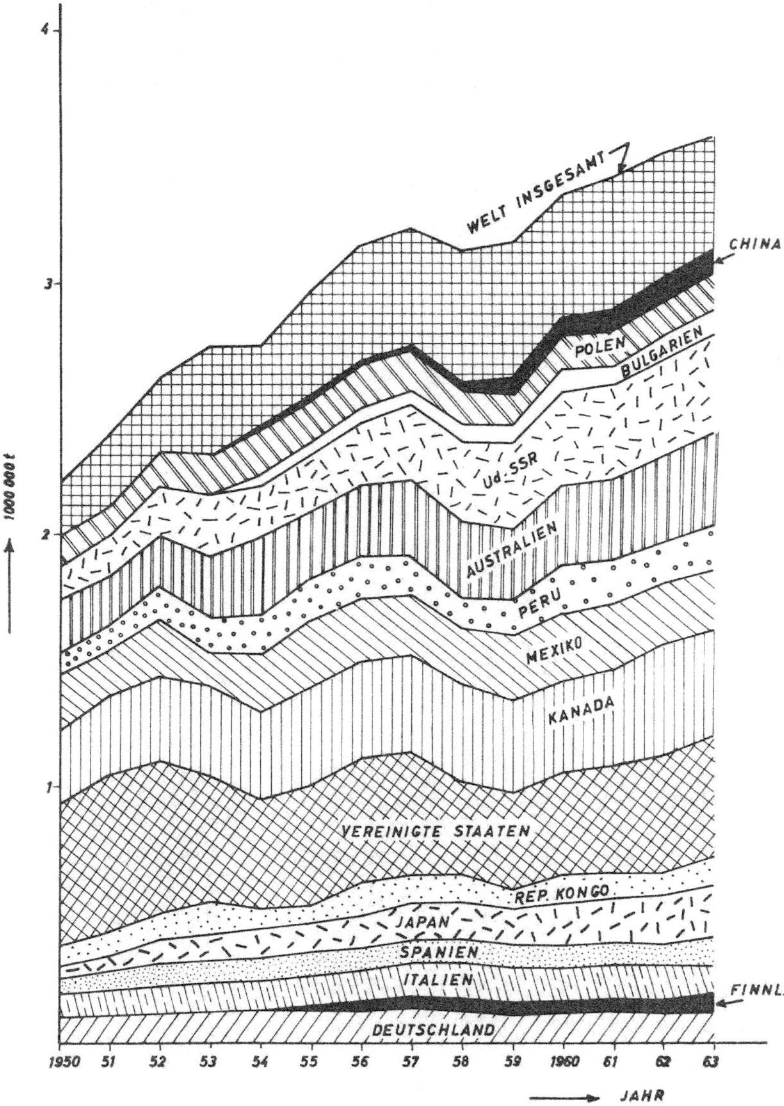

Abb. 33. Weltzinkförderung von 1950 bis 1964

ist die Bergwerksproduktion von Zink der Welt und einiger Länder mit bedeutenderer Produktion ersichtlich.

Die Pb-Hüttenproduktion bezieht sich auf die Verarbeitung von Konzentraten und Altblei. Im Laufe der letzten 20 Jahre stieg die Hüttenkapazität in den Westländern um mehr als 60%. In Abb. 34 wird die Pb-Hüttenproduktion der

Welt und einiger Länder dargestellt. Bei einem Vergleich der Bergwerksproduktion mit der Hüttenproduktion ergibt sich, daß einzelne Länder, die über eine bedeutende Bergwerksproduktion verfügen, gleichzeitig keine Pb-Hüttenproduk-

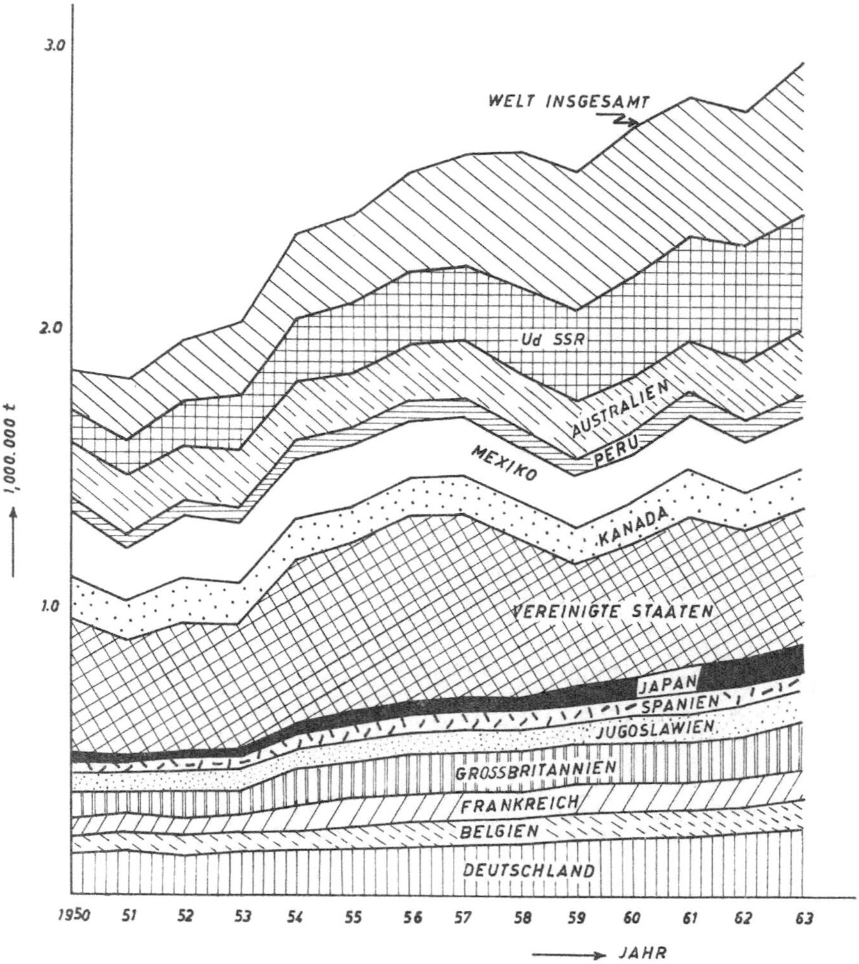

Abb. 34. Welthüttenproduktion von Blei von 1950 bis 1964

tion besitzen und umgekehrt. Für die Bleierzeugung spielen Alt- und Abfallblei eine große Rolle. Es wird angenommen, daß Altblei ungefähr 20% des Gesamtverbrauches der Welt deckt, und daß rund 60% des gebrauchten Bleis wieder in die Hütte zurückkehrt.

Die metallurgische Zinkerzeugung wurde in den letzten 20 Jahren stark erhöht (fast um 100%). Die durchschnittliche Nutzung der metallurgischen Kapazitäten betrug ungefähr 85% (am wenigsten in Nordamerika — 75%). Ebenso wie bei Blei werden Konzentrate und Altzink metallurgisch verarbeitet; der

Anteil des Altzinks an der Gesamtproduktion beträgt 20 bis 25%. Auf Abb. 35 wird die Zn-Hüttenproduktion der Welt und der Länder mit bedeutenderer Produktion dargestellt.

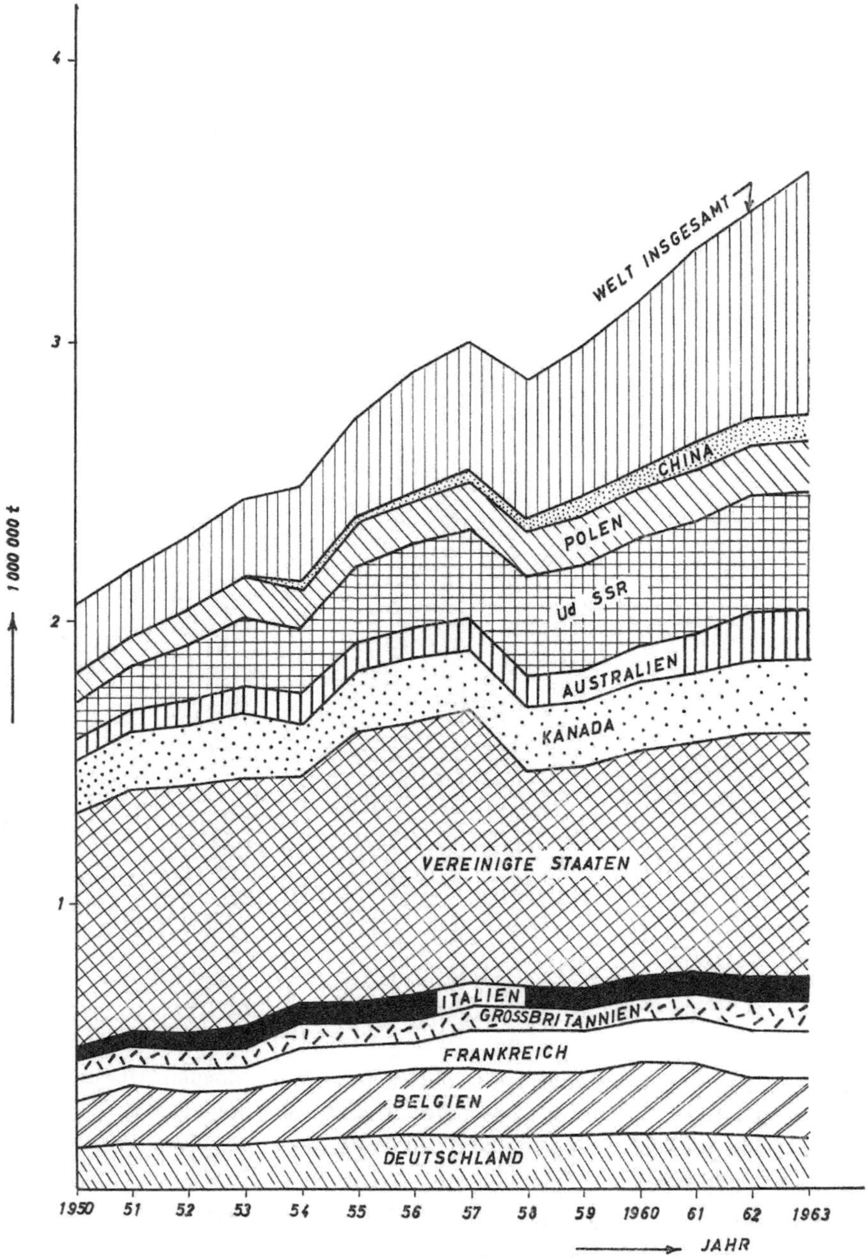

Abb. 35. Welthüttenproduktion von Zink von 1950 bis 1964

B. Rohstoffbasis der Welt

Blei-Zink-Lagerstätten sind sehr zahlreich; sie liegen in mehreren metallogenetischen Provinzen und wurden in verschiedenen metallogenetischen Epochen gebildet.

Besonders wichtige Lagerstätten befinden sich in den westlichen Teilen des amerikanischen Kontinents. Innerhalb dieses metallogenetischen Gürtels können mehrere sehr wichtige metallogenetische Provinzen unterschieden werden.

Die Provinz der Anden umfaßt viele Lagerstätten in Peru (in Paragenese mit Kupfer — Cerro de Pasco u. a.) und zum Teil in Bolivien und Chile.

In der großen Provinz, die sich von Utah bis Nevada in den USA über Mexiko bis Honduras und weiter nach Süden erstreckt, befinden sich viele wirtschaftlich sehr bedeutende Blei-Zink-Lagerstätten, die stellenweise sehr reich an Silber sind.

Die Provinz, die das erzführende Gebiet Cœur d'Alene in USA umfaßt und sich in den Gebieten von Britisch-Kolumbien in Kanada fortsetzt.

Im Balkangebiet unterscheidet man: die serbisch-mazedonische Provinz, die eine Reihe von wichtigen Lagerstätten besitzt (Treptscha, Zletovo u. a.), und die Provinz der Rhodopen (Madzarevo u. a.).

Die Provinz des Atlas-Massivs umfaßt die Lagerstätten in Marokko und Algier.

Die japanische Provinz mit zahlreichen, vorwiegend Pyrit-Zinkblende-Lagerstätten.

Die Provinz Indonesien ist noch ungenügend untersucht.

Die Provinz Australien-Neuseeland umfaßt zahlreiche wirtschaftlich sehr bedeutende Lagerstätten.

Ein Großteil der wirtschaftlich wichtigen Blei-Zink-Vorräte befindet sich vorwiegend im Kontinent Amerika (etwa 57% der Blei- und etwa 43% der Zinkerzreserven der Welt) und der kleinere Teil in Asien (Sowjetunion nicht inbegriffen), d. h. etwa 5% der Blei- und etwa 5% der Zinkreserven. In den gesamten Bleierzreserven der Welt sind 70,5 Millionen Tonnen Blei bzw. etwa 56,5 Millionen Tonnen gewinnbaren Metalls (bei einem Ausbringen von etwa 80%) enthalten. Die gesamten Zinkerzreserven der Welt betragen etwa 130 Millionen Tonnen Zink bzw. etwa 104 Millionen Tonnen gewinnbaren Metalls (Gesamtausbringen von etwa 80%).

Tab. 66 zeigt die Blei- und Zinkreserven der Länder, die über bedeutendere Mengen dieser Erzreserven, und zwar der $A+B+C_1$-Kategorie, verfügen.

Die Welt kann in der nächsten Zeit bedeutende potentielle Erz- und Metallreserven erwarten. Dabei ist folgendes zu berücksichtigen:

a) Die einzelnen erzführenden Regionen der Welt sind noch immer ungenügend erkundet (Kanadisches Schild, Britisch-Kolumbien, Sibirien, Australien, wie auch die Gebiete mit Lagerstätten der alpinen metallogenetischen Epoche: Indonesien, ein Teil der USA, die Mittelmeerländer u. a.).

b) Bei einer Verschiebung des industriellen Minimalgehaltes des Erzes (Verbesserung der Technologie der Erzverarbeitung und Verringerung der Gewinnungskosten) werden auch diejenigen großen Mengen armer Erze in die Bilanzreserven eingereiht werden können, die unter heutigen Bedingungen zu den Außerbilanzreserven zählen.

Noch größere Anstrengungen müssen in der Zukunft gemacht werden, um die Blei-Zink-Rohstoffbasis zu erweitern, denn die heutige Rohstoffbasis ist für die Deckung des Weltbedarfs für eine längere Periode nicht ausreichend. Nach H. Landsberg wird nach einer Voraussage des Durchschnittsbedarfs für die Periode 1960 bis 2000 die USA einen kumulativen Bedarf von 34,2 Millionen Tonnen Blei und 61,2 Millionen Tonnen Zink haben. Nimmt man auch den

Bedarf der übrigen Westländer bei nur 2,5% Verbrauchssteigerung pro Jahr an, so wird der Bedarf der Westländer in der Periode von 1960 bis 2000 etwa 153 Millionen Tonnen Zink betragen. Wird nun noch der Bedarf der Ostländer hinzu-

Tabelle 66. *Blei- und Zinkreserven der Welt* (in 1000 t Metall)

Kontinent bzw. Land	Blei		Zink		Gehalt (%)	
	Gesamt	A + B	Gesamt	A + B	Pb	Zn
Europa	18000		29600			
Bulgarien*	1000	500[2]	1500	750[2]		
Italien	740	600	1400	1000	2,0— 5,0	8,0—14,0
Jugoslawien[1]	2000	1000	1600	800		
BRD	4600	2300	5500	2500	1,0— 8,9	1,4—19,0
Polen*	300	150[2]	3600	1800[2]		
UdSSR*	5000	2500[2]	10000	5000[2]		
Spanien	1500	700	1600	800	2,5	14,0
Schweden	2500	1200	2550	1350	1,5— 6,0	2,3—12,0
Asien	3755	1090	6820	1795		
Burma	2000	450	1600	400	20,7	12,7—40,0
Japan	700	300	3800	1000	0,3— 4,6	6,5
Afrika	6270	4380	7000	4435		
Südwestafrika	1600	1500	430	430	4,4—14,6	0,5— 4,47
Kongo (Leopoldville)			2000			2,0
Marokko	1380	1200	800	600	3,0— 7,0	
Nigeria	1100	100	550	70	10,0	7,3
Rhodesien	1200	650	1900	1450	19,0	3,0
Amerika	30280	13720	74135	29465		
Argentinien	1170	440	1500	500	6,3—21,2	7,0—16,3
Brasilien	2700	1000	4000	1600	1,0— 7,0	2,9—35,0
Kanada	13800	6000	33400	10900	0,1— 9,3	0,4—17,7
Mexiko	4000	2000	5000	2500	1,3— 6,2	4,0—13,2
Peru	2000	1000	4000	1000	0,1—15,3	3,0—19,0
USA	6000	3000	32000	14000		
Australien	12000	4000	11000	4500	5,9—14,1	5,9—22,7
Ganze Welt	70500		130000			

[1] Angaben aus dem Jahre 1957. [2] 50% der gesamten Reserven (bedingt).
* Schätzung.
Quelle: Mineralnie ressurssi kapitalistitscheskich stran. Gosgeoltechizdat, Moskau 1963.

gefügt, so ist mit Sicherheit zu erwarten, daß der gesamte Zinkbedarf der Welt bis zum Jahr 2000 etwa 200 Millionen Tonnen betragen wird, also bedeutend mehr, als die heute bekannten Reserven dieses Metalls umfassen.

Ähnlich ist auch die Lage bei den Bleireserven und dem Bleibedarf der Welt in der Periode von 1960 bis 2000. H. Landsberg führt an, daß der Bedarf der USA bis zum Jahr 2000 etwa 34,2 Millionen Tonnen Blei sein wird; bei einer Zunahme des Bedarfes von nur 2,5% bzw. 3% pro Jahr werden die übrigen Westländer in der gleichen Periode etwa 74 Millionen Tonnen Blei bzw. 83 Millionen Tonnen Blei brauchen. Nimmt man auch die Ostländer hinzu, so ist es möglich, daß der Weltbedarf bis zum Jahr 2000 etwa auf 160 bis 165 Millionen Tonnen Blei ansteigen wird. Das ist wesentlich mehr, als die heute vorhandenen Bleireserven der Welt ausmachen.

Der Weltbedarf an Blei und Zink im Vergleich zu den heute bekannten Reserven dieser Metalle zeigt die große Bedeutung weiterer Untersuchungen der in Betrieb stehenden Lagerstätten wie auch der Erkundung neuer Lagerstätten und erzführender Gebiete. Dabei muß mit steigenden Investitionen gerechnet werden, und zwar für die gesamten Untersuchungsarbeiten wie auch pro Maßeinheit des entdeckten Erzes, denn in steigendem Maß ist auch mit der Aufsuchung von „blinden" Erzkörpern in größerer Tiefe bei größerem Risiko der Erkundung zu rechnen.

VII. Preise der Konzentrate und Metalle

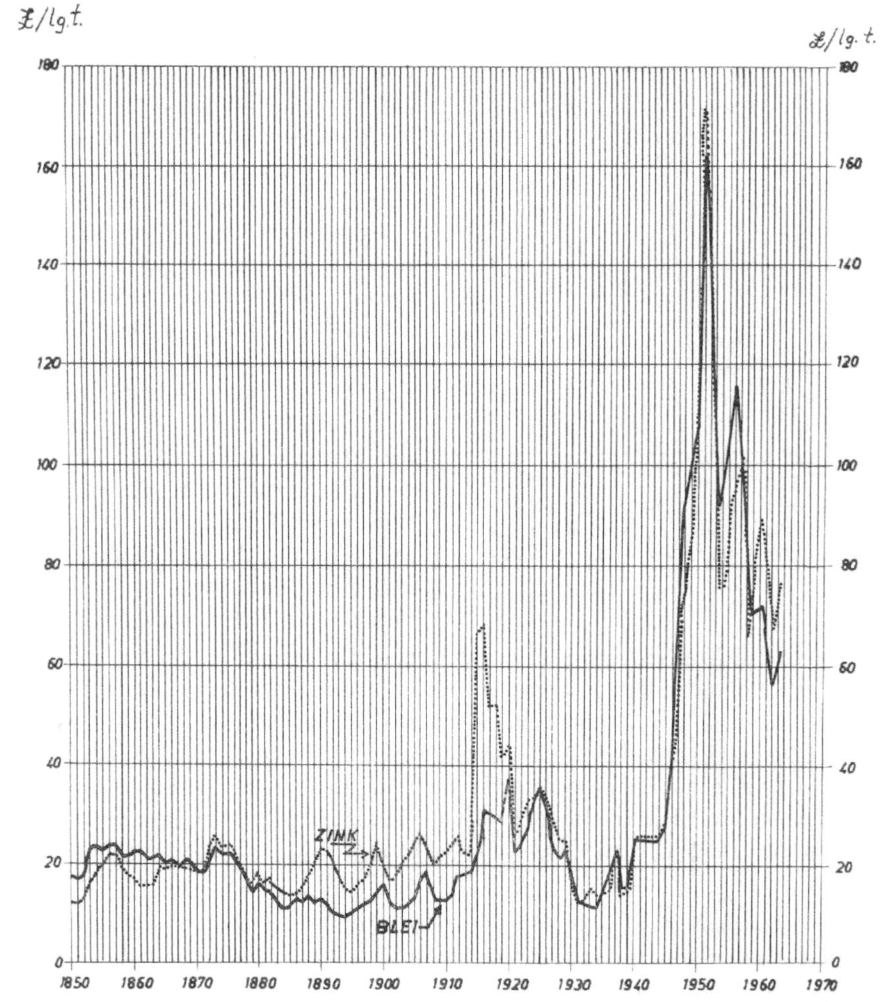

Abb. 36. Preisschwankungen von Blei und Zink an der Londoner Börse von 1850 bis 1964 (Metallstatistik, 1964)

Eine der Grundkomponenten der wirtschaftsgeologischen Bewertung der Blei-Zink-Erze und ihrer Lagerstätten ist der auf dem Markt erzielbare Preis ihrer Metalle oder Konzentrate. Der industrielle Minimalgehalt an Blei und Zink im Erz ist mit dem Verkaufspreis dieser Metalle oder Konzentrate unmittelbar verbunden.

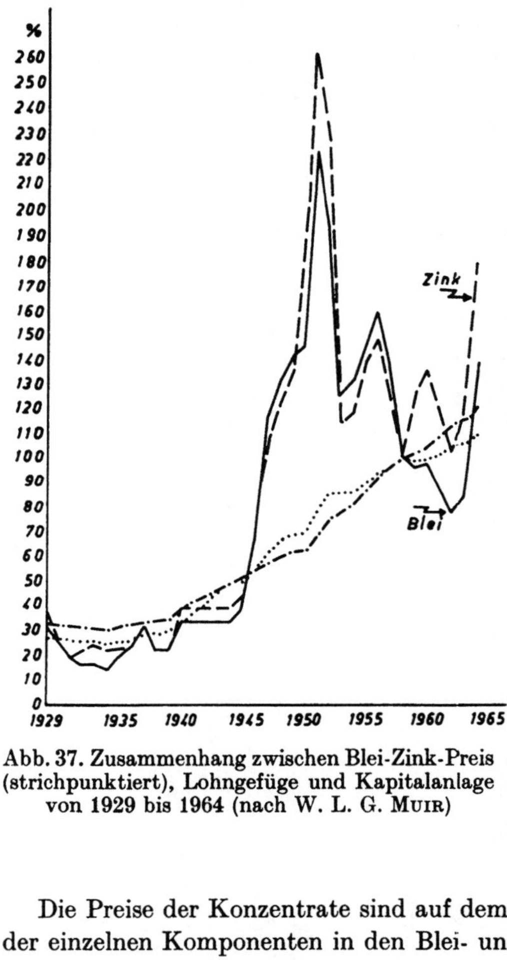

Abb. 37. Zusammenhang zwischen Blei-Zink-Preis (strichpunktiert), Lohngefüge und Kapitalanlage von 1929 bis 1964 (nach W. L. G. Muir)

Auf dem Weltmarkt werden in den letzten Jahren bedeutende Preisschwankungen der Blei- und Zinkmetalle registriert. Aus Abb. 36 ist die Preisentwicklung von Blei und Zink für die Zeit von 1850 bis 1964 ersichtlich; als Verkaufsbasis ist Bleimetall mit 99,97 bis 99,99% Pb-Gehalt und Zinkmetall mit 98 bis 98,23% Zn-Gehalt festgesetzt (höhere Gehalte werden prämiiert). Die Blei- und Zinkpreise werden auf Grund der Börse in London (LME) oder New York bestimmt. Außerdem haben einige Länder auch ihre eigenen Preise, die den Verhältnissen im Land angepaßt sind. Trotz periodischer Preisfälle ist aus der Kurve, die die Preisentwicklung zeigt, eine Tendenz der Preissteigerung festzustellen, was zum Teil auf die Erhöhung der absoluten Kosten in der Industrie zurückzuführen ist. Abb. 37 zeigt das Verhältnis vom Anstieg der Blei- und Zinkpreise zur Lohnerhöhung und Erhöhung der Preise materieller Güte andrerseits in der Periode von 1929 bis 1964.

Die Preise der Konzentrate sind auf dem Markt nicht stabil, denn der Gehalt der einzelnen Komponenten in den Blei- und Zinkkonzentraten kann bedeutend schwanken. Je nach der Qualität der Konzentrate werden ihre Preise meistens durch Verträge zwischen den Produzenten und der Industrie bzw. den Käufern bestimmt. Das gilt für hochwertige wie auch für minderwertigere Konzentrate, manchmal auch für Mischkonzentrate (Pb-Cu-Konzentrate u. a.), und ausnahmsweise auch für reiches, handgeschiedenes Erz (meistens karbonatisches Blei-Zink-Erz).

Für die wirtschaftliche Bewertung des Erzes nimmt man als Basis den Wert des aus dem Erz zu gewinnenden Konzentrates.

Aus dem Preis des Konzentrates, den Abbaukosten und den Anreicherungskosten des Erzes, dem Maß der Verdünnung und den Verlusten des Erzes kann man auch den Wert des Metalles im Erz bestimmen.

Allgemein wird der Wert des Konzentrates auf Grund des Metallpreises auf dem Markt, des Metallgehaltes im Konzentrat (nützliche und schädliche Komponenten), des Ausbringens bei seiner metallurgischen Verarbeitung und der Verarbeitungskosten bestimmt. Detaillierte Bedingungen werden durch besondere Verträge zwischen den Verbrauchern und den Produzenten vereinbart. Es ist nicht möglich, hier alle aufzuzählen. Hier sollen nur die allgemeinen Regeln geschildert werden, die für die Bestimmung des Wertes des Konzentrates angewendet werden.

a) *Bleikonzentrat.* Die allgemeine Formel für die Bestimmung des Preises des Konzentrates (P_k) ist:

$$P_k = \frac{a\,(b-c)}{100} - K_v$$

wobei: a = Blei (Metallpreis).

b = Pb-Gehalt im Konzentrat (gewöhnlich über 70% Pb).

c = metallurgische Verluste; sie hängen vom Pb-Gehalt im Konzentrat ab. Es ist üblich, die Verluste in den folgenden Grenzwerten zu bestimmen:

bis 70% Pb im Konzentrat	5 Einheiten[1]
70 bis 75% Pb im Konzentrat	4,5 „
75 bis 80% Pb im Konzentrat	4 „
über 80% Pb im Konzentrat	3,5 „

Mit der Verbesserung der metallurgischen Verfahren werden die Verluste kleiner sein. Die angeführten Angaben sind deshalb nur annähernd.

K_v = Kosten der metallurgischen Verarbeitung des Konzentrates. Die Kosten sind nicht immer gleich groß, sondern zeigen Schwankungen; in der Zeit von 1963 bis 1964 betrugen die Verarbeitungskosten 20 bis 25 $ je Tonne trockenen Konzentrates mit 70 bis 80% Pb.

Da die Bleikonzentrate nicht monometallisch sind, sondern auch Beimischungen anderer Metalle enthalten, ist auch die Bestimmung des Preises dieser Konzentrate durch den Gehalt an nützlichen Metallen notwendig. Nützliche Komponenten, die in den Bleikonzentraten große wirtschaftliche Bedeutung haben, sind Silber und Gold.

Der Wert des Silbers im Bleikonzentrat kann nach der folgenden Formel bestimmt werden:

$$P_{Ag} = a(b \cdot 0{,}95) + a_1(b_1 - 30\ \mathrm{g}) - K_v$$

wobei: a_1 = Preis des Silbers,

b_1 = Silbergehalt im Konzentrat (kg).

Die Zahlungsbedingungen für die einzelnen begleitenden Metalle sind wie folgt:

Silber. Gewöhnlich werden 95% des Preises minus 0,015 für die Verarbeitungskosten pro Unze gezahlt. Einzelne Firmen zahlen 0,77 pro Unze.

Gold. Gewöhnlich zahlt man 96% des Gehaltes.

Als schädliche Komponenten werden gewöhnlich Arsen, Wismut, Zink, Zinn und Antimon angesehen. Es gibt keine einheitlichen Normen in bezug auf ihren maximalen Gehalt, sondern er wird durch Übereinkommen bestimmt bzw. richtet sich nach den metallurgischen Verfahren, die das bestimmte Konzentrat verwerten.

Arsen. Bei hochwertigen Konzentraten wird ein Abzug für den Arsengehalt berechnet, und zwar so, daß für jede 0,1-Einheit, die den vereinbarten Arsengehalt von 0,1% überschreitet, 0,6 je Tonne Trockenkonzentrat abgerechnet wird. In einzelnen Ländern wird jedoch auch ein As-Gehalt von 0,5%, ausnahmsweise auch bis zu 2%, geduldet.

Wismut. Ein Gehalt von 0,1% Bi wird geduldet; über diesem Prozentsatz wird für jede 0,01-Einheit ein Abzug von 0,20 je Tonne Trockenkonzentrat berechnet. Wenn eine bestimmte Hütte die Abtrennung und die Raffination von Wismut durchführt, ganz besonders aus Konzentraten mit einem hohen Wismutgehalt, dann werden diejenigen Wismutkonzentrationen, die eine bestimmte Gehaltsgrenze überschreiten, gesondert bezahlt.

[1] Die Einheit ist 1% pro Tonne des Trockengewichtes des Konzentrates netto.

Zink. Für Zink sind keine einheitlichen Normen vorhanden. In den USA wird ein Zinkgehalt bis zu 2% geduldet, über diesem Prozentsatz werden 0,3 $ je Einheit abgezogen. Der Anteil an schädlichen Komponenten wird durch besondere Verträge bestimmt.

b) *Zinkkonzentrat.* Genauso wie Bleikonzentrate werden auch Zinkkonzentrate auf Grund von Verträgen zwischen den Produzenten und den Verbrauchern verkauft. Der Wert des Konzentrates wird ähnlich wie der des Bleikonzentrates bestimmt. Nach folgender Formel, die im „Metal Bulletin", März 1960, erschienen ist, kann man zwei Fälle unterscheiden:

Konzentrat mit unter 53% Zn: $$V = p\,\frac{(T-8)}{100} - R/C$$

Konzentrat mit über 53% Zn: $$V = p\,\frac{85}{100}\cdot\frac{T}{100} - R/C$$

wobei: V = Preis pro Tonne Konzentrat.
p = Preis des Zinkmetalls pro Tonne (Basis 98% Zn bzw. 98,2% Zn).
T = Metallgehalt im Konzentrat (%).
R/C = Verarbeitungskosten. Die Höhe dieser Kosten ist nicht bei allen metallurgischen Kapazitäten gleich, sondern sie hängt von vielen Faktoren ab. Im Laufe der Jahre 1963 bis 1964 schwankten die Verarbeitungskosten von 36 bis 46 $.

Die Berechnung erfolgt gewöhnlich wie:

Zink. Wie aus den oben angeführten Formeln hervorgeht, nimmt man für die Abrechnung den Zinkgehalt im Konzentrat minus 8 Einheiten oder aber 85% des Zn-Gehaltes im Konzentrat, wenn es sich um ein Konzentrat mit über 53% Zn handelt; bei Verträgen wird meistens die erstgenannte Abrechnungsart angewendet.

Gold. Wenn der Goldgehalt 3 g/t überschreitet, werden gewöhnlich etwa 75% des Weltpreises bezahlt.

Silber. Ist der Gehalt 5 Unzen pro Tonne, so zahlt man 65% des Preises für Feinsilber.

Cadmium. Wenn der Cadmiumgehalt im Konzentrat mindestens 0,2% ist (manchmal auch 0,15% Cd), zahlt man 65 bis 75% des Preises für Cadmiummetall.

Blei. Ist der Pb-Gehalt über 6%, zahlt man 60% des Bleipreises.

Eisen. Falls der Fe-Gehalt 5 bis 6% beträgt, wird eine gewisse Prämie auf den Konzentratpreis bezahlt. Wenn der Fe-Gehalt 12 bis 13% überschreitet, so wird ein Abzug auf Grund der folgenden Formel berechnet:

$$M = \frac{V(f-13)}{2p}$$

wobei: M = Abzug für mehr als 13% Fe-Gehalt.
V = Preis des Zinkkonzentrates.
f = Fe-Gehalt (%) im Konzentrat.
p = Zn-Gehalt (%) im Konzentrat.

Neben Eisen werden noch als schädliche Beimischungen angesehen: Fluor (über 0,01%), Wismut (über 0,05%), Zinn (über 0,05%), Arsen (über 0,05%), Antimon (über 0,05%). Bei der Elektrolyse werden für den Kupfergehalt im Zinkkonzentrat auch gewisse Grenzen gestellt.

Alle angeführten Normen in bezug auf den Gehalt an einzelnen Komponenten sind als Richtwerte zu betrachten, denn sie unterliegen Änderungen entsprechend den Anforderungen der einzelnen Verbraucher.

VIII. Die wirtschaftsgeologische Bewertung der Erze und Lagerstätten

A. Qualität des Erzes

Die Qualität des Blei-Zink-Erzes in der Lagerstätte wird durch viele Faktoren bestimmt. Die wichtigsten sind: a) der Gehalt an nützlichen und schädlichen Komponenten im Erz, b) das Verhalten des Erzes bei der Anreicherung und die technisch-wirtschaftlichen Kennziffern dieser Anreicherung, c) die Verdünnung und die Verluste des Erzes bei der Gewinnung.

a) *Blei- und Zinkgehalt*. Die Basis für die Schätzung des Erzes ist der mittlere Blei- und Zinkgehalt im Erz und der Gehalt an begleitenden nützlichen Komponenten. Dem Blei- und Zinkgehalt nach unterscheidet man gewöhnlich arme, mittelreiche und reiche Erze; der Metallgehalt ist die natürliche Kennziffer, so daß eine solche Einteilung der Erze durchaus nicht einen bestimmten wirtschaftlichen Wert ausdrücken muß. Die Einteilung der Erze in Kategorien hängt von den jeweiligen Bedingungen ab, und bei monometallischen sulfidischen Erzen ist sie etwa wie folgt:

arme Erze	2 bis 4% Pb
mittelreiche Erze	4 bis 12% Pb
reiche Erze	über 12% Pb

Neben dem mittleren Metallgehalt im Erz, der auf Grund der systematischen Untersuchung der einzelnen Erztypen in der Lagerstätte bestimmt wird, ist es oft unerläßlich, auch den industriellen Minimalgehalt und den geologischen Schwellengehalt festzustellen.

Der industrielle Minimalgehalt an Blei und Zink im Erz ist von vielen veränderlichen Faktoren abhängig, an erster Stelle von den Abbaubedingungen und von der Abbaukapazität bzw. von den Abbaukosten, weiters von der Erzverdünnung und den Verlusten beim Abbau, vom Mineralbestand des Erzes, von dem Verhalten des Erzes bei seiner Aufbereitung und den Aufbereitungskosten, von den Transportkosten und dem Preis des Konzentrates bzw. des Metalls.

In Anbetracht der Veränderlichkeit dieser Faktoren muß der industrielle Minimalgehalt für jede Lagerstätte einzeln festgestellt werden. Zur Orientierung sei angeführt, daß bei mittleren Abbaubedingungen bzw. bei verhältnismäßig niedrigen Abbaukosten ein leicht aufbereitbares Erz mit einem mittleren Pb-Gehalt von etwa 4—5% wirtschaftlich abgebaut werden kann. Geologischer Schwellengehalt des Blei- und Zinkgehaltes sollte etwa 2% sein. Handelt es sich um eine Ganglagerstätte, so wird anstatt des mittleren Mindestgehaltes an Blei und Zink im Erz die Schätzung des Mindestgehaltes auf Grund des Metroprozentes viel zuverlässigeren Aufschluß geben. Als grobe Richtlinie sei angeführt, daß bei mittelschweren Abbaubedingungen das minimale Metroprozent etwa 8 bis 10 ist, bei leicht aufbereitbarem Erz.

In der Sowjetunion wird bei mittelschweren Abbau- und Verarbeitungsbedingungen der industrielle Minimalgehalt von 3,5% Pb + Zn, davon mindestens 1,5 bis 2,0% Pb, als zulässig betrachtet. In den Lagerstätten des südöstlichen Missouri in den USA ist der minimale Bleigehalt 2% (praktisch kein Zn-Gehalt im Erz). Diese niedrigen Grenzen des minimalen Metallgehaltes im Erz sind größtenteils auf die billigeren Abbaukosten (größere Abbauleistung und Produktion, hochproduktive Abbauverfahren u. a.) und Verarbeitungskosten (Vorkonzentrierung u. a.) zurückzuführen. Bei Lagerstätten, die schon mehrere Jahre abgebaut werden, ist ein Großteil der Grundinvestitionen bereits amortisiert.

Da die Faktoren, die auf die Höhe des industriellen Minimalgehaltes einwirken, in sehr breiten Grenzen schwanken, wird ein und dieselbe Lagerstätte mit einem bestimmten Pb- und Zn-Gehalt einmal als wirtschaftlich interessant und das andere Mal als wirtschaftlich uninteressant (Außerbilanz-Erzreserven) betrachtet, ganz besonders wenn die Erzvorkommen unter Bedingungen auftreten, die nahe an der Grenze eines wirtschaftlichen Abbaus liegen. In diesem Fall genügt nur eine unbedeutende Änderung der ausschlaggebenden Faktoren, und schon wird ein Bilanzerz als Außerbilanzreserve betrachtet und umgekehrt. Während der Erkundungsphase einer Lagerstätte ist die Anwendung der Analogie zwischen dieser Lagerstätte und ahnlichen Lagerstätten und Erzen nur in den ersten Phasen zulässig. Wenn nicht mit Sicherheit bestimmt werden kann, ob eine Lagerstätte zu Bilanzreserven zählt, oder aber wenn der Abbau der Lagerstätte eben noch an der Grenze der Abbauwürdigkeit oder sogar unter der Grenze liegt, sind genauere Kalkulationen erforderlich, wobei die der betreffenden Lagerstätte angemessenen Abbaukosten und Vorbereitungskosten, mitberücksichtigt werden müssen. Erst auf Grund dieser Unterlagen kann man die Werte des industriellen Minimalgehaltes einer Lagerstätte und ihren wirtschaftlichen Wert genauer bestimmen.

Bei der Bewertung der Blei-Zink-Lagerstätten handelt es sich meistens um die Frage des gesamten industriellen Minimalgehaltes im Erz (Blei und Zink, manchmal auch anderer Komponenten). Aus diesem Grunde werden alle nützlichen Komponenten im Erz auf ein monometallisches Erz zurückgeführt. Koeffizienten, mit denen man die einzelnen Komponenten der Blei-Zink-Erze (Blei, Zink, Kupfer, Silber, Gold u. a.) auf ein monometallisches Erz zurückführt, sind für alle Gehalte an einzelnen Komponenten verschieden; es müssen die genaueren Werte für jede einzelne Lagerstätte gesondert bestimmt werden (besonders wegen der verschiedenen Ausbringen bei der Aufbereitung). So soll der äquivalente Zinkgehalt, der einem Pb-Gehalt von 1% entsprechen würde, zwischen 1,5% und 2,0% betragen (bei gleichem Erztypus). Der Unterschied besteht auch noch deshalb, weil neben den verschiedenen Metallpreisen auch ein gewisser Unterschied vorhanden ist im gesamten Ausbringen (der Flotation und der Verhüttung) bei der Verarbeitung der Erze und der Konzentrate (etwa 80 bis 85% bei Blei und 70 bis 75% bei Zink); ebenso auch durch die höheren Kosten der metallurgischen Zinkverarbeitung. Aus diesem Grunde kann der industrielle Minimalzinkgehalt im Erz in den Grenzen von 6 bis 8% schwanken.

Die äquivalenten Verhältnisse von *Cu-Gehalt* zu Pb- und Zn-Gehalt schwanken bedeutend als Folge des sehr veränderlichen Ausbringens des Kupfers im Konzentrat; denn der Cu-Gehalt in den Blei-Zink-Erzen ist vorwiegend unter 1%. Beispielsweise als Richtwert: 1% Pb entsprechen etwa 0,3 bis 0,4% Cu, wobei bei erhöhten Pb-Gehalten die Erhöhung des äquivalenten Cu-Gehaltes nicht linear, sondern niedriger angenommen wird.

Ähnliches gilt auch für *Gold*, doch können hier noch größere Abweichungen vorkommen, entsprechend dem sehr verschiedenen Ausbringen des Goldes aus dem Erz. Als grobe Richtlinie sei angeführt, daß einem Pb-Gehalt von 1% etwa der Wert von 2 bis 3 gr/t Gold im Erz entsprechen würde. Dieser Wert muß jedoch für jede einzelne Lagerstätte einzeln bestimmt werden.

Bei der Erkundung von Blei-Zink-Lagerstätten müssen auch die Gehalte der begleitenden Komponenten berücksichtigt werden, die es manchmal ermöglichen, daß auch Erze mit einem geringeren industriellen Minimalgehalt an Blei und

Zink, als oben angeführt wurde, abgebaut werden können. Die nützlichen Begleiter der Blei-Zink-Erze sind unter anderen:

Cadmium ist gewöhnlich an Zinkblende gebunden. Sein Gehalt in der Zinkblende schwankt gewöhnlich zwischen 0,08% und 0,55%. Der Cadmiumgehalt im Erz ist bedeutend geringer: 0,01 bis 0,2% Cd ist zufriedenstellend; ein Blei-Zink-Erz mit 0,3 bis 0,4% Cd-Gehalt wird schon als ein Cd-reiches Erz angesehen; Erze mit über 1% Cd kommen nur selten vor. Bei der technologischen Verarbeitung konzentriert sich im Zinkkonzentrat der größte Teil des Cadmiums (zwischen 0,1 und 0,5%). Ein Teil des Cadmiums kann sich auch in den Bleikonzentraten anreichern (gewöhnlich 0,02 bis 0,03% Cd).

Wismut. Bei der Anreicherung geht Wismut in das Bleikonzentrat über; praktisch interessant ist nur ein Wismutgehalt im Erz von über 0,001%.

Antimon. Antimon ist bei Blei-Zink-Erzen eine schädliche Komponente. Wenn jedoch sein Gehalt im Erz 0,001% nicht überschreitet, kann es auch verwendet werden (Hartblei).

Indium ist ein häufiger Begleiter der Blei-Zink-Erze. Bei der Anreicherung geht Indium ins Zinkkonzentrat über. Bei einer elektrolytischen Verarbeitung begleitet es Cadmium; von praktischer Bedeutung sind nur Konzentrationen von 0,02% Indium. Um Indium gewinnen zu können, sind mindestens 0,0002% In im Erz erforderlich.

Gallium kann gewonnen werden, wenn das Erz mindestens 0,001% Gallium führt.

Germanium begleitet manchmal Zinkblende; gewöhnlich schwankt sein Gehalt zwischen 0,001% und 0,01%.

Kobalt tritt mit verschiedenen Mineralen der Pb-Zn-Paragenese auf. Ein Kobaltgehalt von 0,01 bis 0,02% in der Zinkblende kann schon von praktischer Bedeutung sein. Bei der technologischen Verarbeitung geht Kobalt zum Teil in das Kupferkonzentrat und zum Teil in das Zinkkonzentrat über.

Molybdän begleitet manchmal Blei-Zink-Erze, in denen es gewöhnlich mit einem Anteil von 0,001 bis 0,03% auftritt; unter gewissen Bedingungen kann Molybdän als Nebenprodukt der Pb-Zn-Verarbeitung gewonnen werden.

Selen kommt in einigen polymetallischen Erzen vor (etwa 0,004%); manchmal wird Selen aus Blei-Kupfer-Konzentraten gewonnen (bis 0,03%).

Thallium hat einen praktischen Wert schon bei einem Gehalt von 10 g/t Erz.

Außer den oben angeführten Komponenten kann bei vielen Blei-Zink-Lagerstätten auch die Gewinnung von *Pyrit* sehr interessant sein, ganz besonders bei Lagerstätten, in denen Pyrit in größeren Mengen vertreten ist.

b) *Die Aufbereitbarkeit der Erze.* Die Aufbereitbarkeit der Erze ist ein besonders wichtiger Faktor bei der Bestimmung des industriellen Minimalgehaltes an Blei und Zink.

Ihren technologischen Eigenschaften nach unterscheidet man bei den Blei-Zink-Erzen zwei Grundtypen: sulfidische Erze und oxydische Erze; wenn beide Komponenten vorhanden sind, dann kann man von sulfidisch-oxydischen Erzen sprechen. Bei ihnen werden verschiedene Aufbereitungsverfahren angewendet, durch welche auch verschiedene Ausbringen erzielt werden.

Der Erfolg der Aufbereitung hängt nicht nur von dem Mineralbestand des Erzes, sondern auch vom Erzaufbau und von den Eigenschaften der einzelnen

Minerale ab. Vom Verwachsungsgrad der einzelnen mineralischen Komponenten hängt der Grad der Trennung der einzelnen Erzminerale ab. Das ist bei komplexen Erzen, wie es gewöhnlich Blei-Zink-Erze sind, besonders wichtig. Weiterhin ist für eine erfolgreiche Aufbereitung auch die Größe der Körner der einzelnen Erzminerale wichtig, wie auch deren Formen, die im Zerkleinerungsprozeß entstehen. Bekanntlich gibt es Blei-Zink-Erze mit einem großen Pb-Zn-Gehalt, die nicht erfolgreich angereichert werden konnten, weil die Verwachsungen zwischen den Mineralen besonders fein und die Körner sehr klein waren. Auch isomorphe Beimischungen im Bleiglanz oder der Zinkblende können sich auf die Anreicherung eines Erzes ungünstig auswirken, z. B. verschiedene Varietäten der Zinkblende (Cleiophan, Sphalerit, Marmatit) verhalten sich oft verschieden bei der Aufbereitung.

Auf Grund der mikroskopischen Untersuchung der mineralischen Zusammensetzung und des Erzaufbaus kann man oft schon in der Phase der Vorerkundung annähernde Angaben über die Aufbereitbarkeit des Erzes machen. Auch später sind die Ergebnisse der Untersuchungen der mineralischen Zusammensetzung die Grundlage, nach der sich der Aufbereitungsprozeß richtet (Wahl der Verfahren, Feinheitsgrad der Mahlung usw.).

Die Aufbereitung des Blei-Zink-Erzes ist gewöhnlich komplizierter, wenn im Erz folgende Vergesellschaftungen auftreten:

Sulfidische Kupferminerale (Kupferkies, Kupferglanz u. a.), die als ein gesondertes Konzentrat abgeschieden werden müssen, und sekundäre Kupfersulfide, die bei der Aufbereitung lösbare Kupfersalze bilden und den Prozeß der Trennung der Blei-, Zink- und Pyritminerale beeinträchtigen.

Bedeutende Mengen von Pyrit, Magnetkies und anderen Fe-Mineralen, die die Aktivierung einer Anzahl der Begleitminerale hervorrufen können. Das verschlechtert die Qualität der Blei- und Zinkkonzentrate.

Besonders ungünstig ist die innige Verwachsung der einzelnen Sulfide (meist Zinkblende mit Kupferkies oder Pyrit). Bei einer sehr feinen Verwachsung ist es manchmal nötig, 80 bis 90% des Erzes auf eine Kornfeinheit von 200 Mesh und feiner zu mahlen. Das erhöht die Aufbereitungskosten.

Im Zusammenhang damit unterscheidet man leicht aufbereitbare Erze und weniger leicht bzw. schwer aufbereitbare Erze.

Zu den *leicht aufbereitbaren Erzen* zählen grobkörnige und mittelgrobkörnige Erze (gewöhnlich aus gangförmigen und metasomatischen Lagerstätten) ohne Beimischung organischer oder toniger Substanzen.

Weniger leicht aufbereitbare Erze sind meistens Skarnerze und Erze aus metasomatischen Lagerstätten, ferner in silikatischen Gesteinen gebildete Erze, die als kleinere Imprägnationen oder auch als grobkörnigere Minerale mit kleinen Mengen anderer Minerale auftreten; bis 80% des Erzes werden gewöhnlich auf 200 Mesh gemahlen.

Schwer aufbereitbare Erze sind meistens:

Pyrit-Blei-Zink-Erze mit sekundären Mineralen als Begleiter; das Nebengestein enthält organische oder tonige Substanzen; und

Blei-, Zink- und kupferführende Pyrite, in denen Pyrit vorherrscht; von diesen Erzen müssen oft 90% des Erzes bis 200 Mesh gemahlen werden.

c) Auf die Größe des industriellen Minimalgehaltes an Blei und Zink in den einzelnen Lagerstätten können auch die *Erzverdünnung* und die *Erzverluste* beim Abbau von großem Einfluß sein. Der Unterschied zwischen dem Metallgehalt (Blei und Zink) der Vererzung, der durch systematische Probenahme bestimmt wird, und dem Metallgehalt im abgebauten Erz kann erheblich sein. Das muß bei der Bestimmung des industriellen Minimalgehaltes berücksichtigt werden. Das ist besonders wichtig bei Gang- und Imprägnationslagerstätten, manchmal aber auch bei einzelnen Lagerstätten der übrigen Lagerstättentypen.

In Anbetracht der Veränderlichkeit der Faktoren, die bei der Bestimmung des industriellen Minimalgehaltes und des geologischen Schwellengehaltes für Blei und Zink ausschlaggebend sind, können diese Werte ausschließlich als Übersicht dienen. Für jede Lagerstätte müssen diese Werte je nach den Bedingungen und dem Charakter der Lagerstätten festgestellt werden. Dies bezieht sich auch auf die Mindestmächtigkeit der Erzkörper und auf das Metroprozent. Infolgedessen beruht die Bewertung des Blei- und Zinkgehaltes (wie auch der begleitenden nützlichen Komponenten) auf der Menge des auswertbaren Metalls, auf der Höhe der gesamten Kosten und auf der Höhe des Metallpreises.

B. Größe der Lagerstätte

Bei der Bewertung einer Lagerstätte sind außer der Erzqualität auch die Größe der Lagerstätte bzw. die Menge ihrer Erzreserven eine wichtige Kennziffer.

Der Größe nach können die Lagerstätten in mehrere Gruppen eingeteilt werden: kleine, mittlere, große und sehr große Lagerstätten. Tab. 67 zeigt die einzelnen Lagerstättengruppen, die entsprechend ihrem Blei- und Zinkgehalt im Erz (Größenordnung) eingeteilt sind.

Tabelle 67. *Größe einzelner Blei- und Zinklagerstätten* (in 1000 t Metall)

	Kleine	Mittlere	Große	Sehr große
		Lagerstätten		
Blei	40—50	50—500	500—1000	über 1000
Zink	50—60	60—500	500—1000	über 1000

Diese Klassifikation, die ausschließlich auf naturgegebenen Kennziffern beruht, muß nicht auch den entsprechenden wirtschaftlichen Wert kennzeichnen. Die wirtschaftliche Klassifikation der Erzreserven ist eine viel zuverlässigere und vollkommenere Basis für einen Vergleich einzelner Lagerstätten oder Lagerstättengruppen, denn die wirtschaftliche Klassifikation der Reserven berücksichtigt nicht nur die Mengen, sondern auch den Mineralbestand und den Aufbau des Erzes wie auch die gesamten Produktionskosten und die Preise der Metalle bzw. der Konzentrate.

Die wirtschaftlichen Mindestreserven, auf denen die bergmännische Produktion beruht, können in ziemlich weiten Grenzen schwanken, je nach der Qualität des Erzes und je nach den technisch-wirtschaftlichen Abbaubedingungen. Bei mittelschweren Abbaubedingungen und mittelreichem Erz kann eine Lagerstätte 200000 bis 300000 t als Mindestmetallreserven enthalten. Sie können jedoch kleiner sein, wenn es sich um reiche Erze handelt, bei denen die Abbauproduktion gering ist, aber auch die Investitionen für den Grubenbetrieb klein sind.

In Anbetracht der relativ hohen Investitionen für den Aufschluß einer Lagerstätte und für die Errichtung der Aufbereitungsanlagen müssen bei der Bestimmung der Kapazität einer Grube und der Dauer des Abbaus die Angaben der erreichten Untersuchungsstufe berücksichtigt werden, d. h. der Anteil an Reserven der A- und B-Kategorie im Vergleich zu den gesamten Reserven einer Lagerstätte. Allgemein sollten von den gesamten Reserven 30 bis 50% der A+B-Kategorie angehören. Bei der Beurteilung kann auch der Lagerstättentyp wichtig sein. Wichtig ist ferner, ob es sich um eine erst in Betrieb genommene Lagerstätte handelt oder aber um neuentdeckte Reserven innerhalb einer Lagerstätte, die schon abgebaut wird.

Die Abbaudauer muß nicht nur ausschließlich durch die Erzmenge in einer Lagerstätte bestimmt sein, sondern sie kann auch von der Höhe des erzielten Gewinns je Maßeinheit abhängen. Gewöhnlich wird deshalb angenommen, daß die Erzreserven, auf Grund welcher der Abbau bei einer bestimmten Jahreskapazität beginnen würde, für eine 15 bis 20 Jahre lange Abbautätigkeit ausreichen sollen. Bei reichen Erzen oder bei den durch einfache und billige Verfahren anreicherbaren Erzen kann die Abbaudauer auch bedeutend kürzer als 15 Jahre sein (gewöhnlich bei Lagerstätten mit kleiner und unbedeutender Produktion).

Literatur

AMIRSLANOW, A. A., 1957: Typen von Blei- und Zinklagerstätten. (Ossnowni tipi mestorozhdenij swinza i zinka, russisch.) Moskau: Gosgeoltechizdat.

BASMANOW, W. A., G. G. GUDALIN, F. M. LOSKUTOW, 1948: Blei und Zink (Polimetalitscheski rud). Anforderungen der Industrie an die Qualität mineralischer Rohstoffe. (Trebowanie promischlenosti k katschestwu mineral. sirja, russisch.) Moskau: Gosgeoltechizdat.

BISHOP, O. M., 1960: Lead. In: Mineral Facts and Problems. Bureau of Mines Bull. 585, Washington.

—, 1960: Zinc. In: Mineral Facts and Problems. Bureau of Mines Bull. 585, Washington.

DUNHAM, R., 1950: The Geology, Paragenesis and Reserves of the Ores of Lead and Zinc. Symp. of the 18th Intern. Geol. Congr., London.

JACKSON, C., J. H. HEDGES, 1939: Metal — Mining Practice. Bureau of Mines Bull. 419, Washington.

LANDSBERG, H. H., F. F. FISHMAN, L. J. FISHER, 1963: Resources in America's Future. Baltimore: The Johns Hopkins Press.

Materials Survey — Lead and Zink, 1951: Bureau of Mines, Washington.

MORGAN, S. W. K., 1957: The Production of Zinc in a Blast Furnace. Bull. Inst. Min. Met. No. 609, Trans. **66**, Pt. II.

—, 1957: New Smelting Technique Uses Blast Furnace to Recover Zinc and Lead. Min. World **19**, No. 11.

ORLOWA, E. I., E. I. MARKOWA, 1957: Kupfer-, Blei- und Zinkvorräte kapitalistischer Länder. (Ressurssi medi, swinza i zinka w kapitalistitscheskich stranach, russisch.) Moskau: Gosgeolizdat.

RAMDOHR, P., 1960: Die Erzmineralien und ihre Verwachsungen. Berlin.

REY, M., G. SITIA, P. RAFFINOT, V. FORMANEK, 1954: Flotation of Oxidized Ores. Min. Eng. **6**, No. 4.

TAGGART, A., 1951: Elements of Ore Dressing. New York.

Aluminium

Aluminium ist ein Metall, welches in kurzer Zeit in der Industrie sehr weite Anwendung gefunden und eine Reihe anderer Metalle (Stahl, Kupfer) oder Rohstoffe (Zement, Holz u. a.) verdrängt hat. Dank vieler seiner Eigenschaften, besonders seines geringen spezifischen Gewichtes (2,7), welches gleich dem von Glas ist und dreimal kleiner ist als das von Eisen, sowie der Festigkeit seiner Legierungen wegen, gewinnt das Aluminium mit immer mehr Berechtigung den Namen des „Metalls der Zukunft". Die Kurve seiner Erzeugung hat im Laufe der letzten Jahre einen steileren Verlauf genommen als jene aller anderen Metalle, sogar bedeutend mehr als die des Stahles.

Der größte Teil der Erzeugung von Aluminium in den USA wird im Bauwesen verbraucht: etwa 25% des Gesamtverbrauches (Herstellung von Fenstern und Türen, Konstruktionsteile bei Wohn- und Industriebauten u. a.).

In der Elektroindustrie und Elektrowirtschaft spielt das Aluminium eine immer bebedeutendere Rolle und verdrängt das Kupfer bei Fernleitungen, Leitern u. a.

Die Legierungen von Aluminium mit einer Reihe anderer Elemente bereiten dem Stahl eine immer stärkere Konkurrenz.

I. Erze und Lagerstätten

A. Minerale und Erze

Das Aluminium ist in einer riesigen Anzahl von Mineralen enthalten. Von allen Mineralen hat der Korund den größten Aluminiumgehalt, doch stellt er nicht den mineralischen Rohstoff des Aluminiums dar. Unter den zahlreichen Al-Mineralen haben nur einige wirtschaftliche Bedeutung zur Herstellung von Aluminium (Tab. 68).

Tabelle 68. *Aluminiumminerale von wirtschaftlicher Bedeutung*

Mineral	Formel	Al_2O_3-Gehalt (%)
Böhmit und Diaspor	$Al_2O_3 \cdot H_2O$	85
Hydrargillit (Gibbsit)	$Al_2O_3 \cdot 3H_2O$	65,4
Nephelin	$Na(AlSiO_4)$	35,7
Leuzit	$KAlSi_2O_6$	23,5
Kryolith	AlF_3NaF	24,16
Alunit	$KAl_3(SO_4)_2(OH)6$	37,0

Die weitaus größte Bedeutung als mineralische Rohstoffe für die Gewinnung von Aluminium haben die Monohydrate Böhmit und Diaspor und das Trihydrat Hydrargillit (Gibbsit); die übrigen Minerale dienen nur ausnahmsweise als Aluminiumrohstoff (Nephelin, Leuzit, Alunit, Kryolith und äußerst selten einzelne Arten von Tonen, welche reich an Aluminium sind).

a) Die Erze, aus denen heute hauptsächlich Aluminium gewonnen wird, sind die *Bauxite*. Nach der mineralischen Zusammensetzung, die den genetischen Typ der Bauxite bestimmt, unterscheidet man drei Hauptgruppen von Bauxiten:

1. Monohydratischer Bauxit mit Aluminium in Form von Monohydrat-Diaspor-Böhmit (diasporische Bauxite, böhmit-diasporische und diasporische Bauxite).

2. Trihydratischer Bauxit enthält trihydratisches Aluminium; unter ihnen unterscheidet man hydrargillitische (gibbsitische) und kaolin-hydrargillitische Bauxite.

3. Gemischte Bauxite bestehen aus monohydratischem und trihydratischem Aluminium; als Vertreter dieser Bauxite ist zur Zeit nur der hydrargillitische Böhmitbauxit bekannt, obwohl das Bestehen auch anderer Varianten nicht ausgeschlossen ist.

Außer diesen Haupttypen kann man auch andere Abarten unterscheiden, die jedoch ohne größere praktische Bedeutung sind: Kaolin-Diaspor- und Chlorit-Diaspor-Bauxite (aus monohydratischem Aluminium zusammengesetzt), ferner Halloysit-Hydrargillit- und Allophan-Hydrargillit-Bauxite (mit trihydratischem Aluminium).

Außer den mineralischen Hauptkomponenten treten in den Bauxiten auch Nebenbestandteile auf, die häufig in großem Maße die Qualität des Bauxiterzes beeinflussen.

Silizium ist eine der sehr bedeutenden Komponenten, welche die Qualität des Bauxits bestimmen; im Bauxit kommt das Silizium als Kalzedon, Opal und Quarz vor; weiters in Form von Tonmineralen (an erster Stelle Kaolinit und Halloysit) und in Leptochlorit; Opal wird seltener in den Bauxiten angetroffen (Böhmit und Diaspor).

Kaolinit ist eine besonders häufige Komponente in hydrargillitischen Bauxiten lateritischer Lagerstätten; er tritt in dispersem Zustand oder in Form von blättrigen Aggregaten auf. Manchmal tritt zusammen mit Kaolinit auch Halloysit auf.

Eisenminerale sind in den Bauxiten sehr verbreitet. Der Eisenoxydgehalt in Bauxiten hydrargillitischen Typs ist gewöhnlich größer als in den Diasporbauxiten; in den ersteren ist das Verhältnis $Al_2O_3 : Fe_2O_3$ meistens 0,9 bis 2,3 und in den zweiten von 1,5 bis 4,5. Die Eisenminerale sind durch Oxyde und Hydroxyde (Goethit, Hydrogoethit, Hämatit, Magnetit), Sulfide und Sulfate vertreten, ferner durch Karbonate und Silikate. Die Form, in der die Eisenminerale auftreten, ist mit der Art des Bauxits eng verbunden:

Hämatit ist gewöhnlich mit monohydratischen Bauxiten verbunden.

Goethit ist besonders in der Zementmasse hydrargillitischer Bauxite verbreitet; Hydrogoethit entsteht aus Goethit.

Siderit, teilweise auch Chamoisit, sind besonders häufig in hydrargillitischen und diasporischen Bauxiten.

Die Verbreitung von Eisensulfid (in Form von Pyrit) ist in enger Verbindung mit den einzelnen Abarten des Bauxits; in roten Bauxiten ist der Schwefelgehalt gewöhnlich nicht höher als 0,5%, während er in den grauen von 1,5 bis 20% schwankt. Neben Pyrit hat auch Melnikovit-Pyrit eine weite Verbreitung.

Kalzium ist eine sehr veränderliche Komponente in den Bauxiten, sogar in ein und derselben Lagerstätte. Kalzium tritt im Bauxit in Form von Kalzit auf, selten als Ankerit und Gips. Monohydratische Bauxite enthalten mehr Kalzium als die trihydratischen Typen; diasporische Bauxite haben mehr Kalzium als die böhmitischen.

Der Kalziumgehalt im Bauxit steht gewöhnlich im umgekehrten Verhältnis zum Siliziumgehalt.

Titanminerale sind am häufigsten durch Rutil und Titanomagnetit vertreten, seltener durch Perowskit. Der TiO_2-Gehalt in den einzelnen Bauxittypen beträgt durchschnittlich: 1,87% in Diaspor-Böhmit-Bauxiten, 2,3% in Böhmit-Hydrargillit-Bauxiten und 3,16% in hydrargillitischen Bauxiten.

b) *Nephelinerz.* Im Laufe der letzten Jahre werden zunehmend Nephelinerze in der Aluminiumindustrie verwendet (vorerst nur in der Sowjetunion).

Der hochwertigste Rohstoff sind die Urtite, Gesteine, die reich an Nephelin sind (75 bis 85% Nephelin und 10 bis 15% Pyroxen). Gesteine dieser Zusammensetzung sind besonders in Sibirien verbreitet, wo die Urtite als Randfazien von Gabbrogesteinen auftreten.

Neben Urtit können auch Apatit-Nephelin-Gesteine Rohstoffe zur Gewinnung von Aluminium darstellen; das Aluminiumkombinat Volchovsko und die Pikalevski-Anstalt in der UdSSR arbeiten mit diesem Rohstoff.

Nephelinsyenite gehören zu den weitest verbreiteten Nephelingesteinen. Ihre Verwertung in der Industrie ist jedoch begrenzt, denn die dunklen petrogenen Minerale bringen einen erhöhten Eisengehalt mit sich, der eine sehr schädliche Komponente im Aluminiumgewinnungsprozeß ist, während die Kalium-Natrium-Feldspate den Aluminiumgehalt verringern.

c) *Leuzit.* Der Leuzit hat ähnliche technologische Eigenschaften wie Nephelin; zum Unterschied vom Nephelin enthält der Leuzit Wasser.

d) *Kryolith* als mineralischer Rohstoff des Aluminiums wird nur in Grönland abgebaut.

e) *Alunit.* Seiner chemischen Zusammensetzung nach könnte der Alunit ein wichtiger Mineralrohstoff zur Gewinnung von Aluminium sein. Außer Aluminium könnte man aus Alunit auch Kalidünger und Schwefelsäure gewinnen.

B. Wirtschaftlich wichtige Lagerstättentypen

Aluminiumlagerstätten werden unter verschiedenartigen geologischen Bedingungen gebildet. In wirtschaftlicher Hinsicht haben die unter exogenen Bedingungen entstandenen Bauxitlagerstätten die weitaus größte Bedeutung; Lagerstätten anderer Erze, die früher erwähnt worden sind, sind von ganz untergeordneter Bedeutung für die Gewinnung von Aluminium, während einzelne Erztypen nur potentielle Quellen für dieses Metall darstellen.

1. Magmatische Lagerstätten

Zur Konzentration von Aluminium in magmatischen Lagerstätten kommt es in der Hauptsache während der Hauptkristallisationsphase des Magmas und beim Übergang der pegmatitischen in die pneumatolytische Phase. Daher kann man echte magmatische (intramagmatische) und Injektionslagerstätten unterscheiden. Von wirtschaftlicher Bedeutung sind heutzutage nur einzelne Injektionslagerstätten.

Injektionslagerstätten sind in der Welt äußerst selten. Zu diesem Typ gehört die intrusive Apatit-Nephelin-Lagerstätte Hibini auf der Halbinsel Kola in der Sowjetunion, aus der heute das Erz zur Gewinnung von Aluminium abgebaut wird.

2. Pegmatitische Lagerstätten

In Pegmatiten sind wirtschaftlich bedeutende Konzentrationen von Al-Mineralen äußerst selten. Bedeutender sind nur die Lagerstätten des Kryoliths, durch dessen Verarbeitung Aluminium gewonnen werden kann. Wirtschaftlich bedeutende Lagerstätten dieses Typs sind in der Welt sehr selten. Eine von ihnen ist die von Ivigtut auf Grönland.

3. Lateritische Lagerstätten

Lateritische Lagerstätten, auch als silikatische Bauxitlagerstätten bekannt, entstehen durch Verwitterung mittelsaurer und basischer magmatischer Gesteine, ferner auch anderer silikatischer Gesteine mit erhöhtem Aluminiumgehalt.

Die Prozesse des lateritischen Zerfalls, die Migration der einzelnen Komponenten im primären Gestein sowie die Anordnung der neugebildeten Produkte sieht man sehr schön in vertikalen Profilen; in Tab. 69 sind, in Abhängigkeit vom Charakter des Muttergesteins, die verschiedenen Typen der Profile lateritischer Zerfallskrusten dargestellt.

Tabelle 69. *Profile lateritischer Zerfallskrusten*

Nach LACROIX (1923, Madagaskar)	Nach HARRASOWITZ (1926)	Nach FOX (1932, Indien)	Nach FAGEDER	Nach MARBIT (1932, Kuba)
Eisenkruste	Eisenkruste 1 m	Pisolitischer Fe-Laterit	Eisenkruste	Rotbraune Tone mit Fe-Konzentrationen
Konkretionszone	Fleckige Zone 3—10 m	Pisolitischer Bauxit 2,5—7,5 m	Roterde, p_H = 5—7	Rote Tone mit Fe-Konkretionen
		Niveau des Grundwassers		
		Poröser weicher Laterit	Fleckiger Horizont, p_H = 6—7	
		Flözartige Tone, 2—6 m (graues Flöz)		Rotgelbe Tone
Verwitterungszone	Verwitterungszone, 5—15 m	Kaolinisierter Basalt	Verwitterungshorizont, p_H = 7—9	
Frisches basisches Gestein	Frisches Gestein	Unveränderlicher Basalt	Muttergestein	Serpentinit

Lateritische Bauxitlagerstätten können an der Zerfallsstelle des Muttergesteins entstehen — reliktische Lagerstätten —, oder das Material der lateritischen Zerfallskruste kann mechanisch transportiert worden sein, wobei es zur Bildung von diluvial-alluvialen Bauxitlagerstätten kommt.

a) *Reliktische Lagerstätten* sind die weitaus verbreitetsten und wirtschaftlich bedeutendsten lateritischen Bauxitlagerstätten. Sie haben vorwiegend die Form einer Decke, die über dem Muttergestein liegt.

Je nach ihrer Qualität sind die Bauxite reliktischer Lagerstätten hauptsächlich vom trihydratischen, hydrargillitischen Typ; Vorkommen von Böhmit sind in der Hauptsache sehr begrenzt. Der Al_2O_3-Gehalt ist in wirtschaftlich bedeutenden Erzen gewöhnlich über 50%. Der Anteil an Silizium ist in diesen Lagerstätten veränderlich (gewöhnlich 2 bis 15%), oft sehr gering (unter 3% SiO_2). Der Fe_2O_3-Gehalt beträgt am häufigsten 5 bis 15% und die freie Feuchtigkeit 5 bis 25%. Daher stellen die Bauxite aus diesen Lagerstätten oft einen hochwertigen mineralischen Rohstoff dar.

Lagerstätten dieses Typs sind meist sehr groß. Bauxitlagerstätten umfassen häufig Flächen von mehreren Quadratkilometern und manchmal auch 30 bis 40 km²; die Mächtigkeit dieser Lagerstätten beträgt am häufigsten einige Meter, manchmal auch über 30 m, wodurch diese Lagerstätten ungeheure Reserven von Bauxit enthalten können.

Die Exploitationskosten sind in Lagerstätten dieses Typs im allgemeinen niedrig.

Beim Zerfall ultrabasischer Gesteine bilden sich in lateritischen Lagerstätten eisenhaltiger Bauxite ungeheure Konzentrationen von Aluminium. Mit Rücksicht auf die Unwirtschaftlichkeit der Verarbeitung gehören diese Lagerstätten, trotz der ungeheuren Reserven, heute nicht zu den bilanzfähigen mineralischen Rohstoffen von Aluminium.

Zu dem reliktischen Typ von Bauxitlagerstätten von wirtschaftlicher Bedeutung gehören die großen Lagerstätten von Guayana (Surinam, Britisch- und Französisch-Guayana), ferner zahlreiche Lagerstätten in Indien, Indonesien, Westafrika (Guinea, Ghana und andere Länder), Australien, Brasilien sowie auch Arkansas in den USA.

b) *Diluvial-alluviale Bauxitlagerstätten* kommen selten vor, besonders wirtschaftlich bedeutende Lagerstätten. Lagerstätten dieses Typs werden am häufigsten innerhalb bestehender reliktischer Lagerstätten angetroffen, wobei der Konzentrationsgrad an Aluminium mit der Entfernung von den primären Lagerstätten abnimmt. In Alluvionen bilden sich Aluminiumkonzentrationen gewöhnlich in den höheren Niveaus der Niederungen, während sie talabwärts manchmal auch in kohlenführende Fazien übergehen können.

Die Reserven dieser Lagerstätten sind gewöhnlich unbedeutend. Die Erzqualität ist bedeutend schwächer als die der reliktischen Lagerstätten, da der Anteil an schädlichen und unerwünschten Beimischungen bedeutend höher ist (in erster Linie Silizium durch tonige Beimischungen).

Die einzige Lagerstätte, die auch wirtschaftlich einigermaßen interessant ist, ist *Tihvin* in der Sowjetunion.

4. Sedimentäre Lagerstätten des Kalksteintyps

Bauxitlagerstätten, die an karbonatische Gesteine — gewöhnlich Kalksteine, seltener Dolomite — gebunden sind, sind in der Welt sehr weit verbreitet.

Durch ihre mineralische Zusammensetzung gehören die Bauxite aus diesen Lagerstätten hauptsächlich zu den monohydratischen Typen (böhmitische und diasporische Bauxite); hydrargillitische Bauxite werden selten angetroffen. Außer den roten Bauxiten, welche den weitaus größten Teil der Bauxitreserven bilden, treten stellenweise auch wirtschaftlich bedeutende Konzentrationen weißer Bauxite auf (einzelne Lagerstätten im Gebiet von Nikšić in Jugoslawien).

Die Qualität des Bauxits ist sehr veränderlich: das Bilanzerz enthält gewöhnlich 50 bis 60% Al_2O_3 und 1 bis 5% SiO_2. Außer den hochwertigen Bauxiten, die über 58% Al_2O_3 und weniger als 3% SiO_2 enthalten, gibt es große Mengen, die gewöhnlich 30 bis 40% Al_2O_3, aber auch etwa 25 bis 30% SiO_2 enthalten. Daher gehört zu den heutigen Bilanzreserven nur ein Teil der gesamten Bauxitmengen, die sich in den Lagerstätten dieses Typs befinden.

Form und Ausmaße dieser Lagerstätten, wichtige Komponenten zur geologisch-ökonomischen Beurteilung, können in weiten Grenzen variieren. Für die Form dieser Lagerstätten ist es charakteristisch, daß ihr Liegendes sehr unregelmäßig, dagegen das Hangende hauptsächlich eben ist. Die Erzkörper sind gewöhnlich in Form von Linsen, Nestern oder Flözen ausgebildet; in wirtschaftlicher Hinsicht sind besonders wichtig flözartige Körper, welche oft große Bauxitreserven enthalten: ihre Mächtigkeit beträgt 1 bis 5 m, ausnahmsweise auch bis 30 m, und im Streichen können sie, mit Unterbrechungen, häufig auch mehrere Kilometer verfolgt werden.

Die Größe der Erzkörper ist sehr veränderlich — von einzelnen Erzkörpern mit etwa 10000 bis 15000 t bis zu Erzkörpern, deren Vorrat Millionen Tonnen betragen kann.

Eine besondere Charakteristik dieser Lagerstätten ist immer die stratigraphische Lage der Lagerstätten oder der erzführenden Zonen, was die Beurteilung der potentiellen Möglichkeiten der einzelnen Gebiete erleichtert.

Bauxitlagerstätten vom Kalksteintyp sind in Europa sehr weit verbreitet und befinden sich hauptsächlich im Mittelmeergebiet: in Frankreich, in den mittleren Teilen Österreichs, in Jugoslawien, Ungarn, Rumänien, Griechenland sowie auch im Uralgebiet; die ersteren sind mesozoischen und die Lagerstätten im Uralgebiet paläozoischen Alters. Lagerstätten dieses Typs sind auch im Gebiet des Kaspischen Meeres bekannt, wobei diese Lagerstätten gewisse spezifische Merkmale der Entstehung aufweisen (Jamaika und Haiti).

II. Suche und Erkundung

Bei der Untersuchung von Bauxitlagerstätten muß berücksichtigt werden, daß sich sowohl die Methodik der Untersuchung als auch die notwendigen Investitionen (die gesamten und pro Tonne Erz) bei lateritischen Lagerstätten und jenen in Kalkstein stark voneinander unterscheiden.

1. Die Untersuchung lateritischer Lagerstätten ist sehr einfach und mit unbedeutenden Investitionen verbunden. Die Erzkörper befinden sich an der Oberfläche oder nahe derselben. Da sie gewöhnlich von großem Ausmaß sind und horizontal oder schwach geneigt liegen, ist auch nur ein weitmaschiges Netz der Untersuchungsarbeiten (Bohrungen, seichte Stollen) erforderlich. Während der ersten Phase werden die Bohrungen gewöhnlich in einem quadratischen Netz mit einer Seitenlänge von 120 bis 300 m angelegt.

Die wirtschaftsgeologische Beurteilung der erzielten Resultate und die Entscheidung über die weiteren Untersuchungen beruhen hauptsächlich auf der Qualität des Erzes und auf den im gegebenen Gebiet herrschenden Transportbedingungen. Erst wenn sich diese beiden Faktoren als günstig erweisen, nimmt man eine eingehendere Untersuchung in Angriff, wobei sich bei sehr großen Lagerstätten die Untersuchungen vorwiegend auf Reserven der Kategorie C_1 beschränken.

2. Die Untersuchung von Bauxitlagerstätten in Kalksteinen ist bedeutend komplizierter und erfordert bedeutendere Investitionen.

Die Grundlage zur Untersuchung dieser Lagerstätten und zur Beurteilung der Zukunftsaussichten eines erzführenden Gebietes ist eine detaillierte geologische Karte (gewöhnlich im Maßstab 1 : 25000 und 1 : 10000). Auf Grund der Ausdehnung der Erzausbisse an einem bestimmten stratigraphischen Niveau (Vererzungskoeffizient) und der festgestellten und erwarteten erzführenden Formationen werden in der ersten Phase die Art und das Ausmaß der notwendigen Arbeiten bzw. die Höhe der notwendigen Investitionen bestimmt.

Nach der Prospektion beginnt man mit der Erkundung, wenn die Resultate der Untersuchung günstig sind (besonders hinsichtlich des Silizium- und Aluminiumgehaltes im Bauxit). Die Erkundung erfolgt mittels Bohrungen und Stollen. Obwohl die Bohrungen gewöhnlich nicht auf tieferen Teilen des erzführenden Gebietes angesetzt werden, können dennoch die Untersuchungskosten mittels Bohrungen, infolge des Wassermangels in Karstgebieten, in denen gewöhnlich Bauxitlagerstätten dieses Typs vorkommen, bedeutend sein. In dieser Untersuchungsphase werden meist die der Oberfläche näher gelegenen Teile erfaßt oder die Erzausbisse selbst. In Lagerstätten, welche die Form kleiner Nester oder Linsen haben, werden die Untersuchungen oft unmittelbar durch die Exploitation fortgesetzt.

Eingehende Untersuchungen flözartiger Lagerstätten oder bauxitführender Horizonte erfordern größere Investitionen, besonders bei Lagerstätten, die tiefer liegen. Bei Beurteilung der Berechtigung einer Fortsetzung eingehenderer Untersuchungen spielen außer den geologischen Voraussetzungen (Erzqualität, Bauxitführungskoeffizient, Veränderlichkeit der Form und des Ausmaßes der Lagerstätte u. a.) die Transportverhältnisse des Gebietes und die Exploitationsbedingungen eine sehr bedeutende Rolle.

III. Abbau

Mit Rücksicht auf die Form, die Ausmaße und die Lage im Terrain ist die Exploitation von Bauxitlagerstätten sehr verschieden für lateritische Bauxite und Bauxitlagerstätten in Kalksteinen.

Lateritische Lagerstätten werden größtenteils im Tagebau abgebaut, mit hochmechanisierter Arbeitsweise. Bei vielen Lagerstätten dieses Typs genügt es, die Humusdecke zu entfernen und die Exploitation mittels Tagebau zu beginnen. Obwohl in allen lateritischen Lagerstätten die Humusdecke nicht sehr dünn ist, ist das Verhältnis Abraum : Erzkörper größtenteils sehr günstig. So beträgt in Surinam das Verhältnis Abraum : Erz bis zu 5 : 1, in Britisch-Guayana etwa 3 : 1, in einzelnen Lagerstätten Guayanas genügt es, einen Abraum von 0,8 bis 3,7 m^3 Material zu entfernen, um 1 t Bauxit zu erhalten. In Arkansas nimmt man für große Erzkörper an, daß 60 m die Grenztiefe für eine rentable Exploitation ist (gewöhnlich bis 30 m). Die Kosten des Tiefbaues sind gewöhnlich bis zu 50% höher als die Tagebauexploitation (Guayana).

Lagerstätten in Kalksteinen werden vorwiegend im Tiefbau abgebaut (gegen 80% der Gesamterzeugung). Die Erzkörper sind meist nur an einen erzführenden Horizont gebunden, doch sind sie voneinander getrennt und von geringer Größe. Daher werden viele Lagerstätten auf primitive Weise abgebaut, mit sehr geringen Kapazitäten. Erhöhte Exploitationskosten können bei Lagerstätten entstehen, die steil einfallen; dadurch wird auch die Rentabilität der Gewinnung in Frage gestellt. Die Ausbeute der Lagerstätten ist veränderlich, 50 bis 90%, vorwiegend etwa 80%.

Die Exploitationskosten sind bei lateritischen Lagerstätten sehr gering, während die Abbaukosten von Kalksteinlagerstätten bedeutend höher sind (aber gewöhnlich nicht sehr hoch), was unzweifelhaft einen Einfluß auf die Wirtschaftlichkeit der Erzeugung hat.

IV. Aufbereitung

Die Aufbereitung von Bauxit, heute wichtigster Rohstoff zur Gewinnung von Aluminium bzw. Tonerde, wird selten vorgenommen, meist wird der Bauxit direkt zur Verarbeitung gesandt. Die Aufbereitung von Bauxiten geringerer Qualität mittels mechanischer Verfahren hat bisher keine befriedigenden Resultate ergeben (Eisenoxyde, Minerale aus der Gruppe der Tone und andere mineralische Komponenten sind sehr eng und fein mit dem Bauxit verwachsen, so daß sie nicht getrennt werden können). Nur im Falle, daß das Erz einen hohen Anteil von freier Feuchtigkeit besitzt und auf große Entfernungen transportiert werden muß, wird ein Trocknen des Bauxits vorgenommen.

Zu den einfachsten Verfahren, die manchmal zur Aufbereitung des Bauxits angewendet werden, gehört die Handscheidung. Dieses Verfahren wird zwecks Trennung der an Silizium reichen Gangarten vom Bauxit angewendet, und zwar nur in Gruben mit kleiner Förderung. In einzelnen Lagerstätten weißer Bauxite (Rayon von Nikšić in Jugoslawien) ist das Handausklauben unumgänglich, denn nur auf diese Weise können marktfähige Qualitäten des Bauxits erhalten werden.

In einzelnen Lagerstätten (vorwiegend in Guayana) wird das Waschen von Bauxit zwecks Entfernung toniger Komponenten und des Siliziums aus dem Erz angewendet, wobei das Ausbringen gewöhnlich 60 bis 70% beträgt. Die Aufbereitung des Erzes aus Surinam, welches einen hohen Eisengehalt hatte, erfolgte in schweren Medien und mittels Setzmaschinen.

Die Aufbereitung nephelinischen Gesteins erfolgt heutzutage ausschließlich mittels chemischer Methoden, welche bedeutende Kosten erfordern.

V. Metallurgische Verarbeitung

Die Kenntnis der grundlegenden Charakteristiken des metallurgischen Verarbeitungsprozesses mineralischer Rohstoffe ermöglicht es, bei der wirtschaftsgeologischen Beurteilung der Aluminiumlagerstätten und erze die Bedeutung der einzelnen Komponenten im Erz und die Möglichkeiten der Verwendung von Erz bestimmter Qualität in der Industrie in Rechnung zu ziehen. Die Anforderungen, die die Industrie hinsichtlich der Qualität der Erze stellt und welche die Grundlage für die wirtschaftsgeologische Bewertung der Erze und Lagerstätten bilden, werden durch den Verarbeitungsprozeß und das Verhalten des Erzes in diesen Prozessen gegeben.

Die Gewinnung von Aluminium erfolgt heute in zwei Phasen: a) Gewinnung von Tonerde, und b) Elektrolyse von Aluminiumoxyd mit Fluoridsalzen und Gewinnung von Aluminiummetall; die direkte elektrothermische Gewinnung des Metalls ist heutzutage noch immer nicht wirtschaftlich; mit diesem Prozeß kann man nur Legierungen von Aluminium mit Silizium erhalten.

Je nach der Art des mineralischen Rohstoffes können wir die Verfahren der Verarbeitung von Bauxit und Nephelin unterscheiden.

A. Verarbeitung von Bauxit

Der Bauxit ist der wichtigste Rohstoff zur Gewinnung des Aluminiums. Dabei werden gegenwärtig zwei Verfahren angewendet: das Bayer-Verfahren und das Brennverfahren. Weitaus häufiger wird das Bayer-Verfahren angewendet, welches eine Reihe wirtschaftlicher Vorteile hat; die Brennmethode wird nur für Erze mit hohem Siliziumgehalt angewendet.

1. Das Bayer-Verfahren

Das Bayer-Verfahren beruht auf der Reaktion:

$$Al(OH)_3 + NaOH_{(Lösung)} \leftrightarrows NaAlO_{2(Lösung)} + 2H_2O$$

Die Reaktion erfolgt in der einen oder anderen Richtung, in Abhängigkeit von den äußeren Bedingungen (Temperaturen und Alkalienkonzentrationen). Bei erhöhter Temperatur und genügend hoher Natriumkonzentration erfolgt die Reaktion von links nach rechts bzw. kommt es zur Überführung des Aluminiums in die Lösung; bei niedrigeren Temperaturen und geringeren Alkalikonzentrationen wird sich die Reaktion in umgekehrter Richtung abwickeln, wobei es, infolge des Niederschlagens von Aluminiumhydroxyd, zur Regeneration der Alkalien kommt, welche sich im Prozeß neuerlich zur Lösung neuer Mengen von Bauxit verwenden lassen.

Der Verarbeitungsprozeß selbst besteht aus den folgenden Operationen:

Der gemahlene und vorher getrocknete Bauxit kommt in einen Autoklaven, in dem Bauxit mit konzentrierter Lösung gemischt wird [Na(OH)]. Die erhaltene Pulpe wird einige Stunden bei einer Temperatur, deren Höhe von der mineralischen Zusammensetzung des Bauxits abhängt, erhitzt (105 bis 230° C). Unter diesen Bedingungen erfolgt die Reaktion von links nach rechts, wobei aus dem Bauxit das Aluminium ausgelaugt wird und sich lösliches Natriumaluminat bildet sowie unlöslicher roter Schlamm; der rote Schlamm besteht aus unlöslichem Natriumalumosilikat, welches durch den gegenseitigen Einfluß der alkalialuminatischen Lösung mit dem Silizium aus dem Bauxit und dem Eisenhydroxyd entstanden ist; außerdem enthält der rote Schlamm Minerale, welche in der alkalischen Lösung ungelöst geblieben sind, ferner einen Teil des nichtausgelaugten Aluminiums aus dem Bauxit.

Die nach dem Auslaugen erhaltene Pulpe wird verdünnt und aus ihr der rote Schlamm entfernt. Die Aluminatlösung geht durch Kontrollfilter, um die Reste fester Teilchen aus dem roten Schlamm zu entfernen. Die folgende Etappe der Verarbeitung besteht aus der Hydrolyse der aluminatischen Lösung. Dadurch werden etwa 50% Aluminium in Form von kristallischem Aluminiumhydroxyd ausgeschieden. Das erhaltene Aluminiumhydroxyd wird ausgewaschen und danach bei einer Temperatur von 1200 bis 1300° C geglüht. Das geglühte Produkt ist Tonerde, welche als Ausgangsmaterial für die elektrolytische Gewinnung von Aluminium dient. Das in der Lösung zurückgebliebene Natriumaluminat wird eingedampft und kehrt neuerlich in die Erzeugung zurück. In Bauxiten mit Karbonaten können sich bei der Eindampfung der alkalisch-aluminatischen Lösung bedeutende Mengen Soda ausscheiden, welche sich an der Oberfläche der Rohrleitungen niederschlagen, was zu einer Verzögerung des Prozesses und zur Verringerung der Kapazität der Anlage führt.

Das Bayer-Verfahren ist einfach und wirtschaftlich. Es wird in erster Linie zur Verarbeitung hochwertigen Bauxits mit geringerem Siliziumgehalt verwendet. Für 1 t Tonerde benötigt man etwa 2,2 t, seltener auch bis zu 2,5 t Bauxit, je nach Qualität des Bauxits, sowie etwa 0,1 t kaustische Soda und etwa 320 kWh/t.

Die Wirtschaftlichkeit des Verfahrens hängt sehr von der Qualität des Erzes ab, von der mineralischen Zusammensetzung des Bauxits und dem Gehalt an schädlichen Komponenten:

Mineralische Zusammensetzung. Die notwendige Temperatur und der Druck, bei dem die Auslaugung erfolgt, stehen in engem Zusammenhang mit der mineralogischen Zusammensetzung des Bauxits, denn die Leichtigkeit, mit welcher das Aluminium aus den verschiedenen Typen von Bauxit ausgelaugt wird, ist nicht die gleiche. Die einfachste und vollkommenste Auslaugung wird bei hydrargillitischen Bauxiten festgestellt, dabei wird eine Temperatur von etwa 105° C und normaler Druck angewendet. Bei böhmitischen und hydrargillitisch-böhmitischen Typen ist eine höhere Temperatur (190 bis 205° C) und ein Druck von etwa 13 atm notwendig, während die Verarbeitung diasporischer Typen bei Temperaturen von etwa 225 bis 230° C und noch höherem Druck vorgenommen wird.

Silizium. Im Auslaugungsprozeß reagiert das Silizium mit den Alkalien, wobei sich eine lösliche Verbindung $Na_2O \cdot SiO_2$ bildet. Durch die Reaktion zwischen Natriumsilikat und Natriumaluminat, welches sich in der Lösung befindet, bildet sich unlösliches Natriumalumosilikat, welches gefällt wird. Auf diese Weise kann es zu bedeutenden Verlusten von Aluminium und Alkalien kommen; jedes Prozent von SiO_2 aus dem Bauxit kann zum Verlust von etwa 6,6 kg NaOH und 8,5 kg Al_2O_3 führen. Wenn Erz verarbeitet wird, bei dem das Verhältnis $Al_2O_3 : SiO_2$ geringer als 8 ist, können die Aluminiumverluste, wegen der SiO_2, etwa 10% vom Aluminiumgehalt im Bauxit betragen.

Da die Intensität der Reaktion des Siliziums auch von der Temperatur der Lösung abhängt, kann der gestattete Siliziumgehalt in verschiedenen Bauxitarten verschieden sein. So können, unter den im übrigen gleichen Bedingungen, hydrargillitische Bauxite etwas mehr SiO_2 haben als die böhmitischen oder diasporischen.

Karbonate. Die Anwesenheit von Karbonaten (Kalzium, Siderit, Dolomit u. a.) erschwert den Verarbeitungsprozeß oder verursacht Verluste von Aluminium (Kalziumaluminate); die durch die Reaktion zwischen Karbonat und Na(OH) entstandene Soda, die nachträglich in Na(OH) zurückgeführt werden muß, kann erhöhte Kosten hervorrufen.

Schwefel. Die Anwesenheit von Schwefel, der besonders häufig in böhmitisch-diasporischen Bauxiten ist, ist unerwünscht, denn im Verarbeitungsprozeß kann er Verluste von Alkalien verursachen; auf jedes Prozent Schwefel in einer Tonne Bauxit gehen annähernd 25 kg Na(OH) verloren. Außerdem gelangen Verbindungen der Typen nNa_2S und mFeS bei der Hydrolyse der Aluminatlösungen in den Niederschlag, was das Aluminium verunreinigt und den Eisengehalt im Aluminiummetall erhöht.

Titandioxyd. Im Verarbeitungsprozeß kann das TiO_2 Verluste von Na(OH) hervorrufen, durch Bildung von Natriummetatitanaten; jedes Prozent TiO_2 kann Verluste von etwa 5 kg Na(OH) verursachen.

Organische Verbindungen. Organische Verbindungen erschweren in geringerem Maße die Verarbeitung der Aluminatlösungen, in denen fast immer gewisse Konzentrationen dieser Verbindungen beobachtet werden.

Außer den erwähnten Komponenten tritt im Bauxit auch eine Reihe anderer auf, welche unbedeutende Verluste von Alkalien hervorrufen oder beim Übergehen in die Aluminatlösung und in das Aluminiummetall seine Qualität herabsetzen. Obwohl diese Komponenten (Phosphor, Vanadium, Chrom, Kupfer, Zink) in sehr geringen Konzentrationen auftreten, bestehen dennoch in vielen Anforderungen hinsichtlich der Qualität des Bauxits Beschränkungen in bezug auf den Gehalt an diesen Komponenten.

Der bei der Verarbeitung des Bauxits erhaltene rote Schlamm enthält häufig viele nützliche und seltene Metalle (Gallium u. a.).

2. Brennmethode

Die Brennmethode wird nur bei der Verarbeitung von Bauxit geringer Qualität angewendet — mit hohem Silizium- und niedrigem Aluminiumgehalt; oder es werden andere Aluminiumrohstoffe benützt.

B. Verarbeitung von Nephelin

Die Gewinnung von Aluminium aus Nephelinkonzentraten wird heute nur in der Sowjetunion (Hibinski Zavodi) angewendet. Die Verwendung dieser mineralischen Rohstoffe zur Gewinnung von Aluminium ist wirtschaftlich nur dann berechtigt, wenn die Rohstoffe komplex ausgenützt werden, und außer Aluminium auch Zement und alkalische Salze gewonnen werden In den in der UdSSR bestehenden Anlagen erhält man außer 1 t Tonerde auch noch etwa 7 t Zement und etwa 1 t Soda und Pottasche (A. I. Belajev); die Abbaukosten des Nephelins sind sehr gering (Tagebau mit sehr großer Erzeugungskapazität), was einer der sehr wichtigen Faktoren für die Wirtschaftlichkeit der Verarbeitung ist.

Die nephelinischen Konzentrate, die zur Gewinnung von Tonerde benützt werden, enthalten, nach den Angaben von S. I. BENESLAVSKI, gewöhnlich mindestens 29% Al_2O_3, auf trockene Materie umgerechnet, höchstens 45% SiO_2, mindestens 9,5% $Na_2O + K_2O$ und höchstens 7% Fe_2O_3.

Außer den beschriebenen Verfahren, welche heute überall in der Welt angewendet werden (außer der Gewinnung von Aluminium aus Kryolith), gibt es eine Reihe anderer Verfahren, welche auch eine Nutzung anderer Rohstoffe möglich machen könnten. So arbeitet man in den USA intensiv an der Auffindung von Verfahren zur wirtschaftlichen Gewinnung von Aluminium bzw. Tonerde aus Tonen mit geringem Eisengehalt. In der Sowjetunion werden in unbedeutendem Maße Alunite als Rohstoffe zur Gewinnung von Tonerde benützt. Alle diese Verfahren haben bisher keine größere industrielle Anwendung gefunden.

Die Gewinnung von Tonerde ist vorwiegend mit einer großen Kapazität der Anlagen verbunden, wodurch die Verarbeitung wirtschaftlich wird.

Die Größen der einzelnen Kapazitäten der Tonerdegewinnung in der Welt im Zeitraum 1960 bis 1962 sind in Tab. 70 dargestellt:

Tabelle 70. *Die Kapazität von Tonerde erzeugenden Betrieben der Welt*

Kapazität in Tonnen	Technische Kapazität in Tonnen	Zahl der Anlagen	Anteile an der gesamten Kapazität (%)
bis 25000	99786	8	0,9
25000— 50000	264352	7	2,4
50000—100000	627949	8	5,0
100000—150000	1088165	9	10,4
150000—200000	384745	2	3,4
200000—300000	467197	2	4,0
300000—400000	2443873	7	21,4
400000—600000	970682	2	8,5
über 600000	5065986	6	44,0
Gesamt	11412735	51	100,0

Quelle: Mineraix et Métaux, Paris 1962.

Aluminiummetall wird mittels Elektrolyse der Tonerde gewonnen. Dabei wird eine Reinheit von über 99,0% Al erzielt. Außer der Tonerde werden im Prozeß auch unbedeutende Mengen von Al-Fluorid zwecks Entfernen des Na_2O aus der Tonerde benützt und Fluorit zwecks Senkung des Schmelzpunktes. Besonders wichtig für die Gewinnung von Aluminium ist das Vorhandensein von elektrischer Energie.

Für 1 t Aluminium benötigt man im allgemeinen:

Tonerde	etwa 2 t bzw. 4,2 bis 5,0 t Bauxit
Kryolith	etwa 0,035 t
Al-Fluorid	etwa 0,03 t
Petrol-Koks	etwa 0,45 t
Pech	0,1 t
Elektrische Energie	etwa 20000 kWh

Mit Rücksicht auf den großen Verbrauch von elektrischer Energie kann die Aluminiumindustrie nur dort errichtet werden, wo diese Energie billig ist. Daher führen viele Länder, die genügend billige elektrische Energie haben, obwohl sie keine eigene Rohstoffbasis besitzen, Tonerde ein und erzeugen sehr bedeutende Mengen von Aluminium (Norwegen, Kanada u. a.).

Die Kapazitäten der Elektrolyse bewegen sich in der Welt innerhalb sehr weiter Grenzen — von einigen tausend bis über 350000 t. Mehr als 55% der Gesamtkapazitäten der Länder bewegen sich innerhalb der Grenzen von 50000 bis 200000 t.

VI. Produktion und Rohstoffbasis der Welt

A. Bergwerks- und Hüttenproduktion

Die Förderung des Bauxits als wichtigsten mineralischen Rohstoffs für die Gewinnung von Aluminium, erfolgt heute in 28 Ländern der Welt, die weitaus größte Förderung (etwa 86%) stammt aus 10 Ländern, von denen 5 Länder (Jamaika, Sowjetunion, Surinam, Britisch-Guayana und Frankreich) ungefähr 63% der Gesamtproduktion an Bauxit (in den Jahren 1963/64) liefern. In Abb. 38

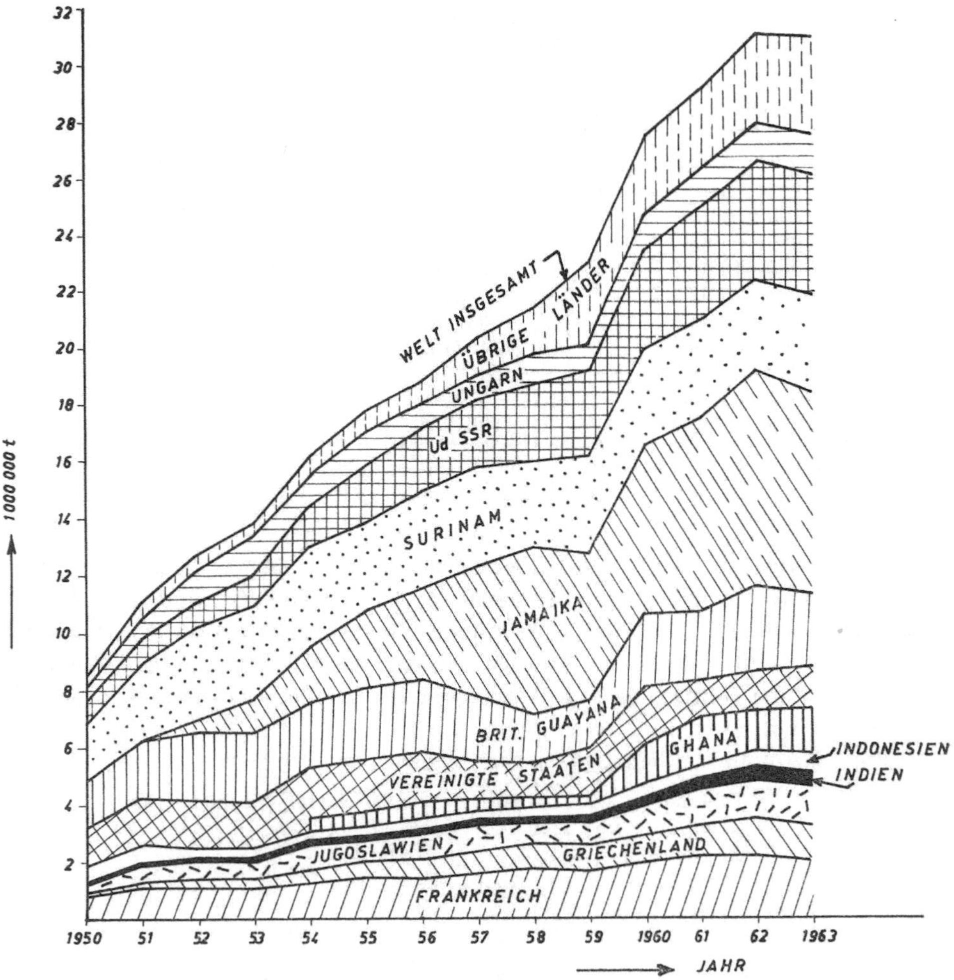

Abb. 38. Weltbauxitförderung von 1950 bis 1964

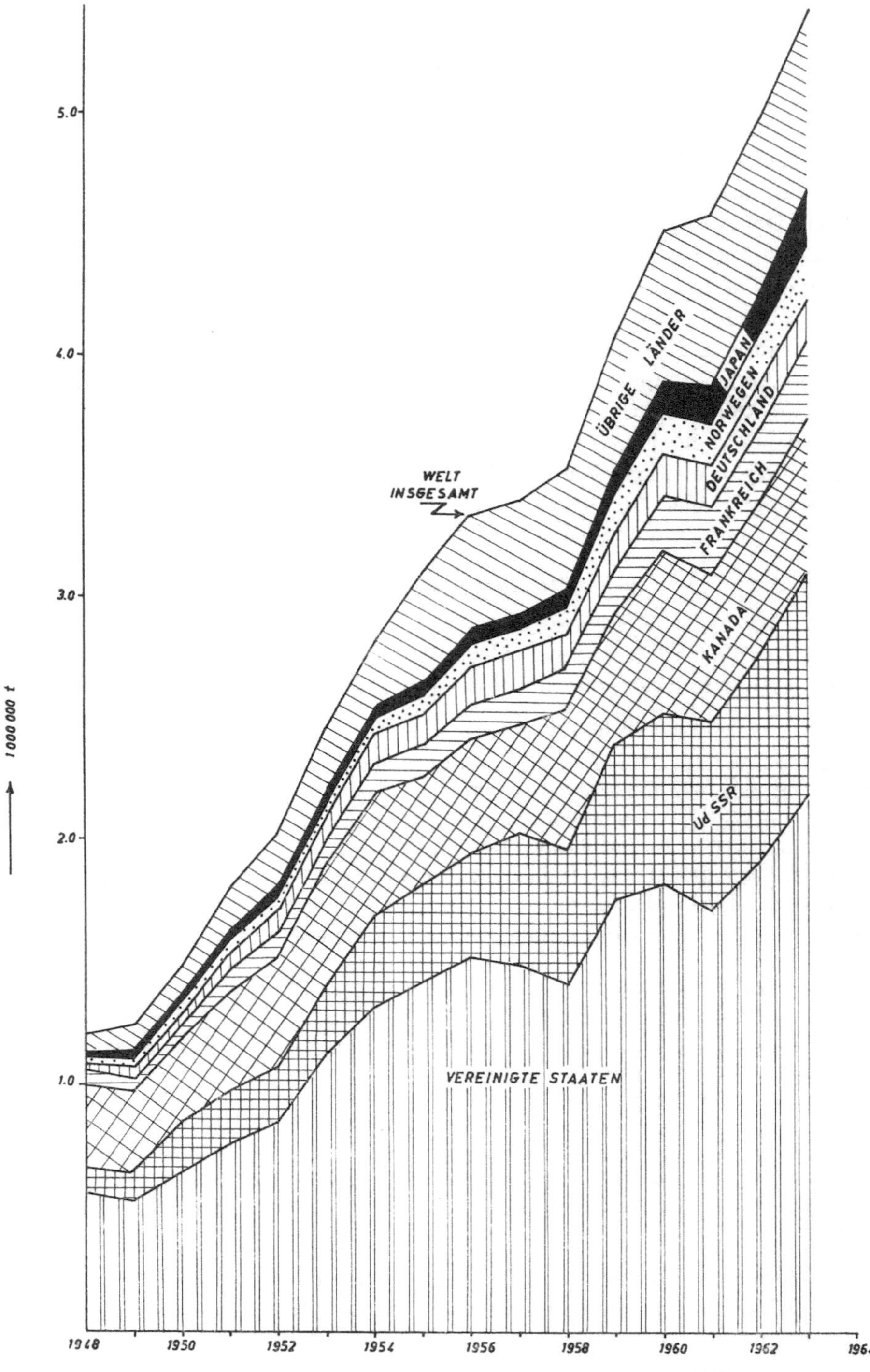

Abb. 39. Welthüttenproduktion von Aluminium von 1948 bis 1963

ist die Bauxit-Bergwerksproduktion der Welt und der Länder, die eine bedeutendere Bauxiterzeugung besitzen, dargestellt. Aus den gegebenen Angaben ist ersichtlich, daß die Weltproduktion an Bauxit in den letzten 10 Jahren sich fast verdoppelt hat.

Ebenso wie die Bauxitproduktion ist auch die Aluminiumerzeugung auf nur wenige Länder in der Welt konzentriert, ungefähr 80% der gesamten Weltproduktion entfallen auf 6 Länder, 2 Länder davon liefern ungefähr 55% (USA und UdSSR). Die Aluminiumproduzenten sind nicht auch gleichzeitig die Hauptproduzenten des Bauxits, denn Bauxit oder Tonerde wird eingeführt (außer in der Sowjetunion und in Frankreich). Auf Abb. 39 ist die Entwicklung der Aluminiumproduktion in der Welt und in den einzelnen Ländern dargestellt, die wichtigere Produzenten dieses Metalls sind.

In der Aluminiumproduktion nimmt die Nutzung sekundären Aluminiums (Abfall und Altaluminium) eine bedeutende Stelle ein. Dies gilt besonders für die USA, in denen sekundäres Aluminium in bis zu 50% der Gesamtproduktion verarbeitet wird; im Weltmaßstab entfallen auf sekundäres Aluminium ungefähr 20%.

Infolge der großen Bedeutung des Aluminiums für die Industrie kann ein weiterer Anstieg der Produktion erwartet werden.

B. Rohstoffbasis der Welt

In der Welt gibt es mehrere metallogenetische Provinzen, die sehr reich an Bauxit sind; die Verbreitung von Lagerstätten anderer mineralischer Rohstoffe, aus denen Aluminium gewonnen werden kann, ist weniger bekannt.

Zu den bedeutendsten metallogenetischen Bauxitprovinzen gehören:

a) *Die guayanische Provinz* in Südamerika umfaßt zahlreiche Bauxitlagerstätten in Surinam, Britisch- und Französisch-Guayana.

b) *Die karibische Provinz* umfaßt die vor kurzem entdeckten großen Lagerstätten auf Jamaika, Haiti und in der Dominikanischen Republik.

c) *In der westafrikanischen Provinz* befinden sich außerordentlich bedeutende Bauxitlagerstätten in Ghana und Guinea.

d) *Die indische Provinz* enthält zahlreiche Lagerstätten vorwiegend im zentralen und östlichen Teil Indiens.

e) *Die indonesisch-malayische Provinz* umfaßt Bauxitlagerstätten in Südmalaya und auf den Inseln Bintan, Kodjan, Sinkep und Banka.

f) *Die australische Provinz* enthält ausgedehnte bauxitführende Gebiete mit armen Bauxiten lateritischen Typs.

Außer diesen Provinzen gibt es in der Welt auch noch in wirtschaftlicher Hinsicht bedeutende Konzentrationen silikatischen Bauxits in Arkansas (USA), Brasilien u. a.

g) Lagerstätten von Kalksteinbauxit sind vorwiegend in der Mittelmeergegend entwickelt (die größten Lagerstätten befinden sich in Frankreich, Jugoslawien, Ungarn, Österreich, Griechenland und Italien) sowie auch in einzelnen Teilen der Sowjetunion (Nordural, Salair).

Hinsichtlich der Bauxitreserven in den einzelnen Ländern muß hervorgehoben werden, daß keine vollkommen verläßlichen Angaben für die ganze Welt bestehen, insbesondere keine für die Sowjetunion. Anderseits haben die unausgeglichenen Bestimmungen für die Berechnung der Reserven und der Trennung von Bilanz- und Nichtbilanzreserven dazu geführt, daß sich die einzelnen Angaben voneinander unterscheiden. Die Erzreserven in Abhängigkeit vom Al_2O_3-Gehalt können innerhalb weiter Grenzen variieren, wobei die größten Bauxitmassen in der Welt weniger als 40% Al_2O_3 enthalten (Abb. 40).

Die im Laufe der letzten Jahre durchgeführten Untersuchungen (bis 1964) ergeben neue, außerordentlich bedeutende Bauxitmassen, besonders in Afrika (Guinea) und in Australien. Nur im Laufe der letzten 10 Jahre haben sich die Gesamtreserven an Bauxit in der Welt annähernd vervierfacht; jedoch bezieht sich dieses Anwachsen nur vorwiegend auf Erze mit etwa 40% Al_2O_3 in lateritischen Lagerstätten.

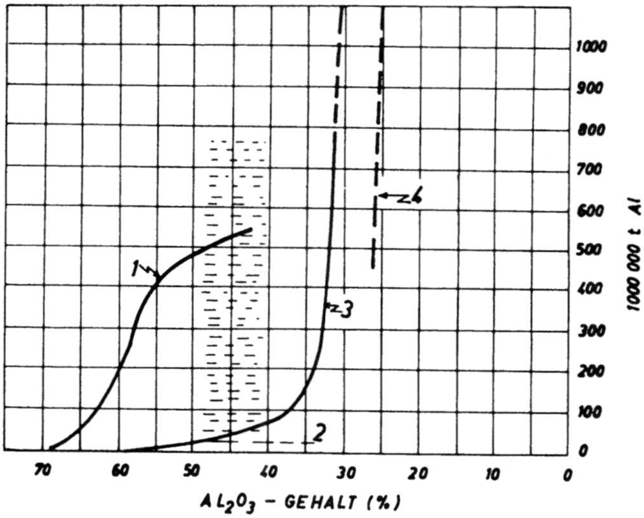

Abb. 40. Aluminiumreserven der Welt und in den USA nach Al_3O_2-Gehalt (nach Paley Report, 1952),

1 Bauxit in der Welt, *2* Bauxit in den USA, *3* hochwertige Tone in den USA, *4* Anorthosit in den USA

In Tab. 71 sind die Bauxitreserven der Welt und der einzelnen Länder, welche bedeutendere Bauxitreserven besitzen, dargestellt. Die angeführten Angaben weisen darauf hin, daß sich das Anwachsen der Reserven in der Welt zum größten Teil auf arme Erze bezieht, deren Bilanzfähigkeit nicht vollkommen sicher ist.

Eine vollkommenere Schätzung der Weltreserven an Bauxit könnte man nur durch eine wirtschaftliche Klassifizierung der Reserven erhalten. Eine solche Klassifizierung ist noch immer nicht ausgearbeitet, so daß wir uns bei der Betrachtung der Rohstoffbasis der Welt nur mit äußeren Kennzeichen begnügen müssen.

Wenn man den Weltbedarf an Bauxit und dessen Weltreserven (bekannte und potentielle) miteinander vergleicht, geht hervor, daß die Welt über genügend mineralische Rohstoffe, auch für mehrere Jahrzehnte, verfügt. Das Problem der Ausnützung der Bauxitrohstoffbasis — die Art der Exploitation — ist im Grunde mehr wirtschaftlicher als technischer Natur, was bei der Untersuchung und der wirtschaftsgeologischen Beurteilung der einzelnen Bauxitlagerstätten in erzführenden Bereichen berücksichtigt werden muß. Daher sollen umfangreichere

Untersuchungen heute nur bei Lagerstätten mit hochwertigem Erz durchgeführt werden, die hinsichtlich des Transportes günstig gelegen sind.

Tabelle 71. *Bauxitreserven der Welt*
(in Millionen Tonnen; 1963)

Kontinent bzw. Land	Gesamte Reserven	A + B-Kategorie	Al_2O_3-Gehalt %
Europa	760		
Frankreich	70	60	50—60
Griechenland	84	12	50—54
Italien	11	3	54
Jugoslawien[1]	200		
Ungarn*	250	120	
Norwegen	30		
UdSSR*	200	100[2]	
Asien	311	99	
Indien	250	58	36 bis 55—60
Indonesien	25	15	45—55
Afrika	2980	655	
Ghana	230	45	53—63
Guinea	1500	600	
Kamerun	1000		42
Kongo (Brazaville)	100		
Marokko	20		
Njassa	60	20	42
Sudan	50		45—50
Amerika	1368	483	
Brasilien	190	30	50—60
Dominikanische Republik	60	60	45—50
Britisch-Guayana	100	80	50—61
Französisch-Guayana	40		42
Jamaika	600	130	
USA	50	50	mehr als 40
Surinam	200	100	50—59
Venezuela	105	10	40
Australien und Ozeanien	1780	60	
Australien	1115	600	35—47
Hawaii	600	3	
Neuseeland	60		
Ganze Welt	7200		

[1] Angaben von 1955. [2] 50% der gesamten Reserven (bedingt).
* Geschätzt.
Quelle: Mineralnie ressurssi kapitalistitscheskich stran. Gosgeoltechizdat, Moskau 1963.

VII. Preise des Bauxits und des Aluminiums

Die Preise von Bauxit hängen vor allem von der Qualität des Bauxits bzw. vom Al_2O_3- und SiO_2-Gehalt ab. Der Preis wird in der Regel zwischen dem Verbraucher und dem Produzenten vereinbart, und zwar wird als Basis ein bestimmter

Al_2O_3- und SiO_2-Gehalt genommen; für einen höheren Al_2O_3-Gehalt und niedrigeren SiO_2-Gehalt wird eine Prämie bestimmt; außer diesen Komponenten des Bauxits wird beim Verkaufsabkommen auch auf einen bestimmten Feuchtigkeitsgehalt des Erzes Wert gelegt.

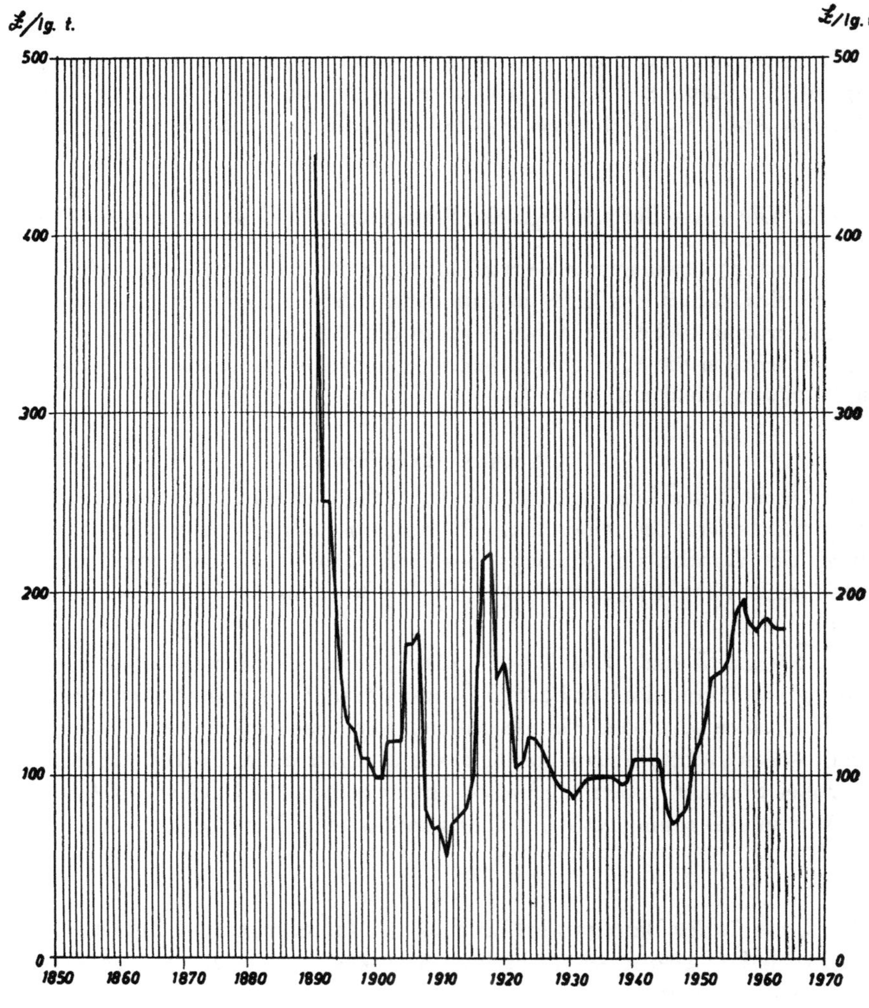

Abb. 41. Preisschwankungen von Aluminium auf dem Weltmarkt (Londoner Börse) von 1850 bis 1964 (Metallstatistik, 1964)

Der Preis des Bauxits mit über 55% Al_2O_3 und weniger als 5% SiO_2, fob nächstliegender Hafen, beträgt gewöhnlich 6 bis 8 \$, ausnahmsweise bis 9 \$. Unter Berücksichtigung der sehr hohen Transportkosten ist der Gesamtpreis, den die Industrie für Bauxit zahlt, bedeutend höher. So betrugen im Zeitabschnitt 1961/62 die Einfuhrpreise von getrocknetem Bauxit nach den USA aus verschiedenen Ländern:

Jamaika	17,05 \$/t
Britisch-Guayana	15,87 \$/t
Surinam	20,50 \$/t
Trinidad	20,28 \$/t
Brasilien	27,55 \$/t
Griechenland	30,64 \$/t

Die Preise des Aluminiums weisen einen allmählichen, jedoch ständigen Anstieg auf. Im Laufe der letzten 15 Jahre stiegen die Aluminiumpreise um etwa 35%. Auf Abb. 41 sind die Preisschwankungen des Aluminiums dargestellt.

VIII. Die wirtschaftsgeologische Bewertung der Erze und Lagerstätten

Die wirtschaftsgeologische Beurteilung der Erze und Lagerstätten erfaßt hauptsächlich die Qualität des Erzes und die Ausmaße der Lagerstätte; unter den allgemein-wirtschaftlichen Faktoren nehmen die Transportbedingungen, die in der Regel wesentlich die Wirtschaftlichkeit der einzelnen Lagerstätten beeinflussen, eine besondere Stelle ein.

A. Qualität des Erzes

Die Qualität des Erzes wird durch den Gehalt an nützlichen und schädlichen Komponenten und die mineralische Zusammensetzung, von der die Wirtschaftlichkeit der Verarbeitung abhängt, bestimmt. Der Anteil der einzelnen Komponenten im Erz hängt in erster Linie von der Bestimmung des Erzes in der Industrie ab.

Mit Rücksicht darauf, daß heute die Bauxite als wichtigste Quelle zur Gewinnung von Aluminium in Betracht kommen, und nur ganz begrenzt nephelinische Konzentrate, wollen wir uns nur auf die Betrachtung der Qualität dieser mineralischen Rohstoffe beschränken; die anderen mineralischen Rohstoffe, die wir früher erwähnt haben, sind noch immer potentielle Quellen zur Gewinnung von Aluminium, zumindest bei größerer industrieller Verarbeitung.

1. Bauxit

Die Qualität des Bauxits wird durch die Anforderungen der Industrie, welche hinsichtlich des Gehaltes an bestimmten Komponenten gestellt werden, bestimmt, gemäß den Verarbeitungsprozessen. Da die Prozesse nicht immer die gleichen sind, sind die Anforderungen der Industrie in der Welt auch nicht einheitlich; einzelne Länder stellen Anforderungen hinsichtlich des Bauxits, die der eigenen Rohstoffbasis und den technisch-wirtschaftlichen Möglichkeiten des Landes angepaßt sind. In Tab. 72 sind die Anforderungen der sowjetischen Industrie hinsichtlich der verschiedenen Bauxitqualitäten dargestellt. Bei der wirtschaftsgeologischen Beurteilung der Qualitäten müssen die speziellen Anforderungen sowohl der einzelnen Industriezweige als auch der einzelnen Länder im Auge behalten werden.

Die mineralogische Zusammensetzung des Bauxits beeinflußt, wie schon dargelegt wurde, in großem Maße die Wirtschaftlichkeit der Verarbeitung, was bei der Beurteilung der Erze und Lagerstätten berücksichtigt werden muß.

Bei sonst gleichen Bedingungen sind hydrargillitische Bauxite wirtschaftlich vorteilhafter für die Gewinnung von Tonerde und Aluminium als monohydratische Bauxite.

Tabelle 72. *Technische Forderungen hinsichtlich der Bauxitqualität in der Sowjetunion* (GOST 972-50)

Bauxitmarke	Al_2O_3 auf trockene Materie	Gewichtsverhältnis $Al_2O_3 : SiO_2$	Zur Erzeugung von
BV	52	12	Elektrokorund
B-0	52	10	
B-1	49	9,0	Tonerde, Elektrokorund und Zement
B-2	46	7,0	Tonerde, verschiedenen Sorten feuerfesten
B-3	46	5,0	Materials, Zement
B-4	42	3,5	Tonerde und feuerfestem Material
B-5	40	2,6	
B-6	37	2,1	feuerfestem Material, Schmelzmitteln in SM-Öfen
B-7	30	5,6	Tonerde und Zement
B-8	28	4,0	Tonerde

1. Die zur Erzeugung von Tonerde bestimmten Bauxite müssen einen begrenzten Schwefelgehalt haben: die Marken B-1, B-2, B-7, B-8 höchstens 0,7% und die Marken B-3, B-4 höchstens 1%.

2. Bei den Bauxiten B-3, B-4, B-5, die zur Verarbeitung nach der Brennmethode bestimmt sind, ist ein geringerer Al_2O_3-Gehalt gestattet, auf Kosten eines erhöhten $CaCO_3$-Gehaltes.

3. Für den zur Erzeugung von Elektrokorund bestimmten Bauxit sind die folgenden Normen festgesetzt: Marke BV und B-0 höchstens 0,5% CaO, Marke B-1 höchstens 0,8% CaO; Schwefelgehalt bis 0,3%, Feinkörnigkeit (bis 10 mm) höchstens 15%.

4. Bauxite der Marke B-7, B-8 sind hydrargillitischen Typs.

Die wichtigsten Qualitätsmerkmale des Bauxits sind, außer der mineralogischen Zusammensetzung, der Gehalt an Aluminium, Silizium und der Siliziummodul ($Al_2O_3 : SiO_2$), teilweise der Gehalt an Fe_2O_3 und TiO_2. Obwohl letztere vorwiegend in unbedeutenden Konzentrationen auftreten, können einzelne schädliche und unerwünschte Komponenten die Qualität der für die Aluminiumindustrie bestimmten Erze beeinflussen (Phosphor, Schwefel, Karbonate, Vanadium, Chrom, Kupfer, Zink). Da das Bauxiterz noch immer nicht vollkommen aufbereitet werden kann, in erster Linie des Entfernens des Siliziums wegen, muß die Qualität des Erzes in der Lagerstätte den Erfordernissen der Industrie entsprechen.

Je nach der Anwendung in der Industrie wird bei Bewertung der Bauxitqualität folgendes berücksichtigt:

1. *Die Aluminiumindustrie.* Wenn der Bauxit zur Gewinnung von Tonerde nach dem Bayer-Verfahren verwendet wird, soll der Al_2O_3-Gehalt höher sein und mindestens 50% (hydrargillitische Bauxite) bzw. 55% (monohydratische Bauxite) betragen.

Die Beschränkungen hinsichtlich des Siliziums sind besonders streng. In monohydratischen Bauxiten sind gewöhnlich 3 bis 5% SiO_2 gestattet, während trihydratische Bauxite, mit Rücksicht auf ihre leichtere Auslaugung, sogar etwas mehr Silizium haben können.

Bei der Betrachtung des geringsten Al_2O_3-Gehaltes und des höchsten SiO_2-Gehaltes in Bauxitlagerstätten muß man die Möglichkeit im Auge behalten, daß es Lagerstättenteile oder einzelne Lagerstätten im bauxitführenden Gebiet gibt, die hochwertigeres Erz besitzen, mit Aluminium- und Siliziumgehalten, die bedeutend günstiger sind als die Forderungen der Industrie. Daher besteht die Möglichkeit, Erze verschiedenartiger Qualitäten zu mischen, wobei die mittleren Qualitätsmerkmale im Einklang mit den Forderungen der Industrie sein werden.

So werden in einzelnen jugoslawischen Bauxitlagerstätten Erze ausgenützt, welche auch bis zu 7 bis 9% SiO_2 enthalten, doch kann man durch Mischung Erze mit etwa 3 bis 4% SiO_2 erhalten und auch weniger. Auf diese Weise können die Gesamtbauxitreserven in einer Lagerstätte und einem Bergbaugebiet ausgenützt werden.

Bauxite mit erhöhtem SiO_2-Gehalt können mittels der Brennmethode verarbeitet werden, doch ist dieses Verfahren, wie wir schon hervorgehoben haben, teuer, so daß Bauxite mit hohem Siliziumgehalt noch immer keine größere Absatzmöglichkeit auf dem Markte haben.

Hinsichtlich des Eisengehaltes des Bauxits, der zur Gewinnung von Aluminium bestimmt ist, werden keine strengeren Beschränkungen gestellt; das Erz kann auch 20 bis 25% Fe_2O_3 enthalten.

2. *Die Industrie feuerfesten Materials.* Bauxit wird in der Industrie feuerfesten Materials zur Herstellung verschiedenartiger Steine benützt. Deshalb soll der Bauxit einen möglichst geringen Gehalt an Komponenten haben, die die Feuerfestigkeit vermindern (Kalzium, Eisen).

Es bestehen keine einheitlichen Forderungen hinsichtlich des Bauxits für die Industrie feuerfesten Materials. In den USA enthält das Bauxiterz gewöhnlich mindestens 59% Al_2O_3, höchstens 5,5% SiO_2, höchstens 2% Fe_2O_3 und bis 2,5% TiO_2. Anderseits sollen die Bauxite in der Sowjetunion 37 bis 46% Al_2O_3 (umgerechnet auf trocken) enthalten und höchstens 1,5% CaO und 0,5 S.

3. *Abrasivindustrie.* Der zur Herstellung von Elektrokorund bestimmte Bauxit soll einen höheren Al_2O_3-Gehalt und geringeren Gehalt an SiO_2 sowie auch an CaO, MgO haben; die Anwesenheit von Schwefel ist unerwünscht sowie auch erhöhte Konzentrationen von Eisen.

In den USA enthalten die zur Gewinnung von Korund bestimmten Erze gewöhnlich mindestens 55% Al_2O_3, höchstens 5% SiO_2, bis 6% Fe_2O_3 und bis 2,5% TiO_2.

4. *Zementindustrie.* Bauxit, der für schnellbindenden Zement verwendet wird, sollte einen Siliziumgehalt von nicht über 10 bis 12% besitzen.

2. Nephelinisches Gestein

Die Qualitätsmerkmale nephelinischen Gesteins als mineralische Rohstoffe zur Gewinnung von Aluminium sind: der „alkalische Modul“ $(K_2O + Na_2O) : Al_2O_3$ und der „silikatische Modul“ $SiO_2 : Al_2O_3$. Die günstigsten Rohstoffe sind diejenigen, bei denen der „alkalische Modul“ nahe 1 ist und der „silikatische Modul“ nicht größer als 3,3 bis 3,4. Außer diesen Forderungen werden auch Beschränkungen hinsichtlich des Eisengehaltes gestellt.

Tabelle 73. *Zusammensetzung geeigneter Nepheline zur Erzeugung von Tonerde in der Sowjetunion*

Komponente	Für unmittelbare Brennmethode	Vorher chemisch aufbereitet
Al_2O_3	mindestens 22,5%	mindestens 21%
SiO_2	höchstens 45 %	höchstens 57%
$Na_2O + K_2O$	mindestens 9,5%	mindestens 11%
Fe_2O_3	höchstens 7 %	höchstens 5%

In Tab. 73 sind die üblichen (aber nicht auch offiziellen) Anforderungen für Nephelinerz dargestellt, das für die Gewinnung von Tonerde in der Sowjetunion verwendet wird.

Mit Rücksicht darauf, daß beim Verarbeitungsprozeß von Nephelinerzen und -konzentraten auch sehr bedeutende Mengen Kalkstein verbraucht werden, die einen weiten Transportweg kostenmäßig nicht vertragen, muß bei der wirtschaftsgeologischen Beurteilung der Nephelinerzlagerstätten auch die Versorgung mit Kalkstein in Betracht gezogen werden.

B. Größe der Lagerstätten

Die Größe der Bauxitlagerstätten und der in ihnen enthaltenen Reserven hängt im Grunde vom Typ der Lagerstätte ab. Im allgemeinen sind lateritische Lagerstätten größer als Lagerstätten von Kalksteinbauxiten. Außerdem haben lateritische Lagerstätten noch einen technisch-wirtschaftlichen Vorteil gegenüber denen des Kalksteintyps: lateritische Lagerstätten enthalten große Erzmengen in zusammenhängenden Lagerstätten, während die Kalksteinbauxite meist eine große Anzahl kleinerer Erzkörper bilden, die voneinander räumlich getrennt sind.

Nach ihrer Größe kann man die Bauxitkalksteinlagerstätten einteilen in:

sehr kleine Lagerstätten	10000 bis 20000	Tonnen Bauxit
kleine Lagerstätten	20000 bis 100000	,, ,,
mittlere Lagerstätten	100000 bis 500000	,, ,,
große Lagerstätten	500000 bis 5000000	,, ,,
Riesenlagerstätten	über 5000000	,, ,,

Diese groben, zur Orientierung dienenden Angaben beziehen sich nur auf jeweils eine Lagerstätte. In einem Gebiet mit Bauxitlagerstätten vom Kalksteintyp gibt es meist mehrere Lagerstätten, was bei der wirtschaftlichen Beurteilung und Bestimmung der minimalen gewinnbaren Reserven von besonderer Bedeutung ist.

Zur Bestimmung der Bauxitreserven in Lagerstätten, die an ein stratigraphisches Niveau (Kalksteintyp) gebunden sind, ist der Grad der Bauxitführung wichtig (Verhältnis der Längen der Bauxitausbisse zur Gesamtlänge des Ausbisses des bauxitführenden Horizontes; selten das Verhältnis der Flächen). Der Grad der Bauxitführung, die Grundlage für die Reserven der Kategorien C_1 und C_2, kann sich bei Kalksteinbauxiten zwischen sehr weiten Grenzen bewegen — von 0,05 bis 0,3, manchmal auch darüber.

Die Größe der minimalen gewinnbaren Reserven hängt von vielen Faktoren ab, in erster Linie von der Qualität des Erzes und von der Entfernung von den Verkehrswegen. Da die Investitionen für die Exploitation von Kalksteinbauxitlagerstätten meist gering sind (primitiver Abbau) und keine Aufbereitung des Erzes erforderlich ist, können häufig auch sehr kleine Lagerstätten hochwertigen Erzes ausgebeutet werden, falls sie hinsichtlich des Transportes günstig gelegen sind (einzelne Lagerstätten in Kalksteinen auch mit 10000 bis 15000 t Bauxit).

Die Beurteilung der Reserven lateritischer Lagerstätten erfolgt vorwiegend nach der Produktivität der bestimmten Lagerstätte. Die Produktivität wird in Acre-Foot-Einheiten gemessen; zwecks Umwandlung in Gewichtseinheiten benützt man den Faktor 20 (20 Fuß — Feet — für eine Longton — große Tonne, auf bergfeuchtes Erz bezogen). Daher enthält ein Acre-Foot 2178 große Tonnen auf bergfeuchtes Erz; wenn man annimmt, daß die mittlere Feuchtigkeit etwa 15% beträgt, so enthält eine solche Einheit 1850 große Tonnen trockenes Erz. Mit Rücksicht auf die Veränderung der mineralischen Zusammensetzung und der

Feuchtigkeit, bewegt sich die Einheit (Acre-Foot, in großen Tonnen auf trockenes Erz bezogen) normalerweise zwischen 1700 und 2000 Longtons.

Die Bestimmung der Größe der gewinnbaren Bauxitreserven in lateritischen Lagerstätten hängt im Grunde genommen von den Exploitationsbedingungen ab: in Lagerstätten, die im Tagebau abgebaut werden, beträgt die Ausbeute gewöhnlich etwa 85%, während die Ausbeute in Lagerstätten, welche durch Tiefbau exploitiert werden, die Ausbeute in der Regel etwa 70% beträgt.

C. Transportverhältnisse

Bei der wirtschaftsgeologischen Beurteilung der einzelnen Untersuchungsphasen ist es unbedingt notwendig, die im Bereich der Bauxitlagerstätten herrschenden Transportverhältnisse zu beachten, denn die Transportkosten sind häufig der entscheidende Faktor für die Rentabilität der Exploitation der Lagerstätten. Das ist verständlich, da die Transportkosten drei- bis viermal größer sein können als die Abbaukosten der Lagerstätte.

Bei der Betrachtung der Transportbedingungen ist nicht nur auf das Bestehen oder Fehlen von Verkehrswegen zu achten, sondern auch auf die Art der Transportmittel, mit denen das Erz dem Verbraucher zugestellt wird. Mit Rücksicht darauf, daß Bauxit ein billiger mineralischer Rohstoff ist, kann er die Transportkosten einer langen und relativ teuren Beförderung nicht tragen (Lastkraftwagen u. a.). Da außerdem Bauxite auch nahezu 50% Wasser enthalten (in Abhängigkeit von der Bauxitsorte), ist die Beförderung von bergfeuchtem Bauxit auf große Entfernungen unerwünscht, auch bei niedrigen Transportkosten (Schiffstransport). Daher besteht heute in der Welt die Tendenz, den Bauxit an Ort und Stelle zu trocknen oder in der Nähe der Erzlagerstätte in Tonerde zu verarbeiten. Der Transport von Tonerde bis zum Verbraucher ist pro Einheit Al_2O_3 weitaus wirtschaftlicher als der Transport des Bauxits.

Literatur

ANDERSON, R., 1956: World Resources of Aluminium Ore. Min. Mag. No. 6.

Bauxit (Bokssit), 1947. Anforderungen der Industrie an die Qualität mineralischer Rohstoffe. (Trebowanie promischlenosti k katschestwu mineral. sirja, russisch.) Moskau: Gosgeolizdat.

BELAJEW, I. A., 1954: Metallurgie der Leichtmetalle. (Metalurgia legkich metalow, izd. 4, russisch.) Moskau: Metalurgizdat.

BENESLAWSKI, S. I., 1958: Ton und Kaolin als Rohstoff für Al-Gewinnung. (Glini i kaolini kak ssirje dlja proiswodstwa aluminija, russisch.) Issled. i isspols. glin., Lvovski un-ta.

BERNSCHTAIN, J. A., W. N. WERIGIN, 1957: Schmelzflußelektrolyse in der Al-Industrie. (Elektrochemia w aluminiewoj promischlenosti). Legkie metali, sb. mat. techn. inf., izd. VAMI, Giproaluminij.

BLUE, D. D., 1954: Raw Materials for Aluminium Production. Bureau of Mines Inf. Circ. 7675, Washington.

BRACEWELL, S., 1947: Geology and Mineral Resources of British Guiana. Bull. Imp. Inst. **45**, No. 1, London.

BROWN, H., 1948: Aluminium and Its Applications. New York: Pitman Publ. Co.

CALHOUN, W. A., H. E. POWEL, 1954: Investigation of Low-Grade Bauxites as Potential Sources of Aluminium by Caustic Desilication and Alumina Extraction. Bureau of Mines Report. of Invest. 5042, Washington.

CSERVENYAK, F. J., J. RUPPERT, 1948: Extraction of Alumina from High-Iron Bauxites, Pilot-Plan Test Employing the Lime-Soda Sinter Process. Bureau of Mines Rept. of Invest. 4299, Washington.

Erkundung von Bauxitlagerstätten. (Raswedka mestorozhdenija boksita, russisch.) 1957. VIMS. Moskau: Gosgeoltechizdat.
Fox, C. S., 1932: Bauxite and Aluminous Laterite. London: Crosby, Lockwood.
Friedensburg, F., 1956: Die Bergwirtschaft der Erde. 5. Aufl., Stuttgart.
Gordon, Mackenzie, I. Tracey, 1958: Geology of the Arkansas Bauxite Region. Geol. Surv. Prof. Paper 299.
Gorezkij, J. K., I. A. Lawrewitsch, 1947: Die Beurteilung von Lagerstätten, Bd. Bauxit. (Ozenka mestorozhdenij polesnich iskopaemich, wip. Boksit, russisch.) Moskau: Gosgeoltechizdat.
Harder, E. C., 1949: Stratigraphy and Origin of Bauxite Deposits. Bull. Geol. Soc. Am. **60**.
—, E. W. Greig, 1960: Bauxite. In: Industrial Minerals and Rocks. New York: AIME.
Harrassowitz, H., 1926: Laterit, Material und Versuch erdgeschichtlicher Auswertung. Berlin: Borntraeger.
Janković, S., 1957: Die Vorratsklassifikation des roten Bauxits im Gebiet von Nikšić, Jugoslawien. (Klasifikacija i kategorizacija rezervi crvenih boksita u području Nikšića, serbo-kroatisch.) Rud. i met. No. 4, Belgrad.
—, 1957: Bauxitvorkommen in Montenegro (Jugoslawien). Erzmetall **10**, H. 4.
Johnson, A. F., 1954: Cost Factors in the Utilization of Foreign Bauxite to Make Aluminium. Min. Eng. No. 6.
—, 1958: Metallurgical Problems Affecting the Economics of Aluminium Production. J. Metals **10**, No. 1.
Landsberg, H. H., F. F. Fishman, L. J. Fisher, 1963: Resources in America's Future. Baltimore: The Johns Hopkins Press.
Materials Survey — Bauxite, 1953. Bureau of Mines, Washington.
Mineralogie und Genese von Bauxiten (Bokssiti, ich mineralogia i genesiss, russisch.) 1958. AN SSSR, Moskau.
Rosin, M. S., 1963: Al-Rohstoffe (Aluminiewoe ssirje). Mineralvorräte kapitalistischer Länder. (Mineralnie ressurssi kapitalistitscheskich stran, russisch.) Moskau: Gosgeoltechizdat.
Sinke, R. E., 1955: Cost Performance Operation — Moving Soft Overburden by Tractor and Wagon, Self-Propelled Scrapers, Tractor-Scrapers, Walking Draglines, Hydraulic Methods. Min. Eng. **7**, No. 4.
Thomson, M. R., H. M. McLeod, 1949: Recovery of Alumina from Submarginal Bauxites. Bureau of Mines Rept. of Invest. 4528, Washington.
Wilmot, R. C., 1960: Alumina and Bauxite. In: Mineral Facts and Problems. Bureau of Mines Bull. 585, Washington.
Zans, V. A., 1953: Bauxite Resources of Jamaica and Their Development. Col. Geol. and Min. Res. **3**, No. 4.

Antimon

Das Antimon gehört zur Gruppe der strategischen Metalle; es wird sowohl in der Kriegsals auch in der Friedensindustrie verwendet. Antimon in Form von Metall, Oxyd, Sulfid oder anderen Verbindungen findet eine sehr vielfältige Verwendung in der Industrie. Die bedeutendsten Mengen von Antimon werden für Hartblei, in der Akkumulatorenindustrie, für die Herstellung von Metallen für verschiedenartige Legierungen zur Herstellung von Druckereibuchstaben und in der Kabelindustrie verwendet; außer der Benützung des Antimonmetalls finden auch seine Verbindungen eine weitgehende Verwendung (Erzeugung von feuerfesten Textilien, in der Gummiindustrie, für Glas und Keramik, für Farben und Lacke, u. a.).

I. Erze und Lagerstätten

A. Minerale und Erze

In der Natur existiert eine große Anzahl von Antimonmineralen, aber wirtschaftliche Bedeutung haben nur einige Minerale, unter denen der Antimonit eine besondere Bedeutung hat (Tab. 74). Außer den Antimonmineralen, die Konzentrationen von wirtschaftlicher Bedeutung bilden, treten bisweilen auch andere Minerale auf, aus deren Lagerstätten, allerdings sehr selten, Antimon gewonnen werden kann (Boulangerit, Jamesonit, Bournonit u. a.).

Tabelle 74. *Bedeutendere Antimonminerale*

Mineral	Formel	Sb %
Antimonit	Sb_2S_3	71,38
Valentinit	Sb_2O_3	83,3
Senarmontit	Sb_2O_3	83,3
Cervantit	Sb_2O_4	78,9
Stibiconit	$Sb_3O_6(OH)$	
Kermesit	$2Sb_2S_3 \cdot Sb_2O_3$	75,31

Die *Antimonerze* können in reine Antimonerze und komplexe Erze eingeteilt werden. Wirtschaftlich sind die reinen Antimonerze weitaus am wichtigsten.

Die reinen Antimonerze können, je nach ihrer mineralogischen Zusammensetzung und ihrem Verhalten im Aufbereitungsprozeß, in sulfidische, oxydische und gemischte Erze (sulfidisch-oxydische) eingeteilt werden.

Unter den komplexen Erzen sind am häufigsten Antimon-Arsen-Erze, dann Antimonit-Cinnabarit, goldführende Antimonerze, kupferführende Antimonerze, silberführende Blei-Antimon-Erze sowie Antimon-Wolfram-Erze und Fluorit-Antimon-Erze.

B. Wirtschaftlich wichtige Lagerstättentypen

Unter den wirtschaftlich bedeutenden Antimonlagerstätten unterscheidet man vor allem Lagerstätten reiner Antimonerze und Lagerstätten komplexer Antimonerze.

1. Lagerstätten reiner Antimonerze

In diesen Lagerstätten sind der Antimonit und seine Oxydationsprodukte die verbreitetsten Erzminerale — von unbedeutenden Mengen Pyrit, selten von Arsenopyrit begleitet.

Unter den in wirtschaftlicher Hinsicht bedeutenden Antimonlagerstätten unterscheidet man zwei grundlegende Typen:

a) Lagerstätten, die längs des Kontaktes von zwei lithologisch verschiedenen Schichten entstanden sind (durchlässiges und undurchlässiges Gestein, gewöhnlich Kalksteine und Schiefer). Längs des Kontaktes in den Karbonaten wurden häufig Zerrüttungszonen gebildet, welche später intensiven Prozessen hydrothermaler Silifizierung ausgesetzt waren. In diesen metasomatisch silifizierten Kalksteinen wurden Antimonlagerstätten gebildet. Die mineralisierten Schichten haben gewöhnlich flözartige Form und sind mit Antimonmineralen imprägniert; stellenweise bilden sich in diesen mineralisierten Zonen reiche Nester, Linsen oder Erzkörper von unregelmäßiger Form.

Der Antimonitgehalt beträgt gewöhnlich etwa 2 bis 5%; die angereicherten Teile enthalten auch 6 bis 8% Sb, stellenweise auch bis zu 10 bis 12% Sb. Der Vererzungskoeffizient beträgt in wirtschaftlich bedeutenden Lagerstätten über 0,5.

Die Ausmaße der erzführenden Zonen sind oft sehr groß: die Mächtigkeit beträgt 3 bis 4 m, manchmal auch bis 10 m. Die Ausdehnung beträgt meist etwa 0,3 bis 0,5 km^2, seltener auch 2 bis 3 km^2. Daher können Lagerstätten dieses Typs wirtschaftlich sehr bedeutend sein.

Zu diesem Lagerstättentyp gehören viele Lagerstätten in China (Hsi-Kuang-Shan u. a.), Zajatscha in Jugoslawien, Kadamdzaj in der Sowjetunion, San José in Mexiko u. a.

b) Ganglagerstätten zeichnen sich gewöhnlich durch reiches Antimonerz (auch 10% Sb) aus, sind jedoch vorwiegend von geringem Ausmaß. Der Antimonit bildet häufig Nester und Erzsäulen im Bereich der mineralisierten Spalten.

Bei der Exploitation von Ganglagerstätten werden die Erze häufig handgeschieden; die deutlich abgesonderten Antimonitaggregate ermöglichen es, mittels Handscheidung Konzentrate von 45 bis 50% Sb zu erhalten, manchmal auch über 50% Sb.

Wirtschaftlich bedeutende Ganglagerstätten sind besonders in Bolivien weitverbreitet.

2. Lagerstätten komplexer Antimonerze

Unter den Lagerstätten komplexer Erze können folgende unterschieden werden:

a) *Antimonit-Cinnabarit-Lagerstätten* sind verhältnismäßig sehr weit verbreitet. Außer Antimonit und Cinnabarit sind stellenweise auch Auripigment und Realgar vertreten, ferner Pyrit, selten auch Fluorit. Zu diesem Typ gehören viele Lagerstätten in den Kordilleren Nordamerikas, Hajdarkansko in der Sowjetunion u. a.

b) *Goldführende Antimonitgänge* gehen häufig in Quarzgänge mit Antimonit über und werden teilweise als Goldlagerstätten und teilweise als Antimonlagerstätten betrachtet. Einige der goldführenden Antimonitgänge wurden anfänglich als Goldlagerstätten ausgebeutet und erst später als Antimonlagerstätten. So ist in Nordtransvaal (im Gebiet von Merchison) jahrzehntelang der Abbau von goldführenden Quarzgängen mit Antimonit vorgenommen worden. Nach der Ausbeutung von Gold wurde der Antimonit auf Halde geworfen. Erst nach dem Jahre 1940 wurde mit der Gewinnung von Antimon aus diesen Lagerstätten begonnen, dessen Wert den Wert des bis dahin gewonnenen Goldes mehrfach überstieg.

Die wichtigsten, zum großen Teil bereits erschöpften Lagerstätten dieses Typs befinden sich in Bolivien, Frankreich, Portugal, der Tschechoslowakei u. a.

c) *Kupferführende Antimonitgänge* mit Kupfererzen und (bis 20%) Antimon. Als charakteristisches Nichterzmineral tritt Baryt auf. Wichtigere Lagerstätten befinden sich in Algerien, der Tschechoslowakei, Ungarn und Bolivien.

d) *Silberführende Blei-Antimon-Lagerstätten* sind vorwiegend aus Mineralen wie Boulangerit, Jamesonit u. a. aufgebaut, doch ist ihr Antimongehalt nicht hoch. Die Trennung des Antimons vom Blei ist beim Verarbeitungsprozeß dieser Erze praktisch unmöglich, so daß das Endverarbeitungsprodukt solcher Erze Hartblei ist.

e) *Antimonit-Realgar-Lagerstätten.* Lagerstätten dieses Typs sind ziemlich selten (Transsilvanien, Alschar und Lojane in Jugoslawien und einige Lagerstätten in Neukaledonien).

f) *Antimon-Wolfram-Lagerstätten.* Lagerstätten, in denen Antimonit mit Ferberit auftritt, manchmal auch mit Gold, sind äußerst selten (Lagerstätten in Bolivien — im Gebiet des Titikaka-Sees, in der UdSSR, in Ossanica in Jugoslawien). Alle diese Lagerstätten sind von geringer wirtschaftlicher Bedeutung, denn sie enthalten keine größeren Erzreserven.

Zu dieser Gruppe gehört auch die einzigartige Antimonit-Scheelit-Lagerstätte Yellow Pine in Idaho, USA.

g) *Antimon-Nickel-Lagerstätten* sind äußerst selten. Diese Lagerstätten sind nur wegen des Antimonits wichtig, während Nickel in unbedeutenden Konzentrationen auftritt.

Zu diesem Lagerstättentyp gehört auch Lojane in Jugoslawien.

II. Suche und Erkundung

Antimonlagerstätten zeichnen sich vorwiegend durch geringe Ausmaße und ungleichmäßige Verteilung der Antimonkonzentrationen im erzführenden Raum aus. Daher führt die Erkundung von Antimonlagerstätten vorwiegend bis zu einem Stadium, welches den Reserven der Kategorie C_1 entspricht (Reserven der Kategorie B betragen in der Untersuchungsphase nur selten mehr als 10% der Reserven).

Die Erkundung, die Methodik und die Beurteilung der erzielten Resultate stehen in enger Verbindung mit dem Typ und der Form der Lagerstätte, dem Ausmaß der Erzkörper und der Gleichmäßigkeit der Erzführung.

a) Bei flözartigen Lagerstätten, die vorwiegend längs des Kontaktes der hydrothermal silifizierten Kalksteine und der undurchlässigen Gesteine (Schiefer u. a.) entstanden sind, hat die Erkundung in der ersten Phase das Ziel, auf Grund eines weitmaschigen Netzes der Aufschlußarbeiten (hauptsächlich Bohrungen) die erzführende Zone zu verfolgen. Die Beurteilung der erzielten Resultate erfolgt gemäß dem Ausmaß des hydrothermal silifizierten, zerrütteten Kalksteins und den Analysen der Bohrungen, wobei damit zu rechnen ist, daß der aus dem Bohrkern bestimmte Metallgehalt normalerweise bedeutend geringer sein wird als der tatsächliche Antimongehalt in der Lagerstätte. Mit Rücksicht darauf, daß das Antimonerz keine ununterbrochenen Erzkörper in silifizierten Kalksteinen bildet, sondern vorwiegend in Form von größeren oder kleineren Erzkörpern auftritt (vorwiegend Imprägnationen mit stellenweise kompakten Nestern und Linsen), werden durch Bohrungen in der ersten Phase die einzelnen Erzkörper nicht genau ermittelt, sondern es wird nur die Ausdehnung des erzführenden Horizontes untersucht.

Im Erkundungsstadium werden bergmännische Arbeiten und Bohrungen durchgeführt, wobei die Beurteilung der Lagerstätte und der Reserven häufig auf dem Oberflächenkoeffizienten der Erzführung beruht (oft liegt der Vererzungskoeffizient in den jugoslawischen Lagerstätten dieses Typs unter 0,6).

In diesen Lagerstätten wird eine eingehende Vorerkundung gewöhnlich nicht durchgeführt, sondern es werden laufende Untersuchungen während der Exploitation vorgenommen.

b) In Ganglagerstätten und Lagerstätten an Bruchzonen kann die Antimonerzführung sehr veränderlich sein: der Vererzungskoeffizient bewegt sich zwischen 0,8 und 0,2 und beträgt durchschnittlich ungefähr 0,4 bis 0,5.

Die Erkundung dieser Lagerstätten stützt sich, sogar in den ersten Phasen, vorwiegend auf bergbauliche Aufschlüsse, denn die Erzgänge keilen häufig unvermutet sowohl im Streichen als auch im Einfallen aus. Einsicht in die Form der Lagerstätte sowie den Charakter der Verteilung des Antimons in der mineralisierten Spalte erhält man am verläßlichsten in Stollen. Im ersten Erkundungsstadium wird der Erzgang auf einem Niveau aufgeschlossen, und die weitere Erkundung im Fallen kann auch durch Bohrungen vorgenommen werden. Der Vorteil der Erkundung durch Stollen besteht auch darin, daß man rasch auf den Abbau übergehen kann, besonders in Erzgängen von geringer Ausdehnung.

Bei der Beurteilung der Erzführung einer Lagerstätte oder eines Reviers ist das Ausmaß der mineralisierten Spalten (Mächtigkeit, Streichen, Vorhandensein mehrerer erzführender Gänge in der Zerrüttungszone, Trümmerung der Erzgänge u. a.) von besonderer Bedeutung wie auch der Antimongehalt bzw. das Metroprozent.

c) Linsen und Nester sind eine sehr häufige Form kleiner Antimonerzkörper. Die Erkundung solcher Lagerstätten geht unmittelbar in ihre Exploitation über, so daß bei diesen Lagerstätten gewöhnlich die eigentlichen Erkundungen von der Exploitation nicht getrennt werden können.

III. Abbau

Der Antimonbergbau hat keine bestimmten spezifischen Merkmale. Mit Rücksicht auf die große Vielfalt der Formen und Ausmaße der Erzkörper können in einer Lagerstätte auch verschiedene Abbaumethoden angewendet werden.

In großen Lagerstätten von flözartigem Typ, mit kleineren, nur stellenweise auftretenden Erzkörpern, ist der Abbau manchmal stark dezentralisiert, was die Erzeugungskosten erhöht; in diesen Lagerstätten stellen manchmal die Vorrichtung bzw. eine eingehende Erkundung der einzelnen Teile der Lagerstätte einen wichtigen Posten in den Gewinnungskosten dar.

Ganglagerstätten werden selten in großem Maßstab abgebaut; meist fallen dabei aber reiche Erze an. (Bedeutende Verluste von Antimon können bei der Ausbeutung von Ganglagerstätten auftreten, wenn der Sprengstoff im Erzkörper selbst eingesetzt wird — zu feine Zerkleinerung des Antimons.)

Mit Rücksicht auf die geringen Ausmaße der Lagerstätten und deren Produktion werden bei vielen Ganglagerstätten die Investitionen für den Abbau des Erzes und seine Förderung klein bemessen. Daher können manchmal (besonders bei hohen Antimonpreisen) auch sehr kleine Antimonganglagerstätten abgebaut werden.

IV. Erzaufbereitung

Da der Antimongehalt im Hauwerk häufig zu gering ist, um das Erz wirtschaftlich metallurgisch verarbeiten zu können, wird es aufbereitet. Der Erfolg der Aufbereitung hängt hauptsächlich von der mineralogisch-chemischen Zusammensetzung des Erzes und den Charakteristiken seiner Struktur und Textur ab.

Je nach dem Ausbringen bei der Aufbereitung können die Antimonerze in vier Hauptgruppen unterschieden werden:

a) Sulfidische Erze (vorwiegend Antimonit) eignen sich am besten für die Aufbereitung.

b) Oxydische Erze (vorwiegend Antimonoxyd) sind sehr ungünstig für die Aufbereitung.

c) Gemischte Erze (sulfidische und oxydische Antimonerze); der Erfolg ihrer Aufbereitung hängt in großem Maße vom Verhältnis der sulfidischen und oxydischen Sb-Minerale ab.

d) Komplexe Erze (Realgar-Antimon-Erze, Sb-Sulpholsaze, Antimon-Quecksilber-Erze u. a.); sie lassen sich in der Regel sehr schwer aufbereiten.

Schädliche Beimengungen, die am häufigsten in Antimonerzen vorkommen: Arsen (Realgar, Auripigment), Blei, weniger häufig Kupfer und Eisen. Das Vorhandensein einzelner dieser Komponenten im Erz bereitet bei der Aufbereitung sehr große Schwierigkeiten oder macht das Erz vollkommen ungeeignet für die industrielle Weiterverarbeitung.

Unerwünscht ist auch das Vorhandensein von Ton im Erz, besonders in oxydischen Erzen. Nach den Angaben von Giredmet (UdSSR) über die Aufbereitung von verschiedenen Erzen in der Sowjetunion verminderte der Anteil von 5 bis 10% Ton im Erz das Ausbringen von 65% auf 35%, bei 20% Ton fällt das Ausbringen auf 7%. Obwohl diese Angaben weit davon entfernt sind, allgemeingültige Werte darzustellen, können sie trotzdem auf den schädlichen Einfluß von Ton im Aufbereitungsprozeß hinweisen.

Bei der Aufbereitung von Antimonerzen werden hauptsächlich die folgenden Verfahren angewendet: Handscheidung, Flotation, Gravitationskonzentration und kombinierte Methoden.

Handscheidung. Da der Antimonit häufig unregelmäßig in den Erzgängen oder den Erzkörpern (Nester, Linsen) verteilt ist, kann man nach dem Abbau durch Handscheidung hochwertige Erze erzielen: diese Trennung ist sehr oft auch eine der ersten Phasen der Aufbereitung. Das so geschiedene Erz kann auch ein Marktprodukt darstellen, wenn es zur Gewinnung von Antimonsulfid oder metallischem Antimon benützt wird. Diese Art von Voraufbereitung ist besonders in den Antimonlagerstätten Boliviens verbreitet sowie auch in kleineren Lagerstätten mit geringer Produktion. Das dabei erzielte Ausbringen ist gewöhnlich niedrig.

Stückerz mit 8 bis 12% Sb kann als Rohstoff zur Gewinnung von Antimon auf metallurgischem Weg bei vorhergehendem Oxydationsrösten verwendet werden. Erz mit weniger als 8% Sb wird gewöhnlich aufbereitet.

Die Flotation findet eine weite Anwendung bei der Aufbereitung von sulfidischen Antimonerzen, auch bei sehr geringem Antimongehalt (etwa 2% Sb), wobei in der Regel ein hohes Ausbringen erzielt wird (bei armen Erzen gewöhnlich 70 bis 80%, bei reicheren auch bis zu 90%). Bei der Flotation von oxydischen Erzen ist das Ausbringen sehr niedrig.

Die Schwerekonzentration wird gewöhnlich bei oxydischen Erzen angewendet, wobei das Ausbringen gering ist (40 bis 60%, manchmal sogar auch weniger). Da sich Antimonminerale infolge ihrer Sprödigkeit leicht zerkleinern lassen, entstehen große Verluste im Schlamm.

Im Laufe der letzten Jahre wurden Versuche unternommen, durch eine Vorkonzentration dieser Erze in schweren Flüssigkeiten günstige Resultate zu erzielen.

Kombinierte Methoden — Flotation und Gravitationsaufbereitung — werden häufig, besonders bei Mischerzen, angewendet, wobei das Ausbringen in weiten Grenzen schwanken kann (vorwiegend abhängig vom Anteil sulfidischer Antimonminerale).

Die Qualität der Konzentrate. Die auf dem Markt erhältlichen Konzentrate enthalten gewöhnlich über 50% Sb; meistens dürfen die Konzentrate bis zu 0,3% Arsen und 0,3% Blei enthalten. Ein höherer Gehalt dieser letzten Komponenten setzt den Verkaufspreis der Konzentrate herab. Bei Flotationskonzentraten, die für die Streichholzindustrie bestimmt sind, besteht die Forderung, daß ein Anteil von mindestens 90% 100 Mesh Feinheit und wenigstens 50% 250 Mesh Feinheit besitzt.

In weiterem Sinn kann zur Aufbereitung des Erzes für die metallurgische Verarbeitung auch das Liquaktionsschmelzen gerechnet werden. Dieses Verfahren zur Trennung des Antimonits von der begleitenden Gangart wird bei handgeschiedenem reichem Antimonerz angewendet und beruht auf dem verhältnismäßig niedrigen Schmelzpunkt des Antimonits. Mit diesem Verfahren erhält man „Crudum" mit 85 bis 90% Sb_2S_3, welches später weiterverarbeitet wird. Im Laufe der letzten Jahre ist die Gewinnung von Crudum, mit Rücksicht auf das bei der Anwendung dieses Verfahrens erzielte niedrige Ausbringen, immer geringer geworden.

V. Metallurgische Verarbeitung

Zur Gewinnung von Antimonmetall werden hauptsächlich die folgenden Verfahren angewendet:

a) Das *Verflüchtigungsrösten* ist eine der weitestverbreiteten Methoden und wird gewöhnlich für Erze mit 15 bis 25% Sb angewendet. Durch das Rösten sulfidischer Erze erhält man Antimontrioxyd oder nichtflüchtiges Antimontetraoxyd (in Abhängigkeit vom Verarbeitungsverfahren). Das Rösten erfolgt am häufigsten in Rotationsöfen, seltener in Konvertern oder Schachtöfen.

Durch Reduktion des Oxydes in Metall (in Flammöfen) und Raffinierung des rohen Antimons erhält man marktfähiges Antimon (gewöhnlich 99,5% Sb, bis zu 0,1% Pb, bis zu 0,3% As und bis zu 0,1% Fe und S).

Das Ausbringen beträgt bei diesem Verfahren etwa 85%, oft auch mehr.

b) Die *Niederschlagsmethode* wird selten angewendet. Das Antimon gewinnt man aus sehr reichen Erzen oder Konzentraten durch direktes Ausscheiden mittels Eisenspänen, da das Eisen eine größere Affinität gegenüber Schwefel hat als das Antimon.

c) Die *elektrolytische Gewinnung* von Antimon erfolgt vorwiegend bei komplexen Erzen (silberführende Sb-Tetraedrite u. a.).

Der Regulus zeichnet sich gewöhnlich durch einen sehr hohen Antimongehalt aus.

VI. Produktion und Rohstoffbasis der Welt

A. Bergwerks- und Hüttenproduktion

Die Förderung von Antimon zeigt im Laufe der letzten Jahrzehnte besondere Schwankungen und Krisenperioden, die mit Perioden von Hochkonjunkturen abwechseln. Statistische Angaben über die Förderung von Antimon sind gewöhnlich unvollständig, denn sie umfassen reines Antimonerz und auch komplexe Erze, aus denen Antimon als Nebenkomponente gewonnen wird. In einzelnen Ländern beziehen sich die Angaben auf geklaubtes, reiches Erz, nicht aber auf die gesamte Förderung, wie z. B. jetzt in Bolivien. Früher war es auch in China so.

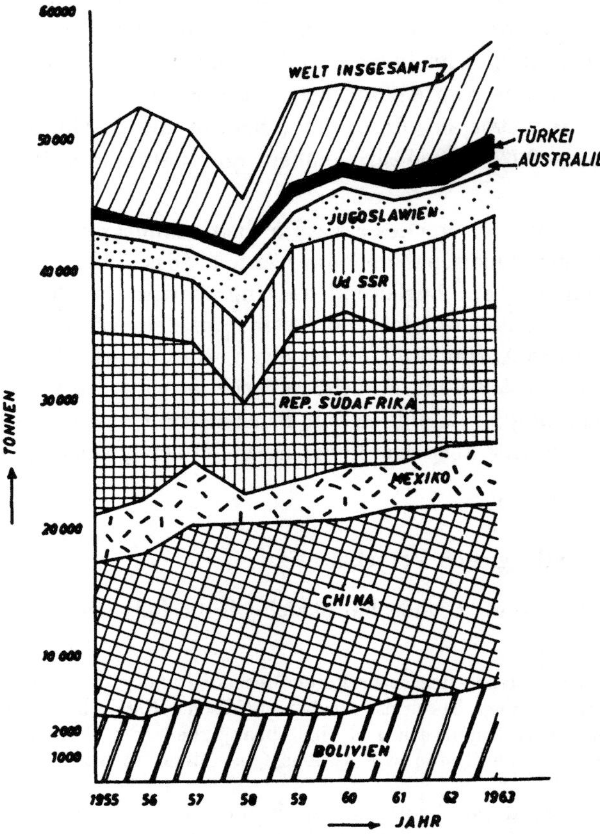

Abb. 42. Weltantimonförderung von 1955 bis 1963

Die gesamte Förderung von Antimon überschreitet nicht 50000 t an Metall im Erz pro Jahr. Zum Unterschied zu anderen Metallen stammt die Förderung aus insgesamt zehn Ländern der Welt, wobei China und die Südafrikanische Union eine Monopolstellung auf dem Weltmarkt haben.

In Abb. 42 ist die Förderung von Antimon in der Welt und in einzelnen Ländern dargestellt. Die Angaben für die Sowjetunion und China können nicht als offiziell, sondern nur als geschätzte Zahlen angenommen werden.

Die metallurgische Antimonproduktionstammtvorwiegend aus den Ländern, die keine eigenen Lagerstätten haben oder nur eine geringe Rohstoffbasis besitzen. Sie decken ihren Bedarf durch Einfuhr von Erz oder Konzentraten.

B. Rohstoffbasis der Welt

Antimonlagerstätten sind in der Welt sehr zahlreich. Hingegen sind wirtschaftlich bedeutende Lagerstätten ziemlich selten. Von 16 Ländern, welche heute in der Welt bergbaulich Antimon gewinnen, haben nur 9 Länder eine Erzeugung von über 1000 t Metall jährlich, und nur 5 Länder eine Erzeugung von über 3000 t Metall.

Die bedeutendsten Antimonprovinzen der Welt sind:

a) Die *chinesische Provinz* besitzt die größte Anzahl von Antimonlagerstätten. Das sind vorwiegend flözartige Lagerstätten in silifizierten Kalksteinen mit oxydischem und sulfidischem Erz.

b) Die *bolivianische Provinz* besitzt zahlreiche gangförmige Antimonlagerstätten.

c) Die *südafrikanische Provinz* hat keine größere Anzahl von Lagerstätten, doch sind viele der bekannten Lagerstätten von sehr großem Ausmaß.

d) Die *mexikanische Provinz* umfaßt zahlreiche Lagerstätten von Sulfiden, Oxyden und komplexen Antimonerzen.

e) Die *Mittelmeerprovinz* besitzt eine große Anzahl Lagerstätten, vorwiegend kleiner Ausmaße, aber mit insgesamt sehr bedeutenden Vorräten (Jugoslawien, Türkei, Marokko, Algerien).

f) Die *mittelasiatische Provinz* umfaßt eine Reihe von Antimonlagerstätten, in denen häufig Cinnabarit auftritt.

Außer diesen gibt es in der Welt auch eine Reihe Einzellagerstätten oder Erzgebiete mit Antimon (USA, Kanada u. a.).

In Tab. 75 sind die Antimonreserven der Welt und einzelner Länder, welche über bedeutendere Reserven dieses Metalls verfügen, dargestellt.

Tabelle 75. *Die Antimonreserven der Welt* (in 1000 t Metall)

	Gesamtreserven	Sb-Gehalt (%)
Europa	510	
Österreich	60	3 bis 7
Tschechoslowakei**	20	
Frankreich**	20	niedrig
Italien	20	5 bis 19
Jugoslawien*	80	
UdSSR**	300	2 bis 5
Asien	2100	
China**	2000	3 bis 5
Japan	20	1 bis 5
Türkei	40	bis 13
Afrika	350	
Algerien	60	
Marokko	40	
Südafrikanische Union	250	
Amerika	910	
Bolivien	400	10
Kanada	50	1 bis 9
Mexiko	250	2 bis 15
Peru	100	
USA	100	0,2 bis 5
Australien	100	2,5 bis 6
Welt (insgesamt)	4000	

* Angabe aus dem Jahre 1955. ** Schätzung.
Quelle: Mineralnie ressurssi kapitalistitscheskich stran. Geosgeolizdat, Moskau 1963.

Die angeführten Angaben sind nur annähernd gültig, da die Antimonlagerstätten im allgemeinen wenig erkundet sind, so daß die Reserven vorwiegend der Kategorie C_1 angehören. Anderseits sind die Reserven der einzelnen Länder, welche eine große Zahl wirtschaftlich bedeutender Lagerstätten besitzen, unbekannt und können nur abgeschätzt werden (UdSSR, China).

VII. Preise der Erze und Metalle

Die Beurteilung des Wertes der Antimonerze richtet sich nach dem Metallgehalt, teilweise auch nach dem Gehalt an schädlichen Komponenten. Erze, die einen hohen Prozentsatz von Antimon enthalten, werden unmittelbar auf dem Markt verkauft, dagegen werden arme Erze vorher aufbereitet und als Konzentrate oder als Metall (Regulus) verkauft.

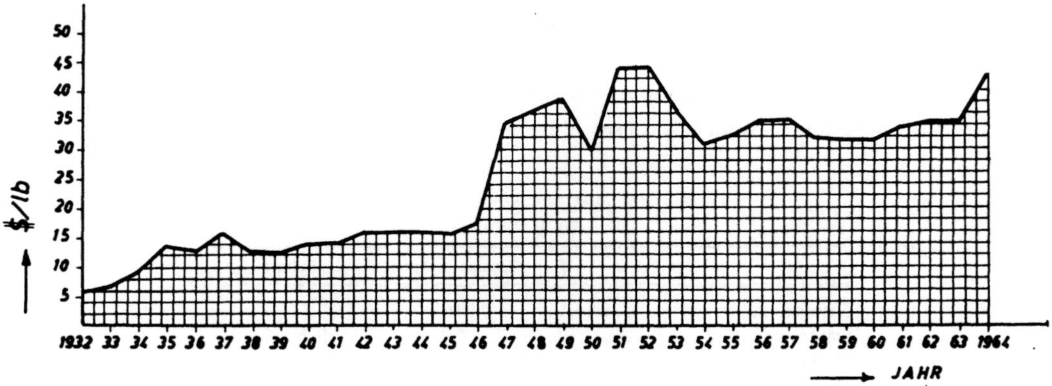

Abb. 43. Antimonpreise auf dem Weltmarkt von 1932 bis 1964

Reiche Antimonerze (sulfidische und oxydische) werden in vier Klassen eingeteilt (nur in Bolivien):

I. Klasse	über 65% Sb
II. Klasse	55 bis 65% Sb
III. Klasse	45 bis 55% Sb
IV. Klasse	30 bis 45% Sb

Der Preis reicher Antimonerze wird in Frankreich nach folgender Formel berechnet:

$$P = \frac{t}{100}\left(1 - \frac{1}{a}\right) \cdot (c - f)$$

wobei: P = Preis für 1 t;

$\frac{t}{100}$ = Antimongehalt des Erzes;

c = Preis des Regulus pro Tonne;

f = Verhüttungskosten;

$\frac{1}{a}$ = Schmelzverluste.

Das Antimon gehört zu den Metallen, deren Preise auffallend großen Schwankungen unterliegen. Gewöhnlich erreicht es in den Jahren vor und während Kriegen sehr hohe Preise; Zeitabschnitte der Hochkonjunktur wechseln scharf mit solchen niedriger Preise ab. Solche Preisschwankungen des Antimons auf dem Weltmarkt führen dazu, daß viele Gruben dieses Metalls, besonders kleinere Unternehmen, periodisch arbeiten bzw. nur während der Hochkonjunktur.

In Abb. 43 sind die Preise von Antimonreguli auf dem Weltmarkt im Zeitraum 1932 bis 1964 dargestellt.

VIII. Die wirtschaftsgeologische Bewertung der Erze und Lagerstätten

Die wirtschaftliche Bedeutung einer Antimonlagerstätte wird vor allem durch die Qualität des Erzes, die Reserven und die Exploitationsbedingungen bestimmt. Der Einfluß anderer Faktoren ist bedeutend, aber nicht entscheidend für die Rentabilität der Exploitation von Antimonlagerstätten; große Bedeutung kann manchmal nur die Transportfrage haben.

A. Qualität des Erzes

Die Qualität eines Antimonerzes wird hauptsächlich durch den Gehalt an nützlichen und schädlichen Komponenten und den Mineralbestand des Erzes bestimmt.

a) *Mineralbestand:* Bei der Betrachtung des mineralischen Bestandes des Erzes ist es von besonderer Bedeutung, ob es sich um ein Oxyd-, Sulfid- oder komplexes Erz handelt, da die Kennziffern des Ausbringens bei der Verarbeitung dieser Erze sehr verschieden sind.

Im allgemeinen können sulfidische Erze um 30 bis 50% besser ausgenützt werden als oxydische (relatives Verhältnis). Da in vielen Lagerstätten die einen und die anderen auftreten (Mischerze), ist es bei der Untersuchung und endgültigen Beurteilung der Lagerstätte unerläßlich, die prozentuellen Verhältnisse des Anteils von sulfidischen und oxydischen Erzen zu bestimmen. Der Genauigkeitsgrad der Bestimmung für eine Lagerstätte wird vom Grad der Untersuchung der Lagerstätte abhängen bzw. vom Erzanteil in den einzelnen Reservekategorien.

Außer von sulfidischer und oxydischer können Antimonerze auch von komplexer Zusammensetzung sein, was bei der Beurteilung einer Lagerstätte von entscheidender Bedeutung sein kann. In einzelnen Lagerstätten tritt nämlich das Antimon in bestimmten mineralischen Vergesellschaftungen auf, so daß ihre Trennung sehr schwer und die Anwesenheit einzelner dieser Minerale im Antimonerz oder im Konzentrat sehr unerwünscht ist. Zu solchen Erzen gehören vor allem Antimon-Arsen-Erze. Die vollkommene Trennung des Realgars vom Antimonit ist oft praktisch unmöglich, so daß Antimonkonzentrate häufig einen unerlaubt hohen Arsengehalt aufweisen. Besonders ungünstig ist es, wenn in solchen Erzen das Antimon als Oxyd auftritt. Deswegen muß, bevor umfangreichere Erkundungsarbeiten einer Lagerstätte vorgenommen werden, die Frage der Verwendbarkeit des entsprechenden Antimon-Arsen-Erzes in der Industrie gelöst werden bzw. die Möglichkeit der Gewinnung von Antimonkonzentraten genügender Qualität erwogen werden.

Bei der Überprüfung der mineralischen Zusammensetzung und Struktur eines Erzes muß man dem Grad der Verwachsung der Antimonminerale mit den begleitenden Mineralen besondere Beachtung schenken, in erster Linie der Verwachsung mit Realgar und Auripigment, ferner mit Galenit. Bei Oxyderzen können Baryt, manchmal auch Fluorit und Kalzit unerwünschte Komponenten sein, doch haben sie keinen entscheidenderen Einfluß bei der Beurteilung der Lagerstätte.

Der minimale industrielle Gehalt von Antimon ist, wie auch bei anderen Metallen, sehr veränderlich und hängt von vielen Faktoren ab (mineralogische Zusammensetzung des Erzes, Exploitations- und Verarbeitungskosten, Ausbringen bei der Aufbereitung und metallurgischen Verarbeitung, Transportkosten). Da das Antimon ein ausgesprochenes Konjunkturmetall ist, mit starken Preisschwankungen auf dem Markte, kann sich auch die Bauwürdigkeitsgrenze des Erzes oft und stark ändern.

Bei einer Erwägung der Einwirkung der Transportkosten auf den minimalen industriellen Gehalt muß berücksichtigt werden, daß das Antimoniterz häufig mittels Handscheidung an der Arbeitsstelle selbst aufbereitet werden kann. In Ganglagerstätten bildet der Antimonit Nester und Linsen kompakten Erzes, welches nach der Trennung von der Gangart hochwertiges Erz ergibt (über 20 bis 25% Sb). Das kann hauptsächlich bei monomineralischem Erz durchgeführt werden, welches keine schädlichen Komponenten besitzt.

Unter nicht zu schwierigen Exploitationsbedingungen kann man annehmen, daß bei sulfidischem Erz, in flözartigen Lagerstätten in silifizierten Kalksteinen, ungefähr 3% Sb den minimalen industriellen Gehalt darstellen. Das nur, wenn die Lagerstätte hinsichtlich des Transportes günstig gelegen ist und bei einer Erzeugung von annähernd 25000 bis 30000 t Erz im Jahr. Diese Angaben dienen nur zur Orientierung; der minimale industrielle Gehalt muß gesondert für jede untersuchte Lagerstätte bestimmt werden.

Bei Antimonerzen, welche außer Antimon auch noch andere nützliche Komponenten enthalten, kann der minimale industrielle Gehalt auch unter 3% Sb betragen. Die untere Grenze dieses Gehaltes wird auch vom Gehalt, dem Grad des Ausbringens und dem Wert der anderen nützlichen Komponenten abhängen sowie auch von der Wirtschaftlichkeit ihrer Gewinnung (pyritische goldführende Konzentrate, manchmal auch Scheelite oder gemischte Quecksilber- und Antimonkonzentrate u. a.).

B. Erzreserven

Die Größe der Lagerstätte ist einer der wichtigsten Faktoren bei der Beurteilung der Lagerstätte. Antimonlagerstätten sind vorwiegend kleine Lagerstätten mit ungleichmäßig verteiltem Metallgehalt. Der Größe nach können die Lagerstätten in mehrere Gruppen eingeteilt werden:

kleine und sehr kleine Lagerstätten	bis 1000	Tonnen	Metall
mittelgroße Lagerstätten	1000 bis 15000	„	„
große Lagerstätten	15000 bis 50000	„	„
Riesenlagerstätten	über 50000	„	„

Bei der Überlegung, welche kleinsten Lagerstätten noch gewinnbringend exploitiert werden können, muß man eine Reihe von Eigenheiten berücksichtigen, welche bei Antimonlagerstätten auftreten: die Möglichkeit des Handscheidens an der Arbeitsstelle, das Verhältnis von sulfidischen und oxydischen Erzen, verhältnismäßig geringer Umfang der Arbeiten und geringe Investitionen sowie auch ein sehr geringes Gesamtausbringen von Metall (in Antimonlagerstätten beträgt das gesamte bergbauliche und separationsmetallurgische Ausbringen gewöhnlich 40 bis 60% der gesamten Metallreserven in der Lagerstätte, häufig auch weniger). Für Antimonlagerstätten ist die Entfernung vom Verbraucher von besonderer Bedeutung; Lagerstätten, welche näher den Hüttenwerken oder Flotationslagern liegen, können auch kleinere Reserven mit niedrigem Gehalt haben.

Lagerstätten oder Lagerstättengruppen, welche eine größere Aufbereitungsanlage zu versorgen haben, müssen nach für Jugoslawien gültigen Verhältnissen über Reserven von mindestens 150000 bis 200000 t Erz verfügen bzw. ungefähr 5000 bis 6000 t Antimonmetall. Kleinere Lagerstätten, welche keine Flotationsanlagen oder Hüttenwerke versorgen, können bei günstigen wirtschaftsgeologischen und technischen Bedingungen (besonders hinsichtlich des Transportweges) auch bei einem Gehalt von 500 bis 1000 t Antimonmetall exploitiert werden.

In Zeiten der Hochkonjunktur werden manchmal auf primitive Weise auch Lagerstätten mit weniger als 500 t Antimon im Erz exploitiert.

Literatur

ANGERMEIER, H. O., 1964: Die Antimonit-Scheelit-Lagerstätten des Gerrei (Südostsardinien, Italien) und ihr geologischer Rahmen. Inaug.-Dissert., München.

BELASCH, F., 1951: Antimon. Anforderungen der Industrie an die Qualität mineralischer Rohstoffe. (Trebowanie promischlenosti k katschestwu mineral. sirja, russisch.) Moskau: Gosgeoltechizdat.

BORCHERT, H., 1942: Antimon. In: Gmelins Handbuch der anorganischen Chemie, Berlin.

CALLAWAY, H. M., 1960: Antimony. In: Mineral Facts and Problems. Bureau of Mines Bull. 585, Washington.

JANKOVIĆ, S., 1960: Allgemeine Charakteristika der Antimonerzlagerstätten Jugoslawiens. N. Jb. Miner. Abh., 94.

LIDDELL, D. M., 1945: Handbook of Non-Ferrous Metallurgy. New York: McGraw-Hill.

Materials Survey — Antimony, 1951: Bureau of Mines, Washington.

MAUCHER, A., 1937: Das Antimonit- und Gudmunditvorkommen von Turhal (Türkei). Fortschr. Miner. Krist. **22**, 1.

POJARKOW, W. E., 1955: Quecksilber und Antimon (russisch). Moskau: Gosgeoltechizdat.

QUIRRING, H., 1945: Antimon. Die metallischen Rohstoffe, Bd. 7. Stuttgart: F. Enke.

RAMDOHR, P., 1960: Die Erzmineralien und ihre Verwachsungen. Berlin.

Quecksilber

Das Quecksilber wird in verschiedenen Industriezweigen verwendet, wobei ungefähr 80% in Form von verschiedenartigen Verbindungen genützt werden und 20% in Form von Metall. Zu den wichtigeren Anwendungsgebieten des Quecksilbers gehören: Elektrotechnik (bei der Herstellung verschiedener elektrischer Apparate), Herstellung verschiedener Industrie- und Kontrollinstrumente, Reaktorentechnik, Landwirtschaft, Textilindustrie, chemische Industrie, Medizin u. a.; von besonderem Interesse ist der Versuch der Verwendung von Quecksilber zu energetischen Zwecken (Dampfkessel mit Quecksilber).

Die verschiedenartigen und wichtigen Anwendungsbereiche in der Industrie machen Quecksilberlagerstätten ökonomisch ungemein interessant.

I. Erze und Lagerstätten

A. Minerale und Erze

Heute sind 17 Quecksilberminerale bekannt; von wirtschaftlicher Bedeutung sind nur 4 Minerale (Tab. 76). Unter diesen ist Cinnabarit von besonders wichtiger wirtschaftlicher Bedeutung, da aus demselben nahezu 95% des gesamten Quecksilbers gewonnen werden; Livingstonit tritt nur ausnahmsweise als wirtschaftlich wichtiges Erz zur Gewinnung von Quecksilber auf (Lagerstätte von Huitcuko in Mexiko).

Tabelle 76. *Wichtige Quecksilberminerale*

Mineral	Formel	Hg-Gehalt (%)
Cinnabarit	HgS	86,2
Metacinnabarit	HgS	
Gediegenes Quecksilber	Hg	
Livingstonit	$HgSb_4S_7$	22

Die Quecksilbererze werden in reine Quecksilbererze und komplexe Erze eingeteilt. Diese Einteilung beruht auf jenen Eigenschaften der Erze, von denen Richtung und Methoden ihrer technologischen Verarbeitung abhängen.

a) *Reine Quecksilbererze* bestehen hauptsächlich aus Cinnabarit, das von unbedeutenden Konzentrationen von Metacinnabarit und gediegen Quecksilber begleitet werden kann.

Die Verarbeitung dieser Erze ist gewöhnlich sehr einfach.

b) *Komplexe Erze*, die, je nach dem Anteil an den verschiedenen Erzmineralen, folgendermaßen eingeteilt werden:

Quecksilber-Antimon-Erze (Cinnabarit, Antimonit, Livingstonit).

Quecksilber-Arsen-Erze sind verhältnismäßig häufig und bestehen aus Cinnabarit, Realgar, Auripigment.

Polimetallische Erze und Zinnerze enthalten manchmal auch erhöhte Konzentrationen von Quecksilber. Die Gewinnung von Quecksilber aus diesen Erzen ist bedeutend komplizierter als bei den monomineralischen Quecksilbererzen.

B. Wirtschaftlich wichtige Lagerstättentypen

Wirtschaftlich bedeutende Quecksilberlagerstätten sind:

a) *Imprägnationslagerstätten*, die am Kontakt von Gesteinen verschiedenartiger lithologischer Zusammensetzung entstanden sind (durchlässige — undurchlässige Gesteine). Die Form der Erzkörper ist vorwiegend flözartig; sie sind längs der Kontakte der durchlässigen und undurchlässigen Gesteine gebildet; manchmal bilden sich auch Erzkörper von unregelmäßiger Form, die im Bereiche einer Zone angeordnet sind.

Lagerstätten dieses Typs können wirtschaftlich sehr bedeutend sein, denn sie enthalten große Quecksilbermengen.

Die erzführende Zone kann 30 bis 40 m Mächtigkeit haben und dem Streichen nach manchmal kilometerweit verfolgt werden. Der Quecksilbergehalt beträgt gewöhnlich 0,2 bis 0,5%, selten 3 bis 4%. Im Bereiche der mineralisierten Zone bilden sich stellenweise reiche Cinnabaritnester oder -linsen (3 bis 6% Hg). Die Quecksilberreserven in diesem Lagerstättentyp können manchmal 20000 bis 30000 t, manchmal auch 60000 bis 100000 t betragen.

Zu diesem Typ gehören die bedeutendsten Quecksilberlagerstätten der Welt: *Almaden* in Spanien, *Idrija* in Jugoslawien, *Nikitovka* und *Hajdarkan* in der Sowjetunion, *Monte Amiata* in Italien u. a.

b) *Ganglagerstätten* sind in der Welt häufig und können wirtschaftlich auch von Bedeutung sein. Sie entstehen vorwiegend längs Bruchzonen (manchmal brekziös), in denen Cinnabaritimprägnationen auftreten. Reichere Quecksilberkonzentrationen bilden gewöhnlich kleinere Erzkörper von unregelmäßiger Form, die ungleichmäßig in der Bruchzone verteilt sind. Die Erzführung tritt gewöhnlich in Form eines Systems dünner Gängchen auf, von 0,01 bis 0,05 m Mächtigkeit, seltener auch von 0,1 bis 0,2 m.

Der Quecksilbergehalt in diesen Lagerstätten ist stellenweise sehr hoch (auch über 3 bis 4% Hg), jedoch übersteigt er im Durchschnitt gewöhnlich nicht 0,5% Hg. Die Quecksilberreserven in diesen Lagerstätten sind gewöhnlich gering.

Zu diesem Lagerstättentyp gehören einzelne Quecksilberlagerstätten in Kalifornien (USA).

c) Der *Stockwerktyp* tritt seltener auf. Die Lagerstätten sind gewöhnlich längs größerer Bruchzonen gebildet. Diese Lagerstätten können bedeutende Erzmengen mit verhältnismäßig geringen Quecksilberkonzentrationen (0,1 bis 0,3% Hg) enthalten. In einzelnen Horizonten der Stockwerklagerstätten können auch angereicherte Teile angetroffen werden (über 0,3% Hg).

Zu diesen Lagerstättentypen gehören auch einzelne Lagerstätten in den USA (New Idria und New Almaden).

d) Kleine *Quecksilbernester und -linsen* sind der häufigste Typ der Cinnabaritvorkommen. Das sind kleine Erzkörper, oft nicht größer als bis zu 10 t Quecksilber enthaltend, mit verhältnismäßig hohem Metallgehalt (0,5 bis 2 bis 3%). Diese kleinen Erzkörper sind räumlich an lokale Zerrüttungszonen gebunden und treten auch an Kreuzungsstellen von Spalten auf, sowie auch an Stellen mit erhöhter Porosität der Gesteine.

Die wirtschaftliche Bedeutung dieser Lagerstätten ist hinsichtlich ihrer unbedeutenden Quecksilberreserven gering, doch können viele Lagerstätten gewinnbringend exploitiert werden.

II. Suche und Erkundung

Der Umfang und die Art der Suche und Erkundung stehen in enger Verbindung mit dem Typ und den Ausmaßen der Quecksilberlagerstätten. Bei flözartigen Lagerstätten können Suche- und Erkundungsarbeiten häufig bedeutend sein, während in kleinen Lagerstätten, die in Form von Nestern und Linsen auftreten, die Aufschlußarbeiten unmittelbar durch die Exploitation fortgesetzt werden.

Such- und Erkundungsarbeiten werden bei großen Imprägnationslagerstätten in den ersten Phasen durchgeführt, um die quecksilberführende Zone grob zu umgrenzen; dabei sind Bohrungen die wichtigste Form der Aufschlußarbeiten. Es wird angestrebt, die Mineralisierungsgrenzen annähernd zu erhalten, um später den Erzführungskoeffizienten in einer bestimmten Zone festzustellen. Mit Rücksicht auf den starken Wechsel des Quecksilbergehaltes werden die Untersuchungen vor allem mittels Schurftätigkeit durchgeführt, die durch die Bohrergebnisse ergänzt werden (mit Rücksicht auf die Veränderlichkeit des Quecksilbergehaltes und dessen Konzentrationsgrad können die Bohrergebnisse allein nicht als maßgebend angesehen werden). Die Aufschlußarbeiten in Lagerstätten dieses Typs werden gewöhnlich bis zu dem Untersuchungsgrad geführt, der den Reserven C_1 entspricht (der Anteil an Reserven der Kategorie B überschreitet meistens nicht

15 bis 20% der Gesamtreserven), je nachdem, ob die Lagerstätte neuentdeckt wurde oder im Bereiche von anderen, sich bereits in Exploitation befindlichen Quecksilberlagerstätten liegt.

Bei der Erkundung von Ganglagerstätten oder Lagerstätten, die längs Bruchzonen entstanden sind, ist es üblich, mit bergbaulichen Arbeiten zu beginnen und die mineralisierte Zone mindestens auf einem Niveau zu verfolgen. Die Feststellung vom Schwanken der Mächtigkeit und des Quecksilbergehaltes ist für die Durchführung einer weiteren Erkundung und die Beurteilung der gewonnenen Bohrergebnisse (das bezieht sich besonders auf die Erschließung dünner Gänge von 0,1 bis 0,2 m) von großer Bedeutung.

Mit Rücksicht auf das starke Schwanken des Quecksilbergehaltes und die Unkenntnis des Ausmaßes der erzführenden Spalten und Risse ist die Beurteilung der Vorräte häufig mit einem bedeutenden Risiko verbunden. Eine Ausnahme bilden bis zu einem gewissen Grade mächtige zerrüttete Zonen mit einem hohen Vererzungskoeffizienten (über 0,6). In vielen Lagerstätten werden die bergbaulichen Aufschlußarbeiten bei der Exploitation ausgenützt, und dies ist auch einer der Vorteile ihrer Anwendung zur Erkundung kleinerer Quecksilberlagerstätten.

III. Abbau

Da Quecksilberlagerstätten vorwiegend geringe Größe und unregelmäßige Form haben, werden sie in der Regel ohne größere Mechanisierung exploitiert. Der Abbau in zahlreichen Quecksilberlagerstätten erfolgt sehr oft nur periodisch während einer Hochkonjunkturperiode. Die Lagerstätten werden vorwiegend unter Tage abgebaut, wobei die Tiefe der Grube in den meisten Fällen 100 m nicht übersteigt (in einzelnen Lagerstätten in den USA liegt der tiefste Horizont auf Tiefen von über 450 m).

In den meisten Quecksilberlagerstätten ist der Investitionsaufwand für den Bergbau gering.

IV. Aufbereitung

Das metallische Quecksilber kann sowohl durch direkte metallurgische Verarbeitung des Quecksilbererzes gewonnen werden als auch durch vorhergehende Aufbereitung des Erzes und darauffolgende metallurgische Verarbeitung des gewonnenen Konzentrates. Welches der Verfahren angewendet wird, hängt von der Qualität und Zusammensetzung des Erzes ab.

Es kann angenommen werden, daß ein Erz mit über 0,3% Hg, bei einer Erzeugung von größerer Menge, metallurgisch ohne vorhergehende Aufbereitung verarbeitet werden kann.

Bei komplexen Erzen werden zwecks gleichzeitiger Gewinnung der Nebenkomponenten, besonders Antimon, kombinierte Verarbeitungsmethoden angewendet (Aufbereitung und metallurgische Verarbeitung).

Bei der Aufbereitung wird die Schwerekonzentration oder die Flotation angewendet, manchmal auch eine Kombination der beiden. Die Wahl der Aufbereitungsmethode hängt in gewissem Maße vom Quecksilbergehalt im Erz ab. Bei sehr armen Erzen wird hauptsächlich die Methode der Flotation angewendet.

So wurde bei der Verarbeitung alter Halden in der Lagerstätte Almaden in Spanien armes Erz mit nur 0,01% Quecksilber erfolgreich flotiert, wobei Konzentrate mit 63% Hg gewonnen wurden. Im allgemeinen kann die Ausbeute bei der Flotationsaufbereitung von Quecksilbererzen bis zu 95% erreichen.

Die Aufbereitung von Erzen mit etwas höherem Quecksilbergehalt erfolgt meistens mit Schüttelherden oder Setzmaschinen.

Für die Aufbereitung armer Erze ist nicht nur der Quecksilbergehalt im Erz wichtig, sondern auch die mineralogische Zusammensetzung des Erzes und der Gangart, weiters auch Form und Größe der Körner. Für die Schwerekonzentration ist es unerwünscht, wenn neben Quecksilbermineralen sonstige Minerale von großem spezifischem Gewicht anfallen; unerwünscht sind auch Ocker-Cinnabarit und Tetraedrit, denn sie bilden auf den Tischen „schwimmende Partikelchen"; es ist wünschenswert, daß die Partikelchen bzw. Körner der Quecksilberminerale größer sind.

Zu der Gruppe der unerwünschten Komponenten gehören auch die Antimon- und Arsenminerale, die sich im Konzentrat anreichern und den Kondensationsprozeß der Quecksilberdämpfe erschweren und verschlechtern. Bei der Flotation sind auch andere Sulfide, die sich im Quecksilberkonzentrat anreichern, schädlich.

Die Aufbereitung von Quecksilber-Antimon-Erzen ist komplizierter. Bei der zur Zeit üblichen Aufbereitungstechnik dieser Erze können keine gesonderten Konzentrate von Quecksilber und Antimon gewonnen werden. Die selektive Trennung von Quecksilber und Antimon mittels Flotation ist mit bedeutenden Verlusten an Quecksilber im Antimonkonzentrat und an Antimon im Quecksilberkonzentrat verbunden.

In Tab. 77 sind die Resultate der von GIREDMET (UdSSR) durchgeführten Flotationsversuche der Nikitovkaer Quecksilber-Antimon-Erze angeführt.

Tabelle 77

Konzentrate von	Verhältnis Hg:Sb im Konzentrat	Ausbeute % Quecksilber	Ausbeute % Antimon
Quecksilber	12,7 —12,5	71,8—80,6	17,1—22,9
Antimon	0,47— 0,50	6,9— 3,3	31,0—39,5
Erzen	4	100,0	

Mittels Schweremethode erhält man gemischte Quecksilber-Antimon-Konzentrate. Das Verhältnis von Quecksilber und Antimon in diesen Konzentraten kann in sehr weiten Grenzen schwanken. In einer Aufbereitungsanlage schwankte das Verhältnis von Quecksilber zu Antimon im Erz vor der Aufbereitung von 1 : 1 bis 4 : 1, während sich das Verhältnis in den Konzentraten der Tische von 2,5 : 1 bis 10 : 1 bewegte (F. N. BELAS).

Die Aufbereitung armer Erze erfolgt an der Lagerstätte selbst, da solche Erze nicht in der Lage sind, die Transportkosten zu tragen.

V. Metallurgische Verarbeitung

Die metallurgische Verarbeitung der Erze und Konzentrate ist verhältnismäßig einfach und billig, was bei der wirtschaftlichen Beurteilung einer Quecksilberlagerstätte und der gewinnbringenden Möglichkeit ihrer Ausbeute von besonderer Bedeutung ist.

Die metallurgische Verarbeitung von Quecksilber erfolgt hauptsächlich mittels pyrometallurgischer und hydrometallurgischer Verfahren, wobei die Ausbeute gewöhnlich über 95% beträgt.

Bei der *pyrometallurgischen Verarbeitung* wird das Erz bei 700 bis 750° C in Schachtöfen verschiedener Typen geröstet, in horizontalen Rotationstrommelöfen, in mehretagigen Öfen sowie in Flammöfen. Reiche Erze und Konzentrate werden in Retortenöfen verarbeitet (die besonders für geringe Erzeugung geeignet sind). Beim Rösten verdampft der Cinnabarit, der Schwefel oxydiert durch den Sauerstoff im Ofen und das Quecksilber wird von den Gasen getrennt und schlägt sich an den Wänden der im Kühlsystem vorhandenen Röhren nieder. Das Quecksilber setzt sich als Staub nieder, aus welchem auf mechanischem Wege metallisches Quecksilber gewonnen wird.

Die *hydrometallurgische Verarbeitung* besteht im Auslaugen des Cinnabarits mittels einer Natriumsulfidlösung in Anwesenheit von freien Alkalien. Das Quecksilber wird aus der Lösung mit Hilfe von metallischem Aluminium gefällt, welches anderseits das gesamte Na_2S erneuert.

Anforderungen hinsichtlich des metallischen Quecksilbers. Das metallische Quecksilber, das auf den Weltmarkt gebracht wird, zeichnet sich durch hohe Reinheit aus und wird gewöhnlich nicht in Klassen eingeteilt; das Standardquecksilber enthält 99,99 bis 99,999% Hg.

VI. Produktion und Rohstoffbasis der Welt

A. Bergwerkserzeugung

Die Quecksilbererzeugung der Welt zeichnet sich durch sprunghafte Änderungen aus, obwohl seit einem längeren Zeitabschnitt ein ständiger Anstieg der Erzeugung zu verzeichnen ist. Diese jähen Änderungen in der Erzeugung sind oft auch die Folge von großen Schwankungen des Quecksilberpreises auf dem Handelsmarkt.

Zum Unterschied zu anderen Metallen stammt die Quecksilberproduktion nur aus wenigen Ländern der Welt. Ungefähr 70% der heutigen Quecksilbererzeugung entfallen auf vier Länder (Spanien, Italien, Sowjetunion und China), während aus acht Ländern rund 97% der Gesamterzeugung dieses Metalls stammen.

Auf Abb. 44 ist die Quecksilbererzeugung der Welt und der einzelnen Länder dargestellt.

Der Quecksilberverbrauch wird in nicht geringem Maße auch durch Altquecksilber gedeckt. In den USA sind es ungefähr 20% des Verbrauches.

B. Rohstoffbasis der Welt

Wirtschaftlich bedeutende Quecksilberlagerstätten sind in der Welt ziemlich selten. Zum Unterschied von anderen Metallen befinden sich die Quecksilberreserven zum größten Teil in Europa.

Heute gibt es keine vollkommen verläßlichen Angaben über die Quecksilberreserven der Welt, besonders wenn es sich um Bilanzerze handelt. Die Frage der Bilanzerze hängt in großem Maße von den Quecksilberpreisen auf dem Markt ab, so daß zeitweise die Bilanzreserven nicht bilanzfähig bzw. bedingt bilanzfähig werden können (in erster Linie nach dem Quecksilbergehalt im Erz). Außerdem

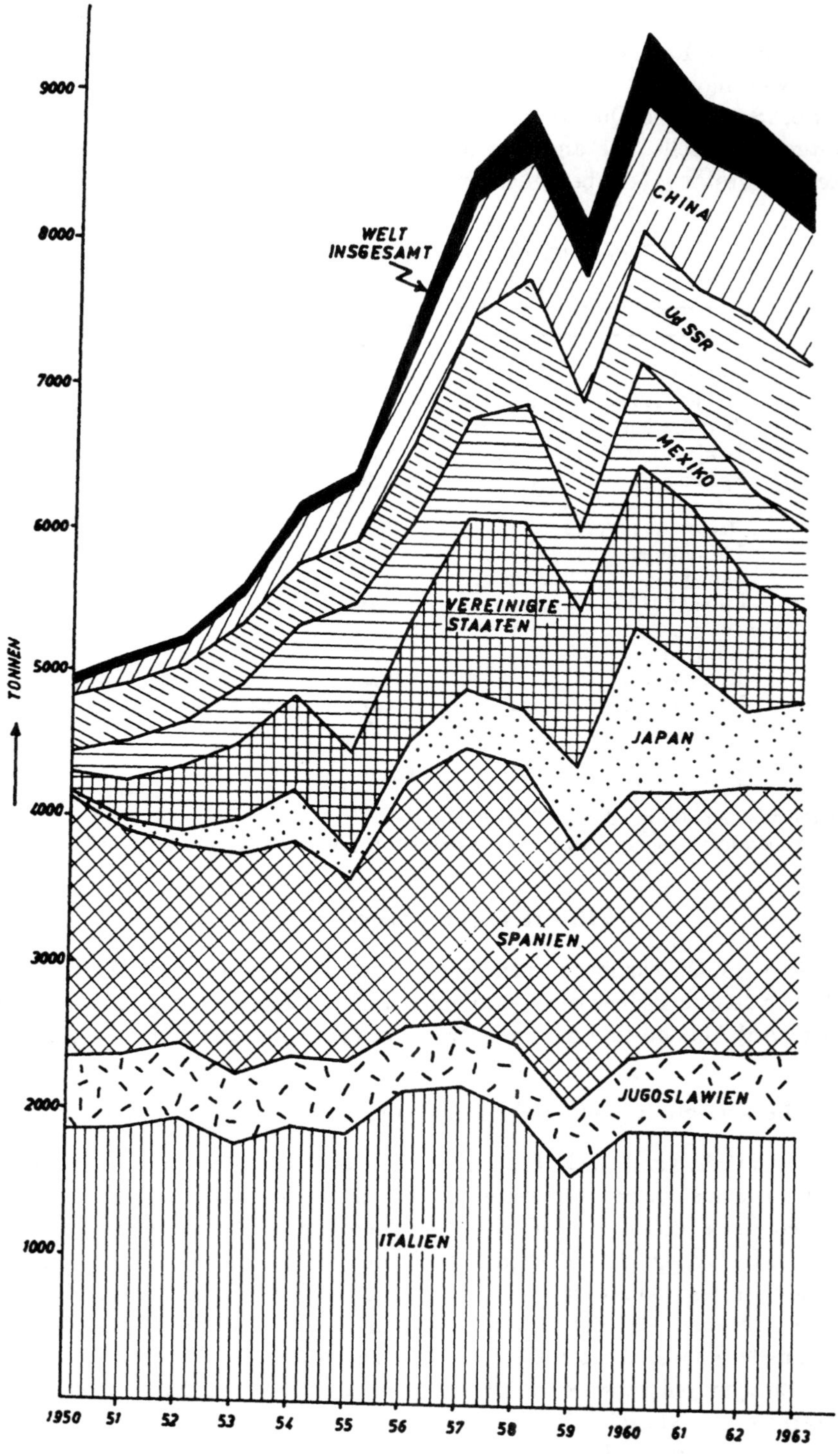

Abb. 44. Weltquecksilberförderung von 1950 bis 1963

veröffentlichen einzelne Länder, welche bedeutende Lagerstätten besitzen, keine Angaben über ihre Reserven, so daß ihre Reserven nur geschätzt werden können (China, Sowjetunion).

In Tab. 78 sind die Quecksilberreserven der Welt und der bedeutendsten Lieferanten dargestellt. Die angeführten Angaben sind runde Werte und wahrscheinlich Mindestangaben, besonders für Spanien und die Sowjetunion.

Tabelle 78. *Quecksilberreserven der Welt*
(in 1000 t Quecksilber)

Land	Reserven	Hg-Gehalt %
Europa	145,0	
Italien	75,0	0,8 bis 2,7
Jugoslawien*	7,5	
Sowjetunion**	20,0	
Spanien	40,0	0,9 bis 6,0
Asien	18,5	
Philippinen	5,0	0,2 bis 0,4
Japan	7,0	0,43
China**	5,0	
Amerika	40,0	
Kanada	10,0	0,4
Mexiko	16,0	0,3 bis 3,0
USA	11,0	0,2 bis 1,0
Welt	204,0	

* Angabe aus dem Jahre 1955. ** Schätzung.
Quelle: Mineralnie ressurssi kapitalitscheskich stran. Gosgeolizdat, Moskau 1963.

VII. Preise von Quecksilber

Die Preise von Quecksilber zeigen große Schwankungen auf dem Weltmarkt. Der Preis von Quecksilber wird gewöhnlich auf eine Flasche bezogen (1 Flasche = 34,5 kg). Auf Abb. 45 sind die Preisveränderungen von Quecksilber dargestellt.

VIII. Die wirtschaftsgeologische Bewertung der Erze und Lagerstätten

Die Exploitation von Quecksilberlagerstätten zeichnet sich durch viele spezifische Merkmale aus, welche eine rentable Gewinnung sogar auch aus sehr kleinen Lagerstätten dieses Metalls ermöglichen. So waren in den USA in den Jahren vor dem Zweiten Weltkrieg 87 Gruben in Betrieb, davon 73 Gruben mit einer durchschnittlichen Jahresproduktion von nur 1,2 t Quecksilber. Auch später, z. B. im Jahre 1956, stammen 90% der Gesamterzeugung in den USA aus 15 Bergwerken und 10% aus 90 kleineren Lagerstätten[1]. Dies ist möglich infolge des verhältnismäßig hohen Quecksilberpreises einerseits und der niedrigen Erzeugungskosten und Investitionen anderseits. In vielen Lagerstätten geht das Erz gar nicht durch Aufbereitungsanlagen, sondern wird direkt metallurgisch verarbeitet, was sicher-

[1] Engng. Min. J., February 1957.

lich die Verarbeitungskosten vermindert; auch die Hüttenwerke selbst erfordern keinen großen Aufwand an Investitionen. All das ermöglicht es, sofern die Bedingungen für den bergmännischen Abbau günstig sind, auch Lagerstätten zu exploitieren, deren Reserven nur einige Zehnertonnen Metall betragen — besonders in Zeitabschnitten hoher Quecksilberkonjunktur.

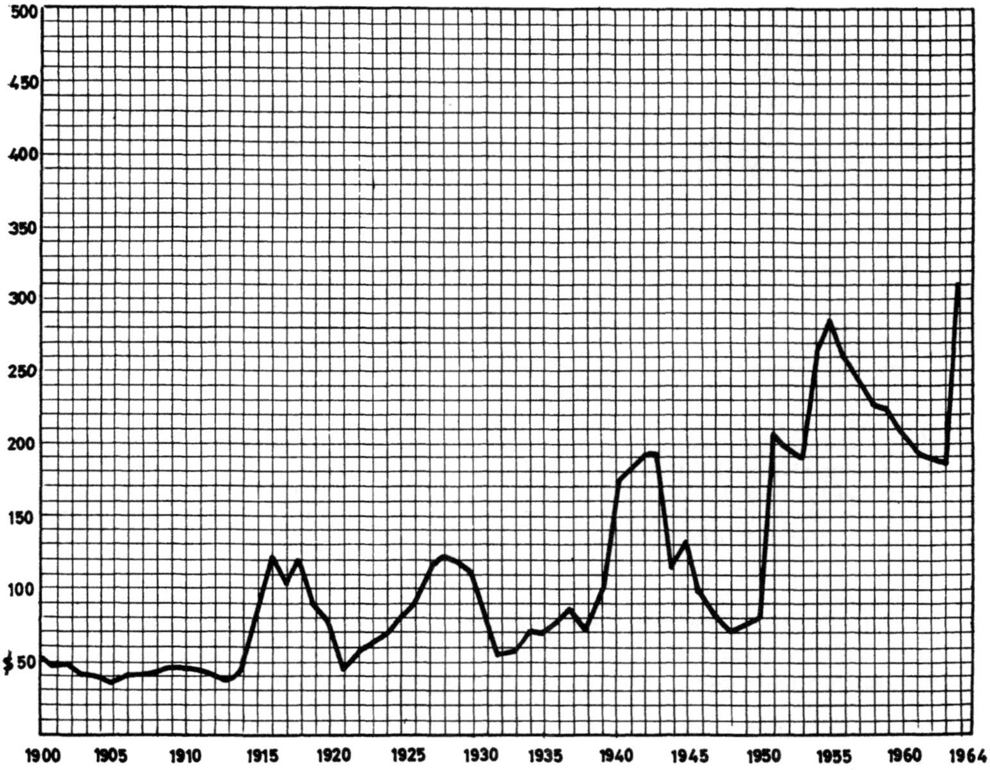

Abb. 45. Quecksilberpreise auf dem Weltmarkt von 1900 bis 1964

Je nach dem Quecksilbergehalt können die Erze folgendermaßen eingeteilt werden:

arme Erze	unter 0,20% Hg
mittelreiche Erze	0,20 bis 0,50% Hg
reiche Erze	0,50 bis 1,50% Hg
sehr reiche Erze	über 1,50% Hg

Der minimale industrielle Gehalt an Erz hängt von einer Reihe von Faktoren ab, unter denen an erster Stelle der Quecksilberpreis auf dem Markt steht. Da das Quecksilber ein Konjunkturmetall ist, mit starken Preisschwankungen auf dem Markt, ist auch der minimale industrielle Gehalt sehr veränderlich. In Zeiten hoher Konjunktur werden auch Erze mit nur 0,15% Hg abgebaut (Huanvelik in Peru), während in Zeitabschnitten, in denen eine Preissenkung verzeichnet wird, Erze mit diesem Quecksilbergehalt nicht bilanzfähig sind.

Außer dem Preis für Quecksilbermetall hat auch das Ausmaß der Erzeugung einen großen Einfluß auf den minimalen industriellen Gehalt des Erzes. In Abb. 46 ist ein Diagramm dargestellt, welches das Verhältnis des minimalen industriellen Gehaltes von Quecksilbererzen in Abhängigkeit von der gewonnenen Menge auf Grund des Kostenpreises einer Tonne gewonnenen und verarbeiteten Quecksilbererzes in Idria (Jugoslawien) ausdrückt. Selbst bei einem sehr niedrigen Quecksilberpreis (gegen 200 $ pro Flasche) könnte man laut Diagramm bei einer Jahreserzeugung von 25000 t eine Lagerstätte mit 0,26 bis 0,27% Hg abbauen; für eine Kapazität zwischen 150000 bis 200000 t wäre der minimale industrielle Gehalt ungefähr 0,2% Hg.

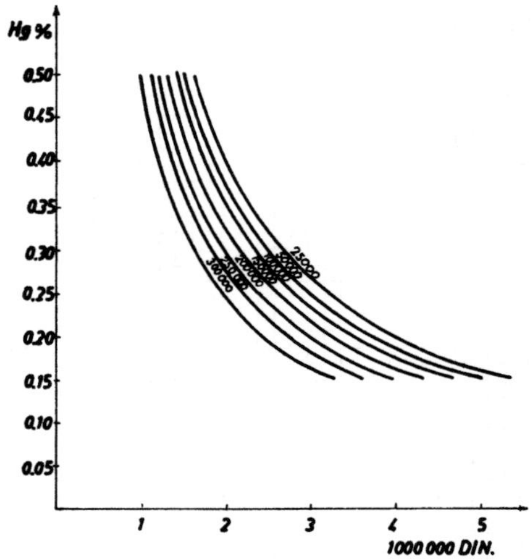

Abb. 46. Gestehungskosten von 1 t Quecksilber in Jugoslawien bei Gehalten von Hg im Erz von 0,15 bis 0,50%, bei einer Förderung von 25000 bis 300000 t pro Jahr (nach E. Kostić)

Eine genaue Bestimmung der potentiellen Vorräte in einer Lagerstätte muß — gesondert für jede einzelne Lagerstätte — gemäß den Exploitationsbedingungen vorgenommen werden. Die vorher angeführten Größen des minimalen industriellen Gehaltes sind nur als Orientierungswerte anzusehen.

Die *Erzreserven* in Quecksilberlagerstätten können tatsächlich innerhalb sehr weiter Grenzen variieren — von einigen Tonnen bis über 50000 t. Der Größe der Reserven nach kann man folgende Einteilung vornehmen:

sehr kleine Lagerstätten	bis	50	Tonnen Quecksilber
kleine Lagerstätten	50 bis	200	,, ,,
mittlere Lagerstätten	200 bis	1000	,, ,,
große Lagerstätten	1000 bis	10000	,, ,,
Riesenlagerstätten	über	10000	,, ,,

Die minimalen individuellen Reserven hängen bei jeder einzelnen Lagerstätte nicht nur vom Quecksilberpreis ab, sondern auch von seinem Gehalt im Erz. Bei mittelreichen Erzen können die minimalen individuellen Quecksilberreserven in der Lagerstätte sogar nur 10 bis 20 t betragen. Mit Rücksicht auf die Veränderlichkeit der Faktoren, die die minimalen Reserven beeinflussen, muß diese Größe gesondert für jede einzelne Lagerstätte bestimmt werden.

Literatur

Belasch, F. N., 1947: Quecksilber (Rtut). Anforderungen der Industrie an die Qualität mineralischer Rohstoffe. (Trebowanie promischlenosti k katschestwu mineral. sirja, russisch.) Moskau: Gosgeoltechizdat.

Berce, B., 1956: Geologie der Idrianer Quecksilberlagerstätte (Geologija rudišta žive Idrija, serbo-kroatisch). Dokt. disert. Geol. fak., Belgrad.

BENNETT, E., 1948: Almaden, World's Greatest Mercury Mine. Min. and Met. **29**, No. 493.
DUSCHAK, L. H., C. N. SCHUETTE, 1925: The Metallurgy of Quicksilver. Bureau of Mines Bull. 222.
ECKE, E. B., 1948: Mercury Industry in Italy. AIME Tech. Pub. 2292.
ERSPAMER, E. G., R. R. WELLS, 1956: Selective Extraction of Mercury and Antimony From Cinnabarit-Stibnite Ore. Bureau of Mines Rept. of Invest. 5243, Washington.
HAYWARD, C. R., 1952: An Outline of Metallurgical Practices, 3. Aufl., Ch. 7, Mercury.
KOSTIĆ, E., 1959: Die Entwicklung und Perspektive der Quecksilberproduktion. (Razvoj i perspektive proizvodnje žive, serbo-kroatisch.) Rud. i metal. No. 6, Belgrad.
PENNIGTON, J. W., 1959: Mercury. A Materials Survey. Bureau of Mines Inf. Circ. 7941, Washington.
—, 1960: Mercury. In: Mineral Facts and Problems. Bureau of Mines Bull. 585, Washington.
POJARKOW, W. E., 1955: Quecksilber und Antimon (Rtut i antimon). Beurteilung von Lagerstätten bei Such- und Erkundungsarbeiten. (Ozenka mestorozhdenij pri poisski i raswedki, russisch.) Moskau: Gosgeoltechizdat.
RAMDOHR, P., 1960: Die Erzmineralien und ihre Verwachsungen. Berlin.
VON BERNEWITZ, M. W., 1937: Occurrence and Treatment of Mercury Ore at Small Mines. Bureau of Mines Inf. Circ. 6966, Washington.

Gold

Der weitaus größte Teil der Goldproduktion der Welt wird heute für die Münzprägung verwendet (etwa 90 bis 95% der Weltproduktion). Die übrige Goldmenge wird zu Schmucksachen verarbeitet oder in Form verschiedener Legierungen in der Industrie (für die Herstellung gewisser Instrumententeile, Laboreinrichtung u. a.) und in der Zahnheilkunde verwendet.

Für die Wirtschaft der Länder haben deshalb Goldlagerstätten und Golderze eine ganz besonders große Bedeutung.

I. Erze und Lagerstätten

A. Minerale und Erze

Gold kommt in der Natur als gediegenes Metall vor, ferner in vielen Sulfiden und in Verbindung mit Tellur und Selen. Der größte Teil der Goldvorkommen ist gediegenes, freies Gold, und nur ein kleiner Teil kommt in Form von Verbindungen vor.

Gediegenes Gold ist chemisch nie absolut rein, sondern es ist mit Silber (bis zu 50%) legiert, manchmal mit Kupfer (bis zu 1,5%), Eisen (bis zu 2%), Wismut, Palladium und anderen Metallen. Die Partikelchen des gediegenen Goldes haben sehr verschiedene Größe, meist bis einige Millimeter.

In *Sulfiden* findet sich Gold als sehr feine Beimengung. Die häufigsten Goldträger sind Pyrit, Arsenkies, Kupferkies, Tetraedrit, Antimonit und andere Sulfide.

Telluride und Selenide des Goldes sind die wichtigsten Goldverbindungen, doch kommen sie in der Natur nicht häufig vor. Unter ihnen sind am wichtigsten (Tab. 79):

Tabelle 79

Mineral	Formel	
Kalaverit	(Au, Ag) Te_2	39% Au und 3% Ag
Sylvanit	(Au, Ag) Te_4	24% Au und 13% Ag
Petzit	(Au, Ag) Te	25% Au und 41% Ag
Nagyagit	Pb_n, Au_n $(Te, Sb, S)_p$	6 bis 13% Au

In goldführenden Lagerstätten ist Quarz die meistvertretene Gangart, während Kalzit, Baryt oder Silikate viel seltener vorkommen.

B. Wirtschaftlich wichtige Lagerstättentypen

Unter den wirtschaftlich wichtigen Goldlagerstätten unterscheidet man:

1. Erzführende Konglomerate

Erzführende Konglomerate sind heute die wichtigsten Goldlagerstätten der Welt (sie enthalten etwa 40% der gesamten Weltreserven, ausgenommen die Sowjetunion, und sie liefern etwa 40% der gesamten Goldproduktion der Welt).

Präkambrische erzführende Konglomerate treten in Form von Schichten auf, die sich über außerordentlich große Gebiete erstrecken (in Transvaal sogar bis 200 km im Streichen); die Mächtigkeit der goldführenden Bank („reef") schwankt von 0,3 m bis 3,0 m.

In diesen Lagerstätten kommt Gold gediegen vor, vorwiegend mit dem Bindemittel der Konglomerate verkittet. Neben Gold befinden sich in diesen Lagerstätten auch wirtschaftlich interessante Urankonzentrationen, gelegentlich etwas Silber, Osmium und Iridium. Von den Begleitmineralen ist Pyrit stärker vertreten (P. Ramdohr).

Der Goldgehalt ist gewöhnlich 4 bis 12 g/t. Angesichts der erheblichen Massen und der Möglichkeit der Urangewinnung sind die Lagerstätten goldführender Konglomerate trotz des verhältnismäßig kleinen Goldgehaltes dennoch wirtschaftlich besonders wichtig.

Dieser Lagerstättentyp ist selten. Die große Lagerstätte Witwatersrand in Transvaal (Union Südafrika) gehört zu diesem Lagerstättentyp.

2. Gangförmige Lagerstätten

Gangförmige Goldlagerstätten kommen sehr häufig vor. Sie führen etwa 40% der Goldreserven und liefern etwa 40% der gesamten Weltproduktion. Meist sind es Goldquarzgänge verschiedener Formen (Apophysen, Trümmer, Verdickungen u. a.) und sehr verschiedener Mächtigkeit — von 0,1 bis 2 bis 3 m, manchmal auch mehr. In den einzelnen Lagerstätten sind Golderzgänge von Imprägnationszonen begleitet, deren Größe die der Erzgänge bedeutend überragt und die manchmal in stockförmige Lagerstätten übergehen.

Das Gold ist in gangförmigen Lagerstätten ungleichmäßig verteilt; neben Nestern mit hohem Goldgehalt werden auch erzreiche Säulen beobachtet.

Nach der Paragenese unterscheidet man goldführende Quarzgänge und Quarzgänge mit Sulfiden. In den erstgenannten tritt gediegenes Gold auf, während in den Quarz-Sulfid-Lagerstätten Gold als isomorphe Beimischung in den Sulfiden, selten in Telluriden und Seleniden, vorkommt.

Der Goldgehalt dieser Lagerstätten ist sehr verschieden; wirtschaftlich interessante Lagerstätten enthalten meist 6 bis 20 g/t Gold.

Zu dieser Lagerstättengruppe zählen viele Lagerstätten der Welt, die wirtschaftlich sehr wichtig sind: *Porcupine* in Kanada, *Bendigo* in Australien, *Mother Lode* in Kalifornien, *Kotschkar*, *Berezovsko* und *Darassun* in der Sowjetunion u. a.

3. Stockförmige Lagerstätten

Stockförmige Lagerstätten werden gewöhnlich längs Bruchzonen gebildet. Das Gold ist an ein System zahlreicher Spalten und Risse gebunden, die die Bruchzonen durchsetzen, und teilweise kommen auch zerstreute Imprägnationen vor. Dieser Lagerstättentypus birgt etwa 5% der Goldreserven der Welt und liefert auch etwa 5% der Goldproduktion.

Oft sind stockförmige Lagerstätten wirtschaftlich sehr bedeutend, denn sie zeichnen sich durch ihre besondere Größe aus; ihr Goldgehalt ist etwas kleiner als der Goldgehalt der Ganglagerstätten (meist 5 bis 12 g/t, im Mittel 4 bis 8 g/t). Der Übergang in das Nebengestein erfolgt meist allmählich, und deshalb kann die Grenze zwischen Bilanzerzen und Außerbilanzerzen nur auf Grund systematischer Probenahmen durchgeführt werden. Trotz des niedrigen Goldgehaltes sind die Lagerstätten dieses Typus gewöhnlich wirtschaftlich abbauwürdig, denn die Anwendung produktiver Abbauverfahren senkt die Abbaukosten.

Stockförmige Lagerstätten haben eine ähnliche mineralogische Zusammensetzung wie gangförmige Lagerstätten.

Wichtigere Lagerstätten dieses Typus sind: *Kalgoorlie* und *Mount Morgan* in Australien, *Podlunij Golez* in der Sowjetunion.

4. Sulfidlagerstätten

In vielen Sulfidlagerstätten treten wirtschaftlich wichtige Goldkonzentrationen auf. Es handelt sich vorwiegend um Pyrit-Magnetkies-, Pyrit-Kupferkies- und Blei-Zink-Lagerstätten.

Ihrer Erscheinungsform nach sind diese Lagerstätten meist als Linsen, Nester oder unregelmäßige Schläuche ausgebildet. Neben kompakten Erzkörpern werden auch Imprägnationen angetroffen. Die Erzkörper können sehr groß sein (nur bei Skarnlagerstätten sind die Erzkörper vorwiegend klein).

Das Gold ist an Sulfide gebunden, und deshalb ist seine Gewinnung schwer, manchmal sogar äußerst schwer, und mit sehr geringem Ausbringen verbunden. In den sulfidischen Erzkörpern ist Gold sehr ungleichmäßig verteilt. Der Goldgehalt ist meist 3 bis 15 g/t; da auch die Sulfide ausgewertet werden können (Blei-Zink-Sulfide und Kupfersulfide), können auch niedrige Goldgehalte im Erz als wirtschaftlich interessant betrachtet werden.

In den Oxydationszonen sulfidischer Lagerstätten bilden sich oft Eisenhüte, in denen sich gewöhnlich Goldkonzentrationen, vorwiegend in den tieferen Bereichen (wo sie stellenweise als goldreiche Nester vorkommen; bis zu 50 bis 100 g/t Gold), befinden.

5. Seifenlagerstätten

Seifenlagerstätten zählen zu den wirtschaftlich wichtigen Goldlagerstätten. Besonders wichtig sind alluviale Ablagerungen, die oft erhebliche Dimensionen haben können.

Bei der Untersuchung der Seifenlagerstätten unter dem Gesichtspunkt ihrer wirtschaftsgeologischen Bedeutung sind unter anderen Faktoren auch ihre morphologischen Eigenschaften ausschlaggebend. Wirtschaftlich wichtig sind besonders fluviatile Seifen in Tälern, deren Mächtigkeit (5 bis 10 m, manchmal auch bis 20 bis 30 m) und Ausdehnung oft bedeutend sein kann; größere Goldkonzentrationen treten meist in tieferen Ablagerungsschichten näher dem Bedrock auf und sind an lockeres Material (meist Sand) gebunden. In einzelnen Talablagerungen finden sich auch mehrere goldführende Horizonte. Da der Goldgehalt schwankt, müssen die Untersuchungen in geringen Abständen vorgenommen werden, besonders im Streichen.

Neben fluviatilen Talseifen können auch längs der Küste entstandene marine Seifen wirtschaftlich interessant sein.

Seifenlagerstätten führen meist gediegenes Gold, das eine viel größere Feinheit aufweist als das Gold der primären Lagerstätten. Die Goldpartikelchen sind meist klein, aber es treten auch „nuggets" auf, die manchmal sogar 30 bis 40 kg schwer sein können.

Wirtschaftlich interessante Lagerstätten führen gewöhnlich von 0,05 bis 2 bis 3 g/m^3 Gold.

Seifenlagerstätten sind sehr zahlreich. Zu den wichtigsten zählen viele alluviale Seifen in Sibirien und im Ural, aus denen heute ein bedeutender Teil der Goldproduktion der Sowjetunion stammt, ferner alluviale Seifen auf Alaska, in Kalifornien und in Australien.

II. Suche und Erkundung

Suche und Erkundung der Goldvorkommen können manchmal verhältnismäßig lang dauern und erhebliche finanzielle Mittel erfordern. Die Höhe der Erkundungskosten hängt von vielen Faktoren ab, so von der Art und Intensität der Erkundungsarbeiten (je nach der Lagerstättengröße und ihrer morphologischen Merkmale und der Veränderlichkeit des Goldgehaltes), wie auch von der erwünschten Erkundungsstufe bzw. dem Unsicherheitsgrad bei der Feststellung der Erz- und Metallreserven. Die Verteilung des Goldes in Goldlagerstätten ist oft sehr ungleichmäßig, so daß deshalb ein dichtes Netz von Erkundungsarbeiten notwendig ist; eine eingehende Erkundung beansprucht in manchen Fällen sogar bis 10%, ausnahmsweise auch mehr, der gesamten Gewinnungskosten. Es ist deshalb unerläßlich, die im Laufe der Vorerkundungen ermittelten Ergebnisse nach wirtschaftsgeologischen Aspekten zu bewerten und zu erwägen, ob weitere Investitionen gerechtfertigt sind. In den meisten Goldlagerstätten werden die Erkundungen so vorgenommen, daß die Reserven der B-Kategorie 20 bis 25% der Gesamtreserven nicht überschreiten.

Die Art und der Umfang der Erkundungsarbeiten bzw. ihre Intensität unterscheiden sich wesentlich von jenen, die bei primären Lagerstätten und Seifenlagerstätten des Goldes unternommen werden.

a) *Primäre Goldlagerstätten:* Die Intensität der Erkundungsarbeiten ist nicht bei allen Lagerstätten gleich, sondern ändert sich je nach den erwähnten Faktoren. In der Sowjetunion gibt es sogar amtliche Verordnungen über die Abstände zwischen den Erkundungsarbeiten für bestimmte Kategorien der Erzreserven und Lagerstättentypen (VIMS, 1957):

Große Erzlagerstätten, bei denen die Form der Erzkörper und die Verteilung des Goldes verhältnismäßig gleichmäßig ist (vererzte Imprägnationszonen, stockförmige Lagerstätten, große gangförmige Lagerstätten), werden durch Bohrungen und bergmännische Erkundungsarbeiten erkundet, die in folgenden Abständen angesetzt werden:

B_1-Kategorie:	im Streichen	40 bis 120 m
	im Fallen	30 bis 50 m
C_1-Kategorie:	im Streichen	80 bis 120 m
	im Fallen	30 bis 100 m

Erzkörper mittlerer Größe mit oft unregelmäßiger Form und Goldverteilung umfassen: 1. Erzgänge von 100 bis 400 m Länge oder längere Erzgänge mit veränderlicher Form und ungleichmäßiger Vererzung; 2. kleine stockförmige Lagerstätten, mehr oder weniger regelmäßig, oder große stockförmige Lagerstätten mit unregelmäßiger Form und ungleichmäßiger Goldverteilung; 3. kleinere Imprägnationszonen und Linsen wie auch schlauchförmige Erzkörper, die im Querschnitt einen Durchmesser von über 40 bis 60 m haben.

Die Erkundung dieser Erzkörper wird meist mit bergmännischen Arbeiten durchgeführt, die durch Bohrungen ergänzt werden; der Abstand zwischen den Erkundungsarbeiten ist:

Der Anteil der Reserven der B-Kategorie ist höchstens 5% der gesamten Reserven in der Lagerstätte.

B-Kategorie:	im Streichen	20 bis 60 m
	im Fallen	30 bis 50 m
C_1-Kategorie:	im Streichen	40 bis 120 m
	im Fallen	30 bis 50 m

Kleine Lagerstätten veränderlicher Form und sehr ungleichmäßiger Vererzung werden meist bergmännisch untersucht, während Bohrungen vom Schacht aus als zusätzliche Erkundung benützt werden. Da es sich um kleine Lagerstätten und um eine geringe Produktion handelt, sind auch die Investitionen meist unbedeutend, so daß man auch das größere Risiko der Vorratsschätzung übernehmen kann und sich mit einer Erkundungsstufe begnügen kann, die den Reserven der C_1-Kategorie entspricht. Die Abstände der Untersuchungsarbeiten sind:

C_1-Kategorie:	im Streichen	20 bis 40 m
	im Fallen	30 m

Diese Normen über die Abstände zwischen den Erkundungsarbeiten zur Ermittlung der einzelnen Kategorien der Reserven stimmen nur ihrer Größenordnung nach, können aber doch über den erforderlichen Umfang der Erkundungsarbeiten in einer Lagerstätte Auskunft geben und zur besseren Planung der Investitionen für die Untersuchung eines bestimmten Goldlagerstättentypus beitragen. Welches Risiko man bei der Erkundung der einzelnen Reservenkategorien mit in Kauf nehmen will, soll der Geologe für jede Lagerstätte einzeln bestimmen.

b) *Seifenlagerstätten des Goldes:* Diese Lagerstätten werden durch Bohrungen untersucht, nur ausnahmsweise mittels Schächten. Im Rahmen der Untersuchung dieser Lagerstätten kann man zwei Phasen unterscheiden: Vorerkundung und Detailerkundung. Die letztere wird erst nach der wirtschaftsgeologischen Beurteilung der durch vorherige Erkundung ermittelten Angaben unternommen.

In der Phase der Vorerkundung werden Untersuchungslinien in verhältnismäßig großen Abständen angesetzt (400 bis 800 m, manchmal 1 bis 2 km im Streichen der Seifen), während die Abstände zwischen den Erkundungsarbeiten auf der Untersuchungslinie gewöhnlich 20 bis 40 m sind, je nach dem Ausmaß der Seife und je nach den Schwankungen des Goldgehalts. Sind die Ergebnisse der Vorerkundung positiv, wird man Detailerkundungen durchführen.

III. Abbau

Der Abbau der goldführenden Lagerstätten unterscheidet sich durch keine besonderen spezifischen Merkmale von dem Abbau der Lagerstätten anderer mineralischer Rohstoffe.

Die primären Lagerstätten werden fast durchwegs im Tiefbau gewonnen. Bergmännische Arbeiten reichen oft in sehr große Tiefen. Die tiefsten Abbaue überhaupt gibt es in Goldlagerstätten (der über 2700 m tiefe Schacht der Crown Mines in Südafrika, der über 2500 m tiefe Schacht in der Morro-Velho-Grube in Brasilien, die Kolar-Grube in Indien von über 2600 m Tiefe); außerdem besteht die Tendenz, weiter in die Tiefe vorzudringen. Infolge der Ungleichförmigkeit der Lagerstätten werden Massenabbauverfahren in den goldführenden Lagerstätten seltener angewendet. Wegen der Mannigfaltigkeit der Formen der Erzkörper und wegen ihrer Kleinheit sind die Abbaukosten solcher Lagerstätten verhältnismäßig hoch. Durch Anwendung selektiver Abbauverfahren in einzelnen Lagerstätten werden die Abbaukosten noch mehr vergrößert.

Da der Marktpreis des Goldes *verhältnismäßig* hoch und stabil ist, werden sogar sehr kleine Lagerstätten abgebaut, sehr oft mit primitiven Mitteln und geringen Investitionen.

Seifenlagerstätten des Goldes werden meist im Tagebau gewonnen; die Arbeit ist dabei oft weitgehend mechanisiert (Bagger u. a.); bei kleinen Lagerstätten arbeitet man jedoch manchmal mit sehr primitiven Mitteln (Schürfen, Goldwäsche). Die niedrigen Produktionskosten ermöglichen auch den Abbau sehr armer, aber ausgedehnter Seifenlagerstätten. Die verfestigten Seifen (fossile Konglomerate u. a.) werden im Tiefbau gewonnen (die goldführenden Konglomerate von Witwatersrand u. a.).

IV. Aufbereitung

Die Wahl der Konzentrationsverfahren hängt im allgemeinen von der Art der Goldminerale, von der Größe der Goldpartikelchen und vom Verwachsungsgrad mit den Begleitmineralen ab.

Wenn Gold als Freigold (gediegenes Gold) auftritt, so wird es durch mechanische Aufbereitung, ergänzt durch chemische Verfahren, gewonnen.

Seinem hohen spezifischen Gewicht ist es zu verdanken, daß Freigold von der Berge verhältnismäßig leicht trennbar ist. Auf dem Unterschied des spezifischen Gewichtes des Goldes zu dem seiner mineralischen Begleiter beruht die Anwendung verschiedener Schwerkraftverfahren. Eine der einfachsten Vorrichtungen, die mit Erfolg bei der Gewinnung kleinerer Lagerstätten angewendet werden, ist die *Waschanlage*. In Gebieten, wo es an Wasser mangelt oder überhaupt kein Wasser gibt, erfolgt die Trennung des Goldes von seinen mineralischen Begleitern manchmal auch durch Windsichtung.

Das durch Schwerkraftkonzentration erzielte Goldausbringen schwankt in weiten Grenzen, vorwiegend in Abhängigkeit von der Größe der Goldpartikelchen; oft werden die alten goldführenden Halden aufs neue aufbereitet.

In Anbetracht des geringen Ausbringens, das bei Anwendung der Schwerkraftmethoden erreicht wird, wird in den Prozeß der Anreicherung goldführender Erze mit dem Freigold auch *Amalgamierung* mit Quecksilber eingeführt. Der Erfolg des Amalgamierungsverfahrens hängt von vielen Faktoren ab:

a) Größe der Goldpartikelchen: feines dispergiertes Gold wird von den mineralischen Begleitern nicht vollkommen befreit, selbst dann nicht, wenn die erzführenden Substanzen fein zermahlen werden. Solche von anderen Mineralen überzogene Goldpartikelchen können nicht ausgewertet werden, und sie gehen mit der Berge verloren.

b) Arsen- und Antimon-Sulfide sind im Amalgam löslich; durch sie wird Amalgam flüssig und unfähig, Gold weiter aufzulösen.

c) Ein erhöhter Quecksilberverbrauch wird verursacht, wenn Kupferminerale anwesend sind.

d) Auch die Oberfläche der Goldpartikelchen selbst wirkt mit auf den Prozeß der Amalgamierung ein. Sind die Partikelchen mit einer dünnen Hülle von Eisenhydroxyd oder von Alumosilikaten überzogen, so verringert sich dadurch der Prozentsatz des Goldausbringens.

Das Amalgamierungsverfahren ist ein recht vorteilhaftes Anreicherungsverfahren, denn es ist einfach und billig und außerdem wird dadurch ein zufriedenstellendes Goldausbringen erreicht (meist bis zu 80%); dabei sind die Quecksilberverluste meist klein (12 bis 15%).

Bei der Anreicherung von Gold, zum Teil auch von Goldtelluriden, findet *Flotation* keine größere Anwendung.

Zyanlaugung wird angewendet, wenn Gold gebunden (nicht frei) oder in Form sehr kleiner Partikelchen vorkommt. Für die Zyanlaugung schädliche Komponenten in goldführenden Erzen sind jene Komponenten, die viel Zyanid brauchen und die ein vollkommenes Auflösen des Goldes erschweren. Von diesen Komponenten sind zu erwähnen:

a) Sulfide, die schnell oxydieren (Markasit, Magnetkies, manchmal Pyrit) und die einen erhöhten Zyanidverbrauch und ein Herabsetzen des Goldausbringens bewirken.

b) Kupferminerale können eine sehr schädliche Komponente darstellen.

c) Der Prozeß der Goldauflösung wird sich langsamer abwickeln, wenn Realgar, Auripigment und Antimonit anwesend sind.

d) Schädliche Komponenten sind manchmal auch Kohlenstoffsubstanzen, die ein Fällen des Goldes hervorrufen können, so daß ein Teil des Goldes verlorengeht.

Je nach der Art der Vererzung kann man auch kombinierte Anreicherungsverfahren anwenden: Amalgamierung mit Zyanlaugung und Flotation mit Zyanlaugung des Konzentrates oder der Berge.

V. Metallurgische Verarbeitung

Gold wird durch Verhüttungsverfahren nur dann gewonnen, wenn es als Begleiter in Erzen oder Konzentraten anderer Metalle, vor allem des Kupfers und des Blei-Zinks, vorkommt. Das Gold reichert sich hierbei im Kupfer bzw. im Blei an; die Trennung des Goldes von diesen Metallen wird später durchgeführt.

Die *Raffination* des Goldes dient zu dessen Reinigung von den begleitenden Komponenten (Silber, Kupfer, Platin u. a.). Verschiedene Vorgänge werden hierbei angewendet (Affination, Elektrolyse u. a.). Das so gewonnene Gold hat einen Feingehalt von 997 bis 998 bis 999,8 (Elektrolyse) Tausendteilen.

VI. Produktion und Rohstoffbasis der Welt

Im Zeitraum von 1490 bis 1965 wurden aus den Lagerstätten der Welt etwa 70000 t Gold gefördert. Zum Unterschied von vielen anderen Metallen wird Gold heute in einer großen Anzahl von Ländern gewonnen, d. h. in über 75 Ländern, doch der weitaus größte Teil des Goldes stammt nur aus einigen Ländern (Union Südafrika, Sowjetunion, Kanada und USA), die über 80% der bergmännischen Goldproduktion der Welt liefern. Manche Länder liefern kaum 30 bis 40 kg Gold. Das Gold wird aus reinen Goldlagerstätten gewonnen und aus Erzen, in denen es als Begleiter auftritt. Infolge der erhöhten Produktionskosten in einigen Goldgruben in Kanada und in den USA (Verarmung der Lagerstätten bei zunehmender Teufe, Abbau in großer Teufe u. a.) bei stabilen Weltmarktpreisen des Goldes kam es in den letzten Jahren zur Verringerung der Goldproduktion in diesen Ländern. In der Union Südafrika, dem Hauptgoldproduzenten der Welt, basiert die Wirtschaftlichkeit der Goldförderung zum Teil auf der Uranförderung. Mit der Verringerung der Absatzmöglichkeiten für Uran auf dem Weltmarkt kommt es auch zu einer gewissen Verringerung der Wirtschaftlichkeit der Goldförderung, die noch immer auf billigen Arbeitskräften beruht.

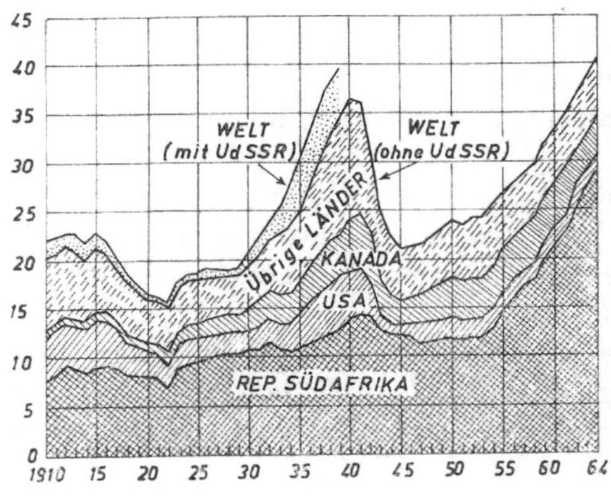

Abb. 47. Weltgoldförderung von 1910 bis 1963

Abb. 47 gibt eine Übersicht der Goldproduktion der Welt und der einzelnen wichtigsten goldfördernden Länder. Die Angaben über die Sowjetunion sind Schätzungswerte; es ist deshalb die Möglichkeit nicht ausgeschlossen, daß die Produktion der UdSSR auch bedeutend höher ist als angegeben und daß sie in Zukunft die Produktion der Union Südafrika erreichen könnte.

Rohstoffbasis der Welt

Goldlagerstätten sind sehr verbreitet. Sie entstanden unter verschiedenen geologischen Bedingungen und in verschiedenen metallogenetischen Epochen. Die größte Bedeutung hat die präkambrische metallogenetische Epoche.

Unter den zahlreichen Provinzen und goldführenden Gebieten der Welt lassen sich als wichtigste unterscheiden:

a) Die Provinz des sibirischen Schildes umfaßt viele Goldlagerstätten, die für die Goldproduktion der Sowjetunion sehr wichtig sind.

b) In der südafrikanischen goldführenden präkambrischen Provinz befinden sich viele riesengroße Lagerstätten, die einen bedeutenden Teil der heutigen Goldproduktion der Welt liefern (Konglomerate Witwatersrand).

c) Die kanadische Goldprovinz umfaßt viele Lagerstätten, die sich vorwiegend in den südlichen Umrandungen des kanadischen Schildes befinden.

d) Die westamerikanische Provinz nimmt ein großes Gebiet der Vereinigten Staaten ein (Kalifornien und andere Staaten) und enthält zahlreiche Lagerstätten.

Die vorhandenen Angaben über die Goldlagerstätten der einzelnen Länder beruhen meist auf Schätzungen einzelner Organisationen oder Autoren. Die Angaben über die Goldreserven der Welt können deshalb nur als Orientierungswerte angenommen werden, vor allem für die Ostländer.

Tabelle 80. *Golderzreserven der Welt* (in den Erzlagerstätten)

Land bzw. Kontinent	Tonnen
Südafrikanische Union	16000
Sowjetunion*	20000
USA	2300
Kanada	1100
Mittelamerika	80
Südamerika	500
Ghana	280
Australien	350

* Geschätzt.

Quelle: Mineral Facts and Problems, Washington 1956. — Geo-Dienst, USA.

In Tab. 80 sind die annähernden Angaben über die Goldreserven der einzelnen Länder und Weltteile angeführt.

Es ist nicht bekannt, welche Goldmengen in den Tresoren der einzelnen Länder der Welt liegen. Man nimmt an, daß in den staatlichen Tresoren der USA über 50% der gesamten Goldreserven der Welt vorhanden sind (ausgenommen die Sowjetunion).

VII. Weltmarktpreis des Goldes

Zum Unterschied zu den übrigen Metallen werden auf dem Weltmarkt keine Schwankungen des Goldpreises registriert. Schon seit Jahrzehnten ist der Goldpreis stabil. In den Jahren 1938 bis 1965 kostete eine Unze Gold (1 troy oz. = 31,1035 g) 35 $ (Feinheitsgehalt 1000/1000).

Da die Goldpreise seit dem Jahr 1934 unverändert blieben, dagegen aber die Produktionskosten in dem gleichen Zeitabschnitt um ein Vielfaches gestiegen sind, ist dadurch die Wirtschaftlichkeit der Förderung vieler Lagerstätten in Frage gestellt, besonders in Kanada und in den USA, so daß von einer Krise im Goldbergbau, ganz besonders in den Westländern, gesprochen werden kann. Die Regierung von Kanada unterstützte die Goldförderung ihrer eigenen Lagerstätten durch Dotierungen, die auch bis zu 25% der Produktionskosten deckten. Dies hatte zur Folge, daß in den Westländern das Interesse für neue Lagerstätten merklich fiel.

VIII. Die wirtschaftsgeologische Bewertung der Erze und Lagerstätten

Die Möglichkeit des wirtschaftlichen Abbaus einer Goldlagerstätte hängt an erster Stelle von der Qualität des Erzes und von den vorhandenen Erzreserven wie auch von den Abbau- und Aufbereitungsbedingungen ab. Die Transportverhältnisse spielen dabei eine weniger wichtige Rolle, denn das Erz wird an Ort und Stelle verarbeitet; und Gold verträgt jede Höhe von Transportkosten.

A. Qualität des Erzes

Die Qualität des Erzes wird im allgemeinen von dem Goldgehalt, der Art der Golderze, der Größe der Goldpartikelchen und der Struktur des Erzes bzw. dem Verwachsungsgrad des Goldes oder der goldhaltigen Minerale mit den Begleitmineralen bestimmt. Von den letzterwähnten Faktoren wieder ist der Prozentsatz des durch das Aufbereitungsverfahren erreichten Goldausbringens abhängig; bei der Bewertung des Erzes unter dem Gesichtspunkt der Abbauwirtschaftlichkeit einer Lagerstätte kann dies manchmal ausschlaggebend sein.

Das Gold ist in den Lagerstätten oft sehr ungleichmäßig verteilt. Dieser Umstand kann bei der Bestimmung und Bewertung des mittleren Metallgehaltes in der Lagerstätte eine große Rolle spielen. Der industrielle minimale Goldgehalt im Erz bei primären gangförmigen Lagerstätten mittlerer Mächtigkeit ist heute etwa 10 bis 15 g/t (bei mittelschweren Abbaubedingungen und bei verhältnismäßig großem Ausbringen bei der Aufbereitung). In Seifenlagerstätten kann der industrielle minimale Goldgehalt innerhalb weiter Grenzen, meist von 0,2 bis 0,5 g/m^3, schwanken, je nach den Abbaubedingungen. Sind auch andere nützliche Komponenten im Erz enthalten, so kann der Mittelgehalt des Goldes im Erz sogar unter den erwähnten Wert sinken.

Bei der Bewertung der einzelnen gangförmigen Goldlagerstätten nimmt man als Kriterium der Beurteilung nicht nur den mittleren Goldgehalt, sondern auch das Mittelmetrogramm (Mächtigkeit des Erzganges × Goldgehalt — in Gramm). Bei mittelschweren Abbaubedingungen und günstigem Ausbringen der Erzaufbereitung kann der Wert von etwa 1,0 bis 1,5 als minimales Metrogramm bei gangförmigen Goldlagerstätten angenommen werden. Wie im Falle der Höhe des Minimalgehaltes, ist auch die Höhe des minimalen Metrogramms nur als Richtwert anzunehmen.

B. Erzreserven

Die Erzreserven und die Goldreserven in einer Lagerstätte sind ein sehr wichtiger Faktor bei der Bewertung einer Lagerstätte.

Auch der Abbau der Goldlagerstätten mit kleinen Erzreserven kann oft wirtschaftlich sein, besonders wenn es sich um Seifenlagerstätten handelt, denn bei solchen Lagerstätten sind die Abbaukosten und die Investitionen sehr klein. Es ist nicht selten der Fall, daß nur 20 bis 30 Arbeiter im Abbau beschäftigt werden.

Ihrem Goldinhalt nach lassen sich die Goldlagerstätten in einige Gruppen einteilen:

sehr kleine Lagerstätten	bis zu 5000	kg Gold
kleine Lagerstätten	5000 bis 30000	,, ,,
mittelgroße Lagerstätten	30000 bis 100000	,, ,,
große Lagerstätten	100000 bis 500000	,, ,,
sehr große Lagerstätten	über 500000	,, ,,

Diese Einteilung gilt jedoch nur zur groben Orientierung. Sehr große Lagerstätten kommen höchst selten vor (Witwatersrand); viel häufiger sind Lagerstätten aus der Gruppe sehr kleiner und kleiner Lagerstätten.

Bei Lagerstätten, deren Abbau keine größeren Investitionen erfordert, können die minimalen industriellen Vorräte den Vorräten kleiner Lagerstätten entsprechen, manchmal auch sogar kleiner sein.

Literatur

Averill, C. V., 1946: Placer Mining for Gold in California. Calif. Dept. Nat. Resources, Div. of Mines Bull. 135.

Berg, G., F. Friedensburg, 1940: Gold. Die metallischen Rohstoffe. Stuttgart: F. Enke.

Dorr, J. V. N., F. L. Bosqui, 1950: Cyanidation and Concentration of Gold and Silver Ores. New York: Mc-Graw-Hill.

Emmons, W. H., 1937: Gold Deposits of the World. New York: McGraw-Hill.

Erkundung der Goldlagerstätten (russisch), 1957. VIMS. Moskau: Gosgeoltechizdat.

Kemmerer, E. W., 1944: Gold and the Gold Standard. New York: McGraw-Hill.

Ramdohr, P., 1960: Die Erzmineralien und ihre Verwachsungen. Berlin.

Rose, T. K., W. A. C. Newman, 1937: The Metallurgy of Gold. Philadelphia: J. B. Lippincot Co.

Ryan, J. P., 1960: Gold. Mineral Facts and Problems. Bureau of Mines Bull. 585, Washington.

Uran

Uran ist ein außerordentlich wichtiges strategisches Metall; in der Zeit von 1945 bis 1958 wurden Uranlagerstätten mit einem bei den anderen Metallen nie beobachteten Tempo untersucht. Neben der großen Bedeutung für die Waffenindustrie ist Uran ein außerordentlich wichtiger potentieller Rohstoff für die Energieerzeugung der Welt. Trotz einer gewissen Übersättigung des Uranmarktes in der Zeit nach dem Jahr 1959 bleiben die Uranlagerstätten auch weiterhin Lagerstätten von außerordentlich großer wirtschaftlicher Bedeutung, die an Wert noch mehr gewinnen werden, falls Uran zu energetischen Zwecken eine breitere Anwendung findet.

I. Erze und Lagerstätten

A. Minerale und Erze

In der Natur kommen über 150 Uranminerale vor: der Großteil dieser Minerale wurde nach dem Jahr 1945 entdeckt. Auf Grund des Urangehaltes werden reine Uranminerale und Minerale mit einem gewissen Urangehalt (mechanische Uranbeimengung, feste Lösung oder adsorbiert) unterschieden.

Für die chemische Zusammensetzung der in der Natur auftretenden Uranverbindungen ist der Sauerstoffanteil charakteristisch, sehr oft auch ein Wasseranteil oder der Anteil der Hydroxylgruppe, ferner ist das Nichtvorhandensein von Sulfid-Haloid-Verbindungen und der Verbindungen mit Stickstoff, Zinn, Tellur und mit der Platingruppe kennzeichnend.

Tabelle 81. *Wichtige Uranminerale*

Mineral	Formel	Urangehalt (%)
Brannerit	$(U, Ca, Fe, Y, Th)_3, Ti_5, O_{16}$	39
Davidit	$(Fe, Co, U)\ (Ti, Fe, VCr)_3\ (O, OH)_7$	1 — 7
Kophinit	$U(SiO_4)\ (OH_4)$	61
Uranothorit	$(Th, UFe)SiO_4 \cdot nH_2O$ $n = 1$—1,5	5 —15
Samarskit	$(Y, Er, Co, U, Th, Fe)_4\ (Nb, Ta)_2O_7$	8 —22
Uraninit	von $h(U, Th)O_2 \cdot (UO_2 \cdot m PbO$ bis $h UO_2 \cdot h UO_3 \cdot m PbO$	62 —78
Pechblende	$KUO_2 \cdot PUO \cdot PbO$	52,3—76,5
Bröggerit	$K(Th, U)O_2 \cdot l UO_3 \cdot m PbO$	64 —86
Thucholit	Kohlenstoffverbindung mit U, T, Pb und Rz	1 — 5
Skupit	$4UO_3 \cdot 9H_2O$	71
Curit	$2PbO \cdot 5UO_3 \cdot 4H_2O$	62
Uranophan	$Ca(UO_2)_2 \cdot Si_2O_7 \cdot 6H_2O$	55 —58
Schröckingerit	$NaCa_3(UO_2)\ (CO_3)\ (SO_4)\ F \cdot 10H_2O$	17 —29
Autunit	$Ca(UO_2)_2\ (PO_4)_2 \cdot 8H_2O$	48 —54
Torbernit	$Ca(UO_2)\ (PO_4)_2 \cdot 12H_2O$	48
Carnotit	$K_2(UO_2)\ (VO_4)_2 \cdot 3H_2O$	52 —56
Tujamunit	$Ca(UO_2)_2\ (VO_4)_2 \cdot 8H_2O$	44,5—52,4

In Tab. 81 sind nur die wichtigsten Uranminerale angeführt. Außer diesen gibt es auch eine Anzahl anderer Minerale, in denen Uran als Begleitkomponente vorkommt.

Uranerze werden gewöhnlich nach dem führenden Erzmineral (Uranerze, Daviditerze u. a.) oder nach der Verbindung, in der Uran vorkommt (Oxyderze, Silikaterze, Karbonaterze u. a.) benannt. Auf Grund des Anteils der einzelnen Komponenten können reine Uranerze und komplexe Uranerze unterschieden werden.

Die Klassifikation der Erze auf Grund ihrer technologischen Eigenschaften ist besonders wichtig. Nach T. ARDEN lassen sich Uranerze im allgemeinen in drei Gruppen einteilen:

a) Erze, aufgebaut von Mineralen gemischter Valenz ($U^{4+} + U^{6+}$) — Uraninit, Pechblende —, unlöslich in Säuren und Alkalien.

b) Erze, aufgebaut von sekundären Mineralen, die nur U^{6+} enthalten, und

c) Erze, aufgebaut aus beständigen Mineralen, die eine besonders komplizierte chemische Verarbeitung erfordern (Davidit, Pyrochlor, Monazit u. a.).

B. Wirtschaftlich wichtige Lagerstättentypen

Die Lagerstätten mit großem wirtschaftlichem Wert können folgendermaßen eingeteilt werden:

1. Ganglagerstätten

Uranganglagerstätten, vorwiegend hydrothermal entstanden, sind in der Welt sehr zahlreich; die Lagerstätten dieses Typus beinhalten ungefähr 20% der gesamten Uranreserven der Welt.

Die Gangmächtigkeit ist sehr verschieden: von 0,1 bis 0,2 m bis über 4 bis 5 m; in manchen Lagerstätten sind die Vererzungen an Systeme von Klüften gebunden, die sich in Bruchzonen bildeten.

Der Urangehalt ist meist hoch (über 0,1% U_3O_8); in mineralisierten Spalten und zerrütteten Zonen reichert sich das Uran manchmal an (Säulen, Nester).

Nach den mineralischen Paragenesen und der wirtschaftlichen Bedeutung können die gangförmigen hydrothermalen und pneumatolytisch-hydrothermalen Lagerstätten wie folgt unterschieden werden:

Daviditlagerstätten. Daviditlagerstätten pneumatolytischer Entstehung sind ziemlich selten, doch können sie wirtschaftlich bedeutend sein.

Neben dem Hauptmineral Davidit finden sich gewöhnlich auch Magnetit, Hämatit, Ilmenit, Rutil und unbedeutende Sulfidkonzentrationen. Das Uran ist gewöhnlich ungleichmäßig verteilt. Das Erz führt einen veränderlichen Urangehalt: von 0,05 bis 0,1% U_3O_8, stellenweise auch bis zu 0,2 bis 0,3% U_3O_8.

Aus Daviditerzen läßt sich Uran nur unter gewissen Schwierigkeiten gewinnen.

Zu den wichtigsten Lagerstätten dieses Typus gehören Radium Hill in Australien und Tete in Mozambique.

U-Sn-Cu-Lagerstätten. In einzelnen Teilen der Welt können Kupfer-, Zinn- und Uranlagerstätten auch für die Urangewinnung wirtschaftlich wichtig sein. In der *Zinnstein-Kupferkies*-Paragenese tritt Uran als Pechblende, viel seltener als Uraninit auf. Begleitmineral ist Fluorit. Die primären Uranminerale bilden gewöhnlich kleinere Linsen und Nester mit hohem Urangehalt (über 0,2% U_3O_8).

Da aus diesen Lagerstätten Uran als Nebenkomponente bei der Verarbeitung von *Zinnstein-Kupferkies*-Erzen gewonnen wird, können auch kleinere Urankonzentrationen wirtschaftlichen Wert besitzen.

Zu diesem Lagerstättentypus zählt die bekannte Lagerstätte Cornwall in Großbritannien.

Kobalt-nickel-führende Kupfer- und Uranlagerstätten. In manchen Kupferlagerstätten gibt es auch wirtschaflich bedeutende Urananreicherungen mit Nickel, Kobalt und Selen als Begleiter. In diesen Lagerstätten findet sich Uran in Form von Pechblende und Uraninit. Die Erze dieser Lagerstätten haben oft einen sehr hohen Urangehalt: sogar bis zu 2% U_3O_8, Mittelgehalt über 0,3% U_3O_8.

Trotzdem die Lagerstätten dieses Typus uranreich sind, ist ihre gesamte wirtschaftliche Bedeutung gering, denn sie sind sehr selten. Ein typischer Vertreter dieser Lagerstätten ist *Shinkolobwe* in Kongo.

Lagerstätten der U-Ni-Co-Ag-Bi-Formation. Die Erze dieser Lagerstätten setzen sich hauptsächlich aus Nickel, Kobalt- und Silberarseniden, gediegen Wismut und aus Pechblende zusammen; in diesem Lagerstättentypus kommen in kleiner Menge auch Pyrit, Kupferkies, Zinkblende und Bleiglanz vor (daher gibt es oft Übergänge zu uranführenden polymetallischen Lagerstätten). Uran tritt meist in dünnen Adern auf, oder es bildet kleine Nester mit hohem Metallgehalt.

Der Urangehalt in diesen Lagerstätten ist meist ungefähr 0,2 bis 0,3% U_3O_8. Da die Reserven meist klein sind, ist dieser Lagerstättentypus für die Urangewinnung von keiner besonderen wirtschaftlichen Bedeutung.

Zu den bedeutenderen Lagerstätten dieses Typus zählen die Great Bear Lake-Region in Kanada, ferner Joachimsthal in der Tschechoslowakei, Schneeberg und Annaberg in Deutschland u. a.

Uran-Polymetall-Lagerstätten. Eine Vergesellschaftung der Pechblende mit vielen Sulfiden findet sich sehr häufig, und ihre Lagerstätten sind wirtschaftlich wichtig für die Urangewinnung.

Nach den Paragenesen lassen sich folgende Lagerstättengruppen unterscheiden: 1. Pechblende-Bleiglanz-Zinkblende-Lagerstätten, in denen auch unbedeutende Konzentrationen an Kupferkies, Arsenopyrit, manchmal auch Wismut und Gold, auftreten; 2. Pechblende-Molybdänglanz-Lagerstätten; 3. Pechblende-, gold- und silberführende Lagerstätten. In einzelnen Lagerstättenbezirken kann auch ein enger Zusammenhang zwischen den Pechblenden sulfidischer Lagerstätten und den Quarz-Zinnstein-, den Quarz-Wolframit-Lagerstätten, den Sideriterzgängen mit Tetraedrit oder den Lagerstätten der U-Ni-Co-Ag-Bi-Formation beobachtet werden.

Meist reichert sich das Uran säulenförmig an, wobei die Erzkörper verschiedene Ausmaße haben können, manchmal auch in kleineren Nestern oder Linsen.

In Lagerstätten dieses Typus ist der Urangehalt oft sehr hoch: 0,2 bis 0,4% U_3O_8. Es werden auch Erzkörper von sehr großer Ausdehnung angetroffen. Da aus diesem Lagerstättentypus neben Uran auch andere mineralische Komponenten ausgewertet werden können, ist die wirtschaftliche Bedeutung dieser Lagerstätten um so größer.

Von den wichtigeren Lagerstätten dieses Typus seien genannt: Cœur d'Alène in Idaho, ferner Front-Range in USA und Chihuahua in Mexiko; unter den Uran-Molybdän-Lagerstätten ist die Lagerstätte Marrysville in Utah, USA, besonders wichtig.

Uran-Fluorit-Lagerstätten. In vielen Fluoritlagerstätten der Welt werden erhöhte Urankonzentrationen beobachtet, die auch wirtschaftlich wichtig sein können. Was die Paragenesen betrifft, zeigen sich hier gewöhnlich Übergänge zu polymetallischen Lagerstätten und zu Lagerstätten der U-Ni-Ag-Bi-Formation. In Form von Pechblende bildet Uran gewöhnlich Gängchen oder verstreut liegende Imprägnationen.

Der Urangehalt dieser Lagerstätten liegt meist zwischen 0,05 und 0,2% U_3O_8. In Anbetracht der meist geringen Ausdehnung der Erzgänge ist dieser Lagerstättentypus gewöhnlich von unbedeutendem wirtschaftlichem Wert.

Zu den wichtigeren Lagerstätten gehören Tomas Range in USA, Grury, Issy l'Evêque und andere in Frankreich, ferner Rexpar in Britisch-Kolumbien.

Uran-Karbonat-Quarz-Lagerstätten. Bei den Lagerstätten dieser sehr häufig vorkommenden Gruppe werden viele Übergänge zu den vorerwähnten Erzgängen beobachtet.

Uran tritt in Form von Pechblende auf, begleitet von Karbonaten und Quarz. Neben den typischen Erzgängen finden sich auch Imprägnationszonen. Die Erze weisen meist über 0,1% U_3O_8-Gehalt auf.

In Anbetracht des verhältnismäßig hohen Urangehaltes und der beträchtlichen Reserven, die in den Lagerstätten dieses Typus vorkommen können, sind diese Lagerstätten oft wirtschaftlich sehr wichtig.

Zu den wichtigeren Lagerstätten dieser Art zählen Beaverlodge und Athabasca-See in Kanada, auch die Lagerstätten im französischen Zentralplateau (Limousin u. a.).

2. Pegmatitische Lagerstätten

Pegmatitische Lagerstätten haben für die Urangewinnung nur geringen wirtschaftlichen Wert. In diesen Lagerstätten finden sich nur etwa 2% der gesamten Uranreserven der Welt.

In diesen Lagerstätten tritt Uran in Form von Uraninit auf, seltener als Beimengung in Tantaloniobaten und Titanotantalaten. Uraninit enthält meistens Thorium, manchmal auch seltene Erden. Er tritt zusammen mit Muskowit, vorwiegend mit Kali-Feldspaten und Quarz auf, wobei eine Gesetzmäßigkeit der Verteilung der Uranerze beobachtet wird.

Bei der Einschätzung uranführender Pegmatite ist nicht zu vergessen, daß die Urankonzentrationen in Pegmatiten der „reinen Linie" meist ganz von den Urankonzentrationen in hybriden Pegmatiten abweichen. Pegmatite der „reinen Linie" sind vorwiegend uranarm (gewöhnlich 0,01 bis 0,02%), mit kleinen Uranreserven; aus den meisten Lagerstätten dieser Art werden nur unbedeutende Uranmengen gewonnen. „Hybride" Pegmatite sind wirtschaftlich viel wichtiger, denn in ihnen befinden sich größere und reichere Uranmassen. Uran ist angereichert in Form von kleinen Nestern und Linsen, die über 0,1% U_3O_8 enthalten; bei der Gewinnung solcher Lagerstätten können durch Handklaubung Erze mit sehr hohem Urangehalt gewonnen werden (über 3 bis 5% U_3O_8).

3. Uranführende Konglomerate

Uranführende Konglomerate sind verkittete grobklastische Bildungen der küstennahen Zone. Solche Konglomerate decken oft Flächen von mehreren Zehnern von Quadratkilometern. Hier findet sich Uran nur stellenweise, vorwiegend an ein bestimmtes stratigraphisches Niveau gebunden, meist im Bindemittel lokalisiert, wobei seine Vergesellschaftung mit organischem Material deutlich auffällt.

Uran tritt meist als Uraninit, Pechblende, Tucholit und Brannerit auf, sehr selten von einem gewissen Prozentsatz (5 bis 15%) an Kupferkies, Bleiglanz und Zinkblende begleitet; in manchen Konglomeraten kommen neben Uran auch wirtschaftlich bedeutende Konzentrationen gediegenen Goldes vor.

Konglomerate führen meist einen geringen Urangehalt. Da die Lagerstätten häufig beträchtliche Ausdehnungen aufweisen, sich im Tagebau oder im Tiefbau unter Anwendung von Massenabbauverfahren gewinnen lassen und sich außerdem durch eine komplexe Erzzusammensetzung (Gold, Pyrit) auszeichnen, ist ihre Förderung auch bei einem Urangehalt von nur etwa 0,03% noch wirtschaftlich.

Allenfalls ist der wirtschaftliche Wert der uranführenden Konglomerate außerordentlich groß, denn sie liefern nicht nur den Großteil der Uranproduktion der Welt, sondern sie enthalten auch sehr beträchtliche Reserven dieses Metalls (etwa 55% der Uranreserven der Welt).

Diesem Lagerstättentypus gehören die riesengroßen Lagerstätten von Witwatersrand in Südafrika und die Lagerstätten im Gebiet Elliot Lake in Kanada an.

4. Uranführende Sandsteine

Der Sandstein-Uran-Lagerstättentyp hat eine außerordentliche Bedeutung, denn diese Lagerstätten enthalten manchmal sehr beträchtliche Reserven an reichen Uranerzen (etwa 15% der Uranreserven der Welt). Die Uranvererzung ist gewöhnlich an einen bestimmten stratigraphischen Horizont, an Sandsteinbänke oder Konglomerate gebunden. Diesem Typus kann man auch Lagerstätten in asphalthaltigen Sandsteinen und Arkosen hinzuzählen; hier war die organische Substanz Reduktor des Urans aus den Lösungen, die in die porösen Gesteine eingedrungen sind.

Die Uranmineralisation erstreckt sich oft über weite Gebiete, in denen sich kleinere Anreicherungen in Form von Nestern, Linsen oder Schichten bildeten: die Mächtigkeit beträgt 1 bis 6 bis 7 m, die Ausdehnung 50 bis 200 m; manche Erzkörper enthalten nur einige zehntausend Tonnen Erz, die Gesamtreserven in einem Vererzungsbereich können sogar über 100000 t Uran betragen.

Der Zusammensetzung nach handelt es sich vorwiegend um Uranvanadaterze. Die vorkommenden Erze sind meist Pechblende oder staubförmige Pechblende, ferner Carnotit, Cofinit; in der Oxydationszone finden sich Tujamunit, Torbernit, Zippelit, Uranolit u. a. Stellenweise treten in diesen Lagerstätten auch Kupferminerale auf.

Diese Erzkörper, die an einen stratigraphischen Sandsteinhorizont gebunden, gewöhnlich zahlreich auftreten, führen meist von 0,07 bis 0,3% U_3O_8 bzw. 0,15 bis 0,25% U_3O_8 im Mittel; der V_2O_5-Gehalt ist in der Regel etwa 1,5%.

Die wichtigsten Vertreter dieser Lagerstätten sind die Lagerstätten des Colorado-Plateaus und Ambrosia Lake in USA, die zu den größten Uranlagerstätten und zu den wichtigsten Uranprovinzen der Welt zählen.

5. Uranführende Schiefer

Uranführende, an organischen Substanzen und zum Teil an Sulfiden reiche, aber karbonatarme Schiefer erstrecken sich oft über sehr große Gebiete. Diese Schiefer enthalten riesige, aber arme Reserven (0,005 bis 0,05% Urangehalt). Je höher der Anteil an organischen Substanzen im Schiefer ist, desto höher ist auch der Urangehalt. Bei den meisten Lagerstätten dieses Typus wird das Uran durch Verbrennung der Schiefer gewonnen.

Den uranführenden bituminösen Schiefern gehören große Gebiete in Mittelschweden an (sichere Reserven über 30 Milliarden Tonnen mit 0,01% Uran, stellenweise auch bis zu 0,05%), wie auch die Schiefer Chattanoogas in den USA (mit 0,01 bis 0,35%, Mittelgehalt etwa 0,02% Uran).

6. Uranführende Phosphate

Uranführende Phosphate sind in vielen Ländern der Welt sehr verbreitet. Diese Lagerstätten enthalten riesige Uranmengen. Der Urangehalt in Phosphaten liegt meist zwischen 0,001 und 0,03%, stellenweise ist er auch höher. Vorwiegend ist Uran an das Phosphatmaterial (Fluoropatit) gebunden, zum Teil auch an die tonigen Komponenten, aber das Phosphat ist sehr absätzig.

Dem Urangehalt nach gehören uranführende Phosphate den Außerbilanzmassen, zum Teil den bedingten Bilanzmassen an. Da man beabsichtigt, Uran aus Phosphaten als Nebenprodukt bei deren Verarbeitung zu Düngemitteln zu gewinnen, werden diese Lagerstätten zu potentiellen Uranrohstoffquellen.

Unter den zahlreichen Phosphatlagerstätten der Welt ragen einige durch ihre Größe besonders hervor (Florida, USA, ferner in Marokko).

II. Suche und Erkundung

Bei der Suche und Erkundung von Uranlagerstätten wurden in den letzten 15 bis 20 Jahren zwei grundverschiedene Perioden beobachtet.

In der Zeit zwischen 1945 und 1958 wurden Uranlagerstätten extensiv und intensiv gesucht und erkundet, mit erheblichen Investitionen für die Untersuchungsarbeiten, mit schneller Erfassung der Lagerstätten und mit raschem Beginn ihrer Förderung. Angesichts der sehr hohen Uranpreise und der strategischen Bedeutung des Urans wurden die Wirtschaftlichkeit der Untersuchungsarbeiten und das bei solchen Investitionen anfallende Risiko selten in Rechnung gesetzt.

Nach dem Jahr 1958, als es zu einem Uranpreissturz gekommen war und die Uranabsatzmöglichkeiten schlechter wurden, ließ das Tempo der Suche und Erkundung von Uranlagerstätten stark nach, wobei auf System und Wirtschaftlichkeit bei der Planung und Durchführung des Programms der Prospektionsarbeiten Wert gelegt wird. Diese Art der Untersuchungen von Uranlagerstätten wird zweifellos auch in den nächsten 10 bis 15 Jahren anhalten.

Die wirtschaftsgeologische Beurteilung der einzelnen Untersuchungsphasen wird meistens nach Beendigung der Prospektions- und Schürfarbeiten und nach Vorerkundung der Uranlagerstätte durchgeführt.

Ausstreichende Uranvererzungen lassen sich verhältnismäßig einfach und billig auffinden, jedenfalls viel leichter als Vererzungen anderer Metalle. Die Prospektion beschränkt sich auf Überprüfung der beobachteten Anomalien mit Hilfe eines Netzes von Untersuchungsarbeiten (Bohrungen, bergmännische Untersuchungsarbeiten kleineren Umfanges). Aus den erzielten Ergebnissen werden der Urangehalt im Erz und die Ausdehnung der Vererzung geschätzt. Unter Berücksichtigung der Migration des Urans in der Oxydationszone wird während der Prospektion und Vorerkundung versucht, mit Hilfe der Bohrungen (oder seltener mit Hilfe von bergmännischen Arbeiten) auch die primäre Vererzung mit aufzuschließen. Bei manchen Lagerstättentypen (Linsen und Nester in Sandsteinen) kann auf Grund der durch Prospektionen ermittelten Angaben, ohne Detailuntersuchung, sofort auf die Förderung der Lagerstätte übergegangen werden; denn die für die Untersuchung kleiner, aber zahlreicher Erzkörper erforderlichen finanziellen Mittel wären bedeutend höher als das Risiko beim Abbau einzelner unvollständig erforschter Erzkörper.

Die Vorerkundungen und ganz besonders die Detailerkundungen der Lagerstätten erfordern bedeutende Investitionen. Wie dicht dabei das Netz der Untersuchungsarbeiten angelegt wird und bis zu welcher Tiefe die Untersuchungen reichen sollen, hängt in großem Maße vom Lagerstättentypus bzw. von den Schwankungen des Urangehaltes und von der Gestalt der Erzkörper ab. In Anbetracht der beschränkten Möglichkeit des Uranabsatzes auf dem Markt werden die Untersuchungen in der Regel nur auf die Reserven der C_1-Kategorie beschränkt (Reserven der B-Kategorie machen meist nur 10 bis 15% der Gesamtreserven aus). Nur in großen Lagerstätten mit reichem Erz (über 0,2 bis 0,3% U_3O_8) können eingehende Untersuchungen vorgenommen werden, so daß die Reserven der B-Kategorie bis zu 50% der Gesamtreserven betragen — wobei aber nur oberflächennahe Lagerstättenteile genauer untersucht werden. Die Durchführung der Detailerkundung einer Lagerstätte ist nur dann begründet, wenn neben der Wirtschaftlichkeit des Abbaus auch der Absatz bestimmter Uranmengen gesichert ist, denn der Umfang dieser Untersuchungen ist mit der Kapazität des künftigen Bergbaues eng verbunden. Detailerkundung von Lagerstätten oder Lagerstättenteilen, die erst nach 10 bis 15 Jahren abgebaut werden können, ist wirtschaftlich nicht tragbar.

Da das Interesse der einzelnen Länder an Uranlagerstätten und Uranerzen nicht einheitlich ist, können auch die Untersuchungsverfahren sowie die Kriterien zu einer wirtschaftsgeologischen Beurteilung der Lagerstätten sehr unterschiedlich sein. In manchen Ländern mit größeren Reserven reicherer Erze werden keine Prospektionsarbeiten durchgeführt oder nur in kleinem Umfang. In anderen Ländern hingegen, in denen der eigene Uranbedarf noch immer nicht gedeckt ist, werden sogar erzärmere Lagerstätten im Detail untersucht (mit 0,07 bis etwa 1,0% U_3O_8). Bei der wirtschaftsgeologischen Beurteilung der gewonnenen Ergebnisse aus den einzelnen Untersuchungsphasen sind daher die spezifischen Merkmale des Landes und die Bedingungen, unter welchen die Untersuchungen durchgeführt werden, zu berücksichtigen.

III. Abbau

Uranlagerstätten werden sowohl im Tagebau wie auch im Tiefbau mit modernsten Verfahren abgebaut; manchmal aber auch noch mit sehr primitiven Methoden bei geringen Investitionen (besonders bei dünnen Erzgängen). Bei wirtschaftlich wichtigen Lagerstätten werden in steigendem Maße Massenabbauverfahren angewendet; selektiver Abbau wird nur in Lagerstätten angewendet, in denen erzreichere und erzärmere Teile auftreten, sowie dann, wenn eine Erzverdünnung verhindert werden soll (besonders bei Ganglagerstätten).

Von den gesamten Uranerzlagerstätten der USA werden 47% im Tagebau, 31% im Tiefbau in feuchten Gruben und 22% im Tiefbau in trockenen Gruben abgebaut. Tagebau wird in großen Lagerstätten auch bei einem sehr hohen Verhältnis Berge : Erz angewendet (meist bis zu 10 : 1 bis 20 : 1, ausnahmsweise sogar auch über 50 : 1). Der Abbau im Tagebau ist infolge weitgehender Mechanisierung wirtschaftlich; in den USA kostet der Abraum 0,2 bis 0,4 $ pro Kubikyard. Die gesamten Abbaukosten in Tagebauen in den USA liegen zwischen 4,8 bis 8,0 $, ausnahmsweise auch bis zu 11,8 $ je Tonne Erz.

Nach Angaben aus dem Jahr 1958, die seitens der Zweiten Weltkonferenz über die Anwendung der Atomenergie für Friedenszwecke veröffentlicht wurden, können die Abbaukosten für Tiefbau in sehr weiten Grenzen schwanken, und zwar bedeutend stärker als beim Abbau im Tagebau. In den USA liegen die Abbaukosten je Tonne Erz im Tiefbau meist zwischen 8 und 13 $, ausnahmsweise erreichen sie auch 37 $; die Kosten für Untersuchungsarbeiten betragen gewöhnlich 1 bis 2 $, die Kosten der Vorbereitungen 1 bis 3 $ und die Amortisation 0,5 bis 2 $ je Tonne Erz.

Tab. 82 zeigt die Kostenverteilung in einzelnen Urangruben in den USA.

Die Kapazität der Urangruben kann sehr verschieden sein. Die meisten Bergwerke in den USA und in Kanada arbeiten mit verringerter Kapazität angesichts der beschränkten Möglichkeit des Uranabsatzes auf dm Markt. Da die Lagerstättengröße sehr verschieden ist, ist auch die Kapazität sehr unterschiedlich: von 100 bis 200 t Erz/Tag bis zu über 1000 t Erz/Tag. Bei Lagerstätten mit großem Urangehalt und kleinen Erzreserven (Nester, Linsen) können Gruben auch bei einer Kapazität von unter 100 t Erz/Tag betrieben werden, besonders wenn in einem Erzgebiet eine größere Anzahl kleinerer Lagerstätten auftritt (so standen im Colorado-Plateau im Jahre 1959 430 Gruben im Abbau, die zusammen jährlich 2 Millionen Tonnen Erz bzw. etwa 5000 t Erz im Durchschnitt je Grube lieferten).

Tabelle 82. *Förderkosten in den einzelnen Uranbergwerken der USA* (Jahr 1957; $)

	(1)	(2)	(3)	(4)	(5)
1. Ordentliche Kosten	*12,80*	*4,26*[1]	*3,79*	*7,21*	*7,09*
Löhne	7,78	1,79	1,70	4,08	3,94
Überwachung	1,41	0,38	0,28	0,38	0,66
Sprengstoff	0,99	0,66	0,65	0,74	0,72
Bohrstahl	0,36	0,27	0,30	0,22	0,19
Brennstoff (Naphtha, Gas)	0,77	0,31	0,25	0,21	0,61
Wartung	0,34	—	0,42	0,45	0,79
Miete für Ausrüstungen	0,56	—	—	—	—
Übriges	0,59	0,90	0,29	1,30	0,18
2. Außerordentliche Kosten	2,13	1,62[2]	2,29[2]	2,29[2]	1,34
Amortisation	0,93	0,74	1,07	1,07	—
Übriges	1,20	0,88	1,22	1,22	1,34

(1) Durchschnittspreise für 10 Jahre in Salt Wash, Colorado.
(2) Bergwerk Big Buck, San Juan, Utah.
(3) Südliche Reviere vom Bergwerk Big Indian, San Juan, Utah.
(4) Nordreviere vom Bergwerk unter Nr. (3).
(5) Temple-Mountain, Utah.

[1] Ohne Transportkosten in der Grube. [2] Ohne Gebühren und Grundanlagekosten.

Quelle: E. Kostic: Uranium Mining in the United States. — Tehnika Nr. 6, Belgrad 1963.

Die Höhe der Investitionen für die Inbetriebnahme einer Urangrube hängt von der Kapazität und von den Bedingungen der Inbetriebnahme der Grube ab. Viele Gruben mit kleinen Reserven, aber mit reichem Erz, konnten in der Zeit zwischen 1953 und 1960 mit sehr kleinen Investitionen aufgeschlossen werden.

IV. Aufbereitung

Bei etwa 95 bis 98% aller heute in der Welt verarbeiteten Erze wird keine mechanische Aufbereitung angewendet, lediglich bei einigen komplexen Erzen als Hilfsaufbereitungsvorgang (Trennung von Sulfiden).

Im allgemeinen ist der Zweck der Aufbereitung, den Bergeanteil im Erz zu senken, denn diese Gemengteile erschweren die hydrometallurgische Verarbeitung des Erzes und führen zu erhöhtem Reagenzverbrauch. Zwar werden durch eine mechanische Aufbereitung die Uranminerale nicht angereichert, dennoch trägt sie zu einer bedeutend wirtschaftlicheren chemischen Verarbeitung des Erzes bei.

Von den mechanischen Aufbereitungsverfahren werden in der Praxis meistens folgende angewendet:

a) *Handscheidung* wird heute in sehr beschränktem Maß angewendet, denn ein Gestein mit erhöhtem Urangehalt läßt sich visuell von den tauben Massen sehr schwer unterscheiden.

b) *Das radiometrische Verfahren* ist ein für Uranerze charakteristisches Verfahren der Aufbereitung und wird manchmal sehr erfolgreich zur Trennung von Gesteinsstücken verschiedener Radioaktivität angewendet. Das gebrochene Erz wird auf ein Transportband gebracht, unter dem Geiger-Zähler eingebaut sind; radioaktives Material löst einen speziellen Mechanismus aus, so daß das Erz vom Band herunterfällt und im Fallen von den Bergen geschieden wird. Auf diese Weise werden aus dem Haufwerk die Berge schnell und billig entfernt (10 bis 20% und sogar mehr von der gesamten Masse), so daß das für die Weiterverarbeitung bestimmte Erz dadurch mit Uran angereichert wird.

Mit diesem Verfahren erreicht man besonders gute Resultate bei Erz aus Erzgängen, in denen der Urangehalt ungleichmäßig verteilt ist, oder bei Erz aus Lagerstätten mit dünnen, häufig sehr uranreichen Erzgängen (einige zehn Zentimeter), wodurch es beim Abbau zu einer Erzverdünnung kommt.

c) *Schwerkraftkonzentration* findet bei der Urangewinnung, trotz des hohen spezifischen Gewichtes der Uranminerale, eine ganz beschränkte Anwendung, als Folge der geringen Widerstandsfähigkeit der Uranminerale gegen mechanische Einflüsse (Brechen). Daher ist diese Art der Aufbereitung der Uranminerale mit beträchtlichen Verlusten verbunden.

d) *Flotation* wird ebenfalls sehr selten angewendet. Die durch Flotation erreichbaren Resultate können selten die größeren Investitionen und erhöhten Verarbeitungskosten decken, die durch eine derartige Anlage entstehen. Wenn Flotation dennoch angewendet wird, dann nur zur Abtrennung der schädlichen Komponenten (an erster Stelle der Karbonate) oder aus komplexen Erzen (Eisensulfide, Buntmetalle u. a.).

V. Metallurgische Verarbeitung

Die Hydrometallurgie ist die Grundmethode der Uranerzverarbeitung. Zur Überführung des Urans in Lösung werden hauptsächlich zwei Verfahren angewendet: Laugen mit Säuren und Laugen mit Alkalien. Jedes dieser Verfahren hat seine Vor- und Nachteile; welches der beiden Verfahren angewendet werden soll, hängt in erster Linie von der mineralogischen Zusammensetzung des Erzes ab. Das beim Laugen erreichte Ausbringen beträgt meist etwa 95% (bei manchen Erzen ausnahmsweise auch unter 90%).

Laugen mit Säuren ist das meistangewendete Verfahren der Uranerzverarbeitung. Hierzu verwendet man am häufigsten Schwefelsäure, viel seltener (nur ausnahmsweise) auch Salz- und Salpetersäure. Die Säure wird mit Wasser verdünnt, ihr Konzentrationsgrad hängt von der chemisch-mineralogischen Zusammensetzung des Erzes ab.

Unter Einwirkung der Säure zersetzt sich das Erz und es bildet sich ein komplexes Kation UO_2^{+2}, das auch noch in schwach saurer Umgebung beständig ist. Bei günstiger mineralogischer Zusammensetzung des Erzes können durch Laugung in verdünnten Säuren 90 bis 95% (manchmal auch mehr) des gesamten Urangehaltes im Erz in Lösung übergeführt werden. In verdünnten Säuren lassen sich alle sekundären Uranminerale leicht zersetzen, d. h.: Vanadate, Arsenate, Phosphate, Silikate und Uransulfate, während sich oxydische Minerale (Uraninit, Pechblende) in oxydierendem Milieu viel besser laugen lassen. Durch saures Laugen (in verdünnten Säuren) erreicht man aber auch unter oxydierenden Bedingungen keine Zersetzung der uranführenden Tantalo-Niobate und Titanate, weshalb zu deren Verarbeitung stärkere Säuren angewendet werden müssen. Nachdem Säuren nicht nur mit den Uranmineralen, sondern auch mit Mineralen der Berge in Reaktion treten, werden bei saurer Laugung häufig sehr beträchtliche Mengen an Reagenzien verbraucht, ganz besonders wenn an Begleitern Kalzium- und Magnesiumkarbonate, ferner Eisen und Kalziumphosphate auftreten. Infolge des großen Verbrauches an Säuren kann das saure Laugen ein sehr unwirtschaftliches Verarbeitungsverfahren sein.

Laugen mit Alkalien wird viel seltener angewendet. Es ist günstig vor allem bei karbonatreichen Erzen. Als Reagenz bei alkalischen Laugen verwendet man Soda; der Konzentrationsgrad der Lösung hängt von der Zusammensetzung und von der Struktur des Erzes ab. Unter der Einwirkung der Soda auf das Uran bildet sich ein komplexes uranylkarbonatisches Anion, das in der alkalischen Umgebung beständig ist. Die alkalische Lösung wirkt auf Uran selektiv ein, ohne dabei mit den Karbonaten und Silikaten der Berge in Reaktion zu treten.

Das alkalische Laugen hat auch viele Nachteile. So wird hier im allgemeinen viel weniger Uran in Lösung übergeführt als bei saurem Laugen; außerdem wirken Alkalien auf die Oxyde des vierwertigen Urans nicht ein; um sie zersetzen zu können, muß man sie in die sechswertige Form überführen. Wegen ihres polymeren Aufbaues lassen sich manche Uransilikate (z. B. Uranophan) in alkalischen Lösungen schwer zersetzen. Auch bei Erzen, die viel Gips und Humussubstanzen enthalten, kann man alkalisches Laugen nicht anwenden.

Die Fällung des Urans aus der Lösung. Nach dem Abfiltrieren der uranhaltigen Lösungen und nach Abtrennung des unlöslichen Rückstandes geht man zur Ausfällung des Urans aus der Lösung über. Zu diesem Zweck werden verschiedene Verfahren angewendet: Ionenaustausch, chemische Uranfällung oder Extraktion mit Hilfe organischer Flüssigkeiten. Von allen diesen Methoden findet der Ionenaustausch die häufigste Anwendung (in den Jahren 1958/60 war in über 60% der Anlagen in den USA das Ionenaustauschverfahren in Anwendung), und in zweiter Linie wird die Methode der chemischen Fällung angewendet (etwa 30%).

Ionenaustausch unter Anwendung von künstlichem Pech ist eine sehr erfolgreiche Methode der Ausscheidung des Urans aus der Lösung. Wenn das Pech, eine synthetische hochmolekulare Verbindung, mit der Lösung in Berührung kommt, tauscht es sein positives oder negatives Ion für das Ion eines anderen Elementes in der Lösung aus. Auf diese Weise kann Pech fast alle Ionen (oder einen Teil davon) eines Elementes in Lösung an sich binden. Die Abtrennung dieses Elementes vom Pech erreicht man mit Hilfe von Lösung in Säuren, Alkalien oder Salzen; mit der Desorption des Urans wird gleichzeitig das Pech regeneriert, so daß es wiederverwendet werden kann. Das Adsorptionsvermögen des Peches ist gewöhnlich 30 bis 100 g U_3O_8 je Liter Rohpech.

Durch die Anwendung der Methode des Ionenaustausches werden sehr hohe U-Ausbringen erreicht — fast der gesamte Uraninhalt läßt sich aus der Lösung ausscheiden. Die Konzentration des Urans im Handelsprodukt erreicht 70%.

Chemisches Ausfällen wird auf verschiedenen Wegen und mit verschiedenen Mitteln durchgeführt. Die Anwendung der chemischen Methoden ist ein sehr komplexer Vorgang und wird in mehreren Phasen durchgeführt (Urankonzentrate, die für eine Weiterverarbeitung auf Uranmetall bestimmt sind, sollen möglichst wenig schädliche Komponenten, wie Eisen, Aluminium u. a., enthalten).

Uranextraktion mit Hilfe organischer Mittel wird erst seit jüngster Zeit angewendet. Dieses Verfahren wird bei der Gewinnung des Urans aus uranführenden Phosphaten (Florida, USA) angewendet.

In den USA wird erfolgreich versucht, bei der elektrolytischen Fällung des Urans den Membran-Ionen-Austausch anzuwenden. Dieses Verfahren stellt eine bedeutende Herabsetzung der Verarbeitungskosten (Reagenzien, Herabsetzung der Investitionen u. a.) in Aussicht.

Die hydrometallurgische Methode der Verarbeitung von Uranerzen kann als ein teures Verfahren angesehen werden, denn große Erzmengen je Einheit des Metalls müssen verarbeitet werden (geringer Urangehalt im Erz). Die Verarbeitungskosten je Einheit des gewonnenen Metalls wären bedeutend kleiner, wenn die Erze durch mechanische Methoden vorher angereichert werden könnten; sie sind auch kleiner, wenn reichere Erze verarbeitet werden.

Die Höhe der Kosten der hydrometallurgischen Verarbeitung je Tonne Erz hängt hauptsächlich von der mineralogischen Zusammensetzung des Erzes und von der Kapazität der Produktion ab. In kleinen und mittelgroßen Unternehmen (30000 bis 500000 t/Jahr) liegen die Kosten zwischen 13 und 14 $ je Tonne, und in großen Unternehmen, deren Produktion 2000 t/Tag überschreitet, sinken die Verarbeitungskosten auch bis zu 6 $ herab; der größte Teil der Kosten entfällt dabei auf Reagenzien. Nach R. Ross kosten die Reagenzien bei saurem Laugen von 1 bis 7 $, bei alkalischem Laugen von 1 bis 3 $ pro Tonne Erz. Die Kostenverteilung bei der technologischen Verarbeitung der Uranerze ist in Tab. 83 angeführt.

Tabelle 83. *Kostengliederung der technologischen Verarbeitung von Uranerzen in den USA* (in $, Kapazität in short tons)

	Betriebskapazität (t/24 St.)		
	200	400	1000
Löhne	4'18	2'34	1'73
Material	3'30	3'16	3'06
Chemikalien	2'69	2'54	2'70
Übriges	0'61	0'62	0'36
Wartung	0'84	0'86	0'33
Energie	0'38	0'22	0'27
Gebühren und Versicherung	0'05	0'18	0'11
Übriges	0'40	0'18	0'22
Gesamt	9'75	6'94	5'72

Tabelle 84. *Gesamte Gewinnungskosten des „gelben Kuchens" in den einzelnen Bergwerken der USA*

	Betriebskapazität (t[1]/24 St.)					
	200 t		400 t		1000 t	
	$/t	$/lb[2]	$/t	$/lb[2]	$/t	$/lb[2]
Erzpreis U_3O_8	20'75	4'41	20'75	4'41	20'75	4'41
Transport	2'00	0'43	2'00	0'43	2'00	0'43
Gesamter Erzpreis	22'75	4'84	22'75	4'84	22'75	4'84
Verarbeitungskosten	9'75	2'07	7'00	1'49	5'72	1'22
Amortisation (5 Jahre)	5'56	1'18	4'31	0'92	3'01	0'64
Preis, ohne Profit	38'06	8'09	34'06	7'25	31'48	6'70
Investitionen	2000000		3100000		5400000	
Ausbringen %	94		94		94	
Ausbringen lb/t	4,7		4,7		4,7	

Quelle: U.S. A.E.C., Grand Junction, 1960.
[1] 907 kg. [2] $ nach verarbeiteten lb U_3O_8.

Die gesamten Kosten (Bergbau- und Verhüttungskosten) der Gewinnung des sogenannten „yellow cake" (= gelber Kuchen) können sehr verschieden hoch sein. In Tab. 84 sind die Gesamtkosten der Gewinnung des „yellow cake" in den einzelnen Urangruben in den USA angeführt; der Mittelgehalt an U_3O_8 im Erz ist 0,25% bzw. 5 lbs. je Shortton, und die Gruben sind im Mittel 48 km von der Hütte entfernt. Obwohl in den angeführten Angaben der Gewinn nicht mit erfaßt ist, zeigen sie uns doch die bedeutenden Unterschiede der Produktionskosten bei verschiedenen Kapazitäten der Anlagen.

VI. Produktion und Rohstoffbasis der Welt

A. Förderung des Urans

Es ist nicht so lange her, daß Uran nicht nur als eine wenig interessante, sondern sogar als eine schädliche Komponente im Erz angesehen wurde. Noch vor ungefähr sechzig Jahren, als das Ehepaar Curie in den Uranerzen Radium entdeckte, betrachtete man die Uranminerale in den einzelnen bis damals bekannten Lagerstätten als schädliche Beimengungen. Damals wurde in der Lagerstätte von Cornwall in Großbritannien ein Kupfererz mit Urangehalt viel geringer geschätzt als ein uranfreies Kupfererz.

Gegen Ende des 19. Jahrhunderts wurden nur einige Tonnen Uran gewonnen; damals verwendete man Uran in Laboratorien, in der Glasindustrie und in der Photographie. Auch nach der Entdeckung des Radiums kam es zu keiner bedeutenderen Ausbeutung von Uranlagerstätten; die Uranminerale wurden, wie bis dahin, oft mit den Bergen auf Halde geworfen. Während dieser Periode förderte man Uranerze einzig und allein in Joachimsthal (ČSSR) und in Cornwall in Großbritannien. In den ersten Jahren des 20. Jahrhunderts beginnt auch die Förderung der Lagerstätte im Colorado-Plateau in den USA, dann der Lagerstätten in Portugal wie auch der Lagerstätte in Chingolobwe in Kongo, einer der größten und uranreichsten Lagerstätten der Welt; in den dreißiger Jahren beginnt man mit der Förderung von Uranerzen aus den uranführenden Lagerstätten im Gebiet Great Bear Lake in Kanada. Unmittelbar vor dem Zweiten Weltkrieg war der Weltmarkt sozusagen mit Radium übersättigt, und den Uranproduzenten drohte eine Krise.

Der Beginn der ersten Uranerzförderung zu Kriegszwecken (Herstellung der Atombombe) in den USA und in Großbritannien in den Jahren 1942 und 1943 ist gleichzeitig auch der Beginn der neuen Epoche des Urans, das fast über Nacht als das bedeutendste strategische Metall in den Vordergrund trat. In den nachfolgenden zehn Jahren wurden in allen Erdteilen und mit einem nie dagewesenenTempoUranlagerstätten aufgesucht und entdeckt.In kurzer Zeit erlebte der junge Uranbergbau eine ungeheuer schnelle Entwicklung; von Jahr zu Jahr stieg die Uranproduktion im Vergleich zu anderen Rohstoffen unfaßbar an, um dann nach dem Jahr 1960 plötzlich zu sinken.

Tabelle 85. *Uranförderung in den westlichen Ländern*
(auf U_3O_8 : 1000 short tons berechnet)

Land bzw. Kontinent	1956	1958	1959	1960	1961	1962	1963
Kanada	2,3	13,5	15,4	12,7	9,8	8,4	8,1
USA	6,5	12,6	16,4	17,8	17,4	17,0	14,2
Kongo (1)	2,0*	2,3	2,3	1,2	—		
Südafrikanische Union (2)	4,3	6,2	6,4	6,4	5,5	5,0	4,5
Malgesische Republik	—	0,5	0,1	[1]	[1]	[1]	[1]
Australien (3)	0,3*	0,7	1,1	1,1	1,4	1,4	1,2
Frankreich	0,1*	0,8	1,0	1,4*	1,6	2,6	2,0
Gesamt		36,6	43,7	40,6	35,9	34,4	30,0

(1) Chinglobwe; (2) Witwatersrand; (3) Rum Jungle, Mary Katheleen.

[1] Frankreich und Malgesische Republik.

* Schätzung.

Quelle: UN Minerals Yearbook, 1965.

Die jetzige Uranproduktion stammt aus wenigen Ländern der Welt. Nur von einigen Ländern (den USA, Kanada) liegen annähernde Angaben über ihre Uranförderung vor, während die Förderziffern der übrigen Länder als strenges Staatsgeheimnis gehütet werden. Daher ist es außerordentlich schwer, zumindest annähernd genaue Angaben über die Uranproduktion der Welt anzuführen. Tab. 85 gibt Auskunft über die Uranproduktion der Westländer. In den Jahren 1956 bis

1964 hatten die Sowjetunion und die Gruppe der Ostländer (DDR, ČSSR und Ungarn) eine Jahresproduktion von etwa 15000 bis 20000 t U_3O_8. Demnach hat die maximale Jahresproduktion der Welt bisher die Förderziffer von 70000 t U_3O_8 nicht überstiegen.

Die heutige Produktion in einzelnen Ländern, besonders in Kanada und zum Teil in den USA, entspricht nicht den Möglichkeiten ihrer Lagerstätten. Die Lagerstätten dieser Länder könnten eine bedeutend größere Produktion aufweisen. Dennoch ist der heutige Uranbedarf der Rüstungsindustrie im allgemeinen mit der jetzigen Uranproduktion ausreichend gedeckt, ja sogar ein bedeutender Teil davon wird in den Vorratslagern aufgespeichert. Zum Unterschied zu den übrigen mineralischen Rohstoffen wird Uran auf demWeltmarkt aus militärisch-politischen Gründen noch immer nicht verkauft, lediglich innerhalb bestimmter Länder, die gemeinsame, an erster Stelle militärische Interessen verbinden.

Die Krise im Uranbergbau, die als Folge der beschränkten Absatzmöglichkeiten entstand, wird noch mindestens einige Jahre andauern, bis zur Zeit einer größeren Verwendung von Uran für Energiezwecke. Aus Uran hergestellte elektrische Energie ist noch immer bedeutend teurer als die Erzeugung der elektrischen Energie in Wasserkraft- und Wärmekraftwerken.

Es kann angenommen werden, daß durch Erhöhung der Kapazität der Atomkraftwerke und durch die Entwicklung der Technologie der Energieerzeugung nach dem Jahr 1975 der Uranbedarf der Welt bedeutend steigen wird. Außer für die Erzeugung von elektrischer Energie wird das Uran in steigendem Maß auch für die Erzeugung der Thermoenergie in der Industrie verwendet werden, ferner für die Herstellung von Explosiva für Friedenszwecke, als Antriebskraft für Schiffe usw. Daraus kann geschlossen werden, daß die Westländer im Jahr 1975 etwa 30000 t Uranoxyd und im Jahr 1980 etwa 40000 t Uranoxyd verbrauchen werden. Wenn auch der Bedarf der übrigen Länder hinzugerechnet wird (Sowjetunion, China u. a.), könnte der Weltbedarf im Jahr 1980 etwa 70000 t Uranoxyd pro Jahr betragen.

Zur Beurteilung der Uranlagerstätten und Uranerze ist die zukünftige Höhe des Uranbedarfes der Welt und der einzelnen Länder von besonderer Bedeutung; davon hängt auch das Interesse an Lagerstätten, ihrer Erkundung und Aufschließung ab.

B. Rohstoffbasis der Welt

Infolge der sehr intensiven Untersuchungen im Laufe der letzten 20 Jahre ist heute über Uranlagerstätten viel mehr bekannt als über die Lagerstätten anderer Metalle, die schon mehrere Jahrzehnte verwendet werden. Auf allen Kontinenten wurden uranführende Provinzen und Gebiete entdeckt; die wirtschaftlich bedeutendsten befinden sich auf dem amerikanischen Kontinent.

Zu den wichtigsten uranführenden Provinzen, in denen sich der Großteil der ermittelten Uranreserven befindet, zählen:

1. *Das kanadische Schild.* Längs der südlichen und westlichen Umrandung des kanadischen Schildes, in einer verhältnismäßig engen Zone, befinden sich eine Reihe von uranführenden Lagerstätten, von denen viele zu den größten Uranlagerstätten der Welt zählen (Zone Elliot Lake, ferner die Lagerstätten im Gebiet Great Bear Lake u. a.). Hier treten sehr verschiedene Typen von Lagerstätten auf, die vorwiegend im Präkambrium entstanden sind.

2. *Die Provinz Colorado-Plateau in den USA* wird aus zahlreichen Lagerstätten gebildet; sie erstreckt sich von Black Hill im Nordosten über Colorado und umfaßt die erzführenden Gebiete in New Mexico, Arizona und Idaho, ebenfalls eine der wichtigsten uranführenden Provinzen in den USA.

3. *Die ostbrasilianische Provinz* umfaßt eine Reihe von Uranlagerstätten verschiedener Art, die im wesentlichen in zwei Gebieten angeordnet sind: a) Zone Rio Grande do Norte und Paraiba; b) Bahia, Minas Geraes, Espirito Santo. Es handelt sich vorwiegend um präkambrische Lagerstätten.

4. *Die mitteleuropäische Provinz* ist die wichtigste uranführende Provinz Europas und sie erstreckt sich generell in Richtung Ost-West und schließt auch Westeuropa ein. In dieser Provinz befindet sich eine Reihe uranführender Gebiete; die wichtigsten in Mitteleuropa sind: das Erzgebirge in Ostdeutschland, Joachimsthal in der ČSSR; in Westeuropa: die Vogesen, das Zentralplateau in Frankreich sowie das Gebiet Cornwall in Großbritannien. Die meisten Uranlagerstätten in dieser Provinz gehören zu den hydrothermalen Erzganglagerstätten der herzynischen Epoche.

5. *Die Provinz Südsibirien* in der Sowjetunion umfaßt ein Gebiet, das sich von der Region Ferghana nordostwärts erstreckt und bis in die südsibirische Zone vordringt. Dies ist gleichzeitig eines der wichtigsten uranführenden Gebiete der Sowjetunion.

6. *Die südafrikanische Provinz* bilden viele sehr große, untereinander nicht zusammenhängende uranführende Gebiete: Kongo (Catanga), Rhodesien, Witwatersrand, Ostafrika, Mozambique, Madagaskar. In dieser Provinz befinden sich in genetischer Hinsicht sehr verschiedene Uranlagerstätten, von denen viele wirtschaftlich außerordentlich wichtig sind.

7. In *Australien* gibt es einige sehr wichtige uranführende Gebiete.

Tabelle 86. *Uranvorräte in den westlichen Ländern* (1958/60)

Land bzw. Kontinent	Erzvorräte Mill. Tonnen	U_3O_8-Gehalt %	U_3O_8-Vorräte Tonnen
USA	82	0,27	220000
Kanada	320	0,20	380000
Südafrikanische Union	1100	0,034	370000
Frankreich		0,1	50000
Deutschland	0,1	0,1	
Kongo	2,0	0,4	8000
Australien	10,0	0,15	
Italien	3,0	0,2	6000
Spanien	0,4	0,1—0,6	1200
Schweden	2600	0,038	
Indien	15,1	0,3	

Quelle: Engng. Min. J., Februar 1959.

Da Uran noch immer ein außerordentlich wichtiger strategischer Rohstoff ist, veröffentlichen viele Länder keine Angaben über die Uranerzreserven ihrer Lagerstätten (an erster Stelle die Sowjetunion, die ČSSR, Bulgarien, Ungarn); in vielen Westländern, besonders in jenen mit wichtigeren Uranlagerstätten, sind die Angaben über ihre Erzreserven mehr oder weniger der Öffentlichkeit zugänglich (an erster Stelle die Reserven der A- und B-Kategorie). In Tab. 86 sind die Reserven der einzelnen Westländer angeführt. Da die intensive Suche und Erkundung der Lagerstätten in den USA und in Kanada im Jahr 1960/62 aufgehalten wurde, kann auf Grund der angeführten Angaben kein genaues Bild über die potentiellen Reserven an Uran in diesen Ländern gewonnen werden (die potentiellen Reserven in den USA und in Kanada werden auf noch mindestens 500000 t Uranmetall geschätzt).

Wenn die heute bekannten Reserven dem erwarteten Weltbedarf im Zeitraum nach dem Jahr 1975 gegenübergestellt werden, kann man ersehen, daß die Reserven für längere Zeit nicht ausreichen werden. Trotz des jetzigen beschränkten Uranbedarfes werden deshalb neue Lagerstätten gesucht und die bereits entdeckten weiter untersucht. Bei der Schätzung der bekannten Uranlagerstätten sind daher die Zukunftsaussichten des Bedarfes nach Uranerzen zu berücksichtigen. Für die Untersuchungsarbeiten, besonders im Falle großer und reicher Lagerstätten (mit über 0,15% U_3O_8), können die Investitionen als wirtschaftlich gerechtfertigt betrachtet werden.

VII. Uranpreise

Die Uranpreise unterlagen in den letzten 15 Jahren außergewöhnlich großen Schwankungen. Unmittelbar nach dem Jahr 1945, als Uran der Hauptrohstoff für die Herstellung der Kernwaffen war, stiegen die Preise zu einer phantastischen Höhe an. In der Zeit von 1953 bis 1962 wurde in den USA die Uranproduktion durch garantierte hohe Preise angeregt; während dieser Zeit lagen die Uranpreise zwischen 30 und 50 $ je lb. U_3O_8 im Konzentrat. Infolge der erhöhten Bergbauförderung und des Rückgangs des Uranbedarfes bzw. der Urannachfrage gingen dann auch die Uranpreise zurück.

Auf dem Weltmarkt werden heute die Uranpreise nicht frei gestaltet, sondern sie werden zwischen dem Verbraucher und dem Produzenten durch Vereinbarungen festgelegt. In den letzten 3 bis 4 Jahren kam es in den Westländern zu einer gewissen Stabilisierung der Uranpreise; durch die Kommission für Atomenergie (AEC) werden von den USA beschränkte Mengen von Urankonzentraten zum Preis von 8 $ je lb. bzw. 20.79 $ je Kilogramm Uran im Konzentrat angekauft. Für Uranmetall wird ein Preis von 40 $ je Kilogramm bezahlt.

Tabelle 87. *Selbstkosten für die Förderung und Verarbeitung der Uranerze in den USA* (bezogen auf 1 lb U_3O_8 im „gelben Kuchen")

	Unter 5 $	5 bis 6 $	6 bis 7 $	Über 7 $	Mittel
Abbau, Transport	2'65	3'76	4'55	4'24	3'55
Kapitalaufwand	1'38	2'00	2'23	2'23	2'08
Insgesamt	4'03	5'76	6'78	7'47	5'63
Förderung (in Mill. lb U_3O_8)	9,54	8,59	2,95	6,12	27,19
% vom Gesamten	35,0	31,6	10,9	22,5	100,00

Da in Zukunft, jedenfalls bis zum Jahr 1975, mit einem weiteren Preisrückgang für Urankonzentrat gerechnet wird, ist es besonders wichtig, die heutigen Kosten der Gewinnung von Urankonzentraten näher zu betrachten und sie mit den jetzigen und den zu erwartenden Uranpreisen zu vergleichen. Tab. 87 gibt Auskunft über die Gewinnungskosten von 1 lb. U_3O_8 aus dem „gelben Kuchen" in den USA; aus den angeführten Angaben ist ersichtlich, daß über 75% der heutigen Produktion zu einem niedrigeren als dem heute in den USA bzw. in den Westländern gültigen U_3O_8-Preis abgegeben werden können. Eine Verringerung der Produktion könnte eine Erhöhung der Produktionskosten hervorrufen, anderseits aber wäre bei eventueller Produktionssteigerung ein weiteres Senken der Produktionskosten möglich, was bei wirtschaftsgeologischen Bewertungen von Lagerstätten und bei Überlegungen einer zukünftigen Preisgestaltung zu berücksichtigen wäre.

VIII. Die wirtschaftsgeologische Bewertung der Erze und Lagerstätten

Bei der wirtschaftsgeologischen Bewertung von Uranerzen und Lagerstätten sind an erster Stelle die Qualität des Erzes und die Größe der Lagerstätte entscheidend. Dadurch, daß das Uran noch immer ein außerordentlich wichtiger politisch-strategischer Rohstoff ist, werden in vielen Ländern der Welt die Uranlagerstätten zu bedeutend höheren Kosten je Uraneinheit abgebaut, als sie im Durchschnitt sonst in der Welt angenommen werden. Eine genaue wirtschaftliche Bewertung der Uranerze ist auch dadurch erschwert, daß auf dem Weltmarkt für Urankonzentrate noch immer keine einheitlichen Preise festgelegt sind und weil ein freier Uranhandel zu diesen Preisen noch immer nicht möglich ist.

A. Qualität des Erzes

Da es heute technisch durchführbar ist, fast aus sämtlichen uranführenden Materialien Uran zu gewinnen, sind die Probleme seiner Auswertung und der Höhe des Mindestgehaltes an Uran im Erz hauptsächlich nur eine Frage der Wirtschaftlichkeit. Wie bei den übrigen Metallen, so ist auch bei den Uranerzen ein möglichst hoher Urangehalt erwünscht, denn dementsprechend sind auch die Gewinnungskosten bedeutend niedriger. Der industrielle Minimalgehalt an Uran in Erzen, die nur Uran als nutzbare Komponente führen, beträgt heute etwa 0,1% U_3O_8 (0,85% Uran). Bei Erzen, in denen Uran als eine Nebenkomponente oder als Begleiter auftritt, sinkt der Minimalgehalt an Uran sogar bis auf etwa 0,03% U_3O_8 (uranführende Phosphate, goldführende Konglomerate mit Urangehalt, uranführende bituminöse Schiefer). Dieses Herabsetzen des Minimalgehaltes ist die Folge der verhältnismäßig geringen auf Uran entfallenden Produktionskosten (hauptsächlich nur Kosten der technologischen Verarbeitung, während die Abbaukosten den führenden Rohstoff belasten: Gold, Phosphate).

Die mineralogische Zusammensetzung des Erzes spielt bei seiner industriellen Verarbeitung keine größere Rolle; bei Daviditerzen ist die Verarbeitung etwas erschwert und das Ausbringen dabei geringer, aber auch diese Erze mit etwa 0,1 bis 0,15% U_3O_8 können wirtschaftlich abgebaut werden.

Die angeführten Angaben über die mittlere Bauwürdigkeitsgrenze an Uran im Erz dienen nur zur Orientierung; ihr genauerer Wert muß für jede Lagerstätte und Region einzeln festgelegt werden, denn die Wirtschaftlichkeit der Förderung einer Uranlagerstätte hängt, wie auch bei den übrigen Mineralen, von vielen anderen Faktoren ab.

Obwohl im Grunde genommen für die Qualität des Erzes der Urangehalt ausschlaggebend ist, soll bei der Bewertung des Uranerzes auch der Anteil an schädlichen Komponenten mitberücksichtigt werden, denn sie erschweren die technologische Verarbeitung des Erzes und beeinträchtigen die Qualität des Konzentrates. Ihr Einfluß bestimmt nicht nur den Erfolg der technischen Verarbeitung, sondern er zeigt sich auch in der Wirtschaftlichkeit der gesamten Ausbeute, weshalb der Anteil an schädlichen und unerwünschten Komponenten im Erz begrenzt werden muß.

Kalzium- und Magnesiumkarbonate, die in Säuren leicht zersetzbar sind, sind schädliche Komponenten in Erzen, die durch Laugen mit Säuren aufbereitet werden. Für die Abtrennung der reinen uranführenden Komponenten aus dem Erz werden verhältnismäßig kleine Säuremengen verbraucht; weil aber der Säureverbrauch beim Laugen des Erzes hauptsächlich vom Anteil der karbonatischen Komponenten in der Berge abhängt (etwa 1 kg Säure je 1 kg Karbonat), ist demzufolge die Wirtschaftlichkeit des Laugens mit Säuren vom Prozentsatz der Karbonate abhängig. Es gibt keine Norm für den zulässigen maximalen Karbonatgehalt im Erz. Es kann angenommen werden, daß bei einem Erz mit einigen Prozenten Karbonat viele wirtschaftliche Vorteile der sauren Laugung verlorengehen. Wenn es sich um ein Erz mit „kritischem" Karbonatgehalt handelt, muß die Wahl der Verarbeitungsmethode auf Grund technischer Vergleichsproben für jede Lagerstätte einzeln getroffen werden. Bei der Anwesenheit von Karbonat im Erz und der Möglichkeit der Anwendung des sauren Laugens besteht aber noch immer die Möglichkeit einer vorherigen Flotation, wodurch bei manchen Erzen der Karbonatgehalt herabgesetzt werden kann.

Auch *Kalziumphosphate* sind schädliche Komponenten bei saurem Laugen, da der Säureverbrauch erhöht wird. Die Bestimmung der oberen Grenze des zulässigen Gehaltes an Phosphatmineralen ist oft ein sehr schwieriges Problem, denn Phosphate können auch als Träger des Urans auftreten. Gewöhnlich wird angenommen, daß bei Uranerzen mit einigen Prozenten von P_2O_5 das saure Laugen wirtschaftlich ist. Ist der P_2O_5-Gehalt höher, müssen in der Regel komplexere Verarbeitungsverfahren angewendet werden. Erze mit hohem Phosphorgehalt (über 20% P_2O_5) werden als phosphoritische Erze betrachtet, in denen Uran nur als Begleiter auftritt.

Unerwünschte Komponenten beim alkalischen Laugungsprozeß sind in gewissem Maße Sulfate, Humusstoffe und Sulfide, denn Soda reagiert mit ihnen leicht. Für den Gehalt dieser Komponenten im Erz sind keine genauen Grenzen angegeben. In den USA wird ein Gehalt von 0,5% Sulfid im Erz als unerwünscht betrachtet, und man empfiehlt eine Abtrennung durch Flotation.

B. Erzreserven

Uranlagerstätten können sehr verschiedene Erzreserven besitzen — von kleinen Erzkörpern mit 20 bis 30 t Uran bis zu sehr großen Lagerstätten mit mehreren zehntausend Tonnen Uranmetall.

Bei der wirtschaftsgeologischen Bewertung ist die Feststellung der Minimalreserven in einer Lagerstätte oder in einem uranführenden Gebiet von besonderem Interesse.

Die Bestimmung der Minimalreserven an Uran in einer Lagerstätte hängt in bedeutendem Maße vom Uranpreis, vom Urangehalt im Erz und von den Förderungsbedingungen ab. In Zeiten hoher Uranpreise und großer Urannachfrage wurden sogar Lagerstätten mit 20 bis 30 t Uranmetall wirtschaftlich abgebaut, besonders in Gebieten mit Vorkommen mehrerer kleinerer uranreicher Lagerstätten. Bei niedrigen Uranpreisen steigen die Minimalreserven auf etwa 50 bis 100 t, doch sind dies nur Richtwerte.

Auf Grund der Uranerzreserven in einer Lagerstätte lassen sich unter Vorbehalt bei den heute gültigen Bedingungen die folgenden Lagerstättengrößen unterscheiden:

sehr kleine Lagerstätten	bis zu 1000	Tonnen Uranmetall
kleine Lagerstätten	1000 bis 5000	,, ,,
mittelgroße Lagerstätten	5000 bis 20000	,, ,,
große Lagerstätten	20000 bis 100000	,, ,,
sehr große Lagerstätten	über 100000	,, ,,

Bei der Bestimmung der bauwürdigen Minimalreserven kann auch der Uranlagerstättentypus ausschlaggebend sein. Bei hydrothermalen Ganglagerstätten, die im allgemeinen durch reicheres Erz ausgezeichnet sind, sind die Erzreserven meist klein, während sedimentäre Lagerstätten gewöhnlich bedeutend größere Uranreserven enthalten als magmatogene, doch haben ihre Erze einen geringeren Urangehalt.

Bei der Schätzung der Reserven der C_1-Kategorie in sedimentären Uranlagerstätten wird oft der Vererzungskoeffizient angewendet; die Höhe des Vererzungskoeffizienten schwankt in weiten Grenzen, meist unter 0,1 (in den Lagerstätten des Colorado-Plateaus ist das Verhältnis der Fläche der Erzkörper zur gesamten Fläche der erzführenden Formation von 1 : 20 bis 1 : 100). In pegmatitischen Lagerstätten werden die Reserven der C_1-Kategorie auf Grund von statistischen Angaben der Produktion und der Größe der Erzkörper abgeschätzt; bei hydrothermalen Ganglagerstätten reicht die extrapolierte Tiefe meist 20 bis 100 m unter das Niveau des tiefsten Horizontes.

C. Transportverhältnisse

Da Uran ein teures Metall ist, spielen die Transportverhältnisse keine wichtige Rolle, selbst dann, wenn der „gelbe Kuchen" bzw. das Uranmetall über größere Entfernungen transportiert werden muß. Falls eine Lagerstätte in einem Gebiet mit ungünstigen Transportverhältnissen auftritt (weit entfernt von Verkehrswegen, ohne Ansiedlungen), sind die Kosten der Inbetriebnahme häufig bedeutend höher als in Gebieten mit Verkehr. Das muß bei der Schätzung der Lagerstätte berücksichtigt werden (manchmal 50 bis 100% höhere Kosten).

In Gebieten, in denen mehrere kleinere Lagerstätten auftreten, die 30 bis 50 km voneinander entfernt liegen, so daß es nicht lohnt, bei jeder Grube Aufbereitungsbetriebe zu errichten, können die Kosten des Erztransportes von der Grube bis zur Aufbereitungsanlage bedeutend sein und infolgedessen auf die Höhe des Minimalgehaltes an U_3O_8 im Erz bzw. auf die Wirtschaftlichkeit der Lagerstätte einwirken.

Literatur

Arden, T. V., 1956: The Concentration of Uranium from Low Grade Ores. Min. and Quarry Eng.

Atomic Energy Commission, 1958: A Report on the Domestic Mining and Milling Problems Resulting from Limitation on Additional Milling Capacity. Washington.

Brien, F. B., 1957: Recent Trends in Extracting Uranium. Min. Eng. **9**, No. 9.

Butler, A. P., R. W. Schnabel, 1956: Distribution of Uranium Occurrences in the United States. Intern. Conf. Peaceful Uses Atomic Energy. Proc. 6.

Crawford, J. E., J. Paone, 1956: Facts Concerning Uranium Exploration and Production. Bureau of Mines Handbook.

Dare, W. L., 1957: Mining Methods and Costs, Calyx Nos. 3 and 8 Uranium Mines, Temple Mountain District, Emery County, Utah. Bureau of Mines Inf. Circ. 7811, Washington.

—, 1957: Mining Methods and Costs, Continental Uranium Inc., Continental No. 1 Mine, San Juan County, Utah. Bureau of Mines Inf. Circ. 7801, Washington.

Davidson, C. F., 1949: A Prospectors Handbook to Radioactive Mineral Deposits.

Denson, N. M., 1955: Uranium-bearing Coal in the Western United States. Nucl. Eng. Sci. Congr.

Domarew, B. C., 1956: Geologie der Uranerzlagerstätten. (Geologija uranowich mestorozhdenij, russisch.) Moskau: Gosgeoltechizdat.

Everhart, D. L., 1951: Geology of Uranium Deposits. U.S. Atomic Energy Comm., R MO, Washington.

—, 1956: Uranium-bearing Vein Deposits in the United States. Intern. Conf. Peaceful Uses Atomic Energy, Proc. 6.

Frondel, J. W., M. Fleischer, 1955: Glossary of Uranium- and Thorium-bearing Minerals. Geol. Surv. Bull. 1009-F, Washington.

Grinstead, R. R., 1953: Recent Development in the Processing of Uranium Ores and Their Significance in the Extraction Metallurgy of Metals. US Techn. Inform. Serv. AECU-3071.

James, W. F., A. H. Lang, R. Murphy, S. N. Kester, 1950: Canadian Deposits of Uranium and Thorium. AIME, Trans. 187.

Joungberg, E. A., 1958: Uranium Ore Reserves and Ore Productions. Min. Mag. **48**, No. 1.

Katz, J. J., Rabinowitch, 1951: The Chemistry of Uranium. New York: McGraw-Hill.

Kehn, T. M., 1957: Selected Annotated Bibliography of the Geology of Uranium-Bearing Coal and Carbonaceous Shale in the United Stated. US Geol. Surv. Bull. 1059, Washington.

Kennedy, R. H., 1957: Uranium Ore Processing. Min. Mag. **47**, No. 9.

Mamen, C., 1956: Uranium Mining Methods. Canad. Min. J. **77**, 6.

Moor, G. W., 1954: Extraction of Uranium from Aqueous Solution by Coal and Some Other Materials. Econ. Geol. **49**.

Page, L. R., H. E. Stocking, H. B. Smith, 1957: Contributions to the Geology of Uranium and Thorium by the United States Geological Survey and Atomic Energy Commission für UN International Conference on Peaceful Uses of Atomic Energy. Geneva 1955. Geol. Surv. Prof. Paper 300.

Paone, J., 1960: Uranium. In: Mineral Facts and Problems. Bureau of Mines Bull. 585, Washington.

Ramdohr, P., 1960: Die Erzmineralien und ihre Verwachsungen. Berlin: Akad. Verlag.

Ross, A. H., 1958: Economics of Uranium Processing. Min. Mag. **48**, No. 1.

Second UN International Conference on Peaceful Uses of Atomic Energy, 1958: Survey of Raw Materials Resources, Vol. 2; Processing of Raw Materials, Vol. 3. Geneva.

Zeschke, G., 1956: Prospektion von Uran- und Thoriumerzen. Stuttgart: Schweizerbart.

GPSR Compliance

The European Union's (EU) General Product Safety Regulation (GPSR) is a set of rules that requires consumer products to be safe and our obligations to ensure this.

If you have any concerns about our products, you can contact us on ProductSafety@springernature.com

In case Publisher is established outside the EU, the EU authorized representative is:

Springer Nature Customer Service Center GmbH
Europaplatz 3
69115 Heidelberg, Germany

Batch number: 10683525

Printed by Printforce, the Netherlands